智能建筑工程项目管理

符长青　毛剑瑛　编著
黄久松　主审

中国建筑工业出版社

图书在版编目（CIP）数据

智能建筑工程项目管理/符长青，毛剑瑛编著．—北京：
中国建筑工业出版社，2007
ISBN 978-7-112-09587-2

Ⅰ．智…　Ⅱ．①符…②毛…　Ⅲ．智能建筑—建筑工程—
项目管理　Ⅳ．TU243

中国版本图书馆 CIP 数据核字（2007）第 115667 号

本书系统地介绍了智能建筑工程项目管理的知识与方法。全书共分 22 章，内容主要有：项目管理的基本概念、项目管理教育和专业资质认证、智能建筑工程及其项目管理概论以及智能建筑工程项目组织机构与管理、建设程序与招投标、范围管理、资源管理、质量管理、进度管理、成本管理、风险管理、整体管理、合同管理、信息管理、沟通管理、采购管理、职业健康安全管理、环境管理、知识产权保护管理、信息系统安全管理、项目收尾管理、项目审计和项目后评价等。

本书的特点是：取材新颖、内容丰富、理论联系实际，叙述由浅入深、层次清楚、循序渐进，内容系统全面、重点突出，概念清楚易懂。本书是一部实用性很强的书，可供建筑、信息化建设及相关计算机、信息管理、通信、系统集成等领域的科技和工程人员阅读，也可作为高等院校相关专业课程的教材或工程技术人员的培训教材，以及作为相关专业的大学生、研究生的参考资料，或作为《建设工程项目管理规范》（GB/T 50326—2006）在智能建筑领域的实施宣贯辅导教材。

* * *

责任编辑：时咏梅　周世明
责任设计：张政纲
责任校对：汤小平

智能建筑工程项目管理
符长青　毛剑瑛　编著
黄久松　主审
*
中国建筑工业出版社出版、发行（北京西郊百万庄）
各地新华书店、建筑书店经销
北京永峥排版公司制版
北京中科印刷有限公司印刷
*
开本：787×1092 毫米　1/16　印张：34¾　字数：841 千字
2007 年 8 月第一版　2011 年 2 月第二次印刷
印数：2501—3500 册　定价：47.00 元
ISBN 978-7-112-09587-2
（16251）

序

智能建筑是信息时代的产物，它为人们提供一个投资合理、安全、便利、舒适和节能的生活、学习与工作环境空间。从上个世纪90年代中期以来，我国掀起的房地产热浪一浪接一浪，各种智能建筑如雨后春笋，市场的需求以及有关各方面的热炒为中国智能建筑注入了巨大的活力和动力。21世纪，随着国民经济的飞速发展，全国各地新建的大楼纷纷举起了“e时代”的大旗，智能建筑的建设也进入了一个高速发展期，方兴未艾。

项目管理在我国建设工程项目中的应用最早起源于学习云南鲁布革水电站工程管理经验，现在得到了越来越广泛的应用。为了提高建设工程项目管理水平，2002年建设部制定并颁发了我国第一部《建设工程项目管理规范》，随着中国入世和项目管理国际化的发展，促使对该规范进行修订。修订后的《建设工程项目管理规范》于2006年12月1日起实施，它结合中国国情，有许多独特的优点，其灵魂思想是把投资主体的发包人的项目管理体系与承包人的项目管理体系相统一于工程项目管理行为的全过程，它体现了九大项目管理知识体系与我国项目管理实践相结合，投资管理理论与项目生产力理论相结合。

智能建筑技术是由现代信息技术与建筑技术的有机结合构成的，其固有的高科技、高难度、高风险、系统复杂、软件危机、协调困难等特性，决定了项目管理对智能建筑工程项目要比其他工程项目更加显著的重要。要保证项目正常进行和最终实施成功，必须要有严谨清晰的项目管理。其核心就是运用现代管理技术，对智能建筑工程项目建设进行有效的管理与控制，从而保证建设项目“质量、进度、成本”三大目标控制实现，提高项目的投资效益。

本书紧密结合当前智能建筑工程建设管理实际，作者总结了这几年来智能建筑工程项目管理的经验和教训，以新版《建设工程项目管理规范》为指导方针，注重理论与实践相结合，具有较强的实用性和可操作性，不仅是智能建筑工程项目经理、工程技术人员和监理工程师的必读教材，也是广大建筑和信息化建设者在工作中的一本较好的参考书。目前随着信息技术的飞速发展，智能建筑工程建设对从业人员知识水平和管理能力的要求不断提高，社会对复合型人才的需求也更加迫切，针对这一情况，本书在强调智能建筑工程项目管理实践知识的同时，适当增加了一些理论性较强的内容和必要的职业道德法律知识，以满足广大读者的具体需要。

本书内容新而全、涉及层面广泛、科学性和实用性强。可作为智能建筑工程项目经理、工程技术人员和监理人员的培训教材，也可供建筑和信息化建设主管部门、建设单位、设计单位、施工单位、监理单位、系统集成商、设备供应厂商等各级管理人员和专业技术人员的学习参考用书，以及作为相关专业的大学生、研究生的参考资料，或作为《建设工程项目管理规范》（GB/T 50326—2006）在智能建筑领域的实施宣贯辅导教材。

建设部科技委智能建筑技术开发推广中心

中国建筑业协会智能建筑专业委员会

副主任兼秘书长

《智能建筑》杂志社社长

黄久松

2007 年 5 月 26 日

前　言

为提高智能建筑工程项目从业人员的业务素质和专业技术水平，本书综合作者多年的学习与工作实践，针对智能建筑工程项目管理的需要，系统地介绍了智能建筑工程项目管理的知识与方法。全书共分22章，内容主要有项目管理的基本概念、项目管理教育和专业资质认证、智能建筑工程及其项目管理概论以及智能建筑工程项目组织机构与管理、建设程序与招投标、范围管理、资源管理、质量管理、进度管理、成本管理、风险管理、整体管理、合同管理、信息管理、沟通管理、采购管理、职业健康安全管理、环境管理、知识产权保护管理、信息系统安全管理、项目收尾管理、项目审计和项目后评价等。

在智能建筑工程项目实施过程中，有关从业人员的培训工作就显得特别重要。2005年广东省组织举办了三期智能建筑工程从业人员业务培训班，每期培训班都采用本书作为教材。参加培训学习的学员大多是来自各相关专业公司的项目经理、专业工程师和监理工程师，对智能建筑工程项目管理都有一定的实践经验和理论知识，有些甚至是有相当丰富的项目管理的理论知识和实践经验。作者作为这三期培训班的讲课教师，利用讲课和学习讨论的机会，与参加培训班的学员们一起对本书的内容进行了多次讨论研究，在听取吸收了学员们提出的意见和建议的基础上，对本书进行了三次修订。在新版国标《建设工程项目管理规范》GB/T 50 326—2006于2006年12月1日，及新版国标《智能建筑设计标准》GB/T 50 314—2006于2007年7月1日实施前，作者又以它们为指导方针对本书再次进行了修订。

作者编写本书的一个重要目的，是希望本书能起到一个“抛砖引玉”的作用，希望通过本书与读者交流。本书修订虽经过较为充分的准备，但其中也还难免有不足之处，真诚地希望广大读者在使用中将发现的问题及时函告作者，以便今后修改补充。

在本书编著过程中得到了建设部科技委智能建筑技术开发推广中心、中国建筑业协会智能建筑专业委员会副主任兼秘书长、《智能建筑》杂志社社长黄久松的大力支持和帮助，他提供了许多技术资料和修改意见，并在百忙中审校了书稿，作者借此机会表示衷心感谢。与此同时，本书在编著和修订过程中还得到有关部门的领导、专家与同仁，以及中国建筑工业出版社的大力支持与帮助，参考和引用了部分著作及文献资料，在此表示深深的谢意。

作者

2007年5月26日

目　　录

第1章 项目管理的基本概念

当今，我们正处在一个崭新的计算机信息时代，计算机应用的深入和信息高度共享为特征的信息化社会已经悄然汇入并潜移默化地改变着我们的生活。我们在享受信息技术带来便利的同时，又对我们提出了更高的要求和挑战。人类社会从工业化向信息化转变所发生的一系列巨大的变化，进一步促使了人们对智能建筑工程项目的需求更多，同时也就增加了对智能建筑工程项目管理的高标准要求，认识到在智能建筑工程项目实施过程中熟练地运用现代项目管理方法的重要性。

1.1 项目管理的由来和发展

项目管理科学的发展是人类社会实践发展的产物。项目作为国民经济及企业发展的基本元素，一直在人类的经济发展中扮演着至关重要的角色，自人类社会文明起源以来，人们就一直在计划和管理着各类项目，如建造房屋、铺设道路、兴修水利、撰写法典等等，其中，中国的万里长城、都江堰水利工程，以及埃及的金字塔都是人类历史上建设大型复杂项目的典范。古代即便没有今天我们所拥有的各类先进的工具、技术和方法，人们同样也必须拟定项目进度的时间表、运筹原材料和可用资源以及估算可能遇到的风险，只是当时人们并未意识到项目管理对社会进步的意义。

随着时间的流逝，人们开始认识到，成本控制、实时开发、资源获取和风险管理的技术适用于铺设道路、建设桥梁、建造房屋、兴修水利、耕种农作物以及自我管理等各类项目。这些原始的设想为“现代项目管理”专门学科的形成进行了先期的技术积累。

1.1.1 项目管理的由来

在人类社会文明发展史的早期，虽然在日常生活中，人们总是要从事和面对各种各样的项目，但是很少有人去有意识地来管理这些项目。到20世纪初，项目管理还没有先进的工具和方法、科学的理论和管理手段、明确的操作规程和技术标准，主要是凭个人的智慧、才能和经验进行项目管理，还是处于潜意识状态，根本谈不上科学性和系统性。随着现代项目规模越来越大，投资金额越来越高，涉及专业越来越广泛，项目内部关系越来越复杂，传统的管理模式已经不能满足运作一个项目的需要，于是产生了对项目进行管理的模式，并逐步发展成为主要的管理手段之一。

项目管理的产生和发展是工程和工程管理实践的结果，它经历了从潜意识到传统项目管理到现代项目管理的过程。传统的项目和项目管理的概念主要起源于建筑行业，这是由于传统的实践中，建筑项目相对其他项目来说，组织实施过程表现得更为复杂。随着社会进步和现代科技的发展，项目管理也不断地得以完善，同时项目管理的应用领域也不断扩充，现代项目管理的真正由来和发展可以说是大型国防工业发展所带来的必然结果。

现代项目管理起源于20世纪30年代至50年代初，人们开始研究如何管理项目，开始运用横道图（又称甘特图）和里程碑系统对项目进行规划和控制，主要应用于军事和航天项目，比较典型的是第二次世界大战美国研制原子弹的曼哈顿计划。

20世纪50年代，在美国出现了关键线路法（CPM）和计划评审技术（PERT），他们在1956年设计了电子计算机程序，用电子计算机编制出计划，1957年将此方法应用于价值1000万美元的建厂工作计划安排。1957年美国杜邦公司将CPM方法应用于设备维修，使维修停工时间由125小时缩短为7小时。1958年美国在北极星导弹设计中，应用PERT技术，使研制时间缩短了2年，并节约了大量资金。20世纪60年代，美国实施举世瞩目阿波罗登月计划，该项目耗资300亿美元，有2万多个企业参加，40万人参与，700万个零部件组成，由于使用了网络计划技术，取得很大成功。网络计划技术的出现，给管理科学的发展注入了活力，它不仅促进了1957年出现的系统工程，而且使第二次世界大战中发展起来的运筹学也得到了充实。新项目所要求的规模、范围、时间和资源逐渐超出简单的流程图和会议桌的能力范围，“项目管理”这个名词开始普遍流行，超越了工程和建筑行业。1962年美国国防部规定凡承包工程的单位均要采用PERT安排计划。

在我国华罗庚学教授于1965年引进了网络计划技术，亲自主持推广工作，并根据“统筹兼顾、全面安排”的指导思想，将这种方法称之为“统筹法”。由于华罗庚教授的有力推动，网络计划技术在我国工业、农林和建筑等行业得到了广泛的应用。

20世纪70年代末以来，人们发现，项目管理并不仅在技术层面上发挥作用，而且可以帮助自己获得许多尖端优势。特别是随着信息技术的高速发展、社会生产率的快速增长和人们生活水平的极大提高，挑剔的用户要求更多、更好的产品以及更快速的服务，大企业上市时间的压力要求企业机构拥有更高的效率，这就使专业的项目管理在激烈竞争的全球商业竞技场中找到了一席之地。项目管理从传统项目管理进入了现代项目管理的新阶段，表现为项目管理范围的扩大，与其他学科交叉渗透和互相促进，尤其是计算机技术、价值工程和行为科学理论在项目管理中得到应用，极大地丰富了项目管理的内容，以及在诸多项目管理理念上的升华。

1.1.2 项目管理的发展

1. 现代项目管理的发展

过去的几十年间，全球各类工作场合都发生了诸多具有重大意义的变革，使得项目管理越来越吸引人们的注意力。这些变革包括：

①企业规模小型化（即更少的员工可以做更多的工作）。

②项目和服务体系变得更大、更综合。

③全球竞争更为激烈。

④更多挑剔的用户要求提供更佳的商品及服务。

⑤跨国公司希望就项目管理建立统一的机制。

⑥无处不在的通信网使信息的获得变得更加快捷。

⑦计算机网络，特别是互联网（Internet）的普及应用使得信息高度共享。

在传统的项目管理中，判断一个项目是否成功，主要看项目是否按期交付，成本在预算之内，项目产品符合规定要求。这种传统的观念正在飞速地发生变化，让用户满意已成为项目管理的中心目标。让用户满意主要体现在：延长项目生命期，扩大项目的管理范围，给予项目经理更多的权利，提高项目经理的管理积极性；通过实现项目组织成员的满意，来达到用户满意。当前，项目管理正以一种全新的思维方式和管理模式渗透诸多领域的方方面面。

20 世纪 60 年代，项目管理主要应用在航天、国防、建筑和建设项目中，进入 20 世纪 90 年代以来，随着信息时代的来临和高新技术产业的飞速发展并成为支柱产业，项目的特点也发生了巨大变化，管理人员发现许多在工业时代制造业经济下建立的管理方法，到了信息经济时代已经不再适用。在工业时代制造业经济环境下，强调的是预测能力和重复性活动，管理的重点很大程度上在于制造过程的合理性和标准化；而在信息经济环境里，事务的独特性取代了重复性过程，信息本身也是动态的、不断变化的。灵活性成了新时代新次序的代名词。人们很快发现实行项目管理恰恰是实现灵活性的关键手段。同时，人们还发现项目管理在运作方式上最大限度地利用了内外资源，从根本上改善了中层管理人员的工作效率。于是纷纷采用这一管理模式，并成为企业重要的管理手段。经过长期探索总结，项目管理逐步发展成为独立的学科体系，成为现代管理学的重要分支。

从 20 世纪 90 年代以来，项目管理的应用领域已扩展到电子、制造、智能建筑、信息系统、软件开发、制药行业、医疗护理、金融服务、教育培训、交通运输，以及政府机关和国际组织，已经成为许多企业和组织机构运作的中心模式，在各行各业发挥着重要作用，比如美国白宫行政办公室、美国能源部、世界银行等在其运营的核心部门都采用项目管理。在时间和预算要求比较严格的新项目之中，在商业机构间的全球化竞争之中，项目管理无疑是广受欢迎的技能。在国外，一个重大的法律问题，一次具有创意的广告活动，甚至一次议员和政府官员的竞选，政府要员的出访，都可应用项目管理的理论方法。项目管理随着这些应用的扩展，从事项目管理的人员也逐渐开始从具有各类背景、不同层次和经验水平的人员中选拔出来。为了更好地适应项目经理或者项目经理部成员的角色，每个人都必须对各项目中共有的过程和知识具有基本的了解。

项目管理的理论来自于管理项目的工作实践。随着项目管理知识的普及应用，项目管理的工具和方法得到了很大发展，已经相当完善，效率相当高，对企业经营、资源利用和对市场的快速准确反应都产生了很大的影响。实践证明：不管是哪个行业，如果能够熟练地运用项目管理的技艺，就能成功地管理好项目。

如今，项目管理已经发展成为一门学科，成为现代管理学的一个重要分支。一方面，在世界各地项目管理学的发展方兴未艾，各行各业都开始在他们的项目中研究运用项目管理的知识，项目管理已经被大公司、政府以及小型组织以同样的方式普遍地应用着。

另一方面，项目管理学至今仍是一门发展中的学科，国际项目管理发展的趋势，首先是项目管理的全球化、信息化，主要表现为国际间的项目合作日益增多、国际化的专业活动日益频繁、项目管理专业信息的国际共享，在项目管理中应用电子计算机和专业软件，开始实现项目管理网络化、虚拟化。其次是项目管理的多元化，主要表现为行业领域及项目类型的多样性、多层次发展以及项目管理方法多样化。第三是项目管理的专业化，主要表现为多学科介入，项目管理知识体系的不断发展和完善、学历教育和非学历教育竞相发展，出现了证书认证热、培训热。与此同时，项目管理专业工作人员在驾驭那些令人看好的现代新型企业方面发挥着越来越重要的作用，并取得越来越大的成功业绩。

2. 国际项目管理组织机构

从组织机构上来讲，国际上存在两大项目管理研究体系：即国际项目管理协会(International Project Management Association，缩写为IPMA)以及美国项目管理协会(Project Management Institute，缩写为PMI)。

IPMA是以欧洲为首的体系，于1965年在瑞士注册，是一个非营利性组织，其成员主要是代表各个国家的项目管理研究组织，它非常重视专业人员的资格认证工作。项目管理专业人员分为A、B、C、D四个级别，其中，A级是工程主任级、B级为项目经理级、C级为项目管理工程师级、D级为项目管理技术员级。与PMI资格认证相比，IPMA更注重实践能力，不同的资格证书标准各异，级别之间的档次标准差距很大。

国际项目管理协会（IPMA）编制了自己的项目管理知识体系认证标准，即《国际项目管理专业资质标准》（IPMA Competence Baseline，简称ICB）。

IPMA与每个国家的项目管理组织的分工是：每个国家的项目管理组织负责实现项目管理本地化的特定需要，而IPMA则负责协调国际间的具有共性的项目管理的需求。IPMA还提供范围广泛的产品的服务，包括研究和发展、培训和教育、标准和认证，以及举行各种研讨会等。其会员组织可以得到许多优惠。

美国项目管理协会（PMI）是以美国为首的体系，成立于1969年，是目前全球最大的由研究人员、学者、咨询和管理人员组成的项目管理专业组织。成员主要以企业、大学、研究机构的专家为主，现在已经有4000多个会员。其资格认证制度从1984年开始，通过认证的人员成为项目管理专业人员（PMP）。PMI项目管理专业人员认证与IPMA资格认证的侧重点不同，它虽然包含对项目管理能力的审查，但更注重知识的考核，申请者必须参加并通过包括200个问题的考试。

美国项目管理协会(PMI)也开发了一套项目管理知识体系(Project Management Bode of Knowledge，简称PMBOK)。该知识体系把项目管理划分为9个知识领域：范围管理、进度管理、成本管理、质量管理、人力资源管理、沟通管理、采购管理、风险管理和整体管理。

目前，国际项目管理发展体现为三个热点：证书热、培训热、项目管理软件热。我国也不例外，国家有关部门已经制定出适合我国国情的资格认证框架和细则。

1.1.3 项目管理职业化

目前，大多数的项目管理人员拥有的项目管理专业知识不是通过系统教育培训得到的，而是在实践中逐步积累的。并且还有许多项目管理人员仍在不断地重新发现和积累这些专业知识。通常，人们需要在相当长的时间内（5~10年），付出昂贵的代价后，才能成为合格的项目管理人员。正因为如此，近年来，随着项目管理的重要性为越来越多的组织，包括企业、政府机关和国际机构所认识，组织的决策者开始认识到项目管理知识、工具和技术可以为他们提供帮助，以减少项目的盲目性。于是这些组织开始要求他们的员工系统地学习项目管理知识，以减少项目过程的偶发性。在多种需求的促进下，项目管理知识迅速得到推广普及。与此同时，这些组织开始积极从外部招聘或启用具备项目管理知识的专门人才。

欧洲于 1965 年成立了国际项目管理协会，随后美国在 1969 年也成立了项目管理学会。1976 年美国项目管理学会在蒙特利尔召开研讨会，会议期间，人们开始议论将迄今为止项目管理的通用做法汇集一个标准。后来人们又提出应当把项目管理看作单独的职业。

从客观上讲，项目管理职业化的主要原因是：从 20 世纪 80 年代中期开始，特别是进入 90 年代以来，全球性经济竞争、日益增加的组织结构的复杂性以及降低成本的压力，迫使政府机构和企业给予项目经理和团队成员更大的责权，不仅要他们实施方案，而且还要他们管理合同、了解财务并和用户一道高效率地工作。

现在，项目管理在世界发达国家和地区已经成了一种职业。项目管理人员，特别是项目经理可以像教师、建筑师、工程师、医生、会计师和律师一样以自己的专业知识、技能和经验立足于社会、服务于社会。在全球日益激烈的竞争舞台上，职业项目管理人员已经占据了他人无法替代的位置。而且在发达国家和地区，领导和管理项目能力强、有真材实学的职业项目管理人员十分抢手，相当紧俏。

随着我国社会经济制度的深入改革，加入 WTO 后与国际惯例接轨步伐的不断加快，项目管理的重要性被越来越多的中国企业及组织所认识，运用项目管理知识、工具和技术可以大大减少项目的盲目性，减少项目中种种失误带来的巨大损失。而那些拥有良好项目管理教育和实践经验的人员早已成为各家有实力公司追逐的对象，前景十分广阔。但就我国现状而言，项目管理还处于一个起步阶段，专业化、职业化的项目管理专业人才十分匮乏，远远不能满足市场需求。

21 世纪的企业生产与运作将更多地采用以项目为主的发展模式，项目经理为企业的发展提供了快速扩展的机会和可能。有专家断言，21 世纪是项目经理的时代。美国《财富》杂志称：“项目经理将成为 21 世纪的最佳职业。”。目前在美国，项目管理初级人员年薪一般可达 4.5 ~ 5.5 万美元，中级人员年薪一般可达 6.5 ~ 8.5 万美元，高级人员年薪可达 11 ~ 30 万美元。诱人的高额年薪以及广泛的就业前景，使得项目管理师成为超越 MBA 的最炙手可热的“黄金职业”。拥有项目管理师证书的人可以获得更多的发展机会，将会拥有更辉煌的明天。

1.1.4　项目管理在我国的发展

1. 项目管理在我国发展的历程

现代项目管理虽然发源于美国，但是在我国也有较长的推广、应用和发展历史。20 世纪 60 年代现代项目管理问世不久，就开始在我国传播，领导这一传播活动的首推著名数学家华罗庚教授。华罗庚教授最早将项目管理引入我国，最早倡导、研究和推广网络计划技术，并在一些单位试用。我国 1965 年、1966 年分别翻译出版了《计划评审方法基础》和译文集《计划管理的新方法》等项目管理文献。华罗庚本人于 1965 年出版了《统筹法平话及补充》。网络计划技术，当时叫统筹法，有统筹兼顾、合理安排、保证重点之意，应用在一些重大技术改造项目上取得了实效。作为世界知名的数学家，他当时推广在数学家看来并不深奥的网络计划技术，许多人不理解。现在回过头来看，现代项目管理学科在我国就是由于统筹法的应用而逐渐形成的。这段历史充分反映了他在学术上的远见卓识，说明了他对我国项目管理发展的巨大贡献。

1980年邓小平亲自主持了我国最早与世界银行合作的教育项目会谈，从此中国开始吸收利用外资，而项目管理作为世界银行运作的基本管理模式，随着中国各部委世界银行贷款、赠款项目的启动而开始被大张旗鼓地引入并应用于我国，促使我国建筑行业管理制度作了重大改革。随后，项目管理开始在我国部分重点建设项目中运用，云南鲁布革水电站是利用世界银行贷款项目，是我国第一个采用国际招标、聘用外国专家、使用国际标准、应用项目管理进行建设的水电工程项目，由此而缩短了工期，降低了造价，取得明显经济效益和巨大的成功。在二滩水电站、三峡水利枢纽建设和其他大型工程建设中，都采用了项目管理这一有效手段，并取得了良好的效果。此后建设部、电力部、化工部、煤炭部等相继开展了承包人项目经理，监理工程师培训、考试，实行资格证书制度。财政部、农林部等也结合世界银行贷款进行了项目管理培训。一些高校相继开出了项目管理的课程。

90年代初，在西北工业大学等单位的倡导下成立了我国第一个跨学科的项目管理专业学术组织，即中国项目管理研究委员会（Project Management Research Committee China，简称PMRC）。PMRC是一个行业面宽，人员层次高的组织。正式成立于1991年6月，挂靠在西北工业大学，是我国唯一的、跨行业的、全国性的、非盈利的项目管理专业组织，其上级组织是由我国著名数学家华罗庚教授组建的中国优选法统筹法与经济数学研究会（挂靠单位为中国科学院科技政策与管理科学研究所）。

PMRC自成立至今，做了大量开创性工作，为推进我国项目管理事业的发展，促进我国项目管理与国际项目管理专业领域的沟通与交流起了积极的作用，特别是在推进我国项目管理专业化与国际化发展方面，起着越来越重要的作用。

与此同时，国家劳动和社会保障部职业技能鉴定中心在建立我国的项目管理知识体系（PMBOK）方面做了大量的工作。由于历史和文化背景不同，世界各国在项目管理知识的应用上具有一定的差异性，因此IPMA要求推广IPMP的成员国必须建立适应本国管理项目背景的项目管理知识体系，以及按照其认证标准（ICB）的转换规则建立本国的国际项目管理专业资质认证国家标准（NCB）。2002年9月29日劳动和社会保障部将项目管理师列入第四批国家职业标准中（劳社厅发［2002］10号文），并着手开展项目管理师培训考试试点工作，这标志着我国已经建立了一套既符合中国项目管理实际需求又具有国际通用标准的知识体系和认证标准。我国项目管理师国家职业资格认证工作的正式启动，不仅对国内众多从事项目管理职业的人意义重大，更重要地是它将促进我国项目管理专业的快速发展，培养和造就大批专业化、职业化的高级项目管理人才，为我国社会主义经济建设服务。

凡事要一分为二，尽管改革开放以来我国项目管理工作有了很大的改进和一定的发展，但和国际先进水平相比较，应当承认我国的项目管理与国际水平仍有相当差距。目前我国项目管理存在的问题，首先是发展缓慢，缺乏具有国际水平的项目管理专业人才；其次是应用面窄，仅在建筑、交通、水利、国防、IT等国家大型重点项目以及跨国公司的在华机构中使用较多一些。我国一些国有企业迟迟不能大幅度提高经济效益，工程建设项目工期拖延、超支以及颇具中国特色的“钓鱼工程”、关、停、并、转的情况仍占相当大的比例，尤其是政府部门和国营企业发包人办的项目，经营效益亟待提高。其中很大一个原因就在于管理不善，实际上就是项目管理水平低下。

长期以来，人们屡见不鲜的“豆腐渣工程”，与项目管理人才严重匮乏，项目管理水平低下有着直接的关系。已经导致了工程进行的过程中就发生了资金、人员、质量、进度等方面严重失控，最后是无限度地追加投资及无条件地抢赶工期，不可避免地影响到工程本身的质量。像重庆綦江坍塌的彩虹桥、溃决的九江大堤、因桥面塌陷造成车毁人亡事故的辽宁沈四高速公路那样的项目，造成严重的人员伤亡和财产损失。这种无报建、无开工许可、无招标投标、无正规施工单位、无工程监理、无工程质量检查验收的“六无工程”的施工，其中的一个重要原因就是自始至终看不到真正项目管理的影子。

我国现代化建设呼唤项目管理，改革开放呼唤项目管理。现在我国实行政府采购制度、招投标制度、项目监理制度等旨在杜绝暗箱操作、确保工程建设项目质量的制度。可以肯定，如果在实施这些制度的时候，能更多地贯彻项目管理的理念，采用项目管理的模式，将使各行各业实施的项目、相关政府项目和社会事务实施得更加顺利而富有成效。正因为项目管理在中国有着很强的现实针对性，它甚至可以在相当程度上影响人们的思维模式和行为模式，现在我国的企事业单位、政府机关、社会团体都开始把项目管理模式作为解决问题的一种方法，把项目管理专业人才作为人力资源获取的重点。现阶段主要要做好引进、消化、培养项目管理人才的工作，同时研究一些中国国情下的特殊的问题，逐步形成中国特色。

2. 建设工程项目管理规范的制定

项目管理在我国建设工程项目中的应用最早起源于学习云南鲁布革水电站工程管理经验，现在得到了越来越广泛的应用。为了提高建设工程项目管理水平，适应市场经济发展的需要，促进其科学化、规范化、法制化和国际化，原国家计委和建设部制定了一系列的有力措施：

①1984 年原国家计委提出在建设项目中实行招标承包制。

②1986 年原国家计委又提出全面推行“项目法施工”。

③1996 年建设部陆续出台一系列实施工程项目管理的文件。

④2002 年建设部制定并颁发了我国第一部《建设工程项目管理规范》。

⑤2004 年 10 月 19 日建设部制定并颁发了《建设工程项目经理职业资格管理规则（试行）》。

⑥2004 年 11 月 16 日建设部制定并颁发了《建设工程项目管理试行办法》，该办法自 2004 年 12 月 1 日起执行。

⑦随着中国入世和项目管理国际化的发展，促使对该规范进行修订。2005 年建设部对《建设工程项目管理规范》进行了修订，2006 年 12 月 1 日起实施。

该规范是组建项目管理组织、明确各层次和人员的职责与工作关系，规范项目管理行为，考核和评价项目管理成果的基本依据。它适用于新建、扩建、改建等建设工程的项目管理，规范中明确规定建设工程项目管理必须实行项目经理责任制。

3. 建设工程项目管理规范的要点和创新

修订后的《建设工程项目管理规范》结合中国国情，有许多独特的优点，其灵魂思想是把投资主体的发包人的项目管理体系与承包人的项目管理体系相统一于工程项目管理行为的全过程，它体现了九大项目管理知识体系与我国项目管理实践相结合，投资管理理论与项目生产力理论相结合。

(1) 规范的要点

①重视“范围管理”，加强程序化与制度化管理。

②强调管理计划工作与项目管理规划。

③强化了职业健康、安全与环境一体化管理。

④加强资源管理，强调人力资源的作用。

⑤突出风险管理。

⑥充分发挥沟通管理与网络信息的作用。

(2) 规范的创新之处

①行为主体创新：改变了过去从某一行为主体出发制定规范，而是以项目管理的客观规律为主体、服务对象为主体编写项目管理规范。

②内容创新：将资源、环境、沟通、职业健康纳入了项目管理范畴，体现了以人为本的思想。

③管理方式创新：立足于大力推进工程总承包的新型生产方式和新型经营管理模式，有利于实现工程项目全过程的一体化管理。

④执业资格创新：将执业资格制度培养出的具有执业资格的专业人员与某些行为主体的岗位职业有机结合统一起来。

⑤理论创新：将项目管理的基本理论与我国项目管理实践相结合，以及将投资管理理论与项目生产力理论相结合，在项目管理理论方面有所创新。

1.2 项　　目

1.2.1 项目的定义

项目管理是一门非常广泛、复杂的学科。通常我们所说的“项目”一词，其定义是指为完成某一独特的产品或服务需要组织来实施完成的一次性工作。

对项目的定义要作如下说明：

①单个项目可作为一个较大项目结构中的组成部分。

②在一些项目中，随着项目的进展，其目标需要修改或重新界定，产品特性需逐步确定。

③项目的结果可以是一种或几种产品。

④项目组织是临时性组织，在项目寿命期存在。

⑤项目活动之间的相互影响可能是复杂的。

1.2.2 项目的属性

1. 项目的一次性

项目是一次性的，每个项目都有它的生命期，有明确的开始和结束时间。项目没有可以完全照搬的先例，也不会有完全相同的复制。一次性是项目与重复性操作、运作工作的最大区别，项目的其他属性也是从这一主要的特征衍生出来的。项目的一次性与项目持续时间长短没有必然的联系，但任何项目都是有始有终的。当然项目的生命期与项目产出物的生命期是不同的，多数项目的时间相对而言是短暂的，项目所创造的产品或服务则是长期的，大多数项目的实施是为了创造一个具有延续性的成果。例如，一个竖立民族英雄纪念碑的项目就能够影响好几个世纪。

项目的一次性属性是对项目整体而言的，并不排斥在项目中存在着重复性的工作。项目的一次性也体现在如下几个方面：

①项目：一次性的成本中心。

②项目经理：一次性的授权管理者。

③项目经理部：一次性的施工生产临时组织机构。

④作业层：一次性的项目劳务构成。

2. 项目目标的确定性

任何一个项目都必须预先设定组织的目的和项目的目标。不同的项目有不同的目标。目标不明确，必须导致项目管理的混乱。这些目标包括两个方面，其一是项目工作本身的目标，也叫过程目标或约束目标；其二是项目产出物的目标，也叫成果目标。主要包括：

①时间目标：要求项目在规定的时段内或规定的时点之前完成。

②成本目标：要求项目成本不能超出某个范围。

③其他需满足的要求：包括必须满足的要求和应尽量满足的要求。

④成果目标：要求提供某种规定、符合质量标准的产品、服务或其他成果。

在项目实施过程中成果目标都是由一系列技术指标来定义的，同时都受到多种条件的约束，其约束性目标往往是多重的。因而，项目具有多目标属性。

项目目标允许有一个变动的幅度，也就是可以修改。不过一旦项目目标发生实质性变化，它就不再是原来的项目了，而将产生一个新的项目。

3. 项目的独特性

每个项目都是独特的，总是独一无二的。要么其提供的成果有自身独到的特点；要么其提供的成果虽然与其他项目类似，然而其时间和地点，内部和外部的环境，自然和社会条件有别于其他项目，因此项目的过程总具有自身的独特性。另外即使是相类似的项目产品或服务也总是在不断的更新和完善，具有重复的要素并不能够改变其整体根本的独特唯一性。例如，这些年全国各地盖了不少住宅楼，这些住宅在功能上有着共性，但又都各具有特性，每一座独立的建筑都是唯一的，这是因为不同的发包人、开发商、设计者，以及项目所处的位置和景观不同，要求和标准不同从而形成塔式楼或板式楼，高层或多层，公寓或别墅等多种形式的住宅。

4. 项目的不确定性

项目的不确定性主要是由于项目的独特性造成的，由于每一个项目都是独特唯一的，往往需要在不同方面进行不同程度的创新，而创新就包含着各种不确定性；其次，项目的一次性也是造成项目不确定性的原因，因为项目活动一次性使得人们没有改进的机会，使项目的不确定性增大；另外，还由于项目所处环境多数是开放的和相对变动较大，有时很难确切地定义项目的目标，很难准确估计完成项目所需的时间和费用支出。这种不确定性是项目管理具有挑战性的主要原因之一，这种情况在智能建筑工程项目中更为突出。

5. 组织的临时性和开放性

项目团队在项目进展过程中，其人数、成员、职责都不断地变化。某些成员是借调来的，项目终结时团队要解散，人员要转移。参与项目的组织往往有多个，少则一二个，多则几十个，甚至上百个或更多。他们通过合同以及其他的社会关系结合到一起，在项目执行过程中成员和职能也在不断变化，在项目的不同时段以不同的程度介入项目活动。可以说，项目组织没有严格的边界，是临时的、开放的，有时甚至是模糊的。这与一般企事业单位和政府机构很不一样。

6. 项目开发与实施的渐进性

每一个项目都是独特唯一的，产品或服务的显著特征必定是逐步形成的。每个项目的特征都是在项目的早期阶段被大致地作出界定，当项目团队成员对产品有了更充分、更全面的认识以后，就会更为明确和细致地确定这些特征。因此其项目的开发必然是渐进的，不可能从其他模式那里一下子复制过来。即使有可参照、借鉴的模式，也都需要经过逐步的补充、修改和完善。项目的实施同样需要逐步地投入资源，持续地累积可交付成果，始终要精工细作，直至项目的完成。

7. 项目活动的整体性

项目中的一切活动都是相互联系的，构成一个整体。不能有多余的活动，也不能缺少某些活动，否则必将损害项目目标的实现。项目在一定程度上受到各种相互关联的客观条件的制约，其中主要的制约是时间、费用、质量、资源、技术、信息以及环境等方面。因此，项目管理者必须在一定的时间和费用条件下，善于运用这些条件，并在不超越这些条件的情况下实现既定目标。

项目活动的整体性和系统性对智能建筑工程项目特别重要，因为其核心关键技术是信息技术。与其他技术的交叉融合是当今信息技术发展的一个重要特征，其应用不断快速地向其他各个领域推广、渗透和融合，所以，应该将产品特征的逐步形成与项目范围（需要做的工作）正确的界定加以仔细地协调，特别是当项目是根据合同实施的情况下，对这一点要更加注意。当作出正确的界定以后，项目的范围即使当产品的特征是逐步形成的，范围也应该保持不变。

8. 结果的不可逆转性

项目不能像其他的事情那样做坏了可以重来，也不可以试着做，项目结果具有不可逆转性。一旦出现失误，很难有纠正的机会。项目必须确保成功，一旦失败就无可挽回，为此，对项目实施过程中的每个环节都必须科学地、严格地加以管理。

9. 项目需要使用多种资源

项目管理学科中所定义的项目，是指具有一定规模的、需要使用多种资源的项目，不包含那些过于简单、一个人就能完成的事情。对智能建筑工程项目而言，这些资源包括发包人、承包人和监理单位三方的工程人员、设备材料、网络、操作系统和应用软件等。项目的这一属性决定了项目必须具有相当的规模，消耗较多的资源，并需要有各方的配合才能完成。举例来说，一个女孩织一件毛衣，就不能算是项目，因为它规模太小，不需要别人配合一个人就能完成。

1.2.3　与项目有关的其他概念

某些类型的工作与项目相似并有密切联系，它们之间的区别往往不容易界定，现说明如下：

1. 项目计划

项目计划是用来指导组织、实施、协调和控制项目过程的文件，也是处理项目不确定性，避免浪费和提高效率的手段。项目计划可以是阶段性计划，也可以是全过程计划。有些计划还包括一系列不断展开的周期性运作过程。如我国 20 世纪末的高科技研发计划（863 计划），包含了许多涉及当时科学前沿的科研项目。再比如企业年度经营计划，涉及组织内许多项目。

2. 子项目

项目通常划分为多个容易管理的部分，可称为子项目。这些子项目常分派给组织内部的单位或发包给组织外部的承包人。子项目和其他项目一样要有可交付成果，区别在于子项目的成果通常是局部性的、阶段性的，不像项目成果能够独立地完整地发挥效用和效益。不过，这个区别也是相对的，取决于对顾客需求的效用和效益的界定。

子项目的例子如：智能建筑项目中的综合布线、楼宇自控系统、办公自动化系统、通信自动化系统都是它的子项目。软件开发项目中的系统分析、流程设计、编程、测试等都是子项目。

一般来讲子项目是项目的子集，项目是计划的子集。不过，有的时候计划也可以是某个大项目的子集，如某城市智能小区建设项目中，可以包括一个为推广该小区房地产项目而设立的有关智能化工程特点的宣传计划，如突出其智能、舒适、节能、健康和安全的特色。

3. 方案

方案是提出和描述解决问题的方式方法的文件，其内容是一系列以相互协调方式管理的项目的集合。将集合内的项目进行分别管理是得不到我们所说“方案”的。许多方案还包括正在运行的要素，可能会包括一系列重复的或周而复始的工作。在某些应用领域，方案管理与项目管理被视为同义词，而在另一些领域，项目管理被看作是方案管理的子集，在某些情况下，方案管理被认为是项目管理的子集。这种丰富多变的内涵使任何关于方案管理与项目管理的讨论都必须首先对二者的定义有清晰、固定的共识。例如：智能建筑大的方案往往既包括房屋设计和建设的项目，还包括智能化工程系统设计和集成的项目，大方案中包含了若干小方案，项目管理是方案管理的子集，这种情况在许多大系统中比较常见。如果把建筑和智能两个项目分开单独管理，则其中的每一个项目都有自己本身的解决方案，方案管理与项目管理实际上是一回事。

4. 项目资源

资源的概念内容十分丰富，可以理解为一切具有现实和潜在价值的东西，包括自然资源和人造资源、内部资源和外部资源、有形资源和无形资源。诸如人力和人才、原料和材料、资金和市场、信息和科技等。此外，专利、商标、信誉以及某种社会联系等，也是十分有用的资源。特别是在走向知识经济的时代，知识作为无形资源的价值更加突出。资源轻型化、软化的现象值得重视。我们不仅要管好用好“硬”资源，也要学会管好用好“软”资源。

由于项目固有的一次性特点，项目资源不同于其他组织机构的资源，它多是临时拥有和使用的。资金需要筹集，服务和咨询要采购（如招标发包），有些资源还可以租赁。在项目实施过程中资源需求变化甚大，有些资源用毕后要及时偿还或遣散，任何资源积压、滞留或短缺都会给项目带来损失。项目资源的合理、高效地使用对项目管理尤为重要。

5. 项目目标

项目要求达到的目标可分为两类，必须满足的规定要求和附加获取的期望要求。

规定要求包括项目实施范围、质量要求、成本和时间目标以及必须满足的法规要求等。这里质量指的是狭义的概念，如项目及项目成果的技术指标和性能指标等；为了区别于广义质量，可以采用“品质”这一术语。在一定范围内，品质、成本、进度三者是互相制约的，如图1.2-1所示。当进度要求不变时，品质要求越高，则成本越高；当成本不变时，品质要求越高，则进度越慢；当品质标准不变时，进度过快或过慢都会导致成本的增加。

期望要求常常对开辟市场、争取支持、减少阻力产生重要影响。譬如一种新产品，除了基本性能之外，外形、色彩、使用舒适，建设和生产过程有利于环境保护和改善等，也应当列入项目的目标之内。

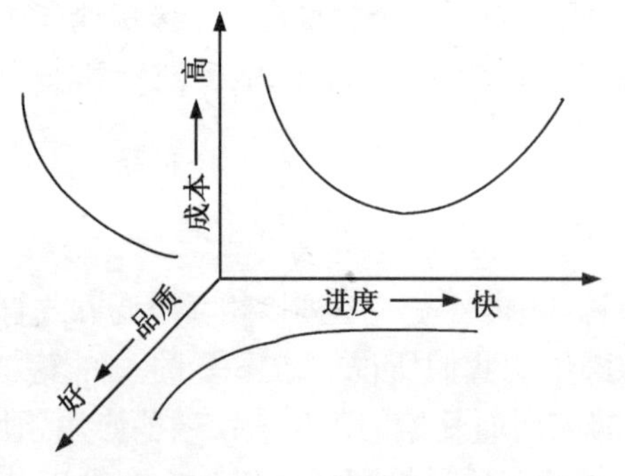

图1.2-1　成本、品质、进度三者的相互关系

6. 项目与运作的异同

尽管“项目”与“运作”这两者概念有时候是重叠的，两者之间存在一些类似的东西，例如：都是由人来操作的；都受到资源的限制；都需要进行计划、执行和控制，但是“运作”是持续性的和重复性的，而项目是临时性的、一次性的。所谓工作通常既包括具体的运作又包括项目本身。

运作与项目最根本的不同在于运作是具有

连续性和重复性的，而项目则是有时限性和唯一性的。所有的项目都有一个明确的开端和结尾；项目可以在各类机构的各个层次上创建起来；项目经理部成员可能从一个人到成千上万人；项目进行的时间跨度可以长短不一，范围可能只牵涉机构内某个单一部门，也可能横跨几个机构。

7. 工程

工程是将理论和知识应用于实践的科学，工程项目一般是指比较大型的工程建设项目。不过在谈到“工程”一词时，还要考虑到人们日常用语的习惯。在汉语中常以“工程”一词来称呼计划、项目或子项目。例如，“希望工程”是一项民间捐助失学儿童重返校园接受义务教育的项目，和人们常讲的建设工程没多大关系；“长江三峡工程”是一项水利工程项目，是传统意义上的建设工程项目；校园网的“综合布线工程”是网络系统工程项目中的一个子项目；“软件工程”则是指运用工程的方法进行软件开发等。在某些应用领域中，工程管理、计划管理和项目管理被视为同义词；而在另一些场合，一个则是另一个的子集，这些含义上的多重性，要求在特定场合使用时对每一个术语的定义做出明晰的约定。

8. 建设工程项目

建设工程项目是指为完成依法立项的新建、改建、扩建的各类工程（土木工程、建筑工程及安装工程等）而进行的、有起止日期的、达到规定要求的一组相互关联的受控活动组成的特定过程，包括策划、勘察、设计、采购、施工、试运行、竣工验收和移交等。

1.3　项目管理环境

1.3.1　项目管理环境的定义

项目管理环境是指项目管理应当具有的视野和需要涉及的方面的总和，或者说是对项目和项目管理可能产生影响的诸多方面的总和。项目活动和项目管理是在一个比项目本身大得多的相关管理环境中进行的。项目管理人员必须对项目管理环境（包括其内外环境）有正确的认识和足够的了解。项目管理环境包括（但不限于）项目的阶段和生命期、项目利益相关者、与项目有关的管理知识和方法、项目组织机构和项目外部环境等。

1.3.2　项目阶段和项目生命期的概念

由于项目是作为系统的一部分加以运作的，并具有一定的不确定性，有必要将项目分为若干个阶段。项目生命期指的就是这样一系列项目阶段的集合。

项目从开始到结束是渐进地发展和演变的，不同的项目可以划分为内容和个数不同的若干阶段，这些不同的阶段先后衔接起来便构成了项目的生命期。由于项目种类繁多，所以项目生命期的长短和具体阶段的划分会有差异，小项目的生命期只有几个小时或几天，而大型项目的生命期可能要几年或十几年；小型项目的前两个阶段可合并为“构思阶段”，而大型复杂项目可划分六七个甚至十几个阶段。

举例来说，建筑工程项目可分为：发起和可行性研究、规划与设计、安装与施工、验收与移交；软件开发项目可分为：软件定义、软件开发和软件维护三个时期，每个时期又进一步划分成若干个阶段，如总体设计、详细设计、编码、单元测试、综合测试等；世界银行贷款项目的生命期分为六个阶段：项目选定、项目准备、项目评估、项目谈判、项目实施和项目后评价等。

尽管不同项目其项目阶段的名称、内容和划分各不相同，为了便于说明，项目生命期一般可以依次归纳为四个大阶段，它们是启动阶段（又称概念阶段）、规划阶段、实施阶段和收尾阶段。这四个阶段按照一定的顺序排列，并构成了项目的实施过程。项目实施过程的四个大阶段既有联系，又互相作用和影响。

为了更好地完成项目实施过程中每个阶段的各项目工作和活动，需要开展一系列有关项目计划、决策、组织、沟通、协调和控制等方面的管理活动，这一系列管理活动便构成了项目管理过程。项目管理过程一般由五个过程组成，即包括启动过程、计划过程、执行过程、控制过程和结束过程。

项目生命期是一次性的过程，项目管理过程则不然，项目管理的五个过程贯穿于项目生命期中的每一个阶段，并按一定的顺序进行，其工作强度也有所变化。

启动过程接受上一阶段交付的成果，经研究确认后下一阶段可以开始，并提出对下一阶段的要求；计划过程根据启动过程提出的要求，制定计划文件作为实施过程的依据；实施过程中要定期编制实施进展报告，指出实施结果与计划的偏差；控制过程根据实施报告制定控制措施。计划、实施、控制三个过程往往要反复循环，直至实现该阶段启动过程提出的要求，才能结束。

（1）里程碑

里程碑是指项目中的重大事件，通常指一个主要可交付成果的完成，它是项目进程中一些重要标记，是在计划阶段应该重点考虑的关键点，里程碑既不占用时间也不消耗资源。

（2）可交付成果

可交付成果是指某种有形的，可以核实的工作成果或事项，包括中期可交付成果和最终可交付成果两类。如启动阶段结束时，批准可行性研究报告是项目的一个里程碑，可交付成果是可行性研究报告。计划阶段结束时，批准项目计划也是项目的一个里程碑，可交付成果是项目计划文件。执行阶段结束时，项目完工又是项目的一个里程碑，可交付成果是有待交付的完工产品和文件。收尾阶段结束时，项目交接是项目的最后一个里程碑，可交付成果是完工产品和文件。

1.3.3 项目阶段的特点

每个项目阶段通常都规定了一系列工作任务，设定这些工作任务使得管理控制能达到既定的水平。大多数这些工作任务都与主要的阶段工作成果有关，这些阶段通常也根据这些工作任务来命名，例如启动阶段、规划阶段、实施阶段和收尾阶段等，以及其他恰当的名称。特点如下：

（1）每个项目阶段都以一个或一个以上的工作成果的完成为标志，这种工作成果是有形的，可核实鉴定的。如一份可行性研究报告、一份详尽的设计图。这些中间过程，以至项目的各阶段都是总体逻辑顺序安排的一部分，制定这种逻辑顺序是为了确保我们能够正确的界定项目的产品。

（2）审查可交付的工作成果是项目阶段结束的标志，通常是对关键的工作成果和项目实施情况进行核实。作这样的核实主要目的是确定项目是否可以开始进入下一阶段。例如，可行性研究报告批准后才能开始规划与设计，用户需求分析报告经签字确认后才能开始总体方案设计。

（3）用事先确定的标准来衡量交付的工作成果。衡量不同的可交付成果的标准是不同的，因此，在每一阶段开始前就应明确用何种标准，如对项目可行性报告审查的标准是原国家发展计划委员会发布的《投资项目可行性研究指南》、《投资项目经济评价参数》等。

（4）认真完成各阶段的可交付成果很重要。一方面，为了确保前阶段成果的正确、完整，避免返工；另一方面，由于项目人员经常流动，前阶段的参与者离去时，后阶段的参与者可顺利地衔接。当风险不大、较有把握时，前后阶段可以相互搭接以加快项目进展。这种经过精心安排的项目互相搭接的做法常常叫做“快速跟进”（Fast track）。需要特别指出的是，这种快速跟进与盲目的“三边”做法（边发起、边计划、边实施）有本质的区别。

项目阶段和过程之间的联系见图1.3-1。

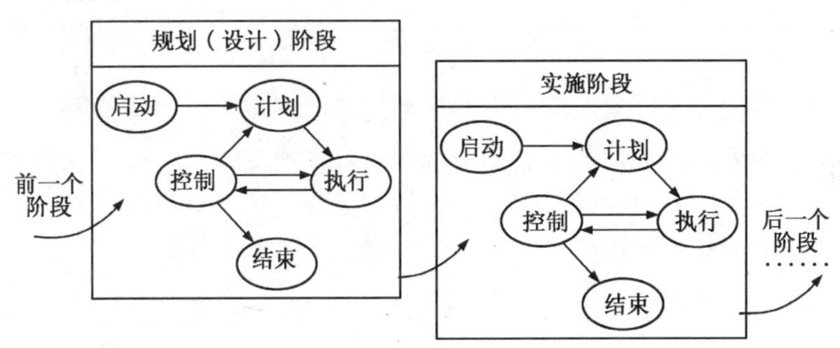

图1.3-1　项目阶段之间和过程之间的联系

1.3.4　项目生命期的特点

项目生命期确定了项目的开端和结束。例如，当一个组织看到了一次机遇，它通常会做一次可行性研究，以便决定是否应该就此设立一个项目。对项目生命期的设定会明确这次可行性研究是否应该作为项目的第一个阶段，以及项目持续时间的长短。

项目阶段的前后顺序是由项目生命期确定的，在项目实施过程中，通常要求现阶段的工作成果经过验收合格后，才能开始下阶段工作。但是，有时候后继阶段也会在它的前一阶段工作成果通过验收之前就开始了，当然要求由此所引起的风险是在可接受的范围之内时才可以这样做。这种阶段的重叠在实践中常常被叫“快速跟进”。

有些项目的子项目可能也会有清晰的生命期。比如，智能建筑工程可以划分为土木建筑工程和智能化工程两个独立的子项目，每个子项目都有自己的项目生命期和阶段划分。

项目生命期的主要特点包括以下几方面：

①不同的项目阶段资源投入强度不同：项目开始时资源投入少，以后逐渐增加，在项目的实施、控制阶段达到最高峰，此后又逐渐下降，直至项目终止。如图1.3-2表示典型资源投入模式。

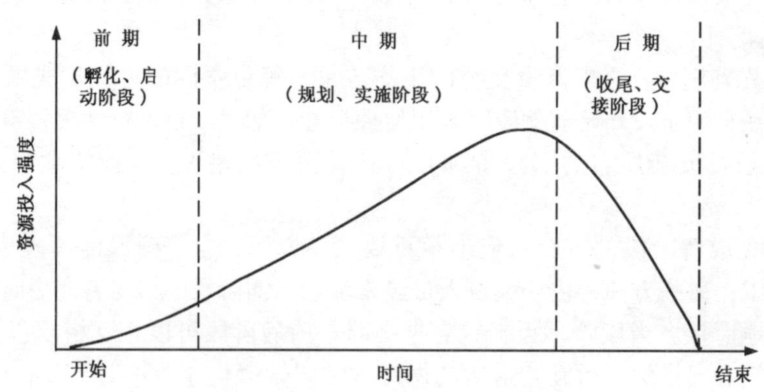

图1.3-2　项目生命期内典型的资源投入模式

②不同的项目阶段面临的风险程度不同：项目开始时风险和不确定性最高，成功的概率最低。随着项目任务一项项的完成，不确定性和风险逐渐减少，项目成功的可能性也越来越高。

③不同的项目阶段外界因素对项目影响的程度不同：在项目起始阶段，项目利益相关者的能力对项目产品的最终特征和最终成本的影响力是最大的，随着项目的逐步进展，项目利益相关者对项目的影响力逐渐削弱了。项目利益相关者对项目的影响主要表现在对项目实施所发生偏差的调整，如因项目变更和纠正错误而增加所需费用或延长工期。

1.3.5　项目阶段的划分

不同的项目所划分的项目阶段不同，但通常划分为4个阶段：

1. 启动阶段

项目启动是指批准开始一个项目或一个已进行的项目可以进入下一阶段的过程。其步骤包括：

（1）项目发起

项目选定后，还要有一个发起的过程，才能使项目运作起来。所谓项目发起就是让与项目有切身利益的各方承认项目的可行性和必要性，愿意利用项目的机会，并同时愿意承担项目的风险，根据各自的义务投入相应的人力、物力、财力和信息。项目建议书就是一种项目发起文件。项目发起人可以是投资者、项目产品或服务的用户、项目发包人、项目委托人等。

（2）项目核准

项目选定后，特别是大型项目，如由政府投资的公益性和基础性项目，必须经过核准，才可能将项目所需的全部权力交给项目经理部。而一些小型项目，无须经过核准。

（3）项目启动

项目启动就是项目经理部开始项目或项目某阶段的具体工作。有些项目提交了项目建议书，并得到批准后，项目即可启动；有些项目则必须在项目建议书批准后再编写项目可行性研究报告，待可行性研究报告批准后，项目才可启动。项目正式启动有两个明确的标志：一是任命项目经理、建立项目管理团队；二是由项目主管部门颁发项目许可证，赋予项目经理开展活动的权力。

（4）项目立项

项目立项是正式认可一个新项目开始。项目经过项目实施组织决策者和政府有关部门的批准，特别是大中型项目，需要列入政府和经济发展计划或实施组织计划的过程称为立项。

（5）明确项目要求

项目经理在接受委托之后，准备启动之前，必须明确项目委托人对项目的要求。这些要求包括：项目内容、外部环境条件，资源情况，项目目标及项目范围界定。

2. 规划阶段

编制项目计划的过程叫做项目规划。项目规划是预测未来、确定任务、估计可能遇到的问题，并提出完成任务和解决问题的方案，并详细估计所需资源的种类、数量以及所需的时间和费用。

（1）项目规划的原则

目的性：项目目标是项目规划的核心，项目规划就是围绕如何实现项目目标而制定的。

系统性：项目规划本身是一个系统，它是由各项子规划构成的，各项子规划不是孤立存在的，而是密切相关的，要使项目规划形成有机协调的整体。

动态性：项目所在环境常处于变化之中，这就会使规划的实施偏离目标。因此项目规划要随环境的变化而不断调整和修改，确保项目目标实现。

相关性：构成项目规划的任何子规划的变化都会影响到其他子规划的制定和执行，进而影响到项目的正常实施。因而，在制定项目规划时，必须考虑各子规划间的相关性。

（2）项目规划内容

①确定项目目标：明确项目所要达到的要求和结果，并将项目总目标逐层分解为具体的子目标。对目标的描述要清晰、明确、易于理解。

②范围规划：确定项目范围并编写项目范围说明书。项目范围说明书阐明为什么要进行这个项目，明确了项目目标和主要的可交付成果，是项目实施的重要基础。

③项目分解：为了便于制定项目整体规划和各部分具体计划，将项目及其主要可交付成果划分成一些较小更易于管理的部分，以使这些较小部分的时间、进度、质量和资源更容易确定。

④进度规划：编制项目进度计划。通过进度规划确定项目各项工作之间的逻辑顺序，估算各项工作所需的时间和资源，进而编制项目进度计划。

⑤费用规划：费用规划包括资源规划、费用估算和编制费用计划。

⑥质量管理规划：确定项目应采用的质量标准以及如何达到这些标准。

⑦组织规划：确定项目经理、项目经理部成员的责任、权利和义务，以及内、外部通报和报告的关系。

⑧风险管理规划：风险管理规划包括风险识别、风险分析和风险应对计划。

3. 实施阶段

实施阶段主要是具体实施项目计划。此阶段项目管理的重点是跟踪实施过程并进行过程控制，以使项目按照计划有序、协调地进行。当出现偏离预定目标情况时，分析原因，采取纠偏措施。

（1）项目实施准备

①计划核实：在项目计划执行之前，应对项目计划是否完整、合理、可行，资源是否有保证，项目经理部的权限是否得到各方承认进行核实。

②计划签署：让项目参与者在项目计划上签字，以表明其愿意承担责任和风险，愿意全力支持项目工作。

③实施动员：宣传项目光明前景，激发项目成员的工作热情和斗志，使大家相信经过努力，项目一定能够成功。

（2）项目计划执行

在项目计划执行过程中，事先应建立工作核准系统，包括必要的审批制度、人员权限及其他有关资料。该系统能保证各项工作的时间和顺序不出问题。项目经理部必须协调项目内、外的各种关系，相关人员之间保持顺畅沟通，还要进行信息分发与编写项目进展报告。

（3）项目跟踪

项目跟踪的基础是建立项目管理信息系统，在项目实施全过程中保证对项目进展情况跟踪的及时性、准确性、连续性和系统性。

（4）项目控制

为保证项目成功和各项目标的实现，必须对项目实施中出现的偏离采取措施给予纠正，该过程即为项目控制。项目控制贯穿项目实施全过程，而且是一个动态的过程。

4. 收尾阶段

项目收尾是项目的最后一个阶段，没有这个阶段，项目产品就不能投入使用。

（1）验收、移交

项目阶段结束时，项目团队要对已完成项目可交付成果进行验收，验收合格后交付给项目使用者或项目发包人，并在事先准备好的文件上签字。

（2）合同收尾

合同收尾指完成和终结一个项目或项目各阶段的合同，结清账款，解决遗留问题和未了事项。

（3）管理收尾

当项目完成或项目阶段因故中止时，都必须做好管理收尾。

1.3.6　项目利益相关者

1. 项目参与人

项目参与人是指项目的参与各方，即项目当事人。大型复杂的项目往往有多方面的人参与，例如发包人、投资方、贷款方、承包人、供货商、建筑/设计师、监理工程师、咨询顾问等。他们往往是通过合同和协议联系在一起，共同参与项目，项目参与人往往就是相应的合同当事人。发包人通常都要聘用项目经理及其管理团队对项目进行管理。实际上项目的各方当事人需要有自己的项目管理人员。图 1.3-3 是项目参与人关系的示意图。

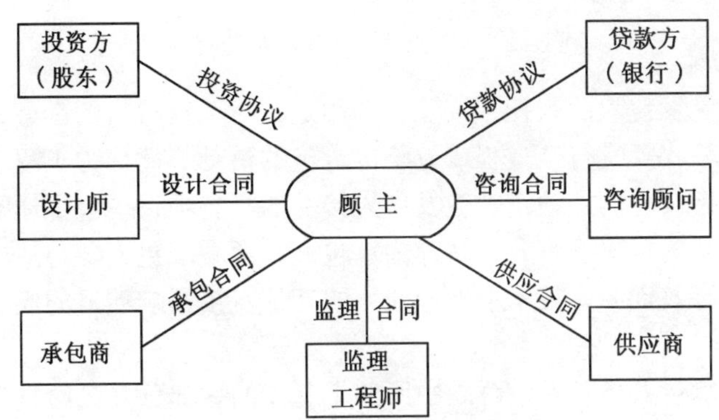

图 1.3-3　项目参与人之间的联系示意图

(1) 项目经理

项目经理是企业法定代表人在建设工程项目上的授权委托代理人。他是项目的负责人，是项目组织的核心，是决定项目成功与失败的关键人物。

项目经理必须明确自己在项目管理中的地位和作用、职责和权限。项目经理负责沟通项目的有关方面，协调各有关方面的利益，尽可能使各有关方面的需求和期望得到满足。

(2) 项目经理部

项目经理部是由项目经理在企业法定代表人授权和职能部门的支持下组建的、进行项目管理的一次性的现场组织机构。它是与项目相关的多个项目团队中的一种。

(3) 项目团队

广义的项目团队是两个以上的项目参与人通过一定的互动构成的利益共同体；狭义的项目团队是在项目实施期间由一些不同背景、不同技能和不同知识的人员组成的群体。项目团队必须有明确的目标并为之奋斗；团队成员有合理的分工与协作；团队赋予每个成员相应的权力和责任。具备以上三点的团队才可能是一个有凝聚力的团队，在团队成员的共同努力下实现项目目标。

一般建设工程项目团队包含有工程指挥部、项目经理部、项目监理部等几种类型。

(4) 项目发包人

项目发包人是指按招标文件或合同中约定，具有项目发包主体资格和支付合同价款能力的当事人以及取得该当事人资格的合法继承人，简称为发包人。通常发包人对项目负有最大的责任，如审查可行性研究报告、筹集资金、组织项目实施、对项目进行验收、与项目的利益相关者进行沟通和协调。

发包人、业主和用户可以是一个人、几个人或组织，它们有时是两位一体或三位一体的，有时是分开的。例如房屋的发包人是指项目开发商；业主是指购房者，真正拥有该物业产权；用户是指住户，是房屋实际使用者。

(5) 投资者

项目的投资者可以是政府、组织、个人、银行或股东，他们最关心项目是否成功，能否盈利或能否收回投资。投资者可通过直接投资、发放贷款、发行债券、发行股票方式向项目经营者提供资金。投资者的主要责任是做出正确的投资决策，其管理重点在项目的启动阶段。

(6) 项目承包人

项目承包是指受发包人的委托，按照合同约定，对工程项目的勘察、设计、采购、施工、试运行和竣工验收等实行全过程或分阶段承包的活动，简称为工程承包。

项目承包人是指按合同中约定、被发包人接受的具有项目承包主体资格的当事人，以及取得该当事人资格的合法继承人，简称为承包人。通常承包人参与从项目启动到结尾的全过程，其拥有的有效资源、技术水平和能力的高低直接影响项目的成功与否。

(7) 项目分包

项目分包是指承包人将其承包合同中所约定工作的一部分发包给具有相应资质的企业承担，简称为工程分包。

项目分包人是指按合同中约定、承担项目分包任务的当事人，以及取得该当事人资格的合法继承人，简称为分包人。当项目规模较大、技术复杂时，项目中某些子项目可能分包出去，这将有利于缩短项目完成时间、提高质量，但必须加强承包人和分包人的沟通和协调。

(8) 供应商

供应商即为项目提供原材料、设备、工具等的商人。供应商要按时、按质、按量提供项目所需物质，当然供应商也希望获得预期的利润。

(9) 设计师

设计师负责项目的方案和图纸设计，包括系统分析计算、项目总体方案和各子项目设计，完成后将设计方案、图纸和计算分析报告提交给发包人。

(10) 监理工程师

监理单位是指依法成立的、独立的、智力密集型的从事工程监理业务的社会经济实体，受发包人的委托与其签订监理合同，承担工程监理业务。监理工程师是由监理单位派驻项目实施现场的专业技术人员。

(11) 咨询顾问

咨询顾问有管理咨询、技术咨询、工程咨询、财务审计咨询等不同的层面。咨询顾问师可针对项目实施过程中的任何问题，向发包人提供咨询意见、解决方案等，其中包括投资决策、流程再造、组织变革、管理制度等都在其咨询的范畴之内。

监理和咨询是两个不同的概念，一般而言监理服务包含了咨询顾问的内容。对于监理公司和咨询公司来讲，其运行机制建立在不同的法规体系之上，监理对法规的依赖性更强，更加照章办事；咨询顾问意见则无多大约束，可听可不听。二者对顾主的价值体现在不同的层面上，咨询顾问侧重于规划，监理更侧重于全面：规划+监督管理。

(12) 代建单位

政府投资项目通过招标选择专业化的项目建设机构作为代建单位，由项目代建单位全面负责项目的建设实施，项目建成后移交给项目使用单位。其作用是体现了“投资、建设、管理、使用”职能的彼此分离，可以有效避免擅自扩大建设规模，提高建设标准，增加建设内容等行为，以及“概算超估算、预算超概算、结算超预算”的三超问题，达到提高投资效益和管理水平的目的。

2. 项目利益相关者

项目利益相关者包括项目参与人（当事人）和其利益受该项目影响（受益或受损）的个人和组织，也可以把他们称作项目的利害关系者。除了上述的项目当事人外，项目利益相关者还可能包括政府的有关部门、社区公众、项目用户、新闻媒体、市场中潜在的竞争对手和合作伙伴等，甚至项目经理部成员的家属也应视为项目利益相关者。

项目不同的利益相关者对项目有不同的期望和需求，他们关注的问题常常相差甚远。例如发包人也许十分在意时间进度，设计师往往更注重技术方面，政府部门可能关心税收，附近社区的公众则希望尽量减少不利的环境影响等。弄清楚哪些是项目利益相关者，他们各自的需求和期望是什么，设法满足和影响这些需求和期望，对于项目管理者非常重要。只有这样，才能对利益相关者的需求和期望进行管理并施加影响，调动其积极因素，化解其消极影响，确保项目获得成功。

3. 项目需求

项目要求达到的目标是根据需求和可能来确定的。一个项目的各种不同利益相关者有各种不同的需求，想要完全满足项目利益相关者的需求和期望可能是非常困难的，因为众多项目利益相关者的需求和期望可能有所不同，有时相去甚远，甚至相互抵触。比如：一个智能建筑部门的主管可能希望新的信息系统运行成本低，系统维护人员却更注重技术的完善，而项目承包人更感兴趣的可能是如何获得尽可能大的利益。这就更要求项目管理者对这些不同的需求加以协调，统筹兼顾，以取得某种平衡，最大限度地调动项目利益相关者的积极性，减少他们的阻力和消极影响。

总的来说，要解决项目利益相关者目标的分歧还是要以顾客的需求和期望为准。但是，这并不是意味着我们可以忽略其他项目利益相关者的要求与期望。对于项目管理而言，寻求一种适当的方式解决众多项目利益相关者的需求冲突是一项重大的挑战。

项目利益相关者的需求往往是笼统的、含糊的，他们有时缺乏专门知识，难以将其需求确切、清晰地表达出来。因此需要项目管理人员与利益相关者充分合作，采取一定的步骤和方法将其确定下来，成为项目要求达到的目标。

项目利益相关者在提出其需求时，未必充分地考虑了其实现的可能性。项目管理者还应协助发包人进行可行性研究，评估项目的得失，调整项目的需求，优化项目的目标。有时可引导发包人和其他利益相关者去追求进一步的需求，有时要帮助他们放弃不切实际的需求，有时甚至要否定一个项目，避免不必要的损失。

项目利益相关者的需求在项目进展过程中往往还会发生变化，项目需求的变化将引起项目目标、范围、计划、费用、工期等一系列相应的变化。因此，根据需求进行范围管理是项目管理的重要内容。

1.3.7 项目的组织机构

1. 项目在组织中的地位

项目要由一定的组织机构来完成，组织通常比项目本身更为庞大，例如企业、公司、政府机构、卫生医疗机构、跨国集团、专业团体及其他。项目通常只是组织的一部分，有时甚至当一个项目本身就是一个组织时，项目仍然会受到设立该项目的一个或多个组织的影响，项目在组织中的层次和地位对项目能否顺利进行会有重大的影响。有两类不同的情况：

①项目处于组织的最高层次，是组织的主要任务。例如长江三峡工程总公司的主要责任就是进行长江三峡工程项目开发。在这种情况下，项目负责人往往是组织的最高领导，或者项目机构本身就是这个组织的主体；项目除受其本身组织的影响外，在很大程度还受其上级组织的影响。

②项目处于组织的较低层次，只是某个组织的部分任务，该组织承担着某些比项目范围更大的职责，这种情况较普遍。

2. 项目组织管理体制

以项目为基础的组织是通过项目来实现运作的，可分为采取项目管理体制或非项目管理体制的两个大类型：

①采取项目管理体制的组织：当一个组织的业务主要是通过项目来完成时，多数采取项目管理体制，包括自身为项目发包人的组织和靠为他人执行项目获得收入的组织，如发包人，监理公司，承包人等。

②不以项目为基础的组织：有些组织，例如制造行业等，其主要的业务不以项目方式运作，通常采用非项目管理体制，当这些组织也需要做一些项目时，因为缺乏以项目为导向的管理系统就会产生项目管理上的困难。在这种情况下，可以在该组织中下设一个部门，如项目管理部，采用类似项目管理的体制。

3. 项目组织结构形式

项目所在的组织通常既要承担项目又需具备各类常规的业务职能，因此，其组织结构有多种形式。组织结构会对取得项目资源的可能性有所限制，在项目生命期的不同阶段，组织结构形式也可以有所变动。组织的结构类型从职能型到项目型跨度很大，在这两者之间，还有好几种矩阵型，不同的组织结构形式会对项目产生重要的影响，包括积极的和消极的影响，这样，在组建项目团队时就应该非常准确地了解组织结构是怎样影响项目实施的。

4. 组织文化和风格

大多数组织都会形成自己独特的、可描述的组织文化及其外在风格，这种文化在许多方面都会有所反映。反映了一个组织和组织中大多数人共同的价值趋向、行为准则、典范模式以及信仰和期盼等。这种文化还体现在它的外在风格中，有的紧张严肃、积极进取；有的轻快、活跃、鼓励个性。有的偏好争论，有的习惯于服从，有的稳重、保守，有的敢于冒险，勇于开拓等。

在组织的政策、程序上，以及在对上下级关系的观点上和其他方面上，组织文化常常会对项目产生直接的影响。例如，在一个开拓型的组织中，组织成员所提出的非常规性的或高风险性的建议更容易被采纳；在一个等级制度严格的组织中，一个高度民主的项目经理可能容易遇到麻烦；而在一个很民主的组织中，一个注重等级的项目经理同样也会受到挑战。

当然，项目管理人员要主动参与培育营造积极的组织文化和风格，改变和消除消极因素，但是，在另外一些情况下不同的组织文化和风格并无良莠、对错之分，项目管理人员就该自己融入所在的组织文化和风格中去。例如政府机关与军事组织，学术机构与文艺团体，工业企业与农村合作社，它们之间无论如何会有不同的组织文化和风格，因为它们从事着不同性质的工作，承担着不同类型的项目。

1.3.8　外部环境的影响

项目的外部环境包括自然和社会方面十分广泛的内容。在一定的条件下，外部环境的某些方面会对项目产生重大的，甚至决定性的影响。

1. 政治和经济

国际、国内的政治经济形势涉及许多方面的因素，大到政局的稳定，经济的景气和金融危机等；小到某种物价的涨落，某个政策和规定的变更，甚至人事变动等。项目经理必须了解社会政治经济的现状和发展趋势，及其可能会对项目产生的重要影响。许多潜在的社会政治经济问题都有可能成为影响项目的因素，社会政治经济中一个很小的变化在经过一段时滞以后都有可能会造成项目的重大变化。

2. 文化和意识

文化是人类在社会历史发展进程中所创造的物质财富和精神财富的总和，在这里特指精神财富，如文学、艺术、教育、科学，也包括行为方式、信仰、制度、惯例、风俗习惯及其他人类工作和思想成果等。每个项目都是在一种或多种文化形式的背景下运行的，文化影响的领域包括政治、经济、人口统计、教育、道德、种族、家教以及信仰和态度，这一切影响着个人及组织相互作用的方式。项目经理要了解当地的文化，尊重当地的习俗。在项目进程中，通过不同文化的交流，融合，可以减少摩擦、增进理解、取长补短、互相促进。

意识也属于文化，会对项目产生影响，诸如民族意识、家庭意识、人权意识、市场意识、消费意识、环保意识、节水意识等。在不同的环境下人们的意识会有明显的差异，必须引起项目管理人员的关注。

3. 标准和规范

标准是指一个公认的机构批准的文件，规定了与产品、工艺过程或服务有关的法则、指南和特征，这些并不一定是要求强制遵守的。例如，国际标准化组织公布了一系列标准化文件，从各种关于质量准则到电脑磁盘的尺寸，包罗万象。

规范是指一个规定产品、工艺过程或服务特征的文件，包括其适用性的行政条款，这些是要求强制遵守的。建筑法规就是一例。有些标准由于其合理性并得到实践检验，已经变成了事实上的规范。很多规范只是在一定范围内要求强制遵守的，出了这个范围只供参考执行。

4. 国际化

由于越来越多的组织从事的工作跨越了国界，因此越来越多的项目也是跨越国界的。除了对项目范围、费用、时间和质量的传统考虑外，项目经理也必须考虑时区不同的影响、国家和民族的节日，为了面谈所需的旅行需要，电话会谈的服务工作及易变的政治分歧等。

5. 信息化

在当今的信息社会中，信息技术已成为企业在全球市场经济竞争中求胜的关键因素，无论是生产领域还是生活领域，信息技术处处都在发挥重要作用。互联网（Internet）是地球村的信息高速公路，世界经济正逐步实现网上一体化，预计未来的一切经济活动都将在网上进行。计算机网络，特别是互联网的开放性、包容性和互联、互通、互动、信息高度共享的特点，决定了信息技术对项目范围、成本、进度和质量的作用和影响越来越大，甚至有可能对项目的成败起到关键性的影响作用。项目经理既要充分利用计算机网络系统的方便、快捷、高效，又要顾及网络安全管理的巨大困难。

1.4 项目管理的基本概念

1.4.1 项目管理的定义

项目管理是指组织运用系统的观点、理论和方法，对项目进行的计划、组织、指挥、协调和控制等专业化活动。简言之，项目管理是在一定资源约束下完成一定目标的一次性任务。这一定义包含三层意思：一定资源约束、一定目标、一次性任务。这里的资源包括时间、经费、人力和物质资源等。

通过项目各方利益相关者的合作，在项目活动中运用专门的知识、技能、工具、方法，以及各种资源，以实现项目的目标，即使项目能够实现或超过项目利益相关者的需要和期望。成功的项目经理都会与所有项目利益相关者发展和保持良好的关系，以确保对其需要和期望有深入了解。

项目管理不仅仅是强调使用专门的知识和技能，还强调项目管理中各参与人的重要性。项目经理不仅仅要努力实现项目的范围、时间、成本和质量等目标，还必须协调整个项目过程，以满足项目参与者及其他利益相关者的需要和期望。

典型的项目管理工作包括：

①运用专门的知识和技能，调动各方面的积极性；

②平衡项目范围、时间、费用、风险和质量等多方面的要求；

③满足各个利益相关者不同的需要和期望。

在人们的日常生活中，“项目管理”有时会被用来描述有组织的运作行为，以便做好日常的运作活动。这种观点把正在进行的各类运作活动的各个方面看做是单个项目并把相应的项目管理技术应用于此。

1.4.2　项目管理的主要目标

现代项目管理是以顾客为关注焦点，因此现代项目管理必须以实现项目利益相关者的要求和期望为目标。

（1）*满足项目的要求与期望*：这是项目利益相关者所共同要求和期望的内容，主要涉及项目范围、项目费用、项目时间和项目质量等方面。

（2）*满足项目利益相关者各方不同的要求和期望*：由于项目利益相关者所处的地位不同，所以对项目的要求和期望是不同的。例如，项目的实施者为尽快实现目标，有可能对环境保护问题考虑不周甚至不加考虑，而项目所在地区、政府管辖部门则对环境保护的要求很严。

（3）*满足项目已识别的要求和期望*：这是指在项目的各种协议、合同中已明确规定的对项目的要求和期望。例如，项目的工期、成本、质量要求，以及对项目具体工作的要求和期望。

（4）*项目尚未识别的要求和期望*：这是指在项目各种文件中没有明确规定，但却是项目利益相关者所需的。例如潜在的环保要求、残疾人的特殊需要。

1.4.3　项目管理的研究体系

目前国际上的两大项目管理知识体系是：以欧洲国家为主的体系——国际项目管理协会（IPMA）和以美国为主的体系——美国项目管理协会（PMI）。在过去的30多年中，他们都做出了卓有成效的工作，为推动现代项目管理发挥了积极作用。

国际项目管理协会（IPMA）成员以各个国家的项目管理研究组织为主，其宗旨是促进全球的项目管理的发展。根据1996年的资料，IPMA中作为正式会员的国家组织有26个，作为非正式会员的组织（观察员）有25个，正式会员组织中的个人成员可自动地成为该协会的个人成员。

国际项目管理协会（IPMA）编制了自己的项目管理知识体系认证标准，即《国际项目管理专业资质标准》（ICB），其特点有：

（1）对项目管理者的素质要求大约有40个方面。其中，28个为核心要素，6个为辅助要素。

（2）容许各成员组织（国）变更除了28个核心要素之外的其他要求的20%，以照顾不同民族、不同文化以及新的职业发展需求。

（3）特别强调从事项目管理人员的实践背景，强调项目管理学科与具体专业知识的结合。

（4）资格认证极为严格，尤其是对高级项目管理人员的认证。

美国项目管理协会（PMI）也开发了一套项目管理知识体系（PMBOK）。该知识体系把项目管理划分为9个知识领域：范围管理、进度管理、成本管理、质量管理、人力资源管理、沟通管理、采购管理、风险管理和整体管理。国际标准化组织（ISO）以该文件为框架，于1997年提出了《项目管理质量指南》（ISO 10006），成为ISO 9000族中重要的支持性技术指南。近十多年来，由于PMBOK的基本内容跨越行业界限而得到普遍认可，受到国内外专业学术领域的广泛重视和业界的广泛应用。

国际上的这两大项目管理知识体系引入我国以后，经过多年的实践和理论研究，中国国家劳动和社会保障部于2002年9月颁布了《中国项目管理师国家职业标准》，建立起了既符合我国项目管理实际需求又具有国际通用标准的中国项目管理知识体系（CPM-BOK）。中国项目管理知识体系（CPMBOK）主要是在PMBOK基础上，结合我国国情而创立的，并依此知识体系建立了我国自己的项目管理师国家职业标准。

1.4.4 项目管理的系统观念和知识领域

系统观念是指一种全面地、系统地思考事物的思维模式。尽管项目是一次性的，旨在产生独特的产品或服务，但组织并不能孤立地运行项目，项目必须在一个广泛的组织环境中运行。如果孤立地运行项目，项目就不可能真正服务于该组织的需求。因此，项目经理需要对项目有一个全面系统的考虑，并且认清项目在更大的组织环境中所处的位置。以全局的、整体的视角看待项目和项目运作的组织环境就是所谓的系统思维。系统方法是解决复杂问题的一种分析方法，它包括系统观念、系统分析和系统管理。

系统方法的运用对成功的项目管理来说是非常关键的。项目经理必须时刻牢记项目对整体系统或组织运作和需求的影响。

知识领域是指项目经理必须具备的一些重要的知识和能力，它由四大核心知识领域：范围管理、进度管理、成本管理和质量管理；四大项目管理辅助知识领域：资源管理、沟通管理、风险管理和采购管理以及项目整体管理等共计九个方面的知识和能力组成。除此以外，对于建设工程项目还要包括合同管理、信息管理、职业健康安全管理、项目环境管理和项目收尾管理等五个方面的工程专业知识领域；以及对于智能建筑工程项目另外还要再加上项目知识产权保护管理和项目信息系统安全管理等两个方面信息工程专业知识领域。

（1）项目范围管理

对项目工作范围进行的定义、计划、控制和变更等活动。项目范围管理是确定和管理为成功完成项目所要做的全部工作。

（2）项目进度管理

为实现预定的进度目标而进行的计划、组织、指挥、协调和控制等活动。

（3）项目成本管理

为实现项目成本目标所进行的预测、计划、控制、核算、分析和考核等活动。

(4) 项目质量管理

为确保工程项目的固有特性达到满足要求的程度而进行的计划、组织、指挥、协调和控制等活动。

(5) 项目资源管理

对项目所需人力、材料、机具、设备、技术和资金所进行的计划、组织、指挥、协调和控制等活动。

(6) 项目沟通管理

对项目内、外部关系的协调及信息交流所进行的策划、组织和控制等活动。

(7) 项目风险管理

对项目的风险所进行的识别、评估、响应和控制等活动。

(8) 项目采购管理

对项目的勘察、设计、施工、资源供应、咨询服务等采购工作进行的计划、组织、指挥、协调和控制等活动。

(9) 项目整体管理

项目整体管理是指为确保项目各项工作能够有机地协调和配合所展开的综合性和全局性的项目管理工作和过程。

(10) 项目合同管理

对项目合同的编制、签订、实施、变更、索赔和终止等的管理活动。

(11) 项目信息管理

对项目信息进行的收集、整理、分析、处置、储存和使用等活动。

(12) 项目知识产权保护管理

为保护项目知识产权而进行的管理活动。知识产权是国家法律赋予智力创造主体，并保证其创造的知识财产和相关权益不受侵犯的一种专有民事权利。

(13) 项目信息系统安全管理

为确保项目信息系统安全而进行的管理活动。项目信息系统安全是指要保障系统中的人、设备、设施、软件、数据等要素避免各种偶然的或人为的破坏或攻击，使它们发挥正常，保障系统能安全可靠地工作。

(14) 项目职业健康安全管理

为使项目实施人员和相关人员规避损害或影响健康风险而进行的计划、组织、指挥、协调和控制等活动。

(15) 项目环境管理

为合理使用现场、保护现场及周边环境而进行的计划、组织、指挥、协调和控制等活动。

(16) 项目收尾管理

对项目的收尾、试运行、竣工验收、竣工结算、竣工决算、考核评价、回访保修等进行的计划、组织、协调和控制等活动。

1.4.5　项目管理的作用

当今世界，无论是一国经济发展和社会进步，还是国际间的合作交流，都是通过一个项目实施的，新的21世纪必将是项目管理蓬勃发展的新时代。

1. 项目管理是促使项目成功、有效的管理模式

项目管理是一种管理实践的活动，一种人们有意识地按照项目的特点和规律对项目进行组织、管理的活动，它已被世界上众多国家证明是一种成功的管理模式。不论是美国项目管理模式，还是欧洲管理模式，均是较成熟的管理模式，我国的实践也开始证明了项目管理是一种成功的管理模式。我国已吸取了其中成熟的内容和先进的方法，遵循国际惯例，并从中国的实际出发，形成了能充分体现中国特色的项目管理模式和《中国项目管理师国家职业标准》。

2. 项目管理丰富了现代管理学的重要分支内容

项目管理是一门以项目活动为研究对象的管理学科，它研究项目活动科学组织管理的理论与方法，进入20世纪90年代后，现代项目管理经不断的发展和完善，除运用一般管理知识外，还运用了项目管理特有的知识和项目相关应用领域知识，已形成一门独立的学科体系，从根本上改善了项目管理的效率和效益，成为现代管理学的重要分支。

3. 用项目管理促进创新

项目管理的本质就是创新。在项目管理过程中，既要利用现有的知识、方法，又要在解决项目管理新问题的过程中，创造出新的知识、方法、技能、理念，使项目管理有新的突破和发展。每个项目都有自身的独特之处，不可能按一成不变的模式去管理，这就要求项目管理过程中不断地创新，才能实现项目目标。

当前，全球范围内为争夺资源，争夺市场的竞争愈演愈烈，所有企业都面临着竞争的巨大压力，必须不断地推出新技术、新工艺、新产品和各种改革措施，实际上任何创新和改革都是一种典型的项目，都需要进行项目管理。

项目管理作为现代先进的管理科学，能给企业带来许多好处，例如：

①能够更好控制财务、资源（包括人力资源）。

②改进与用户的关系。

③缩短开发时间。

④降低费用。

⑤提高产品质量和可靠性。

⑥提高利润率。

⑦提高生产率。

⑧完善单位内部协调，提高员工士气。

第2章　项目管理教育和专业资质认证

我国项目管理师（PMP）是由中华人民共和国劳动和社会保障部在全国范围内推行的国家职业资格认证体系，是在多方考察论证各国项目管理资格认证经验之后，吸收其精华结合中国的实际国情而建立起来的，具有广泛的代表性和权威性。

2.1　项目管理涉及的其他学科领域

管理项目需要许多知识和方法，项目管理知识体系就是这些知识和方法的总和。其中一部分知识和方法是项目管理学科所独有的，或以独特的方式表达并普遍被接受的，例如项目和项目管理的定义、属性，项目生命期、利益相关者概念，项目工作分解结构、网络计划技术等，这是项目管理学科的主体；另一部分知识和方法是项目管理需要利用的其他学科的知识与实践。

2.1.1　项目管理与其他学科的关系

管理项目除了必须具备项目管理知识以外，还需要用到其他的三类知识和方法：

①通用的管理知识和方法：譬如领导与激励、决策与控制、组织与策划、谈判与沟通、财务与会计以及人事管理、营销管理、系统科学、行为科学等。

②国家法律法规、行业规范标准和职业道德知识：进行项目管理必须遵守国家有关的法律、法规，必须依据各种行业规范、技术标准、承包合同规定的条件，同时还必须具备良好的工作态度和职业道德。

③各种应用领域的特殊管理知识和方法：这些领域如信息技术、医药、工程设计与施工、军事、行政、环境保护、社会改革等。项目经理除了要掌握许多项目管理学中独有的知识以外，还必须具备一般的管理知识和经验，并对项目的应用领域要有一定的了解，这样才能在特定的行业和技术领域有效地开展工作。如果项目涉及信息技术，项目经理就需要掌握信息技术的基本知识，包括有关的IT行业标准，以及系统集成、计算机网络、软件工程、信息安全和自动控制等。图2.1-1表示项目管理、一般管理与应用领域等知识之间的关系。

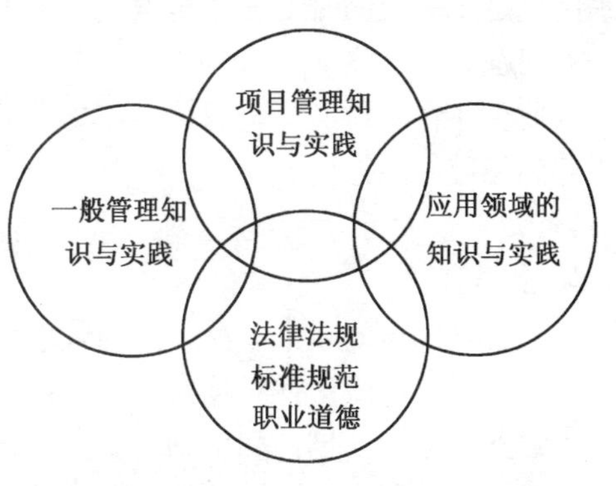

图2.1-1　项目管理与其他学科之间的关系

1. 相关法律与法规知识

依据法律和法规实施法治，是现代管理的一项重要制度特征。法律与法规在项目管理中的作用，表现在以下几个方面：

①保证必要的管理秩序：法律与法规可以使项目管理中各个子系统明确职责、权利、义务，使它们之间的沟通渠道畅通，并进行正常有序运行。

②保持稳定性：法律与法规的基本特点是它的规范性、强制性和稳定性，运用法律与法规进行项目管理，使行之有效的管理制度和管理方法规范化与条文化，严格执行，这就能加强项目管理系统的稳定性。

③协调作用：运用法律与法规，可以有效地协调各种项目管理因素之间的关系。根据项目管理对象的不同特点和任务的不同性质，规定不同管理因素在项目管理的整个过程中各自应尽的义务和应起的作用，还能保证管理对象内外各种组织纵横关系的协调。

项目管理应遵循的法律、法规很多，经常涉及的有《劳动法》、《合同法》、《环境保护法》、《招标投标书》、《刑法》、《建筑法》、《著作权法》、《行政许可法》、《计算机软件保护条例》、《建设工程质量管理条例》等等。

2. 职业道德知识

加强职业道德建设，是新形势下我国社会主义物质文明和精神文明建设的重内容。建设有中国特色社会主义的伟大事业，要求我们必须建立与之相适应的社会主义法律体系，同时在全社会形成与之相适应的社会主义道德体系。职业道德是思想道德体系的重要组成部分。社会主义道德体系建设要以职业道德、社会公德、家庭美德的建设为落脚点。职业道德建设对确保社会稳定、促进经济发展，对于纠正不正之风，对于确保项目的成功都有着重要的意义。

2.1.2 与项目管理有关的其他概念

其他学科有些概念与项目管理相似并有密切联系，它们之间的区别往往不容易界定。下面介绍几个有关相近的概念。

1. 战略管理

战略管理与项目管理的主要区别是战略管理立足于长远和宏观，考虑的是企业的核心竞争力，以及围绕增强核心竞争力的企业流程再造、业务外包和供应链管理等问题；项目管理则立足于一定的时期和相对微观，考虑的是项目有限的目标、学习型组织和团队合作精神等问题。

当前企业在应付经济全球化的市场变动中，战略管理和项目管理对企业的生存和发展都将起到关键性的作用。

2. 全局管理

全局管理涵盖面非常广泛，全局管理要处理一个连续运转企业在管理中方方面面的问题，它不仅仅是局限于针对项目，包括：

①财务和会计，推销和市场、研究和开发、生产和分配。

②战略性计划、战术性计划、操作性计划。

③组织结构、组织行为、人事管理、补助方式、利益分配、晋升方式。

④通过鼓励、授权、监督、团队建设、冲突管理及其他技巧处理好工作关系。

⑤通过个人进度管理，压力管理和其他方法实现个人管理。

全局管理方法为项目管理奠定了基础，对项目经理而言是必须了解和掌握的，在任何一个项目中都可能要求运用一定的全局管理方法。也有许多全局管理的方法仅仅与某一类项目或某一些应用领域有关系。比如，工作成员的人身安全在所有建筑工地都是至关重要的，而在大多软件开发项目中就没有那么重要了。

3. 指导

指导和管理是两个不同的概念，但这两者对项目而言都是不可或缺的，缺少两者中的任何一个都可能会产生不良的结果。从根本上而言，管理关注的是稳定地得到项目涉及人员所期望的主要成果，而指导涉及的则是提供指导性建议，包括：

①确定方向：规划出对未来的构想及发展战略以便能实现这一构想。

②明确表达：实现这一构想需要很多人的协助，那么就有必要通过语言或行动让所有这些人明白这一构想。

③激发和鼓励：激励大家去努力克服在变革过程中可能会遇到的政策上的、官僚主义的、资源上的种种障碍。

在一个项目中，尤其是在一个大的项目中，项目经理通常也被期望成为项目的指导者。但是，并非只有项目经理可以对项目进行指导，项目中众多不同的个体在各个不同的时间都有可能对项目进行指导。项目的各个层次上都需要有指导，如项目指导，技术指导，团队指导，专家指导和咨询顾问指导等。

4. 交流

交流方法与项目沟通管理有一定联系，但并不完全相同，交流本身是一门更为广博的学问，包含了丰富的知识，主要运用在全局管理中，并不仅仅体现在项目中。

（1）交流的形式和特点

①发出者-接收者模式：反馈回路、沟通障碍等。

②媒介选择：有时采用书面形式、有时采用口头形式、有时采用非正式的书面备忘形式，有时采用正式的书面报告形式等。

③书写风格：主动语态、被动语态、名子结构、用词选择等。

④表达方法：形体语言、辅助的形象化设计等。

⑤达标管理技巧：日程安排、冲突处理等。

项目沟通管理就是将这些广义的概念运用到具体的项目需求中去，比如，决定在何时、以何种形式、向何人如何汇报项目的实施情况。

交流涉及信息的传递，信息发出者要确保信息是清晰明确、完整、不含糊的，这样才能有利于信息接收者准确接收，信息接收者则要确保接收的完整性，并且要正确地加以理解。

（2）交流的方法

交流是多元化的，包括：

①书面的和口头的，听和说。

②内部的（项目的）和外部的（与顾客、媒介、公众等）。

③正式的（报告、摘要等）和非正式的（备忘录、非正式会谈等）。

④纵向的（组织上下级）和横向的（与同级同事）。

5. 协商

协商是指与他人交换意见以便得出结论或达成共识，为了达成共识可能需要进行直接的协商或者通过一些辅助手段进行协商，调解和仲裁就是协商的两种辅助手段

项目在许多层次、许多观点上会有多次的协商，在一种典型项目的进行过程中，项目工作人员需要就以下全部或部分内容进行协商：

①范围、费用和进度目标。

②范围、费用或进度的变动。

③合同条款。

④任务分配和资源分配。

6. 解决问题

解决问题包括明确问题和制定解决方案两方面的组合。它所关注的是那些已经出现的问题，即如何解决已经发生的问题。这一点与风险管理相反，风险管理涉及的是潜在的问题。

明确问题要求将原因和现象进行区分，问题可能出自于内部，如项目经理部一个主要成员被分配到别的项目上去了；也可能来源于外部，如开始工作所需得到的许可证发放延迟了。问题可能出在技术上，如对产品设计的最佳方案有不同的观点；也可能出在管理上，如一个职能部门没有按计划完成工作，或是出在内部内员，个性或办事风格有冲突等。

制定解决方案包括分析出现问题的主要原因，以便寻求各种可行的解决办法，以及从中作出选择。既可以自己制定解决方案，也可以从顾客、工作组或是某一部门主管那儿寻求解决方案。一旦明确了解决方案，就必须实行，解决方案是具有时间性的，如果解决方案制定得太早或太晚，那么既使是正确的解决方案也不一定是最好的解决方案。

2.2 职业道德

一个国家和民族的发展，不仅取决于经济的发展水平，而且取决于人民的基本素质。加强职业道德建设，是提高职工整体素质，建设有思想、有道德、有文化、有纪律职工队伍的内在要求；是新形势下社会主义物质文明和精神文明建设的重内容；是纠正社会不正之风和行业不正之风的重要措施之一。

2.2.1 职业道德基本知识

1. 道德

道德是一定社会用以调整人与人之间以及个人与社会之间关系的行为准则和规范的关

系。它通过内心信念、社会舆论和传统习惯来评价和影响人们的各种活动，对社会生活起约束作用。道德作为一种概念，是人类在长期的社会物质生产和生活实践中逐步形成和发展起来的。它以善和恶、荣誉和耻辱、正义和非正义等作为评价标准，并逐步形成一定的习惯和传统，以指导或控制人们的行为。

2. 职业道德

职业道德是指从事一定职业的人在特定的工作和劳动中应遵守的、与职业活动相适应的行为规范。它既是本行业人员在职业活动中的行为规范，又是行业对社会所担负的道德责任和义务。它包括职业观念、职业情感、职业理想、职业态度、职业精神、职业技能、职业良心、职业作风、职业行为等多方面的内容。它具有行业性、广泛性、实用性、时代性的特点。

3. 职业道德基本规范

①爱岗敬业：乐业、勤业、精业。

②诚实守信：诚信无欺、讲究质量、信守合同。

③办事公道：客观公正，照章办事。

④服务群众：热情周到，满足需要。

⑤奉献社会：把公众利益、社会效益摆在第一位。

4. 职业道德行为

职业道德行为是指从业者在一定的职业道德知识、情感、意志和信念支配下所采取的自觉活动。对这种活动按照职业道德规范要求进行有意识的训练和培养，职业道德行为养成的方法和途径有：

①在日常生活中培养：从小事做起，严格遵守行为规范。从自我做起，自觉养成良好习惯。

②在专业学习中训练：增强职业意识，遵守职业规范。重视技能训练，提高职业素养。

③在工作实践中体验：在工作实践中，培养职业情感。学做结合，知行统一。

④在自我修养中提高：体验生活，经常进行“内省”。学习榜样，努力做到“严己”。

⑤在职业活动中强化：将职业道德知识内化为信念。将职业道德信念外化为行为。

5. 职业道德的功能

（1）导向功能

职业道德引导从业人员在行为上追求一定的目标和方向，使行业有规可循，行为不迷失方向。

（2）调节功能

职业道德的调节功能是指经过一定的评价方法来指导和纠正从业人员的道德行为和管理活动中的行为规范，从而协调从业人员之间、个人与集体、个人与国家之间的关系。在项目管理过程活动中，必然会出现各种矛盾和利益冲突，除了依靠制度和法规外，还必须借助职业道德规范来调节。

(3) 控制功能

在现实生活中，人的行为有可能偏离正确轨道，为维护正常秩序，就需要运用道德规范对偏离行为进行干预、纠正，这就是职业道德的控制功能。

(4) 激励功能

激励功能就是通过评价教育机制以及道德榜样的树立，激励人们道德行为由低层次向高层次转化，由不尽完善或有缺陷的人格向完善而健康的人格发展，从而达到塑造理想的道德人格。

6. 职业道德与法律的关系

法律和道德二者相辅相成，缺一不可。仅有“德”不足以震慑、惩戒违法犯罪；仅有“法”，对某些“缺德”之举又显得苍白无力。道德的优势在于它具有内在控制力，可以约束人们的心理，为世人所知，比法律约束的范围更加广泛。

①法律约束的是你不能做什么，职业道德往往会倡导你最好应该做什么。

②法律是有强制力的，而职业道德往往没有非常大的强制力。

一方面道德弥补了法律调整范围的不足，法律对严重违反道德的行为加以制裁，又弥补了道德的软弱性。另一方面，在一定条件下，“德”可以转化为“法”，如爱国主义等公德就被载入了宪法，被法律化了。从一定意义上讲，法律是治标，而道德是治本，只有标本兼治，“法”“德”相济，打防结合，才能从根本上维护社会稳定、促进社会进步和经济发展。

2.2.2 项目管理人员职业守则

1. 爱国守法，遵守行业规范

爱国守法是社会主义道德建设的基本要求，项目团队成员要严于律己，遵守国家法律，遵守行业规范，反对一切损人利己、损公肥私、欺诈勒索、行贿受贿危害人民利益的行为。

2. 敬业爱岗，尽责守信，热情主动，具有团队合作精神

项目团队成员要有强烈的事业心和责任感，热爱自己所从事的职业和所在的岗位，才会对事业有奉献精神，对本职工作兢兢业业、勤勤恳恳、忠于职守、开拓进取。在项目管理岗位上，就要干一行爱一行，主动履行项目管理人员的各项职责。

尽责守信，要求项目团队成员必须要有强烈的事业心和职业责任感，不擅自越权，不渎职。做好本职工作，勇于承担责任。

热情主动是一种工作态度，对同事、对上级以及用户都要热情主动，让大家满意。在工作中发挥积极性、主动性，只要属于自己工作范围的工作，就应积极主动做好。

团结协作是调节人际行为的基本道德规范，项目成功的一个重要环节是发挥团队的作用和团队精神，团队成员间的相互理解、协作配合是实现项目目标和完成项目任务的首要条件。

3. 维护用户利益，保守秘密

项目管理人员必须牢固地树立维护用户利益，服务用户，造福社会的观念。包括严守项目机密，不侵害项目利益相关者的利益等。

2.2.3 与职业道德相关的其他概念

1. 素质

素质是人在先天禀赋的基础上，通过环境和教育的影响而形成和发展起来的相对稳定的内在的基本品质。

2. 职业素质

职业素质是指劳动者在一定的生理和心理条件的基础上，通过教育、劳动实践和自我修养等途径而形成和发展起来的，在职业活动中发挥重要作用的内在基本品质。职业素质的构成包括：思想政治素质、职业道德素质、科学文化素质、专业技能素质、身体心理素质。职业素质的特征主要有：职业性、稳定性、内在性、整体性和发展性。

3. 社会公德

人们在社会公共生活中应遵循的基本道德，亦称“公共道德”或“公德”。它是人们为了维护社会公共生活、调节人们之间的关系而形成的道德行为准则和起码的公共生活准则。

社会公德同个人私德相对，前者指同集体、组织、阶级以至整个社会、民族、国家有关的道德；后者则指个人私生活中处理爱情、婚姻、家庭问题的道德以及个人的品德、作风、习惯等。两者虽有区别，但不是绝对的，而是有紧密的联系，在一定条件下可以相互转化。

4. 家庭美德

家庭美德是指家庭中的道德规范，它是整个社会道德的一个重要组成部分，又是一定社会道德的具体体现。它包括：实行真正意义上的一夫一妻制，巩固社会主义家庭制度；实行男女平等，夫妻之间互爱互敬、相互信任、相互帮助、共同承担家务劳动和抚养子女、赡养老人等责任；抚养儿童，以社会道德教育子女成为有益于人民的人；赡养父母，尊敬老人，树立新的生育观等。

5. 道德规范

道德规范是指一定社会为了调整人们之间以及个人与社会之间的关系，要求人们遵循的行为准则。道德规范源于人们的道德生活和社会实践，又高于人们的道德生活和社会实践，是人们的道德行为和道德关系普遍规律的反映，是一定社会对人们行为的基本要求的概括，是人们的社会关系在道德生活中的体现。

6. 道德风尚

道德风尚是指某种比较稳定的社会道德状况，通常反映出社会中绝大多数人的道德水平。它是一种社会风气，既指那些在社会上得到普遍保持的具有道德意义的风俗和习惯，也指那些在社会上出现的不符合道德要求的风俗和习惯。

7. 道德体系

道德体系指道德的各种表现形式即各种道德现象所构成的有机整体。在社会生活中，道德作为一种社会意识形态，其道德现象包括许多方面。就主要内容看，可以分为道德活动现象、道德意识现象以及与这两方面密切相关的道德规范现象。这三类道德现象都是客观存在的，它们之间既相互区别，又相互渗透、相互影响、相互转化，从而形成一个具有内在联系的社会道德体系。

8. 道德评价

在社会生活中，人们依照一定社会道德标准对自己和他人的行为进行的善恶判断和评论，表明褒贬态度。道德评价对道德行为进行全面考察并作出裁决，分析判断哪些行为是善的，哪些行为是恶的；对善的行为给以赞扬、褒奖，对恶的行为加以批评、谴责，进而帮助人们明确自己承担的道德责任，通过社会舆论和内心信念，形成一种巨大的精神力量，弃恶扬善，以调整人与人之间以及个人与社会之间的关系。

9. 道德教育

道德教育是道德活动的重要形式之一。是指社会依据一定的道德原则和规范，有组织、有计划地对人们施加系统的道德影响。道德教育，一般有两方面的任务：一是制定社会的道德要求，并在社会意识中得到反映和论证；二是把社会这种道德要求灌输到社会成员的社会意识中去，使社会的道德行为遵守道德要求。在人类社会的发展史上，不同历史时期的道德原则和规范是不尽相同的，因此不同历史时期的道德教育的重点、原则、任务和方法也不一样，道德教育的内容要与时俱进。

2.3 项目管理教育和专业资质认证

项目管理资格认证和证书体系的发展是伴随着项目管理科学体系的发展和应用的需要而产生的。首先是人们对项目管理理论与应用知识的研究，伴随着研究的发展，学科体系逐渐形成，也就是通常所说的项目管理知识体系。目前在国际上几十个国家都已经建立了自身的项目管理知识体系，这是由于各国不同的历史、文化和管理特点所形成的。知识体系的发展与演化逐渐变成了项目管理应用的标准，基于标准项目管理的教育进而也得到了发展。

鉴于项目管理师是一个新兴职业，其鉴定工作要求较高，政策性较强，为了证明项目管理从业人员的能力及资质，项目管理资格认证和专业证书随之便产生了。鉴于项目管理师是一个新兴职业，其鉴定工作要求较高，政策性较强，项目管理工作者通过资格认证不但获得国家承认的项目管理从业资格，而且可以促进个人项目管理水平的迅速提高。

2.3.1 国外项目管理教育和专业资质认证

自从20世纪80年代，英国工程建筑工业培训委员会开始在克兰菲尔德大学和亨利管理学院开设项目管理课程以来，英国开设项目管理硕士课程已有20多年的历史了。现在世界上有许多国家的大专院校都开设了这门课程，授课方法各异，有项目管理学士课程，也有项目管理硕士课程；有全日脱产上课，也有不脱产函授和远程授课。授课时间由一年到两年或更长时间。

在欧洲一些国家，如英国、德国、荷兰、奥地利和瑞士的一些学校，项目管理课程属于学士学位基础课程的一部分。在国际上，接受基础项目管理学习的人的年龄越来越小，在澳大利亚，有些学校在学生16~19岁的时候就教授他们项目管理，有些国家甚至在初中就已设立了项目管理课程。PMI在1984年设立了项目管理资质认证制度（PMP），1991年正式推广，现年每年有上万人申请参加认证。目前已经有8000多人通过认证，成为了“项目管理专业人员”（PMP）。PMI的项目管理专业人员认证同IPMA的资格认证有不同的侧重。它虽然有项目管理能力的审查，但更注重于项目管理知识的考核，必须参加并通过包括200个问题的考试。

项目管理认证程序要求申请者必须达到PMI的“PMBOK Guide”规定的所有教育和经历要求，只有那些在三年内积累了一定的参加培训和实际从事项目管理经历的项目管理专业人员才能保持其资格的有效性。这就是PMI所谓的“职业培养计划”。有关项目管理基础知识和技能的掌握，它的具体内容是一份具有代表性的问卷，是针对项目管理过程（项目立项、规划、实施、控制和完成）的一些提问。即PMP申请者必须通过二种形式的考核：

①项目管理经历的审查：要求参加PMP认证考试者必须具有一定的教育背景和专业经历，报考者需具有学士学位或同等的大学学历，并且必须有3年以上、4500小时以上的项目管理经历；报考者如不具备学士学位或同等大学学历，但持有中学文凭或同等中学学历证，则必须至少具有7500小时的项目管理经历。

②要求申请者必须经过笔试考核：主要是针对PMI的PMBOK中的九大知识模块进行考核，要求申请者参加并通过包括200道选择题的考试，申请者必须答对其中的136道选择题。

PMI教育活动包括每年推出的各种不同的实用课程，同时协助推广PMI项目管理专业人员资格认证，使世界各地开展的项目管理工作不断地规范化。目前美国已有100余所大学开设了项目管理相关课程，其中19所大学的课程得到了美国项目管理协会的认证。

同样，IPMA也非常重视专业人员资格认证工作。IPMP是IPMA在全球推广的四级证书体系的总称，它是IPMA于1996年开始提出的一套综合性资质认证体系，1999年正式推出其认证标准ICB，目前已经有30多个国家开展了IPMP的认证与推广工作。

IPMP的运作是由加入IPMA会员国的项目管理组织进行推广，在会员国推行的前提条件是：

①建立本国的项目管理知识体系（PMBOK）。由于文化背景不同，世界各国在项目管理知识的应用上具有一定的差异性，因此IPMA要求推广IPMP的成员国必须建立适应本

国管理项目背景的项目管理知识体系。

②将ICB转化为NCB。由于ICB是各国进行国际项目管理专业资质认证的评判标准，因此IPMA要求推广IPMP的各个国家应该按照ICB的转换规则建立本国的国际项目管理专业资质认证国家标准NCB。

在所建立的PMBOK及NCB均通过IPMA认可的前提下，可由本国的项目管理学术组织开展IPMP的认证工作。项目管理专业人员认证分为A，B，C，D四个级别，级别之间的档次标准差距很大。其中A级是主任工程师级别证书，简称CPD，为总经理一级，它授予具有指导一个工程、一个公司或分公司全部项目能力，或者来自不同国际文化背景具有管理国际复杂项目能力。如果想得到这个级别证书，必须经过面试，通过后才可能取得证书。B级为项目经理级别证书，简称CPM，获得这一级认证的项目管理专业人员可以管理大型复杂项目。C级为项目管理工程师级别证书，简称PMP，获得这一级认证的项目管理专业人员能够管理一般复杂项目，也可以在所有项目中辅助项目经理进行管理。D级为项目管理技术员级别证书，简称PMF，获得这一级认证的项目管理人员具有项目管理专业的基本知识。

各国通过IPMP认证的人员每年年底由各国统一向IPMA进行注册，并且公布在每年IPMA的认证年报（IPM Certfication Yearbook）。

将IPMA和PMI资格认证进行比较，一般人们都认为PMI的“PMBOK Guide”是针对项目而言的，它强调的是进行项目管理所必须掌握的知识领域，是人们实施项目管理的方法基础；IPMA的“IPMA Competence Baseline（ICB）”是针对人而建立的，它强调的是对从事项目管理的人所应具备的能力要素，是一个对人的能力进行综合考核的评判体系，IPMA更注重于实践方面的能力。

2.3.2 我国项目管理师（PMP）国家职业资格认证

我国实行的是社会主义市场经济，我国的历史、文化和管理的国情与西方有很大的不同，完全照搬照用西方的项目管理体系和认证标准是不符合中国项目管理实际的。随着项目管理的需求在我国日益扩大，这方面的专业人才培养以及资格认证自然而然地提到了议事日程，我国需要既符合中国项目管理实际需求又具有国际通用标准的知识体系和认证标准。

2002年9月，国家劳动和社会保障部颁布了《中国项目管理师国家职业标准》，由此我国项目管理师国家职业资格认证工作正式启动。

目前世界各国有多种项目管理知识体系和资格认证标准存在，由于历史的原因，国外的这些项目管理知识体系和资格认证标准大多在若干年前就已经引入了中国，因此在国内已经或正在开展的项目管理资格认证有好几种。举例来说，美国项目管理协会（PMI）的项目管理资质认证制度（PMP）于2000年“登陆”中国，迄今已举办十多次考试，约有几千余人拿到了证书。2002年10月16日，国际项目管理专业资质认证（IPMP）A级认证也正式在中国启动，而（IPMP）A级认证在世界上目前还只有5个国家有能力承办。

那么，在国内开展的项目管理资格认证哪一个更具有权威性？

至今，只有《中国项目管理师国家职业标准》是经国家劳动和社会保障部批准的合法的资格认证标准，而外国在中国的项目管理资格认证都没有得到国家有关部门的批准和认可。即是说，只有我国自己的项目管理师国家职业标准才是符合中国项目管理实际的、唯一更具有权威性的、合法的资格认证标准。

中国项目管理师（PMP）国家职业资格认证是中华人民共和国劳动和社会保障部在全国范围内推行的四级项目管理专业人员资质认证体系的总称。它共分为四个等级，项目管理员、助理项目管理师、项目管理师、高级项目管理师，每个等级分别授予不同级别的证书。项目管理师证书（PMP）是一种对项目管理专业人员知识、经验、能力水平和创新意识的综合评估证明，具有广泛的认可度和专业权威性，代表了当今国内项目管理专业人员资格认证的最高水平。

2.3.3　中国项目管理师（PMP）证书的特点和价值

1. PMP 证书特点

项目管理师证书已成为我国各企事业机构组织对项目管理专业人员素质考核的主要参考因素，是对项目管理专业人员执业、求职、任职的基本要求。主要表现在以下几个方面：

①具有专业资质认证的权威性：中华人民共和国劳动和社会保障部是唯一具有颁发国家职业证书职能的权威机构。

②具有系统完善的认证标准：中国项目管理师国家职业资质认证是一套系统全面的认证体系，它将知识和经验分为若干个核心要素及若干个附加要求进行考核。对中级以上项目管理师还需对应试者的专业素质和能力水平，以及总体印象等各个方面进行综合考察。

③资质能力的划分更为科学：项目管理师把项目管理人员的专业水平分为四个等级，高级项目管理师、项目管理师、助理项目管理师、项目管理员。每级证书分别表明了项目管理专业人员的执业资质水平，中级以上还注明了专业方向。因此，项目管理师认证更具科学性与合理性。

④培训考试体系完整：项目管理师的培训考试采取标准授权方式，所有培训考试定点机构均需经过劳动社会保障部国家职业技能鉴定中心项目管理专业资格认证管理办公室审核、考察及认可。所有申报人员均需经过授权机构统一培训、统一考核及全国统考，从而确保了项目管理师证书的质量和含金量。以项目管理师级认证为例：需要经过申请者资格审查、从事项目管理工作经历审查、授权机构集中培训考核、案例讨论、实习作业、全国统考、专家评估几个过程，只有通过每一个环节的人员才可授予相应证书。

⑤认证程序严格、系统且完善：项目管理师的认证程序对每一级都有严格的认证要求，其专家委员会集中了国内最负盛名的专家、教授和管理师。项目管理师采用国际先进的认证模式：培训考试 + 全国统考 + 业绩评估。从而保证了认证的公证、透明和有效性。

⑥是项目管理专业设计人员执业求职的通行证：项目管理师证书是项目管理人员执业、求职、任职和发展的一张通行证，是国内外各企事业机构招聘项目管理人才的重要参考和依据，国家承认，全国范围有效，世界通行。毫无疑问，随着我国项目管理师认证工作的逐步开展，项目管理师将会具有更为广泛的社会影响和社会认可度，产生更大的效益作用。

2. PMP 证书价值

（1）证书对个人的价值

①项目管理师是对项目管理人员知识、能力及经验的认可与证明。不同级别的项目管理师证书表明个人在项目管理专业领域里的不同等级水平。拥有项目管理师证书的项目管理者，不仅证明了他们掌握项目管理原理和知识的程度，而且证明了他们在实践工作中的管理能力、水平和创新意识。

②无论是国外还是国内，项目管理专业人员已成为企事业单位争夺人才资源的热点。项目管理师已经成为超越 MBA 的“黄金职业”，项目管理师在时髦职业排行榜上的排名不断挺进。

③项目管理师资质认证从一开始就考虑到与国际接轨。从培训考试到评估、审核，均采用当今国际先进的认证体系和方法手段。项目管理师的含金量及受欢迎程度将逐渐超过国内同类职业证书。项目管理师是一种国家职业资质证书，它代表国家权威机构对证书持有者所具有的管理能力、实践经验、职业水平、法律和职业道德知识的认可和证明。

④项目管理师是由中华人民共和国劳动和社会保障部在全国范围内推行的国家职业资格认证体系，具有广泛的代表性和权威性，代表了当今国内项目管理专业资质认证的最高水平。因此拥有项目管理师证书将为个人执业、求职、任职和发展带来更多的机遇。

（2）证书对组织的价值

①随着中国加入 WTO 及经济全球化趋势的发展，项目管理领域发生了根本性的变化，一方面市场需求日益增大，另一方面高素质、高水平的项目管理人才严重匮乏，远远不能满足日益增长的市场需求。尤其是入世后国外企业和管理机构的纷纷进入，我国本土化的企事业机构面临市场竞争的巨大考验。因此，是否拥有大批优秀的项目管理人才成为企事业生存和发展的关键，成为市场竞争能否成功的重要条件。

②在项目管理界，企事业组织需要一种行业标准，需要一种认可和证明。能够证明组织内管理人员在项目管理专业方面的知识、能力、经验和创新意识，而项目管理师给管理人员提供了一个国内公认的标准，获得项目管理师证书人员的多少也必将成为一个企业的形象标志，成为企业实力的象征。

2.3.4　中国项目管理师（PMP）培训要求和申报条件

1. PMP 培训要求

（1）培训期限

全日制职业学校教育，根据其培养目标和教学计划确定，晋级培训期限：项目管理员不少于 90 标准学时；助理项目管理师不少于 120 标准学时；项目管理师和高级项目管理师不少于 120 标准学时。

（2）培训教师

培训教师应当具备系统的项目管理知识，一定的实际管理经验和丰富的教学经验，良好的语言表达能力和知识传授能力。培训教师也应具有相应级别：培训项目管理员和助理项目管理师的教师应具有项目管理师职业资格证书或有关专业讲师以上（含讲师）专业技术职务任职资格；培训项目管理师的培训教师应具有高级项目管理师职业资格证书或有关专业副教授以上（含副教授）专业技术职务任职资格；培训高级项目管理师的教师应具有高级项目管理师职业资格证书2年以上或有关专业副教授以上（含副教授）专业技术职务任职资格。

（3）培训场地设备

可容纳20名以上学员的标准教室；有必要的教学设备、设施；室内光线、通风、卫生条件良好；有专门的网上培训条件（包括硬件和软件）；有辅导答疑教师。

2. PMP报考申报条件

（1）项目管理员（具备以下条件之一者）

①取得高中毕业证（或同等学历）学历，连续从事本职业工作3年以上，经项目管理员正规培训达规定标准学时数，并取得毕（结）业证书。

②具有大专以上学历，从事项目管理工作1年以上。

（2）助理项目管理师（具备以下条件之一者）

①取得本职业项目管理员职业资格证书后，连续从事本职业工作2年以上，经助理项目管理师正规培训达规定标准学时数，并取得毕（结）业证书。

②具有大专学历（或同等学历），连续从事本职业工作5年以上，经助理项目管理师正规培训达规定标准学时数，并取得毕（结）业证书。

③具有大学本科学历，连续从事本职业工作3年以上，经助理项目管理师正规培训达规定标准学时数，并取得毕（结）业证书。

④取得硕士学位，连续从事本职业工作1年以上。

（3）项目管理师（具备以下条件之一者）

①取得本职业助理项目管理师职业资格证书后，连续从事本职业工作3年以上，经项目管理师正规培训达规定标准学时数，并取得毕（结）业证书。

②具有大学本科学历（或同等学历），申报前从事本职业工作5年以上，担任项目领导2年以上，经项目管理师正规培训达规定标准学时数，并取得毕（结）业证书。

③具有研究生学历（或同等学历），申报前从事本职业3年以上，担任项目领导1年以上，能够管理一般复杂项目，经项目管理师正规培训达规定标准学时数，并取得毕（结）业证书。

（4）高级项目管理师（具备以下条件之一者）

①取得本职业项目管理师职业资格证书后，连续从事本职业工作3年以上，经高级项目管理师正规培训达规定标准学时数，并取得毕（结）业证书。

②取得博士学位，连续从事本职业工作3年以上，并担任项目管理领导工作1年以上，负责过2~4项以上复杂项目管理工作，取得一定的工作成果（含研究成果、奖励成果、论文著作），经高级项目管理师正规培训达规定标准学时数，并取得毕（结）业证书。

③本科以上学历，连续从事本职业8年以上，并担任项目管理领导工作3年以上，

负责过3~5项大型复杂项目管理工作，并取得一定的工作成果（含研究成果、奖励成果、论文著作），经高级项目管理师正规培训达规定标准学时数，并取得毕（结）业证书。

3. PMP考核程序

①鉴定方式：分为理论知识考试和专业能力考核。理论知识考试和专业能力考核均采用闭卷笔试或者上机考试的方式，实行百分制，成绩皆达60分以上者为合格。项目管理师、高级项目管理师还须进行综合评审。

②考评人员与考生配比：理论知识考试考评人员与考生配比为1:20，每个标准教室不少于2名考评人员；专业能力考核考评员与考生配比为1:20，每个考场不少于2名考评员，评审委员不少于5人。

③鉴定时间：理论知识考试时间为90分钟，专业能力考核时间师级为150分钟，助理级和员级为90分钟。综合评审时间不少于30分钟。

④鉴定场所设备：标准教室。综合评审在条件较好的小型会议室进行，室内需配备必要的计算机设备、照明设备、投影设备等，室内卫生、光线、通风条件良好。

2.4 对项目管理师（PMP）的基本要求

国家劳动和社会保障部颁布的《中国项目管理师国家职业标准》对中国项目管理师（PMP）的基本要求包括：项目管理人员的学历、实践经验、职业道德和相关的法律法规、项目管理的基础知识和基本技能等。

2.4.1 职业道德和基础知识要求

1. 职业道德

（1）职业道德基本知识。

（2）职业守则

①爱国守法，遵守行业规范。

②敬业爱岗，尽责守信，热情主动，具有团队合作精神。

③维护用户利益，保守秘密。

2. 基础知识

（1）项目管理知识

①项目的定义及特点。

②项目管理的概念、主要内容及意义。

③项目阶段和项目生命期。

（2）项目管理体系知识

项目管理的发展历程与项目管理认证体系。

(3) 项目管理的环境知识

①项目利益相关者。

②项目组织的概念、类型及其影响。

③项目经理的作用。

④项目团队的组建。

(4) 相关法律与法规知识

①劳动法的相关知识。

②合同法的相关知识。

2.4.2 工作能力要求

《中国项目管理师国家职业标准》对项目管理员、助理项目管理师、项目管理师、高级项目管理师的工作能力和技能的要求分为四个等级，从低到高依次递进，其中高级别资格的要求包含低级别资格的要求。高级别资格的人员除了要具备低级别资格人员所有的项目管理知识、技能和经验外，还要求有更高的项目管理技能、理论知识、实践经验和水平。

1. 项目管理员

职业功能、工作内容、技能要求、相关知识。

(1) 项目计划

①范围计划：能够界定项目的范围；能掌握项目范围的基本知识。

②进度计划：能够看懂横道图和里程碑图；能掌握活动之间的时序关系及进度计划的概念。

③费用计划：能够看懂费用计划与资源说明书；能掌握有关费用计划编制的基础知识。

④质量计划：能够看懂质量计划的有关文件；能掌握 ISO 9000 质量管理体系的基础知识。

⑤采购计划：能看懂项目采购计划的基本内容；能掌握采购计划的基本知识。

⑥综合计划：能够看懂项目计划书；能掌握项目计划编制的基本概念。

(2) 项目执行

①计划执行：能够按照项目计划书的具体要求参与项目的执行；能掌握项目所涉及应用领域的基本知识。

②质量保证：能够做好质量记录；能掌握质量数据采集的基本知识。

③团队建设：能够与项目团队成员建立良好的合作关系；能掌握团队建设的基本知识。

④沟通：能够参与项目的沟通；能掌握项目沟通的基本知识。

⑤采购：能够参与起草采购需求文件；能够参与简单的采购工作；能掌握采购基本知识。

(3) 项目控制

①范围控制：能够记录项目的完成程度，做好范围变更记录，并建立文档；能掌握范

围变更控制方法。

②进度控制：能够及时发现影响项目进度的变化和因素；能掌握进度调整的基本方法。

③成本控制：能够判断项目费用是否已经偏离原定的费用计划；能掌握成本控制基础知识。

④质量控制：能够鉴别项目的过程或交付物是否符合质量要求；能够填写质量报表；能掌握统计抽样的基本方法及质量报表的填写方法。

⑤沟通控制：能够识别信息发送的属性；能掌握信息发送的属性。

2. 助理项目管理师

职业功能、工作内容、技能要求、相关知识。

（1）项目启动

①需求分析：能够对需求进行调查分析；能掌握需求分析的基本原则。

②可行性研究：能够搜集信息、资料，并提出意见、建议；能够协助起草可行性研究报告；能掌握数据处理基本知识及可行性研究报告起草的基本知识。

（2）项目计划

①范围计划：能够绘制小型项目的工作分解结构图；能掌握工作分解结构（WBS）的基本知识。

②进度计划：能够收集相似项目的历史信息；能够编制工作活动清单；能够确定各活动之间的逻辑和相互依赖关系，并形成文档；能够估算活动的持续时间；能够说明项目进展过程的主要里程碑事件；能掌握工作活动清单的编制方法、横道图的绘制方法及里程碑图的绘制方法。

③费用计划：能够收集项目活动类似工作所需资源和费用的信息；能够编制与费用相关的资源类型和数量说明书；能掌握资源说明书的编制原则和方法及有关费用计划编制的一般知识。

④质量计划：能够参与编制项目质量计划；能够选择用于质量管理的检查表；能掌握质量管理原则、质量计划一般知识及检查表的编制原则。

⑤人力资源管理计划：能够协助项目管理师编写人力资源管理计划；能掌握人力资源管理计划编写的原则和方法。

⑥沟通计划：能够通过分析项目利益相关者的特点，确立沟通需求；能够参与编制沟通计划；能掌握项目利益相关者分析的方法及沟通计划编制的方法。

⑦风险管理计划：能够识别项目过程中可能产生的风险；能够根据经验和历史资料，分析风险产生的原因和影响及其发生的概率；能掌握风险识别的一般知识及风险量化的一般知识。

⑧采购计划：能够进行市场调查和市场分析；能够协助编制招标文件；能掌握招投标的一般知识，以及进行合同的分类。

⑨综合计划：能够协助起草项目综合计划；能掌握各项计划的综合协调方法。

（3）项目执行

①计划执行：能够记录项目计划的执行情况，并分析出问题产生的原因；能掌握计划

执行状况检查方法。

②质量保证：能够落实质量保证措施；能掌握质量保证的基本知识。

③团队建设：能够协助项目管理师改进项目团队的合作关系；能掌握团队建设和沟通的技巧和方法。

④沟通：能够利用沟通技巧和工具进行沟通；能掌握沟通方法和工具的基本知识。

⑤采购：能够参与起草简单的采购合同；能够参与合同的谈判和签订过程；能掌握采购合同编制的知识及采购的谈判方法。

（4）项目控制

①范围控制：能够及时发现影响项目范围变更的因素；能掌握影响项目范围变化的知识。

②进度控制：能够及时记录项目的进展情况；能够及时汇总影响进度的变更和因素；能掌握进度执行情况的知识及进度控制软件的基本知识。

③成本控制：能够分析造成项目费用偏离计划的因素；能掌握费用执行情况测量的知识及成本控制软件基本知识。

④质量控制：能够分析质量偏差的趋势和原因；能掌握质量控制的基础知识。

⑤沟通控制：能够发现沟通中的问题，并提出改进建议；能掌握沟通执行情况的评价方法。

⑥风险控制：能够跟踪已识别的风险，并形成报告；能掌握风险控制的知识和方法。

（5）项目收尾

①合同收尾：能够收集合同执行过程中的资料并归档；能掌握合同管理的基本知识。

②管理收尾：能够识别并收集与项目相关的各类记录和文档；能协助起草项目整体总结报告；能掌握报告的编写知识。

3. 项目管理师

职业功能、工作内容、技能要求、相关知识。

（1）项目启动

①需求分析：能够识别需求，发现问题，提出项目构思；能对影响需求的因素进行必要的定性分析；能掌握项目选择的知识和方法及需求分析方法。

②可行性研究：能组织中小项目的可行性研究；能够对可行性报告作出评价；能掌握项目可行性研究的有关知识及项目方案比较法。

（2）项目计划

①范围计划：能够编写项目范围说明书及有关文件；能掌握成果分析方法、成本效益分析方法、项目方案识别技术及专家评定原则。

②进度计划：能够编制进度计划；能够使用项目管理软件编制进度计划；能掌握网络计划编制技术知识、资源平衡方法及项目管理软件的使用方法。

③费用计划：能够编制资源计划，确定完成项目所需要资源的种类以及每种资源的需要量；能够对资源所需费用进行定量估算；能够编制项目预算；能掌握项目资源计

划的知识、自上而下估算法、自下而上估算法、估算软件工具的使用方法及项目预算的知识。

④ 质量计划：能够对项目进行质量成本效益分析；能够制定项目质量管理计划；能掌握质量成本分析的一般知识、质量管理的知识及 ISO 9000 质量管理体系的知识。

⑤人力资源管理计划：能够确定项目组织中的角色、权限和职责，并制定人员配备计划；能够根据人员配备计划，进行人员招聘，并明确组织人员的报告关系；能够编制项目组织人员的培训计划；能掌握人力资源管理知识及培训的知识和方法。

⑥沟通计划：能够编制沟通计划；能掌握沟通计划编制方法。

⑦风险管理计划：能够编制风险管理计划；能掌握风险管理计划编制方法及风险应对措施开发方法。

⑧采购计划：能够编制采购计划和有关文件；能掌握自制和外购分析方法、合同类型的选择原则及询价知识。

⑨综合计划：能够拟订项目计划；能掌握综合平衡的原则和方法。

(3) 项目执行

①计划执行：能够指导项目计划的执行；能掌握工作授权的知识及项目管理信息系统的知识。

②团队建设：能够组建项目团队，创造良好的工作环境和气氛；能够解决团队成员的矛盾和冲突，维持团队的稳定性；能够评价绩效，实施激励；能掌握团队组建方法、奖励和评估的知识、激励理论及团队成员冲突管理的方法。

③采购：能够主持招标工作；能够评价投标文件；能够审核付款申请；能掌握招投标的一般知识及供方选择的方法。

(4) 项目控制

①范围控制：能够分析范围变更影响，并提出建议；能够在项目变更批准时编制新的项目范围管理计划；能掌握范围变更管理的知识。

②变更控制：能够根据合同的变更，适当地更新项目计划和其他有关文档；能够评价项目变更，进行权衡，提出建议；能掌握项目整体变更管理的知识。

③进度控制：能够进行偏差分析，找出影响进度的原因；能够调整进度计划；能掌握网络计划技术的应用知识及进度控制软件工具的应用知识。

④成本控制：能够进行费用偏差分析，找出原因，采取措施；能够更新预算；能掌握费用审计的知识、成本控制原理及过程、挣值分析知识及成本控制软件工具的应用知识。

⑤质量控制：能够对质量的偏差采取纠正和预防措施；能够调整项目质量管理计划；能掌握质量控制原理及方法。

⑥沟通控制：能够编写项目进展报告；能够按沟通计划进行通报，并能及时、准确地送达利益相关者；能掌握趋势分析法。

⑦风险控制：能够在风险发生时执行应对计划，并能对风险计划进行更新；能掌握风险监管控制的方法。

(5) 项目收尾

①合同收尾：能够核实合同的全部条件和要求是否都得到满足；能够组织项目交接并

正式结束合同；能够组织合同归档工作；能掌握合同收尾的知识和方法。

②管理收尾：能够建立完整的项目档案；能够组织项目组织内部人员对项目进行验收；能够组织项目总结；能掌握项目验收的知识和方法及项目竣工验收后评价的一般知识。

4. 高级项目管理师

职业功能、工作内容、技能要求、相关知识。

(1) 项目启动

①需求分析：能够明确项目需求；能够善于与项目的利益相关者进行充分的沟通；能掌握投资分析的知识。

②可行性研究：能够组织多种项目可行性研究；能够对可行性报告做出评价决策；能掌握项目评价的知识、投资环境与法规知识、贸易知识及系统工程模型与方法的有关知识。

(2) 项目计划

①范围计划：能够创建多级项目的工作分解结构；能够在多项目的管理中审核项目的范围，划分项目之间的界面；能够组织编制工作分解结构词典；能掌握多项目分解知识。

②进度计划：能够制定多项目总进度计划，并协调各个项目之间的进度；能掌握项目管理信息系统的知识与方法及多项目平衡知识。

③费用计划：能够审定项目资源计划、项目估算和项目预算；能够进行多方案成本效益分析；能够组织制定多项目的成本管理计划；能掌握项目成本管理知识。

④质量计划：能够制定项目的质量方针；能够指导建立项目的质量管理体系；能掌握质量策划知识及质量改进知识。

⑤人力资源管理计划：能够建立项目的组织结构和管理制度；能够确定项目团队的分工和职责；能够组织建立项目组织的招聘、考核、培训和奖惩制度；能够掌握组织理论及人力资源管理理论。

⑥沟通计划：能够制定发布信息的标准和准则；能够组织建立项目管理信息系统；能够协调项目内外重要关系；能掌握信息管理系统的知识。

⑦综合计划：能够组织编制多项目的计划；能够制定项目计划执行的评估准则；能掌握运筹学模型知识。

⑧采购计划：能够审核项目采购计划；能掌握有关采购法规。

⑨风险管理计划：能够审核项目风险管理计划；能掌握风险预估知识。

(3) 项目执行

①计划执行：能够监督多项目的执行情况，并协调各项目的关系；能掌握多项目管理知识。

②质量管理：能够对质量管理活动进行审查，并监督质量管理计划的执行；能掌握质量审核知识。

③团队建设：能够提高项目成员及团队的能力；能掌握绩效管理知识、企业文化的一般知识。

④沟通：能够指导建立项目管理信息系统；能够保证多项目之间的信息共享，避免信

息的冲突，并有效地进行信息传输；能够掌握多项目管理中的信息分发方法，以及项目管理信息系统规划知识。

⑤采购：能够主持合同谈判；能够审定付款清单；能够根据合同，建立项目的支付系统和规章制度；能掌握国际招标方式及程序及合同的谈判与授予原则。

（4）项目控制

①范围控制：能够分析多项目范围变更影响，并提出建议；能够在范围变更批准后，指导多项目新的范围计划并修改文件；能够在多项目执行过程中审查可交付成果和工作成果；能够协调多项目的范围计划执行情况；能掌握多项目范围变更控制的原则。

②变更控制：能够制定项目变更控制系统；能够协调多项目之间的变更；能够组织项目变更评价，审定建议，并监督实施；能掌握项目整体变更原则。

③进度控制：能够指导建立进度变更控制系统；能够针对项目进度偏差采取纠正措施；能够协调多项目的进度冲突；能够预测项目进展趋势；能掌握多项目进度控制的方法。

④成本控制：能够制定成本控制系统所遵循的程序；能够分析成本趋势，预测可能出现的机会和问题；能够评审项目的成本和费用状况；能掌握成本控制方法。

⑤质量控制：能够监督质量管理计划的实施；能够预测项目的质量趋势。

⑥沟通控制：能够监督沟通管理计划的实施。

⑦风险控制：能够在风险发生时，对备用方案做出决策；能够预测风险的发生，并采取相应措施；能掌握风险处置权变理论。

（5）项目收尾

①合同收尾：能够评价项目的执行结果；能够组织合同的终止工作；能够对项目成果的交付做出审批，指导项目交接；能掌握合同纠纷处理。

②管理收尾：能够组建项目评价小组，对项目进行评价能掌握项目评价技术。

第3章　智能建筑工程概论

智能建筑是信息时代的产物，它是自动化的更高级的发展。客观地说，智能建筑目前尚无严格定义，通常它是指通过对建筑物的结构、系统、服务、管理这四个基本要求以及它们之间的内在联系，进行最优化的设计，为人们提供一个投资合理又拥有高效率的舒适、便利、安全、节能和环保的环境空间。

从20世纪90年代中期以来，我国掀起的房地产热浪一浪接一浪，各种智能建筑如雨后春笋，市场的需求以及有关各方面的热炒为中国智能建筑注入了巨大的活力和动力。目前，我国每年智能建筑项目投资都在1000亿元以上，建筑智能化的形式和内容也发生了巨大的变化，从广度上看，已由原来的两三个子系统增加为十多个子系统；从深度上看，系统联动与系统集成的级别逐步增加。智能建筑项目从策划、设计、施工到运营的整个建设过程来讲，涉及众多部门、单位，以及多种技术学科和专业领域，使得智能建筑工程项目的管理变得极为复杂。本章主要介绍智能建筑的定义、由来和发展、投资效益、在我国的发展趋势，以及现代智能建筑的基本构成等。

3.1　智能建筑工程的概念

计算机网络经济的价值不仅在于它本身会给社会带来多少财富和利润，而且还在于它营造的一个新的社会形态，它的价值主要在于提供了一个提高国民生产力的平台。智能建筑正是建立在计算机网络平台的基础之上，随着现代计算机技术、通信技术、自动化控制技术和图形显示技术（4C）的进步和互相渗透而逐步发展起来的，是现代化建筑技术和先进的智能化技术的完美结合。21世纪，随着网络经济的飞速发展，世界各地新建的大楼纷纷举起了“e时代”的大旗，智能建筑的建设也进入了一个高速发展期，方兴未艾。

3.1.1　智能建筑的定义

智能建筑（IB）是以建筑物为平台，兼备信息设施系统、信息化应用系统、建筑设备管理系统、公共安全系统等，集结构、系统、服务、管理及其优化组合为一体，向人们提供安全、高效、便捷、节能、环保、健康的建筑环境。

智能建筑是信息时代的产物，它是自动化的更高级的发展，它将建筑、通信、计算机网络和监控等各方面的先进技术相互融合、集成为最优化的整体。智能建筑的“智能化”，主要是指在建筑物内进行信息管理和对信息综合利用的能力，这个能力涵盖了信息的收集与综合、信息的分析与处理以及信息的交换与共享。

为了迎接21世纪全球化知识经济时代的到来，当今世界产业结构已正在向高增值型与知识集约型转变。智能建筑的兴起与发展，主要是适应人类社会信息化与经济国际化的需要，也是人类社会进步和生产力发展的必然需求。智能建筑是建筑技术与电子信息技术相结合的产物，已成为21世纪房地产投资开发的主导方向。智能建筑正是当代用信息技术改造传统建筑产业本身，带动产业优化升级与产业结构调整，最典型、最具体、最直接的体现形式。

3.1.2 智能建筑的由来和投资效益

1. 智能建筑的由来

随着人类科学技术的发展，人类的居住环境也逐步改善。1984年，在美国康涅狄格州的哈特福特市（Hartford）出现了世界上第一座名为“都市广场”（CITY PLAZA）的智能型建筑（Intelligent Building，简称IB）。这是一座由旧的金融大楼翻新改造而成的大厦，楼内铺设了大量的楼宇设备控制和通讯电缆，增加了楼宇设备自控装置、程控交换机和计算机等办公自动化设备，大楼内的配电、供排水、空调、新风和防火等系统均由计算机自动控制和管理，因而用户享有电子邮件、文字处理、科学计算、语音传输、信息检索、市场行情资料查询等全方位的服务，虽然大楼的租金提高了20%，但用户反而增加了。这座智能型建筑的成功尝试给当时正处于低潮的美国房地产市场和房地产商带来了新的希望。

“都市广场”是世界上第一栋智能建筑，它的出现是人类建筑发展史上的一座里程碑，它集中体现了现代以人为本的建筑思想以及系统工程学的成果，它是土木工程技术与现代信息技术相结合的结晶，是信息时代的必然产物。智能建筑工程建成后，投资开发商将会取得巨大的经济效益、社会效益和环境效益等多方面的成果收益。

2. 经济效益

（1）智能建筑的特点是低投入，高回报：根据有关统计资料表明，如果将一座新建筑物建设成智能建筑，只需在原有基础上增加5%的投资，就可以增加20%的回报率。智能建筑中智能系统的投资一般只占建筑物全部预算的5%～10%，这部分资金回收期大约需3年左右。

（2）节能是智能建筑最重要的经济效益之一：在建筑智能化系统中，包含有空调、照明等方面的智能控制系统。在类似的室内人工环境条件的前提下，智能建筑与传统非智能建筑相比，可节能15%～30%，经济效益十分可观。

（3）系统集成的先进性可大大节省建设成本：在智能建筑的建设过程中，由于采用系统集成和过程控制等先进方法，与传统建筑各系统独立的建设方法相比，大约可节省20%的投资。

（4）设计的合理性大大提高了运行管理效率：通过严格的系统设计，提高整个智能建筑的优化设计水平和实用性，可大大提高智能建筑的运行管理效率，从而减少人工投资。与传统非智能建筑的管理方法相比，可提高运行管理效率15%～20%。

3. 社会效益

智能建筑的社会效益是多方面的，有的明显，有的隐蔽而影响深远，可概括如下：

（1）有利于建筑行业的发展和进步：智能建筑工程的建设，将改变传统建筑的建设方式，提高建筑行业的科技含量，克服技术不规范、实用性差、投资不合理、市场混乱等不良现象，推动建筑业朝着健康、有序和协调的方向发展。

(2) 促进信息化建设事业的发展：通过智能建筑工程的建设，将逐步形成一个完整、科学和实用的智能化信息网，这对完善我国城市现代化管理体系和建设，促进建筑技术学科发展，具有重要的推动作用。

(3) 促进建设事业的规范化发展：在智能建筑的建设过程中，可形成大量的工程技术研究成果，这些成果对有关部门制定信息时代有关建筑行业的各项政策、法规具有重要作用。

4. 环境效益

(1) 有利于人们的身体健康和提高工作效率：在智能建筑物内部，通信现代化的办公环境、可靠的安全防范系统、自动控制的温度、温度及新风量，可为人们提供安全、舒适、健康的环境空间，从而提高人们的工作效率。

(2) 智能建筑的节能效益可直接减少能耗，从而对减少环境污染做出贡献。智能建筑是发展城市环保技术、美化城市环境的一项行之有效的措施。

3.1.3　智能建筑的发展

1. 智能建筑发展的四个主要阶段

智能建筑的出现和成功引起了人们的普遍关注，世界各地的建筑行业纷纷效仿，尤其是在经济发达国家发展的最快。日本、德国、法国、英国和荷兰等国都相继筹建智能型大楼。建成后的智能型建筑为企业和政府机关带来了巨大的经济效益和极高的工作效率，因此发达国家都十分重视它的发展。

低投入、高回报，以及“高效、舒适、便利、安全”的声誉，使房地产商们非常热衷于投资智能建筑的建设。据资料介绍，目前美国的智能建筑占新建筑的 70%，日本的智能建筑占新建筑的 60%。估计在今后 10 ~ 15 年内发达国家将普及智能建筑。

智能建筑高速发展的速度不仅仅体现在数量上的宏大，还体现在技术质量的提高较数量的增长更加瞩目。从 1984 年至今，20 多年间智能建筑的形式和内容也发生了巨大的变化，其智能化程度随科学技术的发展而逐步提高。

智能建筑主要依赖于集成建筑系统和建筑设备，智能化系统的功能与系统集成度存在着密切的相关性。智能建筑系统集成不是多种多样产品设备的简单集合，而是指一种“能力”。它能够把现有的先进高新技术，巧妙灵活地运用在现有的智能建筑物系统中，充分发挥其作用和潜力。智能建筑系统集成技术是借助于建筑设备自控系统、通信网络系统、办公自动化系统，把分离的设备、功能、信息等综合集成一个相互关联、统一、协调的系统之中，用于综合建筑物的各个环境。随着信息系统以需求为中心的概念的出现，从广度上看，已由原来的两三个子系统增加为十多个子系统，从深度上看，系统联动与系统集成的级别逐步增加。智能建筑已从集成功能发展到集成系统和网络，从基于单机应用发展到基于网络的协同应用，特别是基于互联网（Internet/Intranet）网络集成的应用，目前，无论是智能建筑的控制系统，还是信息系统都已是网络化的。集成应用系统的开发也不再面向过程，而是面向数据、面向对象。从信息交互上来看，已经从简单的状态信息组合和基于监控的处理，发展到基于内容的处理和融合，以及基于虚拟现实与多媒体技术的人机接口。

从总体上看，建筑智能化技术的发展大致经历了以下四个阶段：

①第一阶段：20世纪80年代，建筑智能化技术主要为单一功能专用系统。如出入口监控，闭路电视监控，空调设备监控，水电设备监控，消防设备监控，停车场管理，数据处理，统计报表，无线电话，对讲系统，卫星电视，共用天线，广播音响，有线电话等。

②第二阶段：20世纪90年代初期至中期，建筑智能化技术发展为多功能系统。包括结构化综合布线，技术安全防范系统，楼宇自控系统，消防报警、通讯及联动系统，停车场系统，文本数据处理系统，无线通讯系统，有线通讯系统等。

③第三阶段：20世纪90年代中期至后期，建筑智能化技术发展为集成系统。包括建筑设备管理系统（BMS），办公自动化系统（OAS），通讯网络系统（CNS）。

④第四阶段：20世纪90年代后期至今，建筑智能化技术发展为一体化集成管理系统，即智能建筑管理系统（IBMS）。其中，控制、信息两大部分可通过数据库实现数据的共享、分析及决策；彩色界面可立体化动态显示，并可使用互联网（Internet）、Web网页和Web浏览器。

从具体产品来看，以建筑设备自动化系统（BAS）为例，20世纪50年代，大多采用流程模拟盘技术；60年代，发展到以矩阵开关板为代表；70年代，以数据采集站为代表；80年代，以智能控制器为代表；90年代，以现场总线网为代表；21世纪初，以系统集成为代表。

2. 智能建筑由单体走向智能建筑群

1998年1月31日美国副总统戈尔在《数字地球——认识21世纪我们这颗星球》的报告中提出“数字地球”的概念，用一个通俗易懂的名词勾绘出了信息时代人类在地球上生存、工作、学习和生活的时代特征。

21世纪随着以计算机技术、网络通信技术为代表的国际互联网（Internet）的迅速崛起，数字地球的概念已为世人普遍接受，一些与其相关相似的概念相继提出，如“数字国家”、“数字省”、“数字城市”、“数字化行业”、“数字化社区”等。数字化成了当前最热门的话题之一，数字城市的立项如火如荼。

所谓的“数字城市”是对城市发展方向的一种描述，是指数字技术、信息技术、网络技术要渗透到城市生活的各个方面。无论是“数字城市”，还是“数字化社区”，其基本单位都是智能建筑，换言之，随着数字化城市的发展，城市公用信息平台的形成对建筑群智能化和信息化的要求越来越多，进一步加速了智能建筑的应用在广度和深度上的延伸，加速了智能建筑技术的发展。智能建筑的全面数字化使得智能建筑的内涵不断发展和扩充，办公、居住、商用、厂房等多种建筑群不断涌现，使智能建筑由单体的智能建筑走向智能建筑群。

“智能小区”或称“数字化社区”是在智能建筑的基本含义中扩展和延伸出来的，它通过对小区建筑群四个基本要素（结构、系统、服务、管理以及它们之间内在关联）的优化考虑，提供一个投资合理，又拥有高效率、舒适、便利以及安全的居住环境。

现代智能建筑一般分为两大类，即楼宇智能化和小区智能化。其中包括：

①办公建筑：包括商务、行政和金融等办公建筑。

②商业建筑：商场、宾馆等。

③文化建筑：图书馆、博物馆、会展中心、档案馆等。

④媒体建筑：包括中型及以上剧（影）院和广播电视业务等媒体建筑。

⑤体育建筑：各类体育场、体育馆、游泳馆等。

⑥医院建筑：二级及以上综合性医院。

⑦学校建筑：包括普通全日制高等院校、高级中学和高级职业中学、初级中学和小学、托儿所和幼儿园等。

⑧交通建筑：大型空港航站楼、铁路客运站、城市公共轨道交通站、社会停车场等。

⑨ 住宅建筑：包括住宅、别墅等住宅建筑。

⑩通用工业建筑：包括通用工业建筑，与通用工业建筑相配套的辅助用房。

实际上，建筑智能化已经成为 21 世纪建筑行业发展的主旋律，建筑智能化是整个社会信息化的一个组成部分，智能建筑中有很大部分的服务功能具有较强的社会性，过去那种单体建筑的智能运行和管理模式不能很好发挥智能化系统应有的功能，应该把智能化系统构筑在社会统一信息平台上，并以此平台为建筑和建筑中的人员提供服务，这就需要对智能建筑的投资、建设、运行和管理模式进行调整，建立新型的运行管理方式，提供社会化的服务。这种服务模式也有利于满足不同的服务需求和降低智能化设施维护管理成本。

智能小区是个具有中国特色的称谓，将它列入智能建筑的范畴，主要强调居住生活的环保理念，强调绿色、环保、节能。

3.1.4　智能建筑在我国的兴起

在我国，智能建筑的发展历史不长。20 世纪 80 年代末，智能建筑在我国才起步。最早在 1989 年有一些单位在北京、上海、深圳等地开始兴建智能建筑，这是智能建筑在中国的萌芽。一般认为“北京发展大厦”可以算是我国的第一栋智能建筑，因为它从 1989 年建造开始就有了明确的智能目的。90 年代中期，随着我国改革开放和经济建设的迅速发展，在我国广阔的土地上各地掀起的房地产热浪一浪接一浪，市场的需求以及有关各方面的热炒为我国智能建筑注入了巨大的活力和动力，智能建筑在我国获得了高速、蓬勃发展的机会，各种智能建筑如雨后春笋，其迅猛的发展势头令世人瞩目。

1. 我国智能建筑发展特点

自从 20 世纪 70 年代末，我国实行改革开放政策以来，我国经济得到了巨大的发展。在这 20 年的时间里，中国国民生产总值（GNP）每年平均增长约两位数字。中国国民经济的发展，直接带动了中国建筑业的发展。从建设规模论，中国建筑业的规模在世界建筑业排行中可算是首屈一指的。由于经济的不断发展和科技的突飞猛进，人们对建筑工程要求的数量上大发展的同时，对建筑工程美观、品质、安全、环境和功能方面提出了更大、更高的要求。面对这样繁重而复杂的任务，建筑设计与营造必须要具有现代化理念，开发采用现代化技术和运用现代化管理。其中智能化融入于建筑之中，乃是当今现代化建筑发展的一项重要内容和发展趋势。

因此，这些年来，我国的智能建筑建设一浪高于一浪，其发展之迅速和规模之宏大，在世界上是绝无仅有的。它并未因房地产市场的整顿而有所收敛，反而从社会变革和广度上更加加速发展。主要原因有以下两方面：

（1）从政府到民间、从产业界到学术界都非常重视我国智能建筑事业的发展，全国已经建成或正在建设的智能建筑有几万栋，我国可望在20年内普及智能建筑，包括新建和旧楼改造。现在国人已普遍认识到，建筑智能化系统是现代及未来的建筑物所必需的系统之一。简言之，建筑的智能化是建筑行业进入新世纪的入场券，是新世纪的通行证，又是信息时代建筑的标志；既是大势所趋，又是人心所向；是科技发展的必然，是人们生活模式变化和提高的保证。正因为如此，它的发展势如破竹、一往无前。

（2）由于我国的建设规模所形成的当前全世界最大的智能建筑市场，国际知名的跨国大厂商纷纷进入中国这个大市场，从开始的试探到现在的扎下根来。他们不仅在这里获得丰厚的利润，而且，也将国际上最先进的技术带到中国来。我国的技术人员迅速地掌握了这些前沿科技，并立即运用于我们的工程实践之中，在实践中学习。今天，我们已经有了一支决不比国外逊色的智能建筑科技大军。当然，这里也应当包括工作在外企中的一大批我国技术和经营的骨干，我国智能建筑能有今天的发展，他们功不可没。

2. 我国智能建筑市场广阔

根据统计数据表明，目前我国智能建筑的投资约占建筑总投资的5%～8%，有的地区可达10%。其中，住宅小区智能化系统投资稍低，而公共建筑智能化系统投资稍高。中国加入WTO，为我国智能化建筑技术发展，引进了相对科学、公平、公开、公正的国际市场主流机制，提供了前所未有的挑战和发展机遇。我国经济发展的国际化对建筑智能化水平提出了更高要求，不仅对新建建筑物，而且对量大面广的已有各类建筑的改造都提出了智能化需求。根据过去五年资料统计，同期公共建筑智能化系统的投资和住宅小区智能化系统的投资的增长都达到了50%以上，由此可见中国智能建筑市场潜力巨大。

另外北京为举办2008年奥运会，提出了“数字奥运”的口号，北京为了实现这个目标将要建设众多数字化设施，这包括：2008年奥运会的技术指挥中心、数据中心、信息资源中心和网络管理中心、安全监测中心等。同时在北京现有的通信网络基础上，加快建设各类先进的通信设施，最终提供一个高度可靠、高度灵活、可扩展、可重新利用，能适应新技术发展的宽带、数字化的通信系统。而广播电视要实现从模拟向数字的技术转变，为奥运会广播电视的转播和信号传输构筑网络的支撑平台。此外还要建设22个现代化的体育场馆，提高场馆设施的智能化水平，这些本身就会增加对建筑智能化系统的需求。更为重要的是这些智能化系统的建设将会起到示范和推广作用，必将极大地推动智能建筑的进一步发展。实际上“数字奥运”是实现北京信息化跨越式发展最现实的需求、最重要的机遇、最有价值的品牌和最直接的动力。

3. 与国际先进水平的差距

当前我国智能建筑技术与国际先进水平的差距主要体现在开放式互操作性系统技术发展研究上。智能建筑建设是一项系统工程，是多学科、多技术的系统集成整体，开放式可互操作性系统技术的规范化、标准化，是实现建筑智能化，提高产品设备与系统的产业化技术水平的关键。目前国际建筑业界公认较先进的开放式系统行业协议标准技术有两个：

①LonWorks：美国 Echelon 公司的 LonWorks 技术的 LonTalk 协议 LonMark 标准。

②BACnet：美国采暖、制冷与空调工程师协会（ASHRAE）制定的《楼宇自动控制网络数据通信协议（BACnet)》。BACnet 同时还成为美国国家标准及欧共体标准草案。

这两种协议标准都是基于国际标准化组织（ISO）的“开放系统互连模型”的。因此两者在开放系统技术上是可以互相补充互为依存的，前者着重现场实时控制域，后者着眼于信息应用管理域。而且 BACnet 的协议层次里数据链路层和物理层的五种选择中就包含有 LonTa1k 协议。所以，我国人为地将两者完全互斥对立起来是不准确的。况且两者技术都还正在不断地完善发展之中。严格讲我国智能建筑在开放式互操作性系统技术发展研究上尚未真正起步，差距颇大，亟待投入。

3.1.5　我国智能建筑的发展趋势

21 世纪是知识经济时代，同时又是生态文明时代。运用已掌握的建筑智能化高新技术，探寻人类生存、生产和工作环境空间的可持续发展模式已成为我国建筑技术发展趋势。目前在我国，作为智能建筑核心关键的信息技术和信息化建设受到了举国上下的高度重视，正以一日千里的速度迅猛发展，新技术新产品层出不穷，对智能建筑技术的发展和建筑智能化建设起到主导、促进的作用。我国智能建筑的发展趋势表现在以下几方面：

1. 智能建筑强调以人为本

树立以人为本的思想，根据不同的人群、不同的需求来设计智能建筑。人性化设计不是一个具体的技术问题，而是一种理念。它告诉我们：如何对待技术，技术体现什么，怎样去处理技术与人的关系。包括：

（1）根据人们的需求对智能建筑市场进行细分和优化，并为此制定出可以满足不同需要的建筑智能化系统方案。充分利用信息技术来提升智能建筑的服务功能、管理功能和安全功能，不同类型的智能建筑因为服务对象不同，其智能化应该有不同的解决方案；不同档次、不同地区的智能建筑，因为需求的不同其智能化也应该有不同配置，不应该强求一致。

（2）充分考虑到设备或系统对用户能提供哪些功能，以及充分考虑到系统的运作和使用的便利性，有符合人体工程学的人机界面，易学易用，直截了当。

（3）从人文角度上，要注意到使用者的人文特征。例如历史、民族特点、习惯、地方因素乃至其他相关因素。这些因素不一定都与设备系统的设备直接有关，但并非毫无关系。

（4）要看到人的社会性。任何人都不是独立的个体，任何家庭都不能脱离社会而存在。尽管网络也是一种社会联系的渠道，在空间与时间上，网络具有无比的优越性，但是它不能代替人与人的直接接触，更不可能用完全虚拟的社会环境代替人的直接社会交往。因此要充分考虑到体现网络人性化的问题。

（5）就系统的整体而言，要充分考虑到系统的“个性”。设备系统的特色要鲜明突出，要体现与人的“亲和力”，以及与环境做到天衣无缝的融合。

2. 系统集成是建筑智能化程度的重要标志

建筑智能化系统设计的核心是系统集成，可以说没有系统集成的智能建筑就不是真正意义上的智能建筑。系统集成把不同功能、不同技术、不同厂商、不同要求、不同操作平台、不同接口的不同设施和系统，用一个统一的系统把它们连接起来，协同动作。它包括三个层次的含义：

①功能集成：为完成某一系统建设目标，而将一些相互独立的功能子系统聚集在一起。

②技术集成：利用先进的技术、方法和产品进行功能集成。

③信息集成：全局一体化的整体管理设计，以实现子系统间资源的高度共享，提高对建筑物的整体管理能力。

系统集成作为达到建筑智能化目标的一种技术手段和方法，其本质上是一种设计技术过程，在工程实践中要实事求是地从智能建筑的整体目标出发，不能搞一刀切，智能化程度必须始终贯彻“量体裁衣”按需集成的技术思想，按照用户需求、投资力度、经济效益、工作效率等多方面因素综合考虑，需要集成到什么程序，就集成到什么程度。

3. 开放的网络控制技术

控制网络技术体系结构向开放性与网络互连方向发展，从现场控制总线走向控制网络是一个必然趋势。建筑设备自动化系统是智能建筑的支柱之一，有研究结果表明 BACnet 是未来一个时期比较合适的 BAS 用的高速局域网。针对建筑的水、电设备系统配置相应的计算机网络和网管软件，网络结构和标准实现开放协议。建筑设备自动化系统软件采用浏览器/服务器模式（B/S）体系结构，计算机网络采用互联网技术（Internet）开放的网络传输协议 TCP/IP，实现远程监控、远程操作和远程综合信息数据库访问。

4. 以“三网融合”的模式建立信息高速公路，确保智能建筑内外信息畅通

“三网融合”是我国通信领域的发展的方向，目前我国电信行业的改革竞争机制，使中国电信、移动通信、联通、吉通、铁通以及广电、电力通信等企业逐渐形成竞争格局，对我国通信事业的发展必将起到巨大作用。我国通信技术在智能建筑中的发展方向是：数字化、宽带化、高速化、网络化、综合化、多媒体通信。智能建筑通信网系统将向宽带综合业务数字网（B-ISDN）、国际互联网技术（Internet）、宽带多媒体通信网、移动通信和卫星通信并存的综合网络方向发展。

5. 综合布线技术向满足多媒体、宽带化、高速率等信息传输的要求方向发展

双绞线布线系统在目前普及超 5 类的基础上，向 6 类线系统发展，将来发展到 7 类线以适应多媒体信息传输。为适应高速率、大容量的要求，大力发展光纤到桌面。与此同时，发展家居综合布线系统，由此可以满足随着智能住宅小区的迅速发展以及人们对家庭信息服务和改善生活环境的欲望。家居布线属于多媒体布线系统，光纤和 7 类双绞线可能成为未来家庭布线系统具有竞争力的两种传输介质。

6. 多媒体技术在智能建筑中的广泛应用

在 21 世纪多媒体信息技术将发展成为智能建筑、计算机、通信技术，以及人们生活娱乐的主要形式。随之而来的计算机、通信、综合布线、显示等技术都要发展相应的多媒体产品和系统，以实现语音、数据、图像的综合应用。

7. 智能卡技术和人体识别技术在智能建筑中的广泛应用

智能卡技术已比较成熟地应用于智能建筑安全防范出入口系统和办公自动化人员考勤管理系统中；人体特征识别技术，如指纹、视网膜识别等技术随着科技的不断进步将更加广泛地应用到智能建筑中。

8. 办公自动化的普及和扩展

办公自动化系统（OAS）发展的近期目标主要是普及和提高办公自动化水平，实现物业管理营运信息子系统、办公和服务管理子系统、信息服务子系统和智能卡管理子系统等的主要功能。

9. 移动办公和家庭办公不久将成为可能

随着移动通信 3G 技术的推广应用，移动办公自动化在大范围内实现已成为可能，具备家庭办公条件的人群，如教师、科研人员、个体经营者会率先实现家庭办公自动化。其他公职人群也越来越多地倾向于在家里办公。这样人们在家里或在旅途中都像在办公室里一样处理公务、开会、远程操作打印机、收发电子邮件等，办公效率会大大提高。

3.1.6　我国智能建筑技术发展存在的关键问题

由于智能建筑工程项目的整体性、系统性和运作的连续性，所以在讨论其有关技术问题时，一定要从全局的、综合的、整体的角度出发，以系统科学与系统分析的观点去观察和思考问题。目前，我国智能建筑技术发展存在着以下几个方面的关键问题：

（1）由于智能建筑不是单一技术、单一设备产品，而是多学科多专业多技术综合运用的整体建筑物业产品。它的技术发展必须要多个行业、多个部门的综合协调同步发展，需要全国统一计划、统一协调、统一对策，而不是各部门、各行业、各环节“各自为战”、“互不协调”、“各自为政”。

（2）智能建筑技术不同于传统技术领域。智能建筑属新兴的高新技术领域，技术发展还不成熟完善，正处在飞速发展变化之中。因此，技术发展政策既需要有远见卓识的前瞻先进性，更需要有深思熟虑的严谨准确性。历史实践已经证明：政府的正确指导行为是技术发展的根本保障，而不准确的指导行为就会导致紊乱、滞后、误解，甚至失误。

（3）智能建筑技术发展要实现产业化而不是仅看作一项应用技术。目前国内智能建筑市场仍由国外技术系统产品设备占主导。要大力扶持鼓励发展国产化的技术产品与系统，技术发展才可能形成国产化产业。当前，如果不把智能建筑作为一项产业发展，就会贻误时机。

（4）工程管理技术体制是智能建筑建设全过程中技术发展质量保证的瓶颈。不仅是建筑智能化各个专业子系统之间的协调，更重要的是从工程项目的立项、方案、设计、施工、监理，到验收、物管之间的全程协调，其中包括技术资质管理统一协调。要从体制上解决事实上存在的“山头”与“门户之见”。

（5）智能建筑属交叉学科系统工程，涉及多学科多专业，当前突出存在建筑设计与智能化系统设计严重分离脱节。由于建筑的智能化大大增加了传统工程设计工作的难度及劳动量，而设计费一直未变，不符合按劳付酬原则，直接影响人的积极性与技术发展。

（6）目前，我国智能建筑技术发展政策尚未具体地与单位体制改革相协调、相结合，尚未充分体现出技术政策激励机制。智能建筑技术发展还未有机地与知识经济时代的技术创新紧密结合，还未深入地与可持续发展战略密切联系。

3.2 现代智能建筑技术

智能建筑技术人们通常称为“弱电”，是指载有语音、图像、数据等信息的信息源及其传输、处理和应用，如电话、电视、计算机的信息。智能建筑直接利用的技术是建筑技术、计算机技术、网络通信技术、自动化技术。在21世纪的智能建筑领域里，信息网络技术、控制网络技术、智能卡技术、可视化技术、流动办公技术、家庭智能化技术、无线局域网技术、数据卫星通讯技术、双向电视传输技术等，都将会有更加深入广泛地具体发展应用。特别是开放性控制网络技术正在向标准化、广域化、可移植性、可扩展性和互可操作性方向发展。

换言之，智能化技术只是手段，“可持续发展技术”才是现代智能建筑技术发展的长远方向。除继续利用上述现有智能化高新技术实现可持续发展目标外，新兴的环保生态学、生物工程学、生物电子学、仿生学、生物气候学、新材料学等技术发展，正在渗透到智能建筑多学科多技术领域中，实现人类生活和工作环境的可持续发展目标。从而形成所谓“可持续发展技术产业”。目前，一些发达国家正在开发利用这些高新技术去处理垃圾、污水、废气、公害，节能、节水，消除电磁污染，资源可持续利用，建筑人工生态环境等；同时正在尝试运用高新技术建设智能型绿色建筑、智能型生态建筑，既满足当代人的需要又不损害后代人满足需求的能力。

3.2.1 信息技术和智能化技术的概念

1. 信息技术（IT）的概念

信息技术（IT）是指语音、数据、图像等各种信息的产生、发射、接收、收集、检索、检测、分配、处理、传输及其应用的技术。它包括：信息获取技术、信息传输技术、信息处理技术、信息检索技术、信息存储技术、信息显示技术和信息安全技术等。信息技术可能是机械的、激光的、电子的，也可能是生物的。

信息技术是信息科学的组成部分，信息科学和信息技术是信息时代的产物。信息科学的研究内容包括以下几方面：

①哲学信息论：研究信息的概念和本质。

②基本信息论：研究信息度量和变换。

③识别信息论：研究信息的提取方法。

④通信理论：研究信息的传递软件。

⑤智能理论：研究信息的处理机制。

⑥决策理论：研究信息的再生理论。

⑦控制理论：研究信息的调节原则。

⑧系统理论：研究信息的组织理论。

研究信息技术的内容可知，信息技术的内容包括信息技术在各个领域中的应用。例如，利用信息获取技术（传感、遥测技术等）、信息传输技术（光纤技术、红外技术、激光技术等）、信息处理技术（计算机技术、控制技术、自动化技术等）等改进作业流程，提高作业质量。包括信息技术在建筑领域中的应用。

2. 建筑智能化技术的定义

信息技术（IT）和其他现代高新技术应用在建筑及建筑群中就构成了建筑智能化系统。信息技术的内容和范围非常广泛，实际应用到智能建筑的信息技术只是其中的一部分。通常人们把这一部分，即信息技术和其他现代高新技术应用于智能建筑中的主要技术称为智能建筑技术或建筑智能化技术，它是智能建筑的关键技术，是智能建筑的技术基础。

建筑智能化系统是以建筑环境和系统集成为平台，主要通过综合布线系统作为传输网络基础通道，由各种建筑智能化技术与建筑环境的各种设施有机结合和综合运用形成各个子系统，从而构成了符合智能建筑功能等方面要求的建筑环境。

通常，人们所说建筑智能化技术指的是狭义的智能建筑技术，即具体实现意义上的智能建筑技术。智能建筑内涵的实现是以智能化技术为基础的，即智能化技术是智能建筑的核心技术，而建筑智能化技术以信息技术为主，是实现智能建筑功能的主要技术手段。

为了实现建筑智能化系统的功能要求，建筑智能化技术主要包括信息技术的四个方面，即人们常说的4C 技术：现代通信技术、现代计算机技术、现代自动控制技术、现代图形图像显示技术，以及综合布线技术、系统集成技术等其他现代信息技术和现代高新技术。智能化技术与建筑技术的有机结合构成了智能建筑，但是智能建筑技术并不代表全部现代信息技术，如信息获取技术，包括传感技术、遥测技术等就不包含在内。

3.2.2　建筑智能化技术的主要内容

1. 现代计算机技术

现代计算机技术是信息处理技术中的一项主要技术。它是信息技术的一个重要组成部分，计算机处理信息的能力正迅速加强。计算机多媒体技术把语音、文字、数据、图像等信息通过计算机综合处理，使人们得到更完善直观的综合信息。

随着新世纪的到来，计算机网络系统，包括局域网、广域网和互联网（Internet）显示出旺盛的生命力，特别是随着互联网（Internet）、信息高速公路、数据化技术的发展，计算机技术与通信技术、多媒体技术紧密地融合在一起，大大拓宽了信息技术的应用范围，在促进和影响人类社会政治经济发展方面起了巨大作用，计算机网络为人们的生活方式开创了一个全新的信息时代。

现代计算机技术广泛应用到智能建筑中，成为智能建筑技术的一项重要的基本技术。以信息管理、通信管理、控制等方式在智能建筑信息设施系统、信息化应用系统、建筑设备管理系统、公共安全系统、机房工程中起重要作用。例如，在智能建筑信息设施系统中，计算机网络系统的主干网和局域网成为主要通信网络之一，用以满足建筑物内多种业务需要的信息传输和交换。智能建筑对外界的通信主要网络之一也是运用局域网和互联网络(Internet)等广域网共同承担的计算机网，目前，基于 Web 方式的互联网络(Internet)技术正成为智能建筑或企业内部的信息主干网络的主流形式。

现代计算机技术是建筑设备管理系统的核心技术。以计算机网络为基础连接计算机和建筑物内空调、电梯、给排水、电力和冷热源等各种设备完成设备自动监控管理和系统集成，完成对消防和安全防范系统的自动控制和管理。

在信息化应用系统和办公自动化方面计算机技术更是起到不可缺少的主导作用，使人们利用计算机足不出户就可完成各种层次的业务和办公事务，例如，业主对建筑物内各类设备的物业管理、运营等，各级公务员进行的各种办公和服务管理，以及各种信息服务性事务。计算机技术和通信技术、多媒体技术的结合正在创造移动办公和家庭办公的条件。

2. 现代通信技术

通信技术是现代信息技术的一个重要组成部分，通信技术的任务是延长人的记忆器官存储信息的功能。通信的本质是快速、准确地转移信息。现代通信技术正在沿着数字化、宽带化、高速化和智能化、综合化、网络化的方向迅速发展。例如通信网络与多媒体联机数据库和计算机组成一体化高速网络的信息高速公路，向人们提供语音、数据、图形图像等快速通信，实现信息资源高速度共享。

现代通信技术包括了综合业务数字网 ISDN（Integrated Services Digital Network）技术、宽带多媒体网技术、异步传输 ATM 技术、同步数据系列 SDH 技术、接入网技术、互联网(Internet）技术、IP 通信技术、卫星通信技术、移动通信和个人通信技术、数字微波通信技术、数据通信技术等等。现代通信业务的种类不断增加，已由传统的电话、传真等基础通信业务发展到数据、图形图像、可视电话、会议电视、多媒体等通信业务。

现代通信技术应用于智能建筑形成了智能建筑通信网络系统（CNS)，通信网络和通信技术是智能建筑技术的重要组成部分，也是智能建筑其他技术的基础。通信技术和通信网络系统用以实现建筑物或建筑群内、外信息获取、信息传输、信息交换和信息发布。

现代通信技术和通信网络系统是实现智能建筑通信功能和建筑设备管理、信息化应用系统和办公自动化的基础，通过多种通信网络子系统和相应的各种通信技术对来自智能建筑内、外的语音、数据、图像等各种信息进行接收、存储、处理、交换、传输等，为人们提供满意的通信和控制管理的需求。

3. 现代自动控制技术

自动控制技术属于信息科学和信息技术范畴，它是信息处理技术的一项技术。现代自动控制技术主要是数字控制技术，即计算机控制技术和控制网络技术。

现代自动控制技术是智能建筑最重要的建筑智能化技术之一，在智能建筑控制中起主导作用，应用最广泛的是建筑设备管理系统（BMS），以及利用网络集成控制技术可以形成建筑智能化集成系统（IIS）。

利用计算机来控制建筑设备管理系统，已由分布式控制系统发展到开放式控制系统，即控制网络技术体系结构正向开放性与网络互连方向发展。开放性控制网络具有标准化、可移植性、可扩展性和可操作性。在计算机互联网络技术的推动下，控制网络要满足开放性的要求，就必须走网络互连的发展道路，因而从现场控制总线走向控制网络是一个必然趋势。目前最为常用的现场总线系统，以LONworks和BACnet两种开放式现场总线系统应用较广。

随着互联网（Internet）技术的迅速发展，促使建筑设备自动化系统（BAS）发展成为内外开放的网络集成系统。在建筑设备管理系统中央站嵌入Web服务器，融合Web功能，以网页形式的工作模式，使BMS与Intranet成为一体化，构成采用Web技术的建筑设备管理网络集成系统。

4. 现代图形图像显示技术

图像显示技术是信息技术的一项重要技术。应用于智能建筑的现代图像显示技术主要包括两个方面。一方面是先进的图像信息技术，即信息显示图形图像化；另一方面是图像信息及相关管理信息的计算机处理、活动图像压缩编码以及网络控制技术，既计算机处理及网络控制。现在已广泛应用的Windows技术、Web技术和多媒体技术，为采集和监视、浏览图像信息提供了极大方便。图像显示技术主要有三种类型：

（1）CRT（Cathode Rag Tube）阴极射线管显示技术

具有高亮度、高效率、颜色丰富、响应速度快、温度特性好、视角大、图像质量好、成本低等优点，所以仍是大屏幕图像显示的主要应用技术。

（2）LCD（Liquid Crgstal Display）液晶显示屏

液晶处于固态和液态之间的一种物质，组成它的分子成棒形。液晶在自然状态时，允许光穿过，但若加上电源时，液晶能使穿过的光改变方向。液晶的棒形分子扭曲的程度越大，显示效果的对比度就越大，液晶显示屏的耗电量较低，多用于掌上电脑等小屏幕显示。LCD投影方式有液晶板和液晶光阀两种。

（3）DLP（Digital Light Processor）数字光处理器

它的关键技术一是采用DMD（Digital Micromirror Device）数字微反射器作为光阀成像器件，二是采用了数字技术。它的特点是，成像器件总光效率高达60%以上，对比度和亮度的均匀性很好、清晰度高、画面均匀、色彩锐利、画面质量稳定。

图像压缩编码是图像显示的关键技术之一。为了解决图像压缩过程的失真问题，以适应配有声音的活动图像压缩编码的需要，国际电话电报咨询委员会（CCITT）和国际标准化组织（ISO）成立了运动图像联合专家组MPEG（Motion Picture Experts Group），其研究成果是提出了一整套图像显示计算机处理及网络控制技术，它体现在动态图像专家组（MPEG）系统标准中。该标准是活动图像、音频及其组合的压缩、解压缩、处理和编码表示方面的国际标准。迄今，已经完成了MPEG-1、MPEG-2、MPEG-4第一版，正在制定MPEG-4第二版和MPEG-7。

MPEG-1 视频（ISO/IEC 11172-2）部分，提供了一种统一的编码格式，用来描述存储在各种数字存储媒体（如 CD、硬盘和光盘驱动器）上经过压缩的视频信号，主要用于对连续传递速率为 1.5Mbit/s 存储和传输媒体进行操作。

MPEG-2 是数字电视标准，分辨率高达 100MBPS，是 MPEG-1 的一种兼容扩展型。一个基本扩展是增加了对压缩视频信号的扩缩功能，从而使视频信号的编码具有了不同的质量水平（基本空间、速率和幅度的扩缩）。MPEG-2 提供有关视频、音频及其他数据如何合并成单个或多个适于存储和和传输的数据流的定义。它还提供使音频和视频信息的解码和显示同步的语法和语义法则。MPEG-2 速率在 3～10Mbit/s，应用范围很广，如数字电视（HDTV、CATV、电子剧场、家庭影视中心等）、数字通信、数字视频记录、交互存储等。

MPEG-4 具有高效的压缩性，它基于更高的编码效率，与其他标准相比，它基于更高的视觉听觉质量，使得在低宽带的信道上传送视觉、听觉，或在有限容量的存储介质上存储多媒体视觉成为可能。同时 MPEG-4 还能对同时发生的数据流进行编码，一个场景的多视角或多声道数据流可以高效、同步地合成为最终数据流。这可用于虚拟三维游戏、三维电影、飞行仿真练习等。

MPEG-7 与上述标准相对独立，其宗旨是为人们的社会生活提供便利的多媒体服务。实现关键在于建立多媒体数据库和相应搜索引擎之间的接口。MPEG-7 将实现由文本信息时代过渡到多媒体信息时代。

在计算机、多媒体、数字化技术和网络技术日新月异的信息时代，MPEG-7 的公布，MPEG 系列标准将再一次给人类的生活方式带来革命性的变化，也必然推进图像信息显示技术的进步，其在智能建筑中的广泛应用必然会给建筑智能化增加更多的新内容。

现代图像显示技术主要应用于智能建筑的以下几个方面：

①公共场所（如候车室、候机室、会议厅等）大屏幕公告板。

②娱乐场所（卡拉 OK、歌舞厅、剧场、酒吧等）投影电视。

③会议室、多功能厅、演播室等使用的大屏幕投影机。

④电教中心教室、多媒体教室使用的电视机、计算机等设备。

⑤安全防范监控系统及中央监控室。

⑥消防报警指挥中心及消防报警系统。

⑦智能建筑系统集成（IBMS）。

⑧办公自动化及多媒体计算机系统。

⑨多媒体通信系统（如 CATV、VOD、可视电话、图文电视等）。

⑩家庭影院和影像通信多媒体系统（如 CATV、可视对讲、VOD 等）。

3.2.3 综合布线和系统集成技术

1. 综合布线技术

综合布线技术是在建筑和建筑群环境下的一种信息有线传输技术，属于信息传输技术中的一种特殊传输技术。它将建筑和建筑群中所有电话、数据、图文、图像及多媒体设备的布线综合或组合在一套标准的布线系统上，即这种布线综合所有电话、数据、图文、图像及多媒体设备于一个综合布线系统中，实现了多种信息系统的兼容、共用和互换互调性能。

综合布线技术在建筑物内或建筑群间传输语音、数据、图像等信息满足人们在建筑物内的各种信息要求。因此，它也是建筑智能化技术主要技术之一。

综合布线系统是遵循有关标准设计的，因而它是一种符合工业标准的布线系统。它可以连接各个设备，可以支持多个厂家的语言和数据设备。综合布线系统在智能建筑中逐步得到应用，它是解决常规布线系统存在问题的好办法。综合布线可以支持电话、电视、计算机、建筑物自动控制等系统。

(1) 综合布线系统与智能建筑的关系

1) 综合布线系统是衡量建筑智能化程度的重要标志

在衡量建筑的智能化程度时，既不完全看建筑物的体积是否高大巍峨和造型是否新型壮观，也不会看装修是否宏伟华丽和设备是否配备齐全，主要是看其综合布线系统配线能力，如设备配置是否成套，技术功能是否完善，网络分布是否合理，工程质量是否优良，这些都是决定建筑智能化程度高低的重要因素。智能建筑能否为用户更好地服务，其综合布线系统具有决定性的作用。

2) 综合布线系统使建筑充分发挥智能化效能

综合布线系统把智能建筑内的计算机、通信、网络和各种设备及设施，相互连接形成一个完整配套的整体，以实现高度智能化的要求。由于综合布线系统能适应各种设施当前的需要和今后的发展，具有兼容性、可靠性、使用灵活性和管理科学性等特点，所以它是智能建筑能够保证优质高效服务的基础设施之一。

在智能建筑中如没有综合布线系统，各种设施和设备因无信息传输媒质连接而无法相互联系，无法正常运行，智能化功能也难以实现，建筑只能是一幢徒有空壳躯体的、实用价值不高的土木建筑，也就不能称为智能建筑。在建筑物中只有配备了综合布线系统时，才有实现智能化的可能性，它是智能建筑工程中的关键内容。

3) 综合布线系统能适应今后科学技术的发展需要

房屋建筑的使用寿命较长，大都在几十年，甚至上百年。因此，目前在规划和设计新的建筑时，应考虑到如何适应今后高科技发展的需要。由于综合布线系统具有很高的适应性和灵活性，能在今后相当长的时期内满足科技进步和客观发展的需要，在建筑物的新建和改造工程中，应根据建筑物的使用性质和今后发展等各种因素，积极采用综合布线系统。

(2) 综合布线系统的特点

1) 综合性、兼容性好

传统的专业布线方式需要使用不同的电缆、电线、接续设备和其他器材，技术性能差别极大，难以互相通用，彼此不能兼容。综合布线系统具有综合所有系统和互相兼容的特点，采用光缆或高质量的布线部件和连接硬件，能满足不同生产厂家终端设备传输信号的需要。

2) 灵活性、适应性强

采用传统的专业布线系统时，如需改变终端设备的位置和数量，必须敷设新的缆线和安装新的设备，且在施工中有可能发生传送信号中断或质量下降，增加工程投资和施工时间，因此，传统的专业布线系统的灵活性和适应性差。在综合布线系统中任何信息点都能连接不同类型的终端设备，当设备数量和位置发生变化时，只需采用简单的插接工序，实用方便，其灵活性和适应性都强，且节省工程投资。

3）便于今后扩建和维护管理

综合布线系统的网络结构一般采用星形结构，各条线路自成独立系统，在改建或扩建时互相不会影响。综合布线系统的所有布线部件采用积木式的标准件和模块化设计。因此，部件容易更换，便于排除障碍，且采用集中管理方式，有利于分析、检查、测试和维修，节约维护费用和提高工作效率。

4）技术经济合理

综合布线系统各个部分都采用高质量材料和标准化部件，并按照行业规范和技术标准施工，以及进行严格检测，以保证系统技术性能优良可靠，满足目前和今后通信需要，且在维护管理中减少维修工作，节省管理费用。采用综合布线系统虽然初次投资较多，但从总体上看是符合技术先进、经济合理的要求的。

2. 系统集成技术

系统集成 SI（Systems Integration）是指随着计算机技术在信息系统领域中的推广应用，以计算机网络为纽带的，对不同资源子系统进行组合，实现综合管理、统一控制的系统。系统集成属于信息科学的范畴，是信息技术的具体运用技术。它主要应用于现代大中型信息系统，应用到建筑智能化领域就称为智能化集成系统。

智能化集成系统 IIS（Intelligented Integration System）是将不同功能的建筑智能化系统，通过统一的信息平台实现集成，以形成具有信息汇集、资源共享及优化管理等综合功能的系统。智能化集成系统 IIS 的目的是对建筑物内的各智能化子系统进行综合管理，使建筑物内外的信息实现资源共享；系统集成的途径是通过包括计算机网络在内的信息网络，汇集建筑物内外各处信息；系统集成的手段和过程是将资源子网以物理、逻辑、功能等方式组合起来连接在一起，传递各类需要的信息，并实现对各类信息的管理和控制。

智能化集成系统 IIS 通过具体的信息技术与建筑环境的结合实现不同程度的建筑智能化，具有开放性、可靠性、容错性和可维护性等特点。该系统通过数据管道技术将异构于各子系统的数据信息传送到一个公共的数据库系统中，完成了基本数据记录的工作，为其他系统分析这些数据信息提供基本准备工作。

智能建筑系统集成具有以下几个方面的意义：

(1) 数据信息系统更加完善

基于 B/S 结构的网络化数据库系统在网络时代得到了快速的普及应用，使得数据信息的访问与获得更加便捷，围绕其应用的开发平台更加丰富。

(2) 管理控制功能越发强大

各种各样的开发平台围绕网络数据库的应用快速发展，配合各智能子系统的硬件可以提供更加复杂的管理功能和更加强大的系统控制功能。

(3) 发挥智能管理高效率的优势

通过智能建筑系统集成综合各智能子系统最核心的数据信息，进行统一管理、分析、报表和决策分析，由此可简化系统管理的程序、提高管理的效率，实现高效管理。

有关智能建筑方面软件开发技术和软件工程的发展，计算机软件系统中的智能处理技术越来越展现出无穷的魅力，结合各个智能子系统的硬件设施，智能建筑系统集成针对硬件管理与控制将会更加容易，管理效率会进一步提高，达到节约资源、优化投资的目的。

(4) 管理更加人性化

科技以人为本，管理更加人性化，这是信息时代的主题。随着信息技术突飞猛进的发展，人们对智能建筑的智能化程度和人性化服务的要求更高了，而传统建筑的各个分离的智能子系统很难做到这点。例如水、电、气计量中的纠纷，业主和物业管理部门之间的沟通十分不便与烦琐。有了智能建筑系统集成以后，系统的智能化程度大为提高，操作使用简便、数据统一可靠、显示更加人性化，业主可以足不出户，通过计算机网络以 Web 的方式了解自己的所有费用，若有错误，可以通过集成管理系统通知工作人员处理，解决问题十分方便。

3.2.4　智能建筑其他有关的现代高新技术

1. 智能（IC）卡技术

智能（IC）卡一般可分为接触式和非接触式两种：

(1) 接触式智能卡

读卡器必须要有插卡槽和触点，以供卡片插入并接触电源，缺点是使用寿命短，系统难以维护，基础设施投入大等，但发展较早。

(2) 非接触式智能卡

非接触式智能卡采用射频识别（RFID）技术，又称射频卡，是近几年发展起来的新技术。它成功地将射频识别技术和 IC 卡技术结合起来，利用电磁彼进行信号传输识别，将具有微处理器的集成电路芯片和天线封装于塑料基片之中。读写器采用高速率的半双工通信协议及磁感应技术，通过无线方式对卡片中的信息进行读写。

从电源角度来看，它可分为有源和无源两种。无源系统的能量由数据载频提供，有源系统是在卡内封装一块非常薄的电池。从成本和生产方面考虑，无源系统是主流。它还有主动交易式和被动交易式之分。主动识别交易式是指卡片需要主动靠近读卡器，用户需要持卡在读卡器上晃过才会完成识别交易；被动识别交易式可以不用出示，比如在外衣里，当走过读写器的范围就完成识别交易。

非接触式感应卡（母卡）可外贴一片 PVC 图像卡（附卡），配印彩色相片和各种精美的图标。当住户或员工持一张有效卡，在感应器前一晃时，会有声音和电子灯提示“刷卡有效”，如果是无效卡，感应器会发出三声报警声。非接触智能卡无法复制伪造，使用无磨损、防水、防磁、防电、防污染、寿命长、安全可靠。

归结起来，非接触式智能卡主要的优点有：

①快速、方便：使用非接触式智能卡通常不需要把卡片拿出钱包，只需要连同钱包一起在 1 秒钟内即可完成读写卡的操作。

②省维护、寿命长：非接触式智能卡读写器不含任何移动部件，也不需要插卡槽口或

触点，因此没有磨损和触点腐蚀等问题，无须清理脏污的插卡槽口，不必维护移动部件。数据交换采用无线电波，不会受到尘土、潮气或震动的干扰。卡片和读写器盒都是完全密闭的，可防止水、尘土或腐蚀性物质的侵蚀，当卡片因长期日光照射、加热、洗涤或溶剂的影响而稍有弯曲时，仍能使用。卡片使用寿命大于100万次。

③高度的安全性：智能卡的安全性只与其芯片有关，而与其接口无关，由于没有可被伪卡探测的触点，读出/模拟通讯须经由读出传输信号接近数据，这就设置了一道保密护栏，消除了被仿冒的可能性。

④无现金系统：集管理、购物、消费、订购、代销、扣款等高级消遣于一体，可实现电脑网络的无限次充值、增值、取钱、消费或转账的多功能循环储值的一卡通功能。

⑤质量可靠、性能稳定、使用成本便宜：具备智能化管理应用普及的决定性关键功能，其交互式的动态界面，可靠性高、操作方便、快捷、防冲突、防止卡片间数据相互干扰，安全性能好。扩展性好，能满足现在和未来的要求。所有功能都由计算机来综合管理，软件能够支持计算机操作系统。

随着半导体芯片技术的不断发展，智能卡体积小、存储容量大、携带与使用方便、安全性与可靠性好、可脱机运行、一卡多用的优越性能越来越突出。智能卡系统进行智能建筑的保安门禁和巡逻管理、停车场收费管理、物业收费与管理、商业消费与电子钱包、人事与考勤管理已经越来越普遍。而这些功能通过一张智能卡就可实现“一卡通”。

智能一卡通系统配置包括控制器、感应器、感应卡、制卡机、收款机、接口转换器、传输设备、系统管理软件和通信软件等。

一卡通系统的数据处理方式为：应用程序接受用户的输入，各智能卡应用设备读写器读取用户卡的信息，应用程序执行相应语句完成对服务器端的数据库访问，对数据进行转换和操作，然后将执行结果返回用户端，完成相应的管理或控制。

随着现代高新技术的发展和广泛应用，一些尖端科技也将在智能建筑领域大显身手。例如激光通信技术、机器人技术、远程教育技术、虚拟社区技术、远程医疗技术等等都将在智能建筑中发挥重要作用。

2. 信息软件技术

不论是现代通信技术、现代计算机技术、现代自动控制技术、现代图形图像显示技术，还是系统集成技术，其基础都是信息软件技术。信息化的核心是应用，应用的关键是软件，对于现代建筑智能化系统而言，信息软件技术是关键中的关键，基础中的基础，其重要作用不言而喻。

赋予智能建筑各种智能化功能的实现，最终还是必须依靠系统集成软件、各智能化子系统嵌入式软件和各种应用软件，而大多数智能建筑的控制软件和应用软件，特别是系统集成的软件都有其特殊性，需要专业公司特别开发。软件开发必须在经过仔细调研、确定工作流程和数据流程以后，才能明确其结构和功能。由各智能化子系统采集的数据通过通信接口和实时对象服务程序转换成统一格式后的关键数据，系统对所得到的数据充分地处理和运用，在用户工作站上可进行实时显示、操作管理、事故报警、分析统计、例行报表和文件存档等种种应用服务。

值得引起人们注意的是当前有不少的智能建筑，各智能化功能子系统应用分割的现象十分严重，智能化系统集成软件的研究开发还没有得到足够的重视，这种现象已经成为制约智能建筑进一步发展的瓶颈所在。

随着网络技术的发展和计算机应用的普及，应用网络化已成为当今计算机应用和软件工程的主流。由于智能建筑中各种不同的网络应用很难集成到一个系统中，促使人们开始寻找那些独立于应用的系统服务，并将它们独立出来，形成中间件。中间件是一种以业务导向和驱动的、可快速构建应用软件的软件平台。从计算机软件系统的结构层次看，中间件是位于底层计算机硬件、操作系统和高层应用之间的通用服务。高层应用通过这些系统服务，实现对底层异构系统的透明一致的访问。

通常，操作系统、数据库和中间件平台并称为智能化系统基础软件的三驾马车，已成为建筑智能化系统软件技术发展的一种趋势，并构成了智能建筑实现跨越式发展的基石。智能建筑系统集成中使用的系统软件、中间件和应用软件应是满足功能需求、性能良好，具有安全性并经过实践检验的软件。

传统意义下的操作系统解决单机条件下各种资源的调度和优化问题，而中间件平台则是解决网络条件下各种资源的调度和优化问题。软件平台不是各种中间件产品的简单堆砌，它已超越了传统中间件的概念，成为实现开发、部署、运行、管理、集成和安全的一体化开放平台，满足智能化系统中各种应用软件所要求的可靠性、可伸缩性和安全性的需要。

智能化系统的应用服务器既是中间件也是软件平台。它在技术上全部基于开放标准和规范，集成各种通用系统服务，是各类应用开发、运行和管理的平台，在网络分布环境中扮演着重要的角色。一般情况下，软件平台不是一个，而是有很多。软件平台还是分层次的。大多数软件平台可分成三个层次：操作系统平台、软件基础架构平台及软件领域应用平台。以软件组件复用为代表，基于组件的工程技术正在使软件开发方式发生巨大改变。

软件平台化完全适合智能化系统软件开发的需要，不仅可为正在建设的各种不同智能化应用提供强大的开发和运行支撑，而且平台的集成和汇聚特性可将已经存在的信息孤岛进行连接、交互和集成。软件工程的成败在很大程度上依赖于选择什么样的软件平台。选择了合适的软件平台，项目成功率就有了一半的保证。

3.3　现代智能建筑的基本构成

宏观地看，所谓智能建筑是一个综合的概念，其内容不只是限于建筑智能化系统工程的范畴，还应包括良好的建筑环境，如造型、层高、净空、采光等；力学结构、机电设备配置，如空调、新风机、电梯、自动化车库等；以及智能化系统等。但是，智能建筑的关键是智能化系统，即智能建筑主要是通过现代信息技术应用于建筑环境来实现的。

3.3.1　智能建筑的功能要求

智能建筑的智能化系统工程是由若干设计要素进行技术搭建构成，根据建筑物的用途，不同类型智能建筑的功能要求如下：

(1) 办公建筑

①应适应办公建筑物办公业务信息化应用的需求。

②应具备高效办公环境的基础保障。

③应满足对各类现代办公建筑的信息化管理需要。

(2) 商业建筑

①应符合商业建筑的经营性质、规模等级、管理方式及服务对象的需求。

②应构建集商业经营及面向宾客服务的综合管理平台。

③应满足对商业建筑的信息化管理的需要。

(3) 文化建筑

①应满足文化建筑对文献和文物的存储、展示、查阅、陈列、学术研究及信息传递等功能需求。

②应满足面向社会、公众信息的发布及传播，实现文化信息加工、增值和交流等文化窗口的信息化应用需要。

(4) 媒体建筑

①应满足媒体业务信息化应用和媒体建筑信息化管理的需要。

②应具备媒体建筑业务设施的基础保障条件。

(5) 体育建筑

①应满足体育竞赛业务信息化应用和体育建筑的信息化管理的需要。

②应具备体育竞赛和其他多功能使用环境设施的基础保障。

③应统筹规划、综合利用，充分兼顾体育建筑赛后的多功能使用和运营发展。

(6) 医院建筑

①应满足医院内高效、规范与信息化管理的需要。

②应向医患者提供“有效地控制医院感染、节约能源、保护环境，构建以人为本的就医环境”的技术保障。

(7) 学校建筑

①应满足各类学校的教学性质、规模、管理方式和服务对象业务等需求。

②应适应各类学校教师对教学、科研、管理以及学生对学习、科研和生活等信息化应用的发展。

③应为高效的教学、科研、办公和学习环境提供基础保障。

(8) 交通建筑

①应满足各类交通建筑运营业务的需求。

②应为高效交通运营业务环境设施提供基础保障。

③应满足对各类现代交通建筑管理信息化的需求。

(9) 住宅建筑

①应体现以人为本，做到安全、节能、舒适和便利。

②应符合构建环保和健康的绿色建筑环境的要求。

③应推行对住宅建筑的规范化管理。

(10) 通用工业建筑

①应满足通用生产要求的能源供应和作业环境的控制及管理。

②应提供生产组织、办公管理所需的信息通信的基础条件。

③应符合节能和降低生产成本的要求。

④应提供建筑物所需的信息化管理。

3.3.2　智能建筑的体系结构

智能建筑的智能化系统工程设计宜由智能化集成系统、信息设施系统、信息化应用系统、建筑设备管理系统、公共安全系统、机房工程和建筑环境等设计要素构成。智能化系统工程设计，应根据建筑物的规模和功能需求等实际情况，选择配置相关的系统。

智能建筑既包含了设备物理建筑环境，又包含了管理和服务等方面的软环境，它是一个综合建筑环境。在智能建筑内，以综合布线为基本传输媒质，以计算机网络为主要通信和控制手段，对信息设施系统、信息化应用系统、建筑设备管理系统、公共安全系统、机房设备等所有功能系统，通过系统集成进行综合配置和综合管理，形成了一个设备和网络、硬件和软件、控制管理和提供服务有机结合于一体的综合建筑环境。综合配置和综合管理是应用系统集成的方法和原理，既对所有硬件设备和应用软件进行有机配置、组合，又对它们进行统一控制管理，充分发挥服务性能。

依据GB/T 50314—2006国家标准《智能建筑设计标准》的规定，智能建筑的智能化系统工程是由若干设计要素进行技术搭建构成，设计要素具有通用性和广泛性，适用于办公建筑、商业建筑、文化建筑、媒体建筑、体育建筑、医院建筑、学校建筑、交通建筑、住宅建筑和通用工业建筑等功能建筑或多类别功能组合的综合型建筑的设计需求。

智能建筑体系结构可以包含有几十个子系统，针对不同用途和特点的建筑，其子系统的配置是不相同的。不过，这些子系统都是在智能建筑中具有实际物理设施或应用软件的实际应用系统，它们不论大小，其功能和目的都是向人们提供安全、高效、舒适、便利的建筑环境和服务。这些子系统在实现智能建筑基本目的上处于平等地位，在技术实现方面有关子子系统之间存在着相互联系、相互依存、相互作用的关系，因此这些子系统都不是孤立存在的系统。

智能建筑工程设计应贯彻国家关于节能、环保等方针政策；应做到技术先进、经济合理、实用可靠；应以增强建筑物的科技功能和提升建筑物的应用价值为目标，以建筑物的功能类别、管理需求及建设投资为依据，具有可扩性、开放性和灵活性。

国家标准GB 50339—2003《智能建筑工程质量验收规范》按照“验评分离、强化验收、完善手段、过程控制”的方针，遵照《建筑工程施工质量验收统一标准》GB 50300—2001的编写原则，对通信网络系统、信息网络系统、建筑设备监控系统、火灾自动报警及消防联动系统、安全防范系统、综合布线系统、智能化系统集成、电源与防雷接地、环境和住宅（小区）智能化等智能建筑工程的质量控制、系统检测和竣工验收做出规定。

智能建筑是一个十分复杂的高科技综合系统，包含有几十个子系统，需要充分考虑所涉及的各子系统的协同动作、信息共享和集成。图3.3-1表示办公建筑智能化系统基本配置。

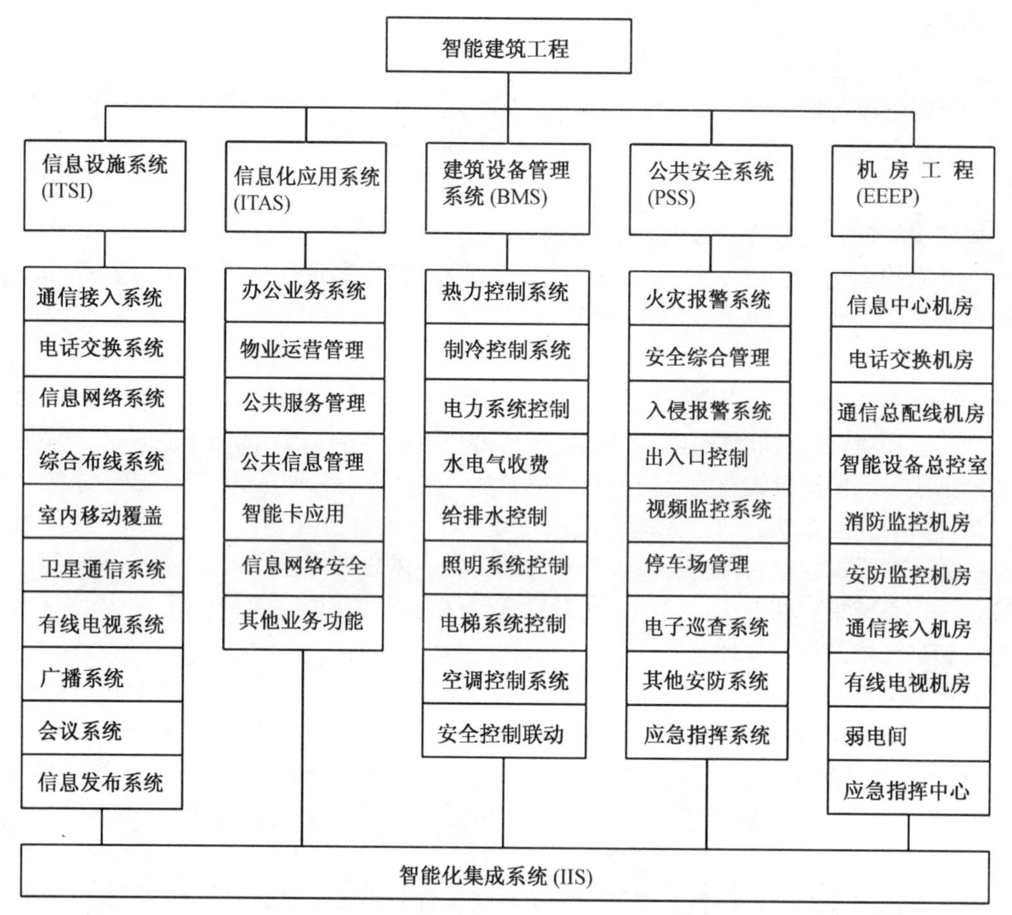

图 3.3-1　智能建筑工程体系结构图

3.3.3　信息设施系统（ITSI）

信息设施系统 ITSI（Information Technology System Infrastructure）是指为确保建筑物与外部信息通信网的互联及信息畅通，对语音、数据、图像和多媒体等各类信息予以接收、交换、传输、存储、检索和显示等进行综合处理的多种类信息设备系统加以组合，提供实现建筑物业务及管理等应用功能的信息通信基础设施。

建筑物内外的各类信息提供信息化应用功能需要的信息设备系统一般包括通信接入系统、电话交换系统、信息网络系统、综合布线系统、室内移动通信覆盖系统、卫星通信系统、有线电视及卫星电视接收系统、广播系统、会议系统、信息导引及发布系统、时钟系统和各类业务功能所需要的其他相关的通信系统。

信息设施系统的功能应符合下列要求：

①应为建筑物的使用者及管理者创造良好的信息应用环境。

②应根据需要对建筑物内外的各类信息，予以接收、交换、传输、存储、检索和显示等综合处理，并提供符合信息化应用功能所需的各种类信息设备系统组合的设施条件。

信息设施系统主要包括以下子系统：

1. 通信接入系统

根据用户信息通信业务的需求，将建筑物外部的公用通信网或专用通信网的接入系统引入建筑物内。公用通信网的有线、无线接入系统应支持建筑物内用户所需的各类信息通信业务。它可以接入公用数据网，如数字数据网（DDN）、分组交换数据业务、卫星网。根据网络带宽，它分为窄带综合业务数字网（N-ISDN）、宽带综合业务数字网（B-ISDN）等。

2. 电话交换系统

采用本地电信业务经营者所提供的虚拟交换方式、配置远端模块或设置独立的综合业务数字程控用户交换机系统等方式，提供建筑物内电话等通信使用。综合业务数字程控用户交换机系统设备的出入中继线数量，应根据实际话务量等因素确定，并预留裕量。建筑物内所需的电话端口应按实际需求配置，并预留裕量。建筑物公共部位宜配置公用的直线电话、内线电话和无障碍专用的公用直线电话和内线电话。

3. 信息网络系统

信息网络系统包括计算机系统、网管工作站、UPS 电源、服务器、数据存储设备、路由器、防火墙、交换机等硬件产品和操作系统、网络安全和网管软件等软件产品。信息网络系统是应用计算机技术、通信技术、多媒体技术、信息安全技术和行为科学等先进技术和设备构成的信息网络平台。借助于这一平台实现信息共享、资源共享和信息的传递与处理，并在此基础上开展各种应用业务。

信息网络系统应满足各类网络业务信息传输与交换的高速、稳定、实用和安全的要求。采用以太网等交换技术和相应的网络结构方式，按业务需求规划二层或三层的网络结构。系统桌面用户接入宜根据需要选择配置 10/100/1000Mbit/s 信息端口。建筑物内流动人员较多的公共区域或布线配置信息点不方便的大空间等区域，宜根据需要配置无线局域网络系统。

根据网络运行的业务信息流量、服务质量要求和网络结构等配置网络的交换设备。根据工作业务的需求配置服务器和信息端口。根据系统的通信接人方式和网络子网划分等配置路由器。配置相应的信息安全保障设备和相应的网络管理系统。

4. 综合布线系统

综合布线系统是指通信电缆、光缆、各种软电缆及有关连接硬件构成的通用布线系统。它能支持多种应用系统，即使用户尚未确定具体的应用系统，也可进行综合布线系统的设计和安装。综合布线系统是智能建筑的基础设施，作为智能建筑的关键部分之一，它在智能建筑中起到类似人体神经系统的作用，能支持语音、数据、图像和多媒体等各种业务信息的传输。综合布线系统是遵循有关标准设计的，因而它是一种符合工业标准的布线系统。它可以连接各个设备，可以支持多个厂家的数据设备。

综合布线系统由六个子系统及防雷保护和接地设施组成：

(1) 建筑群子系统

由连接两个及以上建筑物之间的缆线和配线设备组成。若采用光缆作为建筑物间网络连接介质，不需要安装避雷器，甚至可以架空铺设。若采用双绞线，则必须穿管埋地敷设。

(2) 设备间子系统

由进线设备，程控交换机、计算机等各种主机设备及其配线设备组成。它是布线系统最主要的管理区域，通常分为语音管理和数字管理两部分。为防雷电破坏应安装通信避雷箱作为通信线路的第一级防雷措施。

(3) 管理子系统

设置在各层配线间，由配线设备、输入/输出设备等组成。管理子系统也分为数据和语音两部分。需要安装信号避雷器作为通信线路的第二级防雷措施。

(4) 垂直干线子系统

由设备间的配线设备和跳线设备，以及设备间至各楼层配线间的连接电缆组成。分为语音主干线和数据主干线两部分。

(5) 水平干线子系统

由连接管理子系统至工作区子系统的水平布线及信息插座组成。数据点和语音点均采用双绞线敷设在金属桥架和金属管道内，一般不必再加装防雷装置。

(6) 工作区子系统

由连接在信息插座上的各种设备组成。若需要利用调制解调器通过语音点连接计算机，由于语音线路与外线连接，则有必要安装信号避雷器，作为末级防雷措施。

5. 室内移动通信覆盖系统

无线通信方式有移动电话、专用集群移动电话、无绳电话系统、无线寻呼系统等。室内移动通信覆盖系统应符合下列要求：

①应克服建筑物的屏蔽效应阻碍与外界通信。

②应确保建筑的各种类移动通信用户对移动通信使用需求，为适应未来移动通信的综合性发展预留扩展空间。

③对室内需屏蔽移动通信信号的局部区域，宜配置室内屏蔽系统。

④应符合现行国标《国家环境电磁卫生标准》GB 9175 等有关的规定。

6. 卫星通信系统

卫星通信是指利用人造地球通信卫星作中继站转发或发射无线电信号，在两个或多个地球卫星地面站之间进行通信。

卫星通信系统应符合下列要求：

①应满足各类建筑的使用业务对语音、数据、图像和多媒体等信息通信的需求。

②应在建筑物相关对应的部位，配置或预留卫星通信系统天线、室外单元设备安装的空间和天线基座基础、室外馈线引入的管道及通信机房的位置等。

7. 有线电视及卫星电视接收系统

接入有线电视（CATV）的同时，在建筑物屋顶设立多个频道天线及卫星电视

(SATV) 接收天线，经过放大后输送到各接收点。共用天线电视接收系统（MATV）的设备有甚高频天线（VHF)、超高频（UHF）天线、卫星广播天线、天线放大器、频道放大器、卫星接收机、调制器、分配器、分支器、线路放大器、录放像机、摄像机等。

有线电视及卫星电视接收系统应采用电缆电视传输和分配的方式，对需提供上网和点播功能的有线电视系统宜采用双向传输系统。传输系统的规划应符合当地有线电视网络的要求。根据建筑物的功能需要，应按照国家相关部门的管理规定，配置卫星广播电视接收和传输系统。应根据各类建筑内部的功能需要配置电视终端。宜向用户提供多种电视节目源。

8. 广播系统

包括公共广播（PA）和背景音乐系统等。公共广播系统一般分为业务性广播、服务性广播和事故广播等。通常在走廊、门厅、餐厅、花园等公共场所设扬声器或扬声器箱。广播音响系统的设备有天线、广播接收机、卡带放音机、激光放音机、音频放大机、功率放大机、监听器、话筒、呼叫器、线路分配器、备用电源。主要设备设置在广播控制室。广播设备平时用来作广播及背景音乐，发生火灾时作事故广播。

广播系统应配置多音源播放设备，以根据需要对不同分区播放不同音源信号。宜根据需要配置传声器和呼叫站，具有分区呼叫控制功能。系统播放设备宜具有连续、循环播放和预置定时播放的功能。当对系统有精确的时间控制要求时，应配置标准时间系统，必要时可配置卫星全球标准时间信号系统。根据需要配置各类钟声信号。

应急广播系统的扬声器宜采用与公共广播系统的扬声器兼用的方式。应急广播系统应优先于公共广播系统。应合理选择最大声压级、传输频率性、传声增益、声场不均匀度、噪声级和混响时间等声学指标，以符合使用的要求。

9. 会议系统

应对会议场所进行分类，宜按大会议（报告）厅、多功能大会议室和小会议室等配置会议系统设备。根据需求及有关标准，配置组合相应的会议系统功能，系统宜包括与多种通信协议相适应的视频会议电视系统；会议设备总控系统；会议发言、表决系统；多语种的会议同声传译系统；会议扩声系统；会议签到系统、会议照明控制系统和多媒体信息显示系统等。

对于会议室数量较多的会议中心，宜配置会议设备集中管理系统，通过内部局域网集中监控各会议室的设备使用和运行状况。

视频会议系统主要由终端设备、通信线路网络及多点控制器三部分组成。终端设备将视频、音频、数据、信令等各种数字信号分别进行处理后组合成一路复合的数字码流，再将它转变为与用户接口兼容的信号格式在信道上传输。除此外，视频会议系统要进行多点视听信息传输与切换，还必须增设多点控制器设备（MCU)。MCU 根据一定准则处理视听信号，并将它们分配给应连接的信道，按用户的要求将所传输的信息传到对方设备上。

10. 信息引导及发布系统

信息导引及发布系统由信息采集、信息编辑、信息播控、信息显示和信息导览系统组成，宜根据实际需要进行系统配置及组合。应能向建筑物内的公众或来访者提供告知、信息发布和演示以及查询等功能。信息显示屏应根据所需提供观看的范围、距离及具体安装的空间位置及方式等条件合理选用显示屏的类型及尺寸。各类显示屏应具有多种输入接口方式。

信息导引及发布系统宜设专用的服务器和控制器，宜配置信号采集和制作设备及选用相关的软件，能支持多通道显示、多画面显示、多列表播放和支持所有格式的图像、视频、文件显示及支持同时控制多台显示屏显示相同或不同的内容。系统的信号传输宜纳入建筑物内的信息网络系统并配置专用的网络适配器或专用局域网或无线局域网的传输系统。

系统播放内容应顺畅清晰，不应出现画面中断或跳播现象，显示屏的视角、高度、分辨率、刷新率、响应时间和画面切换显示间隔等应满足播放质量的要求。信息导览系统宜用触摸屏查询、视频点播和手持多媒体导览器的方式浏览信息。

11. 时钟系统

时钟系统应符合下列要求：

①应具有校时功能。

②宜采用母钟、子钟组网方式。

③母钟应向其他有时基要求的系统提供同步校时信号。

3.3.4 信息化应用系统（ITAS）

信息化应用系统 ITAS（Information Technology Application System）是指以建筑物信息设施系统和建筑设备管理系统等为基础，为满足建筑物各类业务和管理功能的多种类信息设备与应用软件而组合的系统。

建筑物内提供信息化应用功能需要的各种类信息设备系统组合的系统，一般包括工作业务系统、物业运营管理系统、公共服务管理系统、公众信息服务系统、智能卡应用系统、信息网络安全管理系统及其他建筑物业务功能所需要的相关系统等。

信息化应用系统的功能应符合下列要求：

①应提供快捷、有效的业务信息运行的功能。

②应具有完善的业务支持辅助的功能。

信息化应用系统主要包括工作业务应用系统、物业运营管理系统、公共服务管理系统、公众信息服务系统、智能卡应用系统和信息网络安全管理系统等其他业务功能所需要的应用系统。

1. 工作业务应用系统

工作业务应用系统应满足该建筑物所承担的具体工作职能及工作性质的基本功能，它是智能建筑的基本功能之一。它包括通用的办公业务系统和专用的工作业务应用系统两类，例如通用的办公业务系统提供的主要功能有：文字处理、模式识别、图形处理、图像处理、情报检索、统计分析、决策支持、计算机辅助设计、印刷排版、文档管理、电子账务、电子黑板、会议电视、同声传译等。另外先进的办公自动化系统还可以提供辅助决策功能，提供从低级到高级逐步建立为领导办公服务的决策支持系统。

通用办公硬件设备包括服务器、传真机、复印机、扫描仪、印刷机、图文终端、计算机工作站、文字处理机、主计算机、打印机、绘图机、数码相机等。通用办公软件包括文字处理、模式识别、图形处理、图像处理、情报检索、统计分析、决策支持、计算机辅助设计、印刷排版、语言翻译软件，以及财务管理和人事管理软件等。

2. 物业运营管理系统

物业运营管理系统应对建筑物内各类设施的资料、数据、运行和维护进行管理。

3. 公共服务管理系统

公共服务管理系统应具有进行各类公共服务的计费管理、电子账务和人员管理等功能。

4. 公众信息服务系统

公众信息服务系统应具有集合各类共用及业务信息的接入、采集、分类和汇总的功能，并建立数据资源库，向建筑物内公众提供信息检索、查询、发布和导引等功能。

5. 智能卡应用系统

智能卡应用系统宜具有作为识别身份、门钥、重要信息系统密钥，并具有各类其他服务、消费等计费和票务管理、资料借阅、物品寄存、会议签到和访客管理等管理功能。

6. 信息网络安全管理系统

信息网络安全管理系统应确保信息网络的运行保障和信息安全。

3.3.5　建筑设备管理系统（BMS）

建筑设备管理系统BMS（Building Management System）是将建筑物内的空调与通风、变配电、照明、给排水、热源与热交换、冷冻和冷却、电梯和自动扶梯、停车库等建筑设备，以集成监视、控制和管理为目的，并与公共安全系统等实施联动管理而构成的综合系统。主要是通过网络将分布在各监控现场的区域智能分站连接起来，以分层分布式控制结构来完成集中操作管理和分散控制，以保证建筑物内所有设备处于高效、节能、安全、可靠和最佳运行状态。控制网络系统CNS（Control Network System）是用控制总线将控制设备、传感器及执行机构等装置联结在一起进行实时的信息交互，并完成管理和设备监控的网络系统。建筑设备管理系统的监测、监视、控制等管理功能，在实际工程设计中宜根据工程项目的建筑设备的实际情况选择配置相关管理功能。

建筑设备管理系统的功能应符合下列要求：

①应具有对建筑机电设备测量、监视和控制功能，确保各类设备系统运行稳定、安全和可靠并达到节能和环保的管理要求。

②宜采用集散式控制系统。

③应具有对建筑物环境参数的监测功能。

④应满足对建筑物的物业管理需要，实现数据共享，以生成节能及优化管理所需的各种相关信息分析和统计报表。

⑤应具有良好的人机交互界面及采用中文界面。

⑥应共享所需的公共安全等相关系统的数据信息等资源。

1. 环境和能源设备监控子系统

建筑设备管理系统（BMS）主要包括环境设备监控子系统和能源设备监控子系统。它将建筑物或建筑群内的电力、照明、暖通空调、给排水、保安、停车库管理等设备或系统，以集中监视、控制和管理为目的，构成一个综合管理系统。该系统具有启停时间优化、顶峰需求控制、夜间节能控制、节假日调度、基于日历的调度、设备调度、时间调度、计划替换、优化排序、节能控制、温度湿度及新风量等的控制和管理功能。即监控管理建筑物内各机电设备的运行、安全状况、能源使用状况及节能、系统维护等，实现机电设备的综合自动监测、控制与管理，并使之达到最佳状态。主要包括：

（1）压缩式制冷机系统和吸收式制冷系统的运行状态监测、监视、故障报警、启停程序配置、机组台数或群控控制、机组运行均衡控制及能耗累计。

（2）蓄冰制冷系统的启停控制、运行状态显示、故障报警、制冰与溶冰控制、冰库蓄冰量监测及能耗累计。

（3）热力系统的运行状态监视、台数控制、燃气锅炉房可燃气体浓度监测与报警、热交换器温度控制、热交换器与热循环泵连锁控制及能耗累计。

（4）冷冻水供、回水温度、压力与回水流量、压力监测、冷冻泵启停控制（由制冷机组自备控制器控制时除外）和状态显示、冷冻泵过载报警、冷冻水进出口温度、压力监测、冷却水进出口温度监测、冷却水最低回水温度控制、冷却水泵启停控制（由制冷机组自带控制器时除外）和状态显示、冷却水泵故障报警、冷却塔风机启停控制（由制冷机组自带控制器时除外）和状态显示、冷却塔风机故障报警。

（5）空调机组启停控制及运行状态显示；过载报警监测；送、回风温度监测；室内外温、湿度监测；过滤器状态显示及报警；风机故障报警；冷（热）水流量调节；加湿器控制；风门调节；风机、风阀、调节阀连锁控制；室内CO浓度或空气品质监测；（寒冷地区）防冻控制；送回风机组与消防系统联动控制。

（6）变风量（VAV）系统的总风量调节；送风压力监测；风机变频控制；最小风量控制；最小新风量控制；加热控制；变风量末端（VAVBOX）自带控制器时应与建筑设备监控系统联网，以确保控制效果。

（7）送排风系统的风机启停控制和运行状态显示；风机故障报警；风机与消防系统联动控制。

（8）风机盘管机组的室内温度测量与控制；冷（热）水阀开关控制；风机启停及调速控制；能耗分段累计。

（9）给水系统的水泵自动启停控制及运行状态显示；水泵故障报警；水箱液位监测、超高与超低水位报警。污水处理系统的水泵启停控制及运行状态显示；水泵故障报警；污水集水井、中水处理池监视、超高与超低液位报警；漏水报警监视。

（10）供配电系统的中压开关与主要低压开关的状态监视及故障报警；中压与低压主

母排的电压、电流及功率因数测量；电能计量；变压器温度监测及超温报警；备用及应急电源的手动/自动状态、电压、电流及频率监测；主回路及重要回路的谐波监测与记录。

(11) 大空间、门厅、楼梯间及走道等公共场所的照明按时间程序控制（值班照明除外）；航空障碍灯、庭院照明、道路照明按时间程序或按亮度控制和故障报警；泛光照明的场景、亮度按时间程序控制和故障报警；广场及停车场照明按时间程序控制。

(12) 电梯及自动扶梯的运行状态显示及故障报警。

(13) 热电联供系统的监视包括初级能源的监测；发电系统的运行状态监测；蒸汽发生系统的运行状态监视能耗累计。

(14) 当热力、制冷、空调、给排水、电力、照明控制和电梯管理等系统采用分别自成体系的专业监控系统时，应通过通信接口纳入建筑设备管理系统。

2. 与公共安全系统的联动管理

建筑设备管理系统应满足相关管理需求，对相关的公共安全系统进行监视及联动控制，包括消防报警子系统和安全防范子系统中相应的视频安防监控（录像、录音）系统、门禁系统、停车场（库）管理系统等对火灾报警的响应及火灾模式操作等。例如发生火灾时系统自动报警，启动并控制自动灭火系统、紧急广播、事故照明、电梯、消防给水、排烟系统、空调系统、其他联动控制系统，以及消防电话系统等。

3.3.6　公共安全系统（PSS）

公共安全系统 PSS（ Public Security System）是指为维护公共安全，综合运用现代科学技术，以应对危害社会安全的各类突发事件而构建的技术防范系统或保障体系。

公共安全系统的功能应符合下列要求：

①具有应对火灾、非法侵入、自然灾害、重大安全事故和公共卫生事故等危害人们生命财产安全的各种突发事件，建立起应急及长效的技术防范保障体系。

②应以人为本、平战结合、应急联动和安全可靠。

1. 火灾自动报警系统

火灾自动报警系统的主要功能是自动监测区域内火灾发生时的热、光和烟雾，发出声光报警并联动其他设备的输出接点，控制各子系统工作，采取措施，自动喷洒水或其他灭火液体气体，防排烟系统排除火灾时产生的烟雾并防止其漫延，以确保人员和设备的安全。

火灾探测器按结构可分为：点型和线型。点型有感烟式、感温式、感光式、可燃气体探测式和复合式等类型。建筑物内的主要场所宜选择智能型火灾探测器；在单一型火灾探测器不能有效探测火灾的场所，可采用复合型火灾探测器；在一些特殊部位及高大空间场所宜选用具有预警功能的线型光纤感温探测器或空气采样烟雾探测器等。

对于重要的建筑物，火灾自动报警系统的主机宜设有热备份，当系统的主用主机出现故障时，备份主机能及时投入运行，以提高系统的安全性、可靠性。

火灾自动报警系统的配置除按现行国家规范执行外，还应遵循安全第一，预防为主的原则，应严格保证系统及设备的可靠性，避免误报。同时系统应具有先进性和适用性，系统的技术性能和质量指标应符合现行技术的水平，系统应能适合智能建筑的特点，达到最佳的性能价格比。

有预警功能的线型光纤感温探测器可在电缆沟/隧道、电缆竖井、电线桥架、电缆夹层等；地铁隧道、输油气管道、油罐、油库等；配电装置、开关设备、变压器；控制室、计算机室的吊顶内、地板下及重要设施隐蔽处设置。

因火灾自动报警系统的特殊性要求，建筑设备管理系统应能对火灾自动报警系统进行监视，但不作控制。在发生火灾情况下，视频安防监控系统可自动将显示内容切换成火警现场图像供消防监控中心室控制机房确认并记录，在线式电子巡查系统的巡查点可作为火灾手动报警的备份。

电磁场干扰对火灾自动报警系统设备的正常工作影响较大，因此系统应具有电磁兼容性保护，以保证系统的可靠性。

火灾自动报警系统的功能要求包括：

①应配置带有汉化操作的界面，操作软件的配置应简单易操作。

②应预留与建筑设备管理系统的通信接口，接口界面的各项技术指标均应符合相关要求。

③宜与安全技术防范系统实现互联，可实现安全技术防范系统作为火灾自动报警系统有效的辅助手段。

④消防监控中心机房宜单独设置，当与建筑设备管理系统和安全技术防范系统等合用控制室时，应符合本标准第3.7.3条的规定。

⑤应符合现行国家标准《火灾自动报警系统设计规范》GB 50116，《高层民用建筑设计防火规范》GB 50045和《建筑设计防火规范》GB 50016等的有关规定。

2. 安全技术防范系统

安全技术防范系统是根据建筑安全防范管理的需要，综合运用电子信息技术、计算机网络技术、视频安防监控技术和各种现代安全防范技术构成的综合系统，主要用于维护公共安全、预防刑事犯罪及灾害事故，以及保障相关设施的正常运行。其子系统包括安全防范综合管理系统、入侵报警系统、视频安防监控系统、出入口控制系统、周界防范系统、电子巡查管理系统、访客对讲系统、停车库（场）管理系统及各类建筑物业务功能所需的其他相关安全技术防范系统，如防爆安全检查系统、地震监视与报警、煤气泄漏报警、水灾报警等。

通常要求安全技术防范系统二十四小时不间断地连续工作，监视智能建筑物的重要区域与公共场所，以确保建筑物内人员与财物的安全。

在智能建筑和小区的每一个家庭中安装家庭保安系统，包括安装有紧急求助按钮，当家庭中发生突发事件时（如外来入侵、疾病求助等），主人可按动紧急求助按钮，将求助信息传送到物业管理中心。

安全技术防范系统应以建筑物被防护对象的防护等级、建设投资及安全防范管理工作的要求为依据，综合运用安全防范技术、电子信息技术和信息网络技术等，构成先进、可靠、经济、适用和配套的安全技术防范体系。系统应以结构化、模块化和集成化的方式实现组合，并采用先进、成熟的技术和可靠、适用的设备，以适应技术发展的需要。

安全技术防范系统应符合国标《安全防范工程技术规范》GB 50348等有关的规定。

3. 应急联动系统

应急指挥系统是目前在大中城市和大型公共建筑建设中需建立的项目，设计者宜根据工程项目的建筑类别、建设规模、使用性质及管理要求等实际情况，确定选择配置相关的功能及相应的系统，并且能满足使用的需要。

大型建筑物或其群体应以火灾自动报警系统、安全技术防范系统为基础，构建应急联动系统。

(1) 应急联动系统应具有下列功能：

①对火灾、非法入侵等事件进行准确探测和本地实时报警。

②采取多种通信手段，对自然灾害、重大安全事故、公共卫生事件和社会安全事件实现本地报警和异地报警。

③指挥调度。

④紧急疏散与逃生导引。

⑤事故现场紧急处置。

(2) 应急联动系统宜具有下列功能：

①接受上级的各类指令信息。

②采集事故现场信息。

③收集各子系统上传的各类信息，接收上级指令和应急系统指令下达至各相关子系统。

④多媒体信息的大屏幕显示。

⑤建立各类安全事故的应急处理预案。

(3) 应急联动系统应配置下列系统：

① 有线/无线通信、指挥、调度系统。

②多路报警系统（110、119、122、120、水、电等城市基础设施抢险部门）。

③消防——建筑设备联动系统。

④消防——安防联动系统。

⑤应急广播——信息发布——疏散导引联动系统。

(4) 应急联动系统宜配置下列系统：

①大屏幕显示系统。

②基于地理信息系统的分析决策支持系统。

③视频会议系统。

④信息发布系统。

(5) 应急联动系统宜配置总控室、决策会议室、操作室、维护室和设备间等工作用房。

(6) 应急联动系统建设应纳入地区应急联动体系并符合相关的管理规定。

3.3.7 智能化系统集成（IIS）

智能化集成系统IIS（Intelligented Integration System）是将不同功能的建筑智能化系统，通过统一的信息平台实现集成，以形成具有信息汇集、资源共享及优化管理等综合功能的系统。智能化集成系统应建立在信息设施系统、信息化应用系统、建筑设备管理系统、公共安全系统、机房工程和建筑环境等各子分部工程的基础上，通过对建筑物和建筑设备的自动检测与优化控制，实现信息资源共享、优化管理和对使用者提供最佳的信息服务，使智能建筑达到投资合理、适应信息社会需要的目标，并具有安全、舒适、高效、节能和环保的特点。

关于智能化集成系统功能的要求，应以满足建筑物的使用功能，确保信息资源共享和优化管理及实施综合管理功能等为系统建设的目标。

智能化集成系统的功能应符合下列要求：

①应以满足建筑物使用功能为目标，确保对各类系统监控信息资源的共享和优化管理。

②应以建筑物的建设规模、业务性质和物业管理模式等为依据，建立实用、可靠和高效的信息化应用系统，以实施综合管理功能。

建筑智能化系统设计的核心是“集成”，它包括三个层次的含义：功能集成、技术集成和信息集成，其中信息集成是主要目标。智能化集成系统的构成宜包括智能化系统信息共享平台建设和信息化应用功能实施。

1. 建筑智能化集成系统的模式

建筑智能化集成系统的模式主要有以下三种：

(1) 以建筑设备管理系统（BMS）为核心的集成模式

通过开发与各种第三方系统的网络通信接口，将各种子系统集成到建筑设备管理系统（BMS）中。这种方式存在的最大问题是接口软件的开发完全依赖BMS提供商，可集成的第三方系统的数量极其有限。

(2) 采用LonWorks和BACnet技术

LonWorks和BACnet都属于开放式系统行业协议标准，是两种非常优秀的自控网络通信技术，适用于大区域、点数分散的控制系统，但不适用于消防和保安系统。

(3) 网络控制级采用以太网技术

各子系统的上位管理主机采用以太网互连，实现系统间部分数据的传递，但无法访问各系统的实质性的数据并实现系统间资源共享与相互协调操作。为实现该目标还需探索其他解决途径。

2. 智能化集成系统配置要求

①应具有对各智能化系统进行数据通信、信息采集和综合处理的能力。

②集成的通信协议和接口应符合相关的技术标准。

③应实现对各智能化系统进行综合管理。

④应支撑工作业务系统及物业管理系统。

⑤应具有可靠性、容错性、易维护性和可扩展性。

3.3.8 住宅小区智能化（CI）

住宅小区智能化CI（Community Intelligent）是以住宅小区为平台，兼备安全防范系统、火灾自动报警及消防联动系统、通信网络系统、信息网络系统和物业管理系统等功能，以及这些系统集成的智能化系统，具有集建筑系统、服务和管理于一体，向用户提供节能、高效、舒适、便利、安全的人居环境等特点的智能化系统。

与此同时，住宅（小区）智能化还应包括家庭控制器、综合布线系统、电源和接地、环境、室外设备及管网等。而且，火灾自动报警及消防联动系统应增加家居可燃气体泄漏报警系统；安全防范系统应增加访客对讲系统；监控与管理系统应包括表具数据自动抄收及远传系统、建筑设备监控系统、公共广播与紧急广播系统、住宅（小区）物业管理系统等。

家庭控制器HC（Home Controller）是指完成家庭内各种数据采集、控制、管理及通信的控制器或网络系统，一般应具备家庭安全防范、家庭消防、家用电器监控及信息服务等功能，其中包括家庭报警、家庭紧急求助、表具数据采集及处理、感烟探测器、感温探测器、燃气探测器、入侵报警探测器、通信网络和信息网络接口等。

3.3.9　机房工程

机房工程EEEP（Engineering of Electronic Equipment Plant）是为提供智能化系统的设备和装置等安装条件，以确保各系统安全、稳定和可靠地运行与维护的建筑环境而实施的综合工程。机房工程范围包括信息中心设备机房、数字程控交换机系统设备机房、通信系统总配线设备机房、消防监控中心机房、安防监控中心机房、智能化系统设备总控室、通信接入系统设备机房、有线电视前端设备机房、弱电间（电信间）和应急指挥中心机房及其他智能化系统的设备机房。机房工程内容包括机房配电及照明系统、机房空调、机房电源、防静电地板、防雷接地系统、机房环境监控系统和机房气体灭火系统等。

随着各行各业信息化工程的实施，信息技术应用不断的深入、网络的迅猛发展，机房作为信息数据中心的地位越来越重要，需要高度重视正确规划、设计、实施机房工程建设，以做到技术先进、经济合理、安全适用。

一个合格的现代化计算机机房，必须具有高度的可靠性，安全性和稳定性，同时要舒适实用，节能高效和具有可扩充性。从工程建设的内容上来看，机房工程不仅仅是一个装饰工程，更重要的是一个集电工学、电子学、建筑装饰学、美学、环保学、暖通净化专业、计算机专业、自动控制专业、通讯专业、消防专业等多学科、多领域的综合工程，并涉及到计算机网络工程，综合布线系统工程和防雷接地工程等专业技术的工程。在设计施工中应对供配电方式、空气净化、安全防范措施以及防静电、防电磁辐射和抗干扰、防水、防雷、防火、防潮、防鼠、防虫、防泄漏等诸多方面给予高度重视，以确保计算机系统长期正常运行工作。

计算机机房的组成是依据其性质、任务、业务量大小，所选设备类型以及计算机对供电，空调等方面的要求和管理体制而确定的。机房平面布局要全面考虑到数据处理的工艺流程，路线敷设方式以及操作人员的行走路线和客户要求设参观走廊等方面。一般宜由主机区、基本工作间、第一类辅助房间、第二类辅助房间以及缓冲间等组成。主机区分别是服务器、主控操作、网管等运行的区域，基本工作间是工作人员办公的区域，第一类和第二类辅助房间分别是配电、开发、维修和存取资料的区域，缓冲间作为机房工作人员更衣换鞋的区域。

(1) 机房工程建筑设计要求

①通信接入交接设备机房应设在建筑物内底层或在地下一层（当建筑物有地下多层时）。

②公共安全系统、建筑设备管理系统、广播系统可集中配置在智能化系统设备总控室内，各系统设备应占有独立的工作区，且相互间不会产生干扰。火灾自动报警系统的主机及与消防联动控制系统设备均应设在其中相对独立的空间内。

③通信系统总配线设备机房宜设于建筑（单体或群体建筑）的中心位置，并应与信息中心设备机房及数字程控用户交换机设备机房规划时综合考虑。弱电间（电信间）应独立设置，并在符合布线传输距离要求情况下，宜设置于建筑平面中心的位置，楼层弱电间（电信间）上下位置宜垂直对齐。

④对电磁骚扰敏感的信息中心设备机房、数字程控用户交换机设备机房、通信系统总配线设备机房和智能化系统设备总控室等重要机房不应与变配电室及电梯机房贴邻布置。

⑤各设备机房不应设在水泵房、厕所和浴室等潮湿场所的正下方或贴邻布置。当受土建条件限制无法满足要求时，应采取有效措施。

⑥重要设备机房不宜贴邻建筑物外墙（消防控制室除外）。

⑦与智能化系统无关的管线不得从机房穿越。

⑧机房面积应根据各系统设备机柜（机架）的数量及布局要求确定，并宜预留发展空间。

⑨机房宜采用防静电架空地板，架空地板的内净高度及承重能力应符合有关规范的规定和所安装设备的荷载要求。

(2) 机房工程电源要求

①应按机房设备用电负荷的要求配电，并应留有裕量。

②电源质量应符合有关规范或所配置设备的技术要求。

③电源输入端应设电涌保护装置。

④机房内设备应设不间断或应急电源装置。

(3) 机房照明要求

①消防控制室的照明灯具宜采用无眩光荧光灯具或节能灯具，应由应急电源供电。

②机房照明应符合现行国标《建筑照明设计标准》GB 50034 有关的规定。

(4) 机房设备接地要求

①当采用建筑物共用接地时，其接地电阻应不大于1Ω。

②当采用独立接地极时，其电阻值应符合有关规范或所配置设备的要求。

③接地引下线应采用截面 $25mm^2$ 或以上的铜导体。

④应设局部等电位联结。

⑤不间断或应急电源系统输出端的中性线（N 极），应采用重复接地。

(5) 机房工程的其他要求

①机房的背景电磁场强度应符合现行国标《环境电磁波卫生标准》GB 9175 有关的规定。

②机房应设专用空调系统，机房的环境温、湿度应符合所配置设备规定的使用环境条件及相应的技术标准。

③根据机房的规模和管理的需要，宜设置机房环境综合监控系统。

④机房工程应符合现行国标《电子计算机房设计规范》GB 50174 和《建筑物电子信息系统防雷技术规范》GB 50343 有关的规定。

3.3.10　建筑环境

从广义上讲，智能建筑系统除了智能化系统以外，还包含了建筑环境、建筑物本身、机电设备配置等基本要素和设施。这些基本要素和设施对于实现智能建筑的目标起至关重要的作用。

（1）建筑物的整体环境应符合下列要求：

①应提供高效、便利的工作和生活环境。

②应适应人们对舒适度的要求。

③应满足人们对建筑的环保、节能和健康的需求。

④应符合现行国标《公共建筑节能设计标准》GB 50189 有关的规定。

（2）建筑物的物理环境应符合下列要求：

①建筑物内的空间应具有适应性、灵活性及空间的开敞性，各工作区的净高应不低于 2.5m。

②在信息系统线路较密集的楼层及区域宜采用铺设架空地板、网络地板或地面线槽等方式。

③弱电间（电信间）应留有发展的空间。

④应对室内装饰色彩进行合理组合。

⑤应采取必要措施降低噪声和防止噪声扩散。

⑥室内空调应符合环境舒适性要求，宜采取自动调节和控制。

（3）建筑物的光环境应符合下列要求：

①应充分利用自然光源。

②照明设计应符合现行国标《建筑照明设计标准》GB 50034 有关的规定。

（4）建筑物的电磁环境应符合现行国标《环境电磁波卫生标准》GB 9175 有关的规定。

（5）建筑物内空气质量宜符合表 3.3-1 的要求。

空气质量指标　　**表 3.3-1**

CO 含量率（$\times 10^{-6}$）	<10	湿度（%）	冬天 30～60，夏天 40～65
CO_2 含量率（$\times 10^{-6}$）	<1000	气流（m/s）	冬天 <0.2，夏天 <0.3
温度（℃）	冬天 18～24，夏天 22～28		

第4章　智能建筑项目管理概论

如今，各行各业都开始在他们的项目中研究运用项目管理的知识。随着项目管理知识的普及应用，项目管理的工具和方法得到了很大发展，已经相当完善，效率很高，对企业经营、资源利用和对市场的快速准确反应都产生了很大的影响。实践证明：不管是哪个行业，包括智能建筑工程在内，如果能运用项目管理的技艺，就能成功地管理好项目。

4.1　工程项目管理的环境和过程

4.1.1　工程项目阶段管理的概念

1. 工程项目基本阶段

工程项目基本的阶段包括概念（启动）、开发（规划）、实施和收尾。前两个阶段（概念和开发）主要工作是做计划，通常称为项目可行性阶段。后两个阶段（实施和收尾）主要是开展实际工作，称为项目获取阶段。一个项目在开始下一个阶段时，必须确保成功完成了上一个阶段的工作。这种项目生命期的方法可以更好地用来进行管理控制，并能更好处理与企业的日常运作之间的关系。一般情况下，项目工作是通过一个工作分解结构（WBS）来确定的。

在工程项目的概念阶段，项目经理通常要对项目进行简要的描述，并为项目制定总体计划，通过这个计划来描述项目的必要性和一些基本的概念。在这一阶段，还要对项目做一个前期的大致费用估算，并形成一个所要涉及工作的整体描述。在概念（启动）阶段结束之后，紧接着的开发（规划）阶段就开始了。在开发阶段，项目经理部要制定出更为详细的项目计划，并给出更为准确的费用估算和更为详细的WBS。

项目生命期的第三个阶段被称为实施阶段。在这一阶段，项目经理部要给出具体要做的工作任务和最终准确的费用估算。项目经理部的大部分工作和支出通常都发生在项目实施阶段。

项目生命期的最后一个阶段称作收尾阶段。在收尾阶段，所有的工作任务都已完成，包括一些用户对项目整体的验收。

每个项目在继续进入下一个阶段之前都必须顺利通过前面的每一个项目阶段。随着项目的不断推进，组织通常会投入越来越多的资金，因此，有必要在每个项目阶段结束后进行管理评审，对项目进度、费用、性能和功能做出评价。这些管理评审被称为阶段终止点，评审结果将决定项目是否应该继续、重新定位或终止。

由于项目只是组织整体的一部分。组织其他部分所发生的变化可能会影响到项目运作，同样项目运作也可能会对组织中其他部分的运作造成影响。

2. 系统开发期模型

大多数工程技术专业人员对系统开发生命期这一概念都很熟悉，这个概念是用来描述建筑智能化工程系统开发和维护工作不同阶段的一个概念框架。这些主要阶段一般被称作系统计划、系统分析、系统设计、系统实施和系统支持。一些常用的系统开发期模型主要有瀑布模型、螺旋模型、渐进模型和原型模型。这些模型都是产品生命期的例子。

（1）瀑布模型对系统开发和支持的不同阶段有很明确的界定，并且是线性的。

（2）螺旋模型是在许多大型政府软件项目所用瀑布模型基础上形成的。这种模式认为大多数软件开发事实上是通过不断反复或螺旋的方式进行的，而不是线性的。

（3）渐进模型为软件开发提供了一个不断改进的过程，每出一个新版本都提供一些新增功能。

（4）原型模型用来开发软件原型，以明确用户对应用软件的要求。

开发模型是由项目的类型和所开发的系统的复杂性决定的。区分项目生命期和产品生命期之间的差别是非常重要的。项目生命期可以用到所有类型的项目，不管项目是生产什么产品。而产品生命期根据产品属性的不同却会有很大的不同。

在建筑智能化工程系统开发过程中，项目管理是一系列横跨整个项目生命期的活动，在系统开发过程中的每一阶段都得做项目管理工作。由于在系统开发期的所有阶段项目管理都是必须的，因此更好地理解和做好项目管理对专业技术人员来说是非常重要的。

4.1.2　组织框架的概念

项目管理的系统方法要求项目经理总是要以更大的组织环境背景看待他们的项目，组织包含四个不同的框架：结构、人力资源、政治、标识。

1. 结构框架

用来解决组织如何结构化的问题，集中了不同部门的角色和义务，主要用于协调和控制。

2. 人力资源框架

在解决任何一个潜在问题的时候，组织需要和个人、部门等因素的需要之间一般都有不相符的地方，人力资源框架的作用主要在于形成组织需要与个人需要之间的平衡与协调。

3. 政治框架

主要描述组织团体和个人的政治。企业组织内的政治表现为团体和个人为争夺权力和领导地位的竞争。政治框架意味着企业组织是由各种人和利益集团组成的联合体。一些重要的决策经常必须在所得资源紧缺的情况下做出，对稀缺资源的竞争就成为组织中冲突的中心问题，而权力则能够增加获取稀缺资源的能力。项目经理想要有效地工作，就必须重视企业政治和权力问题，了解谁反对你的项目、谁支持你的项目是非常重要的。

4. 标识框架

主要指符号和含义，体现企业文化。在组织中的任何一件事情，最为重要的并不是表面发生的事情，而是其所含有的意义，包括员工着装、笑容、工作态度、工作环境整洁、公司形象等。

4.1.3 工程项目管理过程组

工程项目管理的另一个重要概念就是工程项目管理过程组，即项目启动、项目计划、项目执行、项目控制和项目结束。过程是指为实现某个特定目标而进行的一系列活动。由于项目管理是一项系统整合的工作，因此，也可以把项目管理视做一系列相互联系的过程。

1. 启动过程

项目的每一个阶段都会有启动过程。在项目生命期的每一阶段，为了判断项目工作是否值得继续下去，项目经理必须重新考察项目的计划目标。甚至结束项目也需要启动过程。在结束项目的过程中，必须有人负责开始有关工作，来确保所有工作都已完成，并确保用户能够接受项目成果，项目经理部对有关的经验教训进行归档，以及全部的项目资源得到重新分配。

2. 计划过程

包括制定与保持一个可行的计划，以便实现项目所要满足的用户需求。项目经理必须制定详细的计划，以明确项目的进度，以及各项活动的执行时间、费用、需要采购的资源等。为了应对项目条件的变化和组织环境的变换，项目生命期中的每个阶段都会对项目计划加以调整。

3. 执行过程

包括协调人员和其他资源，以便实施项目计划，并生产出项目或项目阶段的产品。执行过程的例子有：组建一个项目经理部，进行有关领导工作，核实项目范围，确保项目质量，发布有关信息，采购必需的资源，交付实际工作成果等。

4. 控制过程

一般的控制过程包括项目实施和状态评审。为确保项目目标的实现，要根据计划对项目进度、质量、费用和风险进行监督和测评，如果发生了偏离计划的情况，在必要的时候采取纠正行动。

5. 结束过程

主要指正式进行的项目或项目阶段验收工作，使其有一个有序的完结。这里会涉及许多管理活动，比如，项目文件的存档，工作的总结，以及对项目阶段所设定任务的正式验收工作等。

工程项目的过程有以下基本性质：

①项目的每个阶段都要经历以上五组基本管理过程。这些并非独立的一次性事件，它们是按一定的顺序发生，工作强度有所变化，并互有重叠的活动（图 4.1-1）。

②项目阶段和过程之间有相互联系。前个阶段结束过程的可交付成果(输出)将成为下一阶段启动过程的根据(输入)。两个过程之间的交接同样要有可交付成果。每个过程的可交付成果都应准确、完整,包括一切必要的信息。

③管理过程必要时可以反复和循环（如图 4.1-2 所示），这是项目过程与阶段的主要区别。

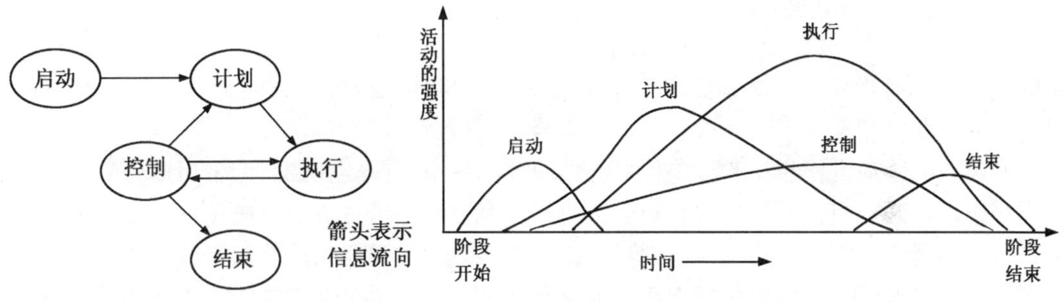

图 4.1-1　项目阶段中各过程之间的联系

图 4.1-2　项目阶段中过程的重叠和活动强度

④每组基本管理过程由一个或多个子过程组成。不同子过程处理项目不同方面的事务。

前面子过程的成果是后面子过程的依据；后面子过程又根据前面子过程的成果，通过某种操作（使用各种技术、工具、手段和资源），创造出新的成果。各个管理过程的子过程通常不同。

多数项目的子过程有许多共同的内容，但一些特殊的项目往往要求增加或减少某些子过程。子过程和过程一样，需遵循一定的顺序，有时会互相搭接、反复和循环。它们互相关联，密切配合，成为项目整体中一个一个的环节。

4.1.4　不同参与人在项目管理中的角色

在项目中不同的参与人扮演不同的角色，从不同的角度对项目进行管理。以下对主要几方面的参与人，即投资者、发包人、设计者、实施者（承包人及分包人）和监理各自对项目的管理予以简要说明。他们除了遵守项目管理的一般原则外，其管理的具体职责、重点，采用的管理技术甚至各自需要管理的内容都会有区别。

1. 投资者对项目的管理

项目投资者通过直接投资、发放贷款、认购股票等各种方式向项目经营者提供项目资金，他们自然要关心项目能否成功，能否盈利或能否回收本息。因此，他们必须对项目进行适当的管理。尽管他们的主要责任在投资决策，其管理的重点在项目启动阶段，采用的主要手段是项目评估，但是投资者要真正取得期望的投资收益仍需要对项目的整个生命期进行全程的监控和管理。

项目的投资者可以是政府、组织、个人、银行财团或众多的股东（组成股东和董事会），不论是哪一类投资者都不应放弃或疏于对他们所投资的项目进行管理。

世界银行对贷款项目的管理是一个典型的例子，它把每一笔贷款作为一个项目来管理，把项目生命期分为项目选定、项目准备、项目评估、项目谈判（包括贷款协议的签订）、项目实施（主要是监督和控制贷款的使用）和项目后评价六个阶段。在每个阶段都要进行监督管理。

2. 发包人对项目的管理

除了自己投资、自己开发、自己经营的项目之外，多数情况下发包人是指项目最终成果的接收者和经营者；如果它也参与投资的话，将与其他投资者共同拥有项目的最终成果，并从中获取利益和承担风险。发包人应当对项目负有最大的责任。

发包人的管理责任包括进行项目可行性研究，或审查受委托的咨询公司提交的可行性研究报告，以确立项目。筹集项目资金，包括自有资金和借贷资金，满足投资方的各种要求，以落实资金来源。组织项目规划和实施，在多数情况下要采购外部资源，进行合同管理。此时发包人通过他的项目经理部主要承担协调、监督和控制的职责，包括进度控制、成本控制和质量控制等。接受和配合投资方对项目规划和实施阶段的监控。进行项目的验收、接收和其他收尾工作，并将项目最终成果投入运行和经营。与项目的各利益相关者进行沟通和协调。在必要时，发包人也可以聘请外部的管理公司作为他的代理人对项目进行管理。

3. 设计者对项目的管理

项目成果的设计可以由发包人组织内部的成员来做，也可以利用外部资源。无论哪种情况，设计者都要接受并配合发包人对项目的管理，同时还要对设计任务本身进行管理。由于项目成果设计往往比项目中的其他工作带有更多的创新成分和不确定性，因此在管理方法和技术上也有其不可忽视的特点。

项目成果在设计出来之前，并不确切知道其设计成果会是什么样子。因此，发包人的需求和设计任务的目标都不容易表述得十分具体，特别是对设计品质要求的规定往往有相当程度灵活的余地。设计任务的工作量、完成所需的时间和费用较难以准确估计。设计工作往往是一种反复比较、反复修改的过程，常规网络计划技术（CPM/PERT）的循序渐进规则往往不完全适用，需要有专门的计划技术。

设计工作是一种创造性脑力劳动，组织在对人力资源的管理中应更加重视设计人员的自我实现和自我成就。对设计成果的评价难以有统一的尺度，往往采用专家打分的方法。

4. 实施者对项目的管理

项目实施必须满足发包人要求达到的项目目标。经过项目的规划和设计，这些目标通常变得更加具体和明确。

项目实施者（如承包人、分包人等）对项目的管理职责主要是根据项目目标对实施过程的进度、费用和质量进行全面的计划与控制，以及其他相应的管理工作。

项目实施者可以是发包人组织内部的，也可以是外部的。无论哪种情况，实施者都要接受发包人的监督和管理，与发包人保持紧密的沟通和配合。如果实施者在发包人组织外部，为取得项目实施任务，他还要参与发包人的采购过程（如投标、谈判等）。项目完成后，实施者要接受发包人的验收，做好项目的收尾和移交。

有的时候，例如大多数的建筑智能化工程项目，项目的实施者同时又是项目的设计者，接受发包人的全面委托。

5. 监理对项目的监督管理

监理是指监理公司按照发包人的委托和授权，依据国家法律、法规、各种行业规范、技术标准以及承包合同规定的技术、经济要求，综合运用法律、经济、管理和技术手段，针对项目的总体规划、方案设计、系统安装、调试、竣工验收、保质期各阶段，对工程项目建设参与者的行为进行监督、约束和协调，并采取相应措施，制止行为的随意性和盲目性。促使工程项目建设进度、造价和质量按合同实现，确保工程项目建设行为的合法性、科学性、合理性和经济性。

监理单位相对于发包人和承包人而言，是独立的第三方，有独立的思想、组织、方法和手段，奉行公正、科学的行为准则，既不受委托监理的发包人随意指挥，也不受承包人和供应商的干扰。对工程项目的全过程或不同阶段进行监督管理，保护投资、控制质量、确保进度、降低风险、实现目标；并站在第三方的立场协调发包人和实施方的关系，公平对待工程项目各方，确保公正性、公平性、公开性，以确保圆满完成工程项目。

4.1.5　建设工程项目管理

为了促进我国建设工程项目管理健康发展，规范建设工程项目管理行为，不断提高建设工程投资效益和管理水平，依据国家有关法律、行政法规，国家建设部制定了《建设工程项目管理试行办法》，自2004年12月1日起执行。

1. 项目管理企业

根据该办法的定义：建设工程项目管理是指从事工程项目管理的企业，受工程项目发包人委托，对工程建设全过程或分阶段进行专业化管理和服务活动。

项目管理企业应当具有工程勘察、设计、施工、监理、造价咨询、招标代理等一项或多项资质。工程勘察、设计、施工、监理、造价咨询、招标代理等企业可以在本企业资质以外申请其他资质。企业申请资质时，其原有工程业绩、技术人员、管理人员、注册资金和办公场所等资质条件可合并考核。

从事工程项目管理的专业技术人员，应当具有城市规划师、建筑师、工程师、建造师、监理工程师、造价工程师等一项或者多项执业资格。

取得城市规划师、建筑师、工程师、建造师、监理工程师、造价工程师等执业资格的专业技术人员，可在工程勘察、设计、施工、监理、造价咨询、招标代理等任何一家企业申请注册并执业。与此同时，取得上述多项执业资格的专业技术人员，可以在同一企业分别注册并执业。

项目管理企业应当改善组织结构，建立项目管理体系，充实项目管理专业人员，按照现行有关企业资质管理规定，在其资质等级许可的范围内开展工程项目管理业务。

2. 工程项目管理业务范围

（1）协助发包人进行项目前期策划、经济分析、专项评估与投资确定。

（2）协助发包人办理土地征用、规划许可等有关手续。

（3）协助发包人提出工程设计要求、组织评审工程设计方案、组织工程勘察设计招标、签订勘察设计合同并监督实施，组织设计单位进行工程设计优化、技术经济方案比选并进行投资控制。

（4）协助发包人组织工程监理、施工、设备材料采购招标。

（5）协助发包人与工程项目总承包企业或施工企业及建筑材料、设备、构配件供应商等企业签订合同并监督实施。

（6）协助发包人提出工程实施用款计划，进行工程竣工结算和工程决算，处理工程索赔，组织竣工验收，向发包人移交竣工档案资料。

（7）生产试运行及工程保修期管理，组织项目后评估。

（8）项目管理合同约定的其他工作。

3. 委托方式

工程项目发包人可以通过招标或委托等方式选择项目管理企业，并与选定的项目管理企业以书面形式签订委托项目管理合同。合同中应当明确履约期限，工作范围，双方的权利、义务和责任，项目管理酬金及支付方式，合同争议的解决办法等。

工程勘察、设计、监理等企业同时承担同一工程项目管理和其资质范围内的工程勘察、设计、监理业务时，依法应当招标投标的应当通过招标投标方式确定。

施工企业不得在同一工程从事项目管理和工程承包业务。

4. 联合投标和合作管理

两个及以上项目管理企业可以组成联合体以一个投标人身份共同投标。联合体中标的，联合体各方应当共同与发包人签定委托项目管理合同，对委托项目管理合同的履行承担连带责任。联合体各方应签订联合体协议，明确各方权利、义务和责任，并确定一方作为联合体的主要责任方，项目经理由主要责任方选派。

项目管理企业经发包人同意，可以与其他项目管理企业合作，并与合作方签定合作协议，明确各方权利、义务和责任。合作各方对委托项目管理合同的履行承担连带责任。

5. 管理机构

项目管理企业应当根据委托项目管理合同约定，选派具有相应执业资格的专业人员担任项目经理，组建项目管理机构，建立与管理业务相适应的管理体系，配备满足工程项目管理需要的专业技术管理人员，制定各专业项目管理人员的岗位职责，履行委托项目管理合同。

建设工程项目管理实行项目经理责任制是以项目经理为责任主体，确保项目管理目标实现的责任制度。项目经理不得同时在两个及以上工程项目中从事项目管理工作，并要签订项目管理目标责任书。该责任书是企业的管理层与项目经理部签订的明确项目经理部应达到的成本、质量、工期、安全和环境等管理目标及其承担的责任，并作为项目完成后考核评价依据的文件。

6. 服务收费

工程项目管理服务收费应当根据工程项目规模、范围、内容、深度和复杂程度等，由发包人与项目管理企业在委托项目管理合同中约定。工程项目管理服务收费应在工程概算中列支。

发包人应当对项目管理企业提出并落实的合理化建议按照相应节省投资额的一定比例给予奖励。奖励比例由发包人与项目管理企业在合同中约定。

7. 执业原则

在履行委托项目管理合同时，项目管理企业及其人员应当遵守国家现行的法律法规、工程建设程序，执行工程建设强制性标准，遵守职业道德，公平、科学、诚信地开展项目管理工作。

8. 奖励和禁止行为

业主方应当对项目管理企业提出并落实的合理化建议按照相应节省投资额的一定比例给予奖励。奖励比例由业主方与项目管理企业在合同中约定。

（1）项目管理企业不得有下列行为：

①与受委托工程项目的施工以及建筑材料、构配件和设备供应企业有隶属关系或者其他利害关系。

②在受委托工程项目中同时承担工程施工业务。

③将其承接的业务全部转让给他人，或者将其承接的业务肢解以后分别转让给他人。

④以任何形式允许其他单位和个人以本企业名义承接工程项目管理业务。

⑤与有关单位串通，损害发包人利益，降低工程质量。

（2）项目管理人员不得有下列行为：

①取得一项或多项执业资格的专业技术人员，不得同时在两个及以上企业注册并执业。

②收受贿赂、索取回扣或者其他好处。

③明示或者暗示有关单位违反法律法规或工程建设强制性标准，降低工程质量。

9. 监督管理和行业指导

国务院有关专业部门、省级政府建设行政主管部门应当加强对项目管理企业及其人员市场行为的监督管理，建立项目管理企业及其人员的信用评价体系，对违法违规等不良行为进行处罚。

各行业协会应当积极开展工程项目管理业务培训，培养工程项目管理专业人才，制定工程项目管理标准、行为规则，指导和规范建设工程项目管理活动，加强行业自律，推动建设工程项目管理业务健康发展。

4.2 智能建筑工程项目管理

建设工程项目历来重视项目管理，智能建筑工程项目作为建设工程项目的一个分支，项目管理成功与否具有同样重要的意义。虽然智能建筑是一个综合建筑环境，它既包含了设备物理建筑环境，又包含了管理和服务等方面的软环境，但是它的主体基础仍然是建筑智能化系统，建筑智能化工程的核心和基础是信息化。

信息化对包括智能建筑在内的国民经济每一个产业和企业都是一种挑战，风险毋庸置疑。技术风险、服务商风险、过程风险、质量风险、进度风险等等都存在于所有项目之中。由于智能建筑这个技术领域太新、发展又过快，在我国它几乎又是人们无论从技术或者管理都准备不足的情况下上马的，加以利润丰厚，在一拥而上的状态下，市场未免有些混乱。这本无须大惊小怪，因为任何一项新技术在刚进入市场时都难免一乱。如何避免并减少由于市场混乱带来的损失，克服发展过程中潜伏的危机，成了所有智能建筑项目负责人最关心的问题。在这种背景下，项目管理对于建筑智能化工程就显得更加特别重要。

4.2.1 建筑智能化工程的特点

信息技术广泛深入的应用和高速发展是没有明确边界的，其应用不断快速地向其他各个领域推广、渗透和融合，已经并正在给我们的工作、生活带来巨大变化。由于与其他技术的交叉融合是当今信息技术发展的一个重要特征，所以，当我们在鉴别一个工程项目是否属于信息系统工程时，主要是要看其主体核心技术、关键技术是否属于信息技术的范畴。你中有我，我中有你的局面形成了“信息系统工程”项目与其他相关工程项目在内容上存在交叉问题。

智能建筑是由人们常说的4C技术，即现代通信技术、现代计算机技术、现代控制技术、现代图形图像显示技术，以及综合布线技术、系统集成技术等现代信息技术与建筑技术的有机结合构成的。从智能建筑是信息技术在建筑及建筑群中的实际应用这一点来看，把智能建筑中的智能化系统划归于信息系统工程一类是比较妥当的。

建筑智能化工程与一般建设工程相比有许多相似之处，也有许多不同的特点。

1. 专业性强

随着21世纪的到来，信息时代发生了跳跃式的变化，日新月异。智能化工程属于信息技术的范畴，其技术含量高、专业性强、涉及面广、技术跨度大、知识更新快。但另一方面，信息行业新颖、人员年轻，人们往往一是对重大建筑智能化建设工程的难度估计不足；二是对建筑智能化工程建设过程、模式、手段的认识不足。其结果可能是不够重视或期望过高，或虎头蛇尾，或误入歧途，造成工程项目失败。

2. 软件是基础

软件是维持和增强建筑智能化工程项目竞争力的基础，软件一方面朝着大型、开放、分布式系统发展，提高其再用率；另一方面朝着较低成本的、灵活的、跨平台小型操作系统的方向发展。建筑智能化工程系统集成和应用软件的开发实施对大多数工程发包人而言往往都是首次遭遇，缺乏经验，其本身严密的科学性、高度的集成性和实施的复杂性，往往使发包人在实施过程中始终会感到心里不踏实，出现问题不知采取何种对策，更谈不上对可能出现的问题预先制定防范措施。工程项目的不可预见成分高，风险程度大。

3. 软件危机，风险大

软件危机是指在计算机软件的开发和维护过程中所遇到的一系列严重问题，其主要表现如下：

(1) 用户需求不明确、需求变更多

在建筑智能化工程建设过程中，在应用软件开发出来之前，不少用户（发包人）自己也不很清楚应用软件的具体需求。用户常常在项目开始时只有一些初步的功能要求，没有明确的想法，也提不出确切的需求。随着系统实施的进展，系统开始展现功能的雏形，用户对系统的了解也逐步深入，用户的思路不断地被激发，不断涌现出新的功能和想法，就要求对以前提出的需求进行改动，导致应用软件的程序、界面以及相关文档需要经常修改。而且在修改过程中又可能产生新的问题，这些问题很可能经过相当长的时间后才会被发现。

(2) 软件成本日益增长

20世纪50年代，软件成本在整个计算机系统成本中所占的比例为10%～20%。但随着软件产业的发展，软件成本日益增长。相反，计算机硬件随着技术的进步、生产规模的扩大，价格却不断下降。这样一来，软件成本所占的比例越来越大。到20世纪60年代中期，软件成本所占的比例增长到50%，90年代达到85%左右。

(3) 开发进度难以控制

由于软件是逻辑、智力产品，软件的开发需建立庞大的逻辑体系，这是与其他产品的生产不一样的。例如：工厂里要生产某种硬件设备，在时间紧的情况下可以要工人加班或者实行“三班倒”，而这些方法都不能用在软件开发上。因为软件系统的结构很复杂，各部分附加联系极大，盲目增加软件开发人员并不能成比例地提高软件开发能力。相反，随着人员数量的增加，人员的组织、协调、通信、培训和管理等方面的问题将更为严重。历史上有关软件开发在耗费了大量的人力和财力之后，由于离预定目标相差甚远不得不宣布失败的例子，不胜枚举。

(4) 软件质量差

软件项目即使能按预定日期完成，质量却不尽人意，程序的一些微小错误可以造成智能化工程项目灾难性的后果。在“软件作坊”里，由于缺乏工程化思想的指导，程序员几乎总是习惯性地以自己的想法去代替用户对软件的需求，软件设计带有随意性，很多功能只是程序员的“一厢情愿”而已，这是造成智能化工程项目总也不能令人满意的重要因素。

(5) 软件维护困难

正式投入使用的软件，总是存在着一定数量的错误，在不同的运行条件下，软件就会出现故障，因此需要维护。但是，由于软件开发过程随意性很大，没有完整的真实反映系统状况的记录文档，给软件维护造成了巨大的困难。特别是在软件使用过程中，原来的开发人员可能因各种原因已经离开原来的开发组织，使得软件几乎不可维护。对一个复杂的逻辑过程，哪怕做一项微小的改动，都可能引入潜在的错误，常常会发生“纠正一个错误带来更多新错误”的问题。

4. 产品更新换代快

信息技术是高新科技领域的最重要的发展亮点，发展迅速，产品更新换代快。在实际工作中，我们经常遇到一些建筑智能化工程项目，当开发完成后，进行鉴定验收时，系统中所用到的硬件及软件技术等，大部分都已落后，甚至被淘汰。这一方面说明包括智能建筑技术在内的信息技术发展迅速，计算机系统产品更新换代很快，但是，最主要原因是开发单位水平有限，缺少远见，在系统设计时，没有看清发展潮流，采用的软硬件技术不够先进，使用即将淘汰的设备等。

重大的智能建筑工程项目是一项系统工程，投资额度大、工期短、利润丰厚，其特点是不可预见成分高，风险程度大，其关键是要注重实效，做好总体规划，确保技术的先进性。

5. 开放系统原则

开放系统是国际标准化组织为连接各种软、硬件产品而制定的标准，遵循这种标准的产品都符合一些公共的、可以相互操作的标准，能够融洽地在一起工作。开放系统具有如下的特点：

(1) 系统互联简单、容易，标准统一。

(2) 可选择的设备、软件范围广。

(3) 容易扩充、升级。

(4) 设备、软件价格相对便宜。

一般而言，建筑智能化工程是典型的开放系统，对从业人员要求高，不仅要具有丰富的实践经验和很快掌握先进技术的能力，还要知识面宽，通晓国家有关信息行业标准规范，以及精通软件工程学，特别是在软件质量评测方面要有深入研究，要熟悉软件开发过程的国际标准和惯例。

6. 安全可靠性要求高

智能化工程的安全性问题是指计算机诈骗、计算机病毒和黑客攻击等造成的信息被窃、窜改和破坏；而可靠性问题是指机器失效、程序错误、误操作、传输错误等造成的信息失误或失效。它们是一个系统整体的概念，不仅与计算机系统结构有关，还与其应用的环境、人员素质和社会因素有关，其内容包括智能化建设工程的硬件安全、软件安全、数据安全、运行安全，以及信息安全立法。

由于信息的存放、传输、交换和处理是在网上进行的，容易受到外部黑客的入侵和内部不满分子的恶意破坏，加上现代计算机系统软件的庞大和复杂性，因此要保证系统的安全和系统运行的可靠将十分困难和麻烦，另一方面，安全可靠性问题已成为建筑智能化工程成败的关键问题之一，引起了世界各国广泛的注意和高度的重视。

7. 前期基础性工作多

智能建筑重大系统工程实质上是现代管理思想、现代信息技术与现代建筑技术相结合的产物，所代表的不仅是管理手段的升级，更重要的则是管理思想的创新。因此前期基础性工作包括管理手段现代化、信息数据规范化，大量历史和现实数据的搜集整理，以及提出明确的用户需求，对以后的智能建筑工程的成败影响巨大，另一方面，其工作量大、数据烦琐、技术性强，准备起来相当复杂。对于大多数发包人而言，建筑智能化和信息技术项目管理专业人才比较缺乏，为了做好复杂烦琐的前期基础性工作，最好能聘请信息技术专家协助处理。

8. 服务水准要求高

为了保证信息资源的充分开发和合理利用，保证智能建筑工程进展顺利，保证工程完成后有良好的运行维护，选择好智能化工程软、硬件供应商及系统服务提供商是很重要的。因为大多数智能建筑工程处于发展中的高科技领域，高新技术发展迅速；新开发的技术项目工作量大，技术的继承成分少，创新成分多。智能建筑工程发包人对智能化技术应用的需求个性化差异很大，系统集成商很难确定标准化的需求分析和设计方案，项目中根据发包人特殊需求开发的成分较高。加上工程类型广泛，涉及国民经济的各行各业，以及多种科学技术领域的综合与交叉。这些都对供应商的服务水准提出了很高的要求。

应该说大多数软、硬件供应商或系统服务商所提供的实施服务是负责的。但是，由于各个公司的背景不同，水平参差不齐，对用户真正的内在需求研究不够，短期行为严重，后期服务跟不上等原因，相当一部分与建筑智能化工程实施成功相关、用户又十分需要的工作，而服务商没有能力去做或者没有精力去做，这就导致工程发包人需承担较大的风险。

4.2.2　建筑智能化工程实施的特点

建筑智能化工程项目实施与发包人现代化管理水平的提高和改进紧密相关，边实施边改进，它是一个持续不断的跳跃式发展完善过程，没有结尾。正如有的物业管理人员把它形象地总结为：没完没了的智能化，不见不散的项目经理部。因为使用智能建筑的所有的现代企业，都不是在一个静态的封闭的环境下去经营的，它所处的一个竞争环境是不断地变化的，这就要求企业有一种及时响应的能力。

企业的所有的管理的理念，管理规则、经营方式都需要迅速地调整，导致建筑智能化水平不断地升级，例如通讯线路带宽的加大加宽；办公自动化系统软、硬件的改进和升级换代；控制系统电脑模块的设备更新、功能增加和性能提升，系统集成和智能化水平的提高等等。所以说持续不断的改进是成功的智能化工程项目实施的关键，智能化系统在使用中逐步完善改进，才具有生命力，它的效果也不断地体现出来。

建筑智能化工程项目的实施过程与一般建设工程相比，有着鲜明的特点，其表现如下：

1. 系统运作的连续性和升级换代的阶段性

建筑智能化工程的运作使用是一个连续的过程，它的连续性表现为系统从实施、运行和使用过程的连续性，以及系统一旦投入使用后，其运作的不可间断性。过程单元包括工程项目实施过程的方案设计、施工安装、开发调试、人员培训、竣工验收等环节，以及系统使用过程的开机运行、操作使用、系统维护、性能改进、产品升级等环节。过程单元是通过系统改造来实现阶梯式上升的。

随着智能建筑技术突飞猛进地高速发展，以及用户新的业务功能需求的增加，已经建好的建筑智能化工程经过一段时间的使用后，大多都要进行扩建或改造，把系统整体性能、安全性、稳定性、可靠性等提高到更高水平，迈上一个新的台阶，因此系统升级换代是分阶段进行的。这就像是爬旋转式楼梯，连续向上爬的过程中实际上还是一层一层地爬上去的。在完整的分阶段实施的过程中，任何一个单元出现故障都会直接影响系统功能的实现。

在这一点上，建筑智能化工程与一般建设工程（如土木建筑）的差别是挺大的，主要表现在系统使用寿命和改造周期的长短上，智能化工程要比一般建设工程短得多，所以智能化工程更加注重系统的可扩充性、可移植性和可维护性。

2. 系统实施的整体性

建筑智能化工程实施的整体性表现在两方面：环境的整体性和技术的整体性。

（1）环境的整体性

实施智能建筑工程项目最重要一条就是要处理好人—机—环境三者之间的关系。三者之中，人是主体，建筑环境是平台，又是处理的客体。建筑智能化工程系统的发展和建设必须与其内部和外部环境相适应。其外部环境主要指智能建筑所处地区的社会经济、人文环境和周边的自然环境等；其内部环境包括智能建筑的结构、资源分布、建筑艺术风格以及用户的经营管理状况等。

智能与环境的关系主要体现在通常我们碰到的智能与建筑的关系上，智能与建筑是一对矛盾，两者的关系是辩证、统一、相辅相成的。智能对人们生活的影响将会导致对建筑布局、从形式到内容的一场巨大冲击。衡量智能建筑成功与否的标准，主要看系统的设计是否符合用户的需要，用户使用是否方便，系统维护是否容易，系统是否成熟可靠，即能否最大限度利用投资，取得最佳应用效果。建筑做不好，智能很难做好。反之，建筑做得再好，没有适应信息时代的智能系统，那么，这座建筑就会徒有其表，无法为人们提供足够的功能。

目前令人忧虑的现状是：作为智能建筑工程主持的建筑师们，不想或不屑于去管智能化设计。而另一方面，计算机、网络、自动化、通信专业的技术专家们对智能建筑的理解相当浮浅，又绝少想到建筑环境，甚至根本不提建筑的功能要求。这两种普遍存在的片面看法都会造成智能与建筑两者的脱节。

（2）技术的整体性

由于智能建筑所要实现的功能甚多，这些功能的实现涉及多种学科、多种技术、多种系统和多种设备，而且，有些功能的实现是必需由几个系统，多种不同设备的共同协作完成的，这背后涉及到本来互不相干的许多技术领域，因此智能建筑技术是一个多学科交叉的研究领域，其主要特点是众多的功能子系统横向涉及多种行业，纵向贯穿工程的全过程，这就使得智能建筑技术更具有整体性和全局性的特点，更需要人们从整体的和全局的观点去看问题。

建筑智能化工程系统设计的核心是系统集成，可以说没有系统集成的智能建筑就不是真正意义上的智能建筑。系统集成把不同功能、不同技术、不同厂商、不同要求、不同操作平台、不同接口的不同设施和系统，用一个统一的系统把它们连接起来，协同动作。

3. 项目实施时，不容易划分设计阶段和实施阶段

建筑智能化工程项目实施时，不容易划分设计阶段和实施阶段，其主要原因是由于建筑智能化技术的产品、系统的供应商众多，型号复杂，功能差异较大，服务条款也不相同，可比性不强，而且价格差异大，必须进行性能价格的综合比较，而这项工作不仅要对技术有深刻全面的了解，还要对价格行情有熟悉的掌握。

一般建筑工程通常由专门的建筑设计单位先完成设计，再根据设计方案和图纸来进行工程招标，挑选工程承包人进行施工，设计单位和施工单位两者是分开的。但是，对于日新月异的、复杂的、高科技建筑智能化工程技术来说，各厂商提供的产品和系统千差万别，性能和价格差异很大，很难有专业的而且独立的设计单位专门负责设计；即使有专门的设计单位，设计和实施之间也很难由两个独立的单位来完成。所以建筑智能化工程往往由系统集成商同时负责工程项目的设计和实施两项任务。

在建筑智能化工程项目的软件开发、软件系统的集成工作中，设计与实施实际上非常难以划分清楚，方案设计和项目实施大多都是由同一家公司来完成的。与此同时，在建筑智能化工程项目实施过程中，开工初期，发包人提出的用户需求往往不够系统全面。用户需求是通过反复修改，逐步明确的（往往很难一步到位明确需求），使得设计更改和实施更改的频率很高，所以，建筑智能化工程项目往往聘请系统集成商来负责整个系统的设计和实施。

4. 系统质量检测的方法和手段要求高

在建筑工程项目实施过程中，项目管理人员主要依靠肉眼在现场进行质量管理。而在建筑智能化系统工程实施过程中，可以以肉眼观察为依据的质量控制和检测的部分很少，主要的质量管理手段应该是设计审核和系统测试，对于系统文档编写、保存和管理的要求也很严格，文档化标准相当高。

以建筑设备自动化系统（BAS）为例，被检测系统的工程承包人需提供的主要文件有系统选型论证、系统规模容量、控制工艺说明、系统功能说明及性能指标、BA 系统结构图、各子系统控制原理图、BA 系统设备布置与布线图、与 BA 系统监控相关的动力配电箱电气原理图、现场设备安装图、DDC 站与中央管理工作站/操作员站的监控过程程序流程图、中央监控室设备布置图、BA 系统供货合同及工程合同、BA 系统施工质量检查记录、相关的工程设计变更单、BA 系统运行记录。在此基础上，根据 BA 系统的验收标准，制定出一套合理的 BA 系统检测方案。检测一般分为三个层次：中央监控中心、子系统（DDC 站）与现场功能检测。通过这三个层次的检测，才可以对 BA 系统的实时性、可靠性、安全性、易操作性、易维护性、设备安装质量、控制精度作出综合评价，对存在的问题提出整改意见，通过整改使被检测的系统达到正常运行的功效。

4.2.3 智能建筑工程项目建设的管理体制

一方面智能建筑工程与一般土木建筑工程无论是从技术广度、深度、难度上讲，还是从项目实施方式上讲差别都非常大。另一方面，由于智能建筑技术发展太快，目前国家颁布的有关建筑智能化工程的标准、规范较少，跟不上智能建筑技术发展的步伐，在智能建筑工程项目实施过程中可以参考的质量管理的标准和依据较少，凭经验进行项目管理的成分更多。而一般土木建筑工程的技术标准、管理规范已经相当完全，依据性文件较多。针对智能建筑工程项目建设的特点，采取合适的建设管理制度，对搞好智能建筑工程建设工作至关重要。

根据我国有关法律法规的规定，智能建筑工程项目建设实行的管理体制是：一个体系、两个层次、三个主体。

1. 一个体系

是指在智能建筑工程项目建设的组织上和法规上形成一个完整统一的系统。政府从组织机构和手段上加强和完善对智能建筑工程建设过程的监督和控制，同时把发包人自行管理项目的封闭式体制，改为由发包人委托专业化、社会化的信息系统工程监理单位管理工程项目建设的开放体制。社会监理工作在智能建筑工程项目建设中自成体系，有独立的思想、组织、方法和手段，奉行公正、科学的行为准则，坚持按工程合同和国家法律、行政法规、规章和技术标准、规范办事，既不受委托监理的发包人随意指挥，也不受承包施工单位和设备材料供应单位的干扰。

2. 两个层次

两个层次指工程建设的宏观层次和微观层次。宏观层次指政府监管；微观层次指社会监理。两者相辅相成，缺一不可，共同构成我国智能建筑工程项目管理的完整体制。

政府监管是指我国政府有关部门对智能建筑工程项目建设实施强制性监管和对社会监理工作进行监督管理。政府监管对智能建筑工程建设活动覆盖两个阶段，即项目决策阶段和工程建设实施阶段。两个阶段分别由计划部门和建设部门实施监管。

社会监理是指信息系统工程监理单位受发包人委托，对智能建筑工程项目建设全过程或某一阶段实施监理。它既与发包人签订委托合同，代表发包人，又处于独立的第三方地位，主要依据发包人和承包人双方签订的工程承包合同，以及有关的法律、法规、标准、规范等，具体组织管理和监督智能建筑工程项目实施活动，在工程实施阶段控制项目费用、质量和进度，并维护发包人和承包施工单位双方的合法权益。

3. 三个主体

智能建筑工程项目管理活动涉及到发包人、承包人和监理单位，这三者即是智能建筑工程项目实施的主体。发包人和承包人是合同关系；监理单位和承包人没有合同关系，而是监理、被监理的关系，这种关系由发包人与承包人所签订的合同所确定；发包人和监理单位之间是委托合同关系。图 4.2-1 说明了发包人、监理单位、承包人三方的职责关系。

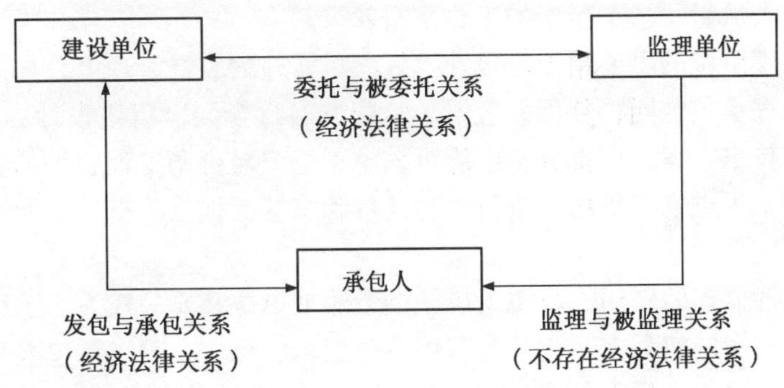

图 4.2-1　发包人、监理单位、承包人三方关系图

虽然在智能建筑工程承包合同中，只有发包人和承包人两个签约主体，信息系统工程监理单位并不是承包合同中的一个方面，但是对于确保合同顺利实施来说，信息系统工程监理单位是一个无法代替、不可缺少的角色。监理单位按照发包人的委托和授权，依据国家法律、法规、各种行业规范、技术标准以及合同规定的技术、经济要求，综合运用法律、经济、行政和技术手段，针对智能建筑工程项目的总体规划、方案设计、系统安装、检测调试、竣工验收、工程保质期各阶段，对项目参与者的行为进行监督、约束管理和协调，并采取相应措施，制止行为的随意性和盲目性。促使项目实施的进度、费用和质量按合同实现，确保工程建设行为的合法性、科学性、合理性和经济性。

(1) 发包人与承包人之间的职责关系

发包人与承包人之间是工程发包与承包关系，是一种经济法律关系。按双方工程承包合同的规定，由承包人按合同约定来完成工程，并得到自己的利益。发包人和承包人各负相应的权利和义务，谁有违约行为，都负有赔偿他方损失的责任。

发包人可以是投资者或投资授权者派出的代表组；也可以是全面负责工程项目筹资、项目建设、项目完成后的生产经营、归还贷款和债券本息的承担资金风险的管理组织；如果技术改造项目是由企业投资的，企业派出的领导班子就是发包人；由多方合资的，其成立的董事会就是发包人；由政府投资的，其设立的管委会或工程指挥部就是发包人。

承包人承担了工程项目的建设任务，负有按时、保质、保量完成任务的责任。

(2) 发包人与监理单位之间的职责关系

发包人与监理单位之间是委托与被委托关系，是一种经济法律关系。通过合同来确定双方的权利和义务，发包人不得随意干涉监理工程师的工作，否则将被视为侵权行为；反之，监理工程师也必须保持自己的公正和公平，不得与承包人有什么经济联系，更不能串通承包人侵犯发包人的利益，否则，发包人将利用法律手段，使监理工程师离开工作现场。

监理单位与发包人的关系是相互平等的主体，根据国际惯例和我国的现实情况，发包人把工程项目委托给监理单位之后，主要精力应放在积极创造实施工程项目基本条件和外部环境方面去，如组织建设投资到位，联系水电供应和对外交通，决定工程项目建设的重大变更，协调各方关系等内容。在这些工作中，如果遇到技术方面的问题，可以由被委托的监理单位提供咨询或协助，发包人不必再组建大的工程指挥部调集众多的筹建人员，只需配备少数工作人员组建一个精干的工作部门就行。

工程项目监理单位的主要精力应放在搞好项目实施的监督管理上，如协助发包人选择承包人，签订工程承包合同，督促发包人、承建方履行合同，审核设计方案和施工图纸、设计变更和施工技术方案。审批分包组织审核施工组织与协调工程建设的实施，检查验收工程质量，控制工程进度与费用，进行工程计量和掌握工程款项支付，调解各方争议，处理工程索赔和延期等。

为了充分发挥监理的作用，发包人应该授予监理单位必要的权力。工程项目监理单位对发包人而言，一般的权利有：有关工程项目中招标、总体方案、承包人和分包人选择的建议权；对承包、分包人质保体系审核权和否决权；项目实施过程中有关技术上的核定权，材料设备与工程质量的确认权与否决权，进度上的确认权与否决权；对用户需求有确认权和仲裁权；对监理的项目需要组织协调时有主持权；有参加工程项目调度会的权利；有因工程质量事故下发停工令的权利；有支付工程款与结算上的审核确认权和否决权等。权力的大小由发包人授予的多少决定。

工程项目监理单位对发包人而言，应尽的义务有：应维护发包人的合法权益；对知悉的商业秘密负有保密的责任；就工程项目的目标和内容向发包人提供咨询顾问意见；根据委托合同编制监理规划、实施细则并以书面的形式提交发包人审定；定期向发包人提供工程项目有关信息；保存完整的质量记录；项目竣工后应向发包人提交监理总结报告。监理单位在承办监理业务未按照委托合同的规定履行义务而给发包人造成损失的应当依法承担赔偿。若由于监理单位的失职、决策和指导错误造成经济损失，监理单位应承担经济责任并作一定的经济赔偿。

发包人和监理单位双方在工程项目实施中应将保证质量、提高项目的效益作为共同的目标。因此，发包人同样也有相应的权利和义务。

(3) 监理单位与承包人之间的职责关系

监理单位与承包人之间没有签订合同，是监理与被监理关系。虽然没有经济法律关系，但两者的关系是相互平等的主体。监理单位与发包人之间签订了监理委托合同，监理工程师按照发包人所委托的权限，限在这个权限的范围内对承包人执行监理职责。监理单位对被监理方实施监理是监理委托合同赋予的权力，接受监理单位的监督和管理是被监理方应尽的义务。被监理方应为工程项目监理单位提供方便，积极做好配合工作。监理单位在监理工作中既要严格，又要客观、公正、热情服务，积极维护被监理方的合法权益，同时又要积极帮助被监理方解决工作中出现的疑难问题和工作中所遇到的困难。在坚持质量第一、服务第一的指导思想下与被监理方共同搞好项目中质量、工期和投资控制，提高工程项目的整体效益。

工程项目监理单位在监理工作中不应超越招投标文件、工程承包合同，以及国家和行业标准、规范、规定的要求，提出过高的质量要求、过紧的工期要求和过低的成本要求。也决不能替代被监理方在项目实施中的项目经理、检验员、安全员等的工作。在工程项目实施中与被监理方直接打交道的主要是监理单位，而不是发包人。在发包人授权范围内的工作，被监理方对发包人的有关要求，以及发包人对被监理方的有关要求都要通过监理单位进行处理。

被监理方（承包人）按照承包合同的要求和监理工程师的指示实施工程，在实施过程中，被监理方要随时接受监理工程师的监督管理；而监理工程师则是按照发包人所委托的权限，限在这个权限的范围内指导检查被监理方是否履行合同的职责，是否按工程承包合同规定的技术要求、质量要求、进度要求和费用要求组织实施项目。如果监理工程师不公正，被监理方可以向有关部门提出申诉，经调查属实，可使监理工程师或有关人员调离现场。

4.2.4 智能建筑工程项目技术咨询

1. 工程项目技术咨询的定义

工程项目技术咨询是指咨询公司受客户的委托，从客户方接收一个工程，然后帮他们进行项目可行性分析、规划设计乃至完成实施竣工和交付使用等一系列过程的顾问服务。

随着智能建筑技术的高速发展和完善，建筑智能化系统的内容已不是智能化各种子系统简单的累加，而是一个具有相关联的、具有集成要求的综合性智能化系统。其建设过程包含着相当宽泛的内容，涉及土建、通信、贸易、自动化和信息技术等各领域、各专业，涵盖了招标委托、方案设计、项目实施、竣工验收等各个环节。复杂的项目目标要求项目管理采用一种具有统一协调界面、责任明确的责任管理体系。智能建筑工程项目管理的内容与其特性密切相关，它在是智能建筑工程项目主管部门推行的“项目法人制”、“招标投标制”、“工程监理制”与“合同管理制”框架下，按照智能建筑工程项目建设的内在规律和程序，对项目建设的全过程进行有效的组织、计划、协调和控制的工作系统。

为了适应当代信息技术和各种高新技术飞速发展的形势，确保智能建筑工程项目立项、设计和实施的先进性、实用性、安全性、规范性，以及系统扩展性，并能充分利用系统原有资源，避免重复建设，在国际上，智能建筑工程项目建设比较流行的作法是聘请信息技术咨询公司作为技术顾问。咨询公司在项目论证、招投标、技术评估、项目验收等环节上，针对智能建筑工程项目建设过程中的任何问题，向企业提供咨询意见和解决方案，其中包括投资决策、流程再造、组织变革、技术方案和管理制度等。

2. 智能建筑工程项目技术咨询的内容

咨询机构受客户委托进行咨询服务时，其主要工作由客户委托的范围所决定，可能包括工程项目的可行性分析、工程设计咨询、工程建议方案编制、招投标文件编制技术方案评估、工程产品选型、报价合理性估算、组织专家组评审、施工技术和工艺评审、施工质量验收、工程调试验收、工程综合性能评估、制定项目运行操作与管理规范、项目的改进与提升方案咨询、新技术开发或引进可行性论证等。智能建筑工程项目技术咨询的内容主要有：

（1）工程项目前期策划咨询

1）可行性分析咨询服务

咨询机构受客户委托，通过详细调研，对项目进行技术、经济和环境分析之后，向客户提交一份详细的可行性分析报告，其主要内容包括项目技术、经济、财务、社会和环境论证，风险评估、方案对比，以及项目可行与否的结论。

2）规划设计咨询服务

根据客户提出的要求，分析项目的特点，结合智能建筑技术的发展，确定智能化工程系统的定位，为项目提供针对性的智能化系统规划设计方案。

3）方案评估咨询服务

项目方案设计、初步设计及施工图设计的系统优化咨询，对建筑智能化系统设计方案的先进性、经济性、可行性进行评估，并提出方案优化意见与建议。

4）工程项目招标咨询服务

根据客户提出的要求，编制招投标书，组建项目评标小组对投标单位提交的投标方案进行技术和商务评标，撰写客观的评标报告，以供发包人确定工程项目的中标单位。

5）智能化工程造价咨询服务

根据智能建筑工程项目的设计方案，对项目所需的材料、设备和产品的型号规格、品牌产地、质量性能进行选型，对其报价合理性及工程总造价进行评估。包括：

①价格信息咨询服务：为工程造价分析和造价控制提供合理有效的产品价格依据。

②工程造价咨询服务：对项目资源计划、工程预算和造价进行合理性分析，编写工程造价评估报告，并提出工程造价优化的调整建议。

（2）工程项目实施阶段的咨询

在智能建筑工程项目实施过程中各个不同的阶段，组织专家对各阶段可交付成果进行评审，确保施工过程前一个阶段质量合格后才能开始下一阶段的施工。评审的内容包括：

①施工或开发技术和工艺流程的评审。

②施工或开发质量的评审。

③系统测试方案和测试结果的评审。

④项目的改进与提升方案的咨询建议。

⑤新技术开发或引进的可行性论证。

⑥隐蔽工程的检测和验收等。

（3）工程项目竣工验收阶段的咨询

组织专家对工程项目进行技术评审和文档评审，评审的内容包括：

①项目验收计划、验收目标、验收范围、验收内容、验收方法和验收标准的评审。

②项目施工质量、试运行结果、验收测试方法的评审。

③项目验收测试，以及验收测试结果的评审。

④验收文档，包括验收测试记录、初验报告、终验报告、竣工核定书、保修合同、质量合格证书等文件资料的评审。

⑤对工程决算书进行全面审核，撰写工程决算审查咨询报告。

（4）工程项目运行阶段的咨询

在项目完成并投入使用后对项目的立项决策、设计施工、生产运营、经济效益和社会效益等方面进行的全面而系统的分析和评价，包括：

①系统安全审计。

②项目后评价，包括项目前期工作的后评价，项目目标评价，项目实施过程评价，项目经济效益评价，项目经济影响评价，环境影响评价，社会影响评价和项目持续性评价。

③智能建筑等级评估：工程竣工并经规定时间的试运行后，对其达到的智能化等级进行评估。

4.2.5　智能建筑工程项目代建制

1. 工程项目代建制的定义

代建制是一种由项目投资人选择社会化、专业化的项目管理公司，负责项目的投资管理和建设，项目建成后交付使用单位的项目建设管理制度。代建单位在项目建设期间行使投资主体职责，政府部门对代建制建设项目审批程序不变。在项目代建制制度框架下，代建人的代建活动是业主方工程项目管理服务的一种，即工程咨询服务，而不是工程总承包服务。但是代建制并不等同于某种项目管理方式，更不是项目总承包模式。

项目代建制模式的特点是将工程项目由建设单位委托专门机构管理，不仅负责组织设计、施工、材料设备的选型，还直接承担工程全过程的管理和监督职能，由过去工程自管型的小生产管理方式向项目专业化转变，项目的工程技术及管理手段也趋于现代化。代建代管是保证工程质量、加快建设周期、提高投资效益的有力措施。

对政府投资项目实行代建制，是国际上通行的做法，美国等发达国家已经采用了上百年时间。我国从 1999 年开始，在上海试点市政项目的代建制。2004 年 7 月 26 日国务院发布了《关于投资体制改革的决定》，要求各地政府尽快在政府投资项目中推行代建制。目前代建制在政府的强力推动下，正在我国各地全面推开。据专家估计，全国大约每年有 6000 亿元的政府投资工程进入代建制运行。政府投资项目代建制是在公有产权下解决政府投资项目建设管理中的“投、建、管（监）、用”一体化行政委托以及非专业管理的弊端而推行的一种市场化的政府投资项目管理制度。

政府投资也称政府性资金，主要包括财政预算投资资金（含国债资金）；国际金融组织和外国政府贷款等主权外债资金；纳入预算管理的专项建设资金；法律、法规规定的其他政府性资金等。政府投资与企业投资不同，有其特定的投资原则。政府投资的原则是：政府投资应当符合国民经济和社会发展规划，有利于经济、社会和环境的协调、可持续发展，有利于扩大就业，有利于经济结构的优化，严格遵守科学、民主、透明原则，加强管理，注重效益。

2. 政府投资项目实施代建制的必要性和意义

（1）实施代建制的必要性

①代建制是解决“三超”问题的有效途径。能够充分发挥市场竞争的作用，从机制上确保防止建设项目超投资、超工期、超标准行为的发生。

②能够规范政府投资项目建设管理行为，增强项目使用单位的责任意识。

③工程建设项目实行专业化管理，可提高投资效率。

（2）实施代建制的意义

①深化投资体制改革，强化政府投资项目的投资主体地位。

②有助于加快实现政府职能转变。

③有利于形成市场竞争机制，提高工程建设效率和政府投资效益。

④有利于建筑行业组织方式的改进，促进工程管理和咨询业的发展，提高我国建筑业的核心竞争力。

3. 政府投资项目代建人的选择和代建方式

（1）代建人的选择

政府投资项目代建人一般都通过招标确定。政府投资主管部门负责项目代建人的招标工作，其他相关行政主管部门按照职责分工参与或配合招标工作。对某些特殊情况，例如不宜公开的保密项目或规模很小的项目，经政府投资主管部门同级的人民政府批准，也可直接委托代建人。项目代建人一经确定，不得擅自变更，也不得将代建工作转包。

在政府投资项目代建制中，政府与代建人是合同关系，政府选择具有相应资质的项目管理公司作为项目建设期间的法人，政府只能通过合同约束代建人，而非行政权力。由于智能建筑工程项目具有一次性的特点，所以项目代建人担当的是一次性专业化业主的角色，承担了实现项目管理目标的责任。在项目建设期间，项目的决策控制权和决策经营权分离，由此构成了政府投资项目代建制下的新的委托代理关系。

（2）项目代建方式

政府投资项目代建管理一般应采用全过程代建方式，即由代建人对代建项目自项目建议书批复开始，经可行性研究、设计、施工、竣工验收，直至保修期结束，实行全过程管理。在特殊情况下，也可采用阶段代建方式，即由代建人对代建项目自可行性研究报告或初步设计文件批复开始，经设计、施工、竣工验收，直至保修期结束，实行若干阶段管理。

政府投资项目代建过程包含以下主要环节：

①政府授权给投资公司融资、投资，其中存在委托代理关系。

②投资公司就具体项目组建项目公司，其中存在委托代理关系。

③项目公司或投资公司或政府职能局直接委托代建制公司，其委托机制一般为招投标。

④项目公司在代建单位协助下或由代建制公司选择项目勘察设计单位和施工单位。

4. 代建项目资金管理与监督

政府投资主管部门负责政府投资项目代建制的综合管理，政府财政主管部门负责项目资金使用的监督管理，政府建设主管部门负责项目实施过程中的建设行政管理，其他相关行政主管部门按照各自职责分工做好相关管理工作。

代建人应严格执行国家有关基本建设财务管理制度，政府财政主管部门应严格监督代建人对建设资金的管理和使用。

①使用单位向代建单位支付管理酬金。

②项目建设资金由代建单位管理。代建单位根据实际工作内容和工程进度，提出资金使用计划，政府发展改革部门将资金计划下达使用单位，由财政部门直接拨付给代建单位使用。

③有关部门依据国家和地方有关规定，对政府投资代建制项目进行稽查、评审、审计和监察。发现代建人存在违约、违规、违纪、违法等行为，委托人可依据情况进行提示、

警告、暂停资金拨付、暂停合同执行，直致解除合同，所造成的损失由代建人承担。构成犯罪的，交司法机关依法追究刑事责任。

在代建项目建设过程中，经批准的代建项目初步设计总概算原则上不得变动。只有在发生项目遭遇不可抗力；国家重大政策调整；以及因水文、地质等自然条件制约，施工图设计有重大技术调整的情况下，由代建人提出，经委托人批准后可作适当调整。

4.2.6　智能建筑工程项目管理的类型

按智能建筑工程项目建设组织的特点，一个项目往往由许多参与单位承担不同的建设任务，而各参与单位的工作性质、工作任务和利益不同，因此就形成了不同类型的项目管理。

1. 发包人的项目管理

投资方、发包人和由监理、咨询、代建单位提供的代表发包人利益的项目管理服务都属于发包人的项目管理（又称为业主方的项目管理）。由于发包人既是建设工程项目生产过程的总集成者，包括人力资源、物质资源和知识的集成，又是建设工程项目生产过程的总组织者，因此发包人的项目管理是管理的核心。

发包人项目管理服务于发包人的利益，其项目管理的目标包括项目的三大目标，即投资目标、进度目标和质量目标。这三大目标之间既有矛盾的一面，也有统一的一面，它们之间的关系是对立统一的关系。要加快进度往往需要增加投资，欲提高质量往往也需要增加投资，过度地缩短进度会影响质量目标的实现，这都表现了目标之间关系矛盾的一面。但通过有效的管理，在不增加投资的前提下，也可缩短工期和提高工程质量，这反映了关系统一的一面。发包人的项目管理工作涉及项目实施阶段的全过程，即在设计前的准备阶段、设计阶段、施工阶段、试运行阶段和保修期。安全管理是项目管理中的最重要的任务，因为安全管理关系到人身的健康与安全，而投资控制、进度控制、质量控制和合同管理等则主要涉及物质的利益。

2. 设计方的项目管理

设计方作为项目建设的一个参与方，其项目管理主要服务于项目的整体利益和设计方本身的利益。其项目管理的目标包括设计的成本目标、设计的进度目标和设计的质量目标，以及项目的投资目标。项目的投资目标能否实现与设计工作密切相关。

设计方的项目管理工作主要在设计阶段进行，但它也涉及设计前的准备阶段、施工阶段、动用前准备阶段和保修期。

3. 施工方的项目管理

施工总承包人和分包人的项目管理都属于施工方的项目管理。施工方作为项目建设的一个参与方，其项目管理主要服务于项目的整体利益和施工方本身的利益。其项目管理的目标包括施工的成本目标、施工的进度目标和施工的质量目标。

施工方的项目管理工作主要在施工阶段进行，但它也涉及设计准备阶段、设计阶段、动用前准备阶段和保修期。在工程实践中，设计阶段和施工阶段往往是交叉的，因此施工方的项目管理工作也涉及设计阶段。施工方项目管理的任务包括：施工安全管理、施工成本控制、施工进度控制、施工质量控制、施工合同管理、施工信息管理、与施工有关的组织与协调。

4. 供货方的项目管理

材料和设备供应方的项目管理都属于供货方的项目管理。供货方作为项目建设的一个参与方，其项目管理主要服务于项目的整体利益和供货方本身的利益。其项目管理的目标包括供货方的成本目标、供货的进度目标和供货的质量目标。

供货方的项目管理工作主要在施工阶段进行，但它也涉及设计准备阶段、设计阶段、动用前准备阶段和保修期。供货方项目管理的任务包括：供货的安全管理、供货方的成本控制、供货的进度控制、供货的质量控制、供货合同管理、供货信息管理、与供货有关的组织与协调。

5. 建设项目总承包人的项目管理

建设项目总承包有多种形式，如设计和施工任务综合的承包，设计、采购和施工任务综合的承包（简称EPC承包）等，它们的项目管理都属于建设项目总承包人的项目管理。

建设工程项目总承包人作为项目建设的一个参与方，其项目管理主要服务于项目的整体利益和建设项目总承包人本身的利益。其项目管理的目标包括项目的总投资目标和总承包人的成本目标、项目的进度目标和项目的质量目标。建设工程项目总承包人项目管理工作涉及项目实施阶段的全过程，即设计前的准备阶段、设计阶段、施工阶段、试运行和竣工验收阶段和保修期。项目管理的任务包括：安全管理、投资控制和总承包人的成本控制、进度控制、质量控制、合同管理、信息管理、与建设工程项目总承包人有关的组织和协调。

4.2.7 智能建筑工程项目管理的基本目标和特点

1. 智能建筑工程项目管理的基本目标

各种类型工程建设项目的项目管理都具有共性，但也有其固有的特点，建筑智能化工程项目也不例外。首先，智能化系统工程在实施过程中往往要求配合主建筑体工程的进度要求；其次，智能化系统依附于建筑体内，与建筑的其他系统具有相关性，需要配合其它工程项目，如强电和装修工程等，同时需要其他工程项目的配合，因此建筑智能化工程是协调配合性要求高的项目，必须进行广泛的有效沟通和协调；再次，建筑智能化系统属于高科技领域的项目，其技术综合性强，系统结构和功能复杂，其科技内涵涉及的领域包括计算机学、电子学、控制理论、通信理论、声光学、系统集成理论等不同的学科，具有高科技特征和目标复杂的特点。所有这些都表明，建筑智能化工程的项目管理应从管理体系、技术、计划、组织、实施和控制、沟通和协调、验收等各个环节入手，与其特点相匹配，才能保证达到项目的最终目标。

建筑智能化工程项目建设是我国信息化建设和国民经济基本建设的重要组成部分，其固有的高科技、高难度、高风险、系统复杂、软件危机、协调困难等特性，决定了项目管理对智能建筑工程项目要比其他工程项目更加显著的重要。要保证项目的正常进行和最终实施成功，必须要有严谨清晰的项目管理。

智能建筑工程项目管理的基本目标主要从项目微观角度出发，研究项目投资的规划决策、方案设计、实施和微观经济效果等问题。其项目管理的任务是研究生产关系、运动规律在项目建设领域中的具体作用和表现形式，以及建筑智能化工程项目建设领域内特有的经济现象和规律。例如项目投资的方向、项目建设进度的安排必须符合基本经济规律和国民经济计划；项目的可行性研究、总体策划、项目的投资决策、工程的发包建设等必须反映价值规律的客观要求。

与此同时，还要相应研究智能建筑工程项目建设领域内生产力组织的规律性，如项目建设进程必须根据建设工程及其建设活动的技术经济特点所决定的顺序规律来安排，承包人和监理单位的选择、项目总体方案设计和实施必须符合生产力组织的规律性等。其核心就是运用现代管理技术，对智能建筑工程项目建设进行有效的管理与控制，从而保证建设项目“质量、进度、费用”三大目标控制实现，从而提高建设项目的投资效益。

2. 智能建筑工程项目管理的重要特点

软件是智能建筑工程项目建设的基础，它决定了智能建筑工程项目管理的一些重要特点。软件是计算机系统中与硬件相互依存的另一部分，包括计算机运行时所需要的各种程序、相关数据及其说明文档。其中程序是按照事先设计的功能和性能要求执行的指令序列；数据是是程序能正常操纵信息的数据结构；文档是与程序开发维护和使用有关的各种图文资料。

（1）软件开发的特性

软件开发同一般工程建设及传统的工业产品相比，有其独特的特性：

①软件是一种逻辑实体，具有抽象性。这个特点使它与其他工程对象有着明显的差异。人们可以把它记录在纸上、内存和磁盘、光盘上，但却无法看到软件本身的形态，必须通过观察、分析、思考、判断，才能了解它的功能、性能等特性。

②软件没有明显的制造过程。软件一旦研制开发成功，就可以大量拷贝同一内容的副本。所以对软件的质量控制，必须着重在软件开发过程方面下工夫。

③软件存在退化、过时和淘汰问题。软件在使用过程中，没有磨损、老化的问题。虽然软件在其生存期的后期不会因为磨损而老化，但会为了适应硬件、系统环境以及需求的变化而进行修改，而这些修改往往会不可避免的引入错误，导致软件失效率升高，类似于软件退化。当修改的成本变得难以接受时，软件过时了，就会被淘汰掉。

④软件对硬件环境有不同程度的依赖性，导致了软件移植的问题。

⑤软件开发过程至今未完全摆脱手工作坊式的开发方式，生产效率低。

⑥软件是复杂的，而且以后会更加复杂。软件是人类有史以来生产的复杂度最高的产品。软件涉及人类社会的各行各业、方方面面，软件开发涉及其他领域的专门知识，这对软件开发工程师提出了很高的要求。

⑦软件的成本相当昂贵。软件开发需要投入大量、高强度的脑力劳动，成本非常高，风险也大。现在软件的开销已大大超过了硬件的开销。

⑧软件工作牵涉到很多社会因素。许多软件的开发和运行涉及机构、体制和管理方式

等问题，还会涉及到人们的观念和心理。这些人的因素，常常成为软件开发的困难所在，直接影响到软件项目的成败。

综上所述，由于软件是计算机系统中的逻辑部件而不是物理部件，软件开发是逻辑思维过程，软件的工作量很难估计，进度难于衡量，度量也难于评价，成本高、维护工作量繁重。同时软件的复杂度随规模按指数增加，这就需要许多人共同开发一个大型系统。团队开发软件虽然增加了开发力量，但也增加了额外的工作量，组织不严密，管理不善，常常是造成软件开发失败多，费用高的重要原因。人们面临的不仅是技术问题，更重要的是项目管理问题。

(2) 软件开发项目实施的关键

在智能建筑工程项目实施过程中，项目经理要特别强调并随时检查开发人员在软件工程技术的两个关键方面所采取的措施，以及实际实施的情况：

① 强调规范化：为了使由许多人共同开发的软件系统能准确无误地工作，开发人员必须遵守相同的约束规范，就是用统一的软件开发模型来规范软件开发步骤和应该进行的工作，用产品描述模型来规范文档格式，使其具有一致性和兼容性。规范化可以使软件生产摆脱个人生产方式，进入了标准化、工程化的生产阶段。

②强调文档化：一个复杂的软件要想让其他人员读懂，除程序代码外，还应有完备的设计文档来说明开发者的设计思想、设计过程和设计的具体实现技术等一系列相关信息。因此文档是十分重要的，它是开发人员相互进行沟通，以达到协同一致工作的有利工具。而且，开发人员按要求进度提交指定内容的文档，能使软件生产过程的不可见性变为部分可见，从而便于项目经理对软件生产进度和软件开发过程进行管理。最后，可以通过对提交的文档进行技术审查和管理审查，保证软件的质量和有效的管理。

3. 智能建筑工程项目管理的要求

为了发展我国的智能建筑工程项目管理，迎接21世纪我国智能建筑工程建设新的高潮，适应“入世”后国际国内建筑市场更加激烈的竞争环境，把我国的智能建筑市场培育发展得更加完善，使市场机制能够有效发挥它应有的作用，我国的智能建筑工程项目管理必须科学化。其科学化的要求主要有以下几个方面：

(1) 项目管理要与工程建设管理方式改革相结合

智能建筑工程项目管理是一种新的工程建设管理方式，这种管理方式与工程建设的目的相一致，是以工程项目为出发点、为中心、为归宿的管理方式，它改变了传统的以政府集中管理为中心的计划管理方式。项目管理与工程建设管理方式改革相结合，这一改革极大地解放和提高了我国智能建筑工程建设的生产力。

(2) 项目管理要与我国智能建筑市场的建设与发展相结合

我国智能建筑市场的建设与发展首先是围绕建立合格的市场主体展开的，即形成合格的项目法人，承包人和专业监理单位。这三者是围绕智能建筑工程项目管理这个中心联系在一起的，并由此形成了我国智能建筑工程建设管理体制的四大主要内容：项目法人责任制、招标投标制、工程监理制、合同管理制，这四项制度是围绕智能建筑工程项目管理实施的。要大力培育、发展和完善我国的智能建筑市场，把项目管理和智能建筑市场结合起来，智能建筑市场运行的正常化能为智能建筑工程项目管理提供外部环境，其所涉及的因素是多方面的，但最重要的还是做到法制完善、管理得力和主体健全。

(3) 要大力培养智能建筑工程项目管理人才

项目管理是以人为中心的管理，人力资源是项目经理部最宝贵的资源，人力资源所具有的创造性和可持续利用性，是世界上任何一种物质资源所无法比拟和替代的。人是组织和项目最重要的资源，一个项目要想取得成功必须要有充足的人力资源，以及对人力资源良好的管理。

对于智能建筑工程项目而言，一方面良好的人力资源管理特别重要，因为智能建筑工程项目十分需要有经验的项目管理和专业人员通力合作、齐心协力地工作。另一方面智能建筑工程项目管理人才十分缺乏，合格的、优秀的项目管理人才更是奇缺。因此要求尽快培养出一批智能建筑工程项目管理人才乃当务之急。除了在大学里设置对应专业培养造就项目管理人才以外，在继续教育方面，要在全国大力开展项目管理知识的培训学习，以及开展有关项目管理的学术讲座和讨论，多刊登发表有关项目管理研究学术论文、科研成果，加强我国与国外工程界关于工程项目管理的学术交流活动等。

(4) 项目管理要规范化

开展智能建筑工程项目管理，必须严格按有关法律法规、规程、规范和标准办事。规范化的目的是在总结成功经验的基础上做到统一方向，促进发展。规范化以后，可以形成合力，实施科学管理，强化管理绩效。在主体之中，要使发包人真正成为项目法人，依法办事，按建设程序办事，按规范化要求进行智能建筑工程项目管理。

(5) 在思想上要有创新观念

创新观念就是敢于创造、敢于改革，要根据我国的国情敢于做外国人没有做到的事。只有具备创新观念，才能把我国智能建筑工程项目管理发展为国际领先水平，而不是总跟在发达国家的后面跑。

(6) 要坚持使用科学的项目管理方法

智能建筑工程项目管理要以实现目标为宗旨而开展科学化、程序化、制度化、责任明确化的活动，实行三全管理，即“全员、全企业和全过程的管理”。目标管理方法要求进行“目标控制”，即控制投资、进度和质量三大目标。这三大目标的关系是矛盾的，也是统一的，每个智能建筑工程项目的三大目标之间都有最佳结合点，不可能三者都优，更不能偏废某个目标而片面强调另一个目标，应做到综合系统优化，以用户满意为原则。

(7) 项目管理手段要实现计算机化

智能建筑工程项目管理是一个大的复杂系统，各子系统之间具有强关联性，管理业务又十分复杂，有大量的数据计算，有各种复杂关系的处理，需要使用和存储大量信息，没有先进的信息处理手段是难以实现科学、高效管理的。因此要大力开发和使用智能建筑工程项目管理的应用软件，做到资源共享、操作简便、安全可靠、速度快、效果好，真正用好网络计划，实现网络计划应用的全过程计算机化。

4.2.8　智能建筑工程项目管理的内容

智能建筑工程项目管理的内容包括项目启动、规划、实施和收尾四个阶段的工作任务。

1. 项目启动阶段

项目启动阶段就是开始一个新项目或新项目阶段的过程。其主要任务从提出项目设想对项目理念和技术进行预先研究或原型试验，并经过酝酿、可行性研究和审批，到该项目正式立项、任命项目经理、建立项目团队和管理组织等，着手项目启动的具体准备工作。

项目启动是智能建筑工程建设中的一项关键活动，在启动阶段必须选择自己重要的项目并使项目有一个好的开端，从而明智地投入时间和资金。启动阶段的工作要以项目目标为中心，争取得到上级管理层的大力支持，组织一个强有力的项目经理部，让主要项目利益相关者参与项目实施，起草详细的分析报告，建立项目的检测方法，使用分阶段的方法，以及准备有用而现实的项目计划书。

(1) 项目来源

项目来源于满足社会需求的动机，智能建筑工程项目大多是为了满足企事业单位信息化建设或房地产开发的需要等。

一般项目往往满足当前的需求，但也有的项目（如科研项目、某些特大型基础设施项目）往往是满足潜在的需求和未来的需求。科学发现、科学研究为人类利用自然资源开辟新的途径，因而也会引发新的项目。某个组织提出的项目也会向其他组织提出项目需求，如工程项目的招标与投标，为后者带来机会，创造出一个“项目链”。项目产生于社会生产、分配、消费和流通不断的循环之中。

(2) 项目识别和机会研究

为满足人民生活、国民经济和社会发展、国家安全，以及自然资源的利用和保护，考虑、发现和研究需要进行哪些项目的过程叫做项目识别。机会研究就是对项目作进一步的识别，包括对社会和市场的调查和预测，从而确定项目并选择最有利的投资机会。个人或组织进行机会研究一般是为了向投资者介绍投资机会，引起他们的兴趣，最后找到投资者。

识别项目来源，构思项目的主体可以是个人、法人或社会组织，包括外国人、外国组织或国际组织，例如世界银行、亚洲开发银行、国际货币基金组织、联合国等。

项目识别的任务不仅要明确项目的产品、服务或要解决的问题，也要识别有关的制约条件。制约因素包括地理、气候、自然资源、人文环境、政治体制、法律规定、技术能力、人力资源、时间期限等。此外，在许多情况下还需要识别项目的风险。

(3) 项目发起和游说

项目识别或构思完成之后，需要争取资金和有关组织的支持，为此需要向社会各界介绍项目的特点、优势和前景，这一过程称为项目发起和游说。游说的对象可以是投资方、政府机构、企业、专家、新闻媒体和其他潜在的项目利益相关者。

发起就是促使同项目有切身利益的有关方面承认项目的必要性，让他们根据自己的需求投入人力、物力和财力等。游说则是争取多方面的广泛支持。

发起和游说过程本身也需要投入各种资源。为发起和游说过程投入资源者叫作发起人。发起人也可以作为委托人把项目的发起工作交给某个人或组织。让可能的支持者明白项目的必要性和可能性的书面材料叫做项目发起文件，如项目建议书。

当项目得到投资方或某组织的赞同和支持时，他们就会投入资金和资源将其正式列入研究和审批的程序，批准进行该项目的可行性研究。

(4) 项目建议书和可行性研究报告

项目建议书实际上是项目设想或构思的书面表达。可行性研究报告则是在详细调查、周密研究、进行技术、经济和环境分析、方案比较之后作出项目是否可行结论的书面报告，是比项目建议书更为详细和科学的一种分析报告。

编写项目建议书或者进行可行性研究,目的是回答项目可行与否,如果可行的话采用何种方案,并给出充分的理由说服投资者和各有关人士。这个过程也叫作项目论证或项目评估。

对于较大的或较重要的项目进行评估时，通常应包括技术、经济、财务、社会和环境，以及组织机构几个方面的可行性论证，必要时还进行风险评估。

1）经济可行性论证

经济可行性论证是评估项目对国民经济的贡献和影响。例如项目目标与国民经济发展目标是否一致；项目是有利于克服国民经济发展的瓶颈，还是属于国家限制发展的行业。经济可行性论证需审核项目的经济回报，并比较不同技术方案的经济回报率。

2）技术可行性论证

技术可行性考虑的因素包括项目选址、工艺和材料选择、技术方案的先进性和适用性、技术发展趋势、项目生命期和项目成果生命期的长短以及是否符合国家有关的技术标准等。

3）财务可行性论证

财务可行性论证是评估项目对项目参与人、组织的财务贡献和影响。例如组织的资产负债结构、项目的资金结构、组织承担项目的财务能力和融资能力，以及项目组织的财务回报率。项目对组织的财务收益通常按市场价格、市场汇率和市场折现率计算，并比较不同技术方案的财务回报率和投资回收期。

4）社会和环境可行性论证

社会和环境可行性论证是评估项目对环境可能产生的影响。例如项目是否有利于社会稳定，是否有利于缩小贫富差距，是否对生态环境产生不利影响，是否损失稀有物种，是否损害文化遗产，是否符合现行的法律，是否能被公众认可和接受等。

5）组织机构可行性论证

组织机构可行性论证是评估组织机构对项目成败的影响。例如项目组织能否对项目成功提供基本的保证；项目参与人、组织是否有足够的信用等级；项目完成后接收项目的经营机构能否有良好的经营机制，使项目投资产生应有的收益并持续发展。

(5) 项目核准

项目选定之后，大项目，特别是需要由政府投资的公益性和基础性项目，还需经过核准，即由项目主办组织的决策者正式承认项目的必要性，并把完成项目所需的权力交给项目经理，这个过程叫做项目核准。项目核准的书面文件叫项目许可证书。

有许多项目必须按照国家法规的规定，通过必要的程序，取得政府有关部门的批准，例如智能建筑工程项目要遵循基本建设程序规定的各个步骤进行审批。对环境可能产生不利影响的项目还要经过环境保护部门的审查批准，等等。

项目经过项目主办组织决策者和政府有关部门的批准，并列入项目主办组织或者政府计划的过程，叫作项目立项。

有些较小的项目可以省略以上的某些过程。

(6) 项目资金的筹集

在许多情况下，项目发起人和项目完成后的经营者在项目开始前并没有准备好项目所需的全部资金，因此项目资金的筹集也是项目启动的必要条件之一。

项目资金来源分为自有资金和借贷资金两大类。自有资金包括项目最终成果拥有和经营者（发包人）的权益资本（如政府、企业法人、个人和外商的资本金）和发行股票的收入等。借贷资金包括国内或国外商业银行贷款、发行债券、外国政府或国际金融机构贷款、外国的出口信贷等。

还有一种专门为筹集项目资金设计的有限追索权贷款，又称项目融资。建设、经营和转让融资方式是政府给予特许权的一种项目融资。

投资方和贷款方为了保护自身的利益，他们通常除了要审议项目的可行性外，还会特别关注其中的财务评估，以确信项目有足够大的可靠的财务回报。

(7) 任命项目经理及组建项目团队

项目启动阶段的一项重要工作就是选择项目经理。项目经理是项目启动后项目全过程管理的中枢，是项目经理部的核心，是项目有关各方协调配合的桥梁和纽带。项目经理要负责沟通项目的各有关方面，协调和解决矛盾和冲突。

有些项目，其具体技术性工作和管理职能均由参加该项目的成员承担，没有必要单独设立仅履行管理职能的班子，这时可称其为项目团队。而有些项目的核心班子仅履行管理职能，具体的技术性工作由他人或组织去完成，这时项目班子是指项目团队的管理班子。

决定项目成功至关重要的三个方面是项目团队成员的通力合作、上级管理层的支持和明确的需求说明。项目经理要在这三个方面有上乘表现，就需要具备扎实的管理技能、极强的沟通能力、卓越的领导能力和政治技巧，同时还要在组织、团队、社交与技术等方面具备相当强的能力。

项目经理必须明确项目前景，合理授权和努力营造一个积极的、充满活力的工作环境，并树立积极正确的工作榜样，有效地领导他们的项目团队。工作中，项目经理需要理解、引导和设法满足所有项目利益相关者的需求和期望，需要进行大量的领导、沟通、谈判等活动，不断地解决问题，并对整个组织产生影响。他们必须能够耐心地倾听别人的声音，寻求新的解决问题的方案，并鼓舞大伙一起为项目目标协力工作。

大多数项目在实施过程中都存在一定的变更，一般要在相互有抵触的目标之间进行权衡，因此，具有一定应变能力对项目经理来说是非常重要的。在努力实现目标的过程中，项目经理必须具有灵活性和创造性，有时还需要有较好的耐性。项目经理还必须具备较强的组织能力，重视团队建设技巧，有效地安排使用和激励不同类型的职员，培养一种团队精神。

最后，当涉及具体的项目时，项目经理还必须能够有效地使用相关技术。有效地使用相关技术主要表现在专门的产品知识或特定行业的工作经验。

项目经理在其岗位上到底在做些什么？项目成功与哪些个人特点有关？有不少有关这方面的研究。研究发现，项目管理是任何一个技术领域里面都要用到的工作技能之一。以下列举了好的项目管理关键的15个项目管理工作职能。

1）确定项目的范围。

2）识别项目利益相关者、决策人和逐级程序。

3）制定详细的任务清单（工作分解结构）。
4）估计时间要求。
5）制定初步的项目管理流程图。
6）确定所需的资源和预算。
7）评估项目要求。
8）识别和估计项目风险。
9）制定应急计划。
10）明确相互关系。
11）确认并跟踪项目的关键里程碑。
12）参与项目阶段的评估。
13）保障所需的资源。
14）管理变更控制过程。
15）汇报项目状态。

2. 项目规划阶段

编制项目计划的过程叫做项目规划。项目规划是预测未来、确定任务、估计可能碰到的问题并提出完成任务和解决问题的有效方案、措施和手段，以及所必需的各种活动和工作成果的过程。

项目规划有多个子过程，这些子过程往往要反复多次进行才能完成项目计划的制定，如图 4.2-2 所示。项目计划体现了项目经理和项目团队准备做什么，什么时候做，由谁去做以及如何做，即对未来行动方案的一种说明。项目计划是其一系列子过程的结果。

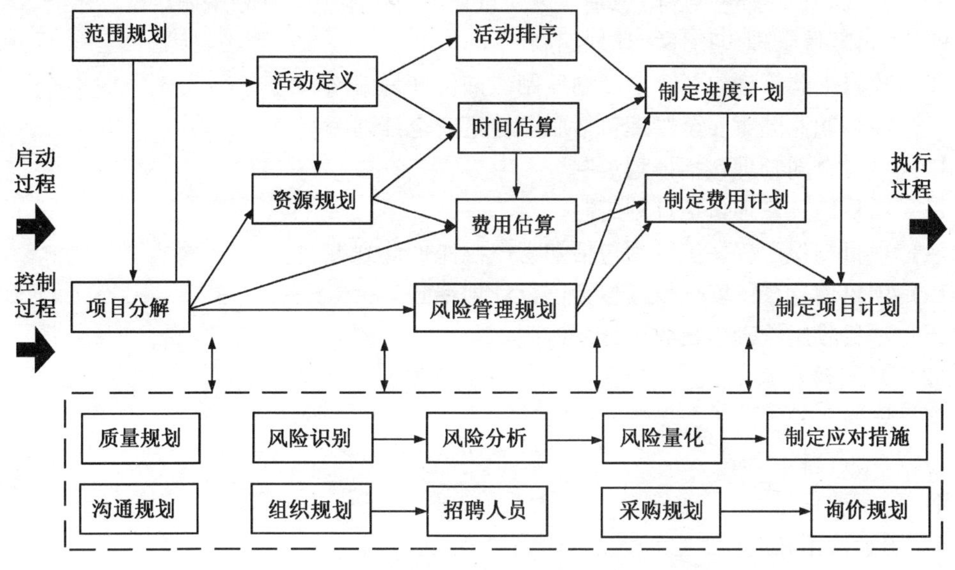

图 4.2-2　项目规划各子过程及其相互之间的联系

某些子过程彼此之间有确定的依赖关系，前一过程不完，后一过程就无法开始。这类子过程称为依赖性过程，主要有：范围规划、项目分解、活动定义、活动排序、活动持续时间估算、制定进度计划、资源规划、费用估算、制订费用计划和制订项目计划。另外一些子过程之间的关系要视项目的具体情况而定，可称为保证性过程，主要有：质量规划、组织规划、沟通规划、采购规划、询价规划、风险识别、风险量化和制定应对措施等。

(1) 项目计划

项目计划是用来指导组织、实施、协调和控制项目过程的文件，也是处理项目不确定性的武器，还是避免浪费，提高效率的手段。项目计划可以是阶段性计划，也可以是全过程计划。项目计划应尽可能地稳定。但是随着项目的开展，情况的变化，也需要适时修正。

在项目管理中，计划编制是最复杂的阶段，然而却最不受重视。许多人对计划编制工作都抱有消极的态度，因为编制的计划常常没有用于促进实际行动。然而，项目计划的主要目的，就是指导项目的具体实施。为了指导项目的实施，计划必须具有现实性和有用性。为了做出一个具有现实性和实用性的计划书，需要在计划编制过程投入大量的时间和人工，而且还需要有计划经验的人员来进行计划编制工作。

项目管理的各知识领域都包含了与计划编制有关的活动：

1）项目整体管理需要制定整个项目的计划。

2）项目范围管理包括范围计划编制与范围界定。

3）项目进度管理包括活动定义、排序、历时估算和项目进度计划编制。

4）项目成本管理包括资源计划编制、成本估算和成本预算。

5）项目质量管理包括质量计划编制。

6）项目资源管理包括资源计划编制和人员组织计划编制。

7）项目沟通与协调管理包括沟通计划编制和组织协调计划编制。

8）项目风险管理包括风险识别、风险量化以及风险应对计划编制。

9）项目环境管理包括环境计划编制。

10）项目采购管理包括采购计划编制、询价计划编制。

11）项目职业健康安全管理包括职业健康安全计划编制。

12）项目合同管理包括计划编制。

13）项目信息管理包括计划编制。

14）项目知识产权保护管理包括知识产权保护计划编制。

15）项目信息系统安全管理包括信息计划编制。

16）项目收尾管理包括收尾计划编制。

(2) 规划的步骤

项目规划一般可按7个步骤进行：

1）收集资料。

2）确定项目任务。

3）明确依据和前提。

4）提出完成项目任务的各种可行方案。

5）对方案进行评价。

6）确定方案。

7）写出项目计划书和有关辅助文件。

（3）项目计划书

项目计划书可以使用文字和图表等多种形式。一般要有如下内容：

1）项目许可证和项目章程。

2）拟采取的管理方法。

3）项目范围说明，包括项目目标和主要的可交付成果。

4）项目工作分解结构。分解的详细程度视具体项目而定，但必须保证能够用来进行控制。

5）资源计划。

6）计划开始和结束的日期以及责任的分派。

7）测量和控制时间进度和费用开支的基准。

8）项目进展的主要里程碑。

9）项目费用估算。

10）业绩考核和评价制度。

11）项目的关键问题和主要风险，以及解决关键问题和应对风险的措施。

12）辅助资料包括：

①项目各具体计划未考虑的事项。

②项目规划期间新增的文件或资料，如项目规划开始时尚不知道的制约因素和假设前提。

③技术文件，例如委托人的要求，技术要求说明书和设计文件。

（4）范围规划相关的子过程

来自启动阶段的得到批准的可行性研究报告和项目许可证书是范围规划的依据，其中包括对项目成果的说明、项目的制约因素和假设前提等。范围规划完成后应提交范围说明书以界定项目的内容，和范围管理计划以说明范围及其变更的管理方法、措施和有关程序。通过项目分解子过程将项目任务分解细化，并做出工作分解结构和成果分解结构。工作分解结构的底层是活动或工序，还需对活动或工序的具体内容、要求加以定义。

（5）进度规划相关的子过程

范围说明书是进度规划的依据，其中包括工作分解结构和活动定义等。

通过进度规划应排出活动之间的逻辑顺序，估计各活动所需的时间和资源（人、设备、材料等），并编制出项目进度计划。批准后的进度计划称作基准进度。

（6）资源与费用规划相关的子过程

1）范围说明书、工作分解结构、活动定义、活动时间估计是资源规划的依据。

通过资源规划估计出各项活动所需的资源类型、数量以及需要的时间，并编制出资源要求说明书。各项活动所需资源的数量和种类直接受活动的时间估计和安排的影响。如果活动时间估计较短，则要求较多的资源投入。在不同的时期或季节，也会要求不同种类的资源投入。

2）工作分解结构、资源规划、活动时间估算等是费用估算的依据。

将费用和进度计划结合起来，制定出费用计划和费用流曲线，将费用计划和进度计划结合起来可制定较全面的项目计划。

（7）质量、采购和风险管理规划相关的子过程

工作分解结构、资源规划、活动时间估算、费用估算等是质量、采购和风险管理规划的依据。

通过风险识别、风险的定性和定量分析，尤其是软件开发，风险总是其关键要素。在活动时间估计和费用估计中考虑风险因素，并制定风险计划，包括风险的应对和监控。还应把风险管理计划反映到进度计划和费用计划中去。

在采购计划编制部分包括采购管理计划和工作说明书。

3. 项目实施阶段

项目实施包括项目计划执行和控制两个过程。

（1）项目计划执行

1）计划核实

在项目计划执行之前，项目经理应当核对项目计划是否完整、合理、现实与可行，所需资源是否有保证，项目经理部应拥有的权限是否已经得到各方承认等。核实项目计划的过程实际上是对项目团队进行动员的过程。

2）计划签署

让项目利益相关者在项目计划上签字，承担责任。如果他们不肯，就说明他们对于项目的任务和意义、自己的责任与义务、项目的风险等等还不清楚，就应当由项目经理向他们解释清楚，以便他们全力支持项目的工作。

3）实施动员

宣传本项目的前景和可能遇到的困难，使大家相信经过努力，将项目计划付诸实施，项目就会变成现实。激发大家的热情和斗志。

4）项目计划执行子过程

项目计划执行包括若干保证性子过程，它们相互之间的联系表示在图4.2-3中。

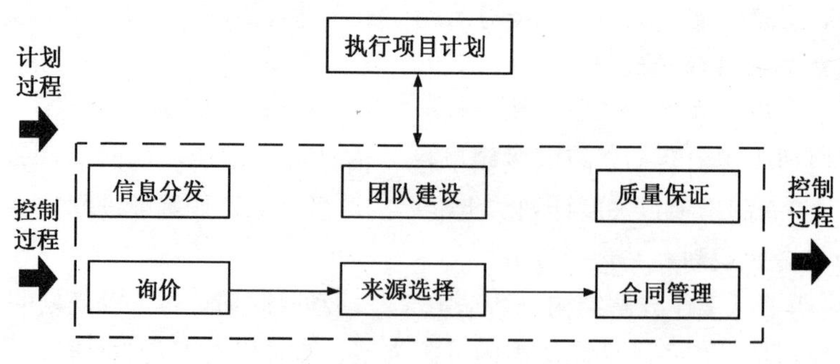

图4.2-3 计划执行各子过程及其相互之间的联系

5）项目计划执行中项目团队的管理工作

在项目计划执行过程中，项目经理部必须对项目各种技术和组织界面进行管理，协调各个子过程以及项目内外的各种关系。

在项目计划执行过程中，项目经理和项目团队全体成员必须充分发挥全部技术和管理

技能。凡事要通过工作核准系统。必要时，要召开状况回顾审查会。遇到无法解决的问题时，应当设法利用本组织或其他参与本项目的组织的现成办法。

(2) 项目控制

项目控制就是监视和测量项目实际进展，若发现实施过程偏离了计划，就要找出原因，采取行动，使项目回到计划的轨道上来。如果偏差很显著，则须对计划作出相应调整。控制还包括采取预防措施。控制各子过程彼此之间的关系，如图 4.2-4 所示。

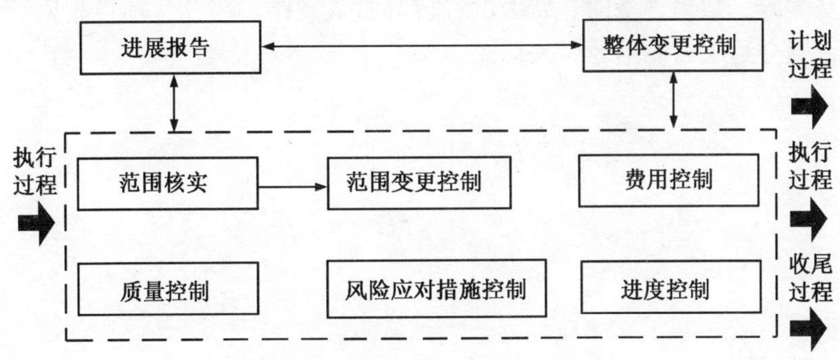

图 4.2-4　控制过程各子过程及其相互之间的联系

项目的一次性特点使项目控制有别于其他管理控制。由于没有可复制的先例，事先制定的控制标准往往由于各种内外因素的变化需要调整。所以，项目应根据所投入的费用、人力或其他资源的数量来评价实际实施结果，通过与基准计划的比较、判断和协商，采取相应的措施。

项目控制要根据具体情况使用适当方法，应对项目进度进行持续的监测，注重采取预防性控制手段。项目实施涉及采取必要的行动保证完成项目计划中的活动。项目的成果在这个阶段产生，这一阶段通常需要大量的资源。

4. 项目收尾阶段

当项目准备提交最终成果的时候，项目经理部应当做好项目的收尾工作。

不做必要的收尾工作，项目各当事人就不能终止他们为完成本项目所承担的义务和责任，也不能及时从本项目获取应得的权益。

收尾过程主要的任务是使项目利益相关者对最终产品进行验收，使项目或项目阶段有序地结束。它包括验证所有可交付成果是否完成，常常还包括项目审计。

收尾的各子过程彼此之间的关系如图 4.2-5 所示。

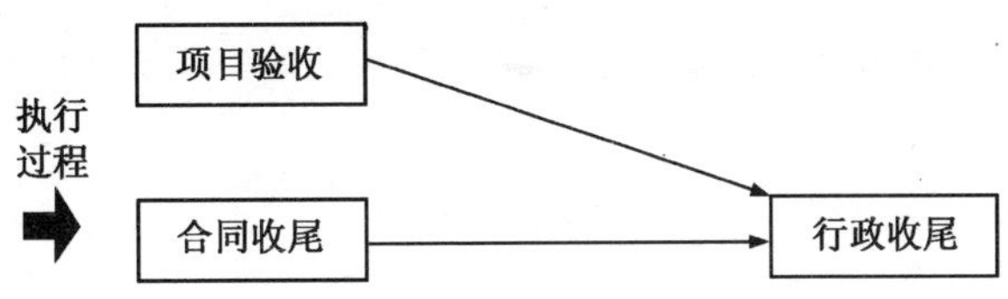

图 4.2-5　项目收尾各子过程及其相互之间的联系

① 项目验收：核查项目计划规定范围内的各项工作或活动是否已经全部完成，可交付成果是否令人满意，并将核查结果记录在验收文件中。

② 项目交接：项目通过验收后，将项目最终成果交到使用者手中。

③合同收尾：终结合同，进行结算，包括解决所有未尽事宜。

④行政收尾：编写、收集和分发有关项目收尾的信息，正式宣布项目的结束。

项目接近完成时，项目团队的注意力往往转移到新的任务，有些成员也要调离。而收尾工作常常是零碎、烦琐、费时、费力的，容易被人忽略。因此，项目收尾的重要性应当特别强调，否则会给项目的运营带来后患。

第5章　智能建筑工程项目组织机构与管理

智能建筑工程组织机构作为项目组织实施的核心，担负着制定计划、人员安排、工程施工、沟通信息、协调矛盾、统一步调、组织运转的重任，是项目实施的有效保证。现代组织理论的研究表明，组织是除了劳动力、劳动资料、劳动对象之外的第四大生产力要素，三大生产力要素间可以相互替代，而组织是不能替代的，组织可使其他生产力要素合理配置。随着其他生产力要素相互依赖的增加和系统化、综合化的新趋势，组织在提高经济效益方面的作用也愈来愈显著。

5.1　现代组织论的基本概念

5.1.1　组织的定义及作用

1. 组织的定义

组织是指人们为了达到一项共同目标而建立的机构，内容包括对组织机构中的全体成员分配职位，明确职责，交流信息，协调工作等。组织定义说明了四层意思：

（1）组织必须具有明确的目标。目标是组织存在的前提及组织活动的出发点和落脚点。

（2）组织内部必须有不同的层次与相应的责任制，其成员在各自岗位上为实现共同目标而分工合作，是组织产生高效能的保证。

（3）组织是一个诸要素相互作用的人工系统，它是由领导人或一个领导集团决策组建起来的为达到共同目标而相互作用或相互依赖的协作团体。

（4）组织不仅要设立部门机构，而且更要注意其运转过程。在运转过程中，对所需要的一切资源以有序和富有成效的方式进行合理配置，以保证运转正常，以有助于组织的稳定发展。

对于建设工程项目而言，“组织”一词是项目管理组织（organization of project management）的简称，其定义是指进行或参与项目管理工作，且有明确的职责、权限和相互关系的人员及设施的集合。包括发包人、承包人、分包人和其他有关单位为完成项目管理目标而建立的管理组织。

围绕组织的含义，现代组织学研究两部分内容。一是静态的组织结构学，研究组织原则、组织形式、组织效应等，着重于结构合理、精干高效。二是动态组织行为学，研究组织如何考察和分析员工的工作能力、心理素质、主观意志、心理状态及人际关系的影响，追求群体内个人心情舒畅，彼此和睦融洽；研究组织的目标与个人的需要互相一致，以充分发挥人的作用，增强组织的亲和力，增加成员的归属感，以及在系统运作过程中各要素的合理配置。两方面的内容在实际操作中不是截然分割而是密切相关的，组织者必须根据组织的内部要素（组织精神、战略目标、资金、技术设备、人员素质、规章制度、管理水平等）和外部要素（政治体制、经济结构、文化背景、社会状况、市场需求、竞争对手、学校教育等）审时度势，系统地考虑建立和变革组织。

2. 组织结构

组织结构是表现组织部分排列顺序、空间位置、聚集状态、联系方式以及各要素之间相互关系的一种模式，是组织的框架体系。就像人类由骨骼确定体型一样，组织也是由结构来决定其形状的。组织结构决定了组织中物流、信息流和资金流的流动方向，决定了作业流程的顺序及工作效率，组织能否顺利到达到目标，能否促进组织中每个成员在实现目标过程中作出贡献，在很大程度上取决于组织结构的完善程度。

3. 组织的重要作用

（1）能为组织内部所有的成员提供明确的指令，使每个成员都能按时、按质和按量地完成自己的任务。

（2）能使每个成员了解自己在组织中的工作关系和他的隶属关系，有助于组织内部的合作，使组织活动更具有秩序性和预见性。

（3）有助于及时总结组织活动的成功经验和失败教训，及时协调与改善组织结构，使组织成员的职责范围更加明确合理，以适应形势、环境的变化和发展，提高组织的竞争能力和效益。

（4）使每个成员不仅明确完成任务的职责和义务，而且了解自己应有的权力，并能正确地运用。这样在实现组织目标的同时也满足成员的需要，从而增强成员的向心力、自信心、创新和进取精神。

5.1.2 组织设计的原则

组织设计是对组织活动和组织结构的设计过程，是一种把目标、任务、责任、权力和利益进行有效组织与协调的活动。组织设计应该遵循下列原则。

1. 目的性原则

目的性是人的社会行为的原动力，是组织系统存在与发展的原动力，是组织行为的出发点和终结点。组织设计的根本目的，在于确保组织目标的实现，因目标而设事、因事而设人、设机构、分层次，因事而定岗定责，因责而授权。

2. 有效管理跨度原则

组织设计时必须考虑组织运行中的有效性，即管理跨度与管理层次的问题（图5.1-1）。

管理跨度是指一个管理者直接有效地指挥和协调下级的人数或指一个上级职位指挥和协调下级职位的数目。管理层次是指管理系统中划分为多少等级。管理跨度体现了组织的横向结构，管理层次则决定了组织的纵向结构。显然，两者呈反比关系。管理跨度大，管理层次就少；反之，管理跨度小，管理层次就多。适当的管理跨度是组织设计的一条重要原则，管理跨度过小，会导致不适当地增加管理层次，使管理者的才能不能充分发挥。如果管理跨度过大，则会由于管理者的精力、知识、经验等的局限性，而造成顾此失彼、管理失调。

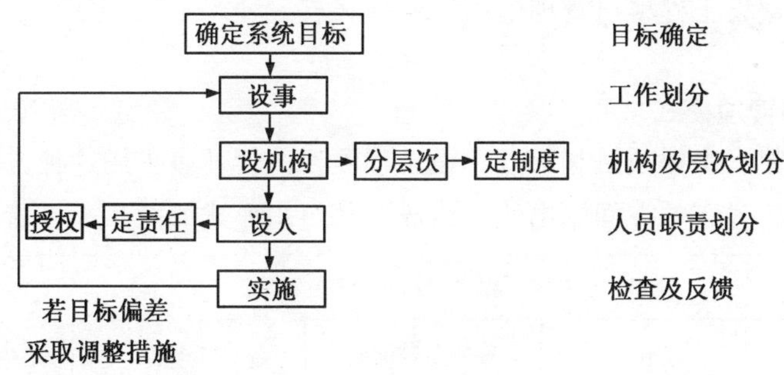

图 5.1-1　组织机构设置流程图

3. 集权与分权相结合原则

集权就是把权力相对集中于高层管理者。集权的主要优点是便于组织的集中统一管理，能够有效地系统安排各种资源，统一指挥各项活动，统一协调各部门之间的关系，有利于充分发挥高层管理者的聪明才智和工作能力。它的缺点是由于统得过死，限制了下属管理者的主动性和创造性；由于组织层次多，延长了组织的纵向指令和信息沟通的渠道，降低了管理的灵活性，增大了管理的难度，且难以培养出综合业务能力强的管理人才。

分权是授权的扩大，就是赋予下属工作时所应有的权力。分权的优点是能激发各级管理人员的积极性、主动性和创造性，对客观情况的变化能迅速作出反应，有利于各级管理人员发挥才干和早期成熟，并使最高管理层摆脱日常事务，集中精力于重大决策的研究。分权的缺点主要是容易产生协调困难、各自为政、本位主义现象。

集权与分权的关系是辩证关系。集权的程度应以积极发挥下属管理者的主动性、激发组织的活力为准；分权的限度应以上级管理能有效控制下属为限。应当注意的是上级管理者不要越级指挥，否则对能力强的人产生不信任感，使其离心离德；对能力差的人则培养出无能的下属。

4. 责、权、力、效、利相匹配的原则

责、权、力、效、利相匹配的原则是组织设计的一项极为重要的原则。这一原则要求职责要明确，权力要对应，能力要相当，效益要界定，利益要挂钩。

理论研究和实践都证明：有责无权（或责大权小）会出现指挥不灵，组织不能正常运行的现象；有权无责容易产生瞎指挥和滥用权力，从而破坏组织活动与组织系统的效能；有职有权而能力、素质差，特别是政治、道德素质低劣的人，会背离组织目标，搞乱组织活动，整垮组织结构；利益不能与责任、权力发生固定关联而应与工作业绩、效益直接挂钩，且奖惩要分明，要兑现，否则会严重挫伤大家的积极性，使组织失去活力。

5.2 建设工程项目管理组织结构模式

建设工程项目管理组织具体如何设立、采取何种方式、需要多大的规模，取决于多种因素。其中决定性的因素是工程项目建设在时空上的分布特点。

国内外常见的建设工程项目管理组织结构模式有三种。

1. 工程指挥部管理模式

我国一些大型建设工程项目和重点建设工程项目的管理多采用这种方式，指挥部通常由政府主管部门指令各有关方面派出代表组成。其组织形式如图5.2-1所示。

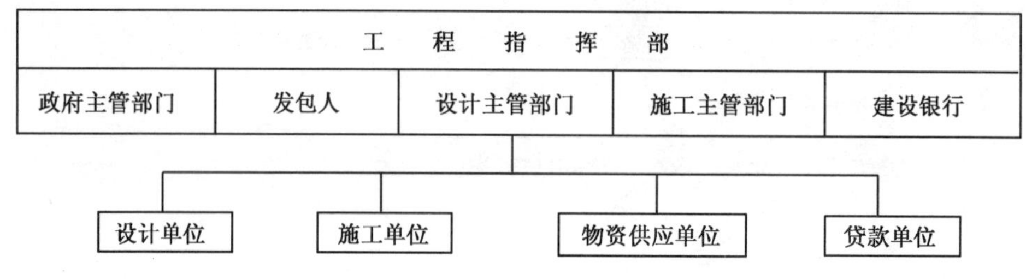

图5.2-1　工程指挥部管理模式

2. 发包人自管模式

即发包人自己设置基建机构，负责支配建设资金，办理准备场地、委托设计、采购设备、招标施工、验收工程等全部工作；有的还自行组织设计、施工队伍，直接进行设计和施工。这是我国多年来惯用的方式。

3. 社会监理管理模式

由发包人分别与承包人签订工程承包合同，与监理单位签订监理合同，由监理方代表发包人对承包人的施工进行监督管理。这是国际上建设工程项目管理的通用方式。

5.3 建设工程项目承发包的结构模式

承发包制是指建设工程项目承包与发包的制度，简称承发包制，建设工程项目承发包制的形式将直接影响建设工程项目的目标控制。建设工程项目承发包的形式按计价方式的不同分为：固定总价合同、固定单价合同、计量估价合同、成本加酬金合同、设计施工总承包合同等；按结构形式不同分为：平行承发包、设计/施工总分包、工程项目总承包、工程项目总承包管理、施工联合体、施工合作体等几种组织模式。

1. 平行承发包

发包人把任务分别委托给多个设计单位和多个施工单位，各施工单位之间的关系是平行的，如图5.3-1所示。这种模式由于相关单位多，因而组织协调比较困难，不利于工程成本、进度控制，合同管理也麻烦。但这种模式对控制施工质量是有好处的，因为各施工单位之间存在着一定的质量监督关系，迫使各承包人注重工程质量。

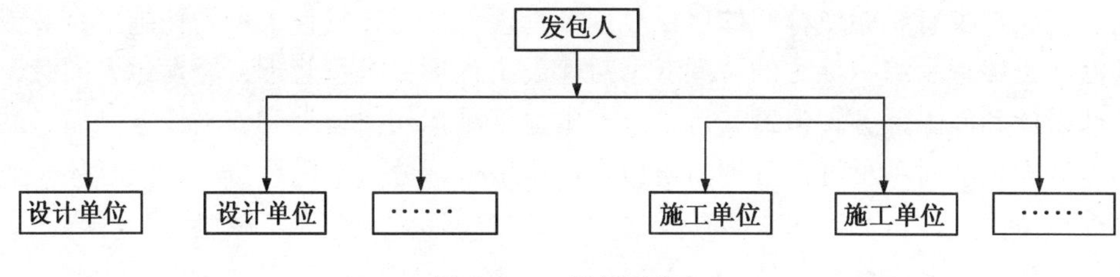

图5.3-1 平行承发包

2. 设计/施工总分包

发包人把一个建设工程项目的设计任务、施工任务委托给设计总包单位和施工总包单位，总包单位再将部分任务委托给其他设计、施工单位，如图5.3-2所示。

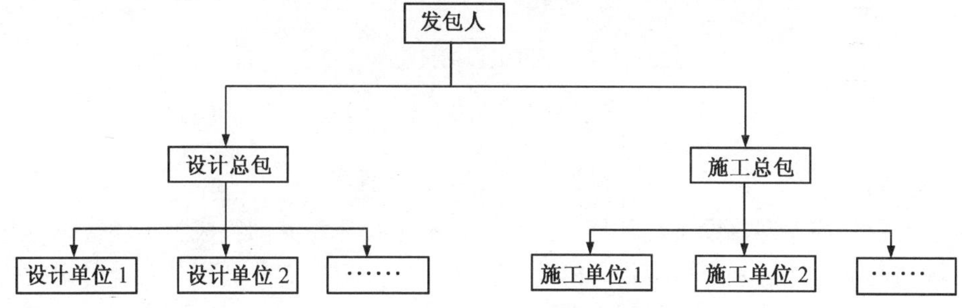

图5.3-2 设计/施工总分包

采取这种结构形式时，发包人只需和一个设计总包单位和施工总包单位签订合同，因此组织协调、合同管理工作比较简单，有利于费用控制。这种模式由于层次多、总包单位、分包人间相互制约，专业化程度要求高，对进度、质量的控制各有利弊。采用这种模式时，一般规定设计总包单位或施工总包单位不能把总包合同规定的任务全部转包给其他单位，并且还要求当总包单位将部分任务转包给其他单位时，必须得到发包人的认可。

3. 建设工程项目总承包

发包人把一个建设工程项目的全部设计任务和全部施工任务都发包给一个总承包人，总承包人可以自行完成全部设计和施工任务，也可以把项目经理部分设计和施工任务在取得发包人认可的前提下分包给其他设计单位和施工单位，如图5.3-3所示。

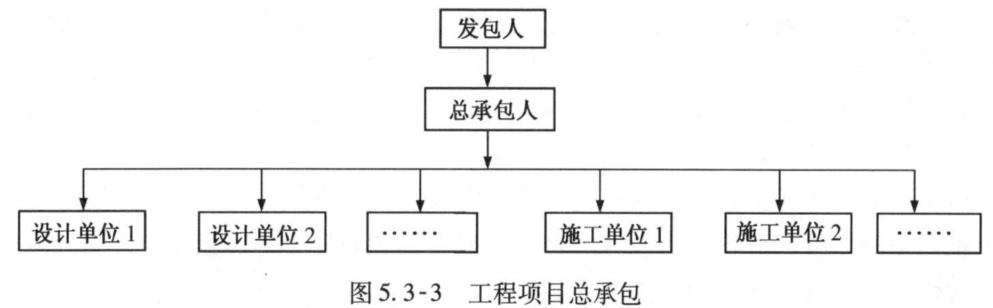

图5.3-3 工程项目总承包

4. 工程项目总承包管理

当发包人缺少有经验或称职的项目经理及管理人才时，发包人可委托施工企业或咨询公司选派项目经理及组织优秀的管理专家对建设工程项目进行管理，经发包人同意，把承揽的全部设计和施工任务转包给其他单位，本身不承担任何设计和施工任务，而是站在项目总承包的立场上对项目进行管理。发包人可派出一部分人员进行协调，同时还要监督总承包管理单位的工作，如图5.3-4所示。这类承发包形式在国际上较常见。

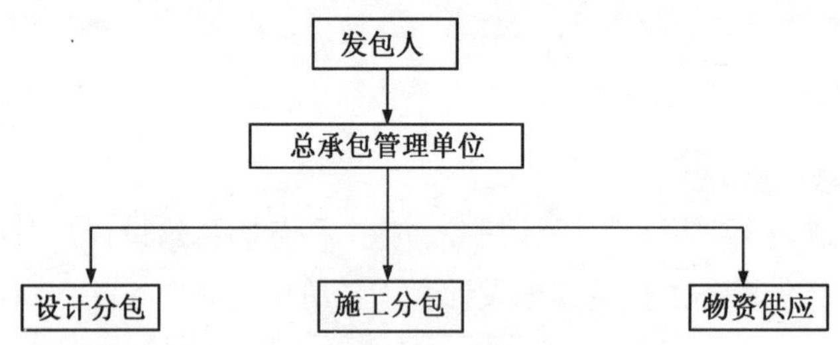

图5.3-4　建设工程项目总承包管理

5. 施工联合体

对于大型和特大型建设工程项目，往往有几家工程公司共同组成施工联合体参与工程承包市场的竞争。这种联合体机构，既可分担风险，又可以充分利用各联合公司的管理和技术优势以减少风险，如图5.3-5所示。施工联合体的牵头公司，常规是由联合体中承担股份额最大的承包公司出任；有些情况下也可以通过选举产生。参加联合体的各成员公司的代表，都是各工程公司的领导者，被各公司授权决定联合体的重大问题。

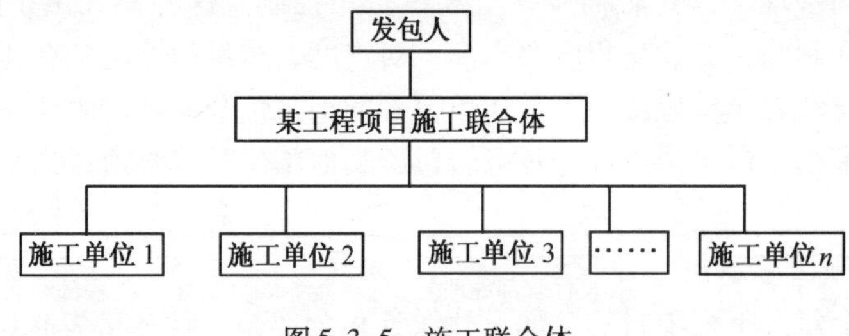

图5.3-5　施工联合体

联合体各成员单位经过协商，决定各自投入项目施工的人力、物力、财力数额，由联合体统一调度、共同使用。有盈利大家分享，有亏损大家分担，盈亏的分配按照各成员单位所投入的人力、物力、财力占工程合同价的百分比计算。

联合体不仅要和发包人签订工程承包合同，而且在联合体内部还要签订内部合同，以明确彼此的经济关系和责任等。

采用施工联合体的模式，合同结构简单，组织协调工作量少。同时由于联合体的资源比较丰富，集中了各成员单位的人力、物力、财力，实力雄厚，可充分发挥联合体的整体优势，共担风险，争取更大的经济效益。

6. 施工合作体

施工合作体是几个施工企业，以施工合作体的名义和发包人签订工程承包合同，项目完成后即自动解散。合作体与联合体两者有明显的区别：合作体内各成员单位的人力、物力、财力等仍为本单位支配和使用，不能被合作体统一调度和共同使用；各成员单位分别独立地完成一定范围和一定数量的施工任务；各成员单位所负责的施工区域、部位或任务量有明确界限和规定；各成员单位在技术上、经济上各自独立负责，自负盈亏；合作体一般不设置统一的指挥机构，但需推选一至两个成员单位负责合作体的内部协调工作。合作体和联合体相比，是一种更为松散的联合形式。

5.4　智能建筑工程项目管理的组织形式和特点

智能建筑工程项目的建设任务存在于工程设计和实施的所有阶段和方面，因此建设工程项目管理组织的职能必然是涉及到项目实施的所有方面。系统集成和工程实施组织应考虑项目组成、工程规模、难易程度、合同工期、地理位置、现场条件等因素，从我国智能建筑工程项目建设的实际出发，根据不同情况设置组织机构。

5.4.1　职能式组织形式

职能式项目组织形式是一个层次化的组织结构，每个成员有一个明确的上级。企业按职能以及职能的相似性来划分部门，如一般企业要生产市场需要的产品必须具有设计、工程、生产、营销、财务、人事等职能，那么企业在设置组织部门时，按照职能的相似性将所有产品设计工作及相应人员归为计划设计部门，从事营销的人员划归营销部门等，企业便有了设计、工程、生产、营销、财务、人事等部门。采用职能标准来设计部门，是一种最自然、最方便、最符合逻辑的思维，大多数企业都采用这种项目组织。职能式组织结构见图5.4-1。

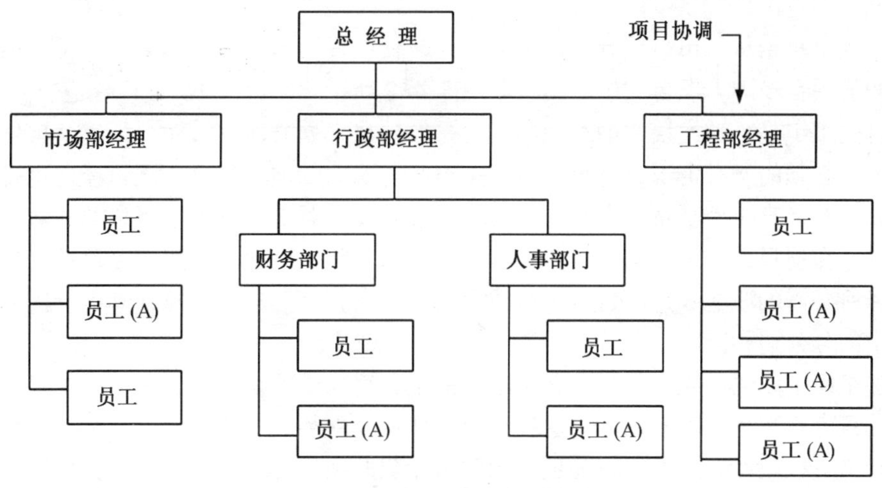

图5.4-1　职能性项目组织示意图
（注：带A的为去做项目的员工）

采取职能式项目组织形式来管理智能建筑工程项目时，项目由组织中现有的设计、工程、生产、营销、质量、财务等职能部门完成。项目执行时，有的指定了项目经理，有的没有指定项目经理，项目由总经理全权负责，由职能部门负责人作为项目协调人。

这种项目的组织或项目团队是按照传统的职能部门组成的，多数项目组织或团队的成员是局限在一个职能部门之中的人员。通常，在这种项目组织中，项目经理和项目的管理人员都是兼职的，一般也不从直线职能组织的其他部门选派专职的项目工作人员，而且项目经理的权利和权威性也很小，甚至很少使用项目经理这个头衔。项目成员大多数是兼职的，也有部分是专职的。兼职的项目成员身负双重职责，一方面未离开原来的工作职务，一方面又肩负项目实施的重任。所以该形式的组织成员身受双重领导，即同时接受项目经理和原职能部门领导的管理。这样，有时就不可避免地要产生冲突，当原来的职能岗位和项目经理部对某个成员的需要发生矛盾时，这就需要更多的协调，有时这种协调可能超过项目经理的权限。职能式组织比较适合小型项目的管理。

1. 职能式组织优点

采取职能式项目组织形式有利于充分发挥资源集中的优势，在人员使用上具有较大的灵活性；技术专家可同时被不同的项目使用；同一部门的专业人员在一起易于交流知识和经验；当有人离开项目时，仍能保持项目的技术连续性；可以为本部门的专业人员提供一条正常的升迁途径。

2. 职能式组织缺点

职能部门更多考虑的是自己的日常工作，而不是项目和用户的利益；职能部门的工作方式是面向本部门的活动，必须面向问题；由于责任不明，容易导致协调困难和局面混乱；由于在项目和用户之间存在多个管理层次，容易造成对用户的响应迟缓；不利于调动参与项目人员的积极性；跨部门的交流沟通有时比较困难。

5.4.2 项目式组织形式

项目式组织是从公司组织分离出来的，是一种单目标的垂直组织方式，每个项目都任命了专职的项目经理。项目式组织结构如图 5.4-2 所示。

项目式组织是一种模块式的组织结构，是按项目来划分所有资源，即每个项目有完成项目任务所必须的所有资源，每个项目实施组织有明确的项目经理。项目经理也就是项目的负责人，对上直接接受企业主管或大项目经理领导，对下负责本项目资源的运用以完成项目任务。在项目式组织结构中，各个项目经理部之间相对独立，每个项目拥有自己的项目经理和所必需的职能部门，自行进行项目实施开发，独立进行核算，其运行机制与一个总公司中的分公司相同。

这种组织中的成员绝大多数分属于不同的项目组织或项目团队，多数是专职的项目工作人员，只有少数是临时抽调的。这种组织的项目经理都是专职的，而且在整个组织中十分独立和具有权威性。这种组织的项目团队由专职的项目经理、专职的项目管理人员、专职的项目工作人员和少量临时抽调的兼职项目工作人员构成，其中这些兼职的项目工作人员中大多数是一些特殊的专业技术人才。

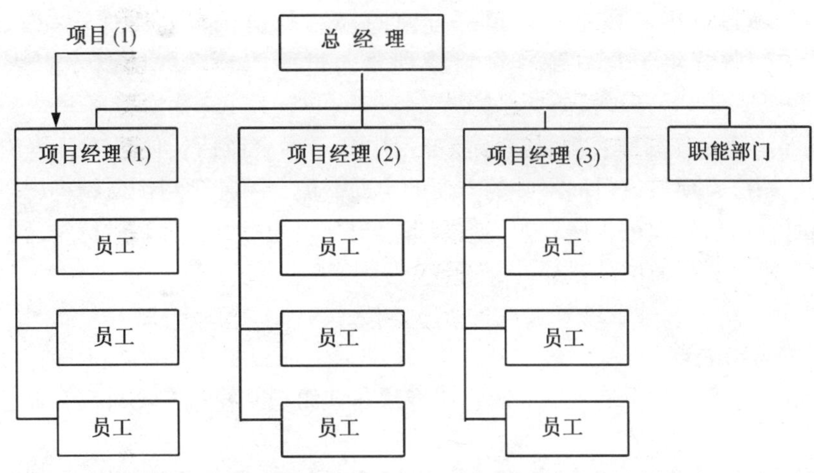

图 5.4-2　项目式组织结构图

项目式组织结构比较适用于大型、复杂项目。图 5.4-3 表示某智能建筑工程项目式组织结构示意图。

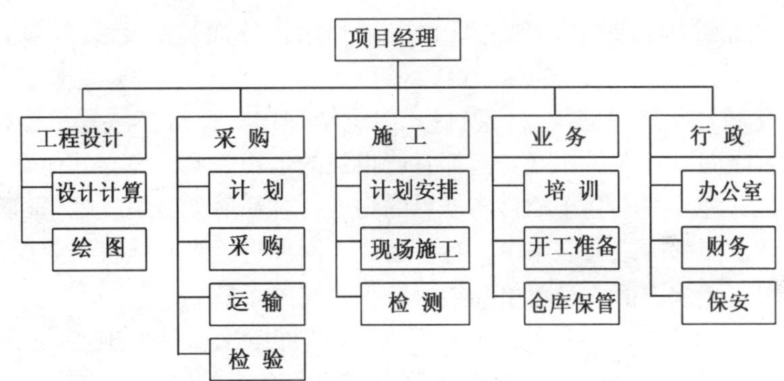

图 5.4-3　某智能建筑工程项目式组织结构示意图

1. 项目式组织优点

项目式组织结构相对简单灵活，易于操作，便于组织内部的沟通协调。在这种类型的组织中，项目经理对项目全权负责，享有较大的自主权，可以较为方便地调用整个组织内外的资源，项目式组织结构适用于大型、复杂项目。归纳起来主要优点如下：

（1）目标明确及统一指挥：项目式组织是基于某个具体项目专门组建起来的，圆满完成项目任务是该项目组织的首要目标，而每个项目成员的责任及目标也是通过对项目总目标的分解而获得的。同时项目组织成员只受项目经理领导，命令单一，避免了多重领导、无所适从的局面。权力的集中使决策的速度得以加快，能够对用户的需求和高层管理者的意图做出更快的响应。

（2）项目经理对项目全权负责：由于项目式组织按项目划分资源，项目经理在项目范围内具有绝对的控制权，可以全身心地投入到项目中去，从项目管理的角度来看，有利于项目进度、成本、质量等方面的控制与协调，而不像职能式组织形式或后面介绍的矩阵式组织形式那样项目经理要通过职能经理的协调才能达到对项目的控制。

（3）内部沟通途径简捷：项目从职能部门中分离出来以后，使得项目组织内部沟通途径变得明了简捷，项目成员间经常的方便的沟通交流，可使项目团队精神得以充分的发挥。与此同时，项目经理可以避开职能部门直接与公司的高层管理者进行沟通，提高了沟通的速度，也避免了沟通中的错误。

2. 项目式组织缺点

事物总是一分为二的，有利就有弊。采取项目式组织结构每个项目都有自己独立的组织，容易产生以下一些弊病：

（1）机构重复及资源的闲置：项目式组织按项目所需来设置机构及获取相应的资源，即每个项目都要有自己的一套组织机构，这一方面是完成项目任务所必须的，另一方面企业从整体上讲进行项目管理是必要的，但这也造成了企业内机构重复设置，资源不能共享，会造成一定程度的资源浪费。因为在包括人才在内的资源使用方面，不论每种资源的使用频度如何，每个项目组织都要单独拥有，否则就会影响项目的实施，但是当这些资源闲置时，其他项目也很难利用，从而造成企业内部资源闲置、运作成本增加。

（2）不利于项目与外界的沟通：项目式组织结构中，项目团队只承担自己的工作任务，成员与项目之间以及成员相互之间都有着很强的依赖关系，而与其他部门之间却有着较清楚的界限。这种界限不利于项目与外界的沟通，容易使项目组织处于相对自我封闭的环境中。与企业职能部门之间联系少，容易造成不同项目组织在执行企业规章制度上的不一致性，容易引起企业内部不良竞争和项目组织之间的矛盾。

（3）机构的不稳定性：项目的一次性特点使得项目式组织形式随项目的产生而建立，也随项目的结束而解体，因此从企业整体角度来说，企业的资源及结构会不停地发生变化。如在项目组织内部，一个由新成员刚刚组建的组织会发生相互碰撞而不稳定，随着项目的进展虽然逐步进入相对的稳定期，但在项目快结束时所有成员预见到组织将要解体，都会为自己的未来做出相应的考虑，造成“人心惶惶”，又进入不稳定期，这也不利于员工的职业发展。

5.4.3 矩阵式组织形式

职能式组织形式和项目式组织形式各有其优缺点，要克服其中的缺点，就要在职能部门积累专业技术的长期目标和项目的短期目标之间找到适宜的平衡点。矩阵式组织形式能较好地解决这一问题。矩阵式是在职能式组织的垂直层次上，叠加了项目式组织的水平结构，将按照职能划分的纵向部门与按照项目划分的横向部门结合起来，构成类似矩阵的管理系统，矩阵式组织示意图如图 5.4-4 所示。

矩阵式组织结构主要特点是组织中保留了各种各样的专业职能部门，这些部门构成了矩阵型组织中矩阵的“列”，同时这种组织又建立有一系列专门的项目团队，这些项目团队构成了矩阵型组织中矩阵的“行”。其中直线职能部门是长久性组织，而项目团队是临

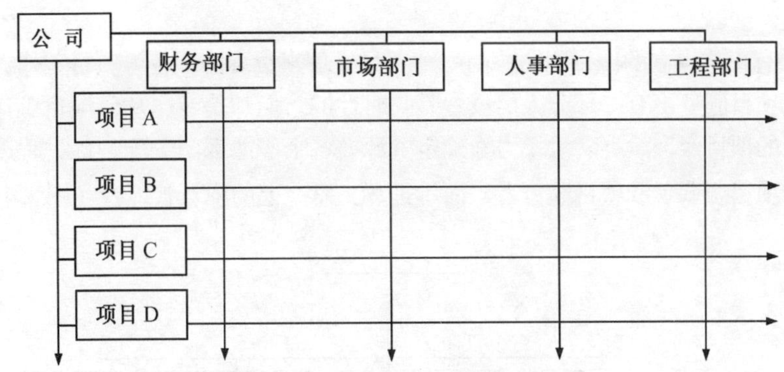

图5.4-4 矩阵式组织结构示意图

时性组织。项目团队的成员是从不同的职能部门抽调各种专业人员去组成的，当这种项目团队的任务结束之后，这些人员又可以回到原来的专业职能部门。项目经理在项目活动的内容和时间方面对职能部门行使权力，直接向最高管理层负责，并由最高管理层授权。职能部门则从另一方面来控制，对各种资源做出合理的分配和有效的控制调度。项目团队成员既要对他们的直线上司负责，也要对项目经理负责。

由于存在纵横两大类型的工作部门，矩阵式组织结构的命令源是非线性的，但也不是多个。因此矩阵式组织的有效运转关键在于两大类型部门的协调，纵向管理部门与横向管理部门各自所负责的工作和管理的内容必须明确，要确定某一工作的主体负责部门，即应决定是以纵向管理部门为主还是以横向管理部门为主。否则容易产生责任不清、双重指挥的混乱现象。同时，它对员工的要求也较高。

1. 矩阵式组织的基本原则

矩阵式组织中的职权以纵向、横向和斜向在一个公司里流动，因此在任何一个项目的管理中，都需要有项目经理与职能部门负责人的共同协作，将二者很好地结合起来。要使矩阵组织能有效地运转，必须处理好以下几个问题：

（1）必须有一个专职的项目经理，有明确的责任制，可以实施对项目的有效控制。

（2）必须允许项目作为一个独立的实体来运行，团队的大多数成员是专门从事项目工作的。

（3）要从组织上保证有迅速有效的办法来解决部门之间的矛盾。

（4）必须同时存在纵向和横向两条通信渠道，无论项目经理之间，还是项目经理与职能部门负责人之间，要有方便的通信渠道和自由交流的机会。

（5）无论是纵向或横向的经理（或负责人）都必须服从公司统一的计划，并为合理利用资源而经常进行磋商。

2. 矩阵式组织结构类型

根据项目组织中项目经理和职能经理责权利的大小，可以分为以下三种形式。

（1）*弱矩阵式组织*：这种矩阵式组织与直线职能组织相似，所以在许多方面的特性与职能型组织一致。

这种组织有正式设立的项目团队，由一个项目经理来负责协调各项项目工作，项目成员在各职能部门为项目服务，有一部分人员虽然是临时性的，但却是专门从事项目工作的。实际上这种项目团队的项目经理没有多大权力来确定资源在各个职能部门分配的优先程度，他的角色只不过是一个项目协调者或项目监督者，而不是真正意义上的项目管理者（图5.4-5）。

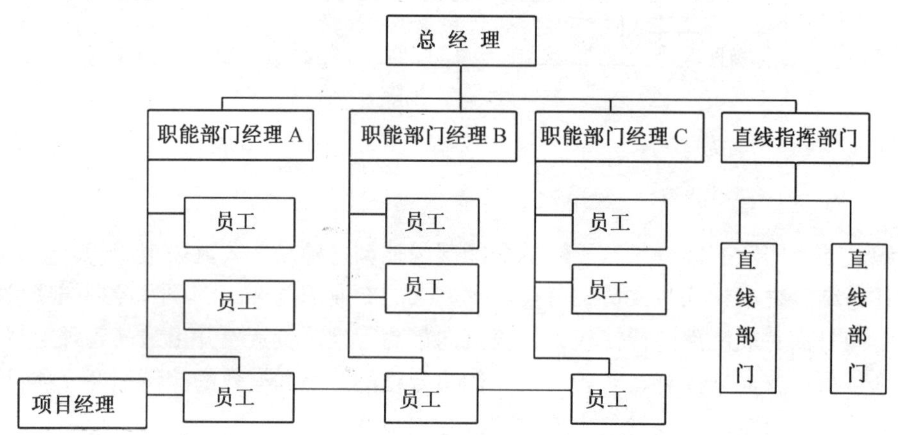

图5.4-5　弱矩阵式组织结构示意图

（2）平衡式矩阵组织：这种矩阵式组织是直线职能型组织体制和项目型组织体制两种体制相对平衡的一种组织，所以它兼有直线职能型组织和项目型组织两方面的特性。在这种组织中项目团队由专职的和兼职的两部分项目管理人员组成，其中有较大一部分人员是专职从事项目工作的，项目经理一般负责监督项目的执行，各种职能部门经理对部门的工作负责，即项目经理负责项目的时间和成本，职能部门经理负责项目的界定和质量。项目经理的权力比直线职能式组织中的项目经理大，但是比项目式组织中的小。一般来说平衡矩阵很难维持，因为它主要取决于项目经理和职能经理的相对力度。平衡不好，要么变成弱矩阵，要么变成强矩阵。平衡式矩阵组织结构如图5.4-6所示。

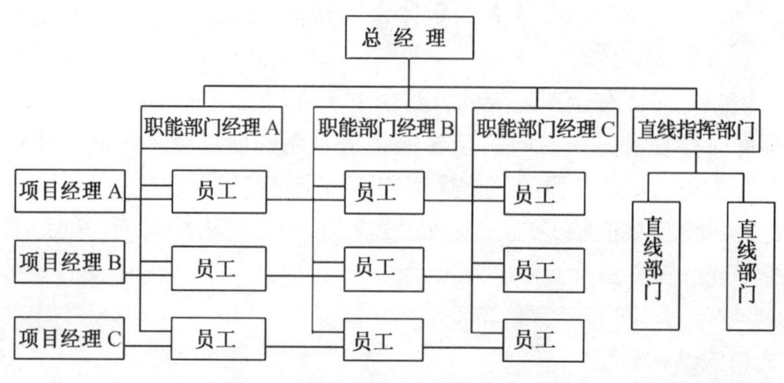

图5.4-6　平衡式矩阵组织结构示意图

（3）强矩阵式组织：这种矩阵式组织与项目式组织相似，所以它在许多方面的特性与项目式组织结构是一致的。在这种组织中的直线部门只是一些相对不很重要的生产部门，他们所获得的资源和具有的权力相对都比较弱。在这种组织中有正式设立的项目团队，项目经理是专职的，向项目经理部门经理或总经理负责，他们的权力很大，获得各种资源的权力也比较大。这种项目团队中的绝大多数人员是专职从事项目工作的，且各项目是一个临时性组织，一旦项目任务完成后就解散，各专业人员又回到各职能部门再执行别的任务，但是组织中有很多人是专门从事项目工作的。这种组织的主要资源被投入到了组织的项目团队中，这一点与项目型组织非常相似。强矩阵式组织结构如图 5.4-7 所示。

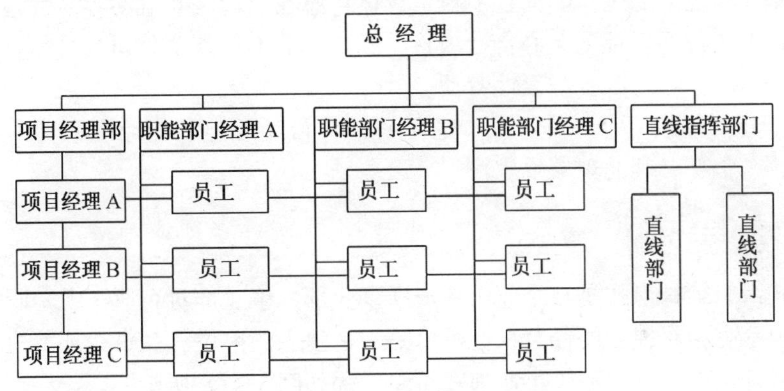

图 5.4-7　强矩阵式组织结构示意图

3. 矩阵式组织的优点

（1）解决了传统模式中企业组织与项目组织的矛盾，能以尽可能少的人力，实现多个项目管理的高效率。由于项目式组织和职能式组织是两个极端的情况，而矩阵式组织在这两者之间具有广泛的选择余地。职能部门可以为项目提供人员，也可以只为项目提供服务，从而使得项目的组织具有很大的灵活性。

（2）项目是整个工作的焦点，有专门的人即项目经理负责管理整个项目，负责在规定的时间、经费范围内完成项目的要求，对用户的要求响应较快，因此，矩阵式组织具有项目式组织的长处。

（3）项目经理拥有对拨给的人力、资金等资源的最大控制权，每个项目都可以独立地制定自己的策略和方法。

（4）有利于人才的全面培养。由于关键技术人员能够为各个项目所共用，充分利用了人才资源，使项目费用降低，又有利于项目人员的成长和提高。

（5）当指定的项目不再需要时，项目人员有其职能归宿，大都返回原来的职能部门。

（6）通过内部的检查和平衡，以及项目组织与职能组织间的经常性的协商，可以得到时间、费用以及运行的较好平衡，而且矛盾最少，并能通过组织体系容易地解决。

4. 矩阵式组织的缺点

（1）项目成员来自职能部门，故受职能部门控制，因而影响项目团队的凝聚力。

（2）由于管理人员身兼多职管理多个项目，容易顾此失彼。在矩阵式组织中，权力是均衡的。由于没有明确的唯一核心负责人，项目的一些工作就会受到影响。当项目成功时，大家会争抢功劳；而当项目失败时，则又会争相逃避责任。

（3）项目成员接受双重领导，违反了命令单一性的原则，容易产生矛盾。因为项目成员至少有两个上司，即项目经理和部门经理。因此当他们的命令有分歧时，会令人感到左右为难，无所适从。项目成员需要对这种窘境有清楚的认识，否则他会无法适应这种工作环境。

（4）容易使不同项目经理之间产生矛盾。多个项目在进度、费用和质量方面能够取得平衡，这既是矩阵式组织的优点又是它的缺点。因为这些项目必须被当作一个整体仔细地监控，这是一项复杂的工作。而且项目组成员自愿在项目之间流动容易引起项目经理之间的争斗，每个项目经理都更关心自己项目的成功，而不是整个公司的目标。同时，每个项目是独立进行的，容易产生重复性劳动。

（5）由于组织形式复杂，易造成沟通障碍，项目经理与职能经理职责不清，有可能引起互相推诿，争功夺利的现象发生。

5.4.4 事业部组织形式

事业部式组织结构形式是在企业内部成立事业部，事业部对企业来说是职能部门，对企业外部来说享有相对独立的经营权，可以是一个独立的单位。在事业部下边设置项目经理部，项目经理由事业部选派。事业部式组织结构如图 5.4-8 所示。

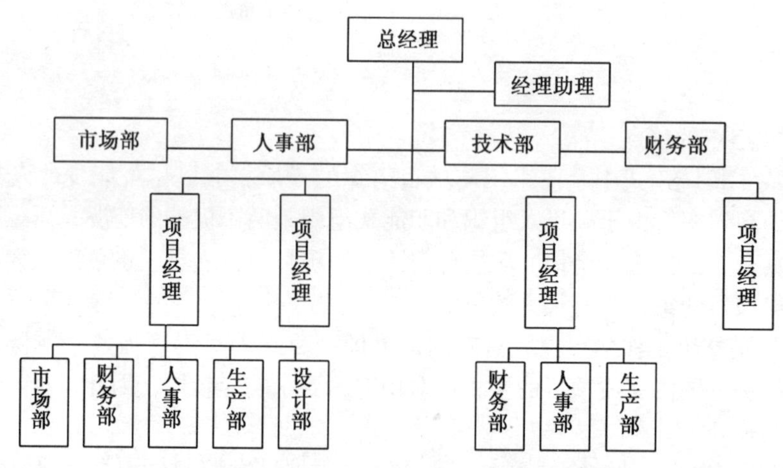

图 5.4-8 事业部式组织结构示意图

1. 事业部组织优点

事业部式组织结构形式有利于企业的经营职能，扩大企业的经营业务，便于开拓企业的业务领域。项目经理有职有权，能迅速适应环境变化，提高应变能力。

2. 事业部组织缺点

企业对项目的约束力减弱，对项目的管理和协调难度较大。

5.4.5 智能建筑工程项目管理组织的原则和特点

1. 智能建筑工程项目管理组织的建立和管理原则

智能建筑工程项目管理组织是为了适应智能化工程项目实施项目管理的需要而建立的，它是由一组个体成员为完成智能建筑工程项目目标而组织起来的协同工作的队伍。依据《建设工程项目管理规范》的规定，智能建筑工程项目管理组织的建立和管理应遵循下列原则：

（1）组织结构科学合理。

（2）有明确的管理目标和责任制度。

（3）组织成员具备相应的职业资格。

（4）保持相对稳定，根据实际需要进行调整。

（5）应确定各相关项目管理组织的目标、责任、利益和风险。

（6）企业管理层应对项目进行宏观管理和综合管理。

（7）企业管理层的项目管理活动应符合下列规定：

①制定项目管理制度。

②加强计划管理，保证资源的合理配置和有序流动。

③对项目管理层的工作进行指导、监督、检查和服务。

2. 智能建筑工程项目管理组织的特点

智能建筑工程项目的特点决定了项目组织形式的特殊性，它有别于一般的政府机关、企事业团体、社团组织和军事团体等，其项目管理组织的特点如下：

（1）组织的目的性

智能建筑工程项目管理组织是为了完成该项目总目标和总任务而建立的，智能建筑工程项目目标和任务是决定其组织结构和组织运行的最重要因素。智能建筑工程项目管理组织的成员来自不同的部门或企事业单位，各自有独立的经济利益和权利，而在智能建筑工程项目管理组织中他们又各自承担一定的任务和责任按照计划进行工作。要使智能建筑工程项目取得成功，在项目目标设计、实施和运行过程中必须承认和顾及不同群体的利益；智能建筑工程项目管理组织的建立应能考虑到或反映出项目实施过程中各参加者之间的合作关系，明确项目组织中的任务和职责的层次，工作流、决策流和信息流，以及其他的特殊要求。

（2）组合的临时性

每一个具体的项目都是一次性的、暂时的，所以智能建筑工程项目管理组织也是一次性的、暂时性的，具有临时组合性特点。任何类型的智能建筑工程项目管理组织和其项目本身一样有生命期，一般要经历建立、发展和解散的过程。智能建筑工程项目管理组织一般是伴随着该项目的结束而终结。例如一个智能化工程施工项目的完工即宣告了这个施工项目组织的解散，而伴随着智能化工程项目的竣工验收将会建立其他的项目组织。智能建筑工程项目管理组织的一个基本原则是因事设人，根据项目的任务设置机构，设岗用人，事毕及时调整，项目组织解散，人员调往其他有需要的项目组织。

（3）组织的柔性

智能建筑工程项目管理组织要有机动灵活的组织形式和用人机制，是一种柔性组织。与政府机关或企事业组织相比较，智能建筑工程项目管理组织具有高度的弹性、可变性和灵活性。智能建筑工程项目管理组织的柔性还表现在各个项目利益相关者之间的联系都是有条件的、松散的，他们是通过合同、协议、法规以及其他各种社会关系结合起来的。智能建筑工程项目管理组织不像其他组织那样有明晰的组织边界，实际情况是智能建筑工程项目利益相关者及其个别成员在某些事务中属于某项目组织，在另外的事务中又属于其他项目组织。此外，智能建筑工程项目采用不同的项目组织策略和不同的项目实施计划，就会具有不同的项目组织形式。一般项目的组织形式有职能式、项目式和矩阵式等几种。

3. 建立智能建筑工程项目经理部的要求

智能建筑工程项目经理部是项目管理组织必备的管理机构。建立该机构的要求如下：

（1）项目经理部应由项目经理领导，接受企业职能部门的指导、监督、检查、服务和考核，并加强对现场资源的合理使用和动态管理。

（2）项目经理部应在项目启动前建立，并在项目竣工验收、审计完成后解体。

（3）建立项目经理部应遵循下列步骤：

①根据项目管理规划大纲确定项目经理部的管理任务和组织结构。

②根据项目管理目标责任书进行目标分解与责任划分。

③确定项目经理部的组织设置。

④确定人员的职责、分工和权限。

⑤ 制定工作制度、考核制度与奖惩制度。

（4）项目经理部的组织结构应根据项目的规模、结构、复杂程度、专业特点、人员素质和地域范围确定。

（5）项目经理部所制定的规章制度，应报上一级组织管理层批准。

4. 智能建筑工程项目的团队建设

项目团队主要是指项目经理及其领导下的项目经理部和各职能管理部门。智能建筑工程项目组织应树立项目团队意识并满足下列要求：

（1）围绕项目目标而形成和谐一致、高效运行的项目团队。

（2）建立协同工作的管理机制和工作模式。

（3）建立畅通的信息沟通渠道和各方共享的信息工作平台，以保证信息准确、及时和有效地传递。

（4）项目经理应对项目团队建设负责，尽早地培育团队精神，识别关键成员，进行工作授权，定期评估团队运作绩效，最大限度地发挥和调动各成员的工作积极性和责任感。

（5）项目经理应通过奖励、表彰、集中办公、召开会议、学习培训等方式和谐团队氛围，统一团队思想，加强集体观念，处理管理冲突，提高项目运作效率。

5.4.6　智能建筑工程项目管理组织形式的选择

项目的组织结构对于项目的管理实施具有一定的影响，一个项目有很多种组织形式可以选择，为了更有效地实现项目目标，项目组织的管理者要设计和建立自己合理的组织结构。然而任何一种组织形式都有它的优点和缺点，没有一种形式是能适用于一切场合的，甚至是在同一个项目的生命期内。所以，项目管理组织在项目生命期内为适应不同发展阶段的不同要求而加以改变也是很自然的。项目应围绕工作来组织，工作变了，项目组织的结构形式也应跟着改变。

众所周知，管理是科学也是艺术，而艺术性正体现在技巧灵活地将管理理论应用于管理实践中去。项目的内外环境的复杂性，以及如上所述每种组织形式的各种优缺点，使得几乎没有能被人们普遍接受的方法来告诉人们怎样决定需要什么形式的组织结构，它可以说是项目管理者知识、经验及直觉等的综合结果。同时，也不存在唯一的适用于所有组织或所有情况的最好的组织形式，即不能说哪一种项目组织形式先进或落后，适不适合，对不同的项目，应根据项目具体情况进行分析、比较、设计最合适的组织结构。

选择智能建筑工程项目管理组织形式时主要考虑以下情况：

（1）项目自身的情况，如规模、难度、复杂程度、项目结构状况、子项目数量和特征。

（2）项目的紧迫性和项目的重要性。

（3）上层系统组织状况，同时进行的项目的数量，及其在本项目中承担的任务范围。

（4）应采用高效率、低成本的组织形式，能够使项目相关各方面有效地沟通，各方面责权利关系明确，能进行有效的项目控制。

（5）决策简便、快速。

一般来讲，职能式结构有利于提高效率，比较适用于规模较小的智能建筑工程项目，而不适应于项目的环境变化较大的项目。因为，环境的变化需要各职能部门间的紧密合作，而职能部门本身的存在以及权责的界定成为部门间密切配合不可逾越的障碍。

项目式结构有利于取得效果，当一个公司中包括许多项目或智能建筑工程项目的规模比较大时，则应选择项目式的组织结构，同职能式组织相比，在对付不稳定的环境时，项目式组织显示出了自己潜在的长处，主要表现在项目团队的整体性和各类人才的紧密合作。

矩阵式结构兼具职能式结构和项目式结构两者优点，适用于大型、复杂的智能建筑工程项目或同时承担多个项目的管理。因为同前两种组织结构相比，矩阵式组织形式在充分利用企业资源上显示出了巨大的优越性，能把它们的优点充分融合在一起。另外，对于多项目管理的企业，在采用矩阵型组织结构时，应特别注意解决好合理分配项目主管与部门主管间的权利，以及正确处理好不同项目之间资源分配。

事业部式组织结构形式适用于多目标的大型智能建筑工程项目，以及适用于远离公司本部的项目。表 5.4-1 表示项目组织形式对项目的作用和影响，表 5.4-2 是选择参考表。

项目组织形式对项目的影响　　表 5.4-1

组织结构形式	职 能 式	项 目 式	强矩阵式	事业部式
项目经理权限	很少或没有	很大甚至全权	从中等到大	很大
全职人员（%）	几乎没有	85～100	50～95	100
项目经理投入的项目时间	半时	全时	全时	全时
项目经理/常用头衔	项目经理/项目协调员	项目经理/计划经理	项目经理/计划经理	事业部经理
行政人员投入的项目时间	少量	全时	部分时间	全时

选择项目组织结构形式参考表　　表 5.4-2

主要因素	职 能 型	矩 阵 型	项 目 型	事业部式
规 模	小	中	大	很大
紧迫性	低	中	高	高
重要性	低	中	高	高
复杂程度	低	中	高	高

5.5 智能建筑工程多项目管理

5.5.1 多项目管理概述

1. 多项目管理的定义

多个项目实际上是指一组项目，在工程建设中可以将经济上和技术上相互关联的众多项目称为项目群。所谓“多项目管理”，简单地说就是一个项目经理同时管理多个项目，在组织中协调所有项目的选择、评估、计划、控制等各项工作，是企业项目管理中常用的一种新型管理方法。

需要说明的是，将一个复杂的项目分解为子项目群进行管理的情况仍属于一般项目管理的范畴，不属于“多项目管理”。通过对资源更有效的管理以及使用公用的标准计划来管理多个项目，可以为施工项目组织带来许多好处。对多个项目分组进行计划、实施和控制可很好地利用重复性的职能与同样的资源。

2. 多项目管理的分类

智能建筑工程中的多个项目，依据项目之间的相关程度，可以分为两种情形：一种是多个项目之间在目标上没有共同的联系，但项目本身类似，在工作开展方法、所需人员等方面具有相似性，多个项目之间可以相互参照；另一种则是多个项目与某一共同目标直接相关，但多个项目之间不具有类似性，难以相互参照。这两类项目的集合定义如下：

(1) 项目成组管理

项目成组管理是对人为定义的一组项目进行管理，这些项目并不是为某个共同的目标服务的，但项目间具有相似性，例如所需要的项目计划是相同或相似的，服务的用户可能相同等。对这一类项目，可以利用它们之间的这些共同点来制定公用的“标准”，共同利用资源，从重复性职能和共性工作中获益，从而更有效地进行计划、实施和控制。把这些项目放在一起进行管理，可以形成规模经济，提高工作效率。

(2) 项目组合管理

项目组合管理是从企业整体出发，在某一整体战略下共同实现一系列具体且相互关联的任务的各项目标，动态地选择不具类似性的项目，对企业所拥有的或可获得的生产要素和资源进行优化组合，有效地、最优地分配企业资源，以分散企业风险，达到企业效益最大化，提高企业的核心竞争能力。

5.5.2　多项目的选择与系统工程方法

1. 多项目选择步骤

多项目的评价与选择要采用项目群优化选择技术，以将有限的资源配置到经济效果最好的项目上，使所选项目最大限度地提高资源的利用率。为了能对项目群中的项目方案做出评价，必须将各种项目方案组合成可供选择的各种互斥方案，这些方案称为项目群方案。多项目的选择与评价就是在这些互斥方案中进行的，步骤如下：

①明确决策的目标与约束条件。

②获得各个项目方案的有关数据。

③明确项目之间的相互关系。

④构建项目群优化选择的数学模型并进行运算。

⑤对运算结果进行分析，得出项目群优选结论。

2. 多项目选择的数学模型

项目群评价与选择的一个重要环节是构建数学模型。通常采用的数学模型有线性规划、整数规划和动态规划，其中应用较为普遍的是整数规划。

整数规划用于含离散型变量的决策问题，整数规划的数学模型是由一个目标函数和一组约束方程构成。对于项目群的优化选择来说，目标函数反映从整体考虑所选择项目经济效果最优的要求。目标函数的表达方式可以分为两类：一类是使所选项目的净现值（或净年值）最大；另一类是在满足系统需求和同样服务的前提下，使所选项目的费用现值（或费用年值）最小。约束方程是以数学等式或不等式的形式对约束条件的描述，它反映项目之间的各种技术经济联系和资源条件、社会经济条件对项目群选择的种种限制。

3. 系统工程模型与方法

(1) 系统工程的含义

所谓系统就是有组织、有秩序地达到某种目的的一个组合体。系统工程（Systems Engineering）是在系统思想指导下，综合应用自然科学和社会科学中有关的先进思想、理论、方法和工具，组织管理系统的规划、研究、设计、制造、试验和使用的科学方法，是一种对所有系统都具有普遍意义的科学方法。系统工程的研究对象主要是复杂的大系统，该系统由许多密切联系的元素组成。设计复杂的大系统时，应有明确的预定功能及目标，并协调各个元素之间及元素和整体之间的有机联系，以使系统能从总体上达到最优目标。

(2) 系统工程方法的概念

系统工程方法是指运用系统工程研究问题的一套程序化方法，也就是为了达到系统的预期目标，运用系统工程思想及技术内容，解决问题的工作步骤。系统工程方法论的特点，是从系统思想和观点出发，将系统、工程所要解决的问题放在系统的形式中加以考察，始终围绕着系统的预期目的，从整体与部分、部分与部分和整体与外部环境的相互联系、相互作用、相互矛盾、相互制约的关系中综合地考察对象，以达到最优地处理问题的效果，它是一种立足整体，统筹全局的科学方法体系。

(3) 系统工程方法的原则

①整体性原则：系统工程方法要求把研究对象（任务、项目）都看成由不同部分构成的有机整体，把全局观点、整体观点贯彻于整个项目（任务）的各个方面、各个部分和各个阶段，从整体上搞好局部的协调。整体化原则要满足下列要求：不能从系统的局部得出有关系统整体的结论；分系统的目标必须服从于系统整体的目标；从优化系统出发开展各分系统之间的活动；从总体协调的需要来确定最佳方案。

② 有序相关原则：系统的有序性是系统有机联系的反映，系统的任何分系统是按一定等级和层次进行的，都是秩序井然、有条不紊的。在系统层次上表现出来的整体特性是由要素或分系统层次上的相互关联、相互制约所形成的。由同类型要素或分系统组成的系统，由于内部组织管理方式的不同，即结构方式、有序程度的不同，系统的整体功能表现出极大的差异性。

③ 目标优化原则：最优化的观念贯穿于系统工程的始终，它是系统工程的指导思想和追求目标。对于每个具体系统工程项目来讲，它的开发、设计、制作和运用，各个阶段的管理、控制和决策，都有着最优化的目标和要求，在系统工程中普遍运用最优化原则就能使系统取得满意效果和最佳效果。

④动态性原则：系统工程往往是大型复杂的实践过程，研究对象内部复杂的相互作用和外部的环境多变性，使系统工程本身呈现出动态特性。因此，应把实施对象看作一个动态过程，分析系统内外的各种变化，掌握变化的性质、方向和趋势，采取相应的措施和手段，改进工作方法，调整规划和计划，在动态变化中求得系统整体优化。

⑤分解综合原则：分解是将多个有比较密切相关关系的要素进行分组。对系统来说就是归纳出相对独立、层次不同的分系统。分解的方法是多种多样的，一般可按结构要素、功能要求、时间序列、空间状态等方法进行分解。综合则是完成新系统的构建过程，即选择具有性能好、适用的分系统，设计出它们之间的相互关系，形成具有更广泛价值的系统，以达到预定的目的。

⑥系统创造思维原则：系统创造思维的基本原则有两条，其一是把陌生的事物看作熟悉的东西，用已有的知识加以辨识和解决。从这条原则出发，不只是对新的事物给予旧的解释，还可能给予新的解释，从而创造出新的理论。其二是把熟悉的事物看作陌生的东西，用新的方法、新的原理加以研究，从而创造出新的理论、新的技术。掌握这条原则，

不但可以克服思维过程中的障碍，还可通过训练，提高创造能力，提高系统分析人员的素质。

5.5.3　多项目的成本效益分析和冲突协调

1. 多项目的工作分解结构

项目的复杂程度决定了子项目工作分解结构（WBS）的层次，多项目工作分解结构（WBS）的第一层是一个总项目，第二层才是具体的各个小项目，接下来的层次以此类推。步骤如下：

（1）对于大型项目管理型的多个项目，综合各小项目目标，提取出一个包含各小项目的总项目处于第一层，其子层就是各小项目；而对于项目成组管理型的多个项目，可以利用它们的项目计划相同或相似这一特点，举一反三进行工作分解。

（2）识别系统子项目的主要组成成分，包括项目的主要可交付成果和项目管理，即将各子项目分解成单个定义的且范围明确的子部分。

（3）在上述分层的基础上进行更细致的划分，将各组成部分分解为更小的组成部分，并说明所需取得的切实的、可验证的结果及完成它们的先后顺序。

（4）核实分解的正确性，核查每一层次各项的范围、内容和性质是否清楚完整，以及核查每一层次细目的必要性和充分性，即本层工作的完成能够保证上层工作的完成，同时如果进行本层工作的话，则上层工作无法完成。倘不具备这两个条件，就必须对上一层的细目进行修改、增加、删除或者重新定义。

项目分解完成后所得到的成果就是工作分解结构。其中的每一项工作都要编上号码，即以数字代码赋予其中的每一项一个唯一的标志符，形成一个统一的编码系统。对于最底层的工作块，要有全面、详细和明确的文字说明。把所有工作块文字说明汇集在一起，编成一个项目工作分解结构词典，其中一般包含工作包描述及计划编制信息，如进度计划、成本预算和人员安排等。

2. 多项目的平衡整合

多项目之间的平衡整合，往往涉及资源共享的问题，这些关键资源的可利用总量成为限制因素，这些因素必须在各个单个项目的计划中被明确提出。

多项目平衡，首先应建立每个项目的优先顺序。单个项目进度计划的制定围绕着总体资源的限制进行，优先考虑或加快优先等级较高的项目。当大量的资源需在多个项目间进行分配时，因为在各个项目和各种资源间存在着大量复杂的内部联系，有必要制定出充分完整的整合计划。

3. 多项目的成本效益分析

严格来说，成本效益分析不是一种具体的方法，而是一种思想。我们做任何事情，都要付出一定的代价，也期望得到一定的回报。关键在于这种回报是否可以抵偿付出的代价。这就是成本效益分析的本质。成本效益分析的一般过程是：

(1) 确定分析对象和分析目标

在进行成本效益分析时，首先要明确分析对象和分析目标。分析对象决定了成本效益识别和计量的范围，分析目标确定了成本和效益的标准，两者都是非常重要的。

(2) 成本和效益的识别

成本识别就是要分析和确定项目建设所需投入的费用，主要包括投资成本、生产成本、转移支付、意接与外部成本、沉没成本等。效益识别就是分析和确定项目建设将带来的经济和社会效益，一般可分为直接效益和间接效益、内部效益和外部效益等。

成本和效益的识别方法有“前后对比法”和“有无对比法”。前者是指将项目实施之前与项目完成之后的情况进行对比，后者是指将项目实际发生的情况与若无该项目时可能发生的情况进行对比。“前后对比法”比较简单，但没有排除项目之外的因素的影响。“有无对比法”操作复杂，但它努力排除了项目外因素的影响，因而更加科学合理。

(3) 成本和效益的计量

成本和效益的计量是成本效益分析的核心，它要把成本和效益放在一个共同可比的标准上进行衡量。成本和效益都有有形和无形的区别。有形的成本和效益可以用实物量和货币量来衡量，无形的成本和效益则往往体现为一种社会价值，无法用实物量和货币量来衡量。对实物量一般可以通过价格转化为货币量；对社会价值则可以采用“愿意支付”的方法加以恰当的度量。

(4) 综合评价

在进行完上述步骤之后，需要对各种成本和效益进行综合评价，以确定它们对目标的效果，这往往需要建立一个评价模型。评价模型包括两部分，一个是评价指标体系，它是影响成本和效益各种指标的逻辑层次结构，可以在成本效益识别的过程中完成；另一个是评价方法，一般都是多属性的评价方法。

4. 多项目费用管理计划的制定原则

多项目费用管理计划的制定是一个非常复杂的问题，要综合考虑各个项目的进度计划、资源平衡等问题，除了各个单项目费用管理计划的内容外，还需要制定全体项目实施期间总费用负荷状况和各项目之间的费用协调计划。在编制过程中，一般要遵循以下原则：

(1) 总费用不能超支

一般的做法是从上到下逐级给项目、子项目分别设定费用限制，各个项目的费用管理计划都要在这个限制之内完成。为了防止费用超支，应预留部分费用做机动支配。

(2) 费用使用的平稳性

应该使费用的整体使用尽量保持平稳，对人力资源人员要考虑供求情况，需要雇用和培训的要提前做好准备，对设备等要考虑其生产能力和使用状况，不能超出其极限。费用的平稳使用需全面考虑各个项目的进度计划情况和项目的优先级。

(3) 灵活性

在编制多项目费用管理计划时，由于多项目将面临更多的不确定性和风险，需要更高的灵活性和应对风险的能力。

(4) 科学的费用变更程序

多项目费用管理计划应规定科学的费用变更程序，保证能够及时地对费用计划进行变更。

(5) 成本效益原则

多项目费用管理是一个复杂的过程，需要花费一定的管理成本。在制定计划时，要考虑以最小的管理成本达到最佳的管理效果。

5. 多项目冲突的协调

在多项目环境中发生项目进度和资源冲突是不可避免的，冲突协调的作用是引导这些冲突的结果向积极的协作方向发展。在此过程中项目经理是解决冲突的关键，在做好冲突防范的同时，当冲突发生时分析冲突来源，运用正确的方法来解决冲突，并由此而发现问题、解决问题。

(1) 冲突处理

导致冲突的因素多种多样，且同一因素在不同的项目环境及同一项目的不同阶段可能会呈现不同的性质，但是解决各式各样的冲突，有一些常用的方法和基本的策略。

1）解决冲突的常见方法

①建立企业范围内的冲突解决方针和程序。

②在项目计划阶段建立项目冲突解决的方针程序。

③借助上级的帮助解决冲突。

④冲突双方持解决问题的积极态度进行沟通协调。

2）解决冲突的五种基本策略

①回避或撤出：这是指卷入冲突的人们从冲突中撤出来，避免发生实际或潜在的争端。

②竞争或强制：通过竞争或强制命令，达到“非赢即输”的结果。

③缓和或调停：此策略的实质是“求同存异”。

④妥协：协商并寻求争论双方在一定程度都满意的方法。

⑤正视冲突：直接正视问题和冲突，以诚待人，形成民主的氛围。

(2) 冲突防范

冲突防范是对可能产生的冲突进行预防的最佳方法。为了做好冲突防范，项目经理必须确保所有的成员都清楚他们所期望的工作结果并对项目计划十分熟悉。项目经理还必须确保项目团队成员清楚项目的高层目标以及项目实施计划。在项目开始之时，应该预测其他项目优先权及其对本项目可能带来的影响；在项目进程中，应连续地监督与有关部门的沟通结果，预见问题并考虑替代方案，确认需要密切监督的问题，对可能出现进度差错的关键项目考虑重新调配人员，及时解决可能影响项目进展的技术问题。

5.6　建设工程项目经理职业资格管理规则

随着政府职能转变及建造师执业资格注册制度的建立，我国已取消政府建设主管部门对建筑施工企业项目经理资质核准的行政审批。为此，建设部印发了《关于建筑业企业项目经理资质管理制度向建造师执业资格制度过渡有关问题的通知》（建市[2003] 86号）。该通知明确指出：项目经理岗位是保证工程项目建设质量、安全、工期的重要岗位，在全面实施建造师执业资格制度后，仍要坚持项目经理岗位责任制；并且明文规定大、中型工程项目施工的项目经理必须由取得建造师注册证书的人员担任。

为了提高建设工程项目管理水平，加快项目管理人才培养与国际接轨，进一步加强行业自律和建设工程项目经理专业化、职业化和社会化管理，依据《建设工程项目管理规范》和建设部有关文件精神，制定了《建设工程项目经理职业资格管理规则》，自2004年12月1日起执行。

该规则明确了建设工程项目经理的职业资格要求，是规范建设工程项目经理行为，为企业培养、选聘、检验、考核、评价建设工程项目经理的基本依据。它适用于国有、民营、股份制、股份合作制企业（包括工程总承包、施工总承包、施工专业承包、项目管理等企业）及与建设工程相关组织的项目经理资格管理与职业化建设。也适于政府、发包人、监理等单位对建筑业企业建设工程项目经理职业资格和管理能力进行检验和考核评价。

1. 建设工程项目经理职业等级与基本条件

（1）建设工程项目经理的职业等级

建设工程项目经理的职业等级划分为四个等级：

①A级为建设工程总承包项目经理。

②B级为大型建设工程施工（项目管理服务）的项目经理。

③C级为中型建设工程项目施工的项目经理。

④D级为小型建设工程项目施工的项目经理。

（2）建设工程项目经理的职业范围

①A级项目经理：可以承担各类工程总承包项目（国际工程）或全过程工程项目管理承包的任务。

②B级项目经理：可以承担大型建设工程项目管理服务和施工项目管理的任务。

③C级项目经理：可以承担中型建设工程施工项目管理的任务。

④D级项目经理：可以承担小型建设工程施工项目管理的任务。

《建设工程规模等级按规模划分表》（表5.6-1）和《建设工程项目等级按投资划分表》（表5.6-2）分别规定了各级建设工程项目经理所能承担的建设工程项目规模限制。

建设工程规模等级按规模划分表 **表5.6-1**

工程类别	总承包（A级）	大型（B级）	中型（C级）	小型（D级）
房建工程	各类工程总承包项目	10万平米以上	3万平米及以上	3万平米以下

建设工程项目等级按投资划分表　表5.6-2

工程类别	总承包（A级）	大型（B级）	中型（C级）	小型（D级）
各类工程	各类工程 总承包项目	投资在1亿元以上	投资在3000万元至 1亿元	投资在3000万元 及以下

2. 建设工程项目经理基本素质和能力要求

①具有良好的道德品质和政治觉悟，爱党爱国，遵纪守法，敬业爱企，尽责守信。

②具有团队精神，善于处理伙伴关系，维护建设工程项目相关者的利益，保守项目秘密。

③具有开拓创新精神和良好的服务意识，事业心强，勇于承担责任。

④具有丰富的建设工程项目管理经验、工程技术及工程管理专业特长。

⑤具有较强的综合管理和组织工作能力、社会活动和协调沟通能力，以及业务谈判技巧和应对突发事件与抗风险的能力。

⑥身体健康、精力充沛，能充分利用企业法定代表人和合同文件赋予的权义组织建设工程项目管理与运行。

3. 建设工程项目经理等级标准

（1）A级项目经理标准

①具有大学本科以上文化程度、工程项目管理经历10年以上，或具有大专以上文化程度、工程项目管理经历12年以上。

②具有国家一级注册建造师执业资格并取得国际工程项目经理证书（ICPMP），或取得国际（工程）项目管理专业资质认证（IPMP）B级证书。

③具有大型工程项目管理经验，至少承担过两个投资在1亿元以上的工程项目。

④根据工程项目特点，能够带领项目经理部中所有管理人员熟练运用项目管理方法，圆满地完成建设工程项目各项任务和指标。

⑤掌握一门外语，有识别和阅读图纸的外语水平。

（2）B级项目经理标准

①具有大学本科文化程度、工程项目管理经历8年以上，或具有大专以上文化程度、工程项目管理经历10年以上。

②具有国家一级注册建造师执业资格并参加国际（工程）项目管理专业资质（IPMP）培训，经严格考核，取得专业培训证书。

③具有大型工程项目管理经验，至少担任过一个投资在1亿元以上的工程项目。

④ 具有一定的外语知识。

（3）C级项目经理标准

①具有大专以上文化程度、施工项目管理经历5年以上，或具有中专以上文化程度、施工项目管理经历8年以上。

②具有二级注册建造师执业资格或取得国际（工程）项目管理专业资质认证

（IPMP）C级证书。

③具有中型以上工程项目管理经验，至少担任过一个投资在3000万元以上的工程项目。

（4）D级项目经理标准

①具有大专以上文化程度、施工项目管理经历2年以上，或中专及高中以上文化程度、施工项目管理经历5年以上。

②经过建设工程项目经理职业资格标准培训或参加国际（工程）项目管理专业资质（IPMP）培训，并经严格考核，取得专业培训证书。

③具有小型工程项目管理经验。

4. 建设工程项目经理的选聘

（1）项目经理的选聘方式

①自荐上岗：由本人提出申请，企业人事部门根据《建设工程项目经理职业资格管理规则》规定审核，经领导办公会议研究同意后，由法定代表人签发建设工程项目经理聘任书。

②委任上岗：根据《建设工程项目经理职业资格管理规则》，经企业人事部门推荐，并征得本人同意，由企业法定代表人直接签发建设工程项目经理聘任书。

③竞聘上岗：根据工程项目的需要，企业按照《建设工程项目经理职业资格管理规则》和有关规定程序，向内部或外部发布招聘建设工程项目经理公告，并对报名参加竞选人进行考核和评价，中选后由企业法定代表人签发建设工程项目经理聘任书。

（2）项目经理的聘任条件

①企业聘任建设工程项目经理时，应根据建设工程项目经理职业等级标准和工程项目的实际情况选择配备具有相应职业资格的建设工程项目经理。

②发包人或其他实施工程项目管理的建设单位以及承包商，在检查和验证、聘任建设工程项目经理时，应参照执行本标准。

③企业考评与聘任：由企业依据《建设工程项目经理职业资格证书》取得者并综合考评实际担任工程项目管理的能力后选聘建设工程项目经理，每次工程项目管理的最终成果和考评成绩由所在企业记入《建设工程项目经理职业资格管理档案》。

④已取得《建设工程项目经理职业资格证书》的建设工程项目经理每二年参加一次继续教育，并将考核结果记录于《建设工程项目经理职业资格证书》继续教育一栏中。

5. 建设工程项目经理培训与考核

（1）项目经理培训

①培训目的：为了适应中国加入WTO后国际工程承包和满足市场经济条件下工程项目管理需要和企业对工程总承包项目管理人才的需求。

②培训机构：由各地行业协会推荐并在中国建筑业协会工程项目管理专业委员会备案的培训机构承担。

③培训师资：由培训机构聘任具有工程项目管理理论研究和实践应用较强或参加过中国建筑业协会工程项目管理专业委员会举办的建设工程项目经理培训的教师担任。

④培训教材：使用由中国建筑业协会、清华大学、中建总公司编制的建造师执业资格考试和工程总承包项目经理培训辅导教材。

（2）项目经理考核

①C级以上项目经理由企业按照本规则中的职业等级标准向所在省、自治区、直辖市建设行业协会指定的机构申请，各省、自治区、直辖市建设行业协会指定的机构进行审核后，颁发《建设工程项目经理职业资格证书》。

②D级项目经理由各省、自治区、直辖市建设行业协会指定的培训机构，按照建设工程项目经理职业资格培训大纲进行培训，经严格考核合格后，直接颁发《建设工程项目经理职业资格（D级）证书》。

③考核方式：由培训机构按照书面考试、论文答辩并结合本人在企业任职情况考评。

（3）证书管理

①证书发放：《建设工程项目经理职业资格证书》（CPMCB）分为A、B、C、D四级，由中国建筑业协会统一印制，统一编号，各省市协会指定机构考核，统一发放，全国联网公示，全国通用。

②证书年检：建设部已经发放的《建筑业企业项目经理资质证书》，在过渡期满前继续有效；2004年以后发放《建设工程项目经理职业资格证书》，依据建设工程项目经理继续教育要求每二年进行一次，由各省、自治区、直辖市建设行业协会委托的培训机构负责实施，中国建筑业协会工程项目管理专业委员会监督检查。

③证书有效期：2005年1月1日起，《建设工程项目经理职业资格证书》和原建设部发放的《建筑业企业项目经理资质证书》同时有效。2008年2月28日起，开始全部使用《建设工程项目经理职业资格证书》。

④证书转换：凡取得建造师执业资格注册证书，并经过建设工程项目经理继续教育的在岗各级建筑业企业项目经理，可按照原等级直接换发《建设工程项目经理职业资格（A级）证书》、《建设工程项目经理职业资格（B级）证书》、《建设工程项目经理职业资格（C级）证书》。

（4）证书使用

①建筑业企业在投标时，应向发包人出示《建设工程项目经理职业资格证书》原件并提供复印件。

②建设单位或发包人在考核建设工程承包商或工程项目管理公司的综合管理能力时，除了解建设工程项目经理能力外，应验证《建设工程项目经理职业资格证书》。

6. 建设工程项目经理的责任、权限和利益

（1）责任

1）建设工程项目经理对于所属上级组织（公司）的责任：

①保证工程项目目标的实现符合上级组织（公司）的要求。

②接受和服从上级组织（公司）对工程项目管理实施过程中的管理与监督。

③充分利用和管理好上级组织（公司）分配给该工程项目的资源。

④及时与上级组织（公司）就工程项目管理进展等情况进行沟通。

2）建设工程项目经理对所管工程项目及项目经理部与分包单位的责任：

①明确建设工程项目目标及约束，制定工程项目的各种活动计划。

②确保建设工程项目安全、质量目标实现，并终身承担其责任。

③确定适合于工程项目的组织机构，招募项目经理部成员、建设项目团队。

④获取和优化配置工程项目所需资源，领导项目团队执行项目计划，及时支付劳务队伍工资。

⑤对工程项目进行全过程管理与控制，协调处理与项目管理相关者的各种关系。

⑥为实施工程项目考评编制项目报告，在工程项目结束前应考虑项目成员的未来去向，妥善处理好有关善后工作。

（2）权限

1）依据企业授权范围，建设工程项目经理的权力：

①项目团队的组建和分包单位的选择权。

②对进入工程项目现场各种资源的优化配置权。

③工程价款的及时回收与合理使用权。

④工程项目实施全过程的监控与管理权。

2）建设工程项目经理的放权

建设工程项目经理在企业法人代表授权范围内，可按岗位职责细化和放权给项目团队成员完成工作目标的责任及相应的决策权。

（3）利益

①按照企业有关规定获得基本工资、岗位工资和绩效工资及项目管理目标兑现奖，其具体办法由企业确定或按工程项目管理目标责任书有关条款执行。

②建设工程项目被评为鲁班奖及省部级优质工程奖或相当于省部级工程奖项的，其建设工程项目经理可推荐参评全国建筑业企业优秀项目经理、国际杰出项目经理。

③凡担任过五个以上大型建设工程项目的建设工程项目经理，且在建设工程项目管理中做出突出贡献并无重大质量安全事故，工程项目管理年限在20年（含20年）以上，经企业推荐，可由中国建筑业协会发给优秀工程项目管理者荣誉证书。

5.7 智能建筑设计和系统集成资质管理

智能建筑工程项目具有技术难度大、复杂程度高、投资风险大的特点，稍有不慎，势必给国家造成巨大损失。为保证设计质量、水平和效益，规范勘察设计市场行为，加强对建筑智能化工作的管理，有必要建立建筑智能化专项资质管理制度，设立建筑智能化系统设计和系统集成专项工程设计资质。

5.7.1 智能建筑工程建设的行业管理

1. 智能建筑工程建设行政主管部门

目前，国家对智能建筑工程项目建设的管理主要由两个部门掌管：

①建设部门：国家建设部主管智能建筑的部门是建筑市场管理司，并设有智能建筑专家委员会协助工作。主要负责智能建筑工程项目设计及施工资质审批、工程管理有关标准

的制定等，其中包括全国性的技术规范的编制，行业管理规定的发布、有关政策的制定以及实际执行情况的检查调研等。

②信息产业部门：国家信息产业部主要管理信息化工程建设中的信息网络系统、信息资源系统、信息应用系统的新建、升级、改造工程，其中包括智能建筑、通讯系统、控制网络、信息技术、应用软件方面的有关管理、电子产品标准，以及系统集成、信息系统工程监理的资质审批和管理。

当今信息技术发展的一个重要特征是与其他技术的交叉融合，主要特点表现在你中有我，我中有你。所以，当我们在鉴别一个建设工程项目是否属于信息化工程时，主要是要看其主体核心技术、关键技术是否属于信息技术的范畴。虽然智能建筑是一个综合建筑环境，它既包含了设备物理建筑环境，又包含了管理和服务等方面的软环境，但是它的主体基础仍然是信息技术在建筑及建筑群中的实际应用，把建筑智能化系统划归于信息系统工程一类是比较妥当的。

2. 智能建筑的规范化发展

在我国，智能建筑作为数字城市形象工程的基础在现代城市建设中的地位日趋重要，伴随着智能楼宇与智能小区的兴起，与之相关联的研讨会、展示会此起彼伏，报刊、电台等传媒也争相宣传。以前开发商还把楼盘配有智能化系统当作卖点，而现在没有智能化系统则成为了缺点，不论是居住园区，还是大厦的建设都把智能化系统当作基本配置。也正因为如此，对智能建筑的规范化发展提出了更高更多的要求。

形势的发展也极大地促进了政府部门加强管理和指导的力度，各种规定标准相继出台，使智能建筑逐步步入规范化的道路。在 20 世纪 80 年代末国家建设部编制的《民用建筑电气设计规范》中，就已经提出了楼宇自动化和办公自动化，对智能建筑理念和各种系统有了比较全面的涉及。当时人们对建筑智能化理解主要是将电话、有线电视系统接到建筑物中来，同时利用计算机对建筑物中的机电设备进行控制和管理。各个系统是独立的、没有联系的，与建筑结合也不密切。

虽然把综合布线这样一种布线方式技术的引入曾使人们对智能建筑的概念产生一些误解,把综合布线当作智能建筑的唯一方式,但它确实吸引了一大批通信网络和 IT 行业的公司进入智能建筑领域,促进了信息技术行业对智能建筑发展的关注。同时,由于综合布线系统对语音通信和数据通信的模块化结构,在建筑内部为语音和数据的传输提供了一个开放的平台,加强了信息技术与建筑功能的结合,对智能建筑的发展和普及产生了巨大的作用。

1995 年中国工程建设标准化协会通信工程委员会发布了《建筑与建筑综合布线系统和设计规范》，这些都促进了通信网络和办公自动化系统在建筑中的应用。同年上海正式颁发了地方标准《智能建筑设计标准》，它根据不同的需求，把智能建筑划分为三级，为智能建筑规划、设计和施工提供了依据，推动了智能建筑的发展。

对智能建筑另一个重要推动力量来自房地产开发商，在 20 世纪 90 年代房地产开发热潮中，房地产开发商，在还没有完全弄清智能建筑要领的时候，发现了智能建筑这个标签的商业价值，于是“智能建筑”、“5A 建筑”、甚至“7A 建筑”的名词出现在他们促销广告中。正是这些情况，智能建筑迅速在中国普及起来，在 20 世纪 90 年代后期我国东部沿海一带新建的高层建筑几乎全都自称是智能建筑，并迅速向中西部扩展。迅速膨胀的市场在锻炼和培养一支智能建筑设计和施工队伍的同时，也出现一些不规范的现象，智能建筑的工程质量也出现一些隐患。

为此，国家建设部在 1997 年颁布了《建筑智能化系统工程设计管理暂行规定》，在 1998 年 10 月又颁布了《建筑智能化系统工程设计和系统集成专项资质管理暂行办法》以及与之相应的《执业资质标准》两个法令。这两个法令规定了承担智能建筑设计和系统集成的资格，实际上是个市场准入的标准，它禁止一切不符标准、不具实力、没有业绩的不合格企业进入市场，以确保市场的秩序和产品的质量。

我国对智能建筑的最大贡献是开发智能小区。在上世纪末，智能住宅小区建设是中国独有的现象，在住宅小区应用信息技术主要是为住户提供先进的管理手段，安全的居住环境和便捷的通信娱乐工具。这和以公共建筑如酒店、写字楼、医院、体育馆等为主的智能建筑有很大的不同，智能小区的提出正是信息社会促使人们改变生活方式的一个重要体现。

国家建设部住宅产业促进中心于1999 年年底颁布了《全国智能化住宅小区系统示范工程建设要点与技术导则》(试行稿)，计划用 5 年时间，组织实施全国智能化住宅小区系统示范工程，以此带动和促进我国智能化住宅小区建设，以适应本世纪现代居住生活的需要。

推动智能化住宅小区建设的主角是电信运营商，他们试图通过投资建设一个到达各家各户的宽带网络，开展各种增值服务如：电子商务、网上娱乐、远程教育、远程医疗及其他各种数据传输和通信业务等，并以这些增值服务来回收投资。于是开发商和住户便享受起这个“免费的晚餐”，一个遍及全国的“宽带热”正在各地兴起。各种类型的公司纷纷加入这场“圈地”运动中，恶性竞争频频发生，甚至有些住宅小区同时几套宽带网络同时建设。

为了规范宽带用户驻地网络运营市场，鼓励公平竞争，保证广大电信用户的权益，促进互联网和宽带业务的发展，国家信息产业部于 2001 年出台了《关于开放用户驻地网运营市场试点工作的通知》及《关于开放宽带用户驻地网运营市场的框架意见》。

根据这两个文件中国将在 13 个城市首先开展宽带用户驻地网运营市场开放、管理试点工作。试点工作是为了摸索出行之有效的管理办法、技术标准，进而在全国推广，进一步推进中国的宽带建设。虽然文件将宽带驻地网运营定义为基础电信业务，但也规定了宽带用户驻地网运营许可证的发放将比照增值业务许可证的发放方式来管理。因此，《框架意见》的出台，虽然提高了宽带市场的准入门槛，但还是明确了对有实力的企业开放了市场。

虽然有人对这种发展建筑智能化的思路持怀疑态度，但这并不影响“宽带网”成为建筑智能化行业，乃至房地产行业最热门的话题。更重要的是它将会改变人们进行建筑智能化建设的技术路线和运作模式，也许这也标志着智能化已经突破建筑，走向整个城市、整个社会。于是有人对智能建筑进行新的解释和理解，认为建筑智能化就是通过接入到各种建筑的宽带网络，为生活和工作在这些建筑内的人们提供各种人们需要的智能化信息服务业务，用户通过这个网络接受和传送各种语音、数据和视频信号，满足人们信息交流、安全保障、环境监测和物业管理的需要。

如果把综合布线当作智能建筑的全部，显然过于简单化了，但另一方面，如果对智能建筑不分对象和实际需要，盲目追求智能建筑一体化集成，则又过于复杂化了。针对智能建筑系统集成这个关键问题，建设部建筑智能化文化教育工作专家委员会于1999年在北京举办了“智能建筑系统集成高峰论坛”，与会代表就智能建筑系统集成的必要性、如何进行系统集成等有关问题进行了研讨，有关代表提出了系统集成应该主要是以楼宇自控系统为主的系统集成，以及利用开放标准进行系统集成的观点。这些观点在后来的系统集成实践中成为主要指导思想，它标志着我国智能建筑建设从盲目追求智能化、贪大求全转向务实。

在这种实践务实思想的指导下，2000年建设部颁布了国家标准《建筑与建筑群综合布线工程设计规范》(GB/T 50311—2000)和《建筑与建筑群综合布线工程验收规范》(GB/T 50312—2000)，明确规定综合布线系统的设施及管线的建设，应纳入建筑与建筑群相应的规划之中。综合布线系统应与智能建筑办公自动化(OAS)、通信自动化(CAS)、建筑设备自动化(BAS)等系统统筹规划，按照各种信息的传输要求做到合理使用，并应符合相关的标准。智能建筑工程设计中必须选用符合国家有关技术标准的定型产品。未经国家认可的产品质量监督检验机构鉴定合格的设备及主要材料，不得在建设工程中使用。

与此同时，2000年建设部还颁布了国家标准《智能建筑设计标准》（GB/T 50314—2000）。根据该标准，除住宅外的智能建筑中各智能化系统大体上可分为甲、乙、丙三级。

2003年7月1日建设部发布国家标准《智能建筑工程质量验收规范》（GB 50339—2003），以及在2004年颁布《安全防范工程技术规范》（GB 50348—2004）和《建筑物电子信息系统防雷技术规范》（GB 500343—2004）。这些国家级标准规范的制定和在实践中贯彻执行为我国智能建筑健康有序发展提供了保证。

21世纪是知识经济时代，同时又是生态文明时代。在智能建筑领域里，开放性控制网络技术正在向标准化、广域化、可移植性、可扩展性和互可操作性方向发展。随着智能建筑技术的高速发展，2006年12月29日建设部发布新版国家标准《智能建筑设计标准》(GB/T 50314—2006)，自2007年7月1日起实施，原国标《智能建筑设计标准》（GB/T 50314—2000）同时废止。新版《智能建筑设计标准》除了有智能建筑共性的设计要素规定外，突出针对办公、商业、医院、文化、媒体、体育、交通、学校、住宅、工业等各类建筑分门别类地进行了关键点的描述，对于哪类建筑应该达到哪种智能化建筑标准，尝试着给出了比较明确的指导性意见，大大增加设计过程的参考价值和实际的可操作性。

2007年4月6日建设部发布了两部新的国标《综合布线系统工程设计规范》（GB 50311—2007）和《综合布线系统工程验收规范》（GB 50312—2007），自2007年10月1日起实施。原《建筑与建筑群综合布线系统工程设计规范》（GB/T 50311—2000）和《建筑与建筑群综合布线系统工程验收规范》（GB/T 50312—2000）同时废止。这两部新标准是在2000版标准的基础上总结经验编写出来的，更为完善，更加符合目前行业的发展。其主导思想：一是和国际标准接轨，以国际标准的技术要求为主，避免造成厂商对标准的一些误导；二是符合国家的法规政策，新标准的编制体现了国家最新的法规政策；三是很多的数据、条款的内容更贴近工程的应用，规范让大家用起来方便，不抽象，具实用性和可操作性。

5.7.2　智能建筑工程设计、集成及施工资质

智能建筑工程设计与承包资质是市场的准入证。我国在进行资质管理之前的一段时期

内，这方面市场处于无序状态，工程的承接全靠双方的意愿，发包人信任即可做。这一时期虽存在许多问题，但也为以后的规范管理提供了业绩基础。这因为申报资质时，申报单位必须具备相应等级的业绩。

设计是工程建设的龙头，为了加强对建筑智能化系统工程的设计管理，规范工程设计行为，保障建筑智能化系统工程的设计质量，国家建设部在1997年颁布了《建筑智能化系统工程设计管理暂行规定》，纲要性地规定了建筑智能化系统工程的范围、设计的具体内容、管理的指导思想、应执行的统一标准、设计资格和设计责任，规范了系统集成商的工作，提出了对智能建筑进行评估的要求，特别是明确了建筑智能化系统工程的主管部门是建设部勘察设计司及各地方建委。

1998年建设部印发了建设（1998）194号文件《建筑智能化系统工程设计和系统集成专项资质管理暂行办法》，以及与之相应的《建筑智能化系统工程设计和系统集成执业资质标准（试行）》两个法令。这两个法令规定了承担智能建筑设计和系统集成的资格，明确了资质的申请、审批、监督与管理。实际上它是一个市场准入的标准，它禁止一切不符标准、不具实力、没有业绩的不合格企业进入市场，以确保市场的秩序和产品的质量。

这些文件的颁布，对规范智能建筑市场起到了重要的作用，并对国内能够承接工程设计、工程承包的单位资格进行了具体的规定。1999年年初，智能建筑工程设计、承包人资质开始申报。第一批审批了200家，共分为三个级别，一为工程设计，二为系统集成，三为子系统集成。原则上前两个级别的承包范围向下兼容。目前，获得资质的单位约700家，主管部门动态管理的规模大概控制在1000家左右。

施工资质仍沿用以往各行业主管部门的规定，包括电子工程、施工安装工程及其他施工资质，总的要求是其施工资质与承包范围相符合。具体来说，通讯、电子工程设计资质分为甲、乙、丙三级，施工资质分为一、二、三、四级，不具备上述资质的单位，不得从事智能建筑内相应级别的通讯网络、综合布线及办公自动化系统的设计、施工。

与此同时，为适应我国信息化建设和信息产业发展需要，加强计算机信息系统集成市场的规范化管理，保证计算机信息系统工程质量，信息产业部发布《计算机信息系统集成资质管理办法（试行）》，即信部规（1999）1047号文件。该文件定义：计算机信息系统集成是指从事计算机应用系统工程和网络系统工程的总体策划、设计、开发、实施、服务及保障。

建设部为进一步贯彻落实《行政许可法》，减轻企业负担，推进专业工程总承包发展，加强对建筑市场的监管，结合有关专业工程的具体情况，于2006年3月6日颁布了《建筑智能化工程设计与施工资质标准》、《消防设施工程设计与施工资质标准》、《建筑装饰装修工程设计与施工资质标准》、《建筑幕墙工程设计与施工资质标准》四个设计与施工资质标准。

1. 计算机信息系统集成资质管理办法

《计算机信息系统集成资质管理办法（试行）》规定：计算机信息系统集成的资质是指从事计算机信息系统集成的综合能力，包括技术水平、管理水平、服务水平、质量保证能力、技术装备、系统建设质量、人员构成与素质、经营业绩、资产状况等要素；凡从事计算机信息系统集成业务的单位，必须经过资质认证并取得了《计算机信息系统集成资质证书》。根据该文件的规定，有两点可以明确，其一是建筑智能化工程属于信息系统工程；其二是取得了计算机信息系统集成资质证书的单位可以从事建筑智能化工程的设计和施工。

计算机信息系统集成资质等级分一、二、三、四级。各等级所对应的承担工程的能力：

①一级：具有独立承担国家级、省（部）级、行业级、地（市）级（及其以下）、大、中、小型企业级等各类计算机信息系统建设的能力。

②二级：具有独立承担省（部）级、行业级、地（市）级（及其以下）、大、中、小型企业级或合作承担国家级的计算机信息系统建设的能力。

③三级：具有独立承担中、小型企业级或合作承担大型企业级（或相当规模）的计算机信息系统建设的能力。

④四级：具有独立承担小型企业级或合作承担中型企业级（或相当规模）的计算机信息系统建设的能力。

2. 建筑智能化工程设计与施工资质标准

建设部颁布的《建筑智能化工程设计与施工资质标准》是核定从事建筑智能化工程设计与施工的企业资质等级的依据，资质等级设一级、二级两个级别。各等级所对应承担工程的能力有：

（1）取得建筑智能化工程设计与施工资质的企业，可从事各类建设工程中的建筑智能化项目的咨询、设计、施工和设计与施工一体化工程，还可承担相应工程的总承包、项目管理等业务，包括：

- 综合布线及计算机网络系统工程。
- 设备监控系统工程。
- 安全防范系统工程。
- 通信系统工程。
- 灯光音响广播会议系统工程。
- 智能卡系统工程。
- 车库管理系统工程。
- 物业管理综合信息系统工程。
- 卫星及共用电视系统工程。
- 信息显示发布系统工程。
- 智能化系统机房工程。
- 智能化系统集成工程。
- 舞台设施系统工程。

（2）取得一级资质的企业承担建筑智能化工程的规模不受限制。

（3）取得二级资质的企业可承担单项合同额 1200 万元及以下的建筑智能化工程。

第6章　智能建筑工程建设程序与招投标

6.1　智能建筑工程的建设程序

由于智能建筑工程是一项高科技、高投入的项目，技术含量高，投资风险也大，若有不慎，就可能造成大量资金浪费，使用维护不便，达不到预期的使用功能和要求。更为严重的是在巨大的投资之后，由于种种原因而无法使用的情况也不少见。因此，必须重视智能建筑工程的项目管理，依照智能建筑发展的科学规律和规范化的建设程序，对国外先进的智能建筑产品详细分析，在总结国外先进的智能建筑产品优点和分析我国建筑智能化系统需求的基础上，设计和建设适合中国国情的智能建筑。

智能建筑工程建设的重点环节包括项目可行性研究、项目申报、招标评标、系统设计、工程设计、施工管理、系统检测、项目验收和项目移交等。

1. 可行性研究

智能建筑工程可行性研究是从技术和经济等方面，对拟建的智能建筑工程项目在建设的必要性、技术可行性、经济合理性、实施可能性等方面进行综合研究和论证，得出项目是否可行的结论。目的是通过对与拟建项目的投资效果有关的因素的综合研究分析，避免或减少投资决策的盲目性，提高建设投资的综合效益。它是保证项目前期工作在项目管理方面达到项目选择准确、方案科学、工期合理、投资可控、效益显著的重要环节。

智能建筑可行性研究工作一般委托智能建筑设计单位或专业咨询公司来做，一般分为三个阶段，即机会研究、初步可行性研究和详细可行性研究。内容主要包括：

①技术评价：是指项目所选技术标准、建设规模、技术方案的可靠性、耐久性、适应性、安全性、环保性等，即论证建设项目技术上的可行性。

② 经济评价：站在发包人的角度，按照国家现行的财税制度和价格体系，分析、计算项目为发包人带来的财务盈利能力，即财务可行性。

③环境影响评价：是在项目规划、实施之前，为尽量减缓或补偿项目对自然环境和社会环境的不良影响，改善环境质量，通过深入全面的调查研究，对影响区的环境可能受到的影响内容、方式、过程、趋势等进行系统的预测和评估，并提出评估意见及预防、补偿和改进措施。

④综合评价：即评价项目的实施对技术、经济、社会、环境、政治、国防、资源利用等各方面目标产生的影响。项目的立项与投资决策，不能单看某一方面的效果，必须综合分析各方面的效果，有些经济效果差一些的项目，其他方面效果显著，也应认为是可行项目。

⑤编写报告：在各项评价工作完成后，要编写一份详尽的可行性研究报告。内容一般

包括：现状、发展及建设的必要性，分析及预测，建设条件、技术标准、初步方案及建设规模、投资估算及资金筹措、经济评价、问题与建议，并给出工程数量、投资估算、经济评价的计算表格。

2. 项目申报

智能建筑工程与其他的建筑工程项目一样，属于发包人需要事先向各地建设主管部门申报，并获得批准立项的建设项目。即发包人应当在具备条件后，首先要向当地的建设管理部门申报，如不申报，会在后续的一系列工作中遇到麻烦。

大中型建设项目的可行性研究报告，由主管部门和各省、市、自治区或全国性专业公司负责预审，报国家计划与发展委员会审批或由国家计划与发展委员会委托有关单位审批。重大项目和特殊项目的可行性研究报告，由国家计划与发展委员会会同有关部门预审，报国务院审批。小型项目的可行性研究报告按隶属关系由主管部和各省、市、自治区或全国性专业公司审批。由于智能建筑是一项高投入的工程建设项目，受到政府主管部门的高度重视，申报立项必须慎重，不能想上就上，想下就下。一旦被批准，就不能随便降低或提升项目的建设标准和要求。

当智能建筑工程通过了项目立项以后，便可获得政府有关部门的支持和协助，发包人在项目宣传、实施及工程验收等方面都会程序通顺。

3. 招标评标

招投标是智能建筑工程项目建设程序的重点之一，有大量的工作需要完成。鉴于目前市场上承包人良莠不齐，虚假宣传等问题的存在，国家建设主管部门规定，智能建筑工程项目应当按照《招标投标法》完成招标工作，其基本目标是选出技术上先进、符合设计要求、经济上价位适中、实力强大、信誉良好的企业作为系统承包人。

智能建筑工程项目招标按照工程标的内容可分为项目总承包招标，系统设计招标，工程建设施工招标，项目材料和设备招标，以及信息系统工程监理招标等类型。

4. 用户需求调研

建筑智能化系统用户需求调查与分析是搞好系统建设的前提。在进行建筑智能化系统设计之前，必须进行详细的用户需求调查和分析工作，并与发包人以及土建设计单位等，进行认真的研讨，提出详尽、合理的用户需求分析报告（项目范围说明文件）。项目需求不宜定位过低，也不宜过高，应符合实际且具备一定的前瞻性。

一般而言，发包人对智能化系统的使用性质、功能需求、投资规模等方面了解得不够具体，仅有一些初步的设想和大概的要求。因此，用户需求调研应当以为用户着想的思想为指导，深人研究该工程的特点，结合智能建筑的发展动态，必要时进行同类项目的考察，在此基础上，为发包人写出详细具体的、包括潜在需求的、切合实际的用户需求分析报告（项目范围说明文件）。

主要内容包括：

①智能建筑发包人建设的目标和详细功能需求。

②地方建设管理部门对该项目的建设要求。

③智能建筑基本用户（指今后可能的使用者）对建筑智能化工程系统的需求调查。

④土建设计与土建施工状况对智能建筑系统建设提供的条件和影响分析。

⑤智能建筑用户需求综合分析。

⑥现有智能建筑技术、设备等因素对该工程建设提供的条件。

⑦可能实现的功能分析。

5. 总体方案设计

根据《建筑智能化工程设计与施工资质标准》的规定，建筑智能化系统的设计单位可以由具有资质的土建设计单位承担，也可以单独委托具有设计资质的专业公司对项目进行总承包，包揽设计、招投标、施工及调试等一条龙服务工作。由于各种实际原因，采用后一种方式的项目较多，效果较好。

建筑智能化系统总体方案设计是智能建筑工程建设的关键环节之一，总体设计文本是建筑智能化系统建设的纲领性文件，其设计水平如何，直接决定系统建设水平。

总体方案设计的主要内容包括：

①确定建筑智能化系统建设目标。

②确定建筑智能化系统各个子系统的详细功能。

③建筑智能化系统各个子系统的设计，包括各子系统的详细功能、结构、技术性能、指标等。

④建筑智能化系统建设对土建施工提出要求，并设计出详细工程图纸和文本，包括各子系统的系统图和平面图。

⑤确定建筑智能化系统的主要产品，包括产品生产厂家、型号、产品性能指标、数量等，并对各类产品进行详细的分析。

⑥弱电系统集成设计，即把建筑设备自动化、通信自动化和办公自动化等相关子系统有机联结在一起，实现高效运行。

6. 详细设计

建筑智能化系统详细设计（或施工设计）是指在总体设计方案指导下，对各个子系统，如建筑设备自动化系统、通讯自动化系统、办公自动化系统等进行施工设计。过去有的智能建筑工程项目没有这个阶段，直接由承包人负责工程设计和实施建设，往往造成不必要浪费，弊病较多。而设计单位居于发包人与系统集成商、供货商之间，以独立的第三方身份来综合考虑系统技术和经济的综合效益，事实证明效果是良好的。建筑智能化系统详细设计主要内容包括：

①确定各子系统的详细功能。

②确定各子系统的详细技术性能、指标，包括产品性能、指标。

③各子系统详细施工图设计，包括施工图和文本。

④对土建工程提出合理要求，并与之配套、协调。

⑤各专业工程设计的协调。

7. 施工管理

施工管理包括与前期工程的交接和工程实施条件准备，进场设备和材料的验收、隐蔽工程检查验收和过程检查、工程安装质量检查、系统自检和试运行等。工程实施前应进行工序交接，做好与建筑结构、建筑装饰装修、建筑给水排水及采暖、建筑电气、通风与空调和电梯等分部工程的接口确认。

在项目实施准备阶段首先要组建项目经理部，它是指建设工程项目经理在企业的领导和支持下组建的进行工程项目管理的组织机构，项目经理部负责人是项目经理。项目经理部在项目经理的组织安排下，要制定项目实施的技术方案、进度计划和一系列的施工管理制度，以及质量控制体系和措施，然后提交开工申请，根据施工条件准备情况确定开工日期，在获得由监理签署的开工令以后才能正式进场施工。

在项目实施阶段要按照合同的要求提供所有的货物及服务，设备到场后，按照"开箱检验"的要求，对全部设备、材料的型号、规格、数量、外型、外观、包装及资料、文件（如原产地证明、原厂保修证明、海关进口手续、装箱单、保修单、随箱介质、备用零部件等）进行逐一验收，并造册登记及与装箱单对比；设备通电测试应单台进行，所有设备通电自检正常后，才允许进行多台相互联结。

在项目实施过程中，按相关的标准或规范施工，对工程的质量、进度、风险和投资进行控制，强调项目实施过程各阶段的测试工作，以实现合同目标要求。协调有关各方的工作关系，调解合同双方争议，必要时处理索赔事项。按合同的规定审查阶段性付款，核实已完成工程的数量、质量，报送发包人作为支付工程价款的依据。认真负责做好项目合同管理和信息管理工作，按照行业标准规范的要求进行文档的编写和归档等。

在项目调试和试运行阶段要监查系统的调试和试运行情况，记录系统试运行数据，以及对系统进行检测，做出检测报告。在试运行期间对系统出现的质量问题进行记录，尽快解决，解决问题后，还要进行二次监测。

8. 系统检测

根据GB 50339—2003《智能建筑工程质量验收规范》规定要求，智能建筑工程质量验收应包括工程实施及质量控制系统检测和竣工验收，并按"先产品，后系统；先各系统，后系统集成"的顺序进行。产品包括智能建筑工程各智能化系统中使用的材料、硬件设备、软件产品和工程中应用的各种系统接口。产品功能、性能等项目的检测应按相应的现行国家产品标准进行；供需双方有特殊要求的产品，可按合同规定或设计要求进行。对不具备现场检测条件的产品，可要求进行工厂检测并出具检测报告。

系统承包人在安装调试完成后，应对系统进行自检，自检时要求对检测项目逐项检测。根据各系统的不同要求，应按本规范各章规定的合理周期对系统进行连续不中断试运行，填写试运行记录和报告，以及编写与工程配套的技术文档，所有文档要满足相关标准及规范的要求。

发包人应组织有关人员依据合同技术文件和设计文件，以及本规范规定的检测项目、检测数量和检测方法，制定系统检测方案并经检测机构批准实施。检测机构应按系统检测方案所列检测项目进行检测。

检测结论分为合格和不合格，主控项目有一项不合格，则系统检测不合格；一般项目两项或两项以上不合格，则系统检测不合格；系统检测不合格应限期整改，然后重新检测，直至检测合格，重新检测时抽检数量应加倍；系统检测合格，但存在不合格项，应对不合格项进行整改，直到整改合格，并应在竣工验收时提交整改结果报告。

检测机构应填写系统检测记录和汇总表。

9. 项目验收

各系统竣工验收应包括以下内容：

①工程实施及质量控制检查。

②系统检测合格。

③运行管理队伍组建完成，管理制度健全。

④运行管理人员已完成培训，并具备独立上岗能力。

⑤竣工验收文件资料完整。

⑥系统检测项目的抽检和复核应符合设计要求。

⑦观感质量验收应符合要求。

⑧根据《智能建筑设计标准》GB/T 50314 的规定，智能建筑的等级符合设计的等级要求。

竣工验收时应填写资料审查结果和验收结论。竣工验收结论分合格和不合格，各系统竣工验收合格，为智能建筑工程竣工验收合格；竣工验收发现不合格的系统或子系统时，发包人应责成承包人限期整改，直到重新验收合格；整改后仍无法满足安全使用要求的系统不得通过验收。

10. 项目移交

智能建筑工程竣工验收合格后，要按时提交项目完整的所有设备的原厂家随机文档和软件、系统的全部有关产品说明书、原厂家安装手册、技术文件、资料、并提交工程相关的设计文档、技术文档、安装配置文档、测试、验收报告等文档，包括：

①用户需求调查报告。

②系统总体设计方案、详细设计方案、设计图纸及施工图。

③各子系统设备清单和详细性能说明。

④设备、软件、材料等的验收文档核实。

⑤各子系统操作手册或使用说明书。

⑥工程施工文档。

⑦工程竣工文档。

向发包人整体移交项目，移交完成后签发移交证书。

6.2 智能建筑工程的招投标

在我国，智能建筑工程项目设计和施工单位的选择方式通常都是采用招标的方法，即通过竞争性招标投标来实现。竞争性招标投标有一套完整、统一的程序，其过程由招标、投标、开标、评标、合同授与等阶段组成。这套程序不会因国家、地区和组织的不同而存在太大的差别。竞争性招标对投标各方而言是既公平又残酷的竞争，是实力、信誉、经验等多方面综合能力的比拼。

为了规范招标投标活动，保护国家利益、社会公共利益和招标投标活动当事人的合法权益，提高经济效益，保证项目质量，《中华人民共和国招标投标法》已由中华人民共和国第九届全国人民代表大会常务委员会第十一次会议于1999年8月30日通过，以中华人民共和国第二十一号主席令公布，自2000年1月1日起施行。国家决心建立健全的工程建设市场，打破地方保护、行业保护、部门保护的屏障，工程承包人的选择将在公平、公正、公开的原则下竞争。在我国境内进行招标投标活动，适用《中华人民共和国招标投标法》。

6.2.1　智能建筑工程招标分类及应具备的条件

建设工程招标是指工程发包人就拟委托工程承包工作的内容、范围、要求等有关条件作为标底，公开或非公开地邀请投标人报出完成工程建设项目的技术方案和费用方案，从而择优选定工程承包人的过程。择优以管理技术水平、社会信誉、业绩为首要条件。

1. 工程建设招标分类

工程建设招标按标的内容可分为以下几种类型：

（1）*建设项目总承包招标*：工程建设项目总承包招标是指从项目建议书开始，包括可行性研究、勘察设计、设备材料采购、工程施工、系统安装、调试、试运行直至竣工投产、交付使用的建设全过程招标，常称之为“交钥匙”工程招标。承包人提出的实施方案应是从项目建议书开始到工程项目交付使用的全过程的方案，提出的报价也应是包括咨询、设计服务费和实施费在内的全部费用的报价。总承包招标对投标人来说利润高，但风险也大，因此要求投标人要有很强的技术力量和相当高的管理水平，并有可靠的信誉。在我国也有采用总承包的，但较多的是设计施工总承包，将设备材料的采购另行招标。相对而言，设计施工总承包中的未知因素要少得多，计费也较容易，风险也相对小些。

（2）*工程勘察设计招标*：工程勘察设计招标，是招标人就拟建的工程项目的勘察设计任务发出招标信息或投标邀请，由投标人根据招标文件的要求，在规定的期限内向招标人提交包括勘察设计方案及报价等内容的投标书，经开标、评标，从中择优选定勘察设计单位的活动。

在我国有的设计单位并无勘察能力，所以勘察和设计分别招标也是常见的。一般是设计招标之后，根据设计单位提出的勘察要求再进行勘察招标，或由设计单位承包后，分包给勘察单位，或者设计、勘察单位联合承包。

（3）*工程建设施工招标*：工程建设施工招标是招标人就建设项目的施工任务发出招标信息或投标邀请，由投标人根据招标文件要求，在规定的期限内提交包括施工方案和报价、工期等内容的投标书，经开标、评标、决标等程序，从中择优选定施工承包人的活动。根据承担施工任务的范围大小及内容的不同，施工招标又可分为总承包招标、单项工程施工招标、单位工程施工招标及专业工程施工招标等。

（4）*设备材料采购招标*：工程建设项目的设备材料采购招标，是一项涉及面广、工作量大的招标工作，是招标人就设备、材料的采购发布信息或发出投标邀请，由投标人投标竞争获得采购合同的活动。但适用招标采购的设备、材料一般都是用量大、价值高，对工程的造价、质量影响大，并非所有的设备、材料均由招标采购而得。

(5) 工程建设监理招标：工程建设监理招标是建设项目的发包人为了加强对设计、施工阶段的管理，委托有经验有能力的建设监理单位对建设项目的设计、施工进行监理而发布监理招标信息或发出投标邀请，由建设监理单位竞争承接此建设项目的监理任务的过程。

由于智能建筑工程项目属于信息系统工程的范畴，所以对于智能建筑工程项目而言，工程建设监理招标指的是信息系统工程监理招标，投标单位必须是取得了信息产业部颁发的《信息化工程监理资质证书》，从事信息化工程监理业务的单位。

2. 智能建筑工程招标应具备的条件

①智能建筑工程立项文件已被批准。

②智能建筑工程项目建设资金已落实到位。

③招标文件已编制完毕。

④先招信息系统工程监理，后招工程建设承包人。

最后一条规定了监理招标应先于工程承包招标，即先选择监理单位，后选择工程承包人，而且要让工程监理单位直接参与工程承包招标工作。这样有利于提高监理服务质量，有利于选择合适的施工承包人及有益于监理与承包人之间的工作协作。

3. 招标单位应具备的条件

①具有法人资格。

②具有与招标工作相适应的工程管理、预算管理、财务管理能力。

③有组织编制招标文件和标底的能力。

④有对投标者进行资格审查和组织评标的能力。

发包人可以自己主持监理招标投标，也可以委托社会中介公司，如工程咨询或工程招标单位主持，但都应满足以上各条要求。另外，招标单位不得参加由其负责的工程项目投标。

6.2.2 智能建筑工程招标的方式

智能建筑工程招标工作通常采取以下几种方式进行。

1. 公开招标

公开招标是指招标人以招标公告的方式邀请不特定的法人或者其他组织投标。招标单位通过报刊、广播、电视、互联网（Internet）等新闻媒介公开发布招标广告，凡符合规定条件的单位都可以自愿参加投标。公开招标的优点是一切有资格的承包人或供货商均可参加投标竞争，都有同等的机会。使招标单位有较大的选择范围，可在众多的投标单位中择优选择。选择报价合理、工期较短、技术可靠、资信良好的中标人。其缺点是公开招标资格审查及评标的工作量大、耗时长、费用高，且有可能因资格审查不严导致鱼目混珠的现象发生，这是需要特别警惕的。

招标人选用了公开招标方式，就不得以不合理的条件限制或者排斥潜在的投标人。例如，不得限制或者排斥本地区、本系统以外的法人或者其他组织参加投标。

2. 邀请招标

邀请招标是指招标人以投标邀请书的方式邀请特定的法人或者其他组织投标。招标单位采取邀请招标方式时，向预先选择的数目有限的几家符合条件的单位发出邀请信，邀请他们参加该项目的投标竞争，应邀投标单位的数量一般为3～6家。邀请招标的优点是被邀请参加投标竞争者数量有限，不仅可以有效减少招标工作量，缩短招标时间，节约费用，而且能保证投标人具有可靠的资信和完成任务的能力，能保证合同的履行，同时每个投标者的中标机会相对提高，对招标投标双方都有利。其缺点是由于受招标人自身的条件所限，不可能对所有的潜在投标人都了解，可能会失去技术上、报价上最有竞争力的投标人。

3. 议标

议标是由招标单位直接邀请某一家符合条件的单位进行协商，达成协议后将工程建设任务委托这家单位去完成。如果第一家协商不成，可邀请另外一家，直到达成协议为止。

议标通常用于个别难度较大、工期紧以及情况特殊的智能建筑工程项目。采用议标方式，招标单位须经工程的上级主管部门批准，并将执行结果上报该主管部门核查备案。

4. 两阶段招标

智能建筑工程属于高科技项目，技术复杂、专业性强、涉及面广，各厂商提供的产品和系统千差万别，性能和价格差异很大。招标单位在自身技术力量不足的情况下，仅按自己拟定的技术规范进行招标是不可取的，因此采用两阶段招标方式。

两阶段招标活动分为两个阶段进行：在第一阶段，招标单位就拟招标工程项目的技术、质量或其他特点，以及就合同条款和服务条件等广泛地征求建议（合同价款除外），并同投标单位进行谈判以确定拟招标工程项目的技术规范和总体方案。在第一阶段结束后，招标单位就可最后确定技术规范和总体方案。第二阶段，招标单位依据第一阶段所确定的技术规范和总体方案进行正常的公开招标程序，邀请合格的投标单位进行投标。

6.2.3　智能建筑招标程序及方法

智能建筑工程项目招标程序包括资格预审、准备招标文件、发布招标通告、发售招标文件等。招标是竞争性招标投标的第一阶段，它是竞争性招标投标工作的准备阶段，在这一阶段，需要做大量的基础性工作，其具体工作，可由发包人自行办理，如果发包人因人力或技术原因无法自行办理的，可以委托给社会中介机构。

1. 资格预审

对于大型或复杂的智能建筑工程项目，在正式组织招标以前，需要对拟投标单位的资格和能力进行预先审查，即资格预审。通过资格预审，可以缩小投标单位的范围，避免不合格的单位做无效劳动，减少他们不必要的支出，也减轻了招标单位的工作量，节省了时间，提高了办事效率。

对拟投标的单位进行资格预审是公开招标程序中的重要环节，是招标工作高效、高质进行的重要保证。资格预审工作由招标单位主持，由有关专家组成的资格预审评审委员会具体进行。

资格预审工作必须遵循公平、公正、客观、准确的原则。

(1) 资格预审的内容

资格预审包括两大部分，即基本资格预审和专业资格预审。基本资格是指拟投标单位的合法地位和信誉，包括有无合格的资质、是否注册、是否破产、是否存在违法违纪行为等。专业资格是指已具备基本资格的投标单位履行拟定智能建筑工程项目建设的能力，包括：

①经验和以往承担类似合同的业绩和信誉。

②为履行合同所配备的人员情况。

③为履行合同任务而配备的测试仪器、设备以及技术方案等情况。

④财务情况。

⑤保修阶段监理服务的承诺、人员结构等。

(2) 资格预审程序

进行资格预审，首先要编制资格预审文件，邀请潜在的监理单位参加资格预审，发售资格预审文件，最后进行资格评定。

① 编制资格预审文件：一个国家或组织通常会对资格预审文件的格式和内容进行统一规定，制定标准的资格预审文件范本。资格预审文件可以由发包人编写，也可以由发包人委托的社会中介组织协助编写。

②邀请潜在的供应商参加资格预审：邀请潜在的投标单位参加资格预审，一般是通过发出邀请函或在公众媒体上发布资格预审通告进行的，如报纸、刊物或互联网等。资格预审通告的内容包括：发包人名称，智能建筑工程项目名称，工程规模，主要工程量，计划开工、完工日期，发售资格预审文件的时间、地点和售价，以及提交资格预审文件的最迟日期。

③发售资格预审文件和提交资格预审申请：资格预审通告发布后，采购单位应立即开始发售资格预审文件，资格预审申请的提交必须按资格预审通告中规定的时间，截止期后提交的申请书一律拒收。

④资格评定，确定参加投标单位名单：发包人在规定的时间内，按照资格预审文件中规定的标准和方法，对提交资格预审申请书的拟投标单位的资格进行审查。只有经审查合格的单位才有权参加投标。

2. 准备招标文件

招标文件是拟投标单位准备投标文件和参加投标的依据，同时也是评标的重要依据，因为评标是按照招标文件规定的评标标准和方法进行的。此外，招标文件是签订合同所遵循的依据，招标文件的大部分内容要列入合同之中。因此，准备招标文件是非常关键的环节，它将来有可能会影响到智能建筑工程项目的质量、成本和进度。

招标文件至少应包括以下内容：

(1) 招标通告。

(2) 投标须知。

具体制定投标的规则，使投标单位在投标时有所遵循。投标须知的主要内容包括：

1）如果没有进行资格预审的，要提出投标单位的资格要求。

2）招标文件和投标文件的澄清程序。

3）投标文件的内容要求。

4）投标语言。尤其是国际性招标，由于参与竞标的监理单位来自世界各地，必须对投标语言做出规定。

5）投标价格和货币规定。对投标报价的范围做出规定，即报价应包括哪些方面，统一报价口径便于评标时计算和比较最低评标价。

6）修改和撤销投标的规定。

7）投标书格式和投标保证金的要求。

8）评标的标准和程序。

9）投标程序。

10）投标有效期。

11）投标截止日期。

12）开标的时间、地点等。

(3) 合同条款

智能建筑工程项目承包的一般合同条款主要包括以下内容：

1）双方的权利和义务。

2）关于项目实施人员的资历和人数的规定。

3）价格调整程序。

4）付款条件、程序以及支付货币规定。

5）履约保证金的数量、货币及支付方式。

6）不可抗力因素。

7）延误赔偿和处罚程序。

8）合同中止程序。

9）解决争端的程序和方法。

10）合同适用法律的规定。

11）有关税收的规定等。

(4) 技术规格

技术规格是招标文件和合同文件的重要组成部分，它规定智能建筑工程项目的主要内容和标准。技术规格也是评标的关键依据之一，如果技术规格制定得不明确或不全面，不仅会影响智能建筑工程项目的质量，也会增加评标难度，甚至导致废标。

通常包括以下几个部分：

1）工程描述：对整个工程进行详细描述，包括与工程相关的施工程序、施工方法、现场清理等具体描述。

2）项目阶段的划分：智能建筑工程建设涉及的任务阶段是否为项目实施的全过程，其中包括项目设计阶段、施工阶段、保修阶段。

3）项目实施范围：是否包括全部工程，或是其中的某几部分工程。

4）项目实施的任务和内容：项目实施工作的具体任务。

由于智能建筑工程项目的不同，对项目实施的要求也不同，因此，要想达到预期效果，必须根据工程的具体特点和要求来编制技术规格。

（5）投标书的编制要求

投标书是投标单位对其投标内容的书面声明，包括投标文件构成、投标保证金、投标报价和投标书的有效期等内容。

投标书中的总投标价应分别以数字和文字表示。投标书的有效期是指投标有效期，是让投标单位确认在此期限内受其投标书的约束，该期限应与投标须知中规定的期限相一致。

（6）投标保证金

投标保证金是为了防止投标单位在投标有效期内任意撤回其投标，或中标后不签订合同，使发包人蒙受损失。

投标保证金可采用现金、支票、不可撤销的信用证、银行保函、保险公司或证券公司出具的担保书等方式交纳。投标保证金的金额不宜过高，可以确定为投标价的一定比例，一般为投标价的1%～5%，也可以定一个固定数额。由于按比例确定投标保证金的做法很容易导致报价泄漏，即通过一个投标单位交纳的投标保证金的数额可以推算其投标报价，因而，确定固定投标保证金的做法较为理想，有利于保护各投标单位的利益。国际性招标的投标保证金的有效期一般为投标有效期加上30天。

如果投标单位有下列行为之一的，应没收其投标保证金：投标单位在投标有效期内撤回投标；投标单位在收到中标通知书后，不按规定签订合同；投标单位在投标有效期内有违规违纪行为等。

在下列情况下投标保证金应及时退还给投标单位：中标单位按规定签订合同并交纳履约保证金；没有违规违纪的未中标投标单位。

（7）报价表

投标报价可以确定为一个固定数额，也可以定为工程总投资的一定比率。

（8）合同协议书格式

合同协议书格式的主要内容包括：协议双方名称、工程简介、合同包括的文本以及协议双方的责任和义务等。

3. 发布招标通告

智能建筑工程项目发包人在正式招标以前，应在公众媒体上刊登招标通告。如果是国际性招标采购，还应在国际性的刊物上刊登招标通告，或将招标通告送给有可能参加投标的国家在当地的大使馆或代表处。

从刊登通告到参加投标要留有充足的时间，让投标单位有足够的时间准备投标文件。如世界银行规定，国际性招标通告从刊登广告到投标截止之间的时间不得少于45天。智能建筑工程项目一般为60～90天，大型工程为90天，特殊情况可延长为180天。当然，投标准备期可根据具体的招标方式、内容及时间要求区别合理对待，既不能过短，也不能太长。

招标通告的内容因项目而异，一般应包括：

（1）发包人的名称和地址。

（2）资金来源。

（3）招标内容简介。包括工程项目名称、项目实施的性质和提供地点等。

（4）希望或要求项目实施的时间，或工程竣工的时间，或提供施工或服务的时间表。

（5）获取招标文件办法和地点。

（6）购买招标文件收取的费用及支付方式。

（7）提交投标书的地点和截止日期。

（8）投标保证金的金额要求和支付方式。

（9）开标日期、时间和地点。

4. 发售招标文件

如果经过资格预审程序，招标文件可以直接发售给通过资格预审的拟投标单位。如果没有资格预审程序，招标文件可发售给任何对招标通告做出反应的单位。招标文件的发售，可采取邮寄的方式，也可以让投标单位或其代理前来购买。如果采取邮寄方式，要求投标单位在收到招标文件后要告知招标机构。

6.2.4 智能建筑工程投标、开标程序及方法

智能建筑工程项目投标是投标单位以技术建议书和费用建议书的形式争取中标的过程。参加投标的单位必须具有主管部门核发的与招标的工程规模相适应的资质等级证书，持有工商行政管理部门核发的营业执照并取得法人资格，经济独立并具有与其工作相适应的经济能力，能够独立承担相应的经济或民事责任。

当招标单位发布招标广告后，投标单位根据招标条件和本单位的能力进行可行性研究，决定是否参加投标，如果决定投标，就要购买（或索取）资格预审文件，只有资格预审合格的投标者才有资格参加投标竞争。资格预审合格的投标单位应根据招标单位的要求和实际需要购买（或索取）招标文件，进行认真的技术分析和财务分析，按投标须知的要求填写投标书（包括技术建议书和费用建议书），并按规定的时间、地点和方式交标，争取中标。

争取到工程建设承包任务是所有工程设计、施工或监理单位得以生存和发展的前提，在市场经济的招标体制下取决于投标书的优劣。与设备采购投标竞争不同，智能建筑工程项目实施投标竞争不仅取决于经济方面，而且取决于技术方面，并以技术为主。智能建筑工程项目投标书由技术建议书和费用建议书两部分组成，投标者必须加强对技术建议书的重视，不宜在降低报价中做过多的文章，一份好的投标书应是先进可行的技术建议书加上合理准确的费用建议书。

1. 投标准备

招标书发售后至投标前，要根据实际情况合理确定投标准备时间。投标准备时间确定得是否合理，会直接影响招标的结果。尤其是智能建筑工程项目投标涉及到的问题很多，如果投标准备时间太短，投标单位就无法完成或不能很好地完成各项准备工作，投标文件

的质量就不会十分理想，直接影响到后面的评标工作。

在正式投标前，发包人还需要做一些必要服务工作。一是对大型工程组织召开标前会和现场考察；二是按投标单位的要求澄清招标文件，澄清答复要以书面文件的形式发给所有购买招标文件的投标单位。

招标单位如需对已出售或发放的招标文件进行补充说明、勘误、澄清，或经上级主管部门批准后进行局部修正时，最迟应在投标截止日期前15天，以书面形式通知所有投标者。补充说明、勘误、澄清或局部修正与招标文件具有同等的法律效力。招标单位改变已出售或发放的招标文件未按上述要求提前通知投标者，给投标者造成的经济损失，应由招标单位予以赔偿。

2. 组织现场勘察

现场勘察是到现场进行实地考察。投标人通过对招标的工程项目踏勘，可以了解实施场地和周围的情况，获取其认为有用的信息，核对招标文件中的有关资料并加深对招标文件的理解；以便对投标项目做出正确的判断，对投标策略、投标报价做出正确的决定。

招标人在投标须知规定的时间组织投标人自费进行现场踏勘。招标人通过组织投标人进行现场踏勘，可以有效避免合同履行过程中投标人以不了解现场或招标文件提供的现场条件与现场实际不符为由推卸本应承担的合同责任。

3. 召开投标预备会

投标预备会或招标文件交底会是招标人按投标须知规定的时间和地点召开的会议。在投标预备会上招标单位除了要介绍工程概况外，还可对招标文件中的某些内容加以修改或予补充说明，并对投标人书面提出的问题和会议上即席提出的问题给予解答。会议结束后，招标人应将会议记录以书面通知的形式发给每一位投标人。

投标人研究招标文件和现场考察后会以书面形式提出某些质疑问题，招标人可以及时给予书面解答，也可以留待投标预备会上解答。在投标预备会上招标人可以和投标人共同商讨招标文件中或编写投标书中遇到的共性问题，并达成共识，形成统一的处理办法，这将有利于评标，这也是投标预备会的重要之处。

无论是会议纪要还是对个别投标人的问题的回答，都应以书面形式发给每一个获得招标文件的投标人，以保证招标的公平和公正。不论是招标单位以书面形式向投标单位发放的任何资料文件，还是投标单位以书面形式提出的问题，均应以书面形式予以确认。会议纪要和答复函件形成招标文件的补充文件，是招标文件的组成部分，与招标文件具有同等的法律效力。当补充文件与招标文件的规定不一致时，以补充文件为准。

为了使投标单位在编写投标文件时充分考虑招标单位对招标文件的修改或补充内容，以及投标预备会会议记录内容，招标单位可根据情况在投标预备会上确定延长投标截止时间。

4. 投标文件的编写

投标人在获得招标文件后要组织力量认真研究招标文件的内容，并对招标项目的实施条件进行调查。在此基础上结合投标人的实际，按照招标文件的要求编制投标文件。投标文件应当对招标文件提出的实质性要求和条件做出响应。招标项目属于建设施工的，投标文件的内容应当包括拟派出的项目负责人与主要技术人员的简历、业绩和拟用于完成招标项目的设备和测试仪器等。

两个以上法人或者其他组织可以组成一个联合体，以一个投标人的身份共同投标。联合体各方均应具备承担招标项目的相应能力。国家或者招标文件对投标人资格条件有规定的，联合体各方均应当具备规定的相应资格条件。由同一专业的单位组成的联合体，按照资质等级较低的单位确定资质等级。联合体各方应当签订共同投标协议，明确约定各方拟承担的工作和责任，并将共同投标协议连同投标文件一并提交招标人。联合体中标的，联合体各方应当共同与招标人签订合同，就中标项目向招标人承担连带责任。招标人不得强制投标人组成联合体共同投标，不得限制投标人之间的竞争。

投标人不得相互串通投标报价，不得排挤其他投标人的公平竞争，损害招标人或者其他投标人的合法权益。投标人不得与招标人串通投标，损害国家利益、社会公共利益或者他人的合法权益。投标人不得以低于成本的报价竞标，也不得以他人名义投标或以其他方式弄虚作假。

5. 投标文件的提交

招标单位只接受在规定的投标截止日期前由投标单位提交的投标文件，截止期后送到的投标文件拒收，并取消投标单位的资格。在收到投标文件后，要签收或通知投标单位投标文件已经收到。在开标以前，所有的投标文件都必须密封，妥善保管。如果采用两阶段招标方法，在投标时，投标单位第一步先投技术标书，在技术标书中不得提及价格因素、公司名称、以往业绩和人员名单等；第二步再投包括修改后的技术标书和商务标书。

投标文件的内容应与招标文件的要求相一致。主要内容包括：

（1）投标单位营业执照、税务登记证复印件、相关资质证书。

（2）投标单位法定代表人身份证复印件，若法定代表人不能参加开标会而委托其他人代理，应提交法定代表人委托书及代理人身份证复印件。

（3）投标单位基本情况，包括主要工程技术人员情况。

（4）投标报价表。

（5）投标单位服务承诺。

（6）投标函。

（7）投标文件封面。

投标单位将上述文件装订成册置于文件袋中，并在封口处加盖公章，然后按规定参与投标。提交有效投标文件的投标人少于三个的，招标人必须重新组织招标。

6. 开标

开标应按招标通告中规定的时间、地点公开进行，并邀请投标单位或其委派的代表参加。开标仪式由招标单位组织并主持，同时邀请工程所在地的省、市质量监督部门参加。需进行公证的，应有公证机关出席。投标者应出席开标仪式。

开标时，应以公开的方式检查投标文件的密封情况，当众宣读投标单位名称、有无撤标情况、提交投标保证金的方式是否符合要求、投标项目的主要内容、投标价格以及其他有价值的内容。开标时，对于投标文件中含义不明确的地方，允许投标单位做简要解释，但所做的解释不能超过投标文件记载的范围，或实质性地改变投标文件的内容。以电传、电报方式投标的，不予开标。

开标要做开标记录，其内容包括：项目名称、招标号、刊登招标通告的日期、发售招标文件的日期、购买招标文件单位的名称、投标单位的名称及报价、截标后收到标书的处理情况等。

如果采用两阶段招标方法，开标也要按招标通告中规定的时间、地点办理，先开技术标，然后再按规定开商务标。

在有些情况下，可以暂缓或推迟开标时间，如招标文件发售后对原招标文件做了变更或补充；开标前，发现有足以影响招标公正性的违法或不正当行为；招标单位接到质疑或诉讼；出现突发事故；变更或取消招标计划，等等。

属于下列情况之一者，应作为废标处理：

（1）投标书未按要求的方式密封。

（2）投标书未加盖本单位公章或未经本单位法定代表人（或被授权人）签字。

（3）投标书未按招标文件规定的格式、内容和要求填写。

（4）投标书字迹潦草、模糊、无法辨认。

（5）投标者在一份投标书中，对同一个监理项目报有两个或多个报价。

（6）投标者对同一招标项目递交两份或多份内容不同的投标书，且未书面声明哪一个有效。

（7）投标者未经招标单位同意，不参加开标仪式。

（8）投标者未能按要求提交投标担保函或投标保证金。

6.2.5 评标、定标程序及方法

评标的目的是根据招标文件确定的标准和方法，对每个投标单位的标书进行评价和比较，以评出最佳投标单位。评标必须以招标文件为依据，不得采用招标文件规定以外的标准和方法进行评标，凡是评标中需要考虑的因素都必须写入招标文件中。

1. 评标方法

评标应按招标文件中规定的原则和方法进行，一般除考虑投标价以外，还要对技术方案、服务条件、业绩、人员、财务能力等进行全面评审和综合分析，最后选出最优的投标。

（1）商务评审

商务评审主要由评委中的经济专家负责进行，主要是对投标报价的构成、计价方式、计算方法、支付条件、取费标准、价格调整、税费、保险及优惠条件等进行评审。在国际工程招标文件中，报关、汇率、支付方式等也是重要的评审内容。设有标底的招标，评标要参考标底进行。

商务评审的核心是评价投标人在履约过程中可能给招标人带来的风险，鉴定各投标价的合理性，并找出投标价高与低的主要原因。对于单个合同，理论上讲，如报价过低，后果应由投标单位负责，但要分析单价过低给投标单位带来的巨大风险，以及投标单位可能采取各种手段将部分风险转移给发包人，使实际费用超过合同价。

（2）*技术评审*

技术评审主要是对投标单位的技术能力能否保质、保量如期完成所承担的项目任务所做的审查。技术评审主要由评委中的技术专家负责进行，主要是对投标书的技术方案、技术措施、技术手段、技术装备、人员配置、组织方法和进度计划的先进性、合理性、可靠性、安全性、经济性进行分析评价，这是投标人按期保质保量完成招标项目的前提和保证，必须高度重视。尤其是大型、特大型、非常规、工艺复杂、技术含量高的项目，如果招标文件要求投标人拟派任的投标项目负责人参加答辩，评标委员会应组织他们答辩，这对于了解投标人的项目负责人的工作能力、工作经验和管理水平都有好处。没有通过技术评审的标书，不能中标。

技术评审主要内容有：

1）检查投标文件的完整性，是否按招标文件的要求做出了反应。

2）着重评审技术方案的合理性。

3）评审实施计划、方法和措施的可行性，包括所配备的设备、测试仪器的性能是否合适，数量是否充分，安全措施是否可靠等。

（3）*复审*

复审是经过评审阶段后，择优选出若干个中标候选人，再对他们的投标书做进一步的复查审核，必要时要求投标人对商务内容做进一步的澄清，就技术内容进行答辩，最后评选出中标单位。

2. 评标程序

评标程序分为初评和详细评标两个阶段。

（1）*初步评标*

初步评标又称为符合性审查，其工作内容比较简单，但却是非常重要的一步。初步评标的内容包括：投标单位资格是否符合要求，投标文件是否完整，是否按规定方式提交投标保证金，投标文件是否基本上符合招标文件的要求，有无计算上的错误等。如果投标单位资格不符合规定，或投标文件未做出实质性的反应，都应作为无效投标处理，不得允许投标单位通过修改投标文件或撤销不合要求的部分而使其投标具有响应性。

经初步评标，凡是确定为基本上符合要求的投标，下一步要核定投标中有没有计算和累计方面的错误。在修改计算错误时，要遵循两条原则：

①如果数字表示的金额与文字表示的金额有出入，要以文字表示的金额为准。

②如果价格和数量的乘积与总价不一致，要以单价为准。但是如果发包人认为有明显的小数点错误，此时要以投标书的总价为准，并修改单价。如果投标单位不接受根据上述修改方法而调整的投标价，可拒绝其投标并没收其投标保证金。

（2）*详细评标*

详细评标又称为实质性审查。在完成初步评标以后，下一步就进入详细评定和比较阶段。只有在初评中确定为基本合格的投标，才有资格进入详细评定和比较阶段。具体的评标方法取决于招标文件中的规定，并按评标价的高低，由低到高，评定出各投标的排列次序。

评审方法可以分为专家定性评议法和专家定量评议法。专家定性评议法是由评标委员共同对各标书的各分项进行认真比较分析后，以协商和投票的方式确定中标人。这种方法评标过程简单，在短时间内即可完成，但科学性较差。

专家定量评议法是专家在对标书认真审阅的基础上，采用综合评分法或评标价法对各标书的各项内容进行量化比较。综合评分法是指将评审内容分类后分别赋予不同权重，评标委员依据评分标准对各类细分的小项进行相应的打分，最后以计算的累计分值反映投标人的综合水平，得分最高的投标书为最优。评标价法是指评审过程中以投标书的报价为基础，将报价之外需要评定的要素按预先规定的折算办法换算为货币价值，根据对招标人有利或不利的影响及其大小，在投标报价上扣减或增加一定金额，最终构成评标价格，评标价低的标书为优。评标中的评价指标量化是一件复杂而困难的工作，定得不好就会导致评标的结论错误，使招标人选不到真正优秀的承包人。目前尚无统一的、公认的科学量化手法。

小型招标项目的评标一般采用定性比较法，中型以上项目则一般都采用量化评标法。

在评标时，当出现最低评标价远远高于标底或缺乏竞争性等情况时，应废除全部投标。

(3) 编写并上报评标报告

评标报告由评标委员会编写，一般包括评标过程、评标依据、评审内容、评审方法、评审结论、推荐的中标候选人及评委会存在的主要分歧点。中标候选人一般推荐2~3家，但要排序，并说明理由。评标委员会认为必要时可以单独约请投标人对标书中含义不明确的内容做必要的澄清或说明，但澄清或说明不得超出投标文件的范围或改变投标文件的实质性内容，澄清内容也要整理成文字材料，作为投标书的组成部分。

如果评标委员会经过评审，认为所有投标都不符合招标文件的要求，可以否决所有投标。出现这种情况后，招标人应认真分析招标文件的有关要求以及招标过程，对招标工作范围或招标文件的有关内容做出实质性修改后重新进行招标。

评标的过程要保密。评标委员会成员和评标有关的工作人员不得私下接触投标人，不得透露评审、比较标书的情况，不得透漏推荐中标候选人的情况以及其他与评标有关的情况。评标委员会成员应当客观、公正地履行义务，遵守职业道德，对所提出的评审意见承担个人责任。

评标报告主要包括以下内容：

(1) 招标通告刊登的时间、购买招标文件的单位名称。

(2) 开标日期、开标汇率。

(3) 投标单位名单。

(4) 投标报价以及调整后的价格（包括重大计算错误的修改）。

(5) 价格评比基础。

(6) 评标的原则、标准和方法。

(7) 授标建议。

3. 定标

定标是招标人享有的选择中标人的最终决定权、决策权。招标人一般在评标委员会推荐的中标候选人中权衡利弊，做出选择。对于特大型、特复杂且标价很高的招标项目，也可委托咨询机构对评标结果再做评估，在此基础上招标人再做决策。这样做无疑提高了定标的正确性，减少了招标人的风险，但也带来招标时间长、费用大等问题。

对于中、小型招标项目，招标人可以授权评标委员会直接选定中标人，招标人保留定标审批权和中标通知书的签发权。评标委员会在评标定标中无明显的失误和不当行为时，招标人应尊重评标委员会的选择。

被选定中标的投标书必须是能够最大限度地满足招标文件中规定的各项综合评价标准，或者能够满足招标文件的实质性要求，并且是经评审投标报价最低者，但投标报价低于成本价的除外。

招标人不得在评标委员会依法推荐的中标候选人以外确定中标人，也不得在所有投标书被评标委员会依法否决后自行确定中标人，否则所做的中标决定无效，并要被处以中标价 5‰～10‰的罚款，且责任人将依法受到处罚。

4. 签发中标通知

定标之后招标人应及时签发中标通知书，同时也要通知其他没有中标的投标单位，并及时退还投标保证金。投标人在收到中标通知书后要出具书面回执，证实已经收到中标通知书。

中标通知书的主要内容有中标人名称，中标价，商签合同时间、地点，提交履约保证的方式、时间。中标通知书对招标人和中标人具有法律效力。中标通知书发出后，招标人改变中标结果或者中标人放弃中标项目的，应当依法承担法律责任。

5. 签订合同

招标人和中标人应当自中标通知书发出之日 30 日内，按照招标文件和中标人的投标文件订立书面合同。具体的合同签订方法有两种，一是在发中标通知书的同时，将合同文本寄给中标单位，让其在规定的时间内签字盖章返回。二是中标单位收到中标通知书后，在规定的时间内，派人前来签订合同。如果是采用第二种方法，合同签订前，允许相互澄清一些非实质性的技术性或商务性问题，但招标人和中标人不得再行订立背离实质性内容的其他协议，不得要求投标单位承担招标文件中没有规定的义务，也不得有标后压价的行为。

招标文件要求中标人提交履约保证的，中标人应当在合同签字前或合同生效前提交。中标人提交了履约担保之后，招标人应将投标保证金或投标保函退还给中标人。

履约担保是通过经济形式保证中标人按照合同约定履行义务，完成中标项目，同时保证不将项目主体或关键性的部分分包他人，更不能将中标项目转让他人或肢解后以分包的名义分别转包给他人。中标的投标人向招标人提交的履约担保可由在中国注册的银行出具银行保函，由银行出具的保函一般要求为合同价格的 5%；也可由具有独立法人资格的经济实体企业出具履约担保书，履约担保书为合同价格的 10%（投标人可任选一种）。投标人应使用招标文件中提供的履约担保格式。如果中标人不按规定执行，不肯提交履约担保、拒签合同，招标人将有充分的理由废除授标，并没收其投标保证金。在中标人按规定提供了履约担保后，招标人应及时将未中标的结果通知其他投标人，并退还他们的投标保证金或投标保函。

中标人按照合同约定或者经招标人同意，可以将中标项目的部分非主体、非关键性工程分包给他人完成。接受分包的人应当具备相应的资质条件，并不得再次分包。中标人应当就分包项目向招标人负责，接受分包的人就分包项目承担连带责任。

第7章　智能建筑工程项目范围管理

项目范围管理是非常重要的，特别对于智能建筑工程项目来说更是如此。组织首先必须对项目进行选择，为项目所要涉及的内容制定计划，并将工作分解为易于管理的小块单位，由项目利益相关者对范围进行核实，并对项目范围的变更进行管理和控制。

7.1　项目范围管理概述

项目范围是指项目的最终成果和产生该成果需要做的工作，既不欠缺也不多余。项目范围是制定项目计划的基础，以此形成其他相关子计划并综合成整个项目计划。范围管理的定义是指项目目标和内容的定义与控制过程，包括用以保证项目能按要求的范围完成所涉及的所有过程。

7.1.1　项目范围管理的定义和内容

1. 项目范围管理的定义

项目范围管理的定义是指为了实现项目的目标，对项目从立项到完成整个生命期中所涉及的工作范围所进行的管理和控制。它包括范围的界定、范围的规划、范围的调整和范围变更控制等。项目管理组织要想成功地完成一个项目，达到项目目标，必须开展一系列的工作，这些必须开展的项目工作内容就构成了一个项目的工作范围。

智能建筑工程项目范围管理的主要任务是进行项目用户需求调研分析，编写项目范围说明文件、项目管理规划、项目计划、项目质量保证计划、项目配置管理计划、项目测试计划等。

依据《建设工程项目管理规范》的规定，智能建筑工程的项目范围管理具有以下特征：

（1）项目范围管理应以确定并完成项目目标，明确项目职责界限，保证实施过程和交付工程的完备性为目的。

（2）项目范围管理的对象应包括为完成项目所必需的专业工作、管理工作和行政工作。

（3）项目范围管理的过程应包括项目范围的确定、项目结构分析、项目范围控制等。

（4）项目范围管理应作为项目管理的基础工作，并贯穿于项目的全过程。组织应确定项目范围管理的工作职责和程序，并对范围的变更进行检查、分析和处置。

2. 项目范围管理的内容

(1) 确定项目目标

要用书面文件的形式表述项目用户（发包人）对项目成果和过程的明确的和隐含的需求，并经各方同意。通过需求调研、识别和分析，得到各方同意并以文件形式表述的需求就变成了项目要求实现的目标，如品质、进度、费用目标或子项目目标等。

什么是项目需求？简单地说，项目需求就是确定项目实施过程中需要做些什么，从严格意义上讲，项目需求是指项目必须达到的目标与能力。

用户需求调研和分析是智能建筑工程项目实施过程中的重要一环，是智能建筑工程项目策划和方案设计，特别是软件系统设计的基础，也是沟通用户（发包人）和项目开发人员的桥梁。

(2) 项目范围确定

项目实施前，组织应明确界定项目的范围，提出项目范围说明文件，作为进行项目设计、计划、实施和评价的依据。

1）确定项目范围应主要依据下列资料：

① 项目目标的定义或项目范围说明文件。

② 环境条件调查资料。

③ 项目的限制条件和制约因素。

④ 同类项目的相关资料。

2）在项目的计划文件、设计文件、招标文件和投标文件中应包括对工程项目范围的说明。

3）确定项目范围时，应考虑其稳定性、可变性及影响程度。

(3) 项目结构分析

组织应根据项目范围说明文件进行项目的结构分析。项目应逐层分解至工作单元，形成树形结构图或项目工作任务表，进行编码。工作单元应是分解结果的最小单位，便于落实职责、实施、核算和信息收集等工作。

1）项目结构分析应包括下列内容：

① 工作分解。

② 工作单元定义。

③ 工作界面分析。

2）项目分解应符合下列要求：

① 内容完整，不重复，不遗漏。

② 一个工作单元只能从属于一个上层单元。

③ 每个工作单元应有明确的工作内容和责任者，工作单元之间的界面应清晰。

④ 工作分解应有利于项目实施和管理，便于考核评价。

3）工作界面分析应达到下列要求：

① 工作单元之间的接口合理，必要时应对工作界面进行书面说明。

② 在项目的设计、计划和实施中，注意界面之间的联系和制约。

③ 在项目的实施中应注意变更对界面的影响。

(4) 编制项目管理规划

项目管理规划作为指导项目管理工作的纲领性文件，应对项目管理的目标、内容、组织、资源、方法、程序和控制措施进行确定，它包括项目管理规划大纲和项目管理实施规划两类文件。

① 项目管理规划大纲应由组织的管理层或组织委托的项目管理单位编制。

② 项目管理实施规划应由项目经理组织编制。

③ 施工项目管理实施规划可以用施工组织设计和质量计划代替，但应具备项目管理的内容，能够满足项目管理实施规划的要求。

(5) 项目范围控制

组织应严格按照项目的范围和工作分解结构文件进行项目的范围控制，即按照项目范围管理规划，控制项目中实际执行的工作单元和活动，使其符合计划要求。组织在项目范围控制中，应跟踪检查，记录检查结果，建立文档，分析判断潜在的、可觉察的和实际的范围变化，并对范围的变更和影响进行分析与处理，采取措施，使之在项目生命期内达到项目目标。

项目范围变更管理应符合下列要求：

① 项目范围变更要有严格的审批程序和手续。

② 范围变更后应调整相关的计划。

③ 重大的项目范围变更，应提出影响报告。

在项目的结束阶段，应确认项目范围，检查项目范围规定的工作是否完成和交付成果是否完备。项目结束后，组织应对项目范围管理的经验教训进行总结。

7.1.2　项目选择方法

项目的选择并不是一门严格的科学，但它对于项目管理来说是非常关键的。从可能的项目中进行选择的方法有很多，下面介绍四种常见的方法：

1. 组织的整体需要

组织在决定选择什么样的项目、什么时候实施、做到什么程度的时候，必须注重于满足组织的多种不同的需要，判断是否符合三个重要标准：需求、资金和风险。

2. 项目分类法

分类方法是评价项目是否可以应对某个问题，或是抓住某次机会最常用的方法。进行项目整体的综合排序，将可能入选的项目分成高、中、低三个优先次序。最高优先项目安排最早完成，排在中间位置的项目次之，最低位置的项目最后完成。

3. 财务指标评价方法

财务方面的考虑向来是项目选择过程中最重要的因素。财务指标评价方法主要有：

① 净现值分析：把所有预期的未来现金流入与流出都折算成现值，以计算一个项目预期的净货币收益与损失。如果财务价值是项目选择的主要指标，那么只有净现值为正时的项目才考虑。

② 投资收益率分析（ROI）：将净收入除以投资额的所得值。ROI 越大越好。

③ 投资回收期分析：投资回收期就是以净现金流入补偿净投资所用的时间。换句话说，投资回收期分析就是要确定得经过多长时间累计收益就可以超过累计成本以及后续成本。当累计折现收益与成本之差开始大于零时，回收就完成了。

4. 加权评分模型法

加权评分模型法是一种基于多种因素进行项目选择的系统方法。这些因素包括：满足整个组织的需要；解决问题、把握机会以及应对指示的能力；完成项目所需的时间；项目整体优先级；项目预期的财务指标等。

构建加权评分模型的第一步就是要识别所考虑因素的重要程度，包括：

① 符合主要的商业目标。

② 有极具实力的项目发起人。

③ 有较强的客户支持。

④ 运用符合实际的技术能力的水平。

⑤ 可以在 1 年或更少的时间内得以实施。

⑥ 有正的净现值。

⑦ 能在较低的风险水平下实现范围、进度和成本等目标。

下一步，就是对各个所考虑的因素赋以权重。这些权重意味着你对每个因素的评价程度或重要程度估计。可以用百分比的形式赋以权重，所有因素的权重总和必须等于100%。然后，可以给每一个因素的每一个标准进行评分（如从 0 ~ 100）。这些分数意味着每个因素达到每个标准的程度。对每一个项目按照每个因素打完分之后，就可以分别将每个因素的权重乘以各个项目的得分，然后相加得到每个因素的加权得分。

7.1.3 项目工作分解结构（WBS）

项目工作分解结构（WBS）是为了管理和控制的目的而将项目分解的技术。它是按层次把项目分解成子项目，子项目再分解成更小的、更易管理的工作单元（或称工作包），直至具体的活动（或称工序）的方法。

工作分解结构（WBS）是一种以结果为导向的分析方法，用于分析项目范围所涉及的工作。这是项目管理的一个非常基础的文件，因为它是计划和管理项目的进度、成本和变更的基础。WBS 还可以根据用户的需要采用表格的形式。这种表格形式运用很广泛，比如在合同中就经常用到。不过，要创建一个好的工作分解结构是非常困难的。要创建一个好的 WBS，你就必须对项目及项目的范围有很好的了解，并能结合项目利益相关者的需求和知识背景。因此，让所有项目成员和客户都参与 WBS 的创建和审查是非常重要的。

工作分解结构（WBS）常常是围绕项目产品或项目实施阶段展开的，它有点像组织结构图，人们可以通过它看到整个项目图景以及每一个主要的组成部分。图 7.1-1 表示按子项目来设计的一个智能建筑工程项目的 WBS，图中子项目的内容成了 WBS 设计的结构基础。

工作分解结构（WBS）也可以按项目实施阶段来设计，如图 7.1-2 所示。

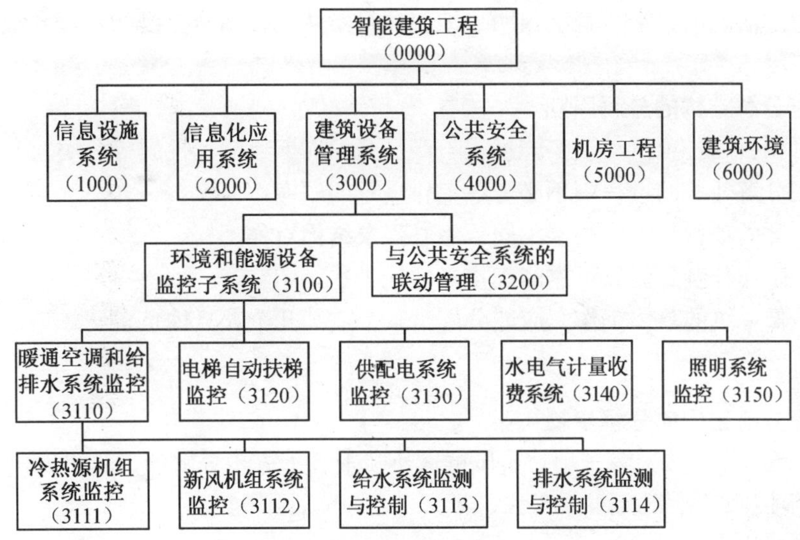

图 7.1-1　按子项目进行组织的智能建筑工程项目的 WBS 示例

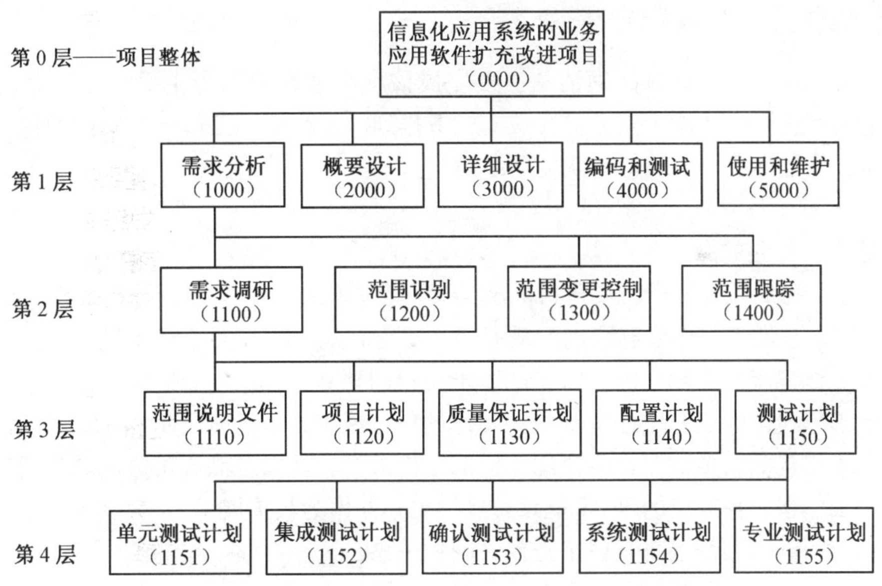

图 7.1-2　围绕项目阶段设计的软件开发项目的 WBS

1. 工作分解结构的作用

(1) 把项目分解成具体的活动，定义具体工作范围，让相关人员清楚了解整个项目的概况，对项目所要达到的目标形成共识，以确保不漏掉任何重要的事情。

(2) 按照项目活动之间的逻辑顺序来实施项目，有助于制定完整的项目计划。

(3) 通过项目分解，为制定完成项目所需的技术、人力、时间和成本等质量和数量方面的目标提供基础。

（4）通过活动的界定，就能很明显地使项目团队成员知道自己的责任和权利。

2. 工作分解结构的分解原则

（1）对项目的各项活动按实施过程，产品开发周期或活动性质等分类。

（2）在分解任务的过程中不必考虑工作进行的顺序。

（3）不同的项目分解的层次不同，不必强求结构对称。

（4）把工作分解到能以可靠的工作量估计为止。

（5）最低一级的具体工作，应能分配给某个或某几个人具体负责。

3. 工作分解结构的分解步骤

工作分解结构是按照各子项目范围的大小从上到下逐步分解的。其步骤包括：

（1）总项目。

（2）子项目或主体活动。

（3）主要的活动。

（4）次要的活动。

（5）工作包。

在进行工作结构分解时必须清楚：要完成该项必须完成哪些主要活动？完成这项活动，必须要完成哪些具体子任务？在从上往下排列的过程中，工作分解结构的每一层都变得更具体，最终形成一个类似树状的组织结构。

4. 建立工作包的原则

工作包是完成项目目标所要进行的相关工作活动的集合，为项目控制提供充分，合适的管理信息，它位于工作分解结构的最底层。建立有效工作包的原则如下：

（1）工作包应是可确定的、特定的、可交付的独立单元。

（2）工作包中的工和责任应落实到具体的单位或个人。

（3）工作包的大多数工作应适用相同的工作人员，从而提高人员之间的沟通。

（4）工作包应与特定的 WBS 单元直接相关，并作为其扩展。

（5）应明确本工作包与其他工作包之间的关系。

（6）能确定实际的预算和资源需求。

5. 工作分解结构的编码

按照特定的规则对分解结构图中的各个结点进行编码，可简化项目实施过程中的信息交流。制定项目的成本、进度和质量等计划时不但可以利用编码代表任务名称，而且可以根据某任务的编码情况推断出该任务在工作分解结构图中的位置，这就要求每个任务结点的编码保持唯一性。

工作分解结构中的可交付成果可以是产品，也可以是服务。可交付的产品应与产品分解结构中的产品项对应。工作分解结构是编制组织分解结构（OBS）和费用分解结构（CBS）的依据之一，它同时为制定网络进度计划、应用挣得值方法奠定了基础。

7.1.4 制定工作分解结构的方法

有很多方法可以用来制定工作分解结构。这些方法主要包括以下几种：

1. 使用指导方针

制定WBS的指导方针是指为特定的项目指定WBS的形式和内容。比如要求WBS中每一个任务的成本估算，既有明细估算项也有总计估算项。项目整体的成本估算必须是通过归总WBS底层各项任务成本而得到的。当上级指派有关人员对成本计划进行评审时，可以将承包商的成本估算与招标底价估算进行对比。如果某项WBS任务成本有很大的出入，那一般就意味着对要做的工作任务还没搞清楚。

2. 类比法

类比法是指在制定工作分解结构时，用一个类似产品的WBS作为参考资料，对比模仿制作出新项目的WBS。比如，飞机设计制造公司大多使用类比法制定WBS，因为新飞机的设计大多都要采用一种原型机作基础，在原型机的基础上进行改进或改型设计。当需要为一个新的机种设计工作制定WBS时，就会使用原型机的已经设计好的上百个子系统来开始这项工作。

参考其他类似项目的WBS能够使你了解建立WBS的不同方法，因此许多组织都建有WBS和其他项目文档的知识库来为项目人员的工作提供帮助。

3. 由上至下法与由下至上法

由上至下法就是从项目最大的单位开始，逐步将它们分解成下一级的多个子项。这个过程就是要不断增加级数，细化工作任务。由于项目经理具备广泛的技术知识和整体视角，这种由上至下的方法对他们来说是最好的。

由下至上法则要让项目经理部人员一开始就尽可能地确定项目有关的各项具体任务，然后再将各项具体任务进行整合，归总到一个整体活动或WBS的上一级内容当中。由下至上法一般很费时，但这种方法对于WBS的创建来说效果特别好。项目经理常常对那些全新项目采用自下而上法，或者用该法来促进全员参与者的团队协作精神。

创建一个好的工作分解结构并不是一件很容易的事，经常需要反复。一般来说，综合使用多种方法来创建项目的工作分解结构是最好的办法。

7.2 智能建筑工程项目用户需求调研分析

项目绝非无源之水、无本之木，而是来源于社会和经济活动的各种需求，因此需求是项目产生的根本前提。用户（发包人）需求调研分析是智能建筑工程项目范围管理中最重要的一个步骤，因为项目目标和项目范围是通过用户需求调研分析来确定的。为确定项目范围，最简单的方法就是将项目看成一个黑盒，通过描述这个黑盒与外界的交互及自身的特性来决定项目实施过程中所要做的事情，这就是用户需求调研分析需要做的主要事情，以确定一组完整的项目用户需求，主要是用户（发包人）对项目目标和项目范围的要求。

7.2.1 智能建筑工程项目用户需求的特点和类型

1. 用户需求的来源

项目需求可以是多方面的，任何一个项目都是从需求分析开始的，所谓需求分析，即是分析识别用户基于某些方面的变化而产生的一种特定需求。用户需求主要来源于以下四个方面：

① 市场需求：由市场变化所引起的需求。

② 竞争需求：用户基于提高自身的竞争力所引起的需求。

③ 技术需求：基于技术创新所引起的需求。

④ 法律需求：基于一个国家或地区的法律变化所引起的需求。

当用户有了某种项目需求时，需要进一步研究和分析自身资源状况和条件，仔细全面地考虑项目的经济、社会效益和目标、组织的状况和资源获取能力等因素，以确定最终的需求。

2. 用户需求的特点

用户需求是从用户（发包人）的角度描述项目目标和项目范围，以便没有专业技术背景的用户（发包人）能看懂。它只描述项目的外部行为，尽量避免涉及项目内部的设计特性，因而用户需求就不可能使用任何开发模型来描述，而只能通过自然语言、图表、图形等来叙述。

项目用户需求的特点有：

(1) *用户需求表达的困难*

项目需求使用自然语言来描述时，可能会出现如下问题：

① 描述困难：使用自然语言描述时，为使项目需求既清楚无歧义、又不过于晦涩难懂是很困难的一件事情。在具体表达时，既费力又伤神。

② 需求混乱：使用自然语言描述时，易于将多个项目需求混在一起，且不便于区分不同层次的需求，从而造成项目需求的混乱。

(2) *用户需求编写的原则*

在编写用户需求文档的时候，为避免上述问题，应该遵守如下一些简单的原则：

① 标准的格式：设计一个标准的格式，保证所有用户需求都按照该格式编写。标准化格式使得遗漏不易发生，同时便于用户需求的审查。

② 使用一致的语言：对于每一条用户需求都使用一致的语言进行描述，从而使得对用户需求的理解能够一致，尤其在区分强制性需求和希望性需求时更应如此。例如，我们可以定义，对于强制性需求前面加“必须”，而对于希望性需求前面加“最好”等。

③ 使用特殊文本：使用特殊的文本来强调关键的用户需求，如使用大号字体、黑体、斜体、加下划线等。

④ 尽量避免专业术语：为便于没有专业背景的人员理解，尽量减少使用专业术语。但有些情况下，这是无法避免的，因为对于某些领域的一些描述可能自然语言无法表达。

3. 用户需求的类型

通常用户对智能建筑工程项目，特别是对应用软件开发的需求是复杂的、多方面的，有时甚至是苛刻的、迷迷糊糊的。但与此同时，用户需求又是智能建筑工程项目，特别是应用软件开发的基础，其重要性不言而喻。因此项目经理部人员必须与用户（发包人）紧密合作，做好用户需求调研分析工作。这部分工作做得到位，就能确保项目实施进展顺利，令用户满意。若处理不好，则会导致项目失败。

依据智能建筑工程用户需求的具体内容，用户需求大致可以分为以下几种类型：

① 目标需求：用户对项目高层次的目标要求，通常在项目定义中予以说明。

② 业务需求：用户使用系统所要完成的任务，这在使用实例中予以说明。

③ 功能需求：要求工程承包人必须实现的项目功能。

④ 性能需求：又称为非功能需求，它包括产品必须遵从的行业标准、规范和约束，操作界面的具体细节和构造上的限制等。

4、功能需求和性能需求

项目功能需求和非功能需求（性能）是确定项目范围最关键，也是最难搞清楚，并且最难圆满实现的两项需求，它们分别代表了项目的功能要求和性能要求。

(1) 功能需求

功能需求描述项目所应提供的功能，包括项目应该提供的服务，对输入如何响应，以及特定条件下项目行为的描述。有时，功能需求还包括项目不应该做的事情。功能需求取决于项目的类型、用户（发包人）及系统的类型等。

如何完整地刻画项目功能，是整个项目用户需求的核心。理论上，项目的功能需求应该具有全面性和一致性。全面性意即应对用户（发包人）所需要的所有服务进行描述，一致性是指功能需求不能前后自相矛盾。实际上，对于大型复杂的智能建筑工程项目来说，要真正做到功能需求表达全面和一致几乎是不可能的。原因有两点，其一是项目本身固有的复杂性；其二是用户（发包人）和工程项目经理部成员站在各自不同的立场上，导致他们对项目需求的理解有偏颇，甚至出现矛盾。有些项目需求在描述的时候，其中存在矛盾并不明显，但在深入分析之后问题就会显露出来。为保证智能建筑工程项目的成功，不管是在项目范围评审阶段，还是在随后的其他任何阶段，只要发现问题，都必须修正项目需求文档。

(2) 性能需求

作为功能需求的补充，非功能需求是指那些与项目的具体功能相关的另一类需求，但它们只与项目的总体特性相关，即项目的性能，如可靠性、稳定性、安全性、响应时间、存储空间等。性能需求定义了对项目提供的服务或功能的约束，包括时间约束、空间约束、开发过程约束及应遵循的标准规范等。

与关心项目个别特性的功能需求相比，性能需求关心的是项目的整体特性，因而对于项目来说，性能需求更关键。一个功能需求得不到满足会降低项目的能力，但一个性能需求得不到满足则有可能使整个项目无法运行。

性能需求不仅与项目本身有关，还与项目的开发过程有关。与过程相关的需求的例子包括对在项目实施过程中必须要使用的设计标准、质量标准和项目管理规范的描述，设计中必须使用的工具的描述以及实施过程所必须遵守的原则的描述等。

按照性能需求的起源，可将其分为三大类：产品需求、机构需求、外部需求；进而还可以细分。产品需求对产品的行为进行描述；机构需求描述用户（发包人）与工程项目经理部所在机构的政策和规定；外部需求范围比较广，包括项目的所有外部因素和实施过程。

7.2.2 智能建筑工程项目用户需求调研

对于智能建筑工程项目承包人来说，在项目实施过程中他们不仅首先要完成项目用户需求文档、设计方案和图纸，而且最后项目竣工时要充分实现并满足这些用户需求。但是对于发包人来说，只需要将用户需求表达清楚就可以了。在下面章节中将着重讨论用户需求调研的问题。

1. 用户需求调研的目标

用户需求调研分析的目标是深入描述项目的目标需求、业务需求、功能需求和性能需求，确定项目总体方案设计的约束和各子系统元素的接口细节，定义项目的其他有效性需求，即确定项目目标和界定项目范围。

用户需求调研阶段研究的对象是项目的用户（发包人）要求。一方面，必须全面理解用户（发包人）的各项要求，但又不能全盘接受所有的要求；另一方面，要准确地表达用户（发包人）要求。只有经过确切描述的用户需求才能成为项目设计和实施的基础。

通常智能建筑工程项目实施过程是要实现目标系统设计的物理模型。作为目标系统的参考，用户需求调研分析的任务就是借助于当前系统的逻辑模型导出目标系统的逻辑模型，解决项目目标系统的“做什么”的问题。

2. 用户需求调研的任务

智能建筑工程项目的开发始于发包人的需要、期望和限制条件，用户需求调研分析过程识别这些需要、期望和条件，在特定的限制条件下把这些需要和期望转换成项目需求的集合，对这个项目需求集合进行分析，产生一个高层次概念的解决方案，进一步分解直到确定特定子系统或设备产品的构件为止。

用户需求调研分析的过程不仅涉及所有用户（发包人）的需要和期望，除了用户（发包人）的需要和期望外，还可能从所选择的解决方案中派生出分系统、设备和产品构件的需求。

用户需求调研过程的功能分析不同于软件开发中的结构化分析，不是假定面向功能的系统设计。用户需求功能分析的功能定义和逻辑分组，合并在一起成为项目功能体系结构。用户需求调研分析涉及对项目基本功能体系结构的进一步演变，这种基本功能体系结构把用户（发包人）的需要和期望赋予到各个功能实体上。

对项目功能体系结构的细节层次有可能需要不断地进行递归分析，如进行项目工作分解结构（WBS），直到细化程度足以推进项目的深化设计、实施和测试为止。从智能建筑工程项目的设计、实施、测试、使用和维护的分析入手，还可能派生出更多的功能需求和界面需求，在分析这些需求时需要予以注意的地方包括：限制条件、技术制约、成本制约、时间限制、软件风险、用户（发包人）未明确的隐含问题，以及由项目承包人业务经验和能力引出的需求。这些分析对需求加以归纳、精炼，进行派生，形成一个完备的项目逻辑实体。持续进行这些活动，可以确保项目需求始终得到恰当的定义，最终确定项目目标和界定项目范围。

3. 用户需求的调查方法

(1) 观察法

观察法是指由调查人员通过直接观察的方式进行实地考察，从而获得所需资料的方法。运用观察法时，通常可以对一个目标以相同的形式在不同的地点进行相同内容的观察，以获取更为科学的数据记录；对于同一个目标，也可以从不同的角度进行观察，以对观察目标了解更为全面。

观察法具有以下优点：能够比较客观地搜集资料；可以直接调查被调查的现场行为，调查结果较符合实际；若抽样设计科学合理，可以得到较满意的统计推断结果。观察法的不足在于：只能报告发生的事实，无法了解到内在原因和被调查者的建议和意见；花费较高；调查结果在一定程度上受到调查人员业务水平的制约。

(2) 询问法

询问法是以询问的方式作为搜集资料的手段，把所要调查事项通过访问和通讯的形式向被调查者询问，以获得所需要资料的调查方法。它是调查中经常采用的一种方法。

① 面询法：面询法是调查者通过与被调查者面对面地交谈的调查方法。调查者一般要根据事先准备好的问题顺序提出，听取被调查人的意见，也可根据现场交谈情况即兴提问一些比较深入的内容。当面询问可以是个别面谈，也可以是集体座谈，集体座谈一般是为了了解存在于某一群体中的特殊要求，可以活跃气氛，互相启发，有利于对问题进行深入地讨论，有时会得到意想不到的有用信息。

面询法的优点是具有一定的灵活性，调查内容可以广泛深入，资料有较强的真实性。缺点是调查费用高，调查结果好坏直接受到调查人员水平高低的影响。

② 电话调查：电话调查是调查人员按照抽样的要求和样本的范围，通过电话向调查对象询问意见和建议。这种方法的优点是可以在短时间内调查若干用户，调查费用较低，搜集资料迅速。其缺点是受通话时间的限制和对方的配合意愿的影响大，不便于询问复杂内容，调查对象仅限于通讯发达的地区和用户。

③ 邮寄调查：邮寄调查是将设计印制好的问卷或调查表邮寄给调查者，由其自行填写后寄回、再加以整理分析的一种调查方法。这种方法的优点是：调查的范围广泛；被调查者有充分考虑时间；调查费用较低等。其缺点是：调查时间较长；调查表回收率低；难对调查问题做深入征询等。

④ 留置问卷调查：留置问卷调查是调查人员将问卷当面交给被调查人说明要求和回答方法后，留置于被调查人处，由其自行填写寄回或由调查人员上门收回。这种方法的优点是弥补了邮寄调查回收率低的缺陷，提高了问卷回收率，并可多次留置，特别适用于固定样本的调查。其缺点是费时费力，且费用较高。

(3) 实验法

实验法是将所要调查的问题放在一定的场合进行小范围实验，然后再对实验结果进行分析研究，判断其是否值得大规模推广，以及是否需要改进的调查方法。其优点是：方法较为科学，可以获得比较正确的原始资料。缺点是：时间花费较长，取得资料的速度慢；选择社会、经济、环境和文化因素极类似的实验点较困难，而且不易掌握因素的变化情况。

(4) 普查和抽样调查法

用户需求调查按被调查者的数量和分布范围分为普遍调查和抽样调查两种方式，所采用的调查方法有观察法、询问法和实验法等。

① 普查：普遍调查的方法适用于项目用户数量不多，分布范围比较集中的情况。其优点是资料真实性强。缺点是不适宜用户数量多，分布范围广的情况。

② 抽样调查：抽样调查是根据一定的要求从调查对象的总体中抽取一部分个体（也称样本）进行调查，并依据所获得的数据资料对调查总体的特征进行具有一定可靠性的推断，从而达到认识、了解总体的一种调查方法。抽样调查不仅能够对某些总体数量庞大、分散、不可能或没必要进行普查的问题进行较为准确的判断，而且省时、省力、节约开支，可提高调查效率。

4. 造成用户需求偏离的主要原因

(1) 用户与开发人员缺乏有效沟通

造成大多数智能建筑工程项目用户需求偏离的原因，主要是项目经理部成员中大部分都是学计算机或通讯专业的技术人员，总体上讲这些人的特点是重视技术、事业心强，但往往与人沟通少、社交能力弱。随着信息技术领域不断地高速发展变化，以及信息技术的广泛深入应用，产生了大量的技术术语和行话。尽管使用计算机的人越来越多，但是用户（发包人）与软件开发人员之间的差距随着技术进步也越来越大，他们之间存在沟通不畅的问题也越来越突出。

智能建筑工程项目属于信息化工程范畴，计算机应用软件是智能建筑工程项目的关键技术和基础。计算机专业技术人员的思维贯穿了系统设计的全过程，同样也贯穿了需求调研分析过程，而普通人没有这方面的思维，因而他们都觉得和计算机专业技术人员打交道极为困难。夸张地说，计算机专业技术人员与非计算机人士进行沟通时，就好像他们在与另一个星球来的人交谈一样。因此在需求管理过程中，用户需求的供求双方经常会遇到双方不能达成共识或双方达成共识的内容其实有相当大的出入情况。

(2) 用户需求不明确

在智能建筑工程项目实施过程中，除了用户（发包人）与项目开发人员之间存在的沟通不畅的问题以外，造成大多数智能建筑工程项目用户需求偏离的原因还有用户（发包人）本身需求不明确的问题，包括：

① 需求过多：大型项目比小型项目更容易失败。

② 需求不稳定：用户无法决定他们真正想要解决的问题。

③ 需求模棱两可：不能确定需求的真实含义。

④ 需求不完整：没有足够的信息来创建系统。

在智能建筑工程建设过程中，例如在应用软件开发出来之前，往往用户（发包人）自己也不清楚应用软件的具体需求，用户常常在项目开始时只有一些初步的功能要求，没有十分明确的想法，也提不出确切的需求，因此建筑智能化工程项目范围很大程度上取决于项目经理所做的用户需求分析和项目规划。由于用户（发包人）对信息技术的各种技术手段和性能指标并不熟悉，所以建筑智能化工程项目所应达到的质量要求也更多地由项目经理来定义，用户（发包人）提不出清晰明确的需求，只能是担负起审查用户需求的任务。这也是造成大多数智能建筑工程项目用户需求偏离的重要原因之一。

(3) *用户需求变化多*

在建筑智能化工程建设过程中，尽管已经做好了项目规划、可行性研究、项目范围说明书，签订了比较明确的项目承包合同，然而随着项目设计和项目实施的进展，项目开始展现功能的雏形，用户（发包人）对项目的了解也逐步深入，用户（发包人）的思路不断地被激发，不断涌现出新的项目功能和想法，要求对以前提出的用户需求的内容进行改动，导致系统功能、程序、界面以及相关文档需要经常修改。而且在修改过程中又可能产生新的问题，这些问题很可能经过相当长的时间后才会被发现。

5. 用户需求调研的步骤

智能建筑工程需求调研是项目经理为编写项目范围说明文件而做的前期工作，主要是要了解用户真正需要什么样的项目目标、业务、功能和性能，以界定项目范围。

有些智能建筑工程项目虽然发包人只有一个，但是用户却有很多，例如用作办公的智能大厦或者智能住宅小区，开发商是发包人只有一个（也可能几个），而实际用户却是众多的买房业主。众多用户的需求是各不相同的、复杂的、多方面的。虽然大部分用户需求是合情合理的，通过项目开发能达到其要求，但是有些要求过高，是当前技术上难以实现的；也有些是用户表达不清楚、迷迷糊糊的；还有些甚至是前后不一、相互矛盾的。显然，智能建筑工程项目用户需求调研分析工作具有相当的难度。

对于众多用户的需求调研工作，通常是通过发包人的推荐和认可，选择几家典型用户进行项目需求调研，并将他们的需求内容向发包人报告，征得发包人的同意后列入用户需求内容。

由于用户需求是智能建筑工程项目设计和实施的基础，其重要性不言而喻。因此项目经理部人员必须与用户（发包人）紧密合作，做好用户需求调研分析工作。这部分工作做得到位，就能顺利完成智能建筑工程项目实施任务，令发包人满意。反之，则会导致智能建筑工程项目失败。

智能建筑工程项目用户需求调研包括以下几方面的工作：

(1) *真正了解自己和用户*：项目经理一方面要有自知之明，要头脑清醒地知道哪些是自己能做到的，哪些是自己做不到的。对于做不到的事情要敢于说不，或明确拒绝，或转包出去；另一方面要尽量多了解有关用户（发包人）的情况，例如用户（发包人）工作性质、内容、范围等，负责人的姓名、年龄、爱好、习惯等。对于智能建筑工程众多用户，要分清主次，分清各用户在智能建筑工程建设和使用中的地位，包括权限、责任、义务、使用频率、重要性和影响力的大小，以及众多用户之间的关系等。

(2) *了解用户所从事的行业*：俗话说隔行如隔山，项目经理首先要对用户（发包人）所从事的行业有所了解，例如，了解该行业的一些专业术语、专业知识、专业内容、通常的习惯作法和惯例，以及项目实施过程将要涉及的有关行业规范、标准和规定等。智能建筑工程项目属于信息化工程的范畴，项目经理对这方面的专业技术知识应当有充分的掌握，并且要充分了解与用户所从事行业的信息化应用及信息化建设事业发展的历史、现状、水平和发展趋势。

(3) *了解原有系统的现状*：对智能建筑工程项目而言，项目经理特别要了解和熟悉用户（发包人）原有系统的结构、环境、现状、目前存在的主要问题，了解用户（发包人）信息技术应用的水平，包括信息表示、信息获取、信息处理和信息传递方法；了解原有系统网络平台、综合布线、通信自动化系统、办公自动化系统、建筑设备自动化系统、一卡通系统、系统集成、机房工程和环境、门户网站、内部网络互联、外网（Internet）及信息交换共享平台等；搞清楚智能建筑工程项目的建设目的、适用范围和各相关子系统间的关系等。

(4) *了解用户现在的工作流程*：必须清楚了解用户（发包人）现在的业务工作情况，包括工作性质、环境、业务流程、处理方法、文档资料，以及存在的问题和需要改进的地方等。对于智能建筑工程众多用户（发包人）性质不同的工作流程，要分清主次，并征得发包人的同意认可后列入用户需求内容，按轻重缓急顺序，统一进行安排。

(5) *了解清楚用户真正的需求*：项目经理要与用户（发包人）进行有效的沟通，并对用户（发包人）谈话作详细的笔记。搜集涉及到项目开发的，特别是有关用户（发包人）需求的所有信息，并加以整理分析。项目经理要从用户（发包人）提出的众多要求中，分清哪些是用户（发包人）真正的需求，哪些是合理的、可实现的要求，摸透用户的思想，明确用户（发包人）真正需求。

6. 用户需求调研分析阶段成果

用户需求调研结果要编写成用户需求分析报告，真实地反映用户（发包人）给定的功能、进度和成本要求，以及项目相关行业标准、规范。用户需求分析报告作为项目范围说明文件编写的依据，可以作为附件单独装订成册，也可以不单独装订成册，将其内容放到项目范围说明文件中描述，目前较为流行的做法是后者，即项目范围说明文件应满足需求调研分析的完整性要求，并保证项目范围说明文件描述的所有功能是可实现的。通常用户需求调研分析阶段的成果有：

① 项目范围说明文件（需求规格说明书）。

② 项目管理规划。

③ 项目计划。

④ 项目质量保证计划。

⑤ 配置管理计划。

⑥ 项目测试计划。

7.2.3 智能建筑工程项目范围说明文件

项目范围说明文件是项目经理把从用户（发包人）那里获得的有关项目开发的所有信

息进行整理分析，编写的调研分析报告。通过这些分析，将用户（发包人）众多的要求信息进行分类，以区分业务需求及规范、功能需求、质量目标、解决方法和其他信息，从而搞清楚用户（发包人）真正的需求内容和想法。此报告使项目经理部成员和用户（发包人）之间针对要实施的智能建筑工程项目的目标、业务、功能、性能等内容达成一致协议。

1. 项目范围说明文件的编制与作用

项目范围说明文件是用户需求文档化的结果，有时简称为需求文档。它是用户（发包人）对项目要求的正式陈述，其中主要包括用户（发包人）对项目明确的和潜在的要求，特别是详细的功能、性能需求描述，以及项目的环境、限制条件和制约因素等。

项目范围说明文件应以一种用户（发包人）认为易于翻阅和理解的方式组织编写，用户（发包人）要仔细评审此报告，以确保报告内容准确完整地表达其需求。报告中应当少出现或根本没有计算机方面的专业术语或行话，使得包括上级领导在内所有用户（发包人），即使没有计算机方面的专业知识也都能读懂报告，并清楚地理解报告的内容。

编写项目范围说明文件时，需要注意的事项包括表达方式最好采用主动语态；语句和段落尽量简短；语句要完整，且语法、标点等正确无误；使用的术语要与词汇表中的定义保持一致；避免模糊的、主观的术语，如性能“优越”；避免使用比较性的词汇，尽量给出定量的说明，含糊的语句表达将引起需求的不可验证性等。

项目范围说明文件在智能建筑工程项目开发、测试、质量保证、项目管理以及项目实施过程中起着十分关键的重要作用，一份高质量的项目范围说明文件有助于项目经理部所有成员目标明确、步调统一、协同合作地开发出用户真正需要的项目。

作为项目需求的最终成果，项目范围说明文件必须具有综合性，即必须包括所有的需求。用户（发包人）和项目承包人都应该很谨慎的对待项目范围说明文件的编写和审批，因为对于没有包括在项目范围说明文件中的要求，用户不要抱任何希望它可能被最终实现，而一旦在报告中出现了的东西，承包人必须要实现它。当然，有时也会发生用户需求变化导致项目范围变更，需要双方互相协商决定其取舍，但这完全是另外一回事。

2. 智能建筑工程项目范围规格说明书

(1) 范围规格说明的结构

项目范围说明文件通常采用范围规格说明的形式。规格是一个预制的或已存在计算机中的文档模板，它定义了文档中所有必须具备的特性，同时留下很多特性不做限制。通常，规格的特点是格式简洁、内容全面、标准，并且易于修改。

范围规格说明也称为需求规格说明或功能规格说明，是一个简洁完整的描述性通用文档，其基本内容包括项目目标、需求和工作任务，精确地阐述了一个项目的范围，包括必须提供的功能和性能，以及它所要考虑的限制条件。范围规格不仅是项目范围确定和项目测试的基础，也是项目所有子系统规划、设计的基础，项目承包人可用它来对项目进行计划和管理。

在许多情况下，范围规格也被作为项目用户使用手册和操作手册的文档模板，广泛地适用于对各类应用领域中的用户问题进行理解与描述，实现用户（发包人）、设计单位和承包人之间的通信，为项目总体方案设计和深化设计提供基础，并支持项目范围验证和变更管理。除设计和实现上的限制外，范围规格一般不包括设计、构建、测试或工程项目管理的细节。

一般范围规格说明的结构包括：

1）引言

① 范围规格的目的

② 项目目标、业务范围和工作任务

③ 定义、首字母缩写词与缩略语

④ 参考文献

⑤ 文档概要

2）一般描述

① 项目概况

② 项目功能

③ 用户特征

④ 环境和限制条件

⑤ 假设和依赖性

3）专门需要

包括功能需求、非功能需求和接口需求

4）附录

5）索引

在上面的结构中，第三部分的专门需求是重要的，也是实质的部分，但是由于它在项目组织实践中的变动性很大，因而不适于给出标准的结构。

(2) 智能建筑工程项目范围规格大纲

1）项目概述

① 项目展望：将该项目相对于其他项目的前景进行展望，应该清楚地对该项目与其他项目之间的相关性进行表述。

② 业务范围：描述项目业务范围和工作任务。

③ 项目功能：提供项目功能方面的简要概括，并把这些功能分成相关的类型，以便于理解。

2）一般限制

描述项目总体方案设计的限制，如环境和条件限制、与其他项目和产品接口需求、必须支持的通信协议、操作的关键部分、符合公认的标准。

3）假设与相关性

确定影响项目范围的具体假设与相关性。

4）用户界面

详细说明项目提供的用户界面，包括所有期望出现的屏幕布局、所有预期的用户操作和输入设备。必要时，可能需要为新的或截然不同的用户界面开发一个用户界面风格指南，提交给用户审查，并能得到用户的签字确认。

5）项目需求

包括项目必须执行的功能需求。可以用很多方法来组织安排本部分的信息，但应使用最适合于用户的文档格式。

① 系统行为：

• 输入：描述输入源、数量、范围、限度、精度、允许误差、时间和单价。

• 处理：描述为获得期望输出数据和中间参数进行的所有操作及对异常情况的响应。

• 输出：详细描述输出目的地、数量、单位、定时问题、有效输出范围和错误处理。

② 性能需求

③ 诊断需求

④ 安全性需求

⑤ 可维护性需求

⑥ 可配置性需求

⑦ 可升级性需求

⑧ 可测试性需求

⑨ 安装性需求

⑩ 附录

3. 范围质量度量

范围质量度量不是一件容易的事情。如果是在项目建设完成之后才做这件事情的话，只需看是否能得到一个满足用户需求的项目就可以了，但这样做没有太大的意义。我们需要做的是，在范围规格说明书建立之后，就能够对范围进行度量。

范围质量度量的基本因素取决于用户需求分析，其中主要的九大元素包括：

（1） 正确性

正确性是指用来确定项目范围的用户需求集是正确的，同时其中每条需求都代表了项目实施所要完成的事情。即如果集合 A 代表用户需要的全部内容，B 代表列出的需求，则正确的需求集是二者的交集 C。实践中，B 集合可能包含由用户需要驱动的项目设计及实现的细节，也可能包含用户没有要求的内容。在智能建筑工程项目中，可能发生的是遗漏 A 集合的内容，即没有完全理解用户的需要，以及包含 C 中的多余内容，即添加了用户没有要求的内容。

（2） 无歧义

这是指用户需求是无歧义的，并且需求只有一个解释。无歧义对于需求来说是很重要的，因为如果开发人员与用户及其他风险承担人对同一条需求有不同的解释，则最终构建出来的系统就可能不是用户所希望的。无歧义性要求对项目需求描述的语言和方式提出了要求。

（3） 完备性

完备性是指用户需求集是完备的，同时需求集描述了用户关心的所有有意义的需求，包括功能、性能、设计约束、属性及与外部接口相关的需求。完整的需求集必须定义项目对现实中所有情况下所有实际输入的响应，而不论该输入是有效的还是无效的，并且，还必须为需求集中所有的图、表、名词等定义提供完整的引用和标记。

（4） 一致性

一致性是指用户需求集前后是一致的，而且任意两个需求的子集之间没有矛盾。在项目实施过程中，需求子集之间的矛盾可能很明显，也可能很隐蔽。对于隐蔽的矛盾，需要进行仔细的评审分析才能发现。

(5) 需求分级

根据重要性和稳定性给需求分级也是很重要的，尤其当项目现有资源不足以实现所有的需求时。各项需求有了级别之后，就可以根据级别的高低决定其实现的先后，甚至当资源短缺时，舍弃一些级别低的需求以保证项目的按期交付。

(6) 可验证性

需求可验证性是指用户需求集是可验证的，并且它所包含的每项需求都是可验证的。换言之，可验证的需求就是在以后的项目实施过程中可以测试它是否得到满足。

(7) 可修改性

这是指用户需求集是可修改的，同时其中每一项需求易于完整、一致的进行变更，且不改变需求集的结构和风格。这要求需求集冗余性最小，并具备适当的目录、索引及交叉引用的能力很好的组织。需求总是要改变的，尽管我们都不希望这样。但如果需求不可改变的话，它对项目后续工作的指导作用就会逐渐减小，甚至被当成不存在，项目可能完全脱离需求而进行下去，导致项目失败。因而，需求的可修改性也是关键的一个度量。

(8) 可跟踪性

可跟踪性是指用户需求集是可跟踪的，并且它的每项需求都是可溯源的，即来历清晰，同时存在一种机制使得在以后的实施过程中引用该需求是可行的。可跟踪意味着需求必须以统一的标记进行标识。可跟踪性使得项目团队成员可以更好地处理需求之间的交叉作用，在对需求进行变更时，便于评估其影响的范围和程度。

(9) 可理解性

用户需求集是可理解的是指用户和项目经理部都完全理解它的整体行为、所提供的功能及其中每项需求的含义。当需求是一般性描述时，通常不难理解，但当需求细化为详细需求，各种描述更加明确和具体，并更多地采用术语时，理解起来就要花一番工夫。

7.3 智能建筑工程项目范围变更控制跟踪

智能建筑工程项目处在一个不断发展变化的环境之中，因此，项目本身也难免发生各种各样的变化，需要对项目进行这样那样的修改，这些变化和修改就是变更。变更发生在项目的范围、进度、质量、费用、风险、资源、沟通以及合同等各个方面，并对其他方面产生一定的影响。其中范围变更的请求可能由不同的来源提出，以不同的形式出现。口头或书面的，直接的或间接的，外部提出的或内部提出的，法律强制的或可选择的等。

7.3.1 智能建筑工程项目范围管理的目标和活动

智能建筑工程项目范围管理是一种获取、组织并记录项目范围，并使用户（发包人）与项目经理部对不断变更的范围达成并保持一致的过程。具体来说，项目范围管理包括对项目范围及其环境进行理解与分析，为项目范围涉及的业务信息、功能和性能建立模型，将用户需求精确化和标准化，形成项目范围说明文件等一系列的活动。

1. 范围管理的目标

范围管理以项目范围说明文件和项目规划作为分析活动的基本出发点，并从系统角度对它们进行检查与调整，避免或尽早剔除早期错误，从而提高项目开发成功率，降低开发成本，改进项目质量。在项目范围管理中，项目经理的工作是采取适当的措施来保证实现项目目标，即要将用户需求文档化，控制项目范围的变化，负责项目实施过程中充分实现和满足用户需求等。项目范围管理要解决的问题是让用户（发包人）和承包人共同明确将要实施的是一个什么样的项目。具体来说，范围管理目标主要有：

（1）通过对项目范围，包括用户需求及其环境的理解、分析和综合，建立分析模型，对项目范围进行识别，对于技术上目前无法实现或不合理的用户要求不要列入范围规格说明书。

（2）在完全弄清用户（发包人）对项目的真实要求的基础上，用范围规格说明把用户的需求表达出来，并建立项目管理使用的需求基线，使项目范围变更受到控制。

（3）使项目计划、活动和可交付成果与用户需求保持一致。在范围管理过程中，需要制定项目范围管理规划。为实现第二个目标，必须控制需求基线的变动，按照变更控制的标准和规范的过程进行项目范围变更控制；为了实现第三个目标，则必须对项目范围进行跟踪，管理需求和其他联系链之间的联系和依赖，发包人、承包人和工程项目经理部三方之间必须就变更达成共识，对项目计划做出调整。

2. 项目范围管理的原则

项目范围主要是由项目目标和用户需求决定的，为进行有效的范围管理，制定范围管理规划通常要遵循如下几条原则：

（1）*用户需求要分类管理*

进行智能建筑工程项目管理的时候，一定要将用户需求分出层次。不同层次需求的侧重点、描述方式、管理方式是不同的。例如，高层领导提出来的需求是目标性需求，中层管理人员提出来的需求是具体的业务流程的需求，而作业人员提出来的需求是侧重于操作性的需求。对于目标性的需求可能采用简短的几句话就能描述清楚，但这是项目的决策性需求，必须很稳定，不能轻易更改，在确定的时候则要慎之又慎。

（2）*用户需求要分优先级*

在智能建筑工程项目实施过程中，如果出现过多的需求，通常会导致项目超出预算和预定进度，最终导致项目的失败，因而面对项目众多用户提出的各不相同、多方面的需求，项目经理必须要将用户需求进行分类排队，确定需求的轻重缓急，统一规划，主要的先上，次要的后上。

对众多用户需求划分优先级的工作十分重要，实践经验表明，在每一个智能建筑工程项目实施过程中，都会遇到这样一个问题，即负责用户需求调研的工程师往往会根据众多用户要求列出长长的功能表，每个功能似乎都是不可或缺的，而当项目经理排出工程实施进度表后，却发现工程费用过高，工期过长，是发包人所不能接受的，这时候必须裁减过多的用户需求。为了裁减用户需求就需要对用户需求划分优先级。一份好的智能建筑工程项目用户需求分析，必须附带有用户需求的优先级安排和建议，并提交发包人审批，以便进行项目的整体平衡。

(3) 需求必须文档化

在智能建筑工程项目实施过程中，首先项目需求必须形成书面文档，即编制完整的项目范围说明文件（需求规格说明书）和项目范围管理规划，并按照文档管理制度进行归档、分类、借阅、保管等。其次需求文档必须是正确的、最新的、可管理的、可理解的，是经过验证的，是在受控的状态下变更的。很多需求在用户（发包人）看来是理所当然的，却被承包人完全忽略了。很多项目实施人员往往有一种错误的偏见，认为简单的小项目不用编写书面的需求文档，这种错误认识常常会导致项目失败。因为再简单的项目都与复杂的大项目一样，需要完整详细的需求文档作为项目设计、实施、测试的依据和基础。只有一开始就与用户（发包人）沟通好，想清楚、说清楚、写清楚，真正把用户需求整理清楚，项目才能实施成功。

(4) 重视项目范围变更控制

无论项目范围变化的程度如何，只要范围变化了就必须进行评估，这是基本的原则。此外在项目经理部中必须明确指定一个范围管理员或范围管理组，由其负责整个项目的范围管理工作，确保在发生范围变更时，受影响的系统能得到及时修改，使其与范围的变更随时保持一致；受范围变更影响的其他方面也必须在与发包人协商一致的情况下，及时进行调整或修改。

3. 智能建筑工程范围管理活动

智能建筑工程项目范围管理在用户需求调研分析的基础上进行，贯穿于整个项目实施过程，是项目管理的一部分。在项目实施过程中，无论处于哪个阶段，一旦有需求错误出现或任何有关项目范围的变更出现，都需要借助范围管理活动来解决相关问题。

进行范围管理的第一步是建立范围管理规划，范围管理规划的内容包括：

(1) 范围识别：给项目范围中的每一个工作包以唯一的标识，以便在文档上下文中引用。

(2) 范围变更管理：确定一个范围变更分析和决策的流程，所有的范围变更都要遵循。

(3) 范围跟踪：定义项目范围中所有子项或工作包之间的关系，需求和设计之间的关系，记录并维护这些关系。

(4) 自动化工具：选择合适的项目范围管理类工具。

对于简单的小项目，可能不必使用专业化的项目范围管理工具，项目范围管理过程用计算机文字处理工具、电子表格和个人电脑数据库就能支持。然而，对比较复杂的大型项目，最好能采用专业的范围管理工具，范围管理工具在存储、范围变更管理、范围跟踪等方面能起很大作用，能帮助项目承包人在数据库中存储不同类型的需求、为需求确定属性、跟踪其状态，并在需求与其他工作系统之间建立跟踪能力联系链。

7.3.2 智能建筑工程项目范围变更控制

人类的大部分工程都有比较严格的计划和质量保证，如土木建筑工程，如果你对已经建成的大楼不满意，要求建筑设计师把大楼的结构调整一下，别人一定会认为这很荒唐。但在智能建筑工程项目，特别是在应用软件开发子系统中，这样的事情却很常见。统计资料表明：软件开发项目中大约有40%～60%的问题都是由在用户需求调研分析阶段埋下的祸根所引起的。

智能建筑工程项目的用户需求还很难用人们所熟悉的简单方式表述。例如你想要买衣服，但不知道自己的身材尺寸，即需求不清楚，这时解决办法是什么？很简单，试穿。对于智能建筑工程项目用户需求不清楚的时候，你能“试开发”吗？很显然，不能。

对于项目范围管理阶段就出现的错误，如果在项目实施进行到后期的时候才发现，那么修复费用是非常高的，因为有些项目，如应用软件开发项目，在维护阶段修复它的成本约是项目范围管理阶段修复成本的100～200倍。出现这种修复成本急剧上升的原因在于，在项目范围管理阶段出现的用户需求错误发现的越迟，需要重新进行开发的工作越多。再比如隐蔽工程（如管道和电缆埋藏在墙壁内），当外面的装修装饰工程完成以后才发现问题，需要报废返工重来，造成的损失要比隐蔽之前进行返工高的多。

对于智能建筑工程项目中的缺陷，特别是软件开发和隐蔽工程的缺陷，发现和修复的越早，则返工成本越低。但不幸的是，项目范围管理阶段出现的错误往往很难发现，经常会延续到后面的阶段，这就造成了需求错误的代价高昂。因此做好项目范围管理、减少范围变更对于降低项目成本是至关重要的。

1. 项目范围变更的原因

在智能建筑工程项目实施过程中由于客观条件和用户需求总是在变化着的，从而导致项目范围变更。项目范围的变更可能导致项目成本、时间、质量或其他项目目标的变更。

项目范围变更的原因主要有以下五个方面：

（1）某个外部事件，比如说，政府颁布了新的法令法规；竞争对手掌握了新的生产技术；国家通货膨胀等。

（2）发现了新的生产技术或方法手段，如果在项目实施中采用，对项目会产生较大的影响。

（3）项目团队本身发生变化，如人事变动、组织结构调整。

（4）编制项目范围说明文件时存在的某些失误或遗漏。

（5）用户需求发生了变化或用户（发包人）对项目提出了新的要求。

① 在项目早期所有的问题不可能被完全定义，用户需求是不完全的，这就注定了用户需求以后需要变更，以便达到完善程度，从而导致项目范围的改变。

② 随着项目的展开和进行，项目开发人员对用户需求的理解会发生变化，这些变化也要反馈到项目范围中去。

③ 大型项目通常拥有众多不同类型的用户，有不同的用户需求，他们的需求可能是冲突的或是矛盾的，最后的用户需求不可避免是它们之间的一个妥协。然而这种妥协的程度在项目进行过程中有可能发生改变，从而导致项目范围的改变。

④ 项目发包人和最终用户不相同，有的项目发包人可能因为机构原因或预算原因对项目提出一些需求，而这些需求可能和最终用户需求不一致，导致项目范围的改变。

2. 项目范围变更控制过程

项目范围变更控制过程分为变更描述、变更分析和变更实现三个阶段：

（1）变更描述：变更描述阶段始于一个被识别的用户需求问题或是一份明确的项目

范围变更提议。在这个阶段，要对问题或变更提议进行分析以检查它的有效性，进而产生一个更明确的项目范围变更提议。

(2) 变更分析：变更分析阶段对被提议的项目范围变更产生的影响进行评估，计算变更成本。不仅要修改项目范围说明文件，还要估计项目变更设计和实现的成本。一旦分析完成，就有了对此变更是否合理及是否要执行的决策意见。

(3) 变更实现：一旦项目范围变更分析阶段得到了肯定的结论，即要执行变更，项目范围说明文件及系统设计方案都要作修改，并要进行和完成具体实施过程。

3. 项目范围变更影响分析

进行项目范围变更影响分析时应评估它对项目计划安排的影响，同时明确与变更相关的任务并评估完成这些任务需要的工作量。每个变更都会增加资源消耗，这一点是肯定的。项目范围变更影响分析通过对变更内容的检验及对变更建议的准确理解，有助于确定对变更采取的态度：接受，修改还是抛弃。

至于变更对项目进度的影响，主要看变更是否处于项目的关键路径。如果一个处于关键路径的任务因变更而延期，则项目肯定赶不上预定进度，甚至造成项目的完成遥遥无期。但如果能避免变更影响关键任务，则变更不会影响项目的进度表。

4. 项目范围说明文件版本控制

对于项目开发人员来说，最为沮丧的事情莫过于拿着自己辛辛苦苦干了一段时间而实现的项目功能向上级主管汇报时，却发现该功能早已被取消了。出现这种情况的根源就是项目范围说明文件版本管理混乱，开发人员没有得到最新的项目范围说明文件版本，不知道需求发生了变更。如果没有很好的项目范围说明文件版本控制，就容易造成诸如此类的浪费。

项目范围说明文件版本控制是项目范围管理的一个必要方面。要做好项目范围说明文件的版本控制，必须保证做好如下几点：

① 统一确定项目范围说明文件的每一个版本，并保证每个成员都能得到当前最新版本。

② 清楚地将项目范围变更写成文档，并及时通知到项目实施所涉及的所有人员。

③ 为尽量减少困惑、冲突、误传，应只允许指定的人来更新项目范围说明文件。

简单地说，项目范围说明文件的版本控制就是保证相关人员能及时得到最新的该文档版本和记录其历史版本。版本控制的最简单方法是在每公布一个新的版本就附加修正版本的历史记录，包括已做变更的内容、变更日期、变更人的姓名以及变更的原因。也可以采用专门的范围管理工具辅助进行项目范围说明文件版本控制。

7.3.3 智能建筑工程项目范围状态

1. 项目范围的属性

项目范围说明文件除了描述所要实现的项目目标、业务、功能和性能等内容以外，还要附加一些相关的属性，这些属性的定义及更新是项目范围管理的重要内容。项目范围的属性为项目范围管理提供了背景资料和上下文关系，对于大型复杂项目尤为重要。这些属性包括：

（1）项目范围说明文件的创建时间。

（2）项目范围说明文件的版本。

（3）项目范围说明文件的创建者。

（4）项目范围说明文件批准者。

（5）项目范围状态。

（6）项目范围确定的原因或根据。

（7）确定项目范围所涉及的子系统。

（8）项目范围所涉及的产品版本。

（9）项目范围的验证方法或测试标准。

（10）用户需求的优先级，即从实现用户需求所涉及的代价、收益、成本、风险四个方面考察其优先级，用自定义的度量标准把优先级表示出来，如可用高、中、低或阿拉伯数字表示。

（11）项目范围的稳定性：表示将来项目范围可能变更的程度，稳定性越差，意味着项目范围越容易发生变更，因而应给予较多的关注。

2. 项目范围状态

项目范围状态是由用户需求情况决定的一项重要属性，在项目实施的整个过程中，跟踪项目范围的状态是范围管理的一个重要方面。何谓项目范围状态？顾名思义，状态是一种事物或实体在某一个时间点或某一阶段的情况的反映。项目范围状态是指某时间点或某一阶段项目范围内容，主要是用户需求情况的反映。通常用户需求可分为四种情况：

① 用户可以明确且清楚地提出需求。

② 用户知道需要做些什么，但却不能确定的需求。

③ 需求可以由用户提出，但需求的业务不明确，还需要等待外部信息。

④ 用户本身也说不清楚的需求。

对于这些用户需求，在项目实施进展的过程中，根据不同处理结果可分为如下 8 种情况：

（1）已建议

用户需求已经被有权提出用户需求的人所建议。

（2）已批准

用户需求已经被分析，并估计了它对项目其余部分的影响；已经用确定的项目范围说明文件版本号或创建编号分配到相关的需求基线中；项目团队已经同意实现它。

（3）已拒绝

用户需求已经有人提出，但被拒绝了。拒绝的需求被列出的目的是因为它有可能被再次提出。

（4）已设计

已经完成了用户需求的设计和评审。

(5) 已实现

已经实现了用户需求。

(6) 已验证

已经使用某种方法验证了已实现的用户需求，运行项目能够达到预期的效果。

(7) 已交付

用户需求完成后，已经交付用户进行使用。

(8) 已删除

计划的用户需求已经从基线中删除，但需要给出做出删除决定的原因。

7.3.4 智能建筑工程项目范围跟踪

进行项目范围跟踪的目的是建立和维护从用户需求调研开始到项目竣工验收之间的一致性与完整性，确保所有的功能实现都以用户需求为基础，确保所有的输出符合用户要求。

1. 项目范围跟踪的必要性

很多人都有这样的误解，即认为如果依照“需求调研—项目设计—项目实施—测试验收”这样的顺序开发项目，每一步的输出就是下一步的输入，因此就不必担心设计、实施、测试会与用户需求不一致，从而可以省略项目范围跟踪。但实际情况是，按照项目生命期严格线性顺序的开发模型并不能保证各个阶段的工作成果与用户需求保持一致，因为开发者是人而非机器，易于在信息的传播过程中引入错误。由于人们的表达能力、理解能力不可能完全相同，人与人之间的协作很难达到天衣无缝的地步，所以生活中不乏“以讹传讹”的例子。

智能建筑工程项目实施重视的是过程能力，如果不能严格地确保实施过程的每一个环节都被不折不扣地执行，实施过程很难成功。项目范围跟踪过程也遵循这一原则，对于项目范围跟踪的每一环节都要认真对待。项目范围跟踪能力对项目范围变更影响分析结果有很大影响，有效的项目范围跟踪有利于项目范围变更的确认和评估。

2. 可追溯性信息

进行项目范围跟踪就要对决定该范围的各种需求之间，以及需求和项目设计之间的许多关系进行追溯，同时还要搞清楚项目需求和引起该需求的潜在原因之间的联系。当需求变更发生的时候，必须追踪这些需求变更对项目范围和项目设计的影响。

需要维护的可追溯性信息有三类：

(1) 源头可追溯性信息：指连接需求到提出需求的项目相关人员和产生需求的原因。当需求变更时该信息用来发现项目相关人员以便能与他们商讨这些变更事宜。

(2) 需求可追溯性信息：指连接项目范围说明文件中彼此依赖的用户需求。该信息用来评估一个需求变更对其余需求产生的影响以及引发的项目范围变更的范围和程度。

(3) 设计可追溯性信息：指连接需求到已实现的设计模块。该信息用来评估项目范围变更对项目设计和实现带来的影响。

3. 项目范围跟踪的实现

创建项目范围跟踪能力是很困难的。从长远来看，良好的项目范围跟踪能力可以减少项目实施的费用，但在短期之内会造成实施成本的上升，因为积累和管理跟踪信息增加了项目成本。因此，项目承包人在实施这项能力的时候应循序渐进，逐步实施。

项目范围跟踪有两种方式，正向跟踪与逆向跟踪。正向跟踪以用户需求为切入点，检查项目范围说明文件中的每个需求是否都能在后继工作成果中找到对应点。逆向跟踪则以检查设计、实施、测试等工作成果是否都能在项目范围说明文件中找到出处。

项目范围跟踪的双向模式可以用项目需求链来表示。项目需求链指的是需求能够上传下达，从用户传达到项目范围说明文件（需求规格说明书），然后从项目范围说明文件传达到后继开发，形成一个循环链条，并且可以逆向传达。

实现项目范围跟踪的一种通用方法是采用项目范围跟踪矩阵，其前提条件是标识需求链中各个过程的元素，如用户需求的标识号、功能和性能实施（或编码）的标识号、测试的标识号。通过标识的符号，就可以使用数据库进行管理，用户需求的变化和项目范围的变更能立刻体现在整条项目需求链的变化上。过程元素之间的关系有以下三种：

① 一对一：一个需求应用一个设计元素。

② 一对多：多个测试用例对应一个需求。

③ 多对多：一个测试用例导致多个需求，其中一些需求又拥有多个测试用例。

项目范围跟踪矩阵保存了需求与后续开发过程输出的对应关系，因而使用项目范围跟踪矩阵很容易发现需求与后续工作成果之间的不一致，有助于开发人员及时纠正偏差。但是，项目范围跟踪矩阵并没有规定实现办法。每个项目经理注重的方面不同，所创建的项目范围跟踪矩阵也不同，只要能够保证项目需求链的一致性和可跟踪性即可。

4. 项目范围跟踪的作用

项目范围跟踪提供了一个表明工程承包合同与项目实施成果相一致的方法。完善的项目范围跟踪能够降低项目实施的成本，改善项目质量。表现在以下几个方面：

(1) 在项目范围验证中的作用

在项目范围验证中，项目范围跟踪信息便于确保所有的用户需求得以实现。

(2) 有助于项目范围变更影响分析

在需求增加、删除和改变时，项目范围跟踪信息可以确保不忽略每个受到影响的系统元素。

(3) 便于项目范围的维护

可靠的项目范围跟踪信息使得范围维护时能正确、完整地实施变更，从而提高生产率。如果不能一次性地为整个项目建立跟踪信息，那每次可以只建立一部分，再逐渐增加。

(4) 便于项目跟踪

在项目实施过程中，认真记录项目范围跟踪数据，就可以得到当前项目范围状态的记录，没有出现的完整的需求链意味着还没有相应的阶段性成果。

(5) 减小项目的风险

项目实施过程文档化可减少由于经理部的一名关键成员离开给项目经理部所带来的

风险。

(6) 易于资源重用

跟踪信息有助于在新系统中对相同的功能利用旧系统相关资源。例如，功能设计、相关需求、工艺技术、代码、测试等。

7.4 智能建筑工程项目范围管理的质量保证

7.4.1 智能建筑工程项目范围验证

1. 智能建筑工程项目范围验证过程

智能建筑工程项目范围验证是指验证项目范围说明文件的正确性和可行性，检验项目范围说明文件所列出需求能否反映用户的意愿。它和需求分析有很多共性，都是要发现项目范围说明文件中的问题，但却是截然不同的过程。项目范围验证关心的是项目范围说明文件的完整性，需求分析关心的是项目范围说明文件中不完整的需求。

智能建筑工程项目范围验证很重要，如果在项目总体方案设计开始之前，通过验证用户（发包人）需求的正确性及其质量，就能大大减少项目实施后期的返工现象。而如果在后续的实施或当项目投入使用时才发现项目范围说明文件中的错误，就会导致更大代价的返工现象，因为项目范围的变更总是会带来项目设计和实施的改变。项目范围验证可按如下四个步骤进行：

(1) 审查项目范围说明文件

对项目范围说明文件进行正式审查是保证项目质量的有效方法。组织一个由项目经理、用户（发包人）、开发人员、测试人员组成的小组，对项目范围说明文件及相关模型进行仔细检查。另外在用户需求调研分析期间所做的非正式评审也是有所裨益的。

如果评审人员不懂得怎样正确地评审项目范围说明文件和怎样做到有效评审，则很可能会遗留一些严重的问题，因而要对参与评审的所有成员进行培训，请组织内部有经验的评审专家或外界的咨询顾问来讲授，以使评审工作更加有效。

(2) 依据需求编写测试用例

根据用户需求所要求的项目特性编写黑盒功能测试用例。用户通过使用测试用例以确认是否达到了期望的要求。还要从测试用例追溯回功能需求，以确保没有任何用户需求被疏忽，并且确保所有测试结果与测试用例相一致。同时，还可以使用测试用例验证需求模型的正确性，如在原型上检验项目是否满足用户（发包人）真正的需求。

理想情况下，用户需求应是可测试的，可设计测试用例来验证。若测试的设计很困难或是不可能的，则说明用户需求的实现会很困难，应该重新考虑该项需求的合理性。

(3) 编写用户手册

在用户需求调研的早期即可起草一份用户手册，用它作为项目范围说明文件的参考，辅助进行需求分析，如质量属性、性能需求及对用户不可见的功能则可在项目范围说明文件中予以说明。

(4) 确定合格的标准

确定合格的标准是让用户描述什么样的项目能满足他们的要求和适合他们使用，合格的测试是建立在使用情景描述或测试用例的基础之上的。

2. 智能建筑工程项目范围验证的内容

项目范围验证是一项极具挑战性的工作，在项目范围验证过程中，要对项目范围说明文件中的内容进行多种类型的检查，包括：

(1) 有效性检查

对于智能建筑工程项目范围包含的每项用户需求，首先都必须证明是它是正确有效的，确实能解决用户（发包人）面临的问题。某个用户可能认为项目应该执行某项功能，然而进一步的思考和分析可能发现还需要添加另一些功能，因此任何一个需求都不可避免地要在不同用户之间协商。项目经理和用户都应复查需求，以确保将用户的需要充分、正确地表达出来。

(2) 一致性检查

在项目范围说明文件中，各种不同的需求之间不应该存在冲突，即对同一个项目功能不应出现不同的描述或相互矛盾的约束。当两个需求不能同时满足时，则定义二者是不一致的，而需求文档中不应出现不一致的矛盾需求。

当用自然语言书写项目范围说明文件时，除了靠手工技术审查验证项目范围的正确性之外，目前还没有其他更好的“测试”方法。由于这种非形式化的规格说明是难于验证的，特别在项目技术复杂、规模庞大、项目范围说明文件篇幅很长的时候，所以人工审查的效果是没有保证的，冗余、遗漏和不一致等问题可能没被发现而继续保留下来，以致项目开发实施工作不能在正确的基础上顺利进行。为了克服这一困难，人们提出了形式化的描述项目范围的方法。当项目范围说明文件是用形式化的需求陈述语言书写的时候，可用软件工具验证需求的一致性，能有效保证需求的一致性。

(3) 完备性检查

项目范围说明文件应该包括用户想要的所有功能和约束。如果所有可能的状态、状态变化、输入、阶段成果和约束都在需求中做了描述，则说明这个需求集合是完备的。

只有智能建筑工程项目的用户（发包人）才真正知道项目范围说明文件是否完整，是否准确地描述了他们的需求，因此检验需求的完备性，特别是证明项目确实满足用户的实际需要是很重要的。换言之，用户需求的完备性检查，只有在用户（发包人）的密切合作下才能完成。

由于智能建筑工程项目的许多用户并不能清楚地认识到他们的需要，特别当项目是全新的、以前没有使用类似系统的经验的时候，他们不能有效地陈述需求的内涵和实际需要的功能。只有当他们看到或接触到某种现成的建筑智能化系统可以实际使用和评价时，才能完整确切地提出他们的需要。因此，理想的做法是先根据用户需求分析的结果开发出一个相似的系统，请用户（发包人）试用一段时间以便能认识到他们的实际需要是什么，在此基础上再写出正式的项目范围说明文件。但这种做法将使项目实施成本增加，实际上采用这种方法的概率非常小。使用原型系统则是一个比较现实的替代方法。

原型系统是为用户提供的一个可执行的项目模型。使用原型系统的目的，通常是显示目标系统的主要功能而不是性能，因此开发的时候可以适当降低对接口、可靠性及程序质量的要求；此外还可以省掉许多文档资料方面的工作，从而开发原型系统所需要的成本和时间大大少于开发实际项目所需要的成本和时间。用户通过试用原型系统，能获得许多宝贵的经验，从而可以提出更符合实际的要求。

（4）现实性检查

现实性检查是指检查项目范围说明文件中包含的所有用户需求都能以现有成熟技术加以实现。因为用户（发包人）指定的需求必须是可以用现有的技术实现的，否则该项用户需求是不现实的。由于信息技术飞速发展的速度实在太快，人们对智能建筑工程项目软件、硬件技术的进步则很难做出准确的预测，所以只能从现有技术水平出发来判断用户需求的现实性。现实性检查还要考虑到工程项目实施的预算和进度安排等。

为了验证用户需求的现实性，项目经理应该参照以往实施类似项目的经验，分析用现有的软、硬件技术实现项目目标的可能性。必要的时候应该采用仿真或性能模拟技术，辅助分析项目范围说明文件的现实性。

（5）可检验性检查

可检验性是指项目范围说明文件所描述的需求能够实际测试。为了减少在用户和开发人员之间可能的争议，描述的用户需求应该总是可以检验的。这意味着能设计出一组检查方法来验证交付的项目是否满足用户需求。

（6）可跟踪性检查

可跟踪性是指项目范围说明文件中每项用户需求的出处被清晰地记录，每一个项目功能都能被跟踪到要求它的需求集合，每一项需求都能追溯到特定用户的要求。项目范围的可跟踪性很重要，它能为评估项目范围变更对项目其他部分的影响提供帮助。

（7）可调节性检查

可调节性是指项目范围变更能够不对项目的其他部分带来大的影响。

（8）可读性检查

可读性是指项目范围说明文件能否被项目最终用户读懂。

7.4.2 智能建筑工程项目范围评审

论证智能建筑工程项目范围是否完全符合用户的需要是很困难的，用户需要勾画出项目子系统的操作过程并构想出如何让项目子系统加入到他们的实际工作中去，即使是对一个有经验的计算机专家，这种抽象分析工作也是艰巨的，更不用说是对普通用户了。因此，当项目经理完成并提交了智能建筑工程项目范围说明文件以后，一般都要进行技术评审。

1. 评审方式

智能建筑工程项目范围说明文件评审有两类方式：一类是正式技术评审，另一类是非正式技术评审。在进行正式评审前，需要对项目范围说明文件做评审前的准备工作，主要是检查并确认其是否具备进入评审的初步条件。

项目范围评审是一项重要的项目范围验证技术。项目范围评审的规程与项目其他重要的阶段性成果，如项目设计文档、实施组织方案、测试方案等的评审规程非常相似。

智能建筑工程项目范围说明文件完成后，应由用户（发包人）和项目经理共同进行项目范围评审。鉴于项目范围说明文件是项目设计和实施的基础，项目范围评审需要有用户（发包人）方、监理和承包人的人员共同参与，检查文档中的不规范之处和遗漏之处。项目范围评审过程可以统一进行，也可以将项目范围说明文件中的不同部分分发给每个人，进行大规模地撒网式检查。

正式进行项目范围评审时，项目经理部要拿着项目范围说明文件“遍访”用户，逐条解释需求含义。评审组成员则检查需求的一致性和作为一个整体的完备性等，并把冲突、矛盾、错误和遗漏的需求正式记录下来，然后由用户（发包人）和承包人协商这些问题的解决方案。

2. 评审注意事项

评审智能建筑工程项目范围说明文件是一项既乏味又比较费精力的工作，并涉及到很多人，因此这项工作很不容易，需要很好地组织。下面是进行项目范围评审时应注意的几个方面：

（1）*严格控制每一次评审的文档规模及持续时间*

过于庞大的文档和过长的持续时间都会导致参与人员的厌倦，使得工作效率降低，从而影响评审的质量。

（2）*评审工作要分段进行*

智能建筑工程项目范围说明文件评审涉及人员可能比较多，有些时候让这么多人聚在一起花费比较长的时间开会并不容易。没有必要把所有的事情放在一块做，项目范围评审可以分段进行。这样每次评审的时间比较短，参加评审的人员也少一些，组织会议就比较容易。

（3）*对讨论的问题进行控制*

开评审会议时有时会跑题，甚至变成聊天会议。由于评审人员大部分是技术开发人员，大家会不知不觉地谈论项目是如何实现的。评审会必须明确一位评审组长，对讨论的问题进行控制。

（4）*避免无谓的争吵*

开评审会议时经常会发生争议，适当的争议有利于澄清问题，但当争议变为争吵时就变质了。争吵不仅对解决问题毫无帮助，而且也伤害人与人之间的感情。发生争议时，毫不妥协或轻易妥协都不是好办法，最好是尽可能阐述事实与证据，同时试着从不同的角度去探讨同样的问题。

3. 项目范围说明文件的评审内容

在项目范围管理阶段，应该对项目范围说明文件所描述的项目目标、业务、功能和性能要求的正确性、完整性和清晰性，以及用户的其他需求给予实事求是中肯的评价。评审内容包括：

（1）项目定义的目标是否与用户需求一致。

（2）文档中的所有描述是否完整、清晰、准确地反映用户要求。

（3）与所有其他系统相联系的重要接口是否都已经描述。

（4）项目的数据流是否足够、确定。

（5）所有图表是否清楚，在不补充说明时能否理解。

(6) 主要功能是否已包括在规定的项目范围之内，是否都已充分说明。

(7) 项目需求和必须完成的功能是否一致。

(8) 设计的约束条件或限制条件是否符合实际。

(9) 是否考虑了项目开发的技术风险。

(10) 是否考虑过实现用户需求的其他方案。

(11) 是否考虑过将来可能会提出的项目范围变更。

(12) 是否详细制定了检验标准。

(13) 有没有遗漏、重复或不一致的地方。

(14) 项目计划中的估算是否受到了影响。

为保证项目范围说明文件的质量，评审应以专门指定的人员负责，并按规程严格进行评审。评审结束应有评审负责人的结论意见及签字。除承包人的项目经理之外，用户（发包人）和监理单位都应当参加评审工作。项目范围说明文件要经过严格评审，通常评审结果都包含了一些修改意见，待修改完成后再经评审通过，才可进入项目设计阶段。

7.5 智能建筑工程项目管理规划

项目管理规划是在项目范围管理阶段以项目为对象而编制的，是用于指导项目实施全过程中开展各项活动的技术、经济、组织和管理的综合性文件。项目管理规划作为指导项目管理工作的纲领性文件，应对项目管理的目标、内容、组织、资源、方法、程序和控制措施进行确定。项目管理规划包括项目管理规划大纲和项目管理实施规划两类文件。项目管理规划的原则有：

① 目的性：项目目标是管理规划的核心，项目管理规划是围绕如何实现目标而制定的。

② 系统性：项目管理规划本身是一个系统，它是由各项子规划构成的，各项子规划不是孤立存在的，而是密切相关的，要使项目管理规划形成有机协调的整体。

③ 动态性：项目所在环境常处于变化之中，这就会使规划的实施偏离目标。因此项目管理规划要随环境的变化而不断调整和修改，确保项目目标实现。

④ 相关性：构成项目管理规划的任何子规划的变化都会影响到其他子规划的制定和执行，进而影响到项目的正常实施。因而，在制定项目管理规划时，必须考虑各子规划间的相关性。

7.5.1 项目管理规划大纲

项目管理规划大纲是项目管理工作中具有战略性、全面性和宏观性的指导文件。项目管理规划大纲应由组织的管理层或组织委托的项目管理单位编制。

1. 编制项目管理规划大纲的程序

(1) 明确项目目标。

(2) 分析项目环境和条件。

(3) 收集项目的有关资料和信息。

（4）确定项目管理组织模式、结构和职责。

（5）明确项目管理内容。

（6）编制项目目标计划和资源计划。

（7）汇总整理，报有关部门审批。

2. 编制项目管理规划大纲的依据

（1）可行性研究报告。

（2）设计文件、标准、规范与有关规定。

（3）招标文件及有关合同文件。

（4）相关市场信息与环境信息。

3. 项目管理规划大纲的内容

（1）项目概况。

（2）项目范围管理规划。

（3）项目管理目标规划。

（4）项目管理组织规划。

（5）项目成本管理规划。

（6）项目进度管理规划。

（7）项目质量管理规划。

（8）项目资源管理规划。

（9）项目沟通管理规划。

（10）项目采购管理规划。

（11）项目合同管理规划。

（12）项目信息管理规划。

（13）项目知识产权保护管理规划。

（14）项目信息系统安全管理规划。

（15）项目整体管理规划。

（16）项目环境管理规划。

（17）项目职业健康安全规划。

（18）项目风险管理规划。

（19）项目收尾管理规划。

7.5.2　项目管理实施规划

项目管理实施规划应对项目管理规划大纲进行细化，使其具有可操作性。项目管理实施规划应由项目经理组织编制。施工项目管理实施规划可以用施工组织设计和质量计划代替，但应具备项目管理的内容，能够满足项目管理实施规划的要求。

1. 编制项目管理实施规划的程序

（1）了解项目相关各方的要求。

(2) 分析项目条件和环境。
(3) 熟悉相关的法规和文件。
(4) 组织编制。
(5) 履行报批手续。

2. 编制项目管理实施规划的依据

(1) 项目管理规划大纲。
(2) 项目条件和环境分析资料。
(3) 工程合同及相关文件。
(4) 同类项目的相关资料。

3. 项目管理实施规划的内容

(1) 项目概况。
(2) 总体工作计划。
(3) 组织方案。
(4) 实施方案。
(5) 进度管理计划。
(6) 质量管理计划。
(7) 职业健康安全与环境管理计划。
(8) 成本管理计划。
(9) 资源需求计划。
(10) 风险管理计划。
(11) 信息管理计划。
(12) 项目现场平面布置图。
(13) 项目目标控制措施。
(14) 技术经济指标。

4. 承包人对项目管理实施规划的管理要求

(1) 由项目经理组织编制。
(2) 项目经理签字后报企业管理层审批。
(3) 与各相关组织的工作协调一致。
(4) 进行跟踪检查和必要的调整。
(5) 项目结束后，形成总结文件。

第8章 智能建筑工程项目资源管理

8.1 项目资源管理概述

任何项目运行过程中都需要使用人力、设备、材料、能源等多种资源。由于受项目投资、技术水平、费用和时间等因素的影响，几乎所有的项目都要受到资源的限制。与此同时，由于项目包含多项工作，因此资源并不是具有无限能力且可以随时得到的，它必然涉及到将何种资源和多少资源分配给项目的每一项工作的问题。在项目展开的过程中，如何规划，才能使资源的可行性、及时性达到最优，是项目管理者应认真考虑的问题。

8.1.1 项目资源定义和资源管理程序

1. 项目资源和资源管理的定义

资源是人类用于生产产品或提供服务的知识、技能、物资、设备、能源、资金和社会关系等的总和。项目资源是指为实现项目目标需要投入的人力资源、材料设备、技术、能源、资金和公共关系资源等。

项目资源管理是为确保投入项目使用的所有资源发挥其最佳效能的管理过程，它是项目管理的重要一环，它包括项目人力资源管理、材料管理、机械设备管理、技术管理、资金管理、能源管理以及公共关系资源管理等。

工程项目资源管理的全过程包括项目资源的计划、配置、控制和处置，企业应建立和完善项目资源管理体系，建立资源管理制度、确定资源管理的责任分配和管理程序的建立，并做到管理的持续改进。即采用科学的方法，对项目资源进行有效的规划、积极的开发、准确的评估和合理的配置使用等方面的管理工作，以达到人尽其才、物尽其用。

2. 智能建筑工程项目资源管理的程序

根据《建设工程项目管理规范》的规定，智能建筑工程项目资源管理应遵循下列程序：

（1）按合同要求，编制资源配置计划，确定投入资源的数量与时间。

（2）根据资源配置计划，做好各种资源的供应工作。

（3）根据各种资源的特性，采取科学的措施，进行有效组合，合理投入，动态调控。

（4）对资源投入和使用情况定期分析，找出问题，总结经验并持续改进。

8.1.2 项目资源计划和资源管理计划

项目资源计划或称为资源需求计划是确定为完成项目各项活动所需的资源种类和数

量，包括人力资源、设备和材料、能源和资金等需求计划。资源计划必然与项目成本估算紧密相关。编制资源计划是依据项目范围规划和工作分解结构，确定项目各项活动所需资源的种类、投入数量、规格和时间的过程。为了估计、预算和控制项目成本，项目经理必须确定完成项目所需要的资源，包括人员、设备和材料，以及各项资源的数量。

1. 项目资源计划的编制原则

(1) 按WBS结构为主，结合项目进度计划编制资源计划

工作分解结构（WBS）界定了项目所需完成的全部工作及其逻辑关系，因此在理论上，工作所需资源的种类的类型和数量也随之确定了。在编制资源计划时，必须以此为基础进行全盘考虑。此外，资源的分配与项目的进度计划紧密相关，关键路径上的工作应优先安排资源，非关键路径上的工作所需资源则可以机动安排。

(2) 内容必须准确详细，数据来源要可靠

资源规划是项目费用管理的基础和前提，资源计划的详细与准确与否，必然会影响到项目费用管理有效性。比如说人力资源在一个软件开发项目中就可以细化为系统分析员、编程员、测试员、文档管理员、培训员等等。同时判断工作所需的相关资源种类和数量需要一个可靠的数据来源。这就需要综合相关专家、资源信息库、以往类似项目信息、当地法律、法规信息，得到可靠的、成本最低的信息来源。如：智能建筑工程项目组织需要熟悉项目当地有关法律、法规，这些知识通常可以通过雇佣当地人而简单地获取，否则只能获取相似的资源，那么可信度会降低，从而影响整个费用管理。

(3) 注意资源计划的灵活性

工程项目运行过程中会遇到各种各样的风险，因而资源的需求也会发生相应的波动，这在本质上是不可能避免的。在确定项目工作所需资源的同时，应考虑为应对风险而准备的应急资源。过分严格的资源需求说明往往会导致费用管理的僵化和不适应。

2. 编制资源计划的依据

(1) 工程承包合同及招投标文件

合同及招投标文件是发包人向承包人提出的工程建设要求和双方的制约，它明确了工作的界面、进度要求、质量要求、合同金额、工程付款形式和设备材料供应方式等。这些都会给资源计划带来很大影响，在编制时必须予以充分考虑。

(2) 工作分解结构

工作分解结构（WBS）确认了项目的各项工作任务。WBS是编制资源计划过程的基本依据。

(3) 历史资料

参考以往已完成的工程项目中类似工作所需的资源种类和数量。

(4) 项目范围规划

编制资源计划要依据项目范围规划的内容，包括项目的用户需求分析和项目的总体目标。

(5) 可供利用的资源情况

编制资源计划时，首先要了解已有的可供项目利用的资源情况。在项目实施过程中，

不同的项目阶段和时间，可供项目利用的资源情况是不一样的。

(6) 组织策略

编制资源计划时要考虑执行组织关于人员或设备的租与购置方面策略。

3. 在资源计划中需要考虑的重要问题

① 工程项目实施过程中的具体任务的难度。

② 能够供工程项目使用的资源（人员、设备和物资等）。

③ 组织以往的业绩，是否有执行类似任务的经历。

④ 执行工程项目实施任务的人员的管理水平和技术能力。

⑤ 如果资源不足，为完成任务，将一些工作外包的可能性。

4. 项目资源计划的编制方法

项目资源计划的编制应遵循一定的程序，它的一般过程如图8.1-1所示。首先要收集准确可靠的信息；其次要综合考虑这些信息，形成项目资源库；最后在此基础上，采用相应方法编制详细准确的资源计划。编制资源计划的方法主要有：

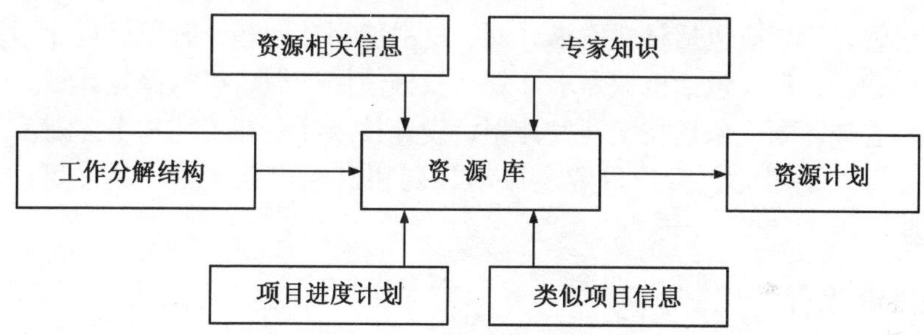

图8.1-1 资源计划编制的一般过程

(1) 专家评判法

由项目费用管理专家根据经验和判断，确定项目资源计划的方法。它是编制资源计划一种常用方法，专家具有专业知识或经过特殊培训，他们可以是本项目经理部的专业技术人员，也可以来自于外单位的本行业的专家、教授。专家评判法主要有两种：

① 专家小组法：组织一组有关专家进行调查研究，然后通过召开座谈会、讨论会等形式共同探讨，提出项目资源计划方案，在意见比较一致的基础上，制定出项目资源计划。

② 德尔菲法：由一名协调者通过组织有关专家进行的资源需求估算，然后汇集专家意见，整理并编制出项目资源计划。一般协调者本人不做出资源的估算，只起联系、协调、分析和归纳结果的作用。为了消除不必要的相互影响和迷信权威等心理上的障碍，做到自由充分地发表个人意见，专家互不见面、互不知名，专家只同协调者发生联系。

(2) 多方案比选法

首先编制多个可能的资源计划方案，再由专家或技术人员对比选择和进行优化。优化方案的确认常用的是一般性的各种管理技术，许多管理技术有一个共同特征："头脑风暴"和"迂回思维方式"。

（3）数学模型法

为了使编制的资源计划具有科学性、可行性，在资源计划的编制过程中，通过利用和建立某些数学模型，如资源均衡模型、资源分配模型等，编制出项目资源计划。

5. 项目资源需求清单

完成制定智能建筑工程项目资源计划过程，最后会得出一份资源需求清单，包括人员、设备和材料。除了为成本估算、预算和成本控制提供根据外，资源需求清单还为项目人力资源管理和项目采购管理提供关键信息。

6. 项目资源管理计划

项目资源管理计划包括建立资源管理制度，编制资源使用计划、供应计划和处置计划，并规定控制程序和责任体系。

资源管理计划应依据资源供应条件、现场条件和项目管理实施规划编制。主要内容包括：

（1）人力资源管理计划应包括人力资源需求计划、人力资源配置计划和人力资源培训计划。

（2）材料管理计划应包括材料需求计划、材料使用计划和分阶段材料计划。

（3）机械管理计划应包括机械需求计划、机械使用计划、机械保养计划。

（4）技术管理计划应包括技术开发计划、设计技术计划和工艺技术计划。

（5）资金管理计划应包括项目资金流动计划和财务用款计划，具体可编制年、季、月度资金管理计划。

8.1.3 项目资源管理控制和考核

1. 项目资源管理控制

根据《建设工程项目管理规范》的规定，项目资源管理控制应包括按资源管理计划进行资源的选择、资源的组织和进场后的管理等内容。

（1）人力资源管理控制应包括人力资源的选择、订立劳务分包合同、教育培训和考核等。

（2）材料管理控制应包括材料供应单位的选择、订立采购供应合同、出厂或进场验收、储存管理、使用管理及不合格品处置等。

（3）机械设备管理控制应包括机械设备购置与租赁管理、使用管理、操作人员管理、报废和出场管理等。

（4）技术管理控制应包括技术开发管理、新产品、新材料、新工艺的应用管理、施工组织设计管理、技术档案管理、测试仪器管理等。

（5）资金管理控制应包括资金收入与支出管理、资金使用成本管理、资金风险管理等。

2. 项目资源管理考核

项目资源管理考核应通过对资源投入、使用、调整以及计划与实际的对比分析，找出管理中存在的问题，并对其进行评价的管理活动。通过考核能及时反馈信息，提高资金使用价值，持续改进。其中包括：

（1）人力资源管理考核应以劳务分包合同等为依据，对人力资源管理方法、组织规划、制度建设、团队建设、使用效率和成本管理等进行的分析和评价。

（2）材料管理考核工作应对材料计划、使用、回收以及相关制度进行的效果评价。材料管理考核应坚持计划管理、跟踪检查、总量控制、节超奖罚的原则。

（3）机械设备管理考核应对项目机械设备的配置、使用、维护以及技术安全措施、设备使用效率和使用成本等进行分析和评价。

（4）项目技术管理考核应包括对技术管理工作计划的执行、施工方案的实施、技术措施的实施、技术问题的处置，技术资料收集、整理和归档以及技术开发、新技术和新工艺应用等情况进行的分析和评价。

（5）资金管理考核应通过对资金分析工作，计划收支与实际收支对比，找出差异，分析原因，改进资金管理。在项目竣工后，应结合成本核算与分析工作进行资金收支情况和经济效益分析，并上报企业财务主管部门备案。组织应根据资金管理效果对有关部门或项目经理部进行奖惩。

8.2　智能建筑工程项目公共关系资源管理

8.2.1　智能建筑工程项目主要的公共关系

工程项目管理中的公共关系资源主要是指项目涉及的众多社会（公共）关系。项目公共关系资源管理是指为确保工程项目的顺利进行，妥善处理好方方面面的公共关系的管理过程，它是项目资源管理的重要内容之一。智能建筑工程项目最主要的公共关系包括：

1. 政府监管机构

政府监管是政府主管部门对工程项目的监督和管理，以维护国家利益和保证建设市场秩序稳定。智能建筑工程项目的政府主管部门包括发改委、建设、国土、环保、公安、消防、交通、卫生、城管等，从中央到地方通过立项审批、授权或认可制度，建立各级从事审核、鉴定、监督、检测工作的机构，对智能建筑工程的立项、规划、设计、施工和各类工程上使用的材料、设备等进行监督、检查、评定，实施有权威的第三方认证。政府监管的特点有：

（1）强制性

其执行机构是国家政府部门，代表国家利益的管理机构实施的管理行为，对于被管理者来说，只能是强制性的必须接受。

（2）执法性

监督人员每一个具体的监督行为都要有充分的依据，带有明显的执法性，严格遵照规定的监管程序行使监督、检查、许可、纠正、强制执行等权力。这一点不同于一般性的行政管理行为。

（3）全面性

政府监管贯穿于智能建筑工程建设的全过程，即从建设项目立项、设计、施工直到竣工验收、投入使用。

（4）宏观性

侧重于宏观的社会效益，主要是保证智能建筑工程建设行为的规范管理，维护社会公众的利益和工程项目各参与者的合法权益。

2. 专业评测机构

专业评测机构是智能建筑工程市场中独立的第三方检测机构。它研究和开发专门的测试和评估手段和方法，掌握相关的测试设备和软件，聘用专业的评测人员，对智能建筑工程项目一些关键的工序、设备、系统进行专业的评测。

3. 专家委员会

在我国的智能建筑工程建设过程中，专家委员会（专家组）扮演着很重要的角色，这也是一个中国特色。为了保证专家委员会成员的工作不受外界的干扰，保证专家评判意见的公正性、独立性、准确性和权威性，专家委员会是工程建设单位或招标单位根据工程项目的某个阶段（论证、招标、检测、验收）的需要，在事先无人知悉的情况下，从计算机储存的专家数据库随机抽取出来的名单中挑选几位临时组成的。同一个工程项目在实施过程中的不同阶段，因工作内容要求不同，由建设单位挑选出来的专家委员会成员也不同。专家委员会在项目论证、招投标、技术评估、项目验收等环节上起咨询、裁判角色的作用，大多是在秘密的地点和封闭的环境中，根据建设单位或招标单位提供的文档资料，在较短的时间内（例如一两天）要对复杂庞大的智能建筑工程项目作出评价和判断，写出自己的专家意见。

8.2.2 智能建筑工程项目公共关系资源管理措施

妥善处理好政府主管部门，以及专业评测机构和专家委员会等的关系是智能建筑工程项目公共关系资源管理中最重要的一环。工程项目管理中的公共关系资源管理，应该是有共通性的。实际上，它与做人是一个道理。人与人之间，自然是需要加强沟通和相互了解的，如果相互都不了解，对事情的看法互相都不知晓，那何谈达成妥协或一致呢？公司与政府部门及其他相关单位之间，尤其需要加强沟通。

举例来说，智能建筑工程项目报批报建工作，需要与政府各部门打交道。根据以往经验粗略统计一下，从一个房地产项目（其中包含智能建筑部分）开发所服务的角度来衡量，工程项目涉及到政府各主管局、分局等，公司办事员需要接触的至少有30个局；假定对于每个局，需要接触的有3个科室（不算多）；又假定对于每个科室，需要打交道的有3个经办人（一般不止），则总共需要经常接触的有270个人。这270个人，负责工程项目报批报建工作的各个审批层面。图8.2-1表示了工程项目前期手续办理流程图，从图上可看出工程项目报批报建工作的繁重和手续的复杂。

在智能建筑工程建设日常的工作中，需要经常性就设计问题，包括建筑、消防、民防、环保、绿化等各类设计规范以及面积计算规定等若干问题与政府审批人员及其他相关

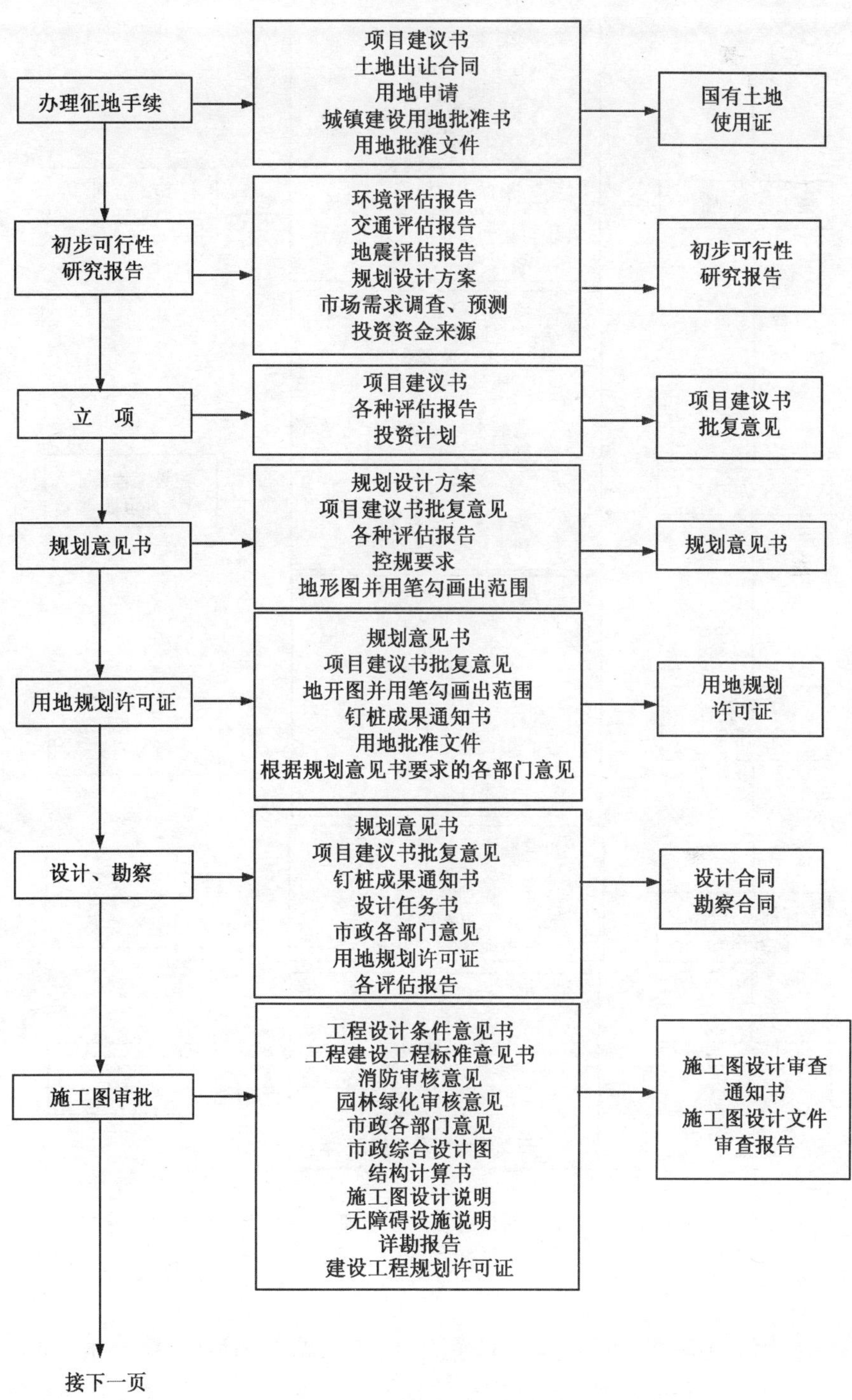

图 8.2-1　工程项目前期手续办理流程图（一）

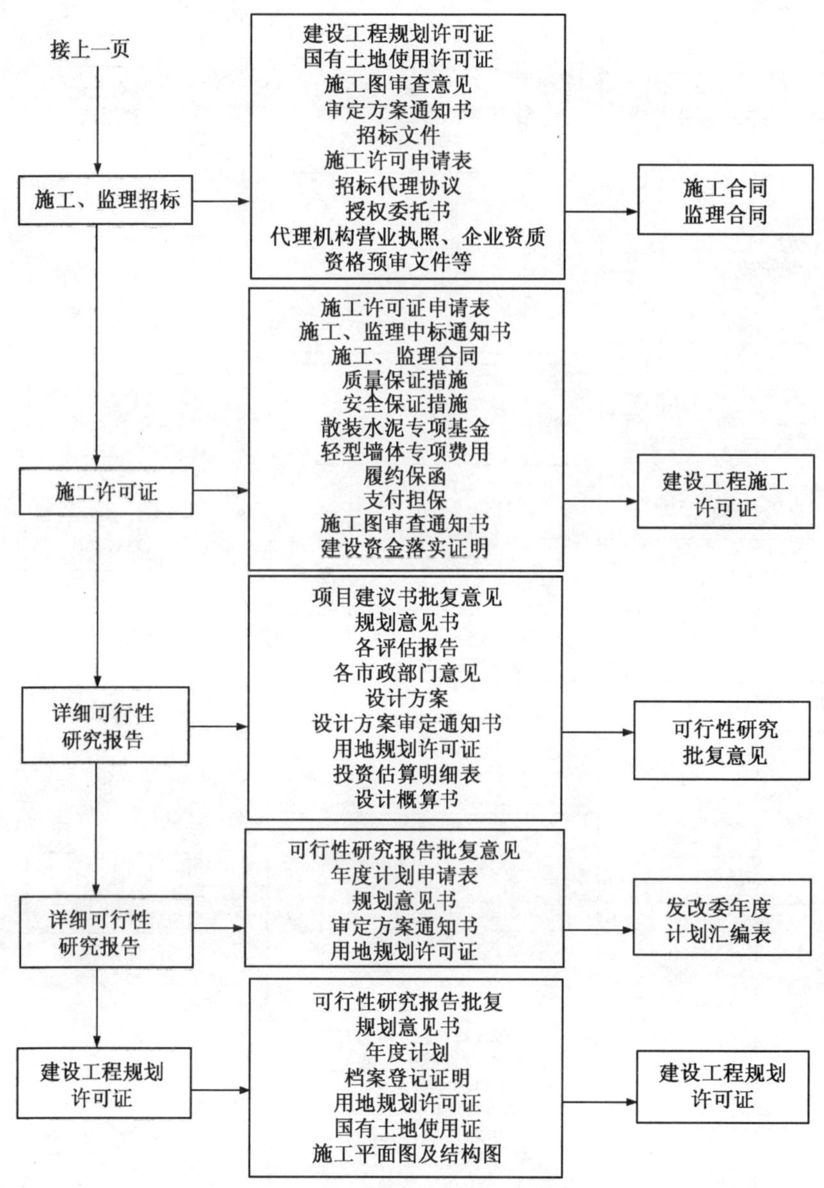

图 8.2-1　工程项目前期手续办理流程图（二）

单位进行沟通。沟通需要建立有效的沟通渠道，以及花费相当的时间和费用。有些公司对公共关系资源管理重视程度不够，在处理相关业务时，基本上是每次碰上一单麻烦事，就解决一单，处于应付的状态，办事效率低，其结果必然会影响到工程项目的进展。一般工程项目公共关系资源管理措施有：

（1）公共关系管理平台

为了充分开发利用项目公共关系资源，在公司内部建立统一的公共关系管理平台是必须和必要的，它有助于公司的顺畅运作。

(2) 建立沟通渠道和注意沟通方式

建立和保持公司与政府各部门及其他相关单位之间正式或非正式的沟通渠道，以保证工程建设过程中项目相关各层次成员之间，公司与政府各部门其他相关单位之间畅通的沟通。

虽然沟通的方式有很多种，但是采用什么方式进行沟通却很有讲究。最好的方式是用情感进行沟通，让大家在心理上能愉快地接受对方，才能收到事半功倍的效果。

(3) 定期拜访制度

智能建筑工程建设离不开政府各部门及其他相关单位的鼎力支持。因此，建立公司领导对他们主要层面、主要部门的定期拜访制度是必须的。这种做法的主要目的不仅是要加强与政府及其他相关单位的联系，而且可以起到对公司的宣传作用，从而为公司人员在办具体事情的过程中创造一种有利的氛围。

(4) 礼节的制度化

每当重要的节假日（如元旦、春节、国庆、中秋等）来临前夕，公司领导要登门拜访政府各部门及其他相关单位，表达公司对他们的尊重和感谢的心意。通过这种做法，可以加深政府部门及其他相关单位对公司的了解。在具体的办事过程中，能够为公司经办人员带来方便。

8.3　智能建筑工程项目人力资源管理概述

项目管理是以人为中心的管理，人力资源是项目经理部最宝贵的资源，人力资源所具有的创造性和可持续利用性，是世界上任何一种物质资源所无法比拟和替代的。一个项目要想取得成功必须要有充足的人力资源，以及对人力资源良好的管理。尤其是对于智能建筑工程项目而言，良好的人力资源管理特别重要，因为智能建筑工程项目十分需要有经验的专业人员通力合作、齐心协力地工作。因此，智能建筑工程项目经理必须成为一个优秀的人力资源管理人员。

8.3.1　智能建筑工程项目人力资源管理的特点和内容

1. 项目人力资源管理的定义

人是组织和项目最重要的资源，项目人力资源管理包括两个方面，一方面是对项目组织人力资源外在因素即数量方面的管理。对外在因素进行管理，就是根据项目目标的要求，进行适当的人力资源调配，满足项目组织对人力资源的实际需要，做到不多也不少。另一方面是对项目组织人力资源内在因素即心理和行为等素质的方面的管理。对内在因素进行管理，就是通过对人力资源的载体即人的思想、心理和行为的协调和控制充分发挥人的主观能动性，做到人尽其才。

2. 智能建筑工程项目人力资源管理的特点

智能建筑工程项目人力资源管理与一般的人力资源管理相比较又有不同之处，包括：

（1）强调团队建设

因为智能建筑工程项目工作是以团队的方式来完成的，所以在项目人力资源管理中，建设一个和谐、士气高昂的项目团队是一项重要的任务。人员招聘、培训、考核、激励等工作都应充分考虑项目团队建设的要求。

（2）具有更大的灵活性

由于项目组织是一个临时性组织，在项目开始时成立，在项目结束后解散。在项目目标实现的过程中，各阶段任务变化大，例如：在设计阶段，项目的主要任务是控制设计的质量和进度、控制设计的概算和预算，需要较多的设计人员而较少的现场管理人员；项目进行到施工阶段以后，又需要补充和强调施工现场管理人员。因此，项目人力资源管理具有更大的灵活性。

（3）管理难度高

计算机软件是智能建筑工程的核心，它不同于大多数其他工业产品，其开发过程是复杂的逻辑思维过程，其产品极大程度地依赖于开发人员高度的智力投入。软件开发的工作量很难估计，进度难于衡量，成本高、维护工作量繁重。同时软件的复杂度随规模按指数增加，这就需要许多人共同开发一个大型系统。团队开发软件虽然增加了开发力量，但也增加了额外的管理工作量，组织不严密，管理不善，常常是造成软件开发失败多，费用高的重要原因。人们面临的不仅是技术问题，更重要的是管理问题，特别是项目人力资源管理的问题。

人是有着丰富感情生活的高级生命形式，情绪、情感是人精神生活的核心成分。优秀精明的领导者就是最大限度地影响追随者的思想、感情乃至行为。

3. 智能建筑工程项目人力资源管理的重要性

人是项目最重要的资源，人的因素往往决定一个项目的成败。有效地管理人力资源是项目经理所面临的最为艰巨的挑战，也是他们能够取得项目成功的最根本的保障。

项目人力资源管理是项目管理中至关重要的组成部分，尤其是在信息技术领域，包括以信息技术为核心技术的智能建筑工程项目，多年来在信息技术领域经常很难找到合适的人才。

20 世纪 90 年代，信息技术人员一直处于短缺状态。1998 年，美国信息技术委员会（ITAA）对全国几千家公司做了一个调查。调查结果表明，美国缺少 40 万信息技术人员，其中包括程序员、系统分析师、计算机科学家以及计算机工程师。

这些研究说明了一个很多人认为的全国性的严重问题。高新技术企业每年都为美国经济增加了成千上万的高技术、高工资的工作机会，但却找不到所需的合适的人才。许多公司都转向其他国家雇佣信息技术工人，比如印度。还有些公司给那些在信息技术方面寻找教育和培训的人员提供无息贷款。大学和私营企业也在扩大信息技术领域的课程。由于这些人员的短缺，智能建筑工程项目的人力资源管理已日益成为重要的因素。

对于组织来说，真正实施他们所宣扬的人力资源管理，是至关重要的。如果人真的是组织最重要的资源，那么公司就应尽量满足自身的人才需求和公司每个员工的需要。如果企业要想在智能建筑工程项目上获得成功，他们需要认识到项目人力资源管理的重要性，并采取实际行动来有效地使用人才。

4. 智能建筑工程项目人力资源管理的主要内容

智能建筑工程项目人力资源管理的主要工作包括：

(1) 组织规划

组织规划就是根据项目目标及工作内容的要求确定项目组织中角色、权限和职责的过程。根据项目对人力资源的需求，建立项目组织结构，组建和优化队伍，并将确定的项目角色、组织结构、职责和报告关系形成文档。在项目生命期内，制定的组织和人力资源计划既要有适当的稳定性和连续性，又要随项目的进展作必要的修改，以适应变化了的情况。

(2) 人员甄选

人员甄选就是根据项目计划的要求，确定项目整个生命期内各个阶段所需要的各类人员数量和技能，并通过招聘或其他方式，获得项目所需人力资源，从而构建一个项目组织的过程。通过人员招聘、选拔、录用等各种方式甄选项目所需人力资源，并根据人力资源个体的技能、素质、经验、知识进行安排和配备。

项目团队的人员可通过外部招聘方式获得，也可以对项目承担组织内的成员进行重新分配。选择合适的获取人员的政策、方法、技术和工具，以便于在适当的时候获得项目所需的高素质的并且能互相合作的人员。有时也可以通过招标、签订服务合同等方式，来获取特定的个人和团体，承担项目的一部分或大部分工作。

(3) 人力资源开发

人力资源开发包括：培训、考核及激励等内容。人员培训工作是根据培训计划的安排进行项目组织成员的岗前培训及在岗培训，以保证项目组织成员能胜任所要承担的项目任务，并在项目目标实现过程中不断提高其素质和能力的过程。人员考核工作是在项目目标实现过程中，对组织成员的工作绩效进行评价，以实现公正客观的从事决策的过程。人员激励工作是通过各种恰当的措施，调动组织成员的积极性，从而使组织成员努力工作的过程。

(4) 管理项目成员的工作

严格管理项目成员工作，以提高工作效率。制定有效的各项工作的管理规章制度，要求每个项目成员遵守。明确每个项目成员的职责、权限和个人业绩测量标准，以确保项目成员对工作的正确理解，并作为进行评估的基础。按照规定的标准测量个人业绩，提倡员工采取主动行动弥补业绩中的不足，鼓励员工在事业上取得更大成绩。

(5) 团队建设

形成合适的团队机制，以提高成员乃至项目的工作效率。分析影响项目成员和团队业绩和士气的因素，并采取措施调动积极因素，减少消极影响。建立项目成员之间进行沟通和解决冲突的渠道，创立良好的人际关系和工作氛围，要着力培养全体人员为实现项目目标所需要的同心协力、群策群力的团队精神。在矩阵式组织机构中，项目成员要接受项目经理和职能部门经理的双重领导。在这种情况下，应在组织层次，在职责、权限、利益等方面处理好项目经理和职能部门经理之间的关系，使项目团队能够有效地开展工作。及时识别和分析人力资源偏离计划的情况，并采取相应措施充实和健全项目团队。

8.3.2 智能建筑工程项目人力资源战略和管理计划

1. 项目人力资源战略的定义

项目人力资源战略是项目人力资源管理的总体规划，是未来较长时间内项目人力资源发展目标与实施方略的总称。在全球日趋激烈的市场竞争中，项目人力资源战略与企业的经营战略以及企业文化战略密切相关，并支持企业的经营战略的实现。因此，制定项目人力资源战略必须考虑与企业经营战略以及企业文化战略相配合。其配合方式如表8.3-1所示。

(1) *诱引式人力资源战略*

诱引式人力资源主要是通过丰厚的薪酬制度去诱引和培养人才，从而形成一支稳定的高素质的项目组织成员队伍。由于薪酬较高，人工成本势必增加，为了控制人工成本，往往严格控制项目组织人员的数量。

(2) *投资式人力资源战略*

投资式人力资源战略注重项目组织人员的开发和培训，注重培养良好的劳动关系。

(3) *参与式人力资源战略*

参与式人力资源战略谋求项目组织人员有较大的决策参与机会和权力，使员工在工作中有自主权。人力资源战略与企业的经营战略以及企业文化战略配合方式如表8.3-1所示。

智能建筑工程项目人力资源管理的主要任务是站在企业战略管理的高度，从企业的整体利益出发制定项目人力资源战略、建立人力资源管理制度、进行人力资源的优化配置。

人力资源战略与企业的经营战略以及企业文化战略配合方式表　　表8.3-1

企业经营战略	企业文化战略	项目人力资源战略
成本领先	官僚式	诱引式
差别化	发展式	投资式
高品质	家庭式	参与式

2. 智能建筑工程项目人力资源管理计划的编写原则

(1) *灵活性原则*

任何计划都是面向未来的，而未来总是充满不确定性因素，因此，人力资源计划必须具有一定的灵活性。在编写计划时应充分考虑到项目目标实现过程中项目组织内部和外部环境可能发生的各种变化，并制定出相应的措施来应对这些变化，从而保证计划的合理性和有效性。

(2) *整体性原则*

智能建筑工程项目人力资源管理的最终目标是保证高效地实现项目总体目标，因此，编写人力资源计划时，必须以项目总体目标为依据，以实现项目总体目标为中心。人员的招聘、考核、培训、激励等工作都应符合总体目标的要求，其各部分工作应为总体目标做出各自的贡献。另外，随着项目目标的改变，项目组织所承担的任务也会发生变化，相应的人员的数量、结构、技能要求也会随之变化，人力资源管理的内容必然随之变化，所以，人力资源管理的起点是项目目标，终点也是项目目标，同时人力资源管理计划应与其他方面的项目计划，如范围计划、成本计划、质量计划、进度计划相配合，以保证项目总体目标的实现。

(3) 双赢原则

编写智能建筑工程项目人力资源管理计划时，应考虑使组织和个体都得到利益，即人力资源管理计划一方面要创造良好的环境，充分发挥组织中每个人的主观能动性，以保证项目目标得以实现。另一方面也要切实关心组织中的每一个成员的的物质、精神和职业发展等方面的需求，帮助他们实现个人目标。一个好的项目人力资源管理计划必须能够保证项目组织和个人共同发展。

3. 项目人力资源管理计划过程

智能建筑工程项目人力资源管理计划是通过科学的分析和预测，对项目实现过程中人力资源管理工作做出整体安排，以确保在环境变化的条件下，项目组织能够获得必要数量、质量和结构的员工，并使组织和个人都能够同等地得到利益，从而实现项目目标的过程。

智能建筑工程项目人力资源管理计划过程可以归纳为以下步骤：

(1) 制定组织规划

智能建筑工程项目人力资源管理计划的首要任务是制定组织规划，从项目的具体情况出发，综合考虑各种影响因素。

1）项目组织规划的主要内容

① 组织结构选择。

② 确定各单位的分工协作及报告关系。

③ 确定集权与分权程度及权力分配。

2）组织规划主要考虑的因素

① 组织不同单位之间正式或非正式的信息沟通和报告关系。

② 项目各阶段内不同技术人员之间的联系或不同阶段之间的技术人员之间的衔接关系。

③ 组织内部个人之间正式或非正式的关系。

④ 项目性质及复杂程度。

⑤ 项目母体组织结构类型。

⑥ 项目母体组织劳动人事方面的规章制度。

(2) 制定人员配备计划

制定智能建筑工程人员配备计划主要是根据项目范围计划、项目进度计划和组织规划，预测出项目在整个实施过程中各时间段所需要的各类人员数量，说明什么时候和什么样的人员应该进入或离开项目团队，并对人员的获得和调整作出安排。

根据智能建筑工程项目所需完成的工作性质、任务量和完成任务所需时间的要求及各类人员的人均生产率，即可预测出各时间段项目组织总人数及各类人员的数量。通过绘制人力资源需求预测表或人力资源需求曲线，可以清晰地表明项目期间各阶段的各类人员数量。某智能建筑工程项目人力资源需求预测表如表 8.3-2 所示。

某智能建筑工程项目人力资源需求预测表　　表 8.3-2

人员类型	日历周											
	1	2	3	4	5	6	7	8	9	10	11	12
技术人员	6	6	6	6	6	6	6	6	6	6	4	4
经　理	1	1	1	1	1	1	1	1	1	1	1	1
系统设计师	1	1	1	1								
一般工作人员	5	5	5	5	5	5	5	5	5	5	5	5
项目组织总数	13	13	13	13	12	12	12	12	12	12	10	10

4. 智能建筑工程项目人力资源管理计划制定的方法

智能建筑工程项目人力资源管理计划制定的方法有很多，如运筹学法、滚动计划法、追加计划法等等，这里简要介绍滚动计划法，图 8.3-1 为人力资源管理滚动计划法示意图。

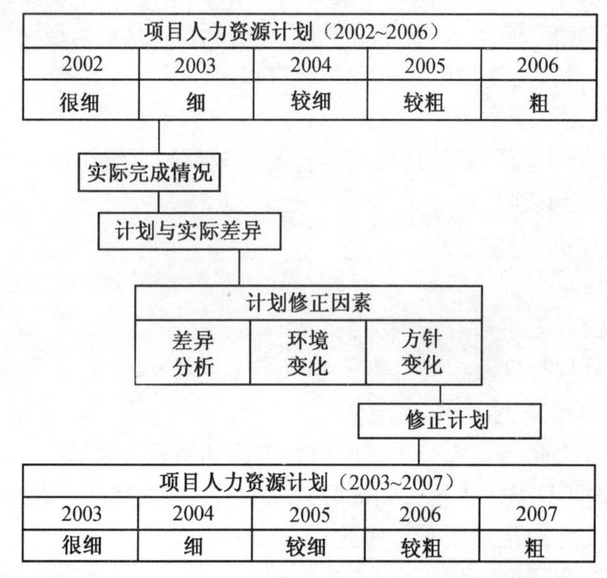

图 8.3-1　项目人力资源管理滚动计划法示意图

滚动计划法是一种定期修订计划的方法。其编写方法是：用近细远粗的方法制定计划，经过一段固定的时期，例如一年或半年等，这段固定的时期被称为滚动期，然后根据变化了的环境条件和计划的执行情况，对原计划进行修订，并根据同样的原则逐期滚动。

图 8.3-1 是一个滚动计划编制过程示意图。由图可以看出，该计划的滚动期为 1 年，总计划期为 5 年，2003 年在原计划的基础上，根据 2002 年计划完成情况和环境条件变化，对已有计划进行修订，制定出新的 5 年计划。这样的计划可以使项目组织始终有一个切实可行的计划作指导，并保证长期计划能够与短期计划密切地衔接在一起。

5. 智能建筑工程人员配备计划的内容

智能建筑工程人员配备计划是人力资源计划中的一项具体的业务计划，它主要是根据人力资源总体规划的要求，制定出项目在整个实施的过程中人力资源配备的规划和安排。人员配备对于智能建筑工程项目组织而言是一项十分重要的工作，合理的人力资源配备不仅可以降低人力资源成本，而且有利于充分挖掘人力资源的潜力，提高项目组织的工作效率。一个项目组织要想生存和完成项目，就必须选择和配备合格的人员去担当相应的项目工作，因为"人存事兴，人亡事废"，因此，实现项目人员配备的科学与合理化，是非常重要的。

一般而言，智能建筑工程人员配备计划应具体说明：需要多少岗位培训；每个岗位具体任务及职责；每个岗位需要的能力、技巧和资格；每个岗位所需人员的获得及配备的具体安排和打算。概括起来人员配备计划工作主要包括：

(1) 工作分析

智能建筑工程人员配备计划的首要工作是工作分析，工作分析是通过分析和研究来确定项目组织中角色、任务、职责等内容的一项工作。工作分析的最终成果是形成工作说明书与工作规范。

工作说明书是工作分析的书面文件之一，是一种说明岗位性质的文件，包括岗位定义与说明，即每个岗位工作的内容、权限、工作关系等。

工作规范主要是根据工作说明书中所规定的岗位职责，说明对担任该岗位工作的人员的特别知识、能力和个性特征等方面的规范化要求。通过确定这些方面的要求，为以后的人员招聘及培训提供依据。

(2) 选配人员

工作分析明确了智能建筑工程项目组织中需要的人员数量和质量，选配人员工作则是根据工作说明书和工作规范，对每个岗位所需人员的获得及配备作出具体安排。这里既包括项目组织成立之初，从项目母体组织内部及外部招聘项目组织所需各种人员，也包括项目实现过程中，根据项目组织运行的需要，对可能出现的空缺岗位加以补充和项目组织人员岗位调整等内容。

6. 人员配备计划编写的原则

编写智能建筑工程人员配备计划一般应遵循以下原则：

(1) 目标性原则

智能建筑工程人员配备计划应以实现项目目标为中心，即项目组织的一切人员的配备必须为实现项目的目标服务。根据智能建筑工程实际项目总体目标所需完成的工作的要求，合理配置人力资源，以保证项目目标的实现。项目组织的人员配备工作与一般运营组织的人员配备工作不同，它一般不需要考虑组织的长远发展目标和利益，只需要考虑项目本身的目标即可。

(2) 人尽其才原则

在智能建筑工程项目人员配备计划中，必须充分考虑每一位组织成员的经验、知识、能力、兴趣、爱好和需求，并深刻理解各岗位及工作的性质和要求，并使两方面很好地结合起来，使组织成员能在工作中充分发挥自己的才能。

（3）专业化原则

在19世纪上半叶，亚当·斯密斯就提出了劳动分工的原则，这一原则一直是项目人员配备的基本原则。按照劳动分工的原则，在进行岗位划分时应使岗位的工作内容尽量专业化，如承建一幢办公大楼智能化工程项目，其岗位一般划分为：系统设计、设备采购、施工、安装调试、用户培训、系统维护等。

（4）灵活性原则

由于智能建筑工程项目目标实现过程中各阶段的工作性质和工作量会发生很大的变化，因此，项目组织成员工作的安排要求具有较大的灵活性，有时需要安排一人兼任多个岗位或完成跨职能性质的工作。另外在坚持专业化原则的同时，也要注意职务扩大化、一专多能和必要的职务轮换。

7. 制定智能建筑工程人员配备计划的方法

责任矩阵：

责任矩阵是一种将项目所需完成的工作落实到项目有关部门或个人并明确表示出他们在组织中的关系、责任和地位的一种方法和工具。它将智能建筑工程人员配备工作与项目工作分解结构相联系，明确表示出工作分解结构中的每个工作单元由谁负责、由谁参与，并表明了每个人或部门在整个项目中的地位。

一般情况下，责任矩阵中纵向列出智能建筑工程项目所需完成的工作单元，横向列出项目组织成员或部门名称，纵向和横向交叉处表示项目组织成员或部门在某个工作单元中的职责。

下面以某智能建筑工程项目中的综合布线系统为例来说明用字母方式表示的责任分配矩阵。该项目综合布线系统需要完成的项目工作单元有方案设计、绘图、材料设备采购、进货验收、施工、安装试调、测试、协调、竣工验收、维护等，项目团队由张大伟等12人组成，通过责任分配矩阵可以将所需工作合理分配给每一位团队成员，并明确各自在各项工作中应承担的职责。用字母表示的该项目的责任分配矩阵如表8.3-3所示。

以字母表示的某综合布线系统工程项目责任矩阵　　表8.3-3

序号	工作单元	张大伟	王刚	刘小明	史玉柱	周志山	张东辉	吴天明	王志东	张军	周强新	游运财	徐向辉
1	方案设计	D	d										
2	绘　图	X	X	X									
3	采　购	D	d	X									
4	进货验收			D	d	X							
5	施　工				D	d	X	X	X	X	X	X	X
6	安装调试				D	d	X	X	X	X	X	X	X
7	测　试	D	d		d	X	X	X				X	X
8	协　调	D	d		d	X	X	X					
9	竣工验收	D	d		X	X	X	X					
10	维　护		d		D	d	X	X					

D＝决定性决策　d＝参与决策　X＝执工作

8.3.3　智能建筑工程项目人员的招聘和培训

1. 智能建筑工程项目人员的招聘

智能建筑工程项目组织成员的招聘是项目人力资源管理的一项重要工作，这项工作好坏关系到智能建筑工程项目的成功和失败。因为智能建筑工程项目的各项工作都是由人来完成的，如果项目组织没有招聘到所需要的人员，就无法保证项目目标的实现。项目人员招聘的目标就是确保项目组织能够获得所需的人力资源。

（1）人员招聘的基本内容与程序

1）智能建筑工程项目组织人员的招聘工作主要包括两方面的内容：

① 吸引有能力的申请者；

② 人力资源管理者对申请者进行甄别，以确保合适的申请者得到这一职位的工作。

2）人员招聘工作的基本程序如下：

① 发布招聘信息：根据智能建筑工程人员配备计划所确定的招聘的途径和招聘的方式发布招聘信息，使有关部门和人员了解有关招聘信息。

② 应聘者提出申请：内部或外部的应聘者在获得招聘信息后，向智能建筑工程项目组织提出应聘申请，交递交所要求的有关证明材料。应聘的主要资料一般包括：应聘申请表、个人简历、各种学历、技能和成就证书或证明、身份证明等。

③ 人员选择：人员选择是对候选人进行辨别和甄选，内容主要考核其学历、工作经历和经验、言谈举止、沟通能力、技能和专业技术水平等，选择出符合要求的人员的过程。

④ 人员录用：人员录用是在完成了人员选择之后对入选人员办理各种录用手续、组织岗前培训、试用等工作。同时人事档案归档。

（2）人员招聘的方法

人员招聘的方法有很多，常用的方法有：

① 申请表：申请表法是要求申请人填写应聘申请表，招聘人员根据申请表所反映的情况来进行选择。申请表一般应包括申请人的教育背景、以往工作经历及与所申请的工作岗位相关的信息。实践证明，申请表中与经历方面相关的、硬性的、可证实的资料可以作为某些工作的具体有效的衡量标尺，但仅凭申请表来决定是否录用往往是不够的，因为有些申请人填写的内容可能是不真实的。因此，申请表法常常被作为初步筛选申请人的一种方法。

② 笔试：笔试法是通过让申请人答卷，并根据卷面分数的高低来进行选择。典型的笔试包括有智商、悟性、能力和兴趣等方面的内容。有充分的证据证明，对智商能力、空间和机械能力、认知准确性和运动能力的笔试测试具有中等程度的效度，是常常被采用的一种方法。

③ 面试：面试法是通过招聘人员与申请人直接面谈进行选择。面试被认为是一种既有效又有信度的甄选手段。通过与候选人直接接触，深入交谈，可以对候选人有比较深入的了解，从面提高决策的准确性。

④ 试用：试用是给申请人提供与应聘岗位相关的复制物或有关资料，让他们完成该岗位的一种或多种核心任务，然后，根据任务完成的好坏程度进行选择。如在招聘智能建

筑工程项目经理时，可为申请人提供某一智能建筑工程项目的有关资料，让其根据资料，做出一份项目进度计划，然后根据其所做项目进度计划的质量来决定是否录用。这种方法被证明是非常有效的，一般情况下，通过该方法可以反映出申请人是否拥有应聘岗位所需的必要的技能。

⑤ 能力测试：建立一个智能建筑工程测试中心，该中心由管理人员、监督人员及受过训练的心理学家组成，模拟性地设计出实际工作中可能面对的一些实际问题，让申请人通过参加中心组织的一些活动，如与人面谈、小组讨论、经营决策博弈等来对他们进行系列测试，然后，由中心的专家们根据他们的表现为申请人打分并给出评价。实践证明这种方法对选择项目经理是非常有效的。

2. 项目人员的培训

培训是智能建筑工程项目人力资源管理的一项重要的内容，它是为保证智能建筑工程项目组织的成员们具备完成现在和未来工作所需要的知识和能力而提供的教育和训练。培训包括为提高项目团队的技能、知识和能力而设计的所有活动。培训可以是正式的，也可以是非正式的；可以是在岗的，也可以是暂时离开工作岗位的。

培训的目的一方面是使培训对象获得目前工作所需的知识和能力，更好地完成本职工作。由于社会的发展和技术的进步，工作岗位的要求不断提高，几乎所有的成员，即使是那些在录用时高度合格的人，也需要一些额外的培训才能最令人满意地完成他们的工作。另一方面培训是要使培训对象学习未来工作所需的知识和能力，从而满足智能建筑工程项目组织成员职业发展的需要。

(1) 评估培训需要

如果智能建筑工程项目团队缺乏必要的管理技能或技术技能，则必须通过项目人员培训去获得这些技能。为了使培训工作具有针对性，首先要对培训需求进行评估，并制定培训计划。一般而言，培训工作是“补人之短”，当智能建筑工程项目组织成员存在以下两方面问题时，应及时对其进行必要的培训：

① 工作行为有些不恰当。

② 知识或技能水平低于工作要求。

(2) 确定培训目标

培训目标为培训方案的设计提供依据，目标也是培训效果检验的标准，根据培训目标可以判决培训方案的有效性。

(3) 选择恰当的方法

培训的方法有很多，如在职培训、脱产培训等，应根据培训目标和要求，选择恰当的方法。

(4) 安排时间

根据智能建筑工程项目的进度计划和人员配备计划，合理安排对各类人员的培训时间，以保证培训工作既不干扰项目工作的正常完成，又能够保证成员能及时达到岗位要求，有效地完成所承担的工作。

(5) 培训效果的评价

在培训结束时，要对培训效果做出评价，从而不断总结培训工作的经验和教训，不断提高培训工作的有效性。

8.4　智能建筑工程项目团队建设

项目团队又称项目经理部或项目班子，它是为实现项目的共同目标而组织起来协同工作的一组成员。智能建筑工程项目能否按计划完成，不仅取决于项目经理的能力、工作作风，也取决于项目团队的建设。在项目实施过程中，如果项目经理部聘用了足够的专业技术人员，那么项目经理部的团队建设就显得格外重要。实践证明：即使项目经理找到了所需要的优秀的专业技术人员，并适当地给他们分配了工作，但是他们不能像一个团体一样进行合作，那么项目还是不能获得成功。

8.4.1　项目团队的定义和特点

1. 项目团队的定义

团队是由两个或者两个以上的人组成的，通过人们彼此之间的相互影响、相互作用，在行为上有共同规范的和一种介于组织与个体之间的一种组织形态。其重要特点是团队内成员间在心理上有一定的联系，工作上彼此之间相互影响。

项目团队就是为了实现一个共同目标而协同工作的一组个体的集合，一个迅速形成的、由具备协作精神的成员所构成的临时性组织。项目团队要求其成员主动融入其中，服从领导安排并按时完成分配给自己的任务。团队的工作就是团队成员为实现这一共同目标而进行的协调、配合、沟通等方面的努力。智能建筑工程项目团队就是为完成某一智能建筑工程项目、适应该项目的有效实施而建立的团队。

项目团队的概念包含以下基本要素：

（1）项目团队必须具有明确的目标，为完成共同目标，成员之间彼此合作。

（2）项目团队成员之间既有分工，又有合作，分工与合作的关系是由团队目标确定的。

（3）项目团队成员要有不同层次的权力与责任，对工作具有责任心。

（4）项目团队成员具有团队意识，具有归属感。

（5）项目团队成员之间互相依赖、互相影响，彼此之间形成一种默契和关心。

2. 项自团队的特点

实现真正的团队协作依赖于组建一个有效的团队、创造并保持团队协作的环境和发挥领导能力，促进团队协作的开展。项目团队能否有效地开展项目管理活动，主要体现在几个方面：

① 设定共同目标：对于一个项目，为使项目团队工作有成效，就必须设定明确的目标。正是在这一目标的感召下，项目队员凝集在一起，并为之共同奋斗。

② 组合的临时性：由于项目的一次性特点，所以项目组织也是一次性的临时组合，项目结束后，项目组织就会解散或重新构成其他项目组织。

③ 共同的行为准则：为了提高项目团队的协作能力，有必要制定成员共同遵守的行动准则和必要的规章制度。共同的行为准则是团队有效协作的必要条件。

④ 合理分工与协作：在目标明确之后，必须明确各个团队成员之间的相互关系，任何一个成员的行动都会影响到其他人的工作，因此每个成员都应该明确自己的在团队中的角色、权力、任务和职责。

⑤ 相互信任和相互尊重：成功团队最重要的特征之一是成员之间的相互信任和相互尊重。一个团队的能力大小受到团队内部成员相互信任程度的影响，在一个有成效的团队里，成员会相互关心，承认彼此存在的差异，信任其他人所做和所要做的事情。

⑥ 团队共享奖励：分享的概念是指根据参与工作的人数和绩效来分享奖励。当团队成员相信他们的个人的表现会得到同事和管理层的公认和赏识的时候，他们就会很受鼓舞，从而更好地完成工作并且愿意相互协作。

⑦ 具有高度的凝聚力：凝聚力指成员在项目内的团结与吸引力、向心力。一个有成效的项目团队，必定是一个有高度凝聚力的团队，它能使团队成员积极热情地为项目成功付出必要的时间和努力。团队对成员的吸引力越强，队员坚守规范的可能性越大。团队凝聚力的大小是随着团队成员需求满足的增加而加强。经常性的沟通可以提高团队的凝聚力；项目目标的压力越大，越可以增强团队的凝聚力。

8.4.2 智能建筑工程项目团队建设

智能建筑工程项目团队的建设就是项目经理根据人力资源管理的理论、原则和方法将项目团队变成一个强有力的整体，圆满完成工程项目的各项任务。项目团队建设的核心目标是将项目成员有效地组织起来，创造一种开放、自信、团结、协作的工作氛围，并强烈希望为实现项目目标多做贡献。

1. 智能建筑工程项目团队组建的原则

建立适合智能建筑工程项目特点的团队，首先必须考虑使生产要素的配置按照项目的需要处于动态组合状态，这样有利于工程项目的一气呵成。同时要有利于企业走向市场，以提高企业招揽任务、项目估价及投标决策的能力。此外，还要有利于企业内部多个项目之间的协调和企业对各项目的有效控制；有利于合同管理，强化履行责任，有效地处理经济纠纷。

通常智能建筑工程项目团队的组建应遵循以下原则：

(1) 目的性原则

智能建筑工程项目团队就是为共同目标而建立和存在的，可以说共同目标是项目团队存在的前提。因此，团队组建应以实现目标为原则，以事为中心，因事设机构、设职务、配人员，做到人与事高度配合，而不能以人为中心，因人设职，因职设事。

(2) 精干高效、分工协作原则

智能建筑工程项目团队要尽量简化机构，减少管理业务中的重复环节。团队成员应具备不同的背景、知识和专业技能，他们聚集在一起能形成一个精干高效的整体。根据提高管理效率的要求，把项目管理的任务目标分解成各部门、各成员的任务目标，在此基础上，确定他们之间的协调配合关系。

(3) 责、权、利一致原则

明确了责任，就要授予相应的权力，做到负有责任的人必须有权，有权的人必须负责，并把责任大小同经济利益挂钩。做到以责任为中心，以责定权，以责定利。

（4）管理跨度和层次性原则

智能建筑工程项目团队是根据项目的性质、规模大小、复杂程度和持续的时间而确定管理跨度和层次。总的来说，管理跨度和层次不宜过多，这样才能便于指挥、沟通和协调。

（5）弹性原则

智能建筑工程项目团队要能适应任务的变化，并能及时进行调整。

2. 智能建筑工程项目团队建设的发展阶段

智能建筑工程项目团队从开始到终止，是一个不断成长和变化的过程。这个过程可以描述为五个阶段：组建阶段、磨合阶段、规范阶段、成效阶段和解散阶段。在每一个阶段里，项目团队成员一方面要完成自己的工作，另一方面还要处理好与其他成员的关系。智能建筑工程项目团队建设的发展过程如图 8.4-1 所示。

图 8.4-1　智能建筑工程项目团队建设的发展过程

（1）组建阶段

智能建筑工程项目团队发展进程的起始步骤，大家被召集到一起，是个体成员转变为项目团队成员的过程。团队成员之间急需相互了解，相互交往来增进彼此的认识，也对团队工作、能否与其他成员和睦相处存在疑虑，渴望表现和展示自己的能力，但工作效率较低。

（2）磨合阶段

智能建筑工程项目团队成员之间的不协调是此阶段的显著特点。项目团队经过短暂的组建阶段以后，随着项目目标、每个成员所扮演角色、职责和权限的逐步明确，团队开始缓慢推进工作，这时，一方面许多问题逐渐暴露出来了，另一方面成员之间互相还不了解，时常感到困惑，有时甚至会产生敌对心理，难以做到紧密配合、和谐相处等。

（3）规范阶段

智能建筑工程项目团队经历磨合阶段之后，团队目标变得更加清楚，成员之间相互了解增多，同时学会了分享信息相互理解、关心和友好以及接受不同观点，努力采取妥协的态度来谋求一致，同时建立了标准的操作方法、规章制度和工作规范，逐渐熟悉新的工作环境和相互之间的关系。

（4）成熟阶段

智能建筑工程项目团队经过组建、磨合和规范阶段的发展，团队成员的状态已达到了最佳水平，团队以最大成效开展工作。在熟练掌握处理内部冲突技巧的基础上，团队能够集中集体智慧做出正确的决策，解决各种困难和问题；各方面的工作走上正轨，成员之间能相互理解、高效沟通、密切配合，进行有效的分工合作，为实现项目的目标而共同努力；在和谐、融洽的氛围中，团队成员具有极强的归属感和集体荣誉心。团队精神和集体的合力在这一阶段得到了充分的体现，每位成员在这一阶段的工作和学习中都能取得长足的进步和巨大的发展。

(5) 解散阶段

随着智能建筑工程项目的竣工验收，团队基本上完成了任务，该项目团队面临解散。这时，团队成员开始骚动不安，各自考虑自身今后的发展，开始做离开的准备。

3. 智能建筑工程项目团队建设的内容和方法

(1) 项目团队的绩效考核

绩效考核的目的是为了对前一段时期的工作进行总结，寻找差距，从而进行工作调整，进一步完善团队的工作；激励工作表现好的成员，改善团队工作方式，鼓励员工的成长与进步；通过考核，调动员工的积极性和工作责任感。在智能建筑工程项目团队绩效评估体系中，主要包括：

① 个人工作表现的考评：主要通过内部团队成员的自我考评和外部考评两方面来进行。外部考评主要由顾客的评价、其他部门人员的评价和领导的评价构成。由于时间、成本等因素，外部评价不可能频繁进行，也难以做到全面、公正。因此，对个人的考评，在很大程度上靠智能建筑工程项目团队内部成员的相互评价和自我评价。

② 对团队工作的考评：它也要由内部考评和外部考评相结合。首先，团队成员对本团队的工作进行一个全面系统的评价。其次，是要考虑外部对团队成绩的评价，包括用户的评价、其他组织的评价和领导的评价。

③ 团队在整个组织中的贡献的考评：团队是整个组织的一部分，其对整个组织的影响作用可由组织中其他主体进行考评，主要评价团队对整个组织的贡献。

(2) 构造有效的激励与约束机制

有效的激励与约束机制是促进和搞好团队建设的一个重要手段。要从我国的具体国情出发，坚持因地、因人、因时、因任务而异，建立起一套动态的员工激励与约束机制。

① 要进行有效的利益激励：将项目的成果与员工的经济利益紧密地结合在一起，促使团队成员自觉地关心团队的决策，想方设法为团队排忧解难，努力为团队获取最佳效益贡献力量。

② 要注重感染性的情感激励：现代管理学认为开发人的潜能的最有效的方法是“感情投资”，强调管理必须尊重人的本性，要有“人情味”。项目经理要多关怀员工，在他们遇到挫折时要给以诚心诚意的同情与鼓励，在他们遇到困难时要切实予以力所能及的帮助。现代管理学就强调，一个成功的管理者20%靠的是他的工作能力，80%靠的是他人际关系的能力。

③ 应遵循市场竞争法则实行末位淘汰制：任何事物都有正负两面，才能构成一个完整的体系，正面激励的同时也需要适当的负面约束。定期对员工进行考核评价，优秀的给予奖励、提升，最差的应予以淘汰，这样佼佼者就能永远立于不败之地，而不求进取的碌碌无为者最终只能被淘汰，从而促使智能建筑工程项目团队整体素质不断得到提升，逐步走向更高的层次。

④ 激励与约束机制必须注意适度：激励与约束的目的在于引导员工以自己的全部精力为实现项目目标而努力奋斗。激励不足或约束过度往往会降低员工的工作满意度，增加员工的流失率，不利于稳定团队员工队伍和吸引、留住优秀人才。激励过度或约束不足又

会助长员工的自满或懒惰情绪，削弱其工作积极性与创造性，而且会加大智能建筑工程项目实施过程的运行成本。只有激励与约束的适度才能达到预期的目的。项目经理还应注重研究和把握员工在愿望和需求方面的个性差异，在遵循激励与约束的公平性与相对稳定性的基础上，要因人而异地灵活用好物质激励、感情激励、事业激励和有关约束手段。

(3) 培训

培训是搞好智能建筑工程项目团队建设最重要的手段之一。项目经理要关心和重视员工培训工作，通过对团队成员的技术培训、业务培训和思想教育，不但可以提高员工的技术水平、业务能力、管理知识和职业道德水平，而且可以增强员工工作的自信心、积极性、集体主义精神，以及对组织的向心力和凝聚力，所以培训对于帮助员工个人能力的发展和团队建设都有益处。

项目经理部成员的培训课题、时间和要求，不能搞一刀切，而要根据员工的文化程度、接受能力、个人发展方向，以及工作需要和任务安排等方面因素，在不影响工作进度的前提下，综合考虑，统一安排，以使员工的学习和工作两不误。

(4) 开展促进团队建设的活动

对员工进行长期坚持不懈的有关发扬团队精神的集体主义思想教育，例如让员工更多地了解公司的成长发展历史，学习前辈艰苦奋斗、艰难创业的献身精神，以及让员工清楚知道公司目前面临的挑战和困难，从而产生一种危机感，激发员工团结奋斗、奋发图强的意识和集体主义精神，提高智能建筑工程项目团队整体的战斗力和竞争力。

培养团队精神还要开展一些思想交流和智力方面的集体活动，如联欢会、生日派对晚会、知识竞赛等，这些活动能使员工更多地了解周围的同事，更好地了解自己，以及体会大家处于同一个集体里，如何能最有效地进行合作，如何发挥每个人的长处、取长补短、协同配合，更有效地一起工作。

(5) 团队建设要以人为本

团队建设对于智能建筑工程项目来说是非常重要的。智能建筑工程项目经理必须积极地听取员工的意见，解决他们关心的问题，创造个人和项目经理部共同发展和进步的良好环境。

1) 尊重员工的主体意识

尊重员工的主体意识就是充分肯定员工在项目活动中的主体作用。智能建筑工程项目经理要使员工既能自我意识到其工作的结果对自身有意义，值得为之奋斗；同时又能意识到其奋斗对社会或团队也有意义，应该为之效力。让每个员工都感到主体意识得到了尊重，命运掌握在自己手中，能充分发挥自己的能力并实现自己的价值，由此而激发出的劳动热情将是无穷无尽的。

尊重员工的主体意识就要满足员工的合理需求。人的需求是多方面的、多层次的，而其最基本的需求是物质需求，项目经理必须关心员工的物质利益，努力帮助员工解决好分配、奖励、劳动条件以及生活等方面的实际问题。

当物质利益得到基本满足以后，人的最殷切的精神需求是渴望工作上和事业上被公众肯定和尊重，从而获得心理上的成功感和满足感。为此，项目经理要有意识地为员工提供条件，创造机会，保证人人有用武之地，个个能人尽其才。

2) 着力培育员工的献身精神和忠诚度

员工是生产力的能动因素，是从事项目活动的主体，是项目经理部创造财富的财富。

项目经理要有效地开发人力资源，就必须注重从人性的特点出发，研究和探讨员工的行为，以铸造员工对团队的献身精神，增进员工对团队的忠诚度。

在智能建筑工程项目活动中，项目经理不仅要懂得用人，更重要的是要懂得怎样才能使人为你所用。这就要求项目经理了解和掌握员工在其思想和心理因素支配之下所表现出来的外在行为。为此，项目经理必须树立现代“双赢”的价值观，自觉地了解、尊重和满足员工的物质和精神的需求，保障员工的合法权利和正当利益。

从员工的角度出发，只有自身的权益在团队中得到体现和保障，才能对团队产生向心力和忠诚度，才会从根本上意识到自身的业绩和团队的效益与前途是直接相关、紧密相联的，项目的前途是自身在现在和将来获得稳定的经济收入、避免失业威胁的一个现实保障。只有这样，才能在心理和行动上与项目团队同甘共苦、荣辱与共，不遗余力地为项目团队做出贡献。也只有这样，团队才会有凝聚力，才能团结一致抵御项目实施过程中的风险。

3）不断激发员工的创新精神

一部人类文明史，就是一部不断创新的历史。员工的创新精神，是推动组织追求新产品，开拓新市场，实现新价值，不断发展壮大的内因所在。激发员工的创新精神，就必须对沉淀在员工心灵深处的传统文化影响，加以分析甄别，在取其精华，去其糟粕的基础上，更新员工的思想观念。对我国传统文化所形成的勤俭节约、吃苦耐劳、善良朴实和勇敢顽强等优良品德应发扬光大，而对造成员工创业冲动脆弱、进取意识薄弱、开拓精神软弱的某些传统文化、思想观念和中庸行为，必须彻底摆脱其束缚。

项目经理必须彻底改变传统的经营观念和人才意识，学会以科学的人力资源管理理论为指导，建立合理的制度化、人性化的现代管理机制，培育优秀的团队文化，努力激发员工的创新精神。

4）为精英人才构筑施展才华的舞台

智能建筑工程项目团队的精英人才，在一定程度上主宰着项目的成败。项目经理要为他们构筑施展才华的舞台，给予他们足够的施展个人才智的空间与权力，放手用人，让精英人才的自我价值在项目实施过程中得以实现，以此来满足精英人才的自豪感与成就感。要建立科学的人才选拔机制，打破家族界限，给人才以平等的竞争机会，真正让优秀人才担任重要职务。疑人不用，用人不疑，放手让优秀人才在团队内施展拳脚、显露才华，以培育精英人才对团队忠诚的做法在实践中是非常有效的。事实表明，大胆放手用人是项目经理重视和信任精英人才的最佳表现，也是智能建筑工程项目团队有效地留住精英人才的关键举措。

8.5 建造师执业资格制度

随着政府职能转变及建造师执业资格注册制度的建立，我国已取消政府建设主管部门对建筑施工企业项目经理资质核准的行政审批。为此，建设部印发了《关于建筑业企业项目经理资质管理制度向建造师执业资格制度过渡有关问题的通知》（建市［2003］86号）。该通知明确指出“项目经理岗位是保证工程项目建设质量、安全、工期的重要岗位，在全面实施建造师执业资格制度后，仍要坚持项目经理岗位责任制”，“要充分发挥有关行业协会的作用，加强项目经理培训，不断提高项目经理队伍素质”，并且明文规定，“过渡期满后，大、中型工程项目施工的项目经理必须由取得建造师注册证书的人员担任；但取得建造师注册证书的人员是否担任工程项目经理，由企业自主决定”。这表明取得建造师注册证书的人员是担任项目经理的必要条件，而不是充分条件，项目经理应当有本岗位的职业标准。

为了指导建筑业企业在取得建造师注册证书的人员中选聘工程项目施工的项目经理，加强行业自律和加快建设工程项目经理队伍的专业化、职业化和社会化管理，有必要制定一套既符合行业特点，又能满足市场需要，并能与国际接轨的建设工程项目经理职业标准。为此，国家建设部于 2004 年 10 月 19 日颁发了《建设工程项目经理职业资格管理规则（试行）》，明确了建设工程项目经理的职业资格要求，是规范建设工程项目经理行为，为企业培养、选聘、检验、考核评价建设工程项目经理的基本依据。

8.5.1　建造师的执业要求、条件和范围

1. 建造师的执业要求

(1) 建造师执业前提

建造师经注册后，方有资格以建造师名义担任建设工程项目经理及从事其他施工活动的管理。取得建造师执业资格，未经注册的，不得以建造师名义从事建设工程施工项目的管理工作。

(2) 建造师执业基本要求

建造师在工作中，必须严格遵守法律、法规和行业管理的各项规定，恪守职业道德。

(3) 建造师执业分类

建造师执业划分为 14 个专业：房屋建筑工程、公路工程、铁路工程、民航机场工程、港口与航道工程、水利水电工程、电力工程、矿山工程、冶炼工程、石油化工工程、市政公用与城市轨道工程、通信与广电工程、机电安装工程、装饰装修工程。

注册建造师应在相应的岗位上执业。同时鼓励和提倡注册建造师“一师多岗”从事国家规定的其他业务。

2. 建造师的基本条件

(1) 一级建造师应具备的执业技术能力

① 具有一定的工程技术、工程管理理论和相关经济理论水平，并具有丰富的施工管理专业知识。

② 能够熟练掌握和运用与施工管理业务相关的法律、法规、工程建设强制性标准和行业管理的各项规定。

③ 具有丰富的施工管理实践经验和资历，有较强的施工组织能力，能保证工程质量和安全生产。

④ 有一定的外语水平。

(2) 二级建造师应具备的执业技术能力

① 了解工程建设的法律、法规、工程建设强制性标准及有关行业管理的规定。

② 具有一定的施工管理专业知识。

③ 具有一定的施工管理实践经验、资历和施工组织能力，能保证工程质量和安全生产。

④ 建造师必须接受继续教育，更新知识，不断提高业务水平。

3. 建造师的执业范围

（1）担任建设工程项目施工的项目经理。

（2）从事其他施工活动的管理工作。

（3）法律、行政法规或国务院建设行政主管部门规定的其他业务。

8.5.2 建设工程项目经理职业等级与基本条件

1. 建设工程项目经理的职业等级

（1）建设工程项目经理的职业等级划分

建设工程项目经理共分为四个等级：

A 级：为建设工程总承包项目经理。

B 级：为大型建设工程施工（项目管理服务）的项目经理。

C 级：为中型建设工程项目施工的项目经理。

D 级：为小型建设工程项目施工的项目经理。

（2）建设工程项目经理的职业范围

A 级项目经理：可以承担各类工程总承包项目或全过程工程项目管理承包的任务。

B 级项目经理：可以承担大型建设工程项目管理服务和施工项目管理的任务。

C 级项目经理：可以承担中型建设工程施工项目管理的任务。

D 级项目经理：可以承担小型建设工程施工项目管理的任务。

建设工程项目等级按投资划分表（表 8.5-1）规定了各级建设工程项目经理所能承担的建设工程项目规模限制。

建设工程项目类别等级按投资划分表 **表 8.5-1**

	总承包（A 级）	大型（B 级）	中型（C 级）	小型（D 级）
工程类别	承担大中型总承包建设工程项目	投资在 1 亿元以上	投资在 1 亿元及其以下，且在 3000 万元以上	投资在 3000 万元及其以下

2. 建设工程项目经理基本素质和能力要求

（1）具有良好的道德品质和政治觉悟，爱党爱国，遵纪守法，敬业爱企，尽责守信。

（2）具有团队精神，善于处理伙伴关系，维护工程项目相关者的利益，保守项目商业秘密。

（3）具有开拓创新精神和良好的服务意识，事业心强，勇于承担责任。

（4）具有丰富的建设工程项目管理经验、工程技术及工程管理专业特长。

（5）具有较强的综合管理和组织工作能力、社会活动和协调沟通能力，以及业务谈判技巧和应对突发事件与抗风险的能力。

（6）身体健康、精力充沛，能充分利用企业法定代表人和合同文件赋予的权义组织建设工程项目管理与运行。

3. 建设工程项目经理等级标准

（1）A级项目经理标准

① 具有大学本科以上文化程度、工程项目管理经历10年以上，或具有大专以上文化程度、工程项目管理经历12年以上。

② 具有国家一级注册建造师执业资格并取得国际工程项目经理证书（ICPMP），或取得国际（工程）项目管理专业资质认证（IPMP）B级证书。

③ 具有大型工程项目管理经验，至少承担过两个投资在1亿元以上的工程项目。

④ 根据工程项目特点，能够带领项目经理部中所有管理人员熟练运用项目管理方法，圆满地完成建设工程项目各项任务和指标。

⑤ 掌握一门外语，有识别和阅读图纸的外语水平。

（2）B级项目经理标准

① 具有大学本科文化程度、工程项目管理经历8年以上，或具有大专以上文化程度、工程项目管理经历10年以上。

② 具有国家一级注册建造师执业资格并参加国际（工程）项目管理专业资质（IPMP）培训，经严格考核，取得专业培训证书。

③ 具有大型工程项目管理经验，至少担任过一个投资在1亿元以上的工程项目。

④ 具有一定的外语知识。

（3）C级项目经理标准

① 具有大专以上文化程度、施工项目管理经历5年以上，或具有中专以上文化程度、施工项目管理经历8年以上。

② 具有二级注册建造师执业资格或取得国际项目管理专业资质认证(IPMP)C级证书。

③ 具有中型以上工程项目管理经验，至少担任过一个投资在3000万元以上的工程项目。

（4）D级项目经理标准

① 具有大专以上文化程度、施工项目管理经历2年以上，或中专及高中以上文化程度、施工项目管理经历5年以上。

② 经过建设工程项目经理职业资格标准培训或参加国际（工程）项目管理专业资质（IPMP）培训，并经严格考核，取得专业培训证书。

③ 具有小型工程项目管理经验。

8.6　智能建筑工程总承包管理和项目经理责任制

8.6.1　智能建筑工程总承包管理

1. 智能建筑工程总承包管理的定义

智能建筑工程总承包管理主要是指对智能建筑整个弱电系统的集中管理，从事智能建筑工程承包的企业受发包人委托，按照合同约定对智能建筑工程项目的设计、采购、施工、试运行、竣工验收等实行全过程或若干阶段的承包。发包人聘请弱电系统总承包人，从费用、进度、质量角度的三控制，从信息管理、合同管理为主的二管理和组织协调的一协调来进行对各子系统的有效管理。智能建筑工程弱电项目总承包制是目前流行的、行之有效的智能建筑工程项目管理体系。智能建筑工程建设推广总承包管理制度能够加强项目管理、简化管理层次和协作关系。

由于智能建筑是高新技术集成的项目，其总承包管理应从管理体系、技术、计划、组织、实施和控制、沟通和协调、验收等各个环节都实施与其特征相匹配的管理思想和技术，才能保证达到项目的最终目标。从事弱电系统总承包管理的企业，不但要对智能化工程技术了如指掌，而且要对建筑市场规范非常熟悉，首先需要完成从技术与施工设计、设备供货、安装调试验收直至交付的全方位服务，并能在进度、质量和投资上进行有效管理；其次要加强与设计院的联络，才能快捷进行智能系统的施工设计；还要加强与子系统分包商和建筑承包人，包括机电总包、土建总包、装修总包等的沟通，以及与相关政府管理机构，如信息化办公室、建筑管理办公室、质检站、劳动人事局等的沟通协作。

2. 项目总承包管理的分类

智能建筑工程项目总承包管理在工程具体实践中可以按技术性质和施工性质分成两类：

(1) 技术管理

技术管理侧重于对整体智能化工程技术从需求、方案、设计到具体实际施工中所出现的现实问题予以关注和解决，如 BA 系统的 VAV 调试计划、测试计划，以及门禁系统的读卡设置位置等都需要与发包人和设计院进行良好沟通，针对每个子系统了解发包人的具体需求和使用要求，把发包人的每一分钱花在应该使用的地方，确保系统从整体到各个设备的使用都是切实可行的。技术管理大量涉及合同中产品数量、型号，因此，更多地体现在对技术、质量、费用的控制和信息管理、合同管理，技术培训，技术交验和维护保养。在智能建筑中，智能化系统总控中心是整个系统的核心，有了总承包管理就能对整个总控中心布局进行整体设计和统一施工协调。

在以往的工程实践中，经常会发生由于对技术可行性的理想化而导致在工程实施中发生设备错、漏、重等问题。对各个智能子系统之间的接口交接技术实行总承包管理，就从技术角度上有效保证了工程项目质量和进度。

(2) 现场施工管理

现场施工管理则是建筑智能化系统与建筑机电、土建单位联络的主要方式。现场施工管理首先要做好安全工作。安全是建筑行业中最为关注的焦点，身处建筑工地，必须时刻加强对安全工作的教育，建立安全生产班子、执行持证上岗制度。不论是现场施工中的建筑施工安全、质量工作，还是建筑施工整体进度；不论是施工场地中产品堆放、设备安装、保护、交错施工、协调施工、施工纠错、施工签证、施工方式，还是综合布线、穿线安排、电源协调、机房布置、终端设施定位，都需要作大量协调工作。现场的情况千变万化，现场管理人员都必须以敏锐的眼光和组织协调能力解决一个又一个的问题，这是项目顺利实施的关键。

在智能建筑工程项目建设中，采用技术管理和现场施工管理相结合的方式，既满足了智能化技术的技术新、技术高和发包人需求不统一的要求，又满足了智能化技术在建筑物里面是建筑施工的一个组成部分的特点。而以技术管理、现场施工管理为基础的智能化系统的项目管理工作，就从纵向和横向管理两方面确保了项目实施过程中任务多、时间紧、费用控制严的要求。

对于投资方来讲，有了智能建筑工程弱电系统总承包管理，从技术和施工两个方面加强了对智能建筑工程各子系统分包商的统一管理，并有了统一的对外联系，减少对建筑智能化系统多达十几个分包厂商和几百个产品的烦琐管理工作。

8.6.2 项目经理的地位和作用

1. 项目经理的地位

项目经理是指企业法定代表人在建设工程项目上的授权委托代理人，即项目的负责人。项目经理对项目的组织、计划、实施、控制全过程及项目产品负责，其能力、经验、个人魅力和专业技术水平对项目成功与失败起着关键作用。虽然作为项目经理必须具备一般管理领域的知识和经验，但项目经理的角色与一般公司经理和主管是有不同的。项目管理与一般管理的区别主要由项目的特殊性引起的。由于项目的独特性、一次性以及所用资源的多样性，项目经理必须运用好项目管理知识和方法，成功完成项目实施过程中所需开展的各种活动，这些活动通常都是一次性的，很少重复。而总经理与经营经理所做的大部分工作却正好相反，他们的工作一般是一些重复性和延续性的日常事务。

总经理和经营经理也主要涉及某个特定的学科和职能领域。例如，会计部门的经理主要关注会计学科。如果要挑选出一位项目经理去管理会计软件开发的项目，那他就需要同时了解一些会计方面的东西。然而，他的主要工作还是管理项目，他的任务是完成好会计软件的开发，而不是专门去做会计的职能工作。

智能建筑工程项目经理还需要知道与项目有关的特定行业和知识领域的相关知识。例如，智能建筑工程项目会涉及计算机软件、硬件和通信技术。如果你根本没有什么信息技术领域的背景或这方面懂得很少，要想成为项目经理就很困难。

项目经理的职责主要有：

（1）项目经理是智能建筑工程项目承包人法人代表在该项目上的全权委托代理人，行使并承担工程承包合同中承包人的权利和义务；

（2）项目经理负责按合同规定的承包工作范围、内容和约定的建设工期、质量标准、投资限额全面完成项目建设任务；

（3）项目经理按照公司的制度和授权，全面组织项目经理部工作。

2. 项目经理的作用

在智能建筑工程项目的建设过程中项目经理的作用主要有以下几方面：

（1）领导作用

智能建筑工程项目经理要以领导项目全体成员以实现项目目标为己任，保证项目在预算范围内按时、优质地完成任务，从而使用户满意。项目经理在项目实施过程中要起模范带头作用、表率作用。项目经理的作用如同球队的教练，乐队的指挥，而项目团队就是球队和乐队。

(2) 沟通作用

智能建筑工程项目经理处于上层管理部门和项目团队之间，他要将组织目标和上级要求下达给员工，又要将员工的要求和愿意向上反映。离开了项目经理，就难以保持这种上传下达沟通渠道的畅通。

(3) 组织作用

智能建筑工程项目组织是一个临时的组织，在项目启动后，由项目经理组建项目团队，并对项目团队成员分配任务及授权。在项目实施过程中，项目经理还要组织调配各种资源。

(4) 计划作用

为了更好地实现智能建筑工程项目目标，必须为项目制定一系列的计划，项目经理应领导项目团队成员制定项目计划，并进行审查、批准。在项目实施过程中，还要组织相关人员对计划执行情况进行检查、落实和修正。

(5) 控制作用

对智能建筑工程项目计划执行情况进行检查，其目的是为了发现项目的进展结果和项目计划的偏差，分析偏差产生的原因，并及时采取措施纠正偏差。要防止对项目控制不及时，而造成偏差积累，导致项目失败。

(6) 协调作用

智能建筑工程项目团队成员来自不同单位，有各自的风俗习惯、工作方法、作风和个性，项目经理要做好协调工作，使大多数成员能够互相配合，协调一致地完成各项任务。由于项目涉及到多方利益主体，如项目顾主、用户、承包人、供应商、分包商等，各方之间难免会产生矛盾，项目经理要协调各方利益，尽可能使各方都能满意。

3. 项目经理的主要任务

(1) 在智能建筑工程项目建设中，项目经理代表工程承包人与发包人联系，在合同条款规定的范围内全面负责承包工程的实施管理，并遵守所在国家和地区的各项法律和政策，维护本单位的信誉和利益，严格履行承包合同或协议。

(2) 确定智能建筑工程项目的工作分解结构（WBS）、组织结构分解（OSB）及编码系统，组织项目经理部，确定项目经理部的组织形式，任命项目经理部主要成员，有效地开展项目工作。

(3) 确定智能建筑工程项目实施的基本工作方法和程序，组织编制项目计划，主持召开项目开工会议，明确项目的总目标和阶段目标，进行目标分解使各项工作协调进行，确保项目建设按合同要求完成。

(4) 拟定与发包人、分包人以及公司内、外各协作部门和单位的协调程序，建立与发包人、分包人以及公司内、外各协作部门和单位以及其他的相关利益者的协调关系，组织召开发包人开工会议，为项目实施创造良好的合作环境。

(5) 适时做出项目管理决策，制定工作目标、标准和程序，指导设计、采购、施工以及质量管理、财务管理、行政管理等各项工作，全面完成合同规定的任务和质量标准，对出现的问题及时采取有效措施进行处理。

(6) 制定智能建筑工程项目进度计划和费用估算，审查批准项目计划投资额（BCWS)，对工程实施情况的已完成投资额（BCWP）和消耗投资额（ACWP）进行定期检查，实行有效控制。

(7) 建立和完善项目经理部内部及对外信息管理系统，包括会议和报告制度，保证信息交流畅通。

(8) 组织签订材料采购和施工分包合同，依据总包及分包合同，处理与发包人及分包人在执行合同中的变更、纠纷、索赔、仲裁等事宜。

(9) 定期向发包人、公司领导和有关主管部门汇报工程进展情况以及项目实施中存在的重大问题，以便及时处理和解决。

(10) 智能建筑工程项目竣工后组织做好交工、运行、结算等工作，取得发包人对工程项目的正式竣工验收文件。

(11) 智能建筑工程项目结束时，对项目经理部人员提出考核意见。

(12) 组织做好项目总结、文件、资料的整理归档工作，提出项目完工报告，总结成功的经验、存在的问题和对今后工作的建议，为公司积累有益的经验和资料。

8.6.3 智能建筑工程项目经理责任制

1. 项目经理责任制的定义

项目经理责任制是项目管理工作的基本制度，是实施和完成项目管理目标的根本保证，同时也是评价项目经理绩效的依据和基础。项目经理责任制的核心是贯彻实施项目管理目标责任书，其具体内容包括：项目经理的职责、权限、利益与奖罚。项目经理与项目经理部在项目管理工作中应严格实行项目经理责任制，确保项目目标顺利实现。

2. 项目经理的任命

项目经理应由法定代表人任命，并根据法定代表人授权的范围、时间和内容，对项目实施全过程、全面的管理。大中型项目的项目经理必须取得工程建设类相应专业注册执业证书。项目经理不能同时承担两个项目的领导岗位工作。在项目运行正常的情况下，企业不得随意撤换项目经理。特殊原因需要撤换项目经理时，应进行审计。

项目经理应具备的素质要求主要有：

(1) 符合项目管理要求的能力，善于进行团队建设与沟通。

(2) 相应的项目管理经验和业绩。

(3) 项目管理需要的专业技术、管理、经济、法律和法规知识。

(4) 良好的职业道德和团队精神，遵纪守法、爱岗敬业、诚信尽责。

(5) 身体健康，精力充沛。

3. 项目管理目标责任书

项目管理目标责任书应在项目实施之前，由法定代表人或其授权人与项目经理协商制定。

（1）编制项目管理目标责任书的依据

① 项目的合同文件。

② 组织的项目管理制度。

③ 项目管理规划大纲。

④ 组织的经营方针和目标。

（2）项目管理目标责任书的内容

① 项目的进度、质量、成本、职业健康安全与环境目标。

② 组织与项目经理部之间的责任、权限和利益分配。

③ 项目需用资源的供应方式。

④ 法定代表人向项目经理委托的特殊事项。

⑤ 项目经理部应承担的风险。

⑥ 项目管理目标评价的原则、内容和方法。

⑦ 对项目经理部进行奖惩的依据、标准和办法。

⑧ 项目经理解职和项目经理部解体的条件及办法。

（3）确定项目管理目标的原则

① 满足合同的要求。

② 考虑相关的风险。

③ 具有可操作性。

④ 便于考核。

企业管理层应对项目管理目标责任书的完成情况进行考核，根据考核结果和项目管理目标责任书的奖惩规定，提出奖惩意见，对项目经理部进行奖励或处罚。

4. 项目经理的责、权、利

（1）项目经理的职责

① 项目管理目标责任书规定的职责。

② 组织编制项目管理实施规划，并对项目目标进行整体管理。

③ 对资源进行动态管理。

④ 建立各种专业管理体系并组织实施。

⑤ 进行利益分配。

⑥ 归集工程资料，参与工程竣工验收，准备结算资料，接受审计。

⑦ 处理项目经理部解体的善后工作。

⑧ 配合企业进行项目的检查、鉴定和评奖申报工作。

（2）项目经理的权限

① 参与项目投标和合同签订。

② 组建项目经理部。

③ 主持项目经理部工作。

④ 决定项目资金的投入和使用。

⑤ 制定内部计酬办法。

⑥ 选择使用劳务队伍。

⑦ 在授权范围内协调和处理与项目管理有关的内部与外部关系。

⑧ 企业法定代表人授予的其他权力。

（3）项目经理的利益与奖罚

① 获得工资和项目分阶段奖励。

② 在项目完成后，按照项目管理目标责任书中确定的效益分配条款经审计后给予受益或经济处罚。

③ 获得评优表彰、记功等精神奖励或行政处罚。

5. 智能建筑工程项目经理责任制的作用

项目经理代表承包人全面履行工程承包合同，即全面负责和领导智能建筑工程项目的实施工作，并对工程建设活动的效果，对外向发包人负责，对内向承包人负责。因此，在智能建筑工程项目实施过程中要全面实行项目经理责任制，健全项目团队组织，完善项目运行机制，形成以项目经理为首的、高效能的项目决策运作体系。

智能建筑工程项目经理责任制在项目管理中的作用主要有以下几点：

（1）有利于进一步明确项目经理与企业、员工三者之间的责、权、利关系，明确各自的职责。

（2）有利于运用承包合同等经济手段，强化项目经理的法制管理。

（3）有利于促进和提高企业项目管理的经济效益和社会效益，不断解放和发展生产力。

6. 智能建筑工程项目经理责任制的特点

（1）智能建筑工程项目经理责任制的主体是项目经理个人全面负责，项目管理组织承包。智能建筑工程项目管理的成果不仅仅是项目经理个人的功劳，项目管理组织是一个集体，没有集体的团体协作就不会取得成功。项目经理的个人负责是指在工程实施中只能由一个人统一指挥。负责是要承担责任和享受利益的，由于项目管理组织明确了分工，使每个成员都分担了一定的责任，组织成员一致对国家和企业负责，共同享受企业的利益。所以，项目经理责任制的主体是项目经理责任。

（2）智能建筑工程项目经理责任制的重点在于管理。智能建筑工程项目的特点决定了项目经理责任制的重点必须放在管理上。智能建筑工程项目经理责任制要根据项目的特点，变注重上交利润的简单做法为以多项目管理复合指标进行承包，变经营承包为责任承包。

（3）实行项目经理责任制，项目经理的工作要尊重科学，尊重事实，要维护项目管理组织的正当利益，但是项目经理在谋求项目管理组织的经济利益时，必须以不损害国家、社会的整体利益为前提。项目经理要严格遵守国家有关法律、法规和行业标准、规范和规定，既要对承包工程负责，又要对国家和社会负责。只有在符合宏观经济效益、社会效益和环境效益的条件下，项目管理组织的微观经济效益才能得以实现。

8.6.4　智能建筑工程项目经理的培养与挑选

1. 项目经理知识结构要求

项目经理是项目的关键核心人物，对项目的成败起重要作用，而智能建筑工程是一种技术含量高、概念新、发展快的高科技项目，因此智能建筑工程项目经理必须具备以下领域的知识：

（1）懂管理

管理主要是指项目管理，项目管理是一门学科，智能建筑工程项目经理要掌握现代化管理的方法和手段，如网络计划技术、投资、进度、质量的控制方法，计算机辅助管理技术等。

（2）懂技术

技术主要是指系统科学、信息技术和建筑技术、电气等专业工程技术，其中信息技术包括现代通信技术、现代计算机技术、现代控制技术、现代图形图像显示技术，以及综合布线技术、系统集成技术等。

（3）懂经济

经济主要是指技术经济知识，智能建筑工程项目经理应能进行技术方案的经济比较，应掌握可行性研究的方法，系统总体方案设计，总体方案预算的编制与审核等。

（4）懂法律

法律主要是指经济合同法，国家法律法规，国家及行业标准、规范以及国际通行的惯例等。

智能建筑工程项目经理与其他专业技术工程师相比，要更努力地学习和掌握系统科学、项目管理、工程控制论、投资学、技术经济学、软件工程学、计算机网络、信息系统安全和法律知识等一些课程，丰富自己的专业知识，提高系统分析的能力。作为一个智能建筑工程项目经理应看到自己的不足，努力学习和掌握这些方面的知识。在组建一个智能建筑工程项目经理部时，应注意组成人员的知识结构，尽量能包括上述四个方面的内容。

2. 项目经理应当具备的实践经验

作为一个智能建筑工程项目经理仅有理论知识还不行，还必须要有实践经验，有较强的实际工作能力，包括：

（1）系统集成的经验。

（2）软件程序设计的经验。

（3）建筑设备控制、计算机网络、综合布线、通信和机房工程的经验。

（4）信息系统安全防范的经验。

（5）丰富的现场施工经验。

（6）经济工作、管理工作的经历。

（7）主持过大型基本建设项目或企业的技术改造项目。

3. 项目经理的培养

要使智能建筑工程项目经理具有较高的水平，适应大型智能建筑工程项目管理的需要，没有10年以上的实践锻炼是不够的。项目经理的培养主要靠工作实践，这是由项目经理的成长规律决定的。成熟的项目经理都是从项目管理的实际工作中选拔、培养而成长起来的。

智能建筑工程项目经理人才首先应从参加过项目实践的工程师中选拔，注意发现那些不但对专业技术熟悉，而且具有较强组织能力、社会活动能力和兴趣比较广泛的人。这些人经过基本素质考察，可作为项目经理苗子有目的地培养。在他们取得一定的现场工作经验和综合管理部门的锻炼之后调动其工作，压一定的担子，在实践中进一步锻炼其独立工作的能力。

对智能建筑工程项目经理的选拔应在获得充分信息的基础上，这些信息包括：个人简历、学术成就、成绩评估、心理测试以及员工的职业发展计划。

对比较理想、有培养前途的对象，应安排他们在经验丰富的项目经理的带领下，委任其以助理的身份协助项目经理工作，或者令其独立主持智能建筑工程单项专业项目或小项目的项目管理，并给予适时的指导和考察。这是锻炼项目经理才干的重要阶段。对在小项目经理或助理岗位上表现出较强组织管理能力者，可让其挑起大型项目经理的重担，并创造条件让其多参加一些项目管理研讨班和有关学术活动，使其从理论和管理技术上进一步开阔眼界，使其逐渐成长为经验丰富的项目经理。

除了实际工作锻炼之外，对有培养前途的项目经理人选还应有针对性地进行项目管理基本理论和方法的培训。项目经理作为一种通才，其知识面要求既宽广又深厚，除了其已具备的信息技术专业知识以外，还应进行业务知识和管理知识的系统培训，内容涉及管理科学、行为科学、系统工程、价值工程及项目管理信息系统等。

培训方式有以下两种：

(1) 在职培训

使选拔出的有培训前途的智能建筑工程项目经理人选与有经验的项目经理一起工作；并分配给多种项目管理职责，进行岗位轮换。这是一种正规的在职培训。与此同时，还应使候选人参与多个职能部门的支持工作，并与顾客建立联系。

(2) 脱产培训

使智能建筑工程项目经理有机会参加课程、研讨班以及讲座的学习。上课方式采取讲授与交流及案例分析相结合的方式。对于项目管理基础知识和管理技术应采用系统的理论讲授的方式。对于项目管理技术的应用，一般采取经验交流或学术会议的方式，通过研究讨论、成果发布、试点经验推广、重点项目参观等方式，把项目经理们组织起来，有针对性地进行专题交流。

智能建筑工程项目案例分析是培训的最好形式之一。由于项目的实施具有复杂性、随机性、多变性和灵活性的特点，这些不是靠讲授系统的方法所能深刻揭示的，而对一个好的案例的深刻剖析，可以使学员从不同角度得到综合训练。在案例教学的同时还可以进行一些模拟训练，采取模拟项目实际情况的方式，让与会者分别充当不同角色，所有人都如身临其境，这样可以培养学员的综合判断能力和灵活应变能力。

4. 智能建筑工程项目经理的挑选

智能建筑工程项目经理是决定项目成功实施的关键人物，因此如何选择出合适的项目经理非常重要。项目经理的挑选主要考虑两方面的问题：一是挑选什么样的人担任项目经理；二是通过什么样的方式与程序选出项目经理。

(1) 挑选项目经理的原则

选择什么样的人担任智能建筑工程项目经理，除了考虑候选人本身的素质特征外，还取决于两个方面：一是项目的特点、性质、技术复杂程度等；二是项目在该企业规划中所占的地位。

①考虑候选人的能力：关于智能建筑工程项目经理应具备的能力，前面已经进行了充分的阐述，最基本的有两方面，即技术能力和管理能力。对项目经理来说，对其技术能力要求视项目类型不同而不同，对于一般项目来说，并不要求项目经理是技术专家或比项目其他成员懂得多，但他应具有相关技术的沟通能力，能向高层管理人员解释项目中的技术，能向项目小组成员解释顾客的技术要求。然而，无论何种类型的项目，对项目经理的管理能力要求都很高。项目经理应该有能力保证项目按时在预算内完成，保证准时、及时汇报，保证资源能够及时获得，保证项目小组的凝聚力，并能在项目管理过程中充分运用谈判及沟通能力。

② 考虑候选人的敏感性：敏感性具体指三方面，即对企业内部权力的敏感性、对项目团队与外界之间冲突的敏感性及对危险的敏感性。其中对权力的敏感性，使得项目经理能够充分理解项目与企业之间的关系，保证其获得高层领导的支持。对冲突的敏感性能够使得项目经理及时发现问题及解决问题。对危险的敏感性，使得项目经理能够避免不必要的风险，及时规避风险。

③ 考虑候选人的领导才能：智能建筑工程项目经理应具备领导才能，能知人善任，吸引他人投身于项目，保证项目经理部成员积极努力地投人项目工作。

④ 考虑候选人应付压力的能力：压力产生的原因有很多，如管理人员缺乏有效的管理方式与技巧，其所在的企业面临变革，或经历连续的挫折而迫切希望成功。由于项目经理在项目实施过程中必然面临各种压力，智能建筑工程项目经理应能妥善处理压力，争取在压力中获得成功。

（2）挑选项目经理的方式与程序

① 竞争招聘制：招聘的范围可面向社会，但要本着先内后外的原则，其程序是：个人自荐，组织审查，答辩讲演，择优选聘。这种方式既可选优，又可增强项目经理的竞争意识和责任心。

② 公司经理委任制：委任的范围一般限于企业内部在聘干部，其程序是经过经理提名，组织人事部门考察，联席办公会议决定。这种方式要求组织人事部门严格考核，公司经理知人善任。

③ 内部协调、基层推荐制：这种方式一般是企业各基层部门向公司推荐若干人选，然后由人事组织部门集中各方面意见，进行严格考核后，提出拟聘用人选，报企业领导研究决定。

由企业依据《建设工程项目经理职业资格证书》并综合考评实际担任工程项目管理的能力后选聘智能建筑工程项目经理，每次工程项目管理的最终成果和考评成绩由所在企业记入《建设工程项目经理职业资格管理档案》。

智能建筑工程项目经理一经任命产生后，其身份是公司经理在该工程项目上的全权委托代理人，直接对企业经理负责。如无特殊原因，在项目未完成前不能更换。

第9章　智能建筑工程项目质量管理

众所周知，包括智能建筑工程项目在内的信息技术应用项目和产品已经深入到人们日常生活的各个角落，影响到人们工作和生活的方方面面。企业、机关、银行、学校、商店、工厂、家庭等无一例外地都在使用计算机，计算机已经成了人们生活、工作、学习中不可缺少的工具和助手。特别是在一些关系到人们生命安全的场合，如飞机导航系统和医疗设备上的计算机元件，其稳定正常的运作将起生死攸关的作用。由此可见，信息技术项目和产品的质量是多么的重要。

但是，事实上在信息系统工程项目中质量是个非常严重的问题，许多信息技术产品的质量不过关，系统质量缺陷问题导致信息化工程项目建设的成功率不到30%，有一些关键的信息技术产品或系统甚至导致了人员伤亡，不少计算机商务系统中的质量问题导致了银行或客户巨大财政损失。因此，必须高度重视信息系统工程项目中的质量问题，采取坚定果断和强有力的措施提高项目质量管理水平。

9.1　智能建筑工程项目质量管理概论

质量方面的成功已经成为任何工程建设项目成功的必要条件，其中信息技术应用项目，包括智能建筑工程项目在内也不例外。幸运的是，在其他行业中所积累的丰富的全面质量管理思想及管理经验对于智能建筑工程项目而言具有相当重要的借鉴意义。

9.1.1　智能建筑工程项目质量管理的定义和内容

1. 智能建筑工程项目质量的概念

(1) 质量的定义

根据我国国家标准GB/T 6583—92和国际标准ISO 8462—86，质量的定义是“反映产品或服务满足明确或隐含需求能力的特征和特性的总和”。定义中“产品或服务”是质量的主体。简单地说，所谓质量，一是必须符合规定要求；二是要满足用户期望。

(2) 产品质量

产品质量指产品满足人们在生产及生活中所需的使用价值及其属性。它们体现为产品的内在和外观的各种质量指标。根据质量的定义，可以从两个方面理解产品质量。第一，产品质量好坏是根据产品所具备的质量特性能否满足人们需求及满足程度来衡量的。第二，产品质量具有相对性。一方面，对有关产品所规定的要求及标准、规定等因时而异，会随时间、条件而变化；另一方面，满足期望的程度由于用户需求程度不同，因人而异。

(3) 智能建筑工程项目质量

智能建筑工程项目质量包括工程项目实体和服务这两类特殊产品的质量。

智能建筑工程项目实体作为一种综合加工的产品，它的质量是指工程项目产品适合于规定的用途，满足人们要求其所具备的质量特性的程度。

"服务"是一种无形的产品。服务质量是指企业在智能建筑工程项目推销前、销售时、售后服务过程中满足用户要求的程度。其质量特性依服务业内不同行业而异，但一般均包括：服务时间、服务能力、服务态度等。

(4) 工作质量

工作质量是指参与智能建筑工程项目的建设者，为了保证工程质量所从事工作的水平和完善程度。工作质量包括：社会工作质量、生产过程工作质量等。要保证工程质量就要求有关人员精心工作，对决定和影响工程质量的所有因素严加控制，即通过工作质量来保证和提高工程质量。

2. 项目质量管理的定义

通常，人们认为质量反映的是项目对目标的需求及需求满足的程度，而项目质量管理是指保证项目满足其需求所要实施的过程。项目质量管理通过制定质量方针、建立质量目标和标准，并在项目生命期内持续使用质量计划、质量控制、质量保证和质量改进等措施来落实质量方针的执行，确保质量目标的实现，最大限度地使客户满意。

现代质量管理的要点是：通过选择合适的教材、培训与教导员工增强产品质量观念，制定质量计划确保项目实施过程达到目标要求，从而预防产品出现缺陷。高质量意味着更高的生产率和更低的成本。现代质量管理追求顾客满意，注重预防而不是检查，并明确管理层对质量的责任。其要点包括：

① 树立提高产品和服务质量的坚定目标。

② 产品质量不仅要满足明确的需求或规范，而且要满足客户隐含的需求。

③ 放弃仅仅依据价格决定产品和业务往来的习惯，把产品质量放在第一位。

④ 设置产品质量和成本的改进目标，不断改进设计、生产和服务的每个环节。

⑤ 唤醒全体员工的质量意识。

⑥ 建立群众性产品质量保证组织，群策群力提高产品质量。

⑦ 设立和重视职业培训。

⑧ 培训质量管理员来监督实施产品质量计划。

⑨ 采用和设立产品质量领导责任制。

3. 工程项目质量管理的程序

根据《建设工程项目管理规范》的规定，企业应遵照《建设工程质量管理条例》和《GB/T 19001 质量管理体系》标准的要求，建立质量管理体系。在各层次设立专职管理部门或专职人员。质量管理应坚持预防为主的原则，按照策划、实施、检查、处置的循环原理，持续改进，为项目增值服务。质量管理应满足顾客及其他相关方的要求以及建设工程技术标准和产品的质量要求。

企业应通过对人员、机具、设备、材料、方法、环境等要素的质量管理，实现过程和产品的质量目标。

项目质量管理应按下列程序实施：

① 进行质量策划，确定质量目标。

② 编制质量计划。

③ 实施质量计划。

④ 总结项目质量管理工作，提出持续改进的要求。

4. 智能建筑工程项目质量管理的内容

（1）项目质量策划

组织应进行项目质量策划，制定质量目标，规定实施项目质量管理体系的过程和资源，编制针对项目质量的文件。该文件可称为质量计划。

（2）制定质量管理计划

质量管理计划就是确定如何满足质量需求分析中制定的质量目标和标准，以及要采取哪些必要行动。质量管理计划确认与项目有关的质量标准有关，包括质量控制、质量保证、持续改进措施等过程，以及在这些过程中所要采取的沟通、授权、明确职责、编制质量管理文件、质量检查、审计、报告和审查等管理行动。另外，还要包括质保期内系统保修的范围和期限、维修响应时间、系统升级的条件，以及其他保证产品质量的服务条款。

（3）质量保证

质量保证是保证质量管理计划得以系统地实施的全部活动，包括定期评价总体项目执行情况，以提供项目满足质量标准的信心。质量保证过程不仅要对项目的最终结果负责，而且还要对整个项目过程承担质量责任。

质量保证通过质量管理系统实现。建立和维护质量管理系统以保证有效的沟通和输出实施质量管理计划的结果。

（4）全面质量管理（TQM）

全面质量（ISO 8402）包括提高实体质量（产品、工作、质量体系、过程、人的质量）、缩短周期（生产周期、物资储备周期）、降低成本和提高效益。

全面质量管理指组织内各个部门同心协力，全体人员、全过程、全方位综合运用管理技术、专业技术和科学方法，经济地开发、研制、生产和销售用户满意的成果的管理活动。

（5）ISO 9000 系列质量认证

ISO 9000 是一个由“国际标准化组织”开发的质量系统标准，是由一个组织中质量的规划、控制和归档等三部分构成的连续循环。国际标准化组织设在瑞士日内瓦，是一个约 100 个工业国家参加的国际协会。ISO 9000 提供了一个组织满足其质量认证标准的最低要求。目前采用的是 ISO 9000 2000 版本。

ISO 9000 系列质量认证是现代质量管理体系，提供了建立质量体系的基本要求和企业进行质量管理的基本要求。ISO 9000 是面向绝大多数企业的质量标准体系，是具有通用性的质量保证和管理标准。企业要通过 ISO 9000 认证，质量保障体系一定要和项目实施方法密切结合。从 ISO 9000 的发展历程我们或许可以看出，质量管理方法的完善在时间上是落后于项目实施方法的完善的，因为要进行质量管理，必须要清楚管理的项目质量指标项和相应的质量衡量标准，而这些都必须在积累一定的项目开发和产品生产经验后才能提出和完善。没有项目实施方法，全面贯彻ISO 9000标准是不切实际的。

当然，如果在起步阶段就开始接触ISO 9000标准，应该说会更有可能以全面的眼光去看待项目的实施以及项目管理和落实项目质量保证，也更有可能逐步去完善项目管理方法和贯彻ISO 9000标准。

(6) 编制质量计划

项目质量管理的第一步是编制质量计划，确定每个独特项目的相关质量标准，把质量问题纳入到项目管理的全过程之中。质量计划应由项目经理部编制后，报组织批准，质量计划如需修改，也按相同程序办理。

1) 质量计划的编制依据

① 合同中有关产品的质量要求。

② 与产品有关的其他要求。

③ 质量管理体系文件。

④ 组织针对项目的其他要求。

2) 质量计划的内容

① 质量目标和要求。

② 质量管理组织和职责。

③ 所需的过程、文件和资源的需求。

④ 产品所要求的验证、确认、监视、检验和试验活动，以及接收准则。

⑤ 必要的记录。

⑥ 所采取的措施。

(7) 质量审计

质量审计是对特定质量管理活动的结构化审查，找出教训，改进现在或将来项目的执行措施。质量审核可以是定期的，也可以是随时的，可由公司内的稽查员，也可邀请第三方执行。质量审计工作常常有行业工程师执行，他们通常为一个项目定义特定的质量尺度，并在整个项目过程中运用和分析这些质量尺度。

(8) 项目质量控制与处置

质量控制是指为提高项目或产品质量而采取的一些控制措施，如质量整改、变更、返工和过程调整等。组织应依据质量计划的要求，运用动态控制原理进行质量管理。质量控制主要控制过程的输入，过程中的控制点以及输出。同时也应包括各个过程之间接口的质量控制。组织应建立有关纠正和预防措施的程序，对于不合格进行控制。

项目经理部应在质量控制过程中跟踪收集实际数据并进行整理。应将项目的实际数据与质量标准的规定和质量目标进行比较，分析偏差。根据分析的结果，采取措施，纠正偏差，对不合格进行处置。并对不合格的处置效果和影响进行检查。质量计划需修改时，应按原批准程序报批。

1) 对于设计和开发的质量控制

① 设计和开发的策划。

② 设计和开发的输入。

③ 设计和开发输出。

④ 设计和开发评审。

⑤ 设计和开发验证。

⑥ 设计和开发确认。

⑦ 设计和开发的更改控制。

2）采购的质量控制

确定采购程序、确定采购要求、选择合格供应单位以及采购合同的控制和进货检验。

3）检验和监测装置的控制

确定所进行测量及所需测量的监控装置的监视过程和使用控制以及对分包方的有关控制。

（9）质量检查

质量检查是为确定质量过程和结果是否符合要求所采取的活动，如测量、视察和测试等。检查可在任何层次上执行。检查在不同情况下也被称为审查、成果审核、巡回视察等，有时具有特定的或狭义的意义。

（10）质量评审

质量评审是项目阶段性工作成果质量的复查手段，通常由选定的专家负责，按规程严格进行，一般包括技术评审和文档评审两部分工作。评审结束应有评审负责人的结论意见及签字。

（11）持续改进

项目经理部应定期对项目质量状况进行检查、分析，向组织提出质量报告，提出目前质量状况、顾客满意程度、产品要求的符合性以及项目经理部的质量改进措施。组织应对项目经理部进行检查、考核，定期进行内部审核，并将审核结果作为管理评审的输入，促进项目经理部的质量改进。组织应了解用户对质量的意见，对质量管理体系进行审核，确定改进目标，提出相应措施并检查落实。

9.1.2　控制论的基本概念

控制是施控者作用于受控对象的一种主动行为，使受控对象按照施控者的意愿行动，如领导、指挥、管理、教育、设计、调节等都是主动的控制行为。控制是有目的的，如果控制系统的目的是一个，称为单目标控制系统；如果是多个，则称为多目标控制系统。

1. 控制论的由来和发展

控制论一词来自希腊语，原意为掌舵术。控制论的诞生和发展是与美国数学家维纳的名字联系在一起的，1948 年美国数学家维纳的《控制论》出版，正式宣告了这门科学的诞生。控制论是研究各种不同系统所共同具有的控制规律的科学。它是自动控制理论、电子计算机、无线电通讯与神经生理学、数学等学科相互渗透的产物。目前已形成工程控制论、生物医学控制论、经济控制论等分支学科。虽然运筹学与控制论都研究系统的优化问题，但一般说来，前者主要研究系统的静态优化（动态规划除外），而后者主要探讨系统状态的动态优化。

控制论诞生后，得到了广泛地应用与迅猛地发展，大致经历了三个发展时期：

① 经典控制论时期：20 世纪 50 年代，主要应用领域为工业生产与军事装备。

② 现代控制论时期：20 世纪 60 年代，控制论的重点从单变量控制到多变量控制，从自动调节向最优控制，由线性系统向非线性系统转变。美国卡尔曼提出的状态空间方法以及其它学者提出的极大值原理和动态规划等方法，形成了系统辨识、最优控制、自组织、自适应系统等现代控制理论。主要应用领域包括导弹系统、人造卫星、生物系统等高科技研究。

③ 大系统理论时期：20 世纪 70 年代以后，控制论由工程控制论、生物控制论向经济控制论、社会控制论发展。计算机的广泛应用和人工智能研究的开展，使控制系统显现出规模庞大，结构复杂，因素众多，功能综合的特点，从而控制论也向大系统理论发展。

控制论具有十分重要的理论意义和实践意义，它体现了现代科学整体化发展趋势，为现代科学技术提供了新的思路和科学方法。控制论的研究表明，无论自动机器，还是神经系统、生命系统，以至经济系统、社会系统，撇开各自的性质、形态、特点，都可以看作是一个自动控制系统。在这类系统中有专门的调节装置来控制系统的运转，维持自身的稳定和系统的目的功能。控制机构发出指令，作为控制信息传递到系统的各个部分（即控制对象）中去，由它们按指令执行之后再把执行的情况作为反馈信息输送回来，并作为决定下一步调整控制的依据。信息方法是把研究对象看作是一个信息系统，通过分析系统的信息流程来把握事物规律的方法。整个控制过程就是一个信息流通的过程，控制就是通过信息的传输、变换、加工、处理来实现的。

2. 反馈控制与前馈控制

系统控制方法分为两种：一种是是反馈控制，又称为被动控制或闭环控制。另一种前馈控制，又称为主动控制或开环控制。两种控制形式的主要区别是有无信息反馈。

（1）反馈控制

所谓反馈就是指在完成控制的过程中，收集行动效果的响应信息，并把其响应同目的要求相比较，进行工作的调整。这种行动后果的响应信息就称为反馈信息，当行动响应同目标要求一致，控制过程便告完成；当行动响应效果偏离目标甚至背道而驰时，就需要对系统进行调节，使其逐步接近目标，最后使系统能得到合理的发展。

反馈控制是一种技术方法，“控制信息→反馈信息→控制信息”形成闭环的信息通道，可以应用于各种场合，完成具有各种目的性的控制任务。按照反馈信息通道的多少，单路或多路反馈可以构成多级闭环控制系统。反馈信息被用来加强控制量对系统的作用，称为正反馈；反馈信息被用来抵消控制量对系统的作用，称为负反馈。所谓反馈控制就是由控制器发出的控制信息的再输出发生影响，以实现系统预定目标的过程，正反馈能放大控制作用，实现自组织控制。但也使偏差愈益加大，导致振荡。负反馈能纠正偏差，实现稳定控制，但它减弱控制作用、损耗能量。

反馈控制对系统的控制和稳定起着决定性的作用，无论是生物体保持自身的动态平稳（如温度、血压的稳定），或是机器自动保持自身功能的稳定，都是通过反馈机制实现的。反馈是控制论的核心问题。控制论就是研究如何利用控制器，通过信息的变换和反馈作用，使系统能自动按照人们预定的程序运行，最终达到最优目标的学问。

反馈控制示意图如图9.1-1所示。

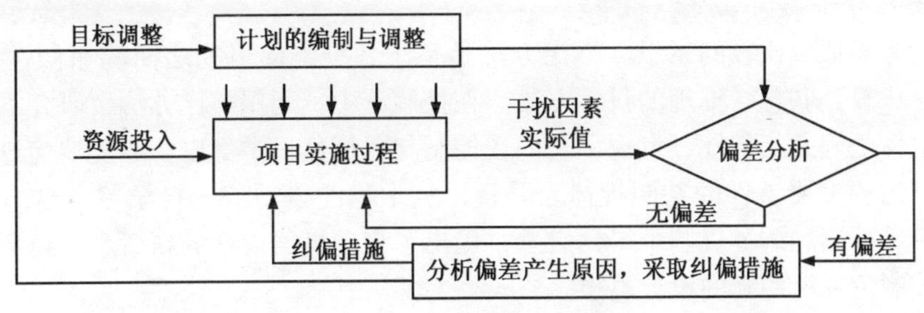

图9.1-1 反馈控制示意图

(2) 前馈控制

前馈控制是没有反馈信息的控制系统，只有前馈的控制信息通道，通常只应用于比较简单的场合，在工程建设项目中较少采用。前馈控制示意图如图9.1-2所示。

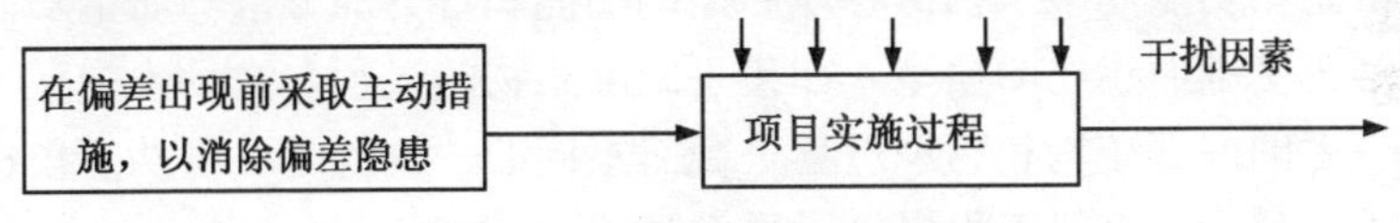

图9.1-2 前馈控制示意图

就工程项目而言，控制器是指工程项目的管理者。前馈控制对控制器的要求非常严格，即前馈控制系统中的人必须具有开发的意识。而反馈控制可以利用信息流的闭合，调整控制强度，因而对控制器的要求相对较低。

工程项目实施中的反馈信息，由于受各种因素影响，将出现不稳定现象，即信息振荡现象，项目控制论中称负反馈现象。从工程项目控制理解，所谓负反馈就是反馈信息失真，管理者由此决策将影响工程进度、质量、费用三大目标的实现。因此，在工程建设项目实施过程中，必须避免负反馈现象的发生。

3. 控制论的基本方法

控制论是具有方法论意义的科学理论。控制论的理论、观点，可以成为研究各门科学问题的科学方法，这就是撇开各门科学的性质和特点，把它们看作是一个控制系统，分析它的信息流程、反馈机制和控制原理，往往能够寻找到使系统达到最佳状态的方法，这种方法称为控制方法。控制论的基本方法是黑盒方法、类比方法、功能模拟方法等。

(1) 黑盒方法

黑盒是指不知其内部构造细节，只知其外部功能特性的系统。所谓黑盒方法，就是通过对系统的输入（外界对系统的影响）和输出（系统对外界的影响）的外部观测，而不需要对系统内部结构进行剖析，来对系统的功能和行为特性进行分析和研究的方法。

黑盒方法是探索复杂大系统的重要工具。利用黑盒方法，可以不考虑系统内部具体的物质构造细节和能量转换形态，只需将其中的信息传递、变换和处理过程抽象出来，通过对输入与输出的信息观测、分析研究，就可以探索各种不同领域的、不同物质构造和能量形态的控制系统的内部的过程和机理。

(2) 类比方法

类比就是类似、比较的意思。类比方法是基于各种不同事物之间的相似性（共性），进行模拟、比较、联想、推理的科学方法。在控制论中，利用类比方法，研究了自动机器与生物有机体之间的相似性，发现了它们在控制与通信过程中都以获取反馈信息作为实现有目的性行为的重要条件的共同规律。并且，从生物的自适应、自学习、自组织、自修复、自繁殖等控制和调节机制中得到启发，提出了自动机器设计的新概念、新原理，产生和发展了控制论系统的新的设计思想。

在控制论的研究中，运用黑盒方法和类比方法，还进一步发展了系统辨识与系统仿真方法和技术。所谓系统辨识就是利用实验观测数据，建立系统的数学模型，辨识模型的参数。所谓系统仿真，就是用数学模型、物理模型或技术模型，对实际系统的功能和行为特性，进行模拟试验和分析研究。

(3) 功能模拟法

功能模拟法是用功能模型来模仿客体原型的功能和行为的方法。所谓功能模型就是只以功能行为相似为基础而建立的模型。如猎手瞄准猎物的过程与自动火炮系统的功能行为是相似的，但二者的内部结构和物理过程是截然不同的，这就是一种功能模拟。功能模拟法为仿生学、人工智能、价值工程提供了科学方法。

9.1.3 智能建筑工程项目质量管理技术

许多通用的工具和技术可用于智能建筑工程项目的质量控制，如鱼刺图帮助发现出现质量问题的根本原因；帕累托图帮助确认引发大多数质量问题的最重要的几个因素；统计抽样帮助确定在进行总体分析时，所需的实际样本数；标准差测量数据的变化；控制图通过对非随机数据的及时显示来保持过程处于控制之中；6σ 帮助许多公司减少有缺陷项的个数等。下面将着重介绍这几种用于质量控制的工具和技术：

(1) 鱼刺图

鱼刺图有时也称为石川图，由有关质量问题的投诉追溯到负有责任的生产行为，以发现发生质量问题的根本原因。举一个例子：某单位新的办公自动化系统（OAS）产生了诸多质量问题，这个系统一个月出几次故障，用户经常不能进入系统；响应速度越来越慢，用户在几秒钟之内得不到所需信息；有些报告输出的信息不一致等。其分析图如图 9.1-3 所示。

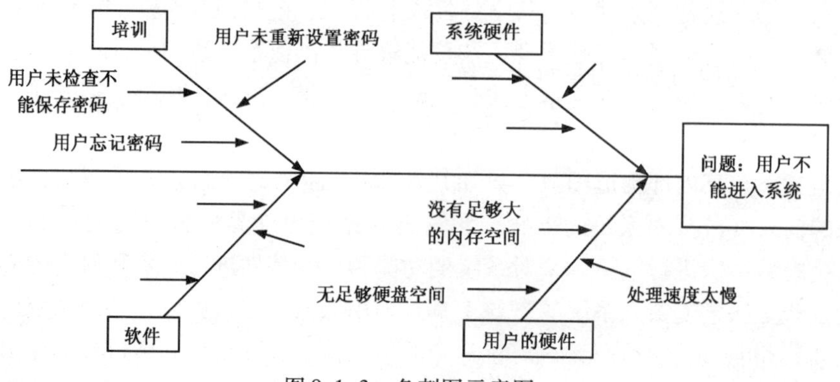

图 9.1-3 鱼刺图示意图

注意到它类似于鱼的骨骼，因而得名。鱼刺图列出了可能成为问题原因的主要区域：OAS的系统硬件、用户的硬件、软件或培训。其中两个区域，用户的硬件和培训，在此图中描述得更具体。问题的根本原因将对解决问题所采取的行为产生重大影响。如果许多用户不能进入系统是因为计算机没有足够的内存，解决的方法将是提高这些计算机的内存。如果许多用户不能进入系统是因为他们忘记了密码，那么解决起来可能更快、更容易。

(2) 帕累托分析

帕累托定律认为绝大多数问题或缺陷产生于相对有限的起因。帕累托分析是指确认造成系统质量问题的诸多因素中最为重要的几个因素。它有时称为80—20法则，意思是，80%的问题经常是由于20%的原因引起的。

按发生频率进行等级排序的直方图称帕累托（Pareto）图，也称为排列图，它显示可识别原因的种类和造成结果的量值。等级排序用于指导纠正措施，即首先解决造成最大缺陷的问题。帕累托图与帕累托定律相关。

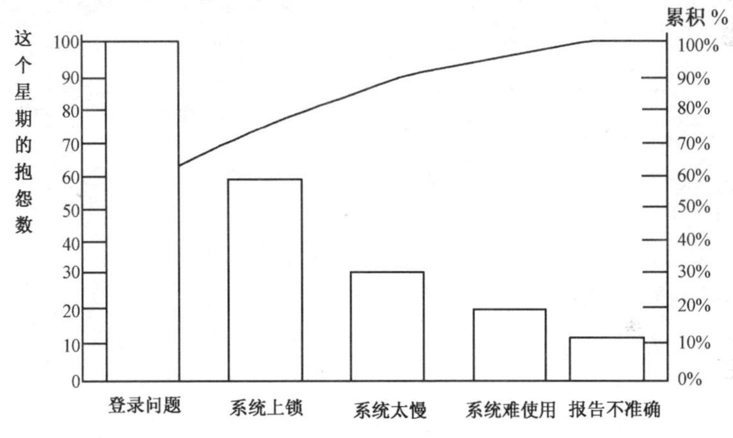

图9.1-4　帕累托图示例

上面的例子，帕累托图可用来分析用户投诉，并帮助项目经理决定解决问题优先次序。图9.1-4直方柱代表每种投诉的数量，线表明了投诉累积百分比。图上用户投诉最多的是无法登录问题，接下来依次是系统上锁、系统太慢、系统难于使用和报告不准确等问题。第一类投诉占总投诉的55%。前两类投诉累积的百分比接近80%。既然大多数抱怨属于这一类，公司应当集中力量解决系统登录问题，以提高质量。同时应当致力于系统上锁问题的解决。因为报告不准确的问题发生频率极小，在致力于解决潜在的重要问题之前，项目经理应当首先调查谁提出了这类投诉。另外，项目经理也应当弄清楚有关系统太慢的投诉是否是由于用户不能登录或系统上锁引起的。

(3) 统计抽样和标准差

统计抽样是项目质量管理中的一个重要概念。这些概念包括统计抽样，可信度因子，标准差和变异性。统计抽样包括选择样本总体的部分来检查；可信度因子表示被抽样的数据样本变化的可信度；标准差和变异性是理解质量控制图的基本概念。例如，在系统软件的性能抽样检测过程中经常要利用统计抽样方法来分析处理所有的测试结果数据的真实性和准确性。假定自检测试结果数据有5万多个，如果要复查每个测试结果数据将会非常费时和昂贵，即使测试工程师确实重新测试了所有测试结果数据，他们也会发现两次测试结果数据也不尽相同。对于非关键的子项研究所有总体的每个个体是不切实际的，所以统计学家开发了专门的统计技术来帮助决定一个合适的样本。

在大多数情况下一般采取重点数据抽测的方法。如果工程项目复查抽样检测人员使用统计技术，可能会发现，仅需要抽测其中约100个测试结果数据，他们就可以确定在进行软件质量审核时所需的复查结论。

样本个数取决于你想要的样本有多大的代表性。决定样本个数的公式是：

$$样本大小=0.25\times(可信度因子/可接受误差)^2$$

依据统计书中统计参数表，你可以估计可信度因子。表9.1-1显示常用的可信度因子。

常用的可信度因子 **表9.1-1**

期望的可信度	可信度因子	期望的可信度	可信度因子
95%	1.960	80%	1.281
90%	1.645		

例如，假定复查人员对测试结果数据将接受一个95%的可信度，样本个数如下：

$样本个数=0.25\times(1.960/0.05)^2=384$

如果复查人员想要90%的可信度，样本个数如下：

$样本个数=0.25\times(1.645/0.10)^2=68$

如果复查人员想要80%的可信度，样本个数如下：

$样本个数=0.25\times(1.281/0.20)^2=10$

假定复查人员决定可信度因子为90%，那么他们只需要检查68个测试结果数据就可以决定该系统自检测试结果数据的正确性和可靠性。

在统计学中，与质量控制相关的另一个关键概念是标准误差。标准误差表示测量数据分布中存在多少偏差。用希腊符号σ来代表标准误差，即用σ来衡量一个总数里标准误差的统计单位。

图9.1-5是一个正态分布的例子：一个正态钟型曲线，它相对于样本的平均值对称。在任何正态分布中，总体有68.3%分布在均值左右两侧的一个标准误差（1σ）范围内。有95.5%的总体分布在均值左右两侧的两个标准误差（2σ）范围内。有99.7%的总体是分布在均值左右两侧的三个标准误差（3σ）范围内。

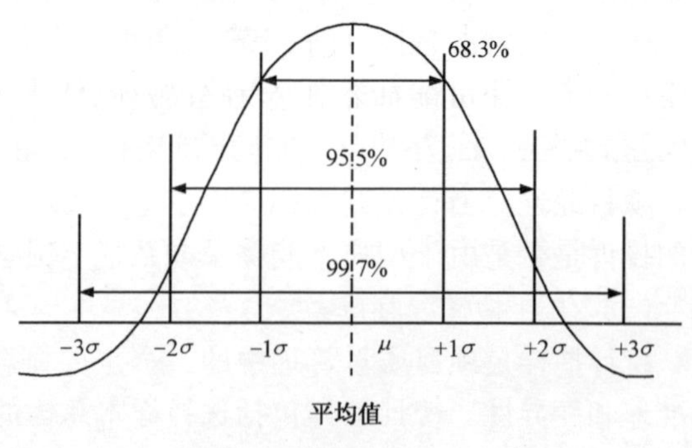

图9.1-5 正态分布和标准差

标准误差在质量控制上很重要，因为它是一个决定有缺陷个体的可接受数目的关键因素。一些公司，如摩托罗拉、通用电气、宝丽来等公司都建立了高质量标准，使用6σ作为质量控制标准，而不像大多数公司那样使用3σ或4σ。6σ被认为是美国对质量改进的最杰出的贡献之一。

一般项目的瑕疵率大约是3σ~4σ，以4σ而言，相当于每10亿个机会里有63000个瑕疵。如果企业不断追求品质改进，达到6σ的程度，绩效就几近于完美地达到顾客要求，在10亿个机会里只找得出2个瑕疵。6σ是全面质量管理和运作的一种系统方法，一个成功执行6σ的公司，项目质量会控制得很好。

表9.1-2进一步显示了σ、在不同σ范围之内的样本百分比和每10亿中有缺陷的单位数三者之间的关系。

σ和有缺陷的单位数　　**表9.1-2**

规范范围（+/-σ）	在范围内的样本百分比	每10亿中有缺陷的单位数
1	68.27	317,300,000
2	95.45	45,000,000
3	99.73	2,700,000
4	99.9937	63,000
5	99.999943	57
6	99.9999998	2

美国MOTOROLA公司的经历就是一个很好的例子。从20世纪70年代到80年代，摩托罗拉公司在同日本的竞争中失掉了收音机和电视机的市场，后来又失掉了BP机和半导体的市场。1985年公司面临倒闭。一个日本企业在20世纪70年代并购了摩托罗拉的电视机生产公司。经过日本人的改造后，很快投入了生产，并且不良率只有摩托罗拉管理时的1/20。他们使用了同样的人员、技术和设计，显然问题出在摩托罗拉公司的管理上。在市场竞争中，严酷的生存现实使摩托罗拉的高层接受了这样的结论："我们的质量很臭"。在其CEO的领导下，摩托罗拉公司开始了6σ质量之路，结果获得极大成功。今天，MOTOROLA成为世界著名品牌，1998年摩托罗拉公司获得了美国鲍德理奇国家质量管理奖。他们成功的秘密就是6σ质量管理。是6σ管理使摩托罗拉从濒于倒闭发展到当今世界知名的质量与利润领先公司。

总而言之，项目的质量管理更多地体现在细节的管理，细节到每个设计、每次改动、每天操作。只有从细节入手，重视项目的质量管理，才可能使企业在竞争激烈的市场中生存下来。

(4) 质量控制图，6σ和七点运行法则

项目过程的结果随时间变化的图形表示叫做控制图，用于确定过程是否在控制之中。图9.1-6是一个项目实施过程的质量控制图示例。

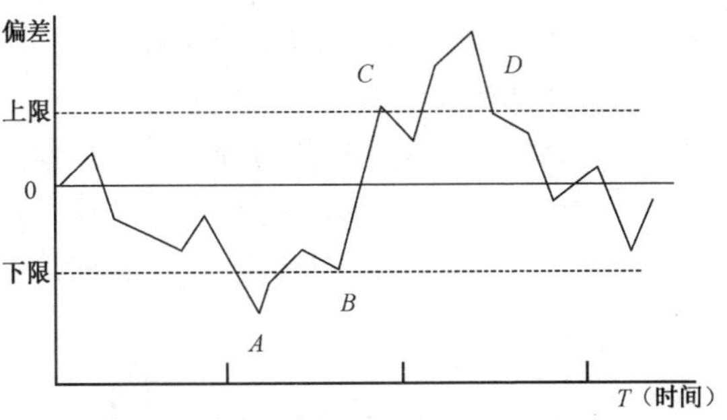

图9.1-6　项目实施过程的质量控制图

控制图可以用来监控任何类型的输出变量，包括监控费用和进度的偏差、范围变化的数值和频度、文档中的错误或其他管理结果。控制图的主要用途是为了预防缺陷，而不是检测或拒绝缺陷。质量控制图可以使人们确定一个过程是在控制之中还是失去了控制。处在控制中的过程不需要调节，但当一个过程失去控制时，过程结果中的变化是由非随机事件产生的，就需要确认这些非随机事件的起因，并调节过程以纠正或消除这些起因。

控制图常常用来监控批量制造，但也能用于监控变更请求的数量和频率、文件中的错误、成本和进度偏差以及其他与项目质量管理有关的各类问题。图9.1-6中的 A 点和 D 点表示工序质量偏差已经超过了上限或下限，B 点和 C 点已经达到了质量偏差的临界点，要求立即采取措施，进行调整补救。

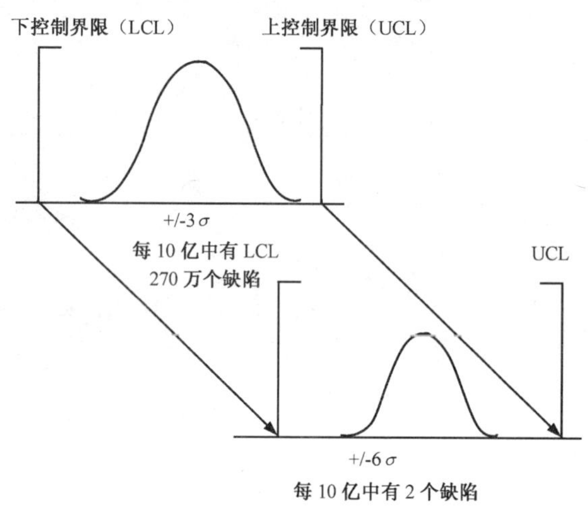

图9.1-7　使用 6σ 减少缺陷

图9.1-7表明了从 3σ 运行的质量控制过程转移到 6σ 运行的概念。提高质量就是要减少缺陷和过程可变性。通过减少过程可变性，过程分布的标准误差将变得更小。随着你继续减少过程可变性，产品的公差或控制界限有可能由从前的 3σ 到 6σ。

发现和分析过程数据的分布形式是质量控制的一个重要部分。你能使用质量控制图和七点运行法则来寻找数据中的标本。七点运行法则指出，如果一排中的7个数据点都在平均值下面、都在平均值上面、或者都在上升或下降，那么需要检查这个过程是否有非随机问题。在图9.1-6中，A 点和 B 点是违背了七点运行法则的数据点。在项目实施过程中，这些数据点可能表明这一段时期需要进行调整。

9.2　智能建筑工程项目全面质量管理

智能建筑工程项目与其他的信息系统工程一样，有其产生和形成的过程，其质量也相应有个产生和形成的过程，这个过程中的每一个阶段，每一个环节都会影响其整体质量的好坏。它涉及到与工程项目建设相关的许多单位和个人，如发包人、承包人、监理单位，以及其他一些相关的单位和部门等。其中承包人各部门、各环节的工作质量至关重要。为此，要求通过提高工作质量来保证工程质量，这牵扯到承包人各级领导和所有人员，参与工程的每一个人都和工程质量有着直接或间接关系。

9.2.1　智能建筑工程项目的质量保证体系

智能建筑工程项目质量的好坏主要是由项目承包人人员的工作质量决定的，要管好智能建筑工程项目质量首先必须管好人的工作质量。

1. 智能建筑工程项目质量控制主体

智能建筑工程项目的质量控制按其控制的主体可分为：发包人的质量控制，承包人的质量控制和政府的质量控制。其中，发包人的质量控制通过委托社会监理形式实现，也就是发包人通过合同形式委托信息系统工程监理单位而实施的质量目标管理；承包人的质量控制靠承包人的质量自检体系来实现；政府的质量控制则通过行政主管部门及各级质监站来实现。即“政府监督、社会监理、企业自检”构成了智能建筑工程项目的质量保证体系。

(1) 政府监管

政府监管、社会监理、企业自检是构成严密、完整、有机的工程质量保证体系必不可少的三个环节。政府监管处于龙头主导地位，政府制定的各种质量标准、规范，以及各级质监站有效的监管作用，可以使工程质量保证体系有序而高效地运作。

(2) 社会监理

社会监理处于智能建筑工程管理体制中的核心地位，依据合同、标准和规范，利用发包人授予的权力，对工程项目实施不间断的、全过程的、全方位的质量控制，其工作的优劣无疑将对工程质量有重大影响。

(3) 企业自检

项目承包人作为智能建筑工程项目的直接实施者，其人员素质、管理水平无疑将决定了该企业的工作质量，从而也就决定了智能建筑工程质量，因此，在工程质量保证体系中，项目承包人占有特别重要的地位。

事物变化的原因是内因，外因只是促使事物变化的条件，两者缺一不可，相辅相成，但矛盾的主要方面是事物的内因。如果施工企业的人员素质、管理水平低，不管政府监管多么有力，制定的有关法规多么健全，信息系统工程监理制度多么规范，监理工程师的工作多么认真细致，都无法保证工程建设质量目标的实现。因此，实行项目承包人企业自检是实现工程项目质量目标的必要条件，项目承包人建立完善的自检系统是形成智能建筑工程质量保证体系的前提条件。

智能建筑工程项目的建设要按照信息系统工程的基本建设程序，在各个不同的阶段又有更为细致和周密的工序和步骤，这些工序、步骤、阶段的逐步实施就逐渐形成了智能建筑工程项目建设的最终费用、工期和质量。

也就是说，智能建筑工程项目的建设是一个循序渐进的过程，它的费用、工期、质量也就有一个相应的生成过程，俗话说“项目的质量是生产出来的，而不是检验出来的”就是这个意思。事后检验只能起到在某种程度上控制不合格的工程交付使用，但已无法挽回在项目实施过程中费用的浪费、工期的延误和出现质量事故带来的损失，有时还会给工程留下隐患，带来难以预料的严重后果。项目承包人是智能建筑工程项目的直接实施者，它要依照和发包人签订的工程承包合同，完成智能建筑工程项目建设的费用、进度和质量要求。

为了按照合同的约定实现智能建筑工程项目的三大目标，承包人对智能建筑工程项目实施质量、进度和成本自检是绝对不可少的目标保证环节，应当尽早地建立考虑周密的自检系统，这个工作包括以下几项内容：

①配备人员：根据智能建筑工程项目规模的大小和特点配备相应称职的自检人员（质量检验员），项目实施过程中的每一个阶段、每一道工序都应由自检人员（质量检验员）按照规定的程序提供自检报告和测试报表。

②配备检测设备：配备与智能建筑工程项目规模和特点相适应的检测设备，检测设备的类型、规格、数量应符合合同文件中有关检测标准的规定，并应对一些关键性设备进行核定，如数字式电缆分析仪、光时域反射仪、能手测线器等。还应对某些检测设备的数量进行核实，分析是否能满足合同文件所要求的检测项目以及在施工高峰期检测设备能否满足工程检验的需要。

③采用标准、规范化的工作方法和制度：根据国家和行业颁布的有关标准制定有关的工作制度，明确采用的工作方法和手段。

2. 智能建筑工程项目质量保障体系

在智能建筑工程项目实施过程中，为保证工程质量，应建立一套完善的质量控制体系，设置关键的质量控制点，并通过若干质量控制技术与手段，发现问题及时修正。智能建筑工程项目质量保障体系如图 9.2-1 所示。

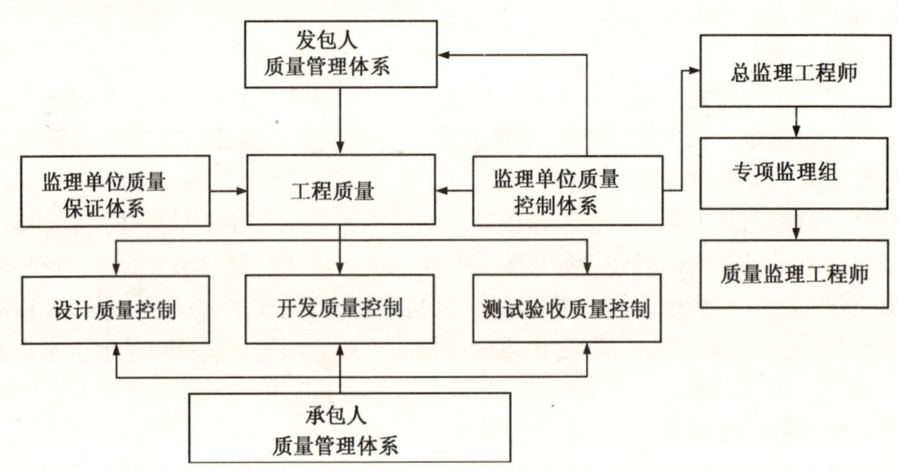

图 9.2-1　项目质量保障体系

智能建筑工程项目质量管理的重点应从工程项目实施后的检验转移到实施前和实施中的控制和指导，贯彻“预防为主”的原则。智能建筑工程项目质量随着客观条件而变化，是一个动态的概念，必须加强动态控制，把可能出现质量问题的隐患消灭在其形成的过程之中。

质量控制实际上主要是监控项目活动的进程和结果，包括监控项目实施过程的质保措施和特定的项目结果，以确定其是否符合相关的质量标准；分析产生质量问题的原因，并制订相应措施来消除导致不符合质量标准的因素，确保项目质量得以持续不断地改进。这个过程常与质量管理所采用的工具和技术密切相关。

质量控制活动包括由内部或外部机构进行的监测管理，发现与质量标准的差异，消除成果或过程中不能满足性能要求的因素；还要审查质量标准，以确定可能达到的质量目标及为此需要支付的质量成本，并评价其费用效率，必要时可以修订质量标准或项目目标。

质量改进通常通过持续不断的纠正措施，并提出必要的变更申请，通过整体变更控制系统程序来实现。

智能建筑工程项目一般都是包含了许多子系统的大系统，在实施过程中，要划分为许多步骤或工序进行。因此，承包人的每个施工人员在进行上道工序时，要把下道工序作为自己的用户看待，要把自己工序的成果当作是“产品”，使之符合下道工序的需要。树立“下道工序是用户”的观点，是全面质量管理尤为需要宣传、教育和提倡的，这是保证质量的根本所在。

要严格按客观规律办事，尽量用数据说话。智能建筑工程项目的质量永远在波动，并且有随机分布的规律，质量的稳定只是相对的，起伏、波动、变化是绝对的。因此对工程质量的分析、控制和管理，要采用数理统计的方法，要用数据判断、鉴别来决定取舍。这样就能用数理统计方法来判断工程质量的好坏程序，是否达到标准，把数据中带规律性的问题用图表的形式表示出来，从“定性”的管理上升到“定量”的管理。

3. 项目参与人员的质量职责

质量的概念包含产品或服务必须满足用户明确的或潜在的需求，是适用的。项目或产品的性能、寿命、可靠性、安全性、适用性、经济性等以及在建设、使用过程中及时的必要的服务都属于产品质量的范畴。智能建筑工程项目质量的好坏是由人的工作质量决定的，要管好工程质量首先必须管好人的工作质量。

承包人在实施智能建筑工程项目建设过程中，按照现代质量管理的理论建立和执行质量保证体系是很重要的。承包人通过自身建立健全、有效的质量保证体系，严守参加智能建筑工程项目建设各类人员的质量保证职责，保障工程项目的的技术设计、采购设备和安装、调试、工程施工、测试验收和维护服务的全过程中，实施有效的质量控制，使工程质量得到保证。

智能建筑工程项目质量是在项目实施全过程中形成的，它涉及到承包人的各个部门、各个环节的工作质量，因而要求通过各个部门、各个环节的工作质量来保证整个工程质量。项目工作质量牵扯到全企业的各级领导和所有人员，每一个人都和工程质量有着直接或间接的关系。每一个人都应重视质量，都要从自己的工作中去发现与工程质量有关的因素，积极主动加强协作配合，互相服务，工程质量必然会得到控制和提高。

(1) 项目经理

工程项目大部分质量问题出在管理上，而非技术上。项目经理负有创建和贯彻有效的质量计划的责任，在项目经理部内推行现代质量管理的概念、教育和培训，创造一个有助于提高工程质量的环境，要不断地强调完善和严格使用质量标准，实施测量计划跟踪项目质量水平，并提供资源来帮助提高项目质量，比如说：聘请优秀职员、培训员工和重视顾客反馈意见等。

(2) 开发、设计人员

开发、设计人员的质量责任主要是贯彻企业现代质量管理的方针和目标，执行质量体系文件的各项有关规定和要求，确保设计工作始终处于受控状态；积极运用优化设计技术和可靠性、可维护性、安全性等工程技术，确保设计满足质量要求；为项目开发、物资采购、系统安装、调试、检验等活动提供技术支持和配合。

(3) 项目质量师和质量检查员

项目质量师和质量检查员配合项目经理开展质量管理工作，其主要职责和权利是制定本项任务的质量工作计划，并贯彻实施；负责对工程任务的全过程的质量活动进行监督检查，参与设计评审和其他重要的质量活动，其质量业务工作受企业质量部的指导和监督。

(4) 项目标准化主管师

标准化师由标准化工作人员兼任，负责贯彻国家有关标准和企业的质量方针、目标，制定标准化大纲并监督其贯彻实施，负责方案设计、图纸和其他技术文件的标准化的审查，参与项目质量评审工作。

(5) 施工工人

施工工人应贯彻企业的质量方针和目标，执行质量体系文件的有关规定和要求，熟练掌握本岗位的工作技能，严格按照设计方案、图纸、工艺文件及有关标准生产和装配，对其安装质量负责，坚持文明生产、安全生产，并负责有关设备的日常维护工作。

(6) 仓库保管人员

仓库保管人员应经过业务培训、考核合格、持证上岗，应熟悉本职业务和保管的设备、产品的存放要求，按照产品的不同类别，合理存放和标识，保证账、物、卡相符；对存放的产品定期巡查，并保持库房环境清洁，满足存放环境要求，确保产品不受损坏。

4. 全面质量管理的工作方法

智能建筑工程项目承包人的自检制度和本企业的整体管理水平是有密切关系的，应该通过培训教育，提高企业全体员工的质量意识，提高管理人员项目质量管理水平，在企业中推行和实施全面质量管理。

全面质量管理的工作方法是“计划—执行—检查—处理”一套工作循环，简称 PDCA 循环（由英语单词 Plan、Do、Check、Action 的第一个字母组成）。

(1) P 阶段（计划阶段）：计划阶段的主要内容是从适应工程项目实施的要求出发，以经济效益为前提，通过调查研究、信息反馈，了解上一循环存在的问题，控制工作方法和目标，确定达到这些目标的具体措施。

(2) D 阶段（执行阶段）：这一阶段强调在执行措施前，必须对有关人员很好地传达、宣传教育和进行必要的培训，并要充分信任对方，信任执行人，大胆放权，让其自主行事。

(3) C 阶段（检查阶段）：对照计划内容，检查执行情况和效果。若检查发现未达到计划的预期目标，就说明计划阶段有什么问题或实施过程中什么地方发生了异常，必须要检查出异常因素，通过进一步控制这一因素来管理、改进生产或施工工序。

(4) A 阶段（处理阶段）：在这个阶段要把成功的经验加以肯定，纳入标准、规程或制度，以便今后照办；对失败的教训也要吸取，以防止再发生；对查出的问题能够解决的，立即采取措施解决，一时不能解决的，作为遗留问题，反馈到下一循环的 P 阶段进行解决。

PDCA 循环的特点是四个阶段，缺一不可；大环套小环，一环扣一环；循环转动，周而复始，连续不断；在循环中提高，逐级上升。

PDCA 管理循环的四个阶段，符合“实践—认识—再实践—再认识”的认识论规律，是体现科学认识论的一种具体管理手段和一套完整科学的工作程序。按照这套具体工作程序进行管理，有助于把质量管理工作做得卓有成效，更好地达到预期目标。

9.2.2 智能建筑工程项目质量管理程序

智能建筑工程项目质量管理与单纯的工程质量验收不一样，它不仅仅是最后的检验，而是对智能建筑工程项目实施全过程的质量控制。这就要求承包人从提出开工申请到工程验收合格证书的签发，都应严格执行质量管理程序。

质量管理程序是用来指导、约束项目实施过程中的所有工作，协调发包人（或监理）和承包人工作关系的规范性文件，拟订的依据主要是合同文件和技术规范。质量管理程序按项目的目标管理可分为：工程开工、进度管理程序；质量监测工作程序；计量与支付程序；合同管理工作程序；信息管理工作程序；工程竣工验收程序等。其中质量监测工作程序中，主要包括质量控制检查程序；质量缺陷与事故处理程序；检测试验工作程序等。为了保证智能建筑工程项目质量，项目经理在质量管理工作中应做到四不准：设计方案、施工计划未经审批，人力、材料、设备准备不足不准开工；未经检查验收认可的设备材料不准使用；安装程序、施工工艺未经批准不准采用；前项工程或工序未经验收，后项工程或工序不准进行。质量控制要求包括：

1. 受控状态

要确保直接影响项目质量的设计、采购、安装、调试、检测、试运行和使用维护过程处于受控状态，受控状态主要包括：

（1）对设计、采购、安装、调试、检测、试运行和使用维护的方法制定相应的程序文件。现场使用的所有技术文件均应格式一致、完整、清晰并现行有效。

（2）使用合适的设备、材料和产品，并安排适宜的工作环境。

（3）严格按有关标准、法规、质量计划和程序文件的规定操作。

（4）对适宜的过程控制参数和产品特性进行监视和控制。

（5）需要时，对某些过程和设备是否满足要求进行测试认可。

（6）操作人员的技术水平必须满足规定的要求，并持有上岗证书。

（7）按规定周期对试验设备、工艺装备、工具和检测器具进行检定，并贴上检定合格标志。

（8）对特殊工艺过程应按工艺文件或专用的质量控制程序，由具备资格的操作人员来完成，要求对过程参数进行连续监视和控制，以确保满足规定要求。

（9）关键工序应制定并执行专用的质量控制程序。

在开工前，项目经理应向全体工作人员提出适用智能建筑工程项目质量控制的程序及说明，以供所有自检人员和施工人员共同遵循，使质量控制工作程序化。

2. 三检制

在智能建筑工程项目实施过程中，各施工班组要严格执行施工过程中的自检、互检、专检制度，施工过程中要做到“以预防为主”，将质量隐患消灭在施工过程中，施工人员在分部、分项工程完成后，首先进行自检，再由班组长进行互检，合格后，通知专职质量师或质量检查员进行专检。隐蔽工程的检查验收须经监理验收认可签字后才能进行下一步的施工。

3. 质量样板制

(1) 在全面开展分部、分项施工前，组织技术熟练的施工人员按施工方案、图纸和施工规范进行典型分项工程的操作示范。经专职质量师和监理检验认可后，进行样板交底，并填写样板工程鉴定单，一式三份，项目经理、班组长、专职质量师各一份。

(2) 分部分项工程的三检均以样板作为质量评定的依据。

(3) 凡属隐蔽验收工程，如暗管敷设、夹层管线敷设等，其质量样板不能保证到分项工程全过程时，可按流水段划分，但必须做好质量样板鉴定认证记录。

4. 工程预检

工程预检主要是对施工前或施工过程中的重要技术工作、部位进行检查或核实，一般工程部位由班组长负责，项目质量师参加签署检查意见。重点工程及重要施工部位由项目经理、班组长、质量师一起进行检查核实。

5. 工作计划控制

(1) 对每一项任务制定详细周到的工作计划，划分工作阶段，规定每一阶段的工作任务、质量要求及控制措施和验证方法等。

(2) 编制的工作计划可确保前一阶段活动因工程质量未达到要求时不能转入下一阶段。

(3) 工作人员应按相应的计划、检测规范开展质量监控管理工作，并依此作为控制和评价工程质量的准则。

(4) 严格执行设计方案、图纸和技术文件的审查制度，保证质量满足规定要求。

(5) 按计划对工程质量进行正式评审，评审结果文件应予以公布和归档保存。

6. 开工申请报告

工程项目承包人在正式进场开工之前，应向发包人和监理单位提交工程开工申请报告，并由项目总监理工程师进行审批。承包人获得总监理工程师签发的“开工令”以后，才能正式进场开工。

7. 采购控制

(1) 审查设备和材料的供应商。按有关程序的规定，核查供应商的质量保证和供货能力。建立和保存合格供应商的质量档案。

(2) 对采购设备、材料和产品的样本进行验证。

8. 设备搬运，贮存，包装，防护和交付的控制

(1) 要求供应商必须根据设备材料的特点采取相应的防止损坏或变质的搬运方法。

(2) 使用合格的贮存场地或库房贮存设备材料，定期检查库存品状况，以便及时发现问题。

(3) 采取适当的防护和隔离措施，以防止产品混淆或遭受环境的不良影响。

(4) 在交付设备时，应同时提供有关设备检验和试验结果。

(5) 设备交付时，要符合合同文件规定，要按规定签署产品合格证，经监理单位或其代表验收合格，有设备使用维护说明书，设备包装符合有关规定和合同要求。

9. 技术质量通知单

专职质量师或质量检查员发现违反施工程序，不按设计方案、图纸和规范规程施工，材料、半成品和设备不符合质量要求时，首先向项目经理反映，限期解决，如影响到施工质量时应填写技术质量通知单，一式三份，写明主要问题和解决意见，班组长一份，质量师一份，并报项目经理根据公司有关质量奖惩规定进行处理，并责成班组长提出纠正措施，限期整改。如是严重危害工程质量行为应上报公司质量部。

10. 子系统自检测试报告

当智能建筑工程项目的分部工程（子系统）完工后，质量师或质量检查员应再进行一次子系统的自检，归总各个分项工程或工序的检查记录、测量和抽样试验的结果提出子系统自检测试报告。自检资料不全的子系统，补齐后才进行子系统测试验收。

11. 子系统质量检查签证

子系统自检测试报告提交监理方检查合格后，由监理签发子系统竣工验收合格证。只要有一项子系统工程检验不合格，就不得进行整个工程项目的竣工验收。

12. 中间计量

对填发了“子系统竣工验收合格证”的分部工程，由监理签发“中间计量表”。对于竣工验收资料不全的分部工程（子系统）可暂不计量支付。

13. 竣工预检

(1) 竣工预检是单位工程在正式验收前一次全面检查，在存在的问题没有全部解决前，不得报请验收。

(2) 预检条件：

① 各子系统分项工程基本完成。

② 各子系统设备安装、调试完毕，达到试运行。

③ 竣工技术档案资料基本齐全。

14. 竣工验收

(1) 竣工验收是在修复竣工预检存在的问题基础上，由项目经理报请发包人、监理方进行交付使用前的正式验收。

(2) 竣工验收具备的条件：

① 竣工预检时提出的问题已全部解决。

② 各子系统试运行达到用户要求并具备用户使用条件。

③ 各子系统工程技术资料齐全，全部分类整理装订成册，达到移交的程度。

9.2.3 项目质量缺陷与事故处理

质量缺陷泛指项目实施过程中存在的质量问题。由于各种因素的干扰，在项目实施过程中，质量缺陷的出现有时是难免的。但是，质量缺陷是可以尽可能减少的，特别是质量事故甚至是可以完全避免的。

1. 质量缺陷的现场处理

当智能建筑工程项目在实施现场出现了质量缺陷时，要按如下程序及时处理：

（1）当质量缺陷处在萌芽状态时，应及时制止。

（2）当因施工而引起的质量缺陷已出现时，项目经理应立即发出暂停施工的指令，然后紧急采取能足以保证施工质量的有效措施，并对质量缺陷进行了正确的补救处理后，再恢复施工。

（3）当质量缺陷发生在某道工序或单项工程完工以后，而且质量缺陷的存在将对下道工序或分项工程质量产生影响时，项目经理应及时对质量缺陷的原因及责任作出判断，并确定了补救方案，然后再进行质量缺陷的处理及下道工序或分项工程施工。

（4）在工程竣工交付使用后发现施工质量缺陷时，应及时进行修补或返工处理。

2. 质量事故的处理

当智能建筑工程项目在项目实施期间出现了技术规范所不允许的较严重的质量缺陷时，应视为质量事故。按如下程序处理：

（1）立即暂停该项工程的施工并采取有效的安全措施。

（2）尽快提出质量事故报告并报告发包人和监理方，质量事故报告应详实反映该项工程名称、部位、事故原因、处理方案以及损失的费用。

（3）项目经理应组织有关人员对质量事故现场进行勘察，在分析、诊断、测试、验算的基础上，提出的处理方案交发包人和监理方审查。在分析质量事故责任时，应明确事故处理的费用数额、承担比例及支付方式。

（4）对有争议的质量事故责任，项目经理应向监理方提交书面申请报告，并附上有关施工记录、设计资料及现场环境状况等资料，请监理方予以判定。

9.3 智能建筑工程项目质量控制措施

影响智能建筑工程项目质量的因素是多方面的，由各道工序的质量集合形成分项工程质量，由各分项工程质量形成具有能完成独立功能主体的单项工程质量，最后各单项工程的质量集合为工程项目的实体质量。要解决工程项目质量问题，就要全力找出主要影响因素，以便从主要影响因素入手，对项目质量进行全面控制。

9.3.1 智能建筑工程项目质量控制的主要措施

智能建筑工程项目质量控制的主要措施有：

① 组织措施：建立健全的质量保证体系，完善职责分工及有关质量监督制度。

② 技术措施：严格工程施工过程中事前、事中、事后的质量控制。

③ 经济措施：严格质量检验验收，不符合合同规定质量要求的拒付工程款。

1. 质量控制的依据

质量控制的依据包括工程承包合同文件、项目设计文件、施工图纸等，国家及政府有关部门颁布的其他有关质量管理方面的法律、法规、规范、标准等。

2. 质量控制的主要方法

(1) 合同评审

合同评审的控制要求：

① 合同的各项要求明确，并形成文件。

② 合同规定的要求合理，符合国家有关法律、法规，甲乙双方的风险和利益适宜。

③ 任何与投标不一致的合同要求或双方不一致的意见都已得到解决。

④ 企业已具备满足合同要求的能力。

(2) 观察检查

在智能建筑工程项目实施过程中，质量检验员对施工质量、工艺和有关技术随时进行检查；检查实施方法是否符合技术规范的要求，所用的原材料和设备是否合格；及时发现事故的苗头或技术缺陷，以免发生重大质量问题。

(3) 检测

测试检验是项目质量控制最重要的手段，为了确保项目质量，在项目实施过程中，几乎每个阶段中都需要测试检验。对于每个阶段的已完成的部分，质量检验员要以随机抽测或全测的方式随时进行检测，若发现不合格，将扩大检测范围，并要及时查找原因和迅速进行改正。

①光纤宽带网络、综合布线系统和计算机网络系统安装工作全部结束后，质量检验员应对整个系统做全面完整的测试。

②公用数据库、应用软件系统开发完成后要经过详尽的测试。检测工具必须先经有关部门的检查合格方能使用。

③一些重要的子系统可以向外委托专业评测机构进行试验或检测。

(4) 质量技术签证

要严格执行质量技术签证制度，凡质量、技术问题方面有法律效力的最后签证，必须交由项目总监理工程师一人签署。现场质量检验员可在有关质量、技术方面原始凭证上签字，最后由项目总监理工程师核签后方有效。

(5) 建立质量日志

现场质量检验员应逐日记录有关工程质量动态及影响因素的情况。

(6) 组织现场质量协调会

坚持定期召开现场质量协调会，解决项目实施过程中出现的质量隐患或质量问题。协调会后应印发会议纪要。

（7）定期向发包人和监理方报告有关工程动态质量情况

现场质量检验员每周向发包人和监理方报告有关工程质量方面的情况。重大质量事故及其他质量方面的重大事宜则应及时提出报告。

3. 对影响工程质量因素的控制

项目质量形成过程的五个基本要素是指：人（man）、机（machine）、物（matter）、料（material）、环（environment）。在智能建筑工程项目实施过程中，对这五个基本要素要实施全面控制与管理，一旦发生偏离能够立即发现和纠正，确保实施过程各阶段工程质量符合规定要求。

（1）对施工人员资格的控制

在项目施工开始前，向发包人和监理方提交施工队伍人员名单及其从业资格证书，以便进行施工人员资格审查。未取得相应资格证书的人员不能单独施工，如果不合格，项目经理应予以换人。对于某些重要设备，要求原厂商工程师提供安装。

（2）对材料、设备质量的控制

对材料、设备的质量控制应从其选购、加工制造、运输装卸、安装调试、使用维护等方面进行全过程的质量控制。为确保质量，所有材料及设备应从直接厂商或从其授权的代理商处进货。项目经理有权要求供货商提供进货证明、出厂合格证、操作手册和技术说明书。对进口材料设备必须要求供货商提供进口报关证明等资料。

项目经理应向监理方提交材料、设备抽样试验的方法或方案，经监理工程师批准后方可实施。

网络设备安装之前，必须对安装环境予以测试，并向监理方提交测试报告，经监理工程师审查同意，才能在该环境中安装网络设备。

所有网络设备，包括网络交换机、路由器、集线器在安装之前必须经 72 小时的烤机测试；所有用户终端设备，包括普通终端、服务器安装之前必须经过 48 小时以上的烤机测试，所有设备只有通过测试并经监理工程师审核同意才能予以安装。

计算机网络系统所使用的电缆、光纤或者电信局提供的通信线路，在使用前，项目经理必须予以测试并向监理工程师提交测试报告，经监理工程师审查合格后，方可使用。

所有磁盘或可装载计算机软件的媒介均应向监理方报验，经监理工程师审查同意后方可使用。

所有软件开发工具以及运行环境都应采用正版软件。所有承载向发包人提交的软件源代码、可执行代码等工具都应该具有完善的防病毒措施，要符合《中华人民共和国计算机信息系统安全保护条例》。

（3）对施工方案的控制

项目经理在施工前必须提交施工组织方案、进度计划、工艺设计书等，监理工程师将依据项目承包合同及有关标准、规范进行审批。在施工中，严格要求施工人员按进度计划施工。

项目经理在组织施工人员安装网络设备、网络服务器、终端系统之前，必须要有安装配置计划并向监理方报验，经监理工程师审查同意后，方可进行安装配置。

4. 事前控制

质量事前控制的目的是在工程施工开始之前，就把工程质量问题放在一切工作的首位，并采取相应的措施，确保工程质量第一。主要工作包括：

（1）掌握和熟悉质量控制的技术依据。

（2）进行施工场地的质量检验验收。

（3）审查施工队伍的资质和施工人员的从业资格证书。

（4）工程所需原材料、半成品的质量控制。

（5）施工工具、机械和设备的质量控制。

（6）编制施工组织设计或施工方案。

（7）制定改善施工环境、生产环境的措施。

（8）建立和完善质量保证体系。

（9）主动与当地质量监督站联系，汇报在智能建筑工程项目中开展质量监督的具体方法，争取当地质量监督站的支持和帮助。

（10）建立并执行关于材料制品试件取样及试验的方法或方案。

（11）制定成品保护措施和方法。

（12）审核项目经理部制定的系统方案，设备、材料的选型和价格表等。

（13）了解中心机房位置、信息点数、电力供应、建筑物接地情况等。

（14）建立和完善质量报表、质量事故的报告制度等。

5. 事中控制

质量事中控制是指项目实施过程中的质量控制，主要由项目经理、质量师或质量检查员和监理方负责，必要时会同质检站共同开展工作。

图9.3-1表示工序交接检验程序的工作流程。在工程施工过程中，为了保证施工质量，要执行工序交接检查制度，上道工序完成后，先由质量师或质量检查员进行自检、专职检验，认为合格后再通知监理工程师到现场会同检验。检验合格签署认可后，方能进行下道工序。坚持上道工序不经检查验收，不准进行下道工序的原则。

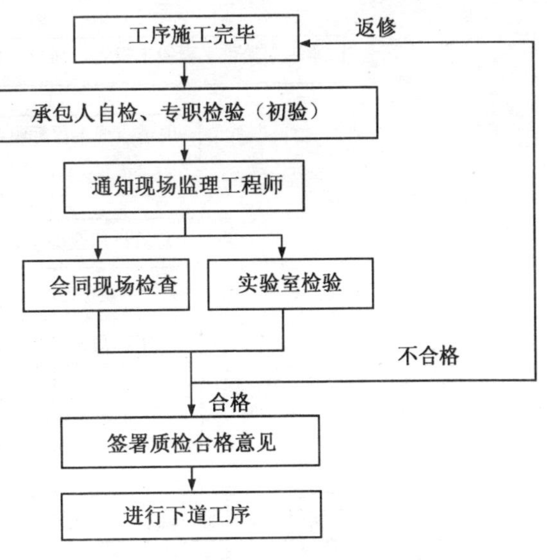

图9.3-1 工序交接检验程序图

（1）单项工程竣工验收

凡单项工程完工后，项目质量师或质量检查员首先进行自检，初验合格再向监理方和发包人提出验收申报表，由监理工程师审核自检资料，会同质量师或质量检查员到现场进行复检，如果检验结果合格，由总监理工程师签署合格证，并进行工程质量等级评定。流程如图9.3-2所示。

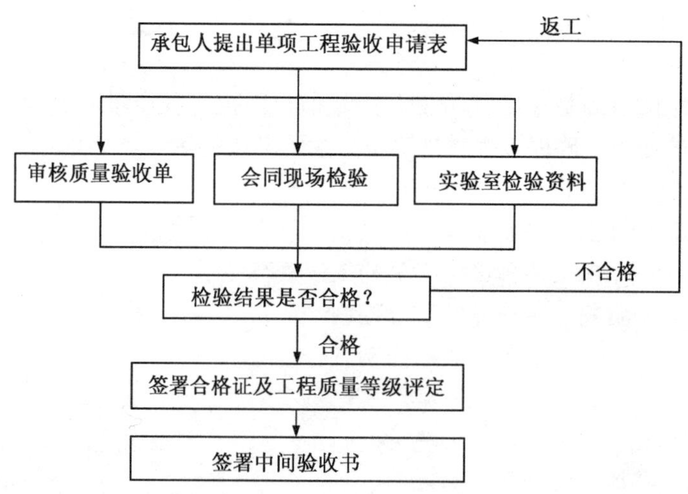

图 9.3-2　单项工程验收程序图

(2) 隐蔽工程检查验收

在智能建筑工程项目施工过程中，凡被下一道工序掩盖的隐蔽工程，应全部组织检查验收，合格后办理签证，然后才能允许进行下道工序的施工，隐蔽工程检查记录统一归档。

常见的隐蔽工程项目检查内容包括：

① 暗配管穿线，桥架缆线敷设，应分层分段进行隐检。内容包括：位置规格、标高、弯度、接头、焊接、跨接地线、防腐、管盒固定、管口处理等。

② 地极敷设：包括焊接、防腐、测试记录。

③ 夹层内设备器具安装：包括通风管道、给水排水管、电路控制器、支架等。

(3) 项目竣工验收

项目竣工验收的流程如图 9.3-3 所示。

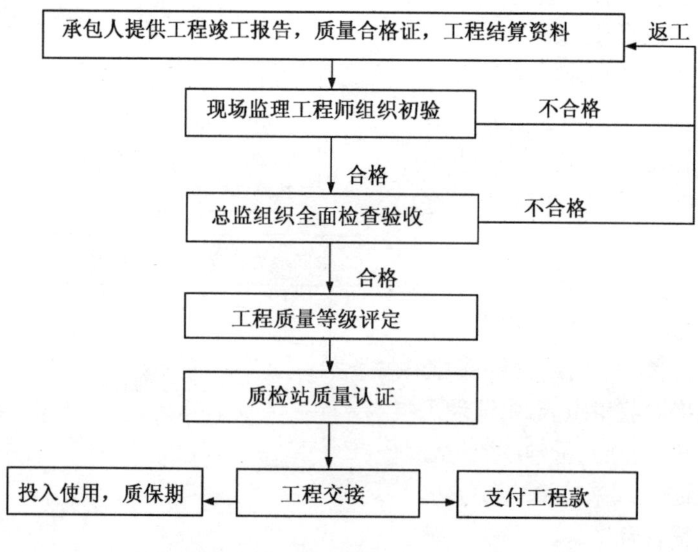

图 9.3-3　项目竣工验收程序图

项目竣工验收的流程是由承包人提供工程竣工报告、质量合格证、工程结算资料、竣工图纸及其他技术文件资料等，先由现场监理工程师审核文档资料，并组织初验，然后由总监理工程师组织全面检查验收，如果合格，由总监工程师签署合格证，并进行工程质量等级评定。

6. 事后控制

质量事后控制是指项目竣工验收后质保期的质量控制。

(1) 定期检查

当智能建筑工程项目投入运行和使用后，开始时每月检查一次。如果 3 个月后未发现异常情况，则可每 3 个月检查一次。如有异常情况出现时，则缩短检查的间隔时间。检查内容主要检查工程运行状况，鉴定质量责任，以及进行维护保修工作。

质保期内监理工作的依据：有关建设法规、合同条款（项目承包合同及承包人提供的质保证书）、竣工技术档案资料。

(2) 恶劣天气检查

当地经受台风、地震、暴雨后，工程维护人员应及时赶赴现场进行观察和检查。

(3) 检查的方法

通常采用访问调查法、目测观察法、仪器测量法 3 种。每次检查不论什么方法都要详细记录。

(4) 检查的重点

对项目质量影响较大的主要设备及其一些重要部位。

(5) 保修工作

保修工作的主要内容是对项目质量缺陷的处理。各类质量缺陷的处理方案，一般由责任方提出，监理方审定执行。如责任方为发包人时，则由监理工程师代拟，征求承包人同意后执行。

7. 工程质量事故处理

工程质量事故处理包括质量事故原因、责任的分析；质量事故处理措施的商定；批准处理工程质量事故的技术措施或方案；处理措施效果的检查等。

9.3.2　智能建筑工程软件的质量控制措施

软件质量是指与软件产品满足规定和隐含的需求的能力和有关的特征的全体，即所有描述计算机软件优秀程度的特性的组合。广义的软件质量定义包含两方面的内容：产品质量和工作质量，产品质量是指产品的使用价值及其属性，工作质量是产品质量的保证，反映了与产品质量直接有关的工作对产品质量的保证程度。

软件产品质量依赖于软件开发的需求管理、解决方案的建模设计、可执行程序的编码的产生以及为发现错误而进行的软件测试。监理工程师应该能够使用科学的方法来评估软件开发过程中产生的分析及设计模型、源代码和测试用例的质量。

1. 软件质量特性

软件生存期模型有瀑布模型、演化模型、螺旋模型、喷泉模型和智能模型等。目前较常用的软件开发方法采用原型法与生命期法相结合的综合方法。

智能建筑工程项目承包人在进行软件开发时，应严格按照中华人民共和国计算机软件工程规范进行，分阶段提交智能建筑工程项目软件开发的用户需求分析、概要设计、详细设计、编码开发、测试和维护、客户培训计划、相应计划执行情况、阶段评审结果等。

软件质量特性是面向管理的观点，或者说是从使用观点引入的。为了引进定量量纲，必须将这些面向管理的特性转化为与软件有关的因素。从软件设计观点出发，软件质量特性由下列二级质量特性所决定：

（1）精确性：在计算和输出提供所需精度的软件属性。

（2）健壮性：在发生意外时，能继续执行和恢复系统的软件属性。

（3）安全性：防止软件受到意外或蓄意存取、使用、修改、毁坏的软件属性。

（4）通信有效性：在执行功能时，使用最少的通信资源的软件属性。

（5）处理有效性：对于实现某种功能提供最少处理时间的软件属性。

（6）设备有效性：对于实现某种功能，提供使用最少设备（包括存储设备和外部设备）资源的软件属性。

（7）可操作性：决定与软件操作有关的规程，提供有用输入/输出的软件属性。

（8）培训性：提供对现行操作熟悉程度的软件属性。

（9）完备性：所需功能全部实现的软件属性。

（10）一致性：提供软件设计、实现技术和记号一致的软件属性。

（11）可追踪性：在特定运行环境下，提供从实现到需求可追溯思路的软件属性。

（12）可见性：提供开发与操作状态监控的软件属性。

（13）硬件系统无关性：提供与现行系统的微码及计算机结构无关的软件属性。

（14）软件系统无关性：提供不依赖于软件环境（操作系统、例行程序和输入、输出子程序等）的软件属性。

（15）可扩充性：提供适应数据存储和计算功能扩充要求的软件属性。

（16）简单性：在不复杂、可理解方式下提供功能的定义和实现的软件属性。

（17）公用性：提供使用协议、数据表示的接口标准的软件属性。

（18）模块性：提供高内聚、低耦合的软件属性。

（19）清晰性：提供不复杂、可理解的方式对程序结构作出清楚描述的软件属性。

（20）自描述性：对功能实现进行自我说明的软件属性。

（21）结构性：提供软件结构良好程度的软件属性。

（22）产品文件完备性：软件文件齐全、描述清楚及满足国家标准的软件属性。

2. 软件工程原则

软件工程活动主要包括问题定义、可行性研究、需求分析、设计、实施、测试、支持等活动，其主要目标是可用性、正确性和合算性。软件工程的四条基本原则：

（1）选取适宜的开发模型

该原则与系统设计有关。在系统设计中，软件需求、硬件需求以及其他因素之间是相互制约、相互影响的，经常需要权衡。因此，必须认识需求定义的易变性，采用适宜的开发模型予以控制，以保证软件产品满足用户的要求。

(2) 采用合适的设计方法

在软件设计中，通常要考虑软件的模块化、抽象与信息隐蔽、局部化、一致性、适应性等特征。合适的设计方法有助于这些特征的实现，以达到软件工程的目标。

(3) 提供高质量的工程支持

“工欲善其事，必先利其器”。在软件工程中，软件工具与环境对软件过程的支持颇为重要。软件工程项目的质量直接取决于对软件工程所提供的支撑质量和效用。

(4) 重视开发过程的管理

软件工程的管理，直接影响可用资源的有效利用、生产满足目标的软件产品、提高软件组织的生产能力等问题。因此，只有对软件过程进行有效的管理，才能实现有效的软件工程。

3. 智能建筑工程项目软件质量控制的主要任务

评价应用软件系统开发成功的主要指标：功能达到用户需求，软件二级质量特性良好，开发成本和维护费用较低，能及时交付使用等。

根据国内应用软件系统以往的开发经验，能达到以上指标的软件非常少。实际情况是很多软件在开发过程中用户与程序员之间争议较多，程序员抱怨用户需求不明确、变更过于频繁，开发工作重复浪费现象严重。用户对程序员的抱怨也不少，总觉得开发出来的软件不好用。往往造成软件弃而不用的现象，投资浪费现象非常严重。

对软件开发质量控制的主要任务是：规范用户需求，协调和解决用户与程序员之间的争议，减少重复、无效劳动，充分发挥每个开发者的能力，提高软件开发的效率，降低开发成本，提高计划和管理质量。

4. 智能建筑工程项目软件开发质量控制措施

智能建筑工程项目软件开发质量控制应贯穿于项目实施的全过程。采取的质量控制措施主要是项目经理和质量师或质量检查员监督智能建筑工程项目的实施过程和结果，将项目实施过程中每一个步骤、每一个阶段的结果与事先制定的质量标准进行比较，找出其存在的差距，并分析形成这一差距的原因，及时采取改进的措施。智能建筑工程项目每阶段的结果应包括产品成果（如交付）及管理结果（如实施的费用和进度），质量控制主要措施包括：

(1) 在开发应用软件系统之前，项目经理应组建一个精干而高效的项目经理部，选择专业技术好、协作精神强、工作热情高的软件开发人员组成软件开发小组，并将软件开发小组的名单，包括姓名、专业、职称、职务、工作简历、所承担的任务内容等，以及小组成员的组织结构表提交监理方进行人员资格审查，对于明显不适合或不合格的软件开发人员，项目经理有责任也有权要求人事部门调换。

(2) 按照软件工程规则分阶段进行用户需求分析、概要设计、详细设计、编码约定、测试方案、维护手册、用户培训等开发步骤，并及时向监理方提交相应开发计划执行情况、阶段评审结果。前一阶段开发工作要经监理方审核认可后，才能开展下一阶段的工作。

（3）建立软件开发的质量保证体系，制定质量保证计划，建立软件文档化管理体系和内部评审制度。

（4）通常软件开发的工作量难以估算，项目经理要根据软件开发各个阶段的进展情况，在软件开发上投入足够的人力和物力等资源，确保开发工作的顺利进展。

5. 对用户需求的质量控制

（1）项目经理参与用户需求调研工作，对关键、重要的软件用户需求进行全过程跟踪。

（2）编写符合 GB 9385—88《计算机软件需求说明编制指南》要求的用户需求分析报告，并提交监理方进行审核。

（3）用户需求分析报告是软件开发的基础，严格控制偏离用户需求分析报告的差错，包括承包人和用户方的偏离差错。

（4）项目经理组织用户（发包人）、开发人员、测试人员组成的小组，对用户需求分析报告及相关模型进行仔细的检查。检查的内容主要有：有效性检查、一致性检查、完备性检查、现实性检查、可检验性检查、可跟踪性检查、可调节性检查和可读性检查。

（5）对用户需求分析报告进行评审，评审工作应以专门指定的专家负责，并按规程严格进行评审，评审结束应有评审负责人的结论意见及签字。评审有两类方式：一类是正式技术评审，另一类是非正式技术评审。评审的主要内容包括项目定义的目标是否与用户需求一致；项目需求分析阶段提供的文档资料是否齐全；文档中的所有描述是否完整、清晰、准确地反映用户要求等。

6. 对项目设计的质量控制

（1）软件开发小组应在经用户（发包人）和监理方审核、签字认可后的用户需求分析报告的基础上编制项目设计文档，要求设计文档条理清楚，风格一致。

（2）在软件开发过程中，应严格按照软件工程的步骤进行开发。

（3）概要设计文档必须具有清晰的“总体设计，接口设计，运行设计，数据结构设计，系统容错设计”等内容，具备国标 GB 8567—88《计算机软件产品开发文件编制指南》的基本内容。

（4）详细设计文档必须具有清晰的“模块组织结构，模块详细设计说明”等内容，其中模块设计要包括“模块描述，功能描述，性能描述，输入输出结果，关键功能的算法，流程设计，模块的内外和人机接口，模块局部数据机构，模块注释，数据库设计”，具备 GB 8567—88《计算机软件产品开发文件编制指南》的基本内容。

（5）软件开发小组要慎重选择软件开发工具和开发平台，分析可能存在的潜在问题，并提出解决方案。

（6）项目设计阶段可交付的成果，包括：

① 概要设计阶段完成时应编写的文档、图纸等。

② 总体方案设计说明书。

③ 数据库设计说明书。

④ 用户手册。

⑤ 软件详细设计说明书。

⑥ 软件编码规范。

⑦ 系统测试计划。

7. 对软件开发工具、技术和软件开发环境的质量控制

（1）为确保软件开发质量，所有软件开发工具以及运行环境都应采用正版软件。

（2）所有承载软件开发小组所提交的软件源代码、可执行代码等的工具都应该具有完善的防病毒措施，要符合《中华人民共和国计算机信息系统安全保护条例》。

（3）对主要外购软件产品、电脑、外设、开发工具等的质量和出厂合格证进行复核，必要时应做试验。

（4）软件开发人员要按软件工程方法及时解决软件开发中的关键技术。

（5）应购买最新版本的软件产品和开发工具，及时进行版本升级。

8. 对代码实现阶段的质量控制

（1）项目经理要严格审核软件开发小组提供的代码约定、开发方法、依据的规范和标准。同时提交监理方审批、签字认可。

（2）检查软件人员所作的有关模块开发的自检结果。

（3）检查或抽查模块开发的程序源代码。

（4）及时审核、会签用户需求变更。

（5）及时处理开发过程中出现的软件质量问题和质量事故。

（6）及时向发包人报告软件开发质量状态、质量趋势及质量成本。

9. 审查、会签用户需求变更、设计变更和工程变更

（1）在软件开发过程中应尽量减少出现用户修改需求，特别是出现重大修改的情况，项目经理和监理方将审查每一项用户需求变更、设计变更或工程变更的必要性、合理性和紧急性，必要时向发包人提出书面报告。

（2）在软件开发过程中很难避免用户修改需求，一旦发生用户修改需求的情况，项目经理和监理方首先要协调好各方面关系，使之配合默契，软件开人员应尽量满足用户提出的新要求。

（3）在软件开发过程中所有用户需求变更、设计变更和工程变更都应由发包人向监理方以书面形式提出，经与项目经理充分协商，就变更所产生的费用、工期延长等问题取得一致意见后，由总监理工程师签字交给软件开发小组执行。

10. 软件开发的技术监督

在软件开发过程中项目经理、质量师或质量检查员和监理方负有技术监督的责任：

（1）检查软件开发过程步骤是否符合软件工程要求，文档是否标准、规范、风格一致。

（2）检查软件开发中关键技术准备是否落实，关键技术实现是否有效，必要时提出改进建议。

（3）对存在的不合理技术因素提出整改要求，对不成熟技术方法提出改进建议。

11. 对软件组装测试和确认测试的质量控制

（1）软件开发小组提交的测试方案（计划），要经过项目经理、发包人和监理方审核通过，签字认可后才能开始进行测试。

（2）项目经理、质量师或质量检查员和监理方要对软件测试人员和资源配置进行审查，要求软件测试人员与开发人员分开，如果开发人员参与测试，不能测试自己开发的模块。

（3）软件开发小组要对软件进行单元测试、综合测试、系统测试及技术方面的测试工作（如：回归测试、操作测试、性能测试、负载测试、超载测试、非法测试、界面测试、用户文档测试、验收测试等），并认真仔细地填写测试报告，尽可能在早期发现软件缺陷和错误，及时补救。

（4）项目经理、质量师或质量检查员和监理方要对测试报告内容进行检查，并抽查部分测试结果。

12. 对软件安装和维护的质量控制

项目经理、质量师或质量检查员和监理方要对软件安装和维护的质量进行严格控制，控制措施包括：

（1）审核软件开发小组提交的软件安装计划、时间安排表。

（2）审查软件开发小组制定的软件安全方案和防病毒措施。

（3）协助做好软件开发小组与发包人之间的文档和软件源代码的程序移交工作。

（4）要求软件开发小组认真修改用户在使用过程中发现的任何错误和问题。

第10章　智能建筑工程项目进度管理

智能建筑工程项目进度直接影响着发包人和承包人的重大利益。如果工程进度符合承包合同要求，建设速度既快又科学，则有利于承包人降低工程成本，并保证工程质量，也给承包人带来好的工程信誉；反之，工程进度拖延或匆忙赶工，都会使承包人的工程费用增大，垫付周转的资金利息增加，给承包人造成亏损，并且拖延竣工期限，也给发包人带来工程管理费用的增加，以及项目延期投入使用的经济损失等。可见以进度控制为目的的进度管理是智能建筑工程项目管理的一个重要环节。

10.1　智能建筑工程项目进度管理概论

智能建筑工程项目是为实现项目规定目标，从项目立项开始到工程项目建成投入运行为止，由一系列工作任务构成的一个发展过程。这个过程按照时间先后可划分为：启动、规划、实施和收尾四个阶段。其中，每个阶段都有其相应的工作内容和需要着重研究解决的专门问题。只有在一个合理的工期和预算范围内按质按量地切实完成此过程中各个阶段上的相应工作，才能实现项目的预期目的。为此，需要科学而周密地制订项目计划、安排好工作进度，并在实施中进行有效地控制，以期尽可能顺利地实现预定目标，这直接关系到项目效益的发挥和工程质量的保障。

10.1.1　智能建筑工程项目进度管理的概念

1. 工期和延误工期

(1) 工期

工期原来是泛指完成一件事件所需的时间。事情可大可小，小到一个工作（或工序），大到一个工程项目或合同段。因此以前人们常将工作所需的时间称为工期，工程项目所需的时间也有人称为工期，在一般情况下为了区别而称为总工期。但是目前工程界习惯将工作所需的时间称为工作持续时间，而将工程项目或合同段施工所需时间称为工期。

本书内容为避免工期一词带来的混乱，在谈及工期时都表示工程项目或合同段所需的时间，即过去习惯的总工期。

(2) 延误

延误是指施工中实际进度与计划进度相比较的拖延或耽误，即进度偏差的不利一面。在工程施工过程涉及延误时，往往是指某些正在施工的工作（或分项工程）的延误。所以在无限定词时的延误一般是泛指工作拖延或耽误，也可以是局部某一分项、分部、单位工程的拖延，而不是指整个工程项目或合同段。

(3) 延误工期

延误工期（或工期拖延）是指工程项目所需的时间超过计划或合同规定的竣工时间，简称为误期。误期是发包人、监理、承包人都不愿意发生的事件，进度控制的目标就是尽量避免误期的发生。因此误期这个词并不涉及造成误期的原因与责任。

2. 智能建筑工程项目进度管理的定义

(1) 项目计划

项目计划是项目组织根据项目目标的规定，对项目实施过程中进行的各项工作做出周密安排。大型智能建筑工程项目所包含的许多任务往往需要由不同的单位分别承担。在这种情况下，项目总计划只需明确对各个承包人所承担任务的质量要求、完成期限和资源分配，详细计划则按照各单位承担的任务分别制定。整个工程项目则形成由总计划和各个局部计划组成的具有层次结构的计划体系。计划可以用文字、图形、表格等形式表达。

(2) 项目进度计划

项目进度计划是根据实际条件和合同要求，以拟建项目的竣工投产或交付使用时间为目标，按照合理的顺序所安排的实施日程，是执行项目工作和达到里程碑目标的日期计划，其实质是把各工作的时间估计值反映在逻辑关系图上。

制定智能建筑工程项目的进度计划是项目管理的基本职能之一，这是进行有预见地、有条不紊和有效管理项目的前提。计划应当指明为了实现项目的最终目标而必须完成的各阶段任务，各阶段的任务又应逐级分解成一些便于分派和执行的局部任务和这些任务之间的正确衔接。指明项目对各种资源的需求及资源在各项任务间的分配；完成项目的组织形式、机构设置和人员配备以及项目实施的信息系统。按照时间要求具体安排项目中的各个局部任务，指明完成各项任务以及完成整个项目的预期时间，制定一个实施各项任务的时间表。

(3) 项目进度管理

项目进度管理是为了确保项目最终按时完成的一系列管理过程。根据《建设工程项目管理规范》的规定：企业应建立项目进度管理体系，制订进度管理目标。项目进度管理目标应按项目实施过程、专业、阶段或实施周期进行分解。

项目经理部应按下列程序进行进度管理：

① 制定进度计划。

② 进行进度计划交底，落实责任。

③ 实施进度计划，在实施中进行跟踪检查并纠正偏差，必要时对进度计划进行调整。

④ 编制进度报告，报送有关部门。

智能建筑工程项目进度管理是指在项目实施过程中，不断地把计划进度与实际进度进行比较分析，及时发现它们之间的差距，果断采取措施纠正其偏差，确保智能建筑工程项目实施按计划进行。项目进度管理的关键环节是进度控制，它包含了一系列预防进度偏离和纠正进度偏离的控制措施，用以保证项目按计划实施，达到项目目标。

3. 工期、质量、费用三者的关系

工期是由工程项目从开工到竣工的一系列项目实施活动所需的持续时间之和构成的；

工程质量是项目实施过程中生产出来的产品结果；工程费用则是项目实施过程中所产生的消耗。所以，工程项目实施过程中，工期、质量、费用三者构成了既相互依存、相互联系，又相互矛盾、互相制约的密切关系。

智能建筑工程进度的加快与减慢对工程质量及费用都会产生直接影响。一般情况下当工期为正常时，其工程质量也正常，此时工程费用最低；当放慢施工进度，即工期延长时，工程质量上升，但工程费用也上升；当加快施工进度，即工期缩短时，工程质量将下降，而工程费用仍然增加。因此，工程进度管理不仅仅是单纯进度计划管理和时间控制问题，而且还要同时考虑工程质量的好坏及工程费用消耗的高低问题。

4. 项目进度控制

智能建筑工程项目的计划是对项目未来活动的打算，而实际的项目活动并不一定能够完全按照预订计划顺利进行。这是因为在制订计划时包含着许多不确定的因素，计划本身是一种对未来的预测，在计划实施过程中会遇到一些事先不曾预料到的新情况。

智能建筑工程项目进度控制的任务是预防进度偏离和纠正进度偏离，分析可能影响项目进度的各种因素及时采取预防措施；检查项目开始后的实际进度并与计划进度相比较，及时发现它们之间的差异，分析、评价这些差异，协调各局部任务承担者之间的关系，保持各局部任务之间上、下、左、右的正确逻辑关系。采取必要措施保证项目按计划进行，以尽可能好地达到项目目标。

5. 进度控制原理

在智能建筑工程项目实施过程中包含着两个并行的基本过程：一个是项目的规划、设计、建造、安装和调试的实施过程，另一个是对实施过程进行管理的过程。与这两个基本过程相对应，需要建立智能建筑工程项目的实施系统和管理系统，如图 10.1-1 所示。前者运用各项专业技术以解决项目实现的可能性问题，后者通过有效的管理措施以提高项目的成效。

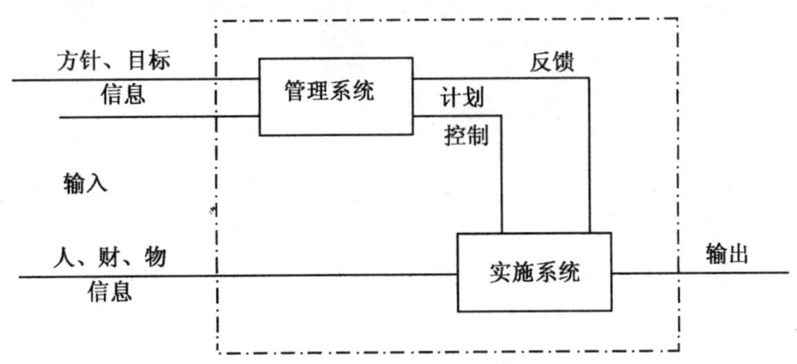

图 10.1-1　智能建筑工程项目的实施系统与管理系统

智能建筑工程项目管理是为了有效地确立并实现项目目标而采取的一系列计划、组织、协调和控制工作，项目管理系统以项目目标为行动基准，运用各有关的信息，具体组织决策过程而构成计划，以此作为实施项目的管理基准，使项目实施系统运作。项目管理系统又根据计划的执行结果、项目各有关因素的状况以及环境变化的情况作出控制决策，对项目实施系统加以协调与控制，使项目的实施符合预期的目标。

大型智能建筑工程项目在各个工作阶段上的工作内容、所使用的手段和资源可能存在很大差别，各个阶段在内容和规模上的差别之大决定了大量的工作任务往往需要在不同单位、不同地区和不同时间里协作完成，由此导致整个项目的实施系统和管理系统在空间上形成多级的层次结构，并且随着时间延续还要做出相应的变化和调整。

6. 项目进度的影响因素

智能建筑工程项目进度变化的影响因素主要有以下几方面：

（1）人力因素：项目实施人员未能认识到计划的必要性，认为计划仅是形式而并不完全按计划执行或完全不按计划执行，从而造成项目实施与计划脱节。

（2）其他因素：项目中使用的资源，如材料、设备、资金等不能按计划提供，或提供资源的数量、质量不能满足要求。

（3）环境因素：受不利的环境因素的影响，如不良的气候条件、不可预见的质条件等自然条件的影响，阻碍了计划的执行。

7. 项目进度管理的作用

智能建筑工程项目进度管理的作用是进行项目进度控制，可使项目尽可能按预定工期完成，力争早日完工而获取较大的投资效益。其作用主要表现在：

（1）合理控制项目工期、质量和费用，使项目管理达到综合优化。

（2）通过审查施工进度计划及控制实际进度与计划进度差异情况，完善施工进度计划管理。

（3）除充分考虑时间控制问题外，同时还考虑人力、材料、设备、资金等所必须的项目资源问题，使其最有效、合理、经济地配置与利用。

（4）通过计划、组织、协调、检查与调整等手段，调动项目实施活动中的一切积极因素，努力实现项目实施过程中各个阶段的进度目标，以确保项目实施全过程的总工期目标的实现。

10.1.2 智能建筑工程项目进度管理技术

智能建筑工程项目进度计划可以用摘要、详细说明、表格或图表等多种方式表示，其中较为直观、清晰的图表方式有：

（1）甘特图：用具有时间刻度的条形图表示每一项活动的时间信息。

（2）里程碑图：与甘特图类似，标识项目计划的特殊事件或关键点。

（3）网络图：既表示了项目活动依赖关系，又表示处在关键线路上的活动。

1. 甘特图

甘特图（又称为横道图）通过日历形式列出项目活动及其相应的开始和结束日期，为反映项目进度信息提供了一种标准格式。计划中的每项工作用沿时间坐标延伸的横条表示，横条的长度相当于工作的持续时间，横条相对于时间坐标的位置，其左端对应于工作的开始时间，其右端对应于工作的完成时间。

甘特图的早期版本只是在左边的一栏中列出项目活动或任务，在右边的一栏中列出时间单位，比如“月”；在日历单元的下边，用水平横道表示活动什么时候开始与结束。如今，大多数人使用项目管理软件来创建更复杂的甘特图，因而也可以很容易地更新信息。图10.1-2和图10.1-3显示了甘特图（横道图）例子。

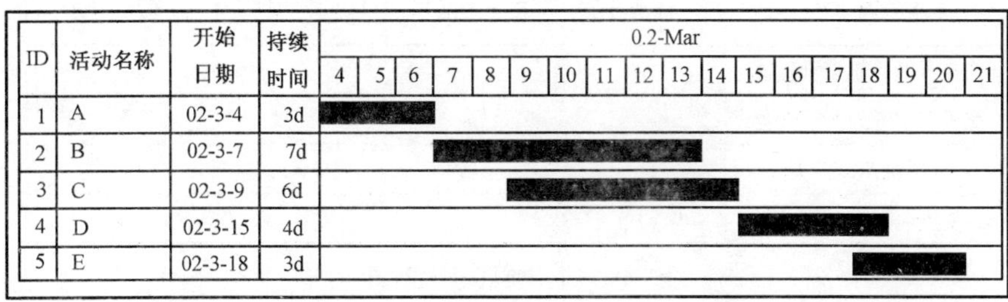

图10.1-2　甘特图之一

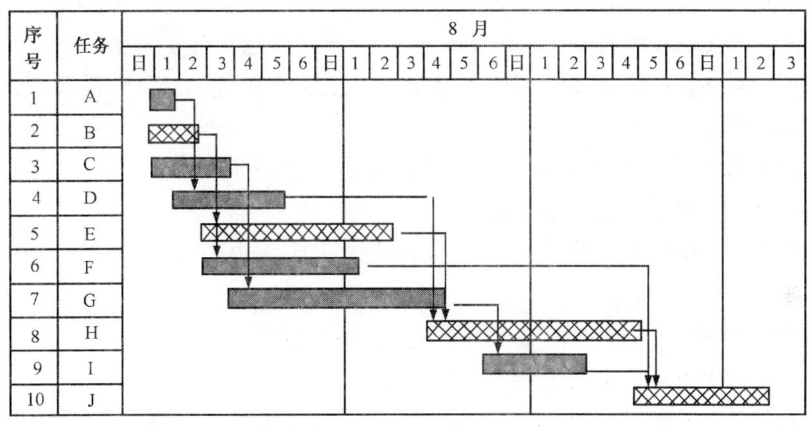

图10.1-3　甘特图之二

从图上可看出，甘特图可以形象地标明智能建筑工程项目所包含的各项工作，以及对这些工作的时间安排，能显示项目实际进度信息，可用来评价项目的进展情况。项目管理人员、工程技术人员和一般操作人员，通常对甘特图都很熟悉，即使初次接触的人员一般也能很快理解。甘特图可以给项目管理提供一些宝贵的信息和便利，特别适合于项目实施现场的计划管理。跟踪甘特图建立在项目任务完成工作的百分比的基础上，或者是建立在实际开始与完成日期的基础之上。项目经理可以用跟踪甘特图来监控单个任务和整体项目的进展情况。

甘特图的最大优点在于它为显示智能建筑工程项目计划与实际的项目进度信息提供了一种标准格式，简单明了，易于创建与理解，容易掌握。甘特图的主要缺点在于，它们通常不能反映任务之间的关系或依赖关系，不能清楚地表明为了保证不延误工期，哪些工作是关键；当项目的实际进度与计划有差别时，很难查明对工期会有多大影响。

2. 项目里程碑图

包括智能建筑工程在内的信息化工程项目里程碑图形方法在管理层中用的最多，主要是列出项目的关键节点及这些节点完成或开始时间，如图 10.1-4 所示。

里程碑事件	一月十五日	二月十八日	五月十五日	七月一日
综合布线系统设计完成	★			
管线桥架缆线敷设开始		★		
子系统测试开始			★	
系统联调测试完成				★

图 10.1-4　项目里程碑图

3. 项目网络图

应用网络模型发展起来的网络计划技术为智能建筑工程项目计划管理提供了新的有效手段，它克服了甘特图所存在的一些不足，使项目计划制定、进度安排和实施控制提高到一个新的水平，在技术先进国家中得到大力推广，是管理数量化方法中得到最广泛应用的方法之一。其特点是：

（1）可以明确地表达项目中各工作之间复杂的工艺顺序和组织顺序，确定工作间的逻辑关系，对项目作出系统整体地描述。

（2）便于通过分析计算，找出影响全局的关键工作和由一系列关键工作构成的关键路径。

（3）对同一个项目可以方便地做出多个进度安排方案。

（4）根据情况变化可以灵活地调整进度安排。

（5）能够综合地反映项目进度、费用以及各种资源需求的关系，对项目进行统筹计划管理。

（6）便于实现计算机管理，进行项目计划优化、控制与调整。

网络计划技术的基本原理是把一个项目中所要做的工作，按照各项工作之间的关系，实施中需要遵守的先后顺序，用网络图的形式表达出来，构成项目计划网络图。

网络图是用来表示工作流程的有向、有序的网状图形，由箭线和节点组成。最常见的有单代号网络（AON），如图 10.1-5 所示，双代号网络（AOA），如图 10.1-6 所示，其中双代号网络在国内工程项目中常用。双代号网络图又名箭线式网络图，是以箭线或其两端节点的编号表示工作的网络图。所有的网络计划都要计算项目活动的最早开始和最早结束时间、最晚开始和最晚结束时间及其时差等时间参数。用箭线表示活动，用一种被称为节点的连接点反映活动顺序，第一个节点表示项目的起点，最后一个节点表示项目的结束。

图 10.1-5、图 10.1-6 中，字母 A、B、C、D、E、F、G、H、I、J 代表了项目中需要进行的活动。这些活动来自工作分解结构和活动定义过程。箭线表示活动排序或任务之间的关系。

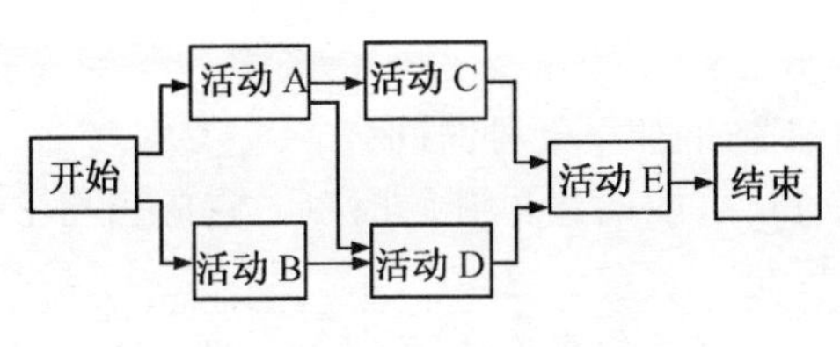

图 10.1-5　单代号网络图

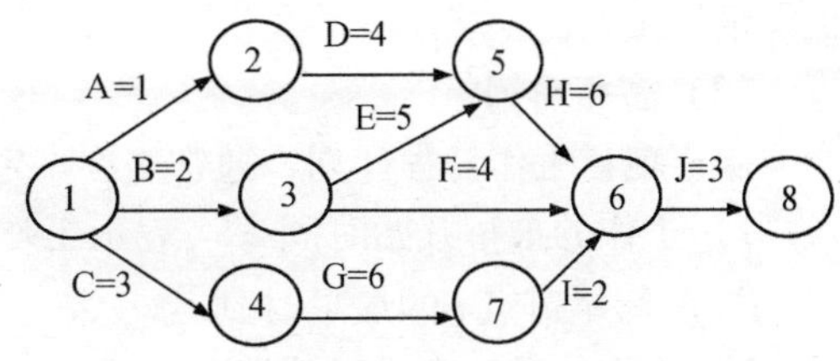

图 10.1-6　双代号网络图

注：假设所有历时单位为天。
A = 1 的意思是活动 A 的历时为 1 天。

项目网络图通常用来作为计算活动时间和表达进度计划的管理工具。通过工作分解结构（WBS），我们知道完成项目需要进行哪些具体的工作，显然这些工作之间必然存在一个先后顺序关系，即逻辑关系，或称时序关系。与其相关的概念有：

① 紧前工作：紧排在本工作之前的工作。

② 紧后工作：紧排在本工作之后的工作。

③ 平行工作：可与本工作同时进行的工作。

④ 先行工作：自起点节点至本工作之前各条线路上的所有工作。

⑤ 后续工作：本工作之后至终点节点各条线路上的所有工作。

⑥ 虚工作：即是虚拟的，实际并不存在的工作，它不占用时间、也不消耗资源，是双代号网络图中为了正确表示各工作间逻辑关系的需要而人为设置的，以虚箭线表示。

⑦ 完成到开始关系 FTS：某一工作完成后或完成一定时间后，其紧后工作开始的顺序关系。

⑧ 开始到开始关系 STS：某一工作开始一定时间后，其紧后工作才开始的顺序关系。

⑨ 完成到完成关系 FTF：某一工作完成一定时间后，其紧后工作才完成的顺序关系。

⑩ 开始到完成关系 STF：某一工作开始一定时间后，其紧后工作才完成的顺序关系。

4. 关键路径法（CPM）

（1）关键路径

一个项目的关键路径是指完成项目所需的最短时间。关键路径法（CPM）是一种用来预测总体项目工时的项目网络分析技术。关键路径是项目网络图中最长的路径，并且有最少的富裕时间或时差。富裕时间或时差是指一项活动在不耽误后继活动或项目完成日期的条件下可以拖延的时间长度。如果关键路径上有一项或多项活动所花费的时间超过计划时间，那么总体项目进度就要拖延，除非项目经理采取某种纠正措施。

关键路径贯穿于整个项目生命期。要找到一个项目的关键路径，必须首先绘制网络图，而要绘制这样的网络图，又需要一个建立在工作分解结构基础上的活动清单。关键路径的计算是将项目网络图每条路径所有活动工时分别相加，最长的路径就是关键路径。

项目网络图中的路线是从网络图的始节点出发，沿首尾相接的一系列箭线到达终节点的路径。通常一个网络图有许多条路线。其中所包含各项工作需要的作业时间之和最长的路线称为网络图的关键路径。关键路径上工作所需要的时间总和是项目计划的计算工期，也即最短工期。

(2) 富裕时间

制定项目工作日程计划，通常需要确定关于工作的如下七种时间：

1）工作的最早开始时间 $ES_{i,j}$ 表示工作（i, j）可能的最早开始时刻。它应当与工作（i, j）的箭尾节点 i 的最早时刻 t_i^E 一致。

2）工作的最早完成时间 $EF_{i,j}$ 表示工作（i, j）可能的最早完成时刻，即工作由时刻 $ES_{i,j}$ 开始，经过它所需要的工作时间 D_{ij} 而到达的时刻。

3）工作的最迟开始时间 $LS_{i,j}$ 表示为了保证在计算工期内完成项目，工作（i, j）最迟必须开始的时刻。

4）工作的最迟完成时间 $LF_{i,j}$ 表示为了保证在计算工期内完成项目，工作（i, j）最迟必须完成的时刻。它应当与工作（i, j）的箭头节点 j 的最迟时间 t_j^L 相一致。

以上四种时间的计算式如下：

①工作的最早开始时间 $ES_{i,j} = t_i^E$

②工作的最早完成时间 $EF_{i,j} = t_i^E + D_{ij}$

③工作的最迟开始时间 $LS_{i,j} = t_j^L - D_{ij}$

④工作的最迟完成时间 $LF_{i,j} = t_j^L$

5）工作的总富裕时间 $TF_{i,j}$ 表示工作在它的最早开始时间至最迟完成时间之间所具有的富裕时间。其计算式为：

$$\text{总富裕时间 } TF_{i,j} = t_j^L - (t_i^E + D_{i,j})$$

总富裕时间也可以说是在不影响项目计算工期的前提下工作所具有的机动富裕时间，从项目进度计划的角度来看这是很重要的管理信息。一项工作的总富裕时间，不一定是此项工作所专有的，可能与前后工作都有关系。

6）工作的自由富裕时间 $FF_{i,j}$ 表示在不影响后续工作按最早开始时间开始的范围内，工作（i, j）所具有的富裕时间。其计算式为：

$$\text{自由富裕时间 } FF_{i,j} = t_j^E - (t_i^E + D_{i,j})$$

工作的自由富裕时间小于或等于其总富裕时间。如果工作的总富裕时间大于其某个后续工作的总富裕时间，这个工作就一定有自由富裕时间。由于占用自由富裕时间对后续工作的最早开始没有影响，项目管理中应充分利用它来提高管理的效果。

7）工作的独立富裕时间 $IF_{i,j}$ 表示工作在它的最迟开始时间至最早完成时间之间所具有的富裕时间。其计算式为：

$$\text{独立富裕时间 } IF_{i,j} = t_j^E - (t_i^L + D_{i,j})$$

独立富裕时间是一项工作所独立占有的，其他工作不能占用。

计算工作的各种富裕时间，目的在于明确哪些工作的开始和完成时间可以适当调整而不影响项目在计算工期内完成，可调整范围的大小及产生的影响，为有效地实施项目进度控制，合理地分配人力、费用和其他资源提供科学依据。

(3) 关键工作

关键路径上的工作称为关键工作，关键工作没有富裕时间，即它们的总富裕时间为零。显然它们的独立富裕时间和自由富裕时间也都是零。因此，关键工作的任何时间耽搁，都将导致项目计算工期的拖长。如果要求缩短项目计算工期，必须设法压缩关键工作的时间，而且要使得网络计划的每条关键路径的时间都得到压缩。压缩非关键路径上工作的时间对缩短工期不起作用。还应当注意到，当缩短了关键路径的时间以后，原来的非关键路径的富裕时间将随之缩短，原来的某些非关键路径有可能变成新的关键路径。

（4）关键路径的特点

总结以上分析可见关键路径有如下特点：

1）关键路径是网络计划中需要时间最长的路线。

2）一个网络计划中至少有一条关键路径。

3）要缩短网络计划的计算工期，必须使每条关键路径的时间都得到缩短。同时要注意原来的非关键路径，如果有的已成为关键路径，也应按照需要缩短它的时间。

4）关键路径上的工作是关键工作，所有关键工作的富裕时间都等于零，任何一个关键工作拖延时间都将使网络计划的计算工期拖长。

5）非关键工作拖延时间会使它的富裕时间减少，如果它不具有独立富裕时间和自由富裕时间，这种拖延还使它后续工作的富裕时间减少。非关键工作的富裕时间减少到零就成为关键工作。

关键工作是智能建筑工程项目进度管理中的重点对象。近似于关键路径的非关键路径上的非关键工作也应当重点管理，以保证项目按计划完成。在一般的网络计划中，关键工作所占的比例不高，大约在 10% ~30% 之间。在工作数量比较少的网络图中，这个比例趋向于增大。关键工作所占比例的大小，对项目进度管理工作有重要影响。对于工作数目相同而关键工作所占比例大的计划，保证整个计划如期完成的难度更大。

可以使用双代号网络图（箭线图法）来确定项目的关键路径，既可以通过计算并直接对比各条路线的时间长度找出关键路径，也可以通过计算网络图各节点的最早时间和最迟时间的办法寻找关键路径。图 10.1-7 再一次列出双代号箭线项目网络图。在图 10.1-7 上反映了项目网络图从头至尾的所有路径，总共有 4 条。每条路径从第一个节点①开始、在最后一个节点⑧结束。在图上也显示了每条路径在项目网络图上的长度或总工时。将每条路径上各个活动的工时求和，就可以计算出每条路径的长度。计算结果表明：由于路径 B-E-H-J 有最长的工时 16 天，所以这条路径是项目的关键路径。

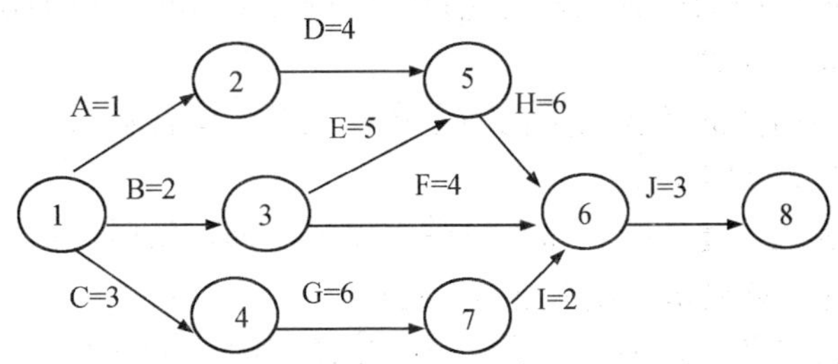

图 10.1-7　项目的关键路径示意图

随着项目的进展，一个项目的关键路径可能会发生变化。项目经理应该紧密关注关键路径上的活动执行情况，避免拖延项目完成时间。如果项目有两条长度相同的最长路径，那么就有两条关键路径，项目经理应该同时注意两条关键路径上的活动执行情况。

注：假设所有历时都以天计。

路径1：A-D-H-J 长度 =1 +4 +6 +3 =14（天）

路径2：B-E-H-J 长度 =2 +5 +6 +3 =16（天）

路径3：B-F-J 长度 =2 +4 +3 =9（天）

路径4：C-G-I-J 长度 =3 +6 +2 +3 =14（天）

由于关键路径是整个网络图中最长的路径，故路径2是项目的关键路径。

5. 项目工期压缩的方法

初始的网络计划安排是以正常条件下各项工作需要的时间为基础建立起来的，并且以网络图的计算工期为目标工期。如果项目规定的目标工期比计算工期短，则必须压缩关键路径持续的时间，甚至也需要压缩次关键路径的时间，以便使调整后网络图计算工期缩短到规定的期限以内。这种要求缩短工期的问题，往往也出现在项目计划的实施过程之中，由于前面的工作拖延了进度而使计划的剩余部分不能以正常的速度在规定期限内完成。在这种情况下，压缩计划剩余部分的持续时间是保证实现项目工期目标的常用方法。

只有压缩关键路径上工作的时间才能使网络计划的计算工期得到压缩。当网络图存在多条关键路径时，必须使各条关键路径得到相应的压缩，这也包括压缩工期过程中可能出现的新关键路径。压缩计算工期可按如下步骤进行：

（1）找出网络图中的关键路径并算出计算工期 λ。

（2）按照规定工期 T 计算要求缩短的时间 ΔT：

$$\Delta T = \lambda - T$$

（3）按照下列原则选择优先压缩作业时间的关键工作：

① 缩短作业时间对质量和安全等影响小的工作。

② 赶工需要的资源充足。

③ 赶工费用最低（包括需要同时压缩的所有平行关键工作）。

（4）将适合于优先压缩的关键工作作业时间压缩到允许的最小值。找出压缩后网络图的关键路径。若被压缩的工作已变成非关键工作，将作业时间适当延长至使其仍为关键工作。

（5）若压缩后网络图的计算工期仍超过规定的工期，重复以上步骤直到满足工期要求或计算工期已不能再压缩。

（6）若压缩后网络图的计算工期已短于规定工期，延长最后被压缩各关键工作的作业时间至计算工期等于规定工期。

（7）当关键路径已不能进一步压缩以满足规定工期要求时，需要改变计划的技术方案和组织方案以适应工期要求，或者重新审定目标工期。

对于不太复杂的网络图以手工方法进行工期压缩时，可以充分发挥人的综合判断能力，用更加灵活简便的方法处理。这种方法的思路是从网络计划的整体着眼，以项目规定的目标工期为准，计算出各项工作的总富裕时间，如果网络图的计算工期超过目标工期，必然会有一部分工作的总富裕时间出现大小不等的负值，由此可以看出网络图的关键路径和次关键路径的所在，经过对网络图的全面观察与分析，一般都能迅速找到满意的调整方案，压缩一个或几个工作的作业时间，使所有工作的总富裕时间不再出现负值，而不必进行反复多次的计算和调整。

6. 计划评审技术（PERT）

项目时间管理的另一项技术是计划评审技术（PERT），即当具体活动工时估算存在很大的不确定性时，用来估计项目工时的网络分析技术。

前面介绍的网络计划关键路径法，在分析计算中工作之间的关系是确定的，工作的持续时间也都是确定的，因此称之为肯定型网络计划方法（CPM）。但是，在大型智能建筑工程项目和其他技术复杂的信息系统工程项目中，尽管其中各项工作之间的关系是确定的，而各项工作的持续时间则是非确定的，或者因为工作的影响因素太多而不便确定。此时可采用网络计划的计划评审方法，也称为非肯定型网络计划方法，简称为PERT，用于编制工程项目进度计划。

PERT网络图画法、时间计算以及优化方法基本上与CPM相同。但PERT网络计划有它独自的特点，就是在时间上要考虑随机因素。首先要对作业持续时间进行估计，然后针对估计的作业持续时间计算出期望工期，利用概率计算出按指令工期完成的可能性大小，从而找出完成的可能最大工期，以提高计划的可靠性。

像关键路径法一样，PERT建立在项目网络图的基础之上，采用概率时间估计，将关键路径法应用于加权平均工时估算。

利用下面的公式来计算项目活动工时估计值的加权平均：

$$\text{PERT 加权平均} = (\text{乐观时间} + 4 \times \text{最可能的时间} + \text{悲观时间})/6$$

PERT法的最大优点在于，它试图将风险与工时的估计联系起来，但是PERT法需要几个工时估计值，所以使工作量加大，在实践中很少使用。

10.2　智能建筑工程项目进度控制措施

智能建筑工程项目实施过程中，工程进度管理不仅仅是个时间计划的管理和控制问题，同时还需要考虑人力、设备、材料、工具和仪器等所必须的资源能否最有效、合理、经济地配置和使用，以使项目在预定的工期完成，并争取早日使工程竣工验收投入使用而获得最佳投资效益等问题。因此，进度管理的作用就是在考虑了工程施工管理三大因素（工期、质量和成本）的同时，通过贯彻实施全过程的计划、组织、协调、检查与调整等手段，努力实现实施过程中的各个阶段目标，从而确保项目总的工期目标的实现。

10.2.1　影响智能建筑工程项目进度的主要因素

1. 与项目进度有关的单位

与智能建筑工程项目实施进度有关的单位并不单纯是发包人、社会监理单位（监理方）和承包人，还有参加智能建筑工程项目建设的其他单位，如项目设计单位、材料设备供应单位、项目投资单位、政府主管部门、土木建筑单位、建筑装修单位、银行以及许多别的单位，如水、电、煤、气、通信等外围工程单位，环保、公安、消防、社区、医院、保险公司、毗邻单位和周围居民群众等。因此，智能建筑工程项目进度管理仅考虑工程项目实施单位是不够的，还要考虑项目实施各个阶段及其单位的工作联系搭接网络，只有对这个总体网络进行合理控制，才能有效地进行工程项目的进度管理。

虽然与智能建筑工程项目实施进度有关的单位很多，但影响最大的单位还是承包人、监理单位及发包人，所以直接参与项目管理的主要三方只有相互合作、协同配合，才能确保工程项目进度的合理控制，保证项目总工期目标的实现。

主要三方在项目进度管理方面的任务和目标如下：

（1）承包人的任务是编制工程实施进度计划，并在计划执行过程中，通过实际进度与计划进度的比较，定期地、经常地检查和调整进度计划。

（2）监理单位的任务是审批承包人编制的项目进度计划，并对批准的项目进度计划执行情况进行监督，从全局出发控制实际进度与计划进度的差距，发布调整项目进度计划的命令。

（3）发包人则应按工程承包合同要求及时提供施工现场和图纸，并清晰明确地表达用户需求，以及尽可能地改善施工环境，为工程施工顺利进行创造条件。

2. 影响项目进度的主要因素

影响智能建筑工程项目实施进度的因素很多，如工程技术、组织协调、气候条件、政治原因、人为因素、物资供应、建筑物体情况等。正因为存在这些影响项目进度的因素，它们都会干扰工程项目进度目标的实现，所以才需要进行项目进度管理。下面列出一些直接影响项目进度的主要因素：

（1）用户需求变更

用户需求变更是影响智能建筑工程项目实施进度的最常见、最难应付的问题，项目经理自始至终都要按照变更控制的规程很好地加以解决。

（2）材料、外购设备及软件到货时间问题

外购材料、设备，如光纤、电缆等，不能按时到货，将使网络工程处于无米下炊的境地。计算机主机、服务器、交换机等网络设备的订货周期一般比较长，有时会因为海关运输等方面的原因延长到货时间。为此，要求承包人采取提前采购订货等强有力的措施，确保各种材料、设备能如期到货。

（3）设备、材料的质量问题

到货设备如果发生质量问题，往往导致在订货时间上已经来不及，因此监理工程师要求承包人提供这类情况下的处理方案。

（4）土木建筑与装修施工进度协调问题

综合布线、网络安装和机房工程等子系统的进度安排，与大楼的土建工程、电气工程和装修工程等的进度安排经常会发生冲突和矛盾，对项目进度的影响很大。如何解决好同一个地点多系统、多工种、多部门同时施工的相互干扰，做好单位之间沟通协调工作，是每个项目经理都会遇到的棘手问题。

（5）水、电供应和交通道路

有些新建大楼地处偏僻，“三通”问题（水、电、道路）还没有很好解决，严重影响智能建筑工程项目实施的进展。

（6）联网技术问题

网络工程师在安装网络设备之前未能正确解决网络数据交换和设备的配置问题，或未能及时解决网络互联中的关键技术，影响项目实施的进度，解决的办法是要求承包人及时解决。

(7) 应用软件开发的技术问题

软件开发工程师未能及时解决应用软件开发中的关键技术，影响软件开发的进度。要督促软件开发人员在开发应用之前解决这些关键技术。

(8) 应用软件系统开发人员配备问题

应用系统由于涉及软件开发，所以应用系统工作量的估算会比较困难，要督促承包人在应用软件系统开发上投入足够的人力和物力。

(9) 工程质量问题

工程质量控制是工程进度控制的基础和保证。在工程项目实施过程中，前一阶段出现的质量问题会影响下一阶段的工程进度，所以把好质量关是确保工程按时完成的前提。

10.2.2　智能建筑工程项目进度控制的主要措施

进度控制是指在既定的工期内，编制出合理的工程项目实施进度计划，报经监理工程师审批后，按计划进行项目实施。在项目实施过程中，要经常检查项目实施实际进度情况，并将其与计划进度相比较。若出现偏差，应分析产生偏差的原因和对工程工期的影响程度，采取一定的措施，加强进度管理和调整后续进度计划。如此不断地循环，直到工程竣工。

在智能建筑工程项目实施过程中，项目经理应编制好符合客观实际、符合承包合同条件及技术规范的项目进度计划，并在计划执行过程中，通过计划进度与实际进度的比较，定期地、经常地检查和调整项目进度计划。

智能建筑工程项目进度管理的主要方法和措施有：

① 组织措施：落实进度控制的责任，建立进度控制协调制度。

② 技术措施：建立承包人作业计划体系；增加同步作业的施工面；采用高效能的施工工具和机械设备；采用施工新工艺新技术，缩短工艺过程间和工序间的技术间隙时间。

③ 经济措施:因承包人的原因拖延工期要进行必要的经济处罚，对工期提前者实行奖励。

④ 合同措施：按合同要求及时协调有关各方的进度，以确保项目进度的要求。

1. 进度控制的方法

(1) 规划：编制、确定项目总进度目标、分进度目标和进度计划，并将这些计划予以实施。

(2) 控制：在项目实施的全过程中，以控制循环的理论为指导，进行计划进度与实际进度的比较，发现偏离，尽快查明导致偏差的真正问题及原因，及时采取纠偏措施，并修改和调整计划。

(3) 协调：协调各有关单位之间的进度关系。

2. 进度控制的主要措施

(1) 抓住开工前的各项准备工作

① 正式签定工程承包合同后，立即组建项目经理部，进行用户需求调研并编制用户

需求分析报告，以及编写意外事件的处理计划。

② 落实施工材料设备的订货，按时审批供应商资格。

③ 核查施工人员执业资格或上岗证书。

④ 积极开展和落实开工前的各项准备工作。

(2) 抓好施工进度计划的编制和检查

① 制定详细的项目实施进度计划。

② 检查进度计划执行情况，当实际进度与计划进度发生偏差时，及时修订进度计划。

③ 及时将项目进度计划提交监理和发包人审查。

④ 抓好工程进度的监测。

⑤ 经常地、定期地收集进度报表资料。

⑥ 采取有效措施，严格控制项目实施进度。

⑦ 定期召开现场会议，协调各工种、各单位施工进度安排。

⑧ 对进度计划的执行情况，进行逐日、逐周的跟踪检查。

(3) 进度偏差的调整

① 对进度的执行情况，利用收集到的数据进行整理统计分析，发现问题，及时采取措施解决。

② 在工程实际进度落后计划时，采取增加人手、加班等措施加以解决。

(4) 做好各单位的进度协调工作

及时收集各单位的进度资料，召开各单位的协调会议，协调各方进度。

(5) 抓好关键任务的进度管理

进度管理的重点是抓好工程项目关键部分的工期。对每项关键工期，具体每一项任务都要落到实处，制定切实的实施计划，采取有力可行的措施及方法。掌握关键工期执行情况，并逐条提出具体解决办法，保证关键工期按时完成。

① 分析进度计划，寻找关键路径，对关键路径任务的进度严格控制，注意非关键路径时差是否用完，并已转为关键路径。

② 考察分析有哪些工作影响了工程的工期，拖了计划的后腿，对这些工作进行详细分析，确定影响各工作计划的关键（或主要）因素。

(6) 进度控制的动态管理

① 编制设备安装施工和软件开发进度控制计划表。

② 记录每日各部位工程进度、施工设备、人力的投入和各施工项目完成的工程量及工程进度。

③ 主动向发包人和监理单位汇报有关项目实施所采用的主要技术、开发平台、工具和测试软件，以及关键工程的施工方法、施工程序，并请他们进行审核。

④ 遇到项目实施难点或拖后工期现象等实际问题，要及时研究相关现场信息、分析造成的原因，精心策划，并提出解决措施。如果项目经理部内部无法解决，可请外面的专家帮助解决。

⑤ 通过交流会、协调会、周例会讨论项目工期滞后问题，并及时调整、修改进度计划。

(7) 采用先进、合理、稳妥的实施方法

在智能建筑工程项目实施过程中要采用先进、合理、稳妥的实施方法，建立健全的施工组织和有力的管理措施，包括管理、开发、施工人力的投入，通过调整各阶段施工进度计划，以适应工期要求。

10.3　智能建筑工程项目进度计划的编制和审批

10.3.1　智能建筑工程项目进度计划的编制

智能建筑工程项目实施过程中各个分部工程（子系统）的情况互不相同，有的工作内容多、阶段性强，有的内容少、阶段性弱；有些子系统可同时实施，而有些子系统则有先后顺序，互相衔接。按照整个项目建设目标，科学地计划好项目计划，严格做好每一项工作，减少窝工等待时间，提高工作效率，是做好项目实施的关键所在。

项目进度计划是表示项目中各分项工程或分部工程（子系统）的实施顺序、开竣工时间以及相互衔接关系的计划，它是项目实施过程中进行进度控制的行为标准。承包人中标后，应按照合同规定的总工期编制项目进度计划表，并在规定的期限内送交监理单位和建设单位审核，经审查修订后，得到签认批准，便可据此执行。

项目进度计划是履约合同的保证、指导项目实施的依据。为了保证智能建筑工程项目建设能顺利进展，要求项目经理必须认真阅读技术规范、设计方案图纸，并对施工现场环境进行认真地调查研究，做好相关的施工组织设计，编制出切实可行、符合合同条款、并能指导项目实施的进度计划。

1. 项目进度计划的类型

根据《建设工程项目管理规范》的规定：组织应依据合同文件、项目管理规划文件、资源条件与内外部约束条件编制项目进度计划。编制进度计划可使用文字说明、里程碑表、工作量表、横道计划、网络计划等方法。作业计划必须采用网络计划方法或横道计划方法。在工程项目实施的不同阶段，项目进度计划要分别编制总体进度计划及年、月进度计划；对于某些关键或特殊的子系统（如软件），还应单独编制工程进度计划。

(1) 项目控制性进度计划

组织应提出项目控制性进度计划。控制性进度计划可包括下列种类：

① 整个项目的总进度计划。

② 分阶段进度计划。

③ 子项目进度计划和单体进度计划。

④ 年（季）度计划。

(2) 项目作业计划

项目经理部应编制项目作业计划。作业计划可包括下列内容：

① 分部分项工程进度计划。

② 月（旬）作业计划。

2. 进度计划编制原则

智能建筑工程项目实施进度计划编制原则要求如下：

① 真实、可靠、符合实际。

② 清楚、明确、便于管理。

③ 表达项目实施过程中全部活动及其相关联系。

④ 反映施工组织及施工方法。

⑤ 充分使用人力和设备。

⑥ 预料可能的施工阻碍及变化。

⑦ 符合承包合同条件及技术规范。

3. 进度计划编制的主要依据

智能建筑工程项目进度计划编制的主要依据有：

① 项目承包合同中规定的合同工期：合同中有关工期的规定是确定计划工期的基本依据；合同规定的工程开工、竣工日期，必须通过进度计划落到实处。

② 投标书中确认的进度计划及实施方案。

③ 主要材料和设备的采购合同及供应计划：如果已经编制了材料和设备的供应计划，那么施工进度计划必须与其相协调。

④ 已建成的同类工程或相似项目的实际工程进度情况：以往工程项目实施经验是编制项目施工进度计划的重要参考。

⑤ 承包人的施工人员技术素质及其机具设备能力。

⑥ 施工现场的特殊环境及其气候条件。

4. 进度计划编制前的准备工作（WBS 法）

WBS（Work Breakdown Structure）是根据系统工程的思想用树形图将一个工程项目逐级划分成若干相对独立的工作单项，以便更有效地对工程项目实施控制。一般地，根据WBS 法，编制进度计划前的准备工作有以下几个方面：

① 根据项目的目标要求，将项目的工作内容逐级分解，直到确定的相对独立的工作单项。

② 对第一个工作单项进行成本、时间估算。

③ 根据每一个工作单项的性质和时间，确定各工作单项的先后顺序，即确定其逻辑关系。

④ 汇总各工作单项的时间估算和逻辑关系，综合评价形成文件，作为制定进度计划的基础。

5. 项目进度计划的内容

各类进度计划应包括下列内容：

① 编制说明。

② 进度计划表。

③ 资源需要量及供应平衡表。

6. 编制项目进度计划的步骤

编制进度计划应按下列程序：

① 确定进度计划的目标、性质和使用者。

② 进行工作分解。

③ 收集编制依据。

④ 确定工作的起止时间及里程碑。

⑤ 处理各工作之间的搭接关系。

⑥ 编制进度表。

⑦ 编制进度说明书。

⑧ 编制资源需要量及供应平衡表。

⑨ 报有关部门批准。

10.3.2　智能建筑工程项目进度计划的审批

根据 FIDIC（国际咨询工程师联合会颁发的土木工程施工合同条件）通用条件第十四条规定，工程承包人在接到中标通知书之日后，在合同要求的时间内应向监理工程师提交一份其格式和细节符合合同要求的工程总进度计划，以取得监理工程师的批准。如果监理工程师提出要求，承包人还应以书面形式提交一份有关承包人为完成工程而建议采用的施工方案和施工方法的总说明，供监理工程师审阅。

监理工程师在接到承包人提交的项目实施进度计划后，应对进度计划进行认真的审核，并同时上报项目建设单位。审核进度计划的目的是检查承包人所制定的进度计划是否合理，是否适合项目的实际条件和实施现场情况，避免以不切实际的进度计划来指导施工。因此，监理工程师对承包人提交的进度计划进行审批时，应重点核实承包人实现进度计划的能力以及时间安排的合理性等，并在合同规定或合理时间内审查完毕。

1. 提交进度计划

（1）在中标通知书发出后合同规定的时间内，项目经理要向监理单位书面提交以下文件：

① 一份详细的格式符合要求的工程总体进度计划及必要的各项关键工程的进度计划。

② 一份有关全部支付的现金流动估算。

③ 一份有关实施方案和实施方法的总说明（即通过实施组织设计提出）。

（2）在开工前或在开工以后合理的时间内，项目经理要向监理单位提交阶段性进度计划文件：

① 年度进度计划及现金流动估算。

② 月（季）度进度计划及现金流动估算。

③ 分项（或分部）工程的进度计划。

2. 审批进度计划

当监理单位在接到承包人提交的工程项目进度计划之后，应对进度计划进行认真的审核，并将进度计划和审核意见上报建设单位。其目的是为了检查承包人所制定的工程进度计划是否合理，有无可能实现，是否适合工程的实际条件和现场情况，避免以空洞的、不切实际的工程进度计划来指导项目实施。

进度计划审查的内容主要包括：

(1) 工期和时间安排的合理性

① 总工期的安排应符合承包合同工期。

② 各实施阶段或单位工程（包括分部、分项工程）的施工顺序、时间安排要与材料、设备的进场计划相协调。

③ 易受气候影响的工程应安排在适宜的时间，并应采取有效的预防和保护措施。

④ 对动员、清场、假日及天气影响的时间，应有充分的考虑并留有余地。

(2) 施工准备的可靠性

① 项目实施所需要的主要材料和设备的运输到货日期是否已有保证。

② 主要骨干人员及施工队伍的进场日期是否已经落实。

③ 工程测量、设备检测、材料检查及标准试验的工作是否已经安排。

④ 驻地建设、进场道路及供电、供水等是否已经解决或已有可靠的解决方案。

(3) 计划目标与施工能力的适应性

① 各实施阶段计划完成的工程量及投资额应与承包人的设备和人力资源实际状况相适应。

② 各项实施方案和方法应与承包人的经验和技术水平相适应。

③ 关键路径上的施工力量安排应与非关键径路上的施工力量安排相适应。

当监理单位和建设单位通过调查了解，落实了上述对工程项目进度计划有关的条件和因素，并经过评价后，如确认承包人为完成工程项目而提供的工程进度计划是合理的，而且计划切实可行，则应在合理的时间内签认承包人的进度计划并通知承包人可以按照计划安排项目实施。

10.4 智能建筑工程项目进度计划的内容和调整

10.4.1 智能建筑工程项目进度计划的基本内容

编制智能建筑工程项目实施进度计划是工程进度管理的第一项任务，其目的就是要确定一个能控制项目工期的计划值，作为工程进度管理的依据。一般说来，编制工程进度计划就是要决定什么时候要做什么工作，或者什么时候工作要做到什么程度。无论是工程实施本身的各分项工程或各子系统，还是与项目实施有关的其他工作，都应该纳入进度计划，或者说，都要对其进度做出计划安排。

智能建筑工程项目实施进度计划包括总体进度计划，年度和月（季）进度计划，关键工程进度计划三类。

1. 总体进度计划

工程项目实施总进度计划是用来指导项目实施全局的，它是工程从开工一直到竣工为止，各个主要环节的总的进度安排，起着控制构成工程总体的各个单位工程或各个施工阶段工期的作用。因此，工程的总进度计划的作用是控制和协调工程总体进度。

工程总体进度计划中主要内容包括：

① 工程项目的合同工期。

② 完成各单位工程及各施工阶段所需要的工期、最早开始和最迟结束的时间。

③ 各单位工程及各施工阶段所需配备的各类人员数量和资质要求。

④ 各单位工程及各施工阶段所需配备的仪器、设备、工具的型号规格和数量。

⑤ 各单位工程或分部工程的实施方案和施工方法等。

总体进度计划的编制可以采用横道图、进度曲线或网络计划图，但无论采用什么方法，都应反映出上述内容。现金流动估算表要与总体进度计划的进度曲线相对应，通过现金流动估算表可以得到每月完成的工程费用额及已完成工程费用的累计。项目实施方案及施工方法则可通过施工组织设计来反映。

2. 年度和月（季）进度计划

对于一个具体的智能建筑工程项目来说，进行工程进度管理时仅有工程项目的总体进度计划是不够的，尤其当工程项目比较大时，还需要编制年度和月（季）进度计划。年度进度计划要受工程总体进度计划的约束控制，而月（季）进度计划又受年度进度计划的约束控制。月（季）进度计划是年度进度计划实现的保证，而年度进度计划的实现，又保证了总体进度计划的实现。

（1） 年度进度计划

1） 年度进度计划的主要作用

① 统一安排全年内各正在实施或将要开工工程的施工，确定年度施工任务。

② 确定各项年度生产指标，即在年度内要完成哪些单位工程、分部分项工程或部分完成哪些工程项目。

③ 根据年度季节、气候的不同，合理安排工程实施进度。

2） 年度进度计划的主要内容

① 本年计划完成的单位工程、分部分项工程项目的内容、工程量及投资指标。

② 实施队伍和主要施工设备、测量仪器的型号规格、数量及调配顺序。

③ 不同季节及气温条件下各项工程的时间安排。

④ 在总体进度计划下对各分项工程进行局部调整或修改的详细说明等。

在年度进度计划的安排过程中，应重点突出组织顺序上的联系，如大型设备和贵重仪器的转移顺序、主要实施队伍和开发人员的转移顺序等。首先安排重点、大型、复杂、周期长、占人力资源和施工设备多的工程，优先安排主要工种或经常处于短线状态的工种的实施任务，并使其连续作业。

安排年度进度计划时，应注意处理好下列关系：一般工程受重点工程的制约，配套项目受主体项目的制约；下级计划受上级计划的制约，计划内短期安排受整个计划工期的制约。同时，在调整计划时尽量不改变年度计划的指标，以便于考核计划的执行情况。

（2） 月（季）度进度计划

1） 月（季）度进度计划的主要作用

① 确定月（季）实施任务，例如，本月（季）实施的工程项目，每项工程包括哪些内容，预计要完成到什么部位，工作量和工程量是多少，由谁来负责完成，相互间如何配合等。

② 指导施工作业，即施工顺序如何，相关的施工专业队组如何实现流水作业等。

③ 进行月（季）实施任务各项指标的平衡、汇总，以便综合衡量完成的工程量和工程投资，作为考核月（季）工程实施进度情况的依据。

2）月（季）度进度计划的主要内容

① 本月（季）计划完成的分项工程内容及顺序安排。

② 完成本月（季）及各分项工程的工程量及投资额。

③ 完成各分项工程的实施队伍、人力资源和主要仪器、设备的配额。

④ 在年度计划下对各单位工程或分项工程进行局部调整或修改的详细说明等。

3. 关键工程进度计划

关键工程进度计划是指一个很可能在智能建筑工程项目中起控制作用的关键工程，如某一个软件开发工程的进度计划。由于关键工程的实施工期常常关系到整个工程项目实施总工期的长短，因此在进度计划的编制过程中将单独编制关键工程进度计划。

关键工程进度计划的主要内容有：

① 具体实施方案和施工方法。

② 总体进度计划及各道工序的控制日期。

③ 现金流动估算。

④ 各实施阶段的人力资源和仪器设备的配额及运转安排。

⑤ 实施准备及竣工验收的时间安排。

⑥ 对总体进度计划及其他相关工程的控制、依赖关系和说明等。

在项目实施过程中，如果工程的实际进度不符合已批准的进度计划时，项目经理应根据监理工程师的要求提出一份修订过的进度计划，说明为保证工程按期竣工而对原计划所作的修改。

10.4.2 智能建筑工程项目进度计划实施

根据《建设工程项目管理规范》的规定：经批准的进度计划，应向执行者进行交底并落实责任。进度计划执行者应制订实施计划方案。

1. 进度计划实施工作内容

在实施进度计划的过程中应进行下列工作：

① 跟踪检查，收集实际进度数据。

② 将实际数据与进度计划进行对比。

③ 分析计划执行的情况。

④ 对产生的进度变化，采取相应措施进行纠正或调整计划。

⑤ 检查措施的落实情况。

⑥ 进度计划的变更必须与有关单位和部门及时沟通。

2. 项目进度计划实施的记录

为保证工程进度计划的正常实施，项目经理和实施人员应随时收集和记录影响工程进度的有关资料和事项，以便随时掌握项目实施过程中存在的问题，并及时向监理工程师汇报，以便及时协调和解决影响进度的各种矛盾和不利因素。

在智能建筑工程项目实施过程中，每天都应按单位工程、分项工程或施工点对实际工程项目实施的进度进行记录，并予以检查，以作为掌握工程进度和进行决策的依据。内容主要包括：

① 当日实际完成以及累计完成的工程量。

② 当日实际参加实施的人员、仪器设备的数量及生产效率。

③ 当日施工停滞的原因。

④ 当日项目主管及公司技术人员到达现场的情况。

⑤ 当日发生的影响工程进度的特殊事件或原因。

⑥ 当日的天气情况等。

10.4.3　智能建筑工程项目进度计划检查与调整

对进度计划进行检查与调整应依据进度计划的实施记录。进度计划检查应按统计周期的规定进行定期检查；应根据需要进行不定期检查。

1. 进度计划的检查

进度计划检查就是将工程项目实施的实际进度与计划进度作对比，找出偏差。偏差不外乎有三种可能，实际进度与计划进度相比的结果是：提前、按时（正常）或拖延（延误）。在进度检查时所谈及的偏离往往是针对正在检查的内容而言，这样做不全面，还应分析这些偏差对工程项目或合同段工期有何影响，即工程总体进度状况发展的趋势。

项目进度计划的检查是计划执行信息的主要来源，是工期调整和分析的依据，也是进度控制的关键步骤。项目进度计划检查的方法主要是对比法，即实际进度与计划进度进行对比，从而发现偏差，以便调整或修改进度计划。

在项目实施期间，如果实际进度（尤其是关键线路上的实际进度）与计划进度基本相符时，监理工程师或建设单位不应干预承包人对进度计划的执行；但应及时掌握影响和妨碍工程进展的不利因素，促进工程按计划进行。

（1）进度计划检查的内容

进度计划的检查应包括下列内容：

① 工作量的完成情况。

② 工作时间的执行情况。

③ 资源使用及与进度的匹配情况。

④ 上次检查提出问题的处理情况。

（2）编制进度报告

进度计划检查后应按下列内容编制进度报告：

① 进度执行情况的综合描述。

② 实际进度与计划进度的对比资料。

③ 进度计划的实施问题及原因分析。

④ 进度执行情况对质量、安全和成本等的影响情况。

⑤ 采取的措施和对未来计划进度的预测。

2. 进度计划的调整

在智能建筑工程项目实施过程中，由于投入工程项目实施的设备、人力资源的变化、项目管理失误、恶劣的气候或发包人的原因等因素的影响，都将给工程项目进度计划的实现带来困难。因此，如果在进行进度计划检查时发现工程实施现场的组织安排、开发实施顺序或人力、设备资源与进度计划上的方案有较大不一致时，应及时对原进度计划及现金流动计划予以调整，以符合实际，并保证满足合同工期的要求。

当项目关键部分的实施时间比计划时间增加，这可能意味着整个工期延长。在这种情况下，项目经理可以先把注意力集中在非关键部分上，看非关键部分的资源是否有机动的可能，能否把非关键部分上的设备、人员调整到关键部分上去。如果不能，为了满足关键部分的工程按计划完成的要求，则可能需要延长工作时间，或者重新增加新的设备和人员来完成进度计划的调整。进度计划调整后应编制新的进度计划，并及时与相关单位和部门沟通。

进度计划的调整应包括下列内容：

① 工作量。

② 起止时间。

③ 工作地点。

④ 工作环境。

⑤ 工作关系。

⑥ 资源供应。

⑦ 必要的目标调整。

10.5 智能建筑工程项目实施过程中的进度控制

10.5.1 项目实施过程的进度控制

1. 事前控制

项目实施进度的事前控制即为工期预控，主要工作内容有：

（1）编制项目进度计划

项目进度计划是确定和审核工程承包合同工期条款的依据。凡是与工程项目实施有关的所有的工作，都要对其进度做出计划安排，都应该纳入项目进度计划，它包括总体进度计划、年度和月（季）进度计划、以及关键工程进度计划。

(2) 审核项目进度计划

将编制好的项目进度计划提交监理单位审核，主要审核进度计划是否符合总工期控制目标的要求，审核进度计划与实施方案的协调性和合理性等。

(3) 审核项目实施方案

主要审核项目实施的组织措施和保证工期，以及审核其所采用技术的先进性和可靠性。

(4) 制定采购计划

制定由发包人供应采购的材料、设备的需用量及供应时间参数，编制有关材料、设备部分的采供计划。

2. 事中控制

项目实施进度的事中控制包含两方面的内容，一方面是进行进度检查、动态控制和调整；另一方面，及时进行工程计量，为申请工程进度款提供项目进度方面的依据。其工作内容有：

(1) 建立反映工程进度的施工日志

逐日如实记载每日工程实施的部位及完成的实物工程量。同时如实记载影响工程项目进度的内、外、人为和自然的各种因素，如暴雨、大风、现场停水、停电等，并注明起止时间。

(2) 编写月工程进度报告

项目经理根据现场实施人员提供的施工日志和项目实施进度记录，及时进行统计和标记，并通过分析和整理，每个月都要综合编写一份月工程进度报告，并提交给监理方和发包人审核。

月进度报告的内容包括：

① 工程进展概况或总说明：应以纪事方式对进度计划执行情况提出分析。

② 工程进度：以工程量清单所列细目为单位，编制出工程进度累计曲线和完成投资额的进度累计曲线。

③ 工程图片：显示关键路径上（或主要工程项目上）一些活动实施及进展情况。

④ 财务状况：主要反映工程承包人的现金流动、工程变更、价格调整、索赔工程支付及其他财务支出情况。

⑤ 其他特殊事项：主要记述影响工程进度或造成延误的因素及解决措施。

(3) 工程进度的检查

审核每月提交的月工程进度报告。审核的要点是：

① 计划进度与实际进度的差异。

② 计划进度、实物工程量与工作量指标完成情况的一致性。

(4) 按合同要求及时进行工程计量验收

(5) 有关进度、计量方面的签证

进度、计量方面的签证是支付进度款、计算索赔、延长工期的依据。

(6) 工程进度的动态管理

工程项目的实际进度与计划发生差异时，应分析产生的原因，并提出调整进度的措施和方案，相应调整项目实施进度计划及设计、材料设备、资金等进度计划；必要时调整工期目标。

(7) 为工程进度款的支付签署进度、计量方面的认证意见。

(8) 组织现场协调会

① 协调有关各方在施工进度安排方面的问题，协调解决内、外关系问题。

② 检查上次协调会执行结果。

③ 解决各种管理上的问题。

④ 解决现场发生的重大事宜。

现场协调会结束后，要编写、印发协调会议纪要。

(9) 定期向发包人、监理报告工程进度情况：每月报告一次。

3. 事后控制

当项目实施的实际进度与计划发生差异时，在分析原因的基础上采取措施：

(1) 制定保证总工期不突破的对策措施

① 技术措施：如缩短工艺操作时间、减少技术间隙期、实行平行流水立体交叉作业等。

② 组织措施：如增加作业对数、增加工作人数、增加工作班次等。

③ 经济措施：如实行包干奖金、提高计件单价、提高奖金等。

④ 其他配套措施：如改善外部配合条件、改善劳动条件、实施强有力调度等。

(2) 制定总工期突破后的补救措施。

(3) 调整相应的项目实施进度计划，以及材料设备、资金供应计划等，在新的条件下组织新的协调和平衡。

10.5.2 项目进度控制要点和流程

1. 项目进度控制要点

(1) 明确项目进度控制的目的及任务。项目计划的有效执行需要做好如下两个方面的工作：

① 需要多次反复协调。

② 消除和纠正实际工期与计划不符的偏差。

项目进度计划的控制就是要时刻对每项工作进度进行监督，然后，对那些出现“偏差”的工作采取必要措施，以保证项目实施能按原进度计划执行，使预定目标按时或在预算范围内实现。

(2) 加强来自各方面的综合、协调和督促。

(3) 要建立完善的项目管理制度。

(4) 项目经理应及时向公司领导汇报工作执行和进展情况，并定期向发包人提交监理报告，以及向各相关部门介绍整个项目的进程。

(5) 智能建筑工程项目进度控制包括对未来情况的预测、对当时情况的衡量、预测情况和当时情况的比较和及时制定实现质量、进度和预算目标的修正方案。

2. 项目进度控制流程

智能建筑工程项目进度控制的流程如图 10.5-1 所示，这是个不断重复的过程，直至工程项目实施完成。

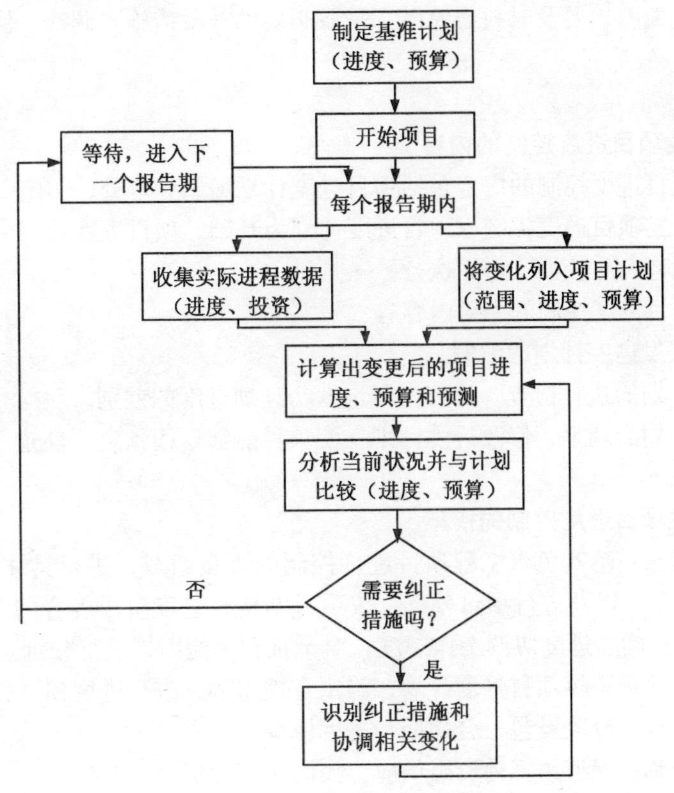

图 10.5-1　项目进度控制流程

（1） 项目进度评估

① 项目进度评估的基础是信息定期收集或者发生的特定事件。

② 所收集的项目信息必须是客观的和可度量的。

③ 实际上，并非每一次都能够得到符合要求的信息，因而通常需要智能建筑工程项目监理部工作人员进行主观判断。

（2） 检查点（Checkpoints）

① 定期的（如一星期一次，一月一次）。

② 与特定的事件绑定的，如生成一份报告或者提交部分产品，或支付部分费用。

智能建筑工程项目软件开发过程的进度控制应根据承包人所采取的开发模式和项目类型来确定。一般承包人软件开发模式包括的阶段是：系统需求分析、软件需求分析、软件概要设计、软件详细设计、软件编码与单元测试、软件组装（集成）测试、软件确认测试、系统联试、验收交付、运行与维护等阶段。

10.6 智能建筑工程项目软件开发进度控制的措施

智能建筑工程项目软件开发进度控制是指在规定的时间内，拟定出合理且经济的项目进度计划，在执行项目进度计划的过程中，要经常检查软件开发的实际进度是否按计划要求进行，若出现偏差，要及时找出原因，采取必要的补救措施或调整、修改原计划，直至项目完成。

1. 软件开发项目进度控制的内容

软件开发项目进度控制的内容包括项目进度计划编制、审查、实施、检查、分析处理的过程。软件开发项目进度控制以项目进度计划为基础。项目进度计划由承包人编制、经监理审核，报发包人并获得认可后执行。

软件开发项目进度控制的主要内容有：

（1）软件开发进度计划的编制。

（2）进度计划的执行检查，比较实际进度与计划进度的差别。

（3）进度计划的调整，修改进度计划，使项目能够返回预定“轨道”。

2. 软件开发项目进度控制的措施

（1）组织措施：落实负责工程项目进度控制的人员组成，进行具体项目进度控制任务和管理职责分工；以及进行项目分解，按项目结构、进度阶段、合同结构多角度划分，并建立编码体系；确立进度协调工作制度；对干扰和风险因素进行分析。

（2）技术措施：审核项目进度计划，确定合理定额，进行进度预测分析和进度统计。

（3）合同措施：分段发包，合同期与进度协调。

（4）经济措施：保证预算内资金供应，控制预算外资金。

（5）信息管理措施：实行项目进度动态比较，并编写比较报告。

3. 软件开发项目进度控制要点

智能建筑工程项目进度控制是通过一系列项目管理手段，运用运筹学、网络计划、进度可视化等技术措施，使软件开发项目建设工作控制在详密的进度计划以内。

（1）软件开发项目进度控制的类型

1）作业控制

作业控制的内容就是采取一定措施，保证每一项作业本身按计划完成。作业控制是以工作分解结构 WBS 的具体目标为基础的，也是针对具体的工作环节的。通过对每项作业的质量检查以及对其进展情况进行监控，以期发现作业正在按计划进行还是存在缺陷，然后由项目管理部门下达指令，调整或重新安排存在缺陷的作业，以保证其不致影响整个项目工作的进行。

2）进度控制

项目进度控制是一种循环的例行性活动。其活动分为四个阶段：编制计划、实施计划、检查与调整计划、分析与总结，如图 10.6-1 所示。

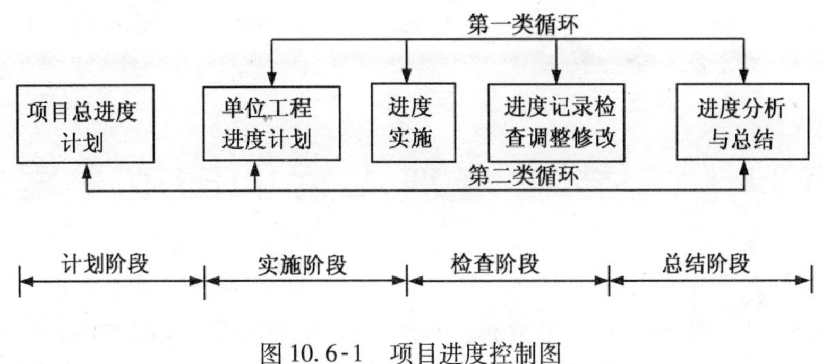

图 10.6-1　项目进度控制图

进度控制就是采取有效措施来保证项目按计划的时间表来完成工作，避免或修正出现的实际进度与计划不符的情况，通常把工期滞后的情况称为“脱期”。

开发人员责任心不强、信息失实或遗漏、协作部门的失误等因素都会影响到软件开发工期。不过有许多工期的拖延都是可以避免的，比如增强项目工作人员信心、完善管理制度和改进沟通的技能等。

(2) 按照不同管理层次对项目进度控制的要求分类

1）项目总进度控制

项目经理对项目中各里程碑事件的进度控制。

2）项目主进度控制

项目监理部对项目中每一主要事件的进度控制。在多级项目中这些事件可能就是各个分项目。

3）项目详细进度控制

开发人员对具体作业进度计划的控制，这是进度控制的基础。

项目进度控制主要解决的问题是克服脱期，但实际进度与计划不符的情况还有另外一种，即工作的过早完成。一般来说，这是有益无害的，但在有些特定情况下，某项工作的过早完成会造成资金、资源流向问题，或支付过多的利息等。

第11章　智能建筑工程项目成本管理

提高经济效益是企业的中心任务，所谓经济效益，就是经济活动中投入和产出之间的数量关系，即生产过程中劳动占用量和劳动消耗量同劳动成果之间的比较。在当前非常激烈的市场竞争环境中，经济效益的好坏直接关系到企业的生与死。企业要想生存和发展，必须把提高经济效益当作头等大事来抓，把各项工作纳入到以提高经济效益为中心的轨道上来，改善经营机制，加强经济核算，巩固经济责任制。而要做到这些，首先要加强投资控制。对于智能建筑工程项目建设而言，就是加强工程项目的成本管理和控制。

工程成本是衡量工程项目经济效益的最重要的因素之一，因此，项目成本管理和控制是智能建筑工程项目管理的一项最重要的工作。

11.1　智能建筑工程项目成本管理概述

众所周知，包括智能建筑工程项目在内的信息化建设工程项目造价昂贵，以超过预算著称，并且建设工程项目越大，实际费用超出项目预算的程度越高。因此，项目成本管理是信息化工程建设中最重要的任务之一。

11.1.1　智能建筑工程项目成本管理的定义

1. 工程费用和项目成本管理的概念

(1) 工程费用

工程费用一般是指建设工程项目所投入的建设资金，它是工程建设项目在实施过程中形成的工程价值的货币表现形式，可分为预算工程费用和实际工程费用。虽然工程费用是在工程项目建设过程中耗费的，但是在耗费之前要进行一系列的预测工作，对工程费用进行估算，形成预算工程费用，并以合同价的形式来反映工程费用的预测值。

智能建筑工程费用以工程花费或消耗的资源为基础，它是智能建筑工程价值的货币表现。工程项目必须经过实施过程才能完成由设计图纸到实物形式的转化，而形成工程价值。由于智能建筑工程建设过程实际情况的千变万化及人们预测能力的局限性，使工程完工时最终消耗的实际工程费用不一定恰好就是合同价格。

(2) 工程成本

成本（cost）与费用（expense）在经济分析中是作为同义词使用的。实际上在描述工程项目的不同阶段的消耗过程中，两者却是不同的，主要体现在其组成内容及分析角度上的不同。

工程是一种按期货方式进行交换的商品，其产品的形成过程中既要耗费物资资源，也要耗费人力资源。工程价值由三个部分组成：

① 已耗费的物资资源价格。

② 建设者的报酬和公司维持经营所必要的费用等。

③ 企业向财政缴纳的税金和税后留存的利润，即建设者在工程建设过程中新创造的价值。

工程成本是产品形成过程中所必需的耗费，指的是第一部分和第二部分耗费的总和。工程费用则包括了全部三部分耗费，是这三部分耗费的总和。即是说，工程费用是工程成本加上企业缴纳的税金和税后留存的利润。

(3) 项目成本管理的定义

项目成本管理是为了保证完成项目的实际成本不超过预算成本的管理过程。它包括资源的配置、成本的预算以及成本的控制等项工作。项目从启动到收尾整个生命期间离不开一定的费用支撑，为保障项目实际发生费用不超过预算费用，必须对成本实施控制管理。

智能建筑工程项目成本管理是指在工程项目实施过程中预测和计划工程成本，并控制工程成本，以确保工程项目在成本预算的约束条件下完成。工程项目成本管理的基础是编制财务报表，主要有财务现金流量表、损益表、资金来源与运用表、借款偿还计划表等。

智能建筑工程项目成本管理的目的是通过对工程成本目标的动态控制，使其能够最优地实现。由于智能建筑工程项目的各种复杂因素，通常采用单价合同形式的费用支付方式。因此，智能建筑工程项目建设过程中工程成本管理的关键环节是工程计量与支付。

工程计量是通过实际测量而得到的已完成的工程量，工程费用的支付是对工程项目质量、进度的最终评价。在智能建筑工程项目实施过程中，两者高度统一，共为一体，工程成本除了反映发包人和承包人的直接经济关系外，其支付还反映了工程的进度和质量。因为承包人的工程质量不合格，监理工程师不签字认证验收，发包人就不予付款；如果工程拖延，该竣工时工程还未完工，经过监理工程师检查证明，发包人可以扣回承包人的工期拖延违约罚金等。

2. 智能建筑工程费用的组成

智能建筑工程项目投资构成一般可以划分为：工程前期费用、咨询/设计费用、监理费、工程费用、第三方工程测试费用、工程验收费用、系统运行维护费用、项目风险费用和其他费用等。其中智能建筑工程费用由以下几部分组成：

(1) 直接工程费用

指直接构成智能建筑工程实体的有助于项目完成的各项费用，包括直接费、其他直接费及现场经费。

① 直接费用：能够以简单方便的方式加以追踪的相关费用，即指完成智能建筑工程项目的建设任务而直接体现在工程上的费用，例如，智能建筑工程项目建设中工作人员的薪金、购买硬件和软件所支付的货币等都是直接费用。

② 其他直接费：指概预算定额中所计列以外的属于直接用于智能建筑工程实体的费用，包括施工辅助费、夜间施工增加费等。

③ 现场经费：指施工现场组织施工生产和管理所需费用，包括现场管理费和临时设施费。其中现场管理费指在工地现场发生的有关管理费用，包括以各类工程的定额直接费为基数计算的基本管理费用和其他单项费用，如现场管理人员的基本工资、工资性补贴、职工福利费、劳动保护费，以及办公费、差旅交通费、工具用具使用费、保险费等。临时

设施费指承包人为进行工程施工所必须的生活和生产用的临时建筑物、构筑物和其他临时设施的修建、维修和拆除或摊销的全部费用，不包括概预算定额中的临时工程在内。

(2) 间接费用

不能以简单方便的方式加以追踪的相关费用，主要指智能建筑工程实施现场以外为项目提供服务管理的费用，含企业管理费、上级管理费和财务费用三部分。企业管理费，指施工企业为组织施工生产活动所发生的管理费，包括管理人员的基本工资、工资性津贴、职工福利费、差旅费、办公费、固定资产折旧修理费和工具使用费、工会经费、职工教育经费、劳动保险费、职工养老保险费及待业保险费、保险费、税金及其他等。财务费用指施工企业为筹集资金而发生的各项费用，包括企业经营期发生的短期贷款利息净支出、汇兑净损失、调剂外汇手续费、金融机构手续费以及企业筹集资金发生的其他财务费用。

配置给项目的间接费用，项目经理很难控制。例如，在一个大的办公楼里，工作于许多项目的成千员工所使用的电力费用、纸巾等都是间接费用。

(3) 施工技术装备费

指为承包人逐步扩大施工技术装备的费用和实施方案设计费，包括硬件设备和软件费用，以及根据发包人需求或规划设计方案，编制工程实施方案所发生的费用等。

(4) 计划利润

按照国家有关规定的企业应取得的利润。依据工程类别实行差价利润率。

(5) 税金

指按照国家规定应计入工程造价内的营业税、城市建设维护税及教育附加税。

3. 项目费用偏差

项目费用偏差计划有超支和节约两种情况。项目费用偏差仅仅反映了项目运行费用方面的偏差，还不足以真实反映项目运行的整体状况。它还需要与其他因素，如进度偏差、工作质量状况等结合起来，综合判断，以全面反映项目的真实情况。

项目费用偏差如图 11.1-1 所示。其计算公式为：

偏差 = 预算费用 − 实际费用

产生费用偏离的因素是多方面的，主要有宏观的和微观的、项目外的和项目内的，以及具体的如技术、管理、时间等。如果费用偏差大于零，表示项目费用节约；如果费用偏差小于零，表示项目费用超支。但仅仅考虑费用的做法是片面的、没有意义的。不能简单地说超支就是坏事，节约就是好事。费用偏离必须与进度、工作质量等结合起来综合判断。

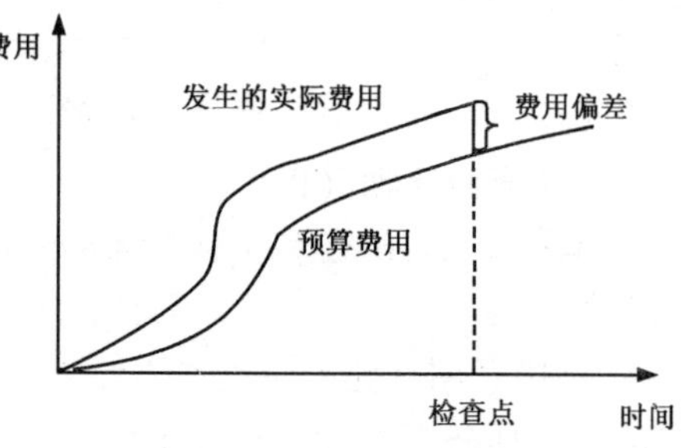

图 11.1-1　累积费用曲线

4. 与项目成本管理相关的一些基本概念

(1) 净现值分析

把所有预期的未来现金流入与流出都折算成现值，以计算一个项目预期的净货币收益与损失。如果财务价值是项目选择的主要指标，那么只有净现值为正时项目才可给予考虑。

（2）投资收益率分析（ROI）

将净收入除以投资额的所得值。ROI 越大越好。

（3）投资回收期分析

投资回收期就是以净现金流入补偿净投资所用的时间。换句话说，投资回收期分析就是要确定得经过多长时间累计收益就可以超过累计成本以及后续成本。当累计折现收益与成本之差开始大于零时，回收就完成了。

（4）利润

利润是收入减去费用。公司总经理最关心的是利润而不是其他问题，为了增加利润，公司可以增加收入，也可以减少花费，或者同时采取两种方式。

（5）全寿命期费用计算

对于一个智能建筑工程项目而言，全寿命期费用计算考虑的是权益总费用，即项目开发费用加上项目维护费用。项目经理在进行财务决策时，需要考虑项目整个生命期发生的费用。全寿命期费用计算让项目经理对贯穿于整个项目生命期的费用状况有一个总体认识。

（6）软件缺陷费用

如果在智能建筑工程项目早期能够发现软件缺陷，那么造成的费用增加不太多，越是往后才发现软件缺陷，那么造成的费用增加会成倍，甚至成几何级数增加。表 11.1-1 总结了在系统开发生命期不同阶段纠正软件缺陷的典型费用。

软件缺陷费用　　　　**表 11.1-1**

缺陷发现时间	纠正的典型费用（美元）	缺陷发现时间	纠正的典型费用（美元）
用户需求阶段	100～1000	验收测试阶段	1000～100000
编码测试、单元测试阶段	>1000	完成后	达到几百万
系统测试阶段	7000～8000		

（7）投资回收期（P_t）

它是反映项目真实偿债能力的重要指标，是指以项目的净收益抵偿项目全部投资所需要的时间。在现金流量表中，是累计现金流量由负值变为零的时点。投资回收期越短，表明项目盈利能力和抗风险能力越强。

（8）有形和无形费用及收益的分类

有形费用或有形收益是能够容易以货币衡量的那些价值，无形费用或无形收益是那种很难用货币来衡量的费用和收益。

（9）沉没费用

过去已经花去的货币等。沉没费用应该被忘记，当决定应该或继续投资哪个项目时，应该不包括沉没费用。

（10）储备金

在成本估算中准备的一部分资金，用于应付不可预测费用风险。

11.1.2 智能建筑工程建设资金的筹措

智能建筑工程项目的建设，总是离不开一定数量的资金投入。工程项目的整个建设过程，也就是资金的消耗过程。没有一定数量的资金，工程项目的建设活动也就无法进行。因此，智能建筑工程建设所拥有的，或所能筹集到的资金数量，决定着智能建筑工程建设的规模。反之，智能建筑工程投资规模一旦确定，发包人就必须筹集到与之相适应数量的资金来作为保证。所以，资金筹集对于智能建筑工程建设始终具有十分重要的意义。

1. 工程项目投资的概念

所谓工程项目投资，就是投资主体为了达到一定的目的而将其能支配的资金（或其他资源）投入工程项目建设的过程。这里，投资包含三层含义，一是指投入的资金（或其他资源）；二是指投资主体的资金投放行为，包括资金的筹措、投向、投资决策、投资计划、实施、调控等活动；三是指资金（或其他资源）的投入过程。

在智能建筑工程项目建设过程中，投资可以理解成：进行智能建筑工程项目建设花费的全部费用，即发包人为项目实施完成所支付的全部费用，主要包括：

① 工程前期费：发包人请专业公司在项目策划、可行性分析、立项，以及工程方案设计、造价是否合理评估和项目招投标等方面所需要的费用。

② 咨询设计费：发包人聘请专业的顾问公司或设计单位进行智能建筑工程项目咨询或进行项目规划设计所需费用。

③ 工程监理费：付给信息系统工程监理单位的监理服务费用。

④ 工程费用：包括直接工程费用、间接费用、施工技术装备费、计划利润和税金等。

⑤ 第三方测试费：对于许多的复杂大型信息系统工程项目，为了防止验收是定性评价的随意性，在验收前，往往聘请第三方评测机构对项目进行验收测试，通过定量性的测试结果对项目进行评价，做为验收的依据之一。另外承包人往往不具备针对复杂大型信息系统工程项目进行性能、安全性测试的条件、技术和资质，性能和安全性测试往往要聘请第三方的专业测试机构。所以发包人必须预留相应的测试费用，以便支付给第三方测试机构。

⑥ 工程验收费：工程质量监督机构或发包人对工程项目进行质量监督检验所发生的费用。

⑦ 系统运维费：工程完成后在正常使用中所需要的维护费用（设备、人工、材料）等。

⑧ 项目风险费：保证万一出现风险时，项目仍能顺利完成所需要的费用，例如保险费等。

⑨ 其他费用：指根据建设任务的需要，必须在建设项目中列支的其他费用。

随着我国经济体制、计划体制、财政体制、银行体制、基建体制的改革不断深入，工程项目资金筹集的方式也在不断的变化和发展。智能建筑工程建设中投资按照投资主体的不同阶段资金来源渠道的不同，一般可划分为国家投资、国内贷款、自筹资金、租赁、发行证券和利用外资等。

2. 国家投资

国家投资亦称国家预算内投资、财政投资或政府投资。它是指我国以国家预算资金为来源，并列入国家计划的固定资产投资。1989 年以前，国家投资通过国家基本建设预算支出、国家预算内其他专项资金及预算内更新改造资金安排，从 1989 年开始，中央财政安排的基本建设投资改由基本建设基金安排。国家投资一般可以分为以下两种：

(1) 政府拨款

包括国家或地方财政预算拨款、各行发包人管部门提供的信息化建设活动经费以及国内信贷资金三种类型。

① 国家或地方财政预算拨款来源于国民收入中的大部分，是用于进行扩大再生产的积累基金的一部分，它以无偿拨付的方式投资于国家信息化建设事业。

② 各行发包人管部门提供的信息化建设活动经费来源于各行发包人管部门自行掌握的信息活动资金，是各行发包人管部门为达到某种目的而定期或不定期发放的，一般专款专用，不允许随意截留或用作他用。

③ 国内信贷资金也来源于国民收入中的大部分，与国家或地方财政预算拨款不同的是，国内信贷资金是以还本付息、有偿使用的形式投资于国家信息化建设事业的。

(2) 基本建设投资拨款

基本建设投资拨款是指我国以国家预算中基本建设支出为资金来源直接安排并列入国家基本建设计划的投资。它是国家投资的主体，包括中央财政安排的投资与地方财政统筹安排项目的投资部分。1989 年建立了国家基本建设基金以后，原中央财政安排的基本建设投资改由国家基本建设基金直接安排。

从 1981 年开始逐步实行“拨改贷”，由国家财政预算拨款的项目逐渐减少，目前仅有国防工程项目、重大科研项目、文教卫生项目、某些行政事业单位非营业性的无偿还能力的工程项目，还是由国家预算拨款，而且审批也非常严格。工程项目投资拨款管理的基本原则是：

(1) 按基本建设计划拨款

按计划拨款是指按被批准的发包人年度基本建设计划及所附的工程项目一览表拨款。

(2) 按基本建设程序拨款

按基本建设程序拨款是通过拨款这一监督手段，促进发包人按设计阶段、设备采购和制造阶段、施工安装阶段、竣工验收阶段、试生产阶段的程序实施层层把关的原则。

(3) 按施工预算拨款

按施工预算拨款是指发包人给施工企业拨付工程款时，必须严格以施工预算的工程量和定额单价为依据，并在上级主管部门和建设银行的监督下拨付款项。

(4) 按工程进度拨款

按工程进度拨款是指按发包人支付施工单位分部、分项工程的完成进度的实际情况拨款。

3. 自筹资金

(1) 自筹资金的核念

自筹资金是由各地区、各部门、各企事业单位按照财政制度提留、管理、自行分配用于固定资产投资的预算外资金。自筹资金的形成与我国财政预算管理体制变革有关。50年代初，我国实行高度集中的财政管理体制，预算外资金不多。1954年开始，允许地方征收工商附加税，作为地方预算外资金。1955年以后国家决定国营企业实行企业奖励基金和大修理基金制度，企业提留的这两项资金作为企业的专项基金故在预算外管理。因这个时期的预算外资金还很少，能够用于投资的则更少。1957年全国预算外资金只有26.3亿元，各类自筹资金投资为2.2亿元，占同期全民所有制单位投资的11.4%。80年代初，在改革开放的新形势下，随着财政管理体制的改革，预算外资金迅速增长，自筹资金投资在固定资产投资中的比重明显提高。1988年以来，自筹资金投资占国有单位投资总额的42%以上，并有逐年上升的趋势。

自筹资金按照投资主体和资金来源的不同，可以分为地方财政自筹资金、部门自筹资金和企业自筹资金。地方财政自筹资金是各级地方政府和地方业务主管部门自行筹措用于固定资产投资的预算外资金；部门自筹资金是指由国务院各部、委、局和省、地（市）、县有关部门按照国家规定自行筹集用于固定资产投资的资金；企业自筹资金是指企业及企业性公司等经济单位按照国家规定自行筹集用于固定资产投资的资金。

(2) 企业自筹资金的管理

企业自等资金主要来自按财政制度归企业支配的各种自有资金，如实收资本、资本公积金和盈余公积金等可用于投资的部分。

从1978年以来，国家曾反复强调要加强自筹资金管理。并规定自筹资金在建设银行专户存储，规定"先存后批、先批后用，存足半年才能使用"。自筹投资要纳入国家计划，资金来源还必须正当，投资所需的材料、设备必须落实等。

随着企业经营机制的转换，企业投资自主权将逐步得到落实。企业自筹投资作为企业生产发展和资金运用的一个重要方面，所受到的行政干预也将会逐步减少。企业将根据自己生产经营的需要和自己筹集资金的能力，自主地确定自筹资金投资的类型、规模和使用方向。利用自筹资金投资事先要进行可行性分析和技术经济论证，严格按基本建设科学规律和程序办事，以保障自筹投资有较好投资效益。

4. 银行贷款

建国以来的实践经验表明，无偿拨款的投资方式暴露出许多弊病，造成各部门、各地区、各发包人争投资、争项目，而又不承担经济责任。结果造成基本建设摊子大、周期长、效益差的恶性局面。因此，国家在20世纪80年代以后开始实施"以贷代拨"的方式。

(1) 以贷代拨

"以贷代拨"是指发包人将批准的基本建设立项文件、项目建议书、设计任务书、初步设计、设计预算等资料递交到建设银行，并与建设银行签订借款合同。在借款合同中应写明借款项目名称、用途、金额、利率、借款期限、用款计划、双方权利、义务和违约责任等。

"以贷代拨"与无偿拨款相比，确实是前进了一大步，收到了很显著的效果，表现了信贷杠杆对投资的调节作用。但是，由于投资体制改革的配套改革不完善，"以贷代拨"在某种程度上还存在"计划经济"和"行政指令"的成分，建设银行往往是"奉命贷款"或"政策贷款"。

(2) 银行择优贷款

随着我国金融体制改革，银行已不是一般行政机关，银行的信贷业务是银行自身的经营行为，银行向发包人贷款后，将与发包人共享利益、同担风险。

银行贷款的管理原则是：

① 计划管理的原则：计划管理的原则是指银行信贷资金的运用必须遵守国家固定资产投资计划和国家信贷计划。

② 按政策择优发放的原则：银行信贷资金择优发放是指银行在遵守国家有关政策方针的前提下，对工程项目可行性研究审查和经济评估，反复比较后择优扶持。

③ 安全性和偿还流动性原则：银行信贷资金运用的安全性，是指信贷资金运用做到无风险，或虽有风险但不会造成信贷资金损失。银行信贷资金运用的偿还流动性，是指信贷资金运用必须做到能够收回，有放有收，循环周转。

④ 控制与搞活相结合的原则：控制与搞活相结合的原则是指在宏观控制上，银行信贷资金必须纳入信贷计划，并在此基础上核定指标进行控制，在微观搞活上银行从服务建设、支持建设出发，因地制宜地发放银行信贷资金。

5. 发行证券

发行证券是指通过发行股票、债券等融资渠道来筹集资金。它是企业创建或发展过程中，筹集创业资本和生产发展资金的一种有效方式。这种方式已被越来越多的企业所采用。而企业发行的证券，按其所代表的财产有无所有权，可以分为股票和企业债券。对国家信息化建设事业的发展起到了很好的促进作用。

(1) 证券市场的作用

有价证券市场是指买卖公债、公司债券和股票等有价证券，并形成有价证券行市的市场。建立有价证券市场有利于合理引导资金流向，通过国家政策引导，对国民经济重要部门或行业进行扶持。建立有价证券市场不会增加社会资金总量，但能有效地改变社会资金总量的结构，使分散的资金导向短缺而又必须发展的部门。建立有价证券市场还可使中央银行实现调控手段完善化。在银根紧缩和银根松动时，证券市场可以起缓冲和调节作用。发行有价证券的意义在于：

① 有利于打破行业区域垄断，适应市场经济发展的要求，优化资产组合，明确产权所有。

② 有利于吸引国内外资金发展经济，加快经济建设步伐，加速我国基本工程的建设。

③ 有利于社会公众参与社会投资，为每一位社会公众提供均等的投资机会。国家可以有效地引导社会资金流向、抑制社会公众不合理的消费。此外，企业通过内部职工集资入股，还可以充分调动职工参加生产经营管理的积极性，增强职工主人翁责任感。

(2) 股票发行的程序

股票是股份公司签发的证明股东按其所持股份享有权利和承担义务的书面凭证。同时它又是股份公司在初创或改组时，为了筹集资本金，按照法律所规定的程序报经批准后发行的一种投资证明。股票没有到期日。持股者与股份公司共担风险，股份公司要兼顾公司的经济效益和广大股民的切身利益，因此股份公司在投资决策时必须经过周密的可行性分析和技术经济评估，不断提高股份公司的信用。

股票发行人必须是具有股票发行资格的股份有限公司，公开发行股票，一般按以下程序办理：

① 股份有限公司聘请会计师事务所、资产评信机构、律师事务所等专业性机构，对其资信、资产、财务状况进行审定、评估和就有关事项出具法律意见书后，按照隶属关系，分别向省、自治区、直辖市、计划单列市人民政府（以下简称地方政府）或者中央企业发包人管部门提出公开发行股票的申请。

② 在国家下达的发行规模内，地方政府对地方企业的发行申请进行审批，中央企业发包人管部门在与申请人所在地地方政府协商后对中央企业的发行申请进行审批，地方政府、中央企发包人管部门应当自收到发行申请之日起30 个工作日内做出审批决定，并抄报证券委。

③ 被批准的发行申请，送证监会复审，证监会应当自收到复审申请之日起20 个工作日内出具复审意见书，并将复审意见书上报证券委，经证监会复审同意的，申请人应当向证券交易所上市委员会提出申请。经上市委员会同意接受上市，方可发行股票。

(3) 股票发行方式

股票发行方式，按照不同的划分标准来说有以下三种：

1）公募发行

股票的公募发行又称公开发行、社会募集或公开招股。这种发行方式是指股份公司以同一条件向社会非特定的单位和个人发行股票。公开发行是股票上市的必须条件。国家为了保证公众投资者的利益，对采取公募发行的股份公司都有较严格的要求，采取公募发行方式设立的公司称为社会募集公司。公募发行有直接发行和间接发行之分。

① 直接发行：指发行公司自身直接发行股票、募股筹集资金。

② 间接发行：委托证券公司、信托投资公司等股票发行中介机构代理发行股票，它一般又有委托募集、承销募集和包销募集三种形式。

2）私募发行

股票的私募发行又称内部发行、定向募集或私人配售。它是指股份公司直接向特定法人和特定个人发行。不公开对其他社会公众发售、也不进入公开的市场流通。这种发行方式也有直接发行和间接发行两种形式。

私募发行股票的公司称为定向募集公司。定向募集公司向内部职工募集股份，应限于公司董事、监事、公司及其全资附属企业的在册职工、在册管理的离退休职工。公司向内部职工募股，不得印制股票，只能发股权证。

股权证是股份公司发行的，表示其股东按其持有的股份享受权益和承担义务的书面凭证。股权证一般采用簿记形式，并载明下列事项：公司的名称、住所，公司设立登记或新股发行之变更登记的文号及日期等。此外，股权证还应标明职工持股数量及其增减情况，并经董事长签名，加盖公司股权证专用章后生效。股权证应由公司委托的证券经营机构集中托管。公司依据股权证向持股职工签发股权证持有卡，作为持股身份的证明。

定向募集公司内部职工认购的股份总额，不得超过公司股份总额的2.5%。内部职工持股在公司配售3 年内不得转让。3 年后也只能在内部职工之间转让。定向募集公司转为社会募集公司时，内部职工持股从公司配售之日起，满3 年后才能上市转让。

3）配股发行

配股发行是指股份公司增资时，公司按一定的比例向现有股东分配新股认股权。动员股东认购新增股票。这种发行方式一般有三种形式：

① 有偿配股：即现有股东按新股认股权缴纳认购股款取得新发行股票。它又可以分为按股票面值售股和介于时价与面值之间的价格售股。

② 无偿配股：即现有股东不必缴纳认购股款，得到新股认股权取得新发行股票。

③ 有偿和无偿相搭配：向现有股东配股。

（4）股票发行价格

股票本身没有价值，但它却有价格。股票的价格是由于它能为购买者带来股息收入而产生的。一般地说，股票价格即股票买卖的行市，可以分为股票发行价格和股票交易价格。股票发行价格又包括面值发行、时价发行、溢价发行和折价发行。

① 面值发行：是指股票的发行价格与票面价值相等，又称为等价发行，如股票面值为 1 元，发行价格也为 1 元。这种发行简单明了，对于发行公司来说，费用较低，且发行价格不受股市行情波动的影响。

② 时价发行：是指股票的发行以当时的（某一天或过去的一个月）股票市场上的价格水平为基准来确定。一般是低于股票市场价格的 10% 左右。

③ 溢价发行：时价发行时，当股票发行价格超过股票面值时，如票面为 1 元的股票以 4 元发售，称为溢价发行。

④ 折价发行：当股票发行价格低于股票面值时，如票面为 1 元的股票以 0.85 元出售，称为折价发行。溢价发行和折价发行的价格，都应由股份有限公司董事会根据股票的市场供求、行情和公司经营业绩、预期收益及股票面值等因素来确定。但在我国，目前不允许股票折价发行。

发行股票是智能建筑工程建设筹集资金的有效途径。它的优点是公司以较少的股票获得更多的资本，从而减轻公司的股息负担，资金的成本也相应降低。采用溢价发行得到的溢价资金应全部或部分转入公司的法定资本准备金。若以后公司经营良好，可将其转入股本账户，但溢价发行的溢价幅度一定要合理，否则不利于股票推销。

（5）发行债券

债券是借款单位为筹集资金而发行的一种信用凭证，它证明持券人有权按期取得固定利息并到期收回本金。债券的种类有国家债券、地方政府债券、企业债券和金融债券。债券一般也有公募发行和私募发行两种方式。公募发行是指以不特定的社会公众投资者为对象发行债券的方式，私募发行是指债券的发行不是面向社会大众，而仅仅面向与发行人有特定关系的并且投资者有限的募集。公募发行的债券可以上市公开进行交易，而私募发行的债券一律不得上市流通。

采取发行债券筹集资金方式的特点：

① 发行债券手续简单。吸引力较强，适应目前我国部分群众求稳的投资心理，有利于筹集社会闲散资金。

② 债券的债权人与债务人之间不涉及到财产所有权问题，只是普通的债权债务关系，因而有利于工程建设企业运用。

③ 债券的弹性较强，因为债券是工程建设企业向外举借债务的证明，到期还本付息

后即解除了债务关系。必要时，工程建设企业还可以采取分期发行分期偿还，或一次发行分期偿还等方式。而股票则不同，它是股份公司资产的一部分，是股份公司的产权证明。

④ 债券在通货膨胀期间还可以转嫁风险于投资者。

6. 利用外资

(1) 利用外资的意义

利用外资，通常是指利用外国的资金或资本，为我国经济建设服务。随着我国进一步实行改革开放的政策，国家鼓励企业引进国外先进设备和先进技术，同时也鼓励外商到我国投资，并且在政策上给予一定的优惠条件。按照我国目前的实际情况，侨资和港澳台资也称作外资。

利用外资是现代国际经济交流与合作的基本形式之一。通过利用外资，可以弥补国内建设资金不足，加快国家经济建设步伐。二次世界大战后世界经济发展的实践表明：凡是实行对外开放政策，注重利用外资的国家或地区，经济发展就比较迅速。据有关资料介绍，1983 年对 106 个国家和地区的统计，人均国民生产总值 800 美元以上的，人均利用外资 190.36 美元；300～800 美元的，人均利用外资 52.4 美元；300 美元以下的，人均利用外资 25.12 美元。在一般情况下，利用外资同国民生产总值成正比例关系。因此，利用外资已成为各国加速经济发展的重要手段。

在我国，利用外资对加快我国社会主义建设进程，将具有重要的战略意义。

① 利用外资有助于解决我国经济建设资金不足的困难：一个国家经济建设的发展速度，在很大程度上取决于资源的投入量，其中最主要的是资金。由于国内资金紧缺，已成为制约我国经济发展的重要因素。因此，利用外资可以相对缓解国内资金缺口矛盾，以加快经济发展中一些薄弱环节和重点项目的建设。

② 利用外资有助于改变我国生产落后的状况：由于我国大多数企业使用的生产设备和技术还是 20 世纪 80 年代以前的，有的甚至 30 年代的产品。设备陈旧、技术落后、管理水平低，已成为制约我国经济效益和经济发展的主要因素。因而，通过利用外资引进国外的先进技术、先进设备和现代化的管理经验，有利于缩小我国与世界先进水平的差距，促进我国企业素质的提高，提高我国经济效益和经济发展的速度。

(2) 提高利用外资的经济效益

企业利用外资，一定要根据自身经营状况，慎重决策。利用外资，一是成本高，企业应当能够承受得住；二是需要用外汇偿还，企业应充分考虑自己的创汇能力。对于企业来说，利用外资关键是要把握“借得来，用得好，还得起”这九个字，并使之形成良性循环。

为了充分发挥外资应有的作用，要求企业要十分讲求经济效益。从企业角度出发，利用外资引进先进技术和先进管理后，利润率和出口创汇率愈高，投资回收期愈短，企业的经济效益则愈佳，表明企业利用外资愈成功。

企业利用外资应注意以下几点：

① 选择恰当时机，合理安排外资的使用。

② 根据我国利用外资的不同发展阶段，结合市场和企业实际，进行多方比较，抓住利用外资的最佳时机、渠道、形式和币种。引进外资，应尽量安排在设备更新和技术引进

上，促使企业生产上档次、上水平，缩小与发达国家的技术差距。

③ 作好项目可行性研究，避免盲目利用外资。对利用外资的项目，事先必须全面分析并论证其在技术上和经济上的合理性、必要性和可行性，包括投资的经济意义、资金来源和筹集方式、产品销售市场、偿还能力、原材料和后勤配套状况等。

④ 要提高企业经营管理水平、增强企业的偿还能力。先进的技术和设备，必须有先进的管理与之相适应。否则，引进的技术设备不仅不能发挥作用，不能迅速形成生产能力，创造产品效益，还会造成资金的大量浪费，削弱企业的偿债能力。因此，企业在利用外资的同时，应充分注意自身管理水平的提高，加强现代管理技术的培训和推广应用，使企业管理人员和职工的整体素质能与现代企业的生产和经营相适应。

(3) 利用外资的方式

利用外资筹措资金的方式主要有以下三大类：

1）借用外资

① 外国政府直接向我国政府的贷款：一般年利率为 2% ~3%，期限平均为 20 ~ 30 年，一般限定用途和从贷款国进口设备。

② 国际金融组织贷款：主要有国际货币基金组织、世界银行、国际开发协会、亚洲开发银行等组织提供的贷款。

③ 国外开发银行、投资银行等商业银行及开发金融公司提供的贷款：建设项目投资贷款一般通过中国银行、国际信托投资公司和中国投资银行办理。该贷款的特点：筹集快而金额大，资金可自由支配，但利率较高。一般根据各币种的国际市场利率，但通过贷款者的竞争，可取得稍优惠的利率，此外还要收取承诺费、手续费等各种费用。

④ 在国外金融市场发行债券：要支付利息和限期偿还本金。其特点是：偿还本金期较长，一般在七年以上；发行额一次约 1 亿美元；筹款可自由运用和连续发行。但手续较烦琐，其利率及发行费一般高于商业银行信贷利率。

⑤ 通过中国银行或设在海外的金融机构吸收外国银行、企业和私人存款：其特点是分散、流动性大，但成本低，风险小。

⑥ 利用出口信贷：借方只能用于购买出口信贷国设备，期限一般为 10 ~ 15 年。方式有两种：

- 出口信贷的银行将贷款直接贷给国外买方，称买方信贷；
- 出口信贷的银行将资金贷给本国的出口者（卖方），卖方将设备赊卖给国外买方，而不致发生资金周转困难，称卖方信贷。

2）外资直接投资

① 合资经营举办合营企业：双方出资组成，可用现金、实物、工业产权等进行投资，双方分享盈亏和承担风险责任。

② 合作经营：是无股权的契约式经济组织，由我方提供土地、厂房、劳动力，由国外合作方提供资金、技术或设备。双方权利、责任、义务由双方协商签订协议书，批准后受法律保护。

③ 合作开发：与合作经营类似。对一些大规模建设工程项目、基本建设和资源的合作勘探开发项目，主要是采用风险合同的合作方式。例如海上石油开采项目，对前阶段勘探的费用由外国公司支付，投产后按合同规定分享产品或利润。

④ 外资独营：企业的产、供、销等经营活动由外国投资者负责，但要遵守我国法律法规，并照章纳税。

3）其他外资投资

① 补偿贸易：外国企业向我国企业提供设备、技术、专利及培训人员，竣工投产后按双方协议偿还外国企业所提供的设备等所折合的资金额。还款付息主要用产品补偿。

② 对外加工业务：由国外委托人提供原材料等，委托我国企业按质量、规格进行生产，成品交委托人销售，我方按合同规定收加工费。

③ 对外装配业务：由国外委托人提供零部件等，委托我方按要求装配，成品交委托人销售，我方收装配费。

④ 国际租赁：由租赁公司垫付资金租进设备使用，租赁期满退还设备或再办续租手续，按协议支付租金。承担人可分享国外出租人的税务优惠，降低产品成本，但租赁费高于银行信贷。

11.1.3 资金的时间价值及其计算方法

资金的时间价值是指等额货币在不同时点上具有不同的价值。资金的时间价值是同资金运动不可分割的，是资金在时间推移中的增值能力，也就是资金在流通中能产生新的价值。

货币只有进入再生产过程，才能变成资金，也只有在再生产过程中，才能使自己增值。如一批资金存入银行，随时间的推移可获得利息；把它用于投资工程项目，就可获得利润。

资金的时间价值和通货膨胀引起的货币贬值不同。通货膨胀是指国家为了弥补财政赤字大量发行纸币，纸币的发行量超过商品流通中的实际需要量所引起货币贬值的现象。而资金的时间价值是一个普遍的现象，只要商品生产存在，资金就具有时间价值。

资金的运动伴随着生产与交换的进行，生产与交换活动会给投资者带来利润，表现为资金的增值。资金增值的实质是劳动者在生产过程中创造了剩余价值。一个工程项目在建设期花费资金，在生产期开始有利润产生，但是在开头的若干年内要偿还贷款。因此，一个好的工程项目经理必须了解贷款的利息、现金的流量和资金时间价值的计算。

1. 利息和利率

资金的时间价值通常用利息和利率来表示。贷款的偿还性是银行信贷的一项基本原则，借款人不仅要按照借款合同的规定（或国家规定的法则）在还款期内如数偿还本金，而且还要根据结算时间和利率定期支付利息。

(1) 利息

利息是指占用资金所付的代价，或放弃资金使用权利所得的补偿。即借款者按一定的利率和计算方式向放款者支付的报酬就称为利息，也称子金。

(2) 本金

本金是指放款者贷给借款者以滋生利息的资金，它也称为母金。例如将一笔资金存入银行，这笔资金称为本金。

(3) 计算时期

借款人利用本金的时间，即贷款的占用期限。

(4) 利率

利率是指单位本金在单位时间内所支付的利息，即在一定时期内所得利息额与本金的比值，也称贷款利率，通常用百分数表示。贷款利率按利息的时间不同又可分年利率、月利率和日利率。年利率、月利率、日利率分别用本金的百分比（%）、千分比（‰）和万分比（‱）表示。

2. 贷款利息的计算方法

(1) 单利法

单利法是指计算利息时所依据的本金在整个贷款期内不变，单利是只按本金计算利息，利息不再生利息，其计算公式为：

$$S = P(1 + iN)$$

式中　S——本利和；

P——本金；

i——利率；

N——时期。

单利虽然考虑了资金的时间价值，但计算出的利息不再转化为本金而累计计算，是不完善的资金时间价值计算方法。

(2) 复利法

复利法是指每期期末计算的利息加入本金形成新的本金，再计算下期的利息。是一种逐期滚算的计息方法。其计算公式为：

$$F = P(1 + i)^{N}$$

式中　F——复利终值；

P——本金；

i——利率；

N——时期。

复利计算利息的方法能够充分反映资金时间价值，是现行信贷和项目评价中广泛采用的方法。在投资项目评价中，复利计算通常以年为计息周期，但在实际中，计算周期有年、季、月、日等多种。

(3) 名义利率和实际利率

当利率的时间单位与计息期不一致时，就出现了名义利率和实际利率的概念。所谓名义利率，又称挂名利率，非有效利率，它等于每一计息周期的利率与每年的计算周期数的乘积。例如，每季计息一次，季利率为 3%，则每年计息四次，年名义利率为 3% ×4 = 12%。

实际利率又称有效利率，是指考虑资金的时间价值，从计息期计算得到的年利率。通常所说的年利率都指名义利率，如果利率后面不对计息期加以说明，则表示一年计息一次。此时的年利率既是名义利率也是实际利率，名义利率和实际利率的关系可由下式表示：

$$i=(1+r/n)^{n}-1$$

式中 i——实际利率；

r——名义利率；

n——一年中计算利息的次数。

由上式可以看出，当利息周期为一年时，实际利率等于名义利率；当计息周期小于一年时，实际利率大于名义利率，而且名义利率越高，计息期越短，则实际利率与名义利率的差值就越大。

(4) 建设期贷款利息

在工程项目建设期间，由于项目正在建设，不可能有效益，所以这时每一计息期的利息加入本金，下一次一并计息，其计算公式为：

$$Q_x=(P_{x-1}+1/2A_x)\cdot i$$

式中 Q_x——建设期第 x 年应计利息；

P_{x-1}——建设期第 $x-1$ 年末贷款余额，其数额是第 $x-1$ 年末的贷款累计数加上此时贷款利息累计数；

A_x——建设期第 x 年支用贷款，

i——年利率。

(5) 还款期利息的计算

在项目还款期，每一计息期（每年）内都应偿还贷款的部分本息，这时其利息分两种不同情况进行计算：

1）上年末贷款余款大于本年还款能力，其利息按下式计算：

$$Q_y=(H_{y-1}-1/2B_y)\cdot i$$

式中 Q_y——还款期第 y 年利息；

H_{y-1}——还款期第 $y-1$ 年的贷款余款，它的金额是建设期贷款累计加第 $y-1$ 年末以前利息累计减去第 $y-1$ 年的还款能力；

B_y——还款期第 y 年还款额。

2）上年末贷款余额小于本年还款能力，说明当年能全部还清本息，其利息可按下式计算：

$$Q_y=(H_y-1)/2\times i$$

3. 现金流量分析

资金赋予了时间的价值，即两笔等额的资金，如果发生在不同时期，其实际价值量将是不相等的。所以，任何一项资金必须注明发生的时间，它才能有确切的价值。在工程项目的评价中，为了考虑项目的经济效果，常把项目视为一个独立系统。一定时期内，流入系统的资金称为现金流入，流出系统的资金称为现金流出。通常，把现金流入视为正现金流量，把现金流出视为负现金流量，则同一时点上的现金流入量和现金流出量的代数和称为净现金流量。

项目的现金流量分析是最重要的项目管理报表之一，它用于确定项目每年估计的费用和收益，对于确定净现值是必须的。通过项目的财务现金流分析，可以计算项目的财务内部收益率、财务净现值、投资回收期等指标，从而对项目的决策做出判断。

投资者在决定投资项目时，必须仔细考虑现金流，清晰地限定基准年是非常重要的。如果项目选择太多，而这些项目在相同年份都发生高额现金流，那么公司将不能够资助所有的项目，也不能维持它们的盈利能力。

为了简明和形象地反映各种投资方案成本和收益的大小以及它们相应发生的时间，一般用现金流量图来描述。如图 11.1-2 所示，横轴表示从零开始到 n 的时间序列，每一个刻度表示一个时间单位（或一个计息期）。计息期单位可以取年、月等。相对于时间坐标的垂直线代表不同时间点的现金流量情况。箭头向上表示现金流入，箭头向下表示现金流出，垂直线的长度与金额大小成正比例。总之，现金流量图是一种用数轴图形表示各时间点与现金流出入对应关系的坐标图。

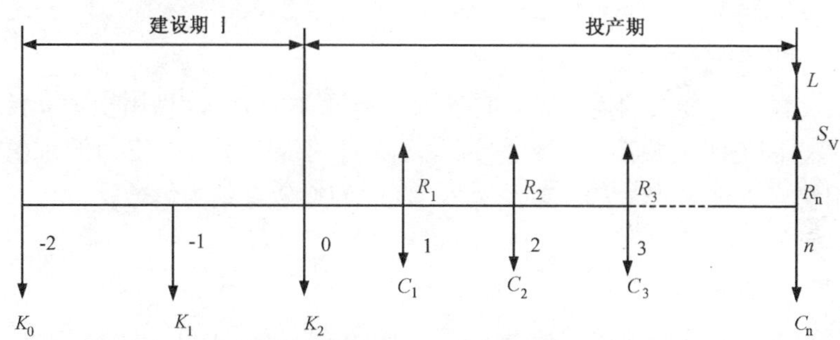

图 11.1-2　现金流量图

4. 资金时间价值的计算

（1）资金等值的概念

资金等值是指在考虑时间因素的情况下，不同时间点发生的绝对值不等的资金可能具有相等的价值。也就是说，不同时间的两笔资金，可按某一利率折算至某一相同时间点，使之彼此"相等"。例如现在的 100 元与一年后的 110 元，在数量上并不相等，但如果这笔资金存入银行，年利率为 10%，则两者是等值的。这是因为现在存入 100 元，一年后的本金和利息之和为 110 元。利用等值的概念，可以把在一个时点发生的资金金额换算成另一时点的等值金额。

在研究资金时间价值时，需要确定以下几种符号和概念：

① 贴现：把将来某一时点的资金金额换算成现在时点的等值金额，也称为"折现"。

② 现值（P）：资金发生在某一特定时间序列起点时的价值；此外，把将来时点上的资金贴现后的资金金额也称为"现值"。

③ 终值（F）：资金发生在某一特定时间序列终点的价值；此外，把与现值等价的将来某时点的资金金额也称为"终值"。

④ 等值年金（A）：发生在某一特定时间序列各计息期末（不包括零期）的等额资金的价值。

需要说明的是，"现值"并非专指一笔资金"现在"的价值，它是一个相对的概念。

在工程项目评价中，为了考察投资项目的经济效果，必须对项目寿命期内不同时间发生的全部费用和全部效益进行计算和分析，这就需要依据资金等值的理论把它们折算到同一时点上进行分析。

(2) 资金时间价值的计算方法

① 一次支付终值公式（已知 P，求 F）

假设现在有一笔资金 P，按年利率 i 进行投资，则 n 年后的终值 F 为：

$$F=P(1+i)^{n}$$

这个公式表示在利率为 i 的条件下，终值 F 与现值 P 之间的等值关系。系数 $(1+i)^{n}$ 为一次支付终值系数，也可用符号 $(F/P, i, n)$ 表示，可理解为，已知 P、i、n 求 F。这个公式是资金时间价值计算的基本公式。

② 一次支付现值公式（已知 F，求 P）

这是一次支付终值公式的逆运算。它表示在折现率为 i，计息周期为 n 的条件下，现值 P 与终值 F 之间的等值关系。系数称为一次支付的现值系数、终值的现值系数或复利现值系数，用符号 $(P/F, i, n)$ 表示，它与现值的终值系数为倒数。

$$P=F(1+i)^{-n}$$

③ 等额支付终值公式

投资项目的现金流量可能集中在某个时点上一次支付，也可能在多个时点上发生，现金流量的大小可能相等也可能不等。等额系列现金流量是指现金流量序列是连续的，且数额相等的现金流量系列。从第一年末至第 n 年末有等额的现金流量系列，每年的金额均为 A，称为等额年值。在利率为 i 的条件下，其 n 年后的终值 F 为：

$$F=A\cdot\{[(1+i)^{n}-1]/i\}$$

式中 $\{[(1+i)^{n}-1]/i\}$ 称为等额分付终值系数，可记为 $(F/A, i, n)$。

④ 等额分付偿债资金公式

为筹措将来的一笔资金 F，每年应存储多少资金 A，即已知终值 F，求与之等价的等额年值 A，是等额分付终值公式的逆运算。其计算公式为：

$$A=F\cdot\{i/[(1+i)^{n}-1]\}$$

式中 $\{i/[(1+i)^{n}-1]\}$ 称为等额分付偿债基金系数，可记为 $(A/F, i, n)$。

⑤ 等额分付现值公式

若在 n 年内每年年末等额支付资金 A，则在利率为 i 的条件下，与之等值的现值 P 为：

$$P=A\cdot\{[(1+i)^{n}-1]/[i(1+i)^{n}]\}$$

式中 $\{[(1+i)^{n}-1]/[i(1+i)^{n}]\}$ 称为等额分付现值系数，也可记为 $(P/A, i, n)$。

⑥ 等额分付资金回收公式

等额分付资金回收公式是等额分付现值公式的逆运算，即已知现值、利率和计算期，求与之等价的等额年值 A，其计算公式为：

$$A=P\cdot\{[i(1+i)^{n}]/[(1+i)^{n}-1]\}$$

式中 $\{[i(1+i)^{n}]/[(1+i)^{n}-1]\}$ 称为等额分付资金回收系数，也可记为 $(A/P, i, n)$。

11.2　智能建筑工程项目成本管理方法和技术

智能建筑工程项目的成本管理涉及项目实施阶段的投资控制问题，因此，又叫工程费用控制。具体是指在工程项目质量符合标准、工期遵照合同要求的基础上对工程费用的计算与支付实行有效的管理、监督和控制。这里所指的工程费用应包括合同文件中工程量和设备清单内所列的费用，以及因承包人索赔或发包人未履行义务而涉及的其他一切费用。

11.2.1　智能建筑工程项目成本管理的特点和作用

智能建筑工程项目成本管理的内容与项目的特性密切相关，它是在项目投资的形成过程中，对项目所消耗的人力资源、物质资源和费用开支进行管理、调节和限制，及时纠正即将发生和已经发生的偏差，把各项成本控制在计划投资的范围之内，保证投资目标的实现。

1. 智能建筑工程项目成本管理的特点

智能建筑工程商品本身及其建设过程同其他商品相比，有很多不同特点，认识和掌握这些特点，针对各个不同智能建筑工程项目的具体情况，采取合适的项目成本管理制度，对搞好工程建设工作至关重要。

（1）智能建筑工程项目成本管理过程的特点

① 成本管理与工程环境密切相关：智能建筑工程项目属于工程商品类，工程商品与很多其他普通类型的商品不同，任何一个智能建筑工程项目都是在不同的地点、不同的环境下开发建设的不同系统，每次开发建设都面临不同的要求和情况，最终产品是独特的、不同的。因此，工程商品只能每次单独设计、施工生产，不能整体批量制作。在智能建筑工程项目实施过程中，由于内外部环境不断变化，造成项目费用也随之变化。因此，智能建筑工程项目成本管理，必须根据项目内外部环境的变化，对项目成本管理措施作出调整，以保证项目成本的有效控制和监督。

② 项目成本管理过程长：智能建筑工程项目通常按月计工作进度，比较大多数产品，它不仅工程建设周期长，而且中间变数多，项目变更多。这就造成智能建筑工程项目成本管理是一个动态管理过程，即项目成本管理要根据用户需求变更、设计变更、合同变更和人员变更等变化，修正其项目资源计划、成本估算和成本计划等，不断对项目费用的组织、控制作出调整，以便对项目成本进行有效控制。

③ 项目费用分期分阶段支付：智能建筑工程项目建设工期长，资金量大等特点，首先决定了它不可能作为现货出售，而是一种期货商品，必须预先定价，作成本估算和预算、签订合同价格等；其次作为工程商品，其建设过程与支付过程同一，即边建设边支付，同很多其它普通类型的商品的“一手交钱一手交货”不同，智能建筑工程项目费用要根据分期分阶段支付的特点进行管理和控制。

④ 项目成本管理是一项系统工程：智能建筑工程项目成本管理横向可分为项目的资源计划、成本估算、成本计划、财务决算、统计、质量、信誉等；纵向可分为组织、成本控制、成本分析、跟踪核实和考核等，由此形成一个智能建筑工程项目成本管理系统。

⑤ 项目成本管理的主体是项目经理部：一般商品必须通过产品与货币流通过程才能进入消费领域，因而价值构成中包含商品在流通过程中支出的各种费用，而智能建筑工程建设则不然，它竣工后一般不在空间上发生物理运动，直接移交用户，立即进入消费，因而价值构成中不包含商品流通费用。智能建筑工程项目经理部对项目从开工到竣工全过程的一次性管理，决定了项目成本管理的内容，必须是一次性和全过程的成本控制，充分体现“谁承包谁负责”，并与承包人的经济利益挂钩的原则。

⑥ 项目成本管理的相对封闭性：智能建筑工程项目成本管理的组织、实施、控制、反馈、核算、分析、跟踪（核实）和考核等过程，以工程项目为单位，构成相对封闭式循环系统，周而复始，直至工程项目竣工交付使用为止。

（2）智能建筑工程项目成本管理体制的特点

智能建筑工程项目成本管理的目的，在于降低项目成本，提高经济效益。根据我国有关法律法规的规定，智能建筑工程项目建设实行“一个体系、两个层次、三个主体”的管理体制。其工程项目成本管理的特点是突出体现了项目管理中加入了监理工程师这个中介，监理工程师作为工程项目的调控中心，在费用方面具有支付额调整、签认的权力。

① 工程费用由承包人申请和使用：工程商品是承包人出卖给发包人的产品，其成本即工程费用也主要由承包人使用。根据工程承包合同的约定，当工程项目建设进展到一定阶段时，进行工程量测量和计算，由承包人向发包人提出申请支付进度款的报告。经监理工程师对工程计量和质量的审核确认，并在进度款申请报告上签字认可后，发包人才同意支付。

② 监理工程师签认：在智能建筑工程项目实施过程中，监理工程师对承包人已经完成的工程数量和质量作出价值计算，对其工作价值进行签认和证实，对施工过程中发生的其他各种意外情况进行记录和分析，并就承包人所遭受的损失作出估算和证实。这就是监理工程师的所谓“支付权”，它是监理工程师完成监理工作的最终、最重要的调控手段。

③ 发包人支付：发包人在承包人完成了既定工作任务，达到了工程承包合同的要求，经监理工程师确认其价值后，应向承包人支付工程费用。

2. 智能建筑工程项目成本管理的意义和作用

智能建筑工程项目成本管理主要是在批准的预算条件下确保项目按时、保质、保量地完成。智能建筑工程项目成本管理的意义和作用在于可以促进改善经营管理，提高管理水平，合理补偿施工耗费，保证企业再生产的顺利进行。具体表现为：

（1）工程项目成本管理的核心是工程计量和支付，它是确保工程质量和进度的重要手段。项目成本管理的作用就是尽可能合理地减少工程量清单和设备清单中所列费用以外的附加支出（附加工程索赔、意外风险），以达到控制工程费用的最佳效果。所以应对工程费用的组成进行认真分析，明确工程量和设备清单的内容与作用，运用正确、合理的计量支付标准和方法，使项目的实际成本控制在预算范围之内。尤其要注重对项目的成本控制，以提高经济效益。

（2）智能建筑工程项目成本管理工作，是涉及多个部门的一项综合性工作。现代化大生产要求对企业内部的工程项目成本，实行全过程的系统管理。因此，加强工程项目成本管理，对于提高工程项目的经济效益和社会效益，实施经济核算，提高决策水平，协调项目工程内外部关系，动员全体职工积极工作，落实各种承包责任制都具有重要的作用。

（3）企业的活力源泉，在于劳动者的积极性和创造性的发挥。实行项目成本管理（即费用责任制）与劳动者的利益和责任紧密地联系在一起，奖罚兑现，有利于调动职工积极性，从而达到降低成本、提高经济效益、增强企业发展后劲的目的。

（4）实行项目成本管理，各项目费用责任人（或项目经理部）与企业内部各部门、单位所提供的人力、物力、财力等全部实行有偿使用，在内部纵横向关系中形成了以工程项目经理部为中心的各部门、各单位之间的相互连接、相互协作、相互制约关系，单位和部门之间的往来，均依据合同办事。经济关系得到进一步理顺。

（5）实行项目成本管理，扩大了项目经理部的自主权，公司由原来的直接指挥变为监督、控制、考核，这就要求公司各职能部门要有新的监测、控制手段来进行有效管理，从而促进公司管理工作的提高。

（6）在实施项目成本管理过程中，工程项目成本的高低，直接反映了工程项目的综合指标。这就要求工程项目责任者，要具有必备的专业技术水平和管理能力，并在实践中不断积累经验，从而推动企业管理人才的培养和锻炼。

3. 工程项目成本管理的重要性

长期以来，我国信息化工程项目建设成本失控的现象十分惊人，许多大中型项目的实际投资额都大大超过了项目计划投资额的最高限额，或者在项目计划投资额之内但是却无法达到预期的使用效果。有调查表明，我国大约有 70% 与信息化建设有关的工程项目失败，功能和性能达不到预期的效果，90% 以上的软件项目开发费用超出预算，ERP 的实施成功率不到 10%，并且信息化项目越大，超出项目计划的程度越高。我国以往的信息化建设总是在投资高峰之后，旋即进入低谷，留给各个单位和企业的是大量瘫痪的系统，损失少的也有几十个亿。“80 个亿，打水漂”的说法，就是所有与信息化有关的工程项目陷入“IT 黑洞”的生动写照。

以往，造成工程项目严重超支的主要原因有以下几点：

① 包括智能建筑在内的信息化工程很少强调现实的项目成本管理的重要性，项目建设超过客观的合理经济规模，很多工程项目的原始费用只是以非常模糊的项目需求为基础来进行估算，项目成本估算过低，其结果自然就要发生项目费用超支。

② 许多信息技术专业人员认为成本管理是会计的事情，与自己关系不大，因此对项目成本管理的重要性认识不足，对项目的设计缺乏成本控制意识，对项目费用的使用缺乏责任感和投入产出观念。不知道成本管理的重要性，很少参与成本估算的工作。

③ 许多信息技术项目涉及到新的技术或商业过程，没有经过实际验证，有内在的风险，没有考虑工程项目实施中可能发生的不可预见因素，或项目规划和设计方案有较大更改，故使实施所需费用大量增加。因此，造成费用超支将是预料中的事。

④ 发包人控制项目投资的组织机构不健全，或没有项目投资控制组织，没有落实负责投资控制的具体人员；控制项目投资的责任不清，奖罚不明，缺乏应有的严格明确的有关规章制度和奖罚条例。而有的系统集成公司为了取得工程项目承包权，在投标报价时故意将工程造价压的很低，甚至低于项目实际费用。

⑤ 承包人缺乏科学、严格、明确、完整的成本控制方法和成本控制工作制度。项目

经理部对项目成本控制的分工不明；项目经理对成本控制的领导、督查不得力；实施方案、设备等不能按时进行，影响工程实施，引起费用增加。

⑥ 进行项目成本估算时，项目规划设计的深度不够，不能满足成本估算的要求；采用的项目费用计算方法选择不当，与项目的实际情况不符；项目费用计算的数据值不准确，计算疏忽漏项，使计算的成本额偏低等，从而引起有关费用的大大增加。

⑦ 项目成本管理是信息化工程建设中一个传统薄弱方面。事实上，许多项目的超支不能怪罪于未经验证的技术，真正需要的是提高项目成本管理的水平。

为了克服和避免上述情况的出现，严格执行工程项目成本管理制度，提高工程项目管理水平就很有必要。成本是直接反映企业经营管理水平和施工技术水平的一项综合性的经济招标。加强投资控制，不断降低成本，不仅体现了企业经济效益的逐步提高，而且也能为国家节约宝贵的原材料和劳动力，积累大量的建设资金，对于我国四个现代化建设具有极其重要的意义。因此，智能建筑工程建设人员必须认识到工程项目成本管理的重要性，克服不重视项目成本管理的错误思想，努力做好资源计划、成本估算、预算和成本控制工作，对投资活动进行有效控制，追求最好的投资效果。

11.2.2 智能建筑工程项目成本管理方法和程序

智能建筑工程项目成本管理和控制的基本原理是把项目成本计划值作为工程项目成本管理和控制的目标值，再把工程项目建设进展过程中的实际支出额与费用和控制的目标值进行比较，通过比较发现并找出它们之间的偏差，从而采取切实有效的措施纠正偏差或调整目标值。

1. 智能建筑工程项目成本管理方法

(1) 开源与节流

究竟如何进行智能建筑工程项目成本管理呢？简单地说，就是通过开源和节流两条腿走路，使工程项目的净现金流（现金流入减去现金流出）最大化。开源是增大项目的现金流入，节流是控制项目的现金流出。开源和节流是工程项目成本控制最基本的方法。在智能建筑工程项目建设期，开源表现为扩大项目融资渠道，保证项目能够筹集足够的建设资金；节流是使融资成本或代价最低，最节省地实现项目的必要功能。在智能建筑工程项目经营期，开源表现为增加主营业务收入、其他业务收入以及投资收益等；节流就是控制项目经营成本。

在我国，工程建设项目的成本管理一直是项目管理的弱项，“开源”和“节流”总是说得多、做得少。例如，在工程项目实施前期，由于没有进行深入的调查研究，不能准确估算（通常都是估算值过低）为完成工程项目活动所需的资源成本，盲目乐观，对工程项目建设资金的作用认识不够，筹措不力，造成开源不足的局面；也有的发包人在筹建国家重点工程时，明明知道项目经费严重不足，则故意压低工程项目的成本估算，弄虚作假，以超低的成本估算值作为诱饵，获得上级领导对项目的支持，顺利通过项目审批立项。工程仓猝上马，导致开工不久资金链断裂，工程建设难以为继，于是一次次伸手向上级要钱，给钱开工，边干边要钱，最后形成旷日持久的钓鱼工程。也有些工程项目的发包人，由于项目的资金“源”自政府或股东，花起来不心疼，大手大脚，更谈不上节流了。

甚至有些工程项目根本就没有认真进行成本估算和成本计划，没有检查分析项目现金流和财务执行情况，决策失误就在所难免了。

(2) 项目全面成本管理责任体系

根据《建设工程项目管理规范》的规定：企业应建立、健全项目全面成本管理责任体系，明确业务分工和职责关系，把管理目标分解到各项技术工作、管理工作中。项目经理部的成本管理应是全过程的，包括成本计划、成本控制、成本核算、成本分析和成本考核。

项目全面成本管理责任体系包括两个层次：

① 企业管理层：负责项目全面成本管理的决策，确定项目的合同价格和成本计划，确定项目管理层的成本目标。

② 项目管理层：负责项目成本管理，实施成本控制，实现项目管理目标责任书中的成本目标。

(3) 全方位的成本管理和控制

智能建筑是一个复杂的综合系统，包含有几十个子系统，如通信网络系统、信息网络系统、建筑设备监控系统、火灾自动报警及消防联动系统、安全防范系统、综合布线系统、智能化系统集成等，需要充分考虑各子系统的协同动作、信息共享和集成。

智能建筑工程项目实施过程一般是有许多单位参与、协同合作工作的过程。也就是说，发包人、设计单位、承包人、施工单位、监理单位、供货单位、制造单位等，都在工程项目成本控制中发挥自己的作用，并建立各自的项目成本管理责任制。

智能建筑工程项目全方位成本管理的作法是：从工程项目建设整体的、系统的角度出发，将项目成本管理的责任和措施落实到每一个子系统，及其涉及的所有单位，由项目监理单位负责各个子系统相关单位之间的协调作用，以及项目整体的综合管理。通过请示、汇报、审核、签证、协商、会议、定期例会等方式将项目成本管理工作纳入规范化的渠道。

(4) 全过程的成本管理和控制

项目成本管理贯穿于智能建筑工程建设的全过程，这是毫无疑义的。项目费用的全过程控制要求成本控制工作要随着项目实施进展的各个阶段连续进行，既不能疏漏，又不能时紧时松，应使智能建筑工程项目费用自始至终置于有效的控制之下。也就是说，在项目策划阶段、用户需求调研阶段、总体方案设计阶段、详细设计阶段、开发施工阶段、检测调试阶段、试运行阶段和保修阶段，通过项目监理单位运用组织措施、技术措施、经济措施、合同措施等，将各阶段的各项成本控制在规定计划目标内，从而实现整个项目成本管理和控制的目标。

具体地说，组织措施包括明确项目组织结构，建立各单位成本管理制度和明确有关人员的职责和权限。技术措施包括认真审查项目可行性研究报告、用户需求分析报告、系统设计方案和图纸、施工组织、检测设备等，研究和推广新技术、新工艺、新材料、新结构，最大程度地节约费用。经济措施包括动态地比较项目费用的计划值和实际值，严格审核各项费用支出，采取经济奖惩措施等。合同措施包括严格审核工程承包合同、各类供货合同、施工安装合同中的标的和付款方式等条款，在发现有关质量问题时发包人依据合同据理力争挽回损失。

2. 工程项目成本管理的程序

项目成本管理应遵循下列程序：

① 掌握生产要素的市场价格和变动状态。

② 确定项目合同价。

③ 编制成本计划，确定成本实施目标。

④ 进行成本动态控制，实现成本实施目标。

⑤ 进行项目成本核算和工程价款结算，及时收回工程款。

⑥ 进行项目成本分析。

⑦ 进行项目成本考核，编制成本报告。

⑧ 积累项目成本资料。

3. 工程项目成本管理的任务

工程项目成本管理的任务可分可行性研究阶段估算、项目设计阶段预算、项目实施阶段成本控制和工程竣工验收后的财务决算，层层把关，步步深入，最终达到预定的项目成本管理目标。

（1）按照有关规定，项目设计预算超过批准的可行性研究报告的估算 10% 以上，就要重新报批可行性研究报告。因此，可行性研究报告估算值的准确度不得低于 90% 。

（2）批准的项目设计预算或与承包人签订合同的工程总价，一般作为工程项目成本控制的总目标。项目设计预算是被工程建设所有参与单位承认的合法依据，各级管理部门均承认它的合理性和合法性，同时也意味着承担项目设计的总承包人应对自己的工作成果负责到底。项目设计预算的准确度应在 90% 以上，为此，它必须建立在工程项目原始资料可靠性、设计方案科学性和设备材料价格准确性的基础上。

（3）工程总承包合同签订后，工程项目成本管理和控制进入关键阶段，要加强项目各项工作承包费用开支的监督和控制。项目成本控制一定要着眼于费用开支之前和开支过程中，因为当发现费用超支时，损失已成为现实，很难甚至无法挽回。人们对超支的费用经常企图通过在其他工作包上的节约来解决。这是十分困难的。因为这部分工作包要想压缩费用必然会损害工期和质量；反之如果不发生损害，则说明原成本计划没有优化。

为保证项目成本控制精确度，应注意抓好以下几点：

① 在项目详细设计时，按承包总价分解下达控制指标，各专业组不得任意突破，同时要求对设计进一步优化。

② 加快设备材料询价和订货，使占投资比重大的设备材料费用得以落到实处，使采购订货签约率达到 95% 以上。在外购设备制造时期，要在技术协议上确认质量、数量和验收标准，避免设计修改再增加投资，同时要定期去设备制造厂监督设备制造质量，进行预验收，避免引起合同纠纷和拖延交货期。

③ 抓好工程项目实施阶段之前各子系统的招标工作。招标工作是一件政策性很强、技术经济分析工作很细的工作，要执行国家有关法律法规，按照科学规范程序，创造公平竞争环境，在考虑进度、质量、成本等综合指标后择优选取。

④ 工程实施阶段要进行项目费用动态管理，以减少工程自身风险，对事先估计到的风险进行预测、分析，提出对策，采取措施，减少损失。同时对各方面的影响因素均有信息反馈、调整处理的程序和手段。严格审查项目资金流向，核实工程计量及单项费用，控制合同变更等。

⑤ 抓好各阶段的费用核算。在分部分项工程完工时，及时进行费用核算，控制和审核每一笔费用发生的依据和状况。及时汇总数据并与成本计划数据进行比较，发现有突破资金的苗头进行及时报警。

⑥ 通过详细的项目成本比较、趋势分析，找出实际成本与基准计划成本之间的偏差。用技术经济的方法分析超支原因，分析节约的可能性，从总成本最优的目标出发，进行技术、质量、工期、进度的综合优化，获得一个顾及合同、技术、组织影响的项目最终成本状况的定量诊断。这是为作出调控措施服务的。

⑦ 对成本偏差及时作出响应，采取有效措施纠正偏差或调整成本计划。

（4）搞好工程竣工财务决算。在进行工程竣工财务决算时应抓好以下四方面工作：

① 按合同条款汇总全部费用，结清费用。凡是按合同规定留有质保金的话，应按规定截留。

② 按合同条款在分部分项工程结算的基础上对单项工程结算，并截留质保金。

③ 督促和审核总承包人与有关分包人进行结算。

④ 发包人与总承包人对整个承包工程的全部结算资料进行汇总，最后形成决算文件，并上报主管部门等单位。

11.2.3　智能建筑工程财务评价和成本效益分析

智能建筑工程财务评价是根据国家现行财税制度和价格体系，分析、计算智能建筑工程项目直接发生的财务效益和成本，编制财务报表，计算评价指标，考察项目的盈利能力、清偿能力，据以判别项目的财务可行性。为了避免智能建筑工程项目建设由于不能及时取得资金或不能及时花费而拖延工期，造成工程项目收益损失，除寻求适宜的资金来源之外，还必须使资金来源在时间上与资金运用，包括项目费用支出、交税和其他支出配合一致。

成本效益分析也称费用效益分析。它是一种国内外广泛应用的技术经济分析方法。主要用于工程项目的社会经济效果评价。成本效益分析方法是在将一个项目的成本和效益量化后，通过效果指标的计算、分析和判断，以便对项目做出较全面的估价和决策的一种分析方法。智能建筑工程项目建设使用效益分析指标时，应首先计算出项目中可用货币衡量的成本和效益部分，然后再考虑不能用货币计量的成本效用部分，并对有关定量指标加以调整，以便能与日俱增全面地权衡项目的可取性。

1. 基本财务报表的类型

根据我国的实际情况，国内工程项目需统制以下几种财务报表：

（1）现金流量表

现金流量表是反映企业一定会计期间内现金和现金等价物流入和流出信息的会计报表。

（2）利润表

利润表是反映企业一定会计期间经营成果的报表。它用以计算工程项目在计算期内的利润总额、所得税及税后利润的分配情况，从而进一步计算投资利润率、投资利税率及资本金利润率等静态评价指标。

（3）资产负债表

资产负债表是反映企业某一特定日期（如月末、季末、年末）的财务状况的会计报表。它是根据“资产=负债+所有者权益”这一会计等式，依照一定的分类标准和顺序，将企业在一定日期的全部资产、负债和所有者权益项目进行适当分类、汇总、排列后编制而成的。

（4）财务平衡表

财务平衡表是根据工程项目的财务状况及国家有关财税规定，测算工程项目计算期内的资金盈余或短缺情况，供选择资金筹措方案、制定借款及偿还计划使用，并据以测算固定资产投资借款偿还期，进行清偿能力分析。财务平衡表包括资金来源及资金运用两大项，又称项目资金来源表及项目资金运用表。

2. 流动资金的估算

分项详细估算法是按流动资金在工程实施过程中各种占用形态，分项计算资金占用量，从而估算出工程项目正常实施时需要的流动资金数量。其计算公式为：

① 流动资金=流动资产-流动负债

② 流动资产=应收账款+存货+现金

③ 流动负债=应付账款

④ 流动资金本年增加额=本年流动资金-上年度流动资金

3. 项目盈利能力分析

（1）净现值（*NPV*）

根据全部投资（或自有资金）的现金流量表计算的全部投资（或自有资金）净现值，是指按行业的基准收益率或设定的贴现率（i_c），将项目计算期内各年净现金流量折现到建设期初的现值之和。它是反映项目在整个计算期内的获利能力的综合性指标，是对投资项目进行动态评价的最重要的指标之一。通常净现值大于零或等于零的项目是可以考虑接受的。

其表达式为：

$$NPV=\sum(CI_t-CO_t)(1+i_c)^{-t} \qquad (1\leqslant t\leqslant n)$$

式中 NPV——净现值；

CI_t——现金流入量；

CO_t——现金流出量；

(CI_t-CO_t)——第 t 年的净现金流量；

n——计算期；

i_c——基准收益率或设定的贴现率。

(2) 净现值率

净现值率是项目某方案的净现值与该方案的总投资现值之比。

$$NPVR = NPV/I_P$$

式中　$NPVR$——净现值率；

I_P——总投资现值。

净现值率是净现值的一个补充指标。因为净值是一个绝对指标，在多个项目方案比选时，不同项目方案的总投资额往往是不同的，其绝对收益是不可比的。因此，需要考察单位投资现值所获得的净现值。当评价单个项目时，要求净现值率大于零。多个项目方案比选时，选择净现值率大的方案。

(3) 内部收益率 (IRR)

内部收益率指净现值为零时的贴现率。它反映项目所占用资金的盈利率，是考察项目盈利能力的主要动态评价指标。它假定项目生命期内获得的净收益全部可用于再投资，再投资的收益率等于项目的内部收益率。内部收益的经济含义可以理解为项目在内部收益率的利率下，在项目生命期内每年都存在没有收回的投资，而在项目结束时投资恰好收回。

$$\sum(CI_t - CO_t)(1 + IRR)^{-t} = 0 \qquad (1 \leqslant t \leqslant n)$$

式中　IRR——内部收益率；

CI_t——现金流入量；

CO_t——现金流出量；

$(CI_t - CO_t)$——第 t 年的净现金流量；

n——计算期。

基于全部投资的现金流量表计算的全部投资所得税前及所得税后的财务内部收益率，是反映项目在设定的计算期内全部投资的盈利能力指标。将求出的全部投资财务内部收益率（所得税前、所得税后）与行业的基准收益率或设定的贴现率（i_c）比较，当 $IRR \geqslant i_c$ 时，则认为从全部投资角度，项目盈利能力已满足要求，在财务上可以考虑被接受。

基于自有资金的现金流量表计算的自有资金财务内部收益率（所得税后），是反映项目自有资金盈利能力的指标，将求出的自有资金财务内部收益率与行业的基准收益率或设定的贴现率（i_c）比较，当 $IRR > i_c$ 时，则项目盈利能力已满足要求，在财务上可以考虑被接受。

(4) 动态投资回收期

动态投资回收期是在考虑资金时间价值的情况下计算的投资回收期，一般按现值法计算。

$$\sum_{t=0}^{P_t'} (CI_t - CO_t)(1 + i_c)^{-t} = 0 \qquad (1 \leqslant t \leqslant P_t')$$

式中　P_t'——动态投资回收期；

CI_t——现金流入量；

CO_t——现金流出量；

$(CI_t - CO_t)$——第 t 年的净现金流量；

i_c——基准收益率或设定的贴现率。

动态投资回收期的评价准则是：当动态投资回收期小于或等于基准动态回收期时，项目投资是可行的。动态投资回收期可直接从财务现金流量表（全部投资）累计净现值求得，其公式为：

动态投资回收期（P_t'）=（累计净现值出现正值的年份数）-1+（上年累计净现值的绝对值/当年净现值）

（5）静态投资回收期

静态投资回收期是从项目投建之日起，用项目各年的净收入将全部投资收回所需的期限。它是最常用的评价指标，具有直观、简便的特点，同时还可以反映项目的风险程度，其缺点是没有考虑资金的时间价值。

$$\sum(CI_t - CO_t) = 0 \qquad (1 \leqslant t \leqslant P_t)$$

式中 P_t——以年表示的静态投资回收期；

CI_t——现金流入量；

CO_t——现金流出量；

$(CI_t - CO_t)$——第 t 年的净现金流量；

t——年份。

静态投资回收期可根据现金流量表求得，其计算公式为：

静态投资回收期(P_t)=(累计净现金流量的绝对值/当年净现金流量)+(累计净现金流量出现正值的年份数-1)

静态投资回收期的评价准则是：当静态投资回收期小于或等于基准静态回收期 P_e 时，项目投资是可行的。

（6）投资利润率

投资利润率是指项目达到设计生产能力后的一个正常生产年份的年利润总额与项目总投资的比率。它是考察项目单位投资盈利能力的静态指标。对生产期内各年的利润总额变化幅度较大的项目，应计算生产期内年平均利润总额与项目总投资的比率。计算公式为：

投资利润率=(年利润总额或年平均利润总额/项目总投资)×100%

其中：

项目总投资=固定资产投资+全部流动资金

投资利润率可根据利润表中的有关数据计算求得。在财务评价中，将投资利润率与行业平均投资利润率相比，以判别项目单位投资盈利能力是否达到本行业的平均水平。当投资利润率>行业平均投资利润率时，则项目在财务上可以考虑接受。

（7）投资利税率

投资利税率是指项目达到设计生产能力后的一个正常生产年份的年利税总额或项目生产期内的年平均利税总额与项目总投资的比率。它是反映项目单位投资盈利能力和对财政所做贡献的指标，是考察项目盈利能力的静态指标。计算公式为：

投资利税率=(年利税总额或年平均利税总额/项目总投资)×100%

年利润总额=年产品销售(营业)收入-年总成本费用

年利税总额=年利润总额+年销售税金及附加

投资利税率可根据利润表中的有关数据计算求得。在财务评价中，将投资利税率与行业平均利税率对比，以判别项目单位投资对国家积累的贡献水平是否达到本行业的平均水平。当投资利税率≥行业平均利税率时，则项目在财务上才可以考虑接受。

(8) 资本金利润率

资本金利润率是指项目达到设计生产能力后的一个正常生产年份的年利润总额或项目生产期内的年平均利润总额与资本金的比率，它反映投入项目的资本金的盈利能力。

资本金利润率 =(年利润总额或年平均利润总额/资本金)×100%

4. 项目清偿能力分析

项目清偿能力分析主要是考察项目计算期内各年的财务状况及偿债能力。为此目的，根据编制的资金来源与运用表、资产负债表两个基本财务报表，计算借款偿还期、资产负债率、流动比率、速动比率等评价指标。

(1) 固定资产投资国内借款偿还期

固定资产投资国内借款偿还期，简称借款偿还期，是指在国家财政规定及项目具体财务条件下，以项目投产后可用于还款的资金偿还固定资产投资国内借款本金和建设期利息（不包括已用自有资金支付的建设期利息）所需要的时间。其表达式为：

$$\sum R_t - I_d = 0 \qquad (1 \leqslant t, d \leqslant N_d)$$

式中 I_d——固定资产投资国内借款本金和建设期利息（不包括已用自有资金支付部分）之和；

N_d——固定资产投资国内借款偿还期（从借款开始年计算，当从投产年算起时，应予注明）；

R_t——第 t 年可用于还款的资金，包括利润、折旧、摊销及其他还款资金。

借款偿还期可由资金来源与运用表及（国内）借款还本付息计算表直接推算，以年表示。详细计算公式为：

$$N_d = T - tR'_T / R_T$$

式中 T——借款偿还后开始出现盈余年份数；

t——开始借款年份数（从投产年算起时，为投产年年份数）；

R'_T——第 T 年偿还借款额；

R_T——第 T 年可用于还款的资金额。

借款偿还期满足贷款机构的要求期限时，即认为项目是有清偿能力的。

(2) 财务比率

根据资产负债表可计算资产负债率、流动比率和速动比率等财务比率，以用来分析项目的清偿能力。

① 资产负债率：资产负债率是项目负债总额与资产总额的比率，资产负债率表明企业利用借款和欠账方式来建立全部资产的比重，是反映项目各年所面临的财务风险程度及偿债能力的指标。负债比率越大，说明企业举债多、资信好，企发包人的权益率相对提高；但对银行和债权人来说，也意味着风险率越大。而资产负债率越小，则说明回收借款的保障就越大。计算公式为：

资产负债率 =(负债总额/资产总额)×100%

② 流动比率：流动比率是流动资产总额与流动负债总额之比，是反映项目各年偿付流动负债能力的指标。流动比率越高，偿债能力越强。一般认为，生产项目合理的最低流动比率是2，这是因为，流动资产中变现能力最差的存货占总额的一半，余下的流动性较大的流动资产至少要等于流动负债，企业的短期偿债能力才会有保证。计算公式为：

流动速率=(流动资产总额/流动负债总额)×100%

③ 速动比率：速动比率是流动资产减存货后的差额（即为速动资产）与流动负债总额之比，是反映项目各年快速偿付流动负债能力的指标。所谓速动，就是迅速流动，这里是指迅速变现能力。在流动资产中，现金、应收账款、应收票据、短期投资等容易变现，称为速动资产；速动比率数值的经验标准一般要求大于1，低于1，被认为短期偿债能力偏低。当然，债权方要求越大越好，但对企业来说，过大是不利的。计算公式为：

速动比率=[(流动资产-存货)/流动负债总额]×100%

以上财务比率指标，很难对不同行业制定统一的标准判据，应根据财务的具体情况及行业特点进行分析。

④ 其他财务比率

- 产权比率=负债总额/所有者权益
- 存货周转率（次数）=销售成本/平均存货=销售成本/[(期初存货+期末存货)/2]
- 应收账款周转率（次数）=收入总额/应收账款平均余额=收入总额/[(期初账款余额+期末账款余额)/2]
- 净利润率=净利润/收入总额×100%
- 权益净利率=净利润/所有者权益×100%
- 资产净利率=净利润/平均资产总额×100%
- 资本收益率=净利润/实收资本×100%

5. 成本效益分析指标

根据项目的成本效益是否可用货币衡量来区分，可分为“收入成本分析法”和“成本效用分析法”两种。凡是项目的受益收入可以用货币计量、计算的，能求出受益收入总额的，可采用收入成本分析法，凡受益内容无法用货币计量、不能求出受益收入，可采用成本效用分析法。

成本效益分析指标按是否考虑时间因素，分为静态分析指标和动态分析指标。

(1) 静态分析指标

静态分析主要计算项目的净效益、效益费用比、投资收益率和增量成本效益比等指标。

① 净效益指标：净效益就是反映项目的效益与费用之间差额的一种绝对值。一般要求净效益指标大于零，而且是越大越好。其表达式为：

$$净效益=效益-费用=B-(C+I)>0$$

式中 B——项目的效益；

C——项目的生产成本；

I——项目的投资。

② 效益费用比指标：效益费用比是一种采用相对值的计算方式计算项目的效益与费用的比值。一般要求这个比值大于1，而且是越大越好。其表达式为：

$$效益费用比 = 效益/费用 = B/(C+I) > 1$$

效益费用比是在多方案比较时使用的主要静态指标，即进行多方案优劣比较时，应选择效益费用比比值最大的方案。

③ 投资收益率指标（净效益投资比）：投资收益率指标是指项目的净效益与投资之间的比率。同样要求此比值大于零，并且是越大越好。其表达式为：

$$投资收益率(A) = 净效益/投资总额 = (B-C)/I$$

④ 增量效益与增量费用比指标：这是以相对值的计算方式计算项目增量效益与增量费用之间的比值。通常适用于改扩建项目的评价，同样也可用于多方案比选的标准。要求增量效益费用比应大于1，并且是越大越好。其表达式为：

$$增量效益费用比 = 增量效益/增量费用 = \Delta B/\Delta(C+I)$$

(2) 动态分析指标

动态分析指标的计算都要考虑资金的时间价值，即要按设定的贴现率进行贴现。分为五类：

1) 最小费用指标：

① 总费用现值（PW）：

$$PW = C(P/A,i,n) + P(I)$$

式中　C——等额年经营成本；

I——总投资；

$P(I)$——总投资现值；

$(P/A, i, n)$——年金现值系数；

i——折现率；

n——计算期。

② 年成本（AC）：

$$AC = I(A/P,i,n) + C$$

式中　$(A/P, i, n)$——资金回收系数。

2) 最大效益指标

① 总净效益现值：

$$总净效益现值 = B(P/A, i, n) - [C(P/A,i,n) + P(I)]$$

式中　B——项目（等额）年效益，即项目每年能获得的等额社会效益。

② 年净效益：

$$年净效益 = B - [I(A/P,i,n) + C]$$

3) 效益费用比指标

① 总效益费用现值比 $BC(i)$：

$$BC(i) = \{[B(P/A, i, n)]/[P(I) + C(P/A,i,n)]\} > 1$$

② 年效益费用现值比 $B/C(i)$：

$$B/C(i)\} = \{B/[I(A/P,i,n) + C]\} > 1$$

4）净效益投资比指标

① 总净效益投资现值比 $BI\ (i)$：

$$BI(i) = \{[B(P/A,I,n) - C(P/A,I,n) - P(I)]/P(I)\} > 0$$

② 年净效益投资比 $\{B/I\ (i)\}$：

$$\{B/I(i)\} = \{(B-C)/[I(A/P,i,n)]\} > 0$$

5）增量效益与增量费用比指标

① 总增量效益费用现值比 $\{\Delta BC\ (i)\}$：

$$\Delta BC(i) = [\Delta B\ (P/A,i,n)]/[\Delta P(I) + \Delta C\ (P/A,i,n)]$$

② 年增量效益费用比 $\{\Delta B/\Delta C\ (i)\}$：

$$\{\Delta B/\Delta C(i)\} = \{\Delta B/[I\ (A/P,i,n) + \Delta C]\} > 1$$

11.2.4 智能建筑工程项目成本管理技术

1. 费用分解结构（CBS）

将费用按照与工作分解结构（WBS）和组织分解结构（OBS）相适应的规则进行分解，并形成相应的、便于管理的账目分解结构（ABS）。账目分解结构是项目组织为承担分项工作而对其费用加以管理的一种工具。分解的结果可作为项目费用测定、衡量和控制的基准。

2. 费用累计 S 曲线

S 曲线是项目从开始到结束的整个生命期内的费用累计曲线，它描述了到项目生命期的某个时点为止的累计费用（图 11.2-1）。*S* 曲线常用来优化项目计划和降低项目的动态总费用（或总费用的现值）。当项目进度计划按所有活动最早开始或最晚开始，或从两者之间的某个时点开始来安排时，就形成了各种不同形状的 *S* 曲线，又称为香蕉图，它反映了项目进度允许调整的余地。

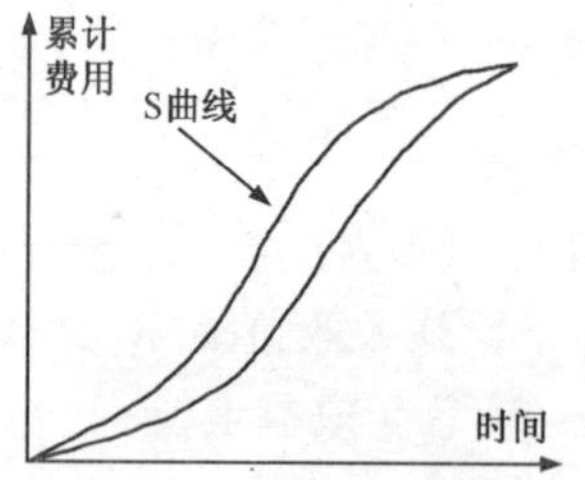

图 11.2-1　S 曲线

3. 挣值分析方法

挣得值（Earned Value）表示已完成工作的计划费用或预算费用。

挣值分析方法是通过分析项目目标实施与项目目标期望之间的差异，从而判断项目实施的费用、进度绩效的一种方法，又称偏差分析法。它的独特之处在于将费用和进度统一起来考虑，用预算费用来衡量项目的进度，是项目费用和进度控制系统的重要组成部分。

挣值分析方法主要运用三个费用值进行分析，它们分别是已完成工作预算费用、计划完成工作预算费用和已完成工作实际费用，各自含义如下。

(1) 已完成工作预算费用

已完成工作预算费用（BCWP）是指在某一时刻已经完成的工作（或部分工作），以批准认可的预算为标准所需要的资金总额，又称“已完成投资额”。由于发包人正是根据这个值为承包人完成的工作量支付相应的费用，也就是承包人获得（挣得）的金额，故称挣得值。当然，已完成工作必须经过验收，符合质量要求。

BCWP = 已完成工作量 × 预算定额

(2) 计划完成工作预算费用

计划完成工作预算费用（BCWS）是根据进度计划，在某一时刻应当完成的工作（或部分工作），以预算为标准所需要的资金总额，又称“计划投资额”。这个值对衡量项目进度和项目费用都是一个标尺或基准。一般来说，除非合同有变更，BCWS 在工作实施过程中保持不变。如果合同变更影响了工作的进度和费用，经过批准认可，相应的 BCWS 基线也应作相应的更改。

BCWS = 计划工作量 × 预算定额

(3) 已完成工作实际费用

已完成工作实际费用（ACWP）是到某一时刻为止，已完成的工作（或部分工作）所实际花费的总金额，又称“消耗投资额”。

这三个费用值实际上是三个关于时间（进度）的函数，即：

BCWS（t），($0\leq t\leq T$)

BCWP（t），($0\leq t\leq T$)

ACWP（t），($0\leq t\leq T$)

其中 T 表示项目完成时点，t 表示项目进展中的监控时点。理想状态下，上述三条函数曲线应该重合于 BCWS（t）。

在这三个费用值的基础上，可以确定挣值分析方法的四个评价指标，它们也都是时间的函数。

(4) 费用偏差（CV）

CV 是指在某个检查点上 BCWP 与 ACWP 之间的差异，即：

CV = BCWP − ACWP

当 CV 为负值时，表示项目运行超支，实际费用超出预算费用。

当 CV 为正值时，表示项目运行节支，实际费用没有超出预算费用。

(5) 进度偏差（SV）

SV 是指在某个检查点上 BCWP 与 BCWS 之间的差异，即：

SV = BCWP − BCWS

当 SV 为负值时，表示进度延误，即实际进度落后计划进度。

当 SV 为正值时，表示进度提前，即实际进度快于计划进度。

(6) 费用绩效指数（CPI）

CPI 是指 BCWP 与 ACWP 的比值，即：

CPI = BCWP/ACWP

当 CPI <1 时，表示超支，即实际费用高于预算费用。

当 CPI >1 时，表示节支，即实际费用低于预算费用。

(7) 进度绩效指数 (SPI)

SPI 是指 BCWP 与 BCWS 的比值，即：

SPI = BCWP/BCWP

当 SPI < 1 时，表示进度延误，即实际进度比计划进度拖后。

当 SPI > 1 时，表示进度提前，即实际进度比计划进度快。

这后四个个指标中，前两者和后两者的的作用是相同的，都是综合起来判断项目在检查点上的执行情况，不同的是前两者是绝对指标，仅适用于项目内判断，而后两者是相对指标，还可用于项目之间的比较。

图 11.2-2 显示了用挣值分析方法分析得到的一个评价曲线图。从图中可看出，BCWP、BCWS 和 ACWP 都是 S 曲线。

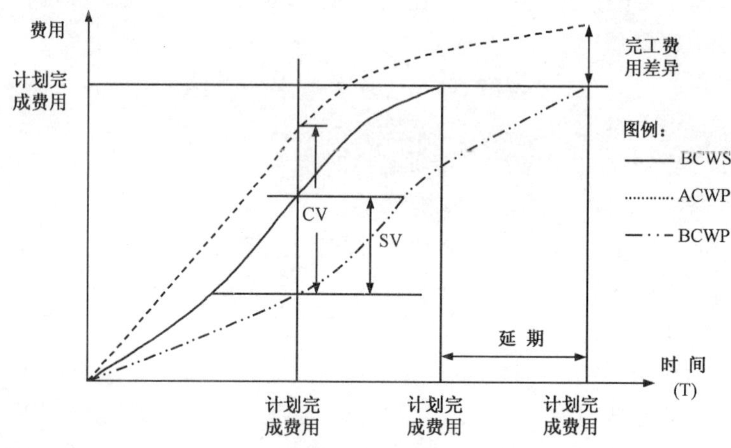

图 11.2-2 项目运行的挣得值评价曲线图

在正常的状态下，BCWP，BCWS，ACWP 三条 S 曲线应该靠得很紧密，平稳上升，表明项目按照众所期望的进行。如果三条曲线的离散度很大，则表示项目实施过程中有重大的问题隐患或已经发生了严重问题，应该对项目进行重新评估和安排。

应用挣值分析方法的一般步骤是：

① 根据费用基线确定检查点上的 BCWS。

② 记录到检查点为止项目费用使用的实际情况，确定 ACWP。

③ 度量到检查点为止项目任务完成情况，确定 BCWP。

④ 计算 CV 和 SV (或者是 CPI 和 SPI)，判断项目执行情况。

⑤ 如果偏差超出允许范围，则需要找出原因，并提出改正措施。

4. 智能建筑工程项目的不确定性分析

智能建筑工程项目的不确定性分析是以计算分析各种不确定因素的变化对项目经济效益的影响程序为目标的一种经济分析方法。智能建筑工程项目成本管理的现金流分析采用的数据大都来自估算和预测，受数据精确度和估算方法的影响，具有一定的不确定性，有可能造成项目的现金流入减少或现金流出增加。

智能建筑工程项目不确定性分析基于以下两方面的原因：一是项目可行性研究所涉及到的因素随着时间的推移，可能发生变化；二是可行性研究是在资料、手段不完善的情况下进行的，一般取得的数据和参数是不完整的和不全面的。因此，主观认识方法的局限性和客观条件的影响使项目的可行性具有不确定性，项目的效益也具有不确定性。

不确定性成本管理或风险成本管理已成为我国项目管理中的弱项，也是很多商业银行贷款最关心的问题。根据拟建智能建筑工程项目的具体情况，需要有选择性地进行盈亏平衡分析、敏感性分析和概率分析等。

(1) 盈亏平衡分析

盈亏平衡是指项目当年销售收入扣除销售税金及附加后等于其总成本费用。当项目某一因素（如产量、价格、生产能力利用率等）的值等于某数值时，恰使方案达成盈亏平衡，则称此数值为该因素的盈亏平衡点。即当项目的收益与费用相等时，达到项目盈亏平衡点（BEP）。

项目盈亏平衡分析是在一定的市场、生产能力及经营管理条件下，研究项目在盈亏平衡点处各因素的关系的方法。它是根据项目正常生产年份的产品产量（销售量）、固定费用、可变费用、税金等，研究建设项目产量、费用、利润之间变化与平衡关系的方法。或者说，项目盈亏平衡分析是研究项目的产品售价、产量、经营费用、投资、建设期等发生变化时，项目财务评价指标（如财务内部收益率）的预期值发生变化的程度。

盈亏平衡点分析的假设条件是：项目的产量等于销售量；总成本是产量的线性函数；单位产品的变动成本与总固定成本在项目计算期内保持不变或相对稳定；产品销售价格保持不变；生产一种产品，如果项目生产多种产品，则假定产品组合即每种产品在总销售额中的比例不变。

(2) 敏感性分析

敏感性分析是考察与项目有关的一个或多个主要因素发生变化时对该项目经济效益的影响程度的分析方法。它可以分为单因素敏感性分析和多因素敏感性分析。基本的敏感性分析是单因素敏感性分析，它是指只变动一个不确定性因素，同时保持其他因素不变，考察项目财务经济效益指标的变化情况。单因素敏感性分析的主要步骤和内容：

① 确定敏感性分析的研究对象：敏感性分析的研究对象就是投资项目的经济评价指标，如净现值、内部收益率等。

② 选定不确定性因素：选定不确定性因素的原则是选取其变动将较为强烈地影响经济指标的因素；选取数据准确性把握不大的因素。常选的因素有：投资额、项目寿命期、残值、经营成本、产品价格、产销量、项目建设年限、投产期限和产出水平、达产期、基准贴现率等。

③ 计算分析变量因素对投资项目的经济效益指标的影响程度：按预先指定的变化幅度（如 ±10%、±20%），先改变某一个变量因素，其他因素暂不变，计算该因素的变化对经济效益指标（如净现值）的影响数值，并与原方案的指标对比，得出该指标变化的差额幅度。

④ 绘制敏感性曲线，确定敏感因素：将各个不确定性因素的百分比与对应的项目投资效益指标的数值在二维坐标图中绘出，以不确定性因素为横坐标，经济效益指标为纵坐标，得到敏感性分析图（图 11.2-3）。

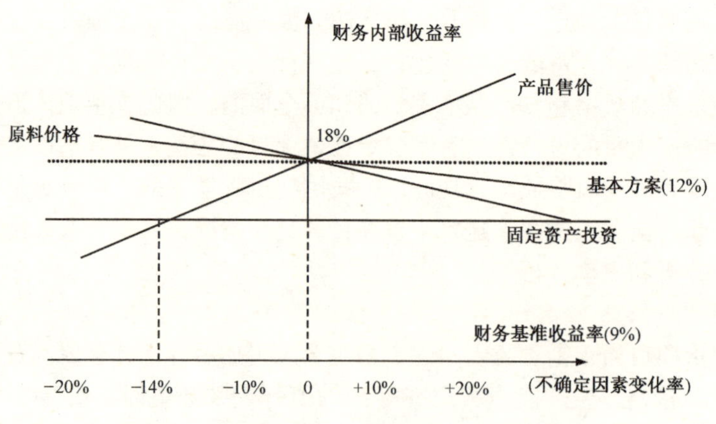

图 11.2-3　敏感性分析图

通过敏感性曲线，可以看出敏感性因素使项目由可行变为不可行时的最大极限值。与敏感性因素变化的最大极限值对应的是效益指标的临界值。在确定了项目因素变化的最大极限值和项目效益指标的临界点后，一方面可以很快找出敏感性因素，另一方面也便于投资者在项目投产后采取必要的防范措施，限制其超过最大允许极限值。

图 11.2-3 中全部投资财务内部收益率随不确定因素变化而发生的变化由三条曲线表示。财务基准收益率（9%），基本方案的全部投资内部收益率（12.78%）也在图中注明，以便确定不确定因素的临界值。

由敏感性分析结果可以看出，财务内部收益率对产品销售价格的变化最为敏感。从图上还可看出，当以 9% 作为财务基准收益率时，产品售价降低约 14% 时达到临界点，即此时财务内部收益率等于基准收益率。若产品售价再降低，财务内部收益率将低于基准收益率，使项目由可行变为不可行。通过敏感分析，可以找出项目的最敏感因素，使决策者能了解项目建设中可能遇到的风险，提高决策的准确性和可靠性。一般以某因素的曲线斜率的绝对值大小来比较。

（3）概率分析

概率是指事件发生时产生某种后果的可能性的大小。项目经济效益概率分析，是指使用概率研究预测各种不确定性因素和风险因素的发生对投资项目评价指标影响的一种定量分析方法。它通过概率预测不确定性因素和风险因素对项目经济评价指标的定量影响。一般是计算项目评价指标，如项目财务净现值的期望值大于或等于零时的累计概率。在概率分析中计算项目净现值的期望值及净现值大于或等于零时的累计概率，可通过模拟法测算项目经济效益的概率分布，为项目决策提供依据。如果计算出的累计概率值越大，则说明项目承担的风险越小。

概率分析的基本步骤如下：

① 列出必须考察的不确定性因素（敏感因素）。

② 将这些不确定因素的各种可能结果一一列出。

③ 分别确定每种情况出现的概率值，每种不确定性因素可能发生的概率之和等于 1。

④ 分别计算各可能结果的效益及期望值、方差和标准差。

⑤ 确定项目的效益水平及获得此效益水平的概率。比如，可以计算出净现值大于零

的概率。

11.3　智能建筑工程项目成本估算和预算

智能建筑工程项目成本管理的目标旨在已批准的预算范围内，确保工程项目保质按期完成。智能建筑工程项目成本管理的内容主要包括：项目资源计划、成本估算、成本计划(成本预算)、成本控制和财务决算等五个过程。项目成本管理首先关心的是完成工程项目建设工作所需资源的费用，但也要考虑可行性研究及工程项目建成后系统的使用和保障阶段等因素对项目成本的影响。工程项目成本管理的更加广义的观点应该是“工程全寿命费用设计”，其中的全寿命费用指的是在工程项目的整个生命期内，发包人为建设、拥有和维护工程项目所耗费的总费用。

11.3.1　智能建筑工程项目成本估算

成本估算是为完成项目各项任务所需要的资源费用的近似估算。成本管理的主要任务之一就是进行成本估算，如果项目经理想在预算限制内完成项目，他们必须进行严格的成本估算。

当一个项目按合同进行时，应区分成估算和定价这两个不同意义的词。项目成本估算涉及的是对可能发生的费用的估计，即承包人为提供产品或服务的花费是多少。而定价是一个商业决策，是承包人为它提供的产品或服务要索取多少费用，成本估算只是定价要考虑的因素之一。

智能建筑工程项目成本估算通常用货币单位表示，也可用工时等其他单位表示。在很多情况下，成本估算需要综合采用多种方法进行，并采用多种计量单位表示。

1. 项目成本估算时应注意的事项

① 当项目在一定的约束条件下实施时，价格的估算是一项重要的因素。

② 成本估算应该与工作量的结果相联系。

③ 智能建筑工程项目成本估算过程中还应该考虑费用交换的问题，例如，增加费用来缩短工期，或临时决定购买更有效的技术或聘请技术专家等。

2. 成本估算的主要依据

(1) 合同及招投标文件

合同及招投标文件是发包人与承包人双方签订的法律文件，是项目成本估算最重要的依据，在编制成本估算时必须予以充分考虑。

(2) 工作分解结构 (WBS)

WBS 可用于成本估计，以确保所有工作都被估计费用了。

(3) 资源需求计划

即资源计划安排结果。

(4) 资源价格

为了计算项目各项工作费用必须知道各种资源的单位价格，包括工时费、单位体积材料的费用等。如果某种资源的实际价格不知道，就应该给它作估价。

（5）工作的延续时间

工作的延续时间将直接影响到项目工作经费的估算，因为它直接影响分配给它的资源数量。

（6）历史信息

同类相似项目的历史资料始终是项目执行过程中可以参考的最有价值的资料，包括项目文件、共用的项目费用估计数据库及项目工作组的知识等。

（7）财务报表

财务报表说明了各种费用结构，这对项目费用的正确估算很有帮助。

3. 成本估算的类型

智能建筑工程项目成本估算的类型有量级估算、预算估算和最终估算。这些估算法的区别主要体现在它们什么时间进行，如何应用，以及精确度如何。

（1）量级估算（ROM）

量级估算提供了智能建筑工程建设成本控制的一个粗略概念。主要在项目正式开始之前应用，高层管理人员和项目经理使用该估算法帮助进行项目决策。进行这种类型的预算通常是在工程建设完成之前2～3年。量级估算的精确度一般在－25%～75%，也就是项目的实际成本可能低于量级估算25%，或高于量级估算的75%，对于目前的智能建筑工程建设而言，该精确范围经常更广。例如，许多计算机专业人员为软件开发项目成本估算自动增加一倍。

（2）预算估算

预算估算被用来将资金划入一个组织的预算。许多发包人建立至少2年的预算。预算估算在智能建筑工程完成前一到两年做出，其精确度一般在－10%～25%，也就是项目的实际成本可能低于预算估算15%，或高于预算估算的25%。

（3）最终估算

最终估算提供一个精确的项目成本估算，常用于许多采购决策的制定，因为这些决策需要精确地预算，也常用于估算智能建筑工程建设的最终成本。最终估算是三种估算类型中最精确的，通常其精确度为－5%～10%，也就是项目的实际成本可能低于预算估算5%，或高于预算的10%。

4. 成本估算的方法

（1）经验估算法

进行估计的人应有专业知识和丰富的经验，据此提出一个近似的数字。这是一种最原始的方法，是一种近似的猜测。它仅适合于要求很快拿出一个大概数字的项目。

（2）自上而下估计法

它利用以往智能建筑工程类似项目的实际费用作为当前本项目成本估算的根据，这是一种专家判断法，该方法较其他方法更节省，但不是很精确。当以往的智能建筑工程项目与当前项目在本质上类似而不仅是外表上相似时，且进行估算的个人或团体具有所需要的专门知识，类比估算法是最可靠的方法。这种方法也可用于编制成本计划。

(3) 自下而上估算法

首先估算智能建筑工程项目各个活动的费用，然后按工作分解结构的层次自下而上地汇总，估算出总费用。这种方法也可用于编制成本计划。估算的精度由单个工作项的大小和估算人员的经验决定的。只要智能建筑工程项目各个活动的费用估计得准确，工作分解结构合理，用这种方法估算的结果和由此编制的成本计划一般比其他方法更精确。但是这种方法的缺点是估算工作量很大，通常花费时间长，因而应用代价高。

(4) 类比估算法

类比估算法就是将智能建筑工程项目一个新的系统与已知费用的现有系统进行比较，从而进行项目成本估算的方法。这种估计法适用于早期的成本估计，因为此时有关项目仅有少量消息可供利用。类比估计是专家判断的一种形式。类比估计是花费较少的一种方法，但精确性也较差。

(5) 参数模型估算法

在数学模型中应用智能建筑工程项目特征参数来估算项目费用。模型可以是简单的，也可以是复杂的。如果开发模型的历史资料可靠，建立模型所用的历史信息是精确的、项目参数容易定量化，并且模型就项目大小而言是灵活的，那么，这种情况下参数模型是最可靠的。

(6) 计算机软件方法

利用某些项目管理软件进行项目成本估算。这种方法能够考虑许多备选方案，方便、快捷，是一种发展趋势。

5. 成本估算报告的主要内容

智能建筑工程项目成本估算的结果形成两个文档，即成本估算报告和成本管理计划。成本估算报告列出了项目描述（范围说明、工作分解结构等）、基本规则和估算所用的假设、成本估算的详细工具和技术，描述完成项目所需的各种资源的费用，包括：人力资源、投入的物资资源、各种特殊的费用项如折扣、费用储备等的影响，其结果通常用人力资源耗费（人/月）、提供的物资、服务费用等表示。成本估算的主要内容和过程如图11.3-1所示。

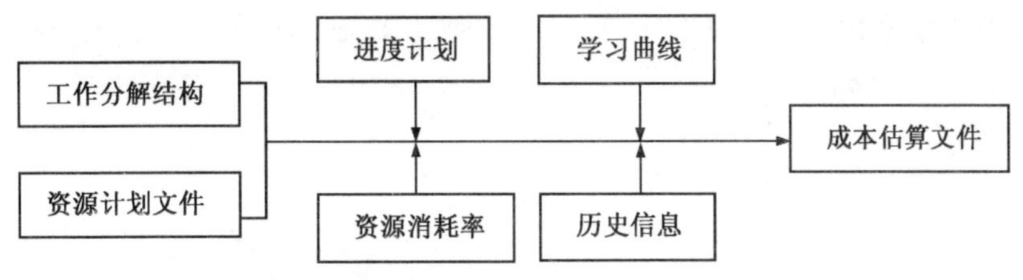

图11.3-1　成本估算的主要内容和过程

成本管理计划是一份描述如何管理项目费用变化的文件。例如，供应商对项目或项目一部分提出投标建议书，最终成本估算为评估这些建议书提供了基础，这些建议书的费用有的比估算值低，而有的比估算值高，智能建筑工程项目成本管理计划就是要描述对这些投标建议书如何做出反应。一般认为，费用建议书在估算10%变化范围内是可接受的，只对高于估算费用10%，或低于20%的各项进行谈判。

项目成本估算报告的详细说明应该包括：

① 工作估计范围描述，通常是依赖于WBS作为参考。

② 对于估计的基本说明，比如成本估算是如何实施的。

③ 各种所作假设的说明。

④ 指出估算结果的有效范围。

成本估算是一个不断优化的过程。随着项目的进展和相关详细资料的不断出现，应该对原有成本估算做相应修正，在有些应用项目中提出了何时应修正成本估算，估算应达什么样精确度。

11.3.2 智能建筑工程项目成本计划

制订智能建筑工程项目成本计划是把整个项目估算的费用分配到各项活动和各部分工作上，进而确定测量项目实际执行情况的费用基准。成本计划也常常称作成本预算。制定成本计划应以各项活动和各部分工作的成本估算和进度计划为依据，并有规定的费用核算账目和审核程序。

1. 智能建筑工程项目成本计划的特点

智能建筑工程项目通常是一种按期货方式进行交换的商品。它的造价具有一般商品价格的共性，在其形成过程中同样受商品经济规律、价值规律、货币流通规律和商品供求规律的支配。不过，智能建筑工程项目与一般商品相比，还有其特殊的技术经济特点。通常，智能建筑工程项目成本计划（成本预算）的特点有以下几方面：

（1）建造地点在空间上的固定性

智能建筑工程项目一般建造在预先选定的建筑物内外，建成后不能移动，只能在建成的地点使用。由于工程所具备的固定性，便导致了建设施工的地区性、流动性和其产品价格的差异性。由地区性决定了工程项目设计和施工技术组织必须适应当地的自然条件、交通运输条件及技术经济特点。由施工的流动性决定了施工队伍移动所需的费用，整个施工活动都必然受当地的技术条件、经济条件和自然条件影响。例如：分别在甲、乙两地按照同一标准设计建设两个工程项目，其中一个交通便利、施工环境好；另一个交通不便、施工环境差，这就会造成工程造价的差异。工程越复杂，自然和技术及经济条件越不同，这种差异就越大。

（2）智能建筑工程项目的单件性

智能建筑工程项目是根据每个发包人的特定要求，单独设计，并在指定的地点单独进行建设，基本上是单个“定做”而非“批量”生产。为适应不同的用户需求，工程项目的设计必须在总体规划、内容、规模、等级、标准和设备选用等诸方面也各不相同。即使是用途完全相同的智能建筑工程项目，按同一标准设计进行建造，其工程的局部结构和相应的用途设计特点等方面也会因建设时间、技术进步和环境等自然条件和社会技术经济条件的不同而发生变化。例如按照同一标准设计建设两个项目，其中一个单位要求购买国产设备，另一个要求使用进口产品，这就会造成工程造价相当大的差异，工程项目在建设开工之前，必然预先测算其价格。

(3) 智能建筑工程建设周期长

智能建筑工程项目的建设周期长、环节多、涉及面广、程序复杂，同时，由于智能建筑工程的主体核心技术属于信息技术的范畴，其技术含量高、专业性强、技术跨度大、知识更新快，新技术层出不穷。这种特殊性决定了每个智能建筑工程价值的构成都不一样，因而需要事先以预算来进行约束。在工程项目长时间的建设过程中，既会面临智能建筑技术更新的问题，也会出现用户需求随时代进步而变化的问题，如果发生用户需求变更或采纳一些新技术取代原有的设计，那么必然会对工程项目的造价造成巨大影响。

(4) 智能建筑技术发展迅速，产品更新换代快

智能建筑是高新科技领域的最重要的发展亮点，发展迅速，产品更新换代快。在实际工作中，我们有时会遇到一些智能建筑工程项目，在工程建设过程中发现项目设计时选定的某些品牌、规格、型号的硬件设备或软件产品停产了，不得不中途改用其他品牌、规格、型号的设备或产品来取代它；有时还会遇到极端情况：当某个子系统开发建设完成后，进行鉴定验收时，发现系统中所用到的硬件及软件技术等，大部分都已落后，甚至被淘汰了，不得不重新对该子系统返工改造。这些因素必然影响着每个工程项目的造价，甚至改变整个工程项目的建设程序，从而大大影响到工程项目的造价。

(5) 智能建筑工程项目的技术差价

在智能建筑工程项目实施过程中，由于项目设计选用的硬件设备和软件产品的品牌、规格、型号、产地、版本、出产年代不同，技术水平不同，系统安装施工技术条件不同，承包人经营管理水平和技术水平不同等因素的影响，势必造成工程项目技术等级的差异，从而导致同类别、同功能、同标准、同工期和同地区的工程，在同一时间同一市场内的价格差异，这种价格差异即是工程项目的技术差价。

(6) 智能建筑工程项目的工期差价

由于智能建筑技术的高速发展，其产品技术在一个月或几个月之内就会更新换代，新技术、新产品层出不穷。在智能建筑工程项目实施过程中，只要实施的工期相差几个月，承包人就必须选用更加先进的硬件设备和软件产品，采用更加先进的系统安装施工技术。从而使同类别、同功能、同标准的智能建筑工程项目，必须采用不同的进度计划，以不同的施工技术手段和施工组织手段来完成工程项目的实施任务。这些因开工时间和施工工期引起的影响因素，在工程造价上要予以反映。因工期不同而形成的价格上的差别，便决定了工期差价，它是由于智能建筑工程项目的特殊性所决定的的一种特有的价格形式。

(7) 智能建筑工程项目的软件开发差价

智能建筑工程的核心技术是信息技术，而信息技术的基础是软件开发，软件是逻辑、智力产品，其好坏是决定工程项目成败的关键性技术因素。软件开发的特点是存在软件危机，不可预见成分高，进度、质量和成本难以控制，风险程度大，因此，一方面工程项目建设时期应尽量选用现成的商品软件产品，包括系统软件和应用软件，尽量减少软件开发工作；另一方面，由于不同工程项目应用流程、环境和管理体制改革要求不同，智能建筑工程项目建设要想完全避开软件开发是不现实的。在实际工作中，不同的智能建筑工程项目所要求的应用软件内容是不一样的，软件开发的工作量和费用也不相同，造成整个工程项目造价差别，从而导致同类别、同功能、同标准、同工期和同地区的智能建筑工程项

目，在同一时间内的价格差异，即工程的软件开发差价。

由于智能建筑工程建设具有以上所述的，特殊的技术经济特点以及在实际工作中遇到的许多不可预见因素的影响，因此，决定了智能建筑工程的计划价格的确定方法，只能通过特殊的计划流程用单独编制单位工程建设预算的方法来确定。这既反映了智能建筑工程项目建设的技术经济特点，对其项目价格影响的客观性质，也反映了商品经济规律对智能建筑工程建设的客观要求。

2. 编制项目成本计划的依据

根据《建设工程项目管理规范》的规定：编制项目成本计划应依据下列文件：

① 合同文件。

② 项目管理实施规划。

③ 设计文件。

④ 市场价格信息。

⑤ 企业定额。

⑥ 类似项目的成本资料。

3. 编制项目成本计划的要求

根据《建设工程项目管理规范》的规定：编制成本计划应满足下列要求：

① 由项目管理组织负责编制。

② 自下而上分级编制并逐层汇总。

③ 反映各成本项目指标和降低成本指标。

4. 成本预算的方法和技术

对于智能建筑工程项目成本预算来说，成本估算中所用到的方法与技术在这里同样适用。如果估算的结果比较准确，那么预算的变动一般不会太大。由于估算本身就带有很多假设和不确定性，因而预算也会有同样问题。所以预算作为项目的费用基线，必须是动态的、适时调整的，以适应诸如新材料、新技术的出现和突发事件等因素对项目的影响。

项目成本预算常用的方法有以下四种：

(1) 类比预算法

利用以往的、相似的智能建筑工程项目的实际费用作为本项目成本预算的数据。这是一种专家判断法，虽然不是很精确，但该方法较其他方法更节省。

(2) 自下而上估计法

首先预算项目单个工作项的耗费，然后将所有单个工作项的费用相加求和，汇总得到整个项目的成本预算值。单个工作项的大小和预算的人员的经验决定预算的精确度，把工作项划分的越细越能够提高成本预算的精确度。

(3) 参数模型预算法

该方法是在数学模型中应用工程特征来预算工程项目费用。如果建立模型所用的历史信息是准确的、项目参数容易定量化并且模型就项目大小而言是灵活的，那么，这种情况下参数模型法得出的数据是最可靠的。

(4) 计算机化的工具

像电子数据表的项目管理软件等计算机工具能够进行各种不同的成本预算。利用计算机作为成本预算的工具，有助于改善预算的精度。

应该引起注意的是，在有些情况下，会计系统和预算系统会有不协调的地方，主要是由于项目预算一般是按照项目进度进行的，而会计却要遵守一系列有关财务制度以及考虑记账的方便，并不是按照项目进度进行的。

5. 项目计划阶段的成果

智能建筑工程项目成本计划是建立在资源计划和项目成本估算的基础上，考虑资源的成本形成的计划，包括项目成本管理计划和成本基准计划。成本管理计划是在成本估算阶段完成的，指导如何管理费用偏差，是项目整体计划的一部分。批准的项目成本计划，叫基准成本计划，是在成本预算阶段完成的，反映的是按时间变化的预算状况，用于测量和监控项目费用的执行情况，按时段把估算出的费用叠加起来就可以得到成本基准计划，它一般表现为一条 S 曲线。

6. 项目预算中存在的问题

尽管有许多辅助进行项目成本预算的工具和技术，但是智能建筑工程建设的成本预算仍然非常不准确。特别是涉及到新技术和新软件的智能建筑工程项目。

① 由于项目预算必须在项目开工之前就要及时迅速地做出来，在许多未知因素不明朗的前提下，要想提高其精确度是很难的。在工程项目实施的各不同阶段都要事先进行预算，也都是在每个阶段要求还不十分明确的情况下做出来，因此，做项目预算是一项相当复杂的任务，为提高其精确度需要付出巨大的努力。

② 对于大型智能建筑工程项目，人们往往经历相似项目的机会少，因而做成本预算的人经常没有太多的同类项目的成本预算经验。另外，也难以找到这类相似项目的足够多的精确、可靠的数据作为工程项目预算的依据，要提高项目预算的精确度具有相当的难度。

③ 大多数人都有低估项目成本预算的倾向，因此为了提高智能建筑工程项目成本预算的精确度，对项目成本预算进行严格审核就很有必要。

7. 审核项目成本预算的意义

① 有利于准确确定工程造价，合理安排建设资金，以及加强投资计划管理。

② 促进项目设计方案的技术先进、经济合理。通过项目预算中的技术经济指标的综合反映，与类似工程分析比较，可在技术先进性和费用合理性两方面挖掘潜力，以提高设计水平。

③ 促进承包人在编制成本预算时严格遵循国家和地方的有关编制规定和取费标准。

④ 有利于控制项目投资规模。通过审查项目成本预算防止高估冒算或压低投资，使项目总投资作到准确、完整、合理。

⑤ 有利于承发包双方加强经济核算，提高管理水平。

⑥ 有利于积累和分析各项技术经济指标，改进和提高设计工作的水平。

8. 成本预算审核的方式

成本预算编制是一项十分细致复杂的工作，计算中难免出现一些疏漏和错误，为此必须搞好审核工作。项目成本预算审核是一项十分重要而又严肃的事情，其审核的方式有以下两种：

(1) 单独审查

由银行、发包人、监理单位或审计机构各自独立审查，然后互相交换意见，协商定案。该方式一般适用于中小型工程项目。

(2) 联合审查

由发包人或其主管部门组织银行、监理单位和审计机构等有关部门共同组织审查小组进行会审核定。会审时充分讨论，解决审查中提出的有关问题。因而审查速度快，定案比较容易，质量也比较高。该方式一般适用于大中型工程项目。

9. 成本预算审核的内容

成本预算审核是项目成本控制的最重要方法之一，目的是及时发现并纠正项目成本计划中的错误，从而起到控制成本和造价的作用。

成本预算审核的主要内容是审查工程承包合同及招投标文件，用户需求分析报告，项目设计方案、设计图纸及其说明书，现行的定额和其他取费标准，工作分解结构（WBS），资源需求计划，资源价格，项目估算报告和成本管理计划，项目进度计划，同类相似项目的历史资料，财务报表，以及其他有关设计、施工资料等。

成本预算审核的主要要求是审查成本预算编制依据是否符合规定，造价及各项经济指标是否合理，单位工程有无漏项，说明是否全面，内容是否完整，造价是否正确，经济指标及主要硬件设备、软件配置是否合理等。

在审查编制依据时，尤其要着重审查：

① 编制依据的合法性：采用的各种编制依据必须符合国家的编制规定。

② 编制依据的时效性：各种价格依据，如定额、指标、价格、取费标准等，都应根据国家有关部门的现行规定进行，注意有无调整和新规定。

③ 编制依据的有效范围：各种编制依据都有规定的适用范围，如各主管部门规定的各种专业定额及其取费标准，只适用于该部门的专业工程；各地区规定的各种定额及其取费标准，只适用该地区的范围以内。

10. 成本预算审核的方法

成本预算审核的方法是否得当，将直接关系到审核的质量和速度。

(1) 全面审核法

全面审核法的具体计算和审核过程与编制过程基本相同，按项目实施顺序，对各个单位工程中的工程细目从头到尾逐项详细审查。其优点是全面、细致，审查质量高、效果好，缺点是工作量大，时间较长。需要组织一批分专业的预算工程师、经济师进行。

(2) 对比审核法

用已建成的工程成本预算对比审查拟建的同类相似工程。

(3) 重点审核法

抓住工程成本预算中的重点进行审查。审查重点一般是指工程量大或造价较高的各项单位工程，补充单价和定额外设备价及差价等。在重点审核中如发现问题较多时应扩大审核范围。重点审查的优点是重点突出，审查的时间短，效果较好。

(4) 分解审核法

把一个单位工程，按直接费、间接费进行分解，然后把直接费按工种和分部工程进行分解，分别与审定的标准图预算进行对比分析，边分解边对比，发现哪里费用出入较大，如超过标准预算的3%以上，就要审核哪一部分费用。

(5) 经验审核法

根据以往的实践经验，审核容易发生差错的那些工程细目部分。

11.4　智能建筑工程项目成本控制

智能建筑工程项目的管理和控制可以基本概括为质量、进度、成本三大目标控制，成本控制是其中的关键。因为质量和进度这两方面的控制最终均与成本控制发生密切关系，所以必须严格地进行成本控制才能实现获得最佳效益的目标。

成本控制不能脱离质量管理、进度管理独立存在，相反要在费用、质量、进度目标三者之间作综合平衡，及时、准确的费用、进度和质量跟踪报告，是项目成本管理和控制的依据。

11.4.1　智能建筑工程项目成本控制的概念

工程成本是衡量工程经济效益的重要因素，成本控制是智能建筑工程项目管理的一项最重要的工作和主要内容。项目成本控制是为确保建设项目资金与资源的充分利用和加强计划性、科学性，将工程项目的成本控制工作推向制度化和规范化，严格控制预算的变更，以消除决算超预算、预算超估算的现象，使工程建设项目取得最大的经济效益和社会效益。

智能建筑工程项目成本控制关心的是影响项目时间费用基线的因素，确定费用基线的改变并加以控制。需要注意的是，由于进度、质量和需求三者相互影响、密不可分，智能建筑工程项目成本控制还必须考虑与其他控制过程如进度控制、质量控制、需求变更控制等相协调。如果只片面地严格控制费用，可能会导致进度或质量方面出现问题，最终只能是费用的超支。

1. 项目成本控制的含义

项目成本控制是指在工程项目建设的各个阶段，把项目成本控制在经批准的投资限额以内，随时纠正发生的偏差，以保证项目投资管理目标的实现，以求合理使用人力、物力、财力，取得较好的经济效益和社会效益。

成本控制是一门科学，它属于技术经济领域，需要培养既懂技术又懂经济的人才，经过采取组织措施、技术措施、经济措施和合同措施，对项目的投资目标进行控制。成本控制的基础是事先对项目进行的成本预算。成本计划完成的好坏，关键在于成本控制，成本控制得好，工程建设中的一切耗费按照计划执行，成本计划就能按时完成；如果控制得不好，不合理的开支无人过问，成本超支也听任自流，成本计划就不可能保证完成。智能建筑工程项目成本控制的基准就是项目成本预算。在控制费用时，要将已发生的费用与预算相比较，分析费用偏差的情况。最后要找出产生偏差的原因，并采取必要的纠正措施，如图 11.4-1 所示。

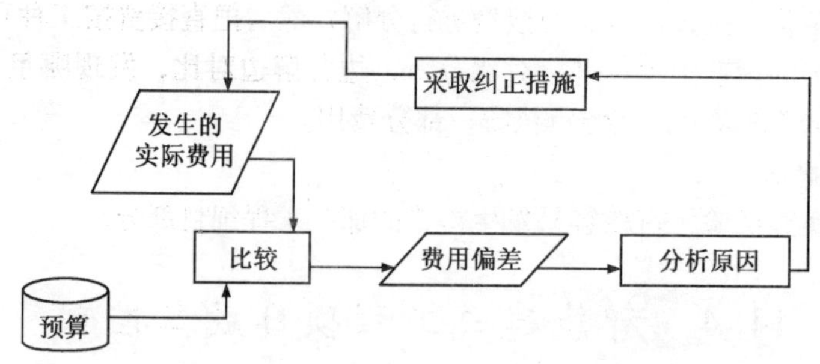

图 11.4-1　项目成本控制原理示意图

工程项目成本的有效控制是工程项目管理工作的重要组成部分，工程项目建设各阶段的控制目标相互联系、相互制约、相互补充，共同组成项目控制的目标系统。成本控制的基础是事先对项目进行的成本预算。成本控制不能脱离项目质量管理、进度管理和风险管理独立存在，相反要在费用、质量、进度三者之间作综合平衡。及时准确的费用、进度和质量跟踪报告，是项目成本控制的依据。成本控制就是要保证各项工作在它们各自的预算范围内进行。

2. 项目成本控制的任务

成本控制主要关心的是影响项目费用开支的各种因素，确定项目实际成本是否偏离成本计划，以及调整实际成本偏离的方法和措施。成本控制工作的任务包括：

① 检查成本计划执行情况，对照基准成本计划，找出实际的与基准计划的费用偏差，做好成本分析和核算，并对费用偏差作出响应。

② 对项目范围的变化、环境的变化、目标的变化等所造成的费用影响进行测算分析，并调整成本计划，协助解决费用补偿问题（即索赔和反索赔）。

③ 签订各种外包合同时，要在合同价格方面进行严格控制，包括价格水准，付款方式和付款期，价格补偿条件和范围等。在实际施工中还应严格控制各款项的支付。

④ 确保所有发生的费用偏差都能被准确地记录下来，并绘制在费用基线上；避免不正确的、不合适的或者无效的费用偏差反映在费用基线上。

⑤ 将基准成本计划中已核准的变更通知有关项目利益相关者；在项目管理中有关费用的信息量最大，要及时向与项目相关的各个方面，特别是决策层提供项目费用信息，保证信息的质量，为各方面的决策提供建议和意见。

⑥ 与相关职能部门人员合作，相互提供项目成本分析、咨询和协调工作，例如提供由于技术变更、方案变化引起的费用变化，使各方面作决策或调整计划时考虑项目费用因素。

⑦ 分析寻找项目费用发生偏差的原因，找出解决问题的途径，并及时采取有效措施纠正偏差或调整成本计划。

⑧ 要使成本控制过程与范围控制、进度控制、质量控制等其他控制过程相协调，要避免不合适的成本控制措施可能导致质量、进度方面的问题或者导致不可接受的风险。

3. 项目成本控制的依据

根据《建设工程项目管理规范》的规定：成本控制应依据下列资料：

① 合同文件。

② 成本计划。

③ 进度报告。

④ 工程变更与索赔资料。

4. 项目成本控制的程序

成本控制宜运用价值工程和挣值法，应遵循下列程序：

① 收集实际成本数据。

② 实际成本数据与成本计划目标进行比较。

③ 分析成本偏差及原因。

④ 采取措施纠正偏差。

⑤ 必要时修改成本计划。

⑥ 按月编制成本报告。

5. 智能建筑工程项目成本控制要点

智能建筑工程项目大多采用总价承包，根据工程承包合同规定，在合同规定的工程范围内合同价格不应因工程实施期间劳力、材料、设备价格调整及工程量变化（设计变更除外）而作任何调整，以确保在满足工程质量和进度要求的前提下实现项目实际投资不超过计划投资。

成本控制必须加强对项目变更和合同执行情况的处理。这是针对费用超支最好的办法。成本控制是十分广泛的任务，它需要各方面人员（如技术、采购、合同、信息管理）的介入，必须纳入项目的组织责任体系中。智能建筑工程项目成本控制要点包括以下几方面：

① 严格控制项目用户需求变更和项目设计变更。

② 高度重视项目前期（设计开始前）和设计阶段的投资控制工作。

③ 落实费用目标，包括落实资源的消耗和工作效率指标。例如下达与工作量相应的用工定额、用料定额、费用指标，各部门要以费用指标作为控制对象。

④ 以动态控制原理为指导进行成本计划值与实际值的比较。

⑤ 采取强有力的组织措施、技术措施、经济措施和合同措施，严格控制项目费用支出。

⑥ 对于各种费用开支，加强事前批准、事中监督和事后审查。对于超支或超量使用的必须作特别审批，追查原因，落实责任。

⑦ 利用计算机辅助工具及其他先进技术进行投资控制。

11.4.2 智能建筑工程项目成本控制的方法和措施

降低智能建筑工程项目费用的途经，应该是既开源又节流，或者说既增收又节支。只开源不节流或者只节流不开源，都不可能达到降低成本的目的，至少是不会有理想的降低费用的效果。

1. 成本控制的方法和技术

智能建筑工程项目成本控制的基本方法是规定各承建部门定期上报其费用报告，再由监理工程师对其进行费用审核，以保证各种支出的合法性，然后再将已经发生的费用与预算相比较，分析其是否超支，并采取相应的措施加以弥补。

智能建筑工程项目成本控制方法包括两类，一类是分析和预测项目影响要素的变动与项目成本发展变化趋势的项目成本控制方法，另一类是控制各种要素变动而实现项目成本管理目标的方法。这方面的方法主要有：

（1）成本控制改变系统

智能建筑工程项目成本控制改变系统通常是说明费用基线被改变的基本步骤，它包括文书工作、跟踪系统及调整系统。费用的改变应该与其他控制系统相协调。

（2）实施的度量

实施的度量主要帮助分析各种变化因素产生的原因，挣值分析法是一种最为常用的分析方法，它对于智能建筑工程项目费用的控制特别有用。成本控制的一个重要工作是确定导致误差的原因以及弥补、纠正所出现的误差。

（3）成本计划补充内容

很少有项目能够准确地按照期望的计划执行，不可预见的各种情况要求在项目实施过程中重新对项目的费用做出新的估计和修改，及时提出成本计划补充内容，从而构成新的成本计划。新的成本计划既不同于原来的成本计划（初始的计划），又不同于实际费用开支。在进行项目成本控制时，只有用新预算费用和实际费用相比较，才有实际意义，才能获得项目费用的真实信息。而这个新的成本计划版本在项目实施过程中是一直变动的，不断有更新的版本出现，所以成本控制必须一直跟踪最新的计划。

（4）计算工具

智能建筑工程项目成本控制通常是借助相关的项目管理软件和电子表格软件来跟踪计划费用、实际费用和预测费用改变的影响。

2. 成本控制的措施

智能建筑工程建设大多都采用固定价承包合同方式，成本风险由承包人承担，因此成本控制至关重要。必须在设计、采购、施工等各个阶段中严格进行管理和控制，在满足合同要求的前提下，尽可能降低项目成本。控制项目成本的措施归纳起来有以下四方面：

① 组织措施：建立健全项目成本监管组织及有关制度，落实成本控制的责任。

根据我国有关法律法规的规定，智能建筑工程项目建设实行“一个体系、两个层次、三个主体”的管理体制，明确了发包人、承包人和监理单位三方在智能建筑工程项目建设活动中的地位、职责、权力和利益。

三方各自的职责明确后，对工程项目实施过程中各类情况就可以做到心中有数，做到防患于未然。从工程项目启动之日起，把住各个关口，确保工程进度、质量、成本按照所签合同和合理的轨道正常运转。同时，便于及时地发现问题，指导工程更合理地安排资源，组织施工，采取必要措施，以保证工程顺利进行。

为了使承包人的项目经理和监理方的监理工程师能够认真履行所赋予他们的职责，必须使其具有控制工程实施的权力，否则，责权利不一致，对工程项目成本的管理和控制只能是一句空话。因此，发包人把工程款支付审批权交给总监理工程师这一点非常重要，总监理工程师有了对工程款的支付签字确认或否决权之后，才有可能约束承包人的行为，才有可能在项目实施的各环节上发挥其监督和管理的作用。

在智能建筑工程项目实施过程中的各个不同阶段设置由监理工程师签认的检验程序，没有监理工程师签认的工序或单项工程检验报告，不得列入支付报表，未经监理工程师签认的财务报表无效。这样一来，把工程项目实施过程中的所有环节都直接地与对承包人的财务支付挂起钩来，把工作质量与经济利益挂起钩来，也把国家和人民对工程期望的长远利益与各承包人的短期和局部利益挂起钩来，在实践中，效果是很好的。这个经济杠杆作用的发挥，提高了监理工程师的权威性，也大大促进了承包人内部管理水平的提高。

总监理工程师和承包人的项目经理作为各自方项目成本管理的第一责任人，要全面组织项目成本控制工作，应在保证质量、按期完成任务的前提下尽可能采取先进技术，以降低工程成本；注重加强合同预算管理，随时分析项目的资金运用支出情况；及时掌握和分析项目盈亏状况，并迅速采取有效措施，为增收节支尽心尽职。

② 技术措施：承包人要制定科学的、符合现代化管理要求的项目实施组织和方案，以及制订先进的、经济合理的技术实施方案，严把质量关，杜绝返工现象，节省费用开支，以达到缩短工期、提高质量、降低成本的目的。技术实施方案包括四大内容：技术实施方法的确定、技术实施设备的选择、技术实施顺序、工艺的安排和流水技术实施的组织。

正确选择技术实施方案是降低成本的关键所在，因此，监理工程师要严格审核承包人制定的项目实施的技术方案和组织方案，审核项目各项开支，要求承包人按合理工期组织施工，避免不必要的赶工费。

③ 经济措施：及时进行计划费用与实际开支费用的比较分析，严格控制项目各项费用开支，在满足质量和工期要求的前提下，尽可能降低项目成本。

• 严格控制项目变更，特别要控制好用户需求变更，减少或避免项目返工和索赔。

• 改善劳动组织，严格控制非项目人员比例，加强劳动纪律，团结一致、协同合作，减少窝工浪费，提高工作效率。加强技术教育和培训工作，实行合理的奖惩制度等。

• 严格设备进场验收和限额领料制度，合理堆置现场设备，避免二次搬运，以及减少设备采购、运输、保管、安装调试、软件开发等各个环节的损耗。合理使用设备，综合利用一切资源。

④ 合同措施：签订合同时要严格把关，量力而行，合同定价既要保证充分满足用户

需求，又要留有足够合理的利润。严格按合同条款支付工程款，防止过早、过量的现金支付，确保履约，减少提出索赔的条件和机会，正确地处理索赔等。

项目成本控制的组织措施、技术措施、经济措施、合同措施，四者是融为一体、相互作用的。发包人、承包人和监理单位要通力合作，形成以合同价格为基础的技术实施方案经济优化，物资采购经济优化，以及人力资源配备经济优化的项目成本控制体系。

3. 项目成本核算

根据《建设工程项目管理规范》的规定：项目管理组织应根据财务制度和会计制度的有关规定，在企业的职能部门的指导下，建立项目成本核算制，明确项目成本核算的原则、范围、程序、方法、内容、责任及要求，并设置核算台账，记录原始数据。

项目成本核算宜以月为核算期。核算对象一般应按单位工程划分，并与项目管理责任目标成本的界定范围一致。项目成本核算应坚持施工形象进度、施工产值统计、实际成本归集三同步的原则。项目经理部应编制月度成本报告。

项目成本核算过程如下：

① 记录各分项工程中消耗的人工、材料、仪器设备台班及费用的数量，这是智能建筑工程项目成本控制的基础工作。有时还要对已领用但未用完的材料进行估算。

② 本期内工程完成状况的量度。在这里已完工工程的量度比较简单，困难的是跨期的分项工程，即开始但尚未结束的工程。由于实际工程进度是作为费用花销所获得的已完产品，它的量度的准确性直接关系到费用核算、成本分析和趋势预测、剩余成本估算准确性。

③ 工程工地管理费及总部管理费开支的汇总、核算和分摊。

④ 各分项工程以及总工程的各个费用项目核算及盈亏核算，提出工程费用核算报表。

在上面的各项核算中，许多费用开支是经过分摊进入分项工程费用或工程总费用的，例如周转材料、工地管理费和总部管理费等。由于分摊是选择一定的经济指标按比例核算的，例如企业管理费按企业同期所有工程总费用分摊进入各个工程；工地管理费按各分项工程直接费总费用分摊到各个分项工程，有时周转材料和设备费用也必须采用分摊的方法核算。由于它是平均计算的，所以不能完全反映实际情况。它的核算和经济指标的选取受人为的影响较大，常常会影响费用核算的准确性和费用评价的公正性。所以对能直接核算分项工程费用的应尽量采取直接核算的办法，尽可能减少分摊费用值及分摊范围。

4. 项目成本分析与考核

根据《建设工程项目管理规范》的规定：组织应建立和健全项目成本考核制度，对考核的目的、时间、范围、对象、方式、依据、指标、组织领导、评价与奖惩原则等做出规定。

① 成本分析应依据会计核算、统计核算和业务核算的资料进行。

② 成本分析宜采用比较法、因素分析法、差额分析法和比率法等基本方法；也可采用分部分项成本分析、年季月度成本分析、竣工成本分析等综合成本分析方法。

③ 组织应以项目成本降低额和项目成本降低率作为成本考核主要指标。项目经理部

应设置成本降低额和成本降低率等考核指标。

④ 组织应对项目经理部的成本和效益进行全面审核、审计、评价、考核与奖惩。

5. 成本控制与会计费用核算的关系

企业的会计核算系统包括项目的费用核算，它反映项目的实际支付情况，对企业进行项目费用的宏观控制是十分有用的。智能建筑工程项目管理中的成本计划（成本预算）必须与企业会计的费用核算相结合形成一个集成系统，为了及时进行成本控制，必须不断地掌握工程项目实际费用的支出情况，所以首先必须作费用核算。但如果将企业会计核算直接用于工程的成本控制中则会有如下问题：

① 会计作为企业经济核算的职能部门，他们不直接参与项目的控制过程，没有项目成本控制责任，即使上级下达这个工作任务，也不可能积极地参与，提供信息处理。

② 会计所进行的费用核算资料，只有在报告期结束（如月末）时，才形成信息。待到达项目经理者手中时，一般已有 4 ~ 6 周的拖延，这对项目控制来说，时间太长，几乎没有控制的可能。而工程成本控制，需要短期情况分析和诊断，它的数据更有现实性和实用价值。

③ 会计核算是静态的核算，反映月末时已支出的各项费用。项目管理中的成本控制是动态的，跟踪的，且过程按目标变化，不断地进行成本分析、诊断，预测结束期费用状态，分析变化的影响因素。

④ 企业的会计核算，一般科目的设立仅能达到项目一级，即以项目作为一个费用核算的科目，有时还可分到费用项目，这对项目成本控制是远远不够的。而且项目成本控制，有自己的费用分项规则，必须按成本计划多角度进行分析和控制。例如工作包、合同报价、工程分项、各责任单位等。

⑤ 项目管理中的成本管理必须分散到工程项目各个实施现场，进行现场的已完工程的计量，包括工时、资源和材料耗费的记录和分摊。所以工程项目需要建立现场的费用核算系统。当然工地费用核算与企业的会计核算应有多方面的沟通，以达到信息的共享。为避免相同信息发生重复录入和处理，可通过有效的编码系统来保证简单而迅速地、可变地分类统计、分析并提供费用信息报告。

11.4.3　智能建筑工程项目索赔控制和处理程序

工程索赔是指根据工程合同的约定，合同一方因另一方原因造成本方经济损失，向对方索取费用的活动。工程索赔的目的就是促进合同各方增强合同意识，提高管理水平，对企业应该得到的合理收入和应该延长的工期，都用科学的索赔方式去解决，使这项工作逐步向国际惯例靠拢。

在工程建设中，索赔是比较常见的。由于索赔直接涉及到合同双方的权益，索赔对于发包人和承包人都是十分重要的。有时索赔甚至超过合同总价。因此，在工程成本控制中。索赔占有重要地位，需要慎重妥善地对待。

在智能建筑工程项目实施过程中经常会遇到工期延误、工程费用索赔等各种特殊风险情况，无论是费用索赔还是延期索赔，都会对投资目标与进度目标的控制带来一系列的问题。

1. 智能建筑工程索赔的含义

(1) 工程索赔的概念

索赔是在工程合同履行中，当事人一方由于另一方未履行合同所规定的义务而遭受损失时，向另一方提出赔偿要求的行为。在实际工作中，“索赔”是双向的，发包人和承包人都可能提出索赔要求，但发包人索赔数量较小，而且处理方便，可以通过冲账、扣工程款、扣保证金等实现对承包人的索赔；而承包人对发包人的索赔则比较困难一些。

通常情况下，索赔是指承包人在合同实施过程中，对非自身原因造成的工程延期、费用增加而要求发包人给予补偿损失的一种权利要求。而发包人对于属于承包人应承担责任造成的，且实际发生了损失，向承包人要求赔偿，称为反索赔，例如因承包人自身的原因延误了工程，承包人应向发包人赔偿“工程延误损害赔偿费”。

智能建筑工程索赔发生的情况大多是因发包人方面的原因造成工程延期，导致工程项目实施费用严重超支，为此承包人向发包人提出费用赔偿，要求发包人补偿其超支的费用。

对承包人来说，项目资金的影响主要来自发包人，或是由于不能及时给足预付款，或是由于拖欠阶段性工程款，都会影响承包人资金的周转，进而殃及工程项目进度，造成项目费用超支。通常采取以下的办法予以解决或加以防范：

① 进度计划安排与资金供应状况进行平衡。

② 想办法及时收取工程进度款。

③ 对占用资金的各要素进行计划管理。

项目进度目标的确定要根据发包人资金提供能力及资金到位情况确定，以免因资金供应不足而拖延进度，造成工程延误而引发发包人反索赔。

(2) 工程索赔的性质

索赔的性质属于经济补偿行为，而不是惩罚，索赔属于正确履行合同的正当权利要求。索赔方所受到的损害，与索赔方的行为并不一定存在法律上的因果关系。导致索赔事件的发生，可以是一定行为造成，也可能是不可抗力事件引起，可以是对方当事人的行为导致的，也可能是任何第三方行为所导致。索赔在一般情况下都可以通过协商方式友好解决，若双方无法达成妥协时，争议可通过仲裁解决。

(3) 工程索赔的意义

① 索赔是合同管理的重要环节：索赔和合同管理有直接的联系，合同是索赔的依据。整个索赔处理的过程就是执行合同的过程，从项目开工后，合同人员就必须将每日的实施合同的情况与原合同分析，若出现索赔事件，就应当研究是否提出索赔。索赔的依据在于日常合同管理的证据，想索赔就必须加强合同管理。

② 索赔有利于发包人、承包人双方自身素质和管理水平的提高：工程建设索赔直接关系到发包人和承包人的双方利益，索赔和处理索赔的过程实质上是双方管理水平的综合体现。作为发包人为使工程建设顺利进行，如期完成，早日投产取得收益，就必须加强自身管理，做好项目管理工作，保证工程中各项问题及时解决；作为承包人要实现合同目标，取得索赔，争取自己应得的利益，就必须加强各项基础管理工作，对工程的质量、进度、变更等进行更严格、更细致的管理，进而推动行业管理的加强与提高。

③ 索赔是合同双方利益的体现：从某种意义上讲，索赔是一种风险费用的转移或再分配，如果承包人利用索赔的方法使自己尽可能的损失得到补偿，就会降低工程报价中的风险费用，从而使发包人得到相对较低的报价，当工程实施中发生这种费用时可以按实际支出给予补偿，也使工程造价更趋于合理。作为承包人，要取得索赔，保证自己应得的利益，就必须做到自己不违约，全力保证工程质量和进度，实现合同目标。同样，作为发包人，要通过索赔的处理和解决，保证工程质量和进度，实现合同目标，保证工程顺利进行，使工程项目按期完工，早日投入使用，以取得经济收益。

④ 索赔是挽回成本损失的重要手段：在合同执行过程中，由于工程项目的主客观条件发生了与原合同不一致的情况，使承包人的实际工程成本增加，承包人为了挽回损失，通过索赔加以解决，显然，索赔是以赔偿实际损失为原则的，承包人必须准确地提供整个工程成本的分析和管理，以便确定挽回损失的数量。

(4) 索赔成立的条件

监理工程师在接到正式索赔报告后，要认真研究承包人报送的索赔资料。首先在不确定责任归属的情况下，客观分析事件发生的原因，重温合同的有关条款，研究承包人的索赔证据，并查阅他的同期记录。通过对事件的分析，确定索赔能否成立。一旦索赔报告通过了审核，认定索赔成立后，监理工程师还要依据合同条款划清责任界限，如有必要时还可以要求承包人进一步提供补充资料。尤其是对承包人与发包人或监理工程师都负有一定责任的事件影响，更应划出各方应承担合同责任的比例。最后再审查承包人提出的索赔补偿要求，剔除其中的不合理部分，拟定自己计算的合理索赔款额和工期延误天数。

依据合同条件内涉及到索赔原因的各条款内容，可以归纳出判定索赔成立的条件为：

① 与工程承包合同的内容相对照，由于发包人的原因，事件已造成了承包人项目费用的额外支出，或直接工期损失。

② 造成工程项目费用增加或工期损失的事件和原因，按合同约定不属于承包人应承担的行为责任或风险责任。

③ 承包人按合同规定的程序，提交了索赔意向通知和索赔报告。

上述三个条件没有先后主次之分，应当同时具备。

当承包人的费用索赔要求与工程延期要求相关联时，总监理工程师在做出费用索赔的批准决定时，应与工程延期的批准联系起来，综合做出费用索赔和工程延期的决定。由于承包人的原因造成发包人的额外损失，发包人向承包人提出费用索赔时，总监理工程师在审查索赔报告后，应公正地与发包人和承包人进行协商，并及时做出答复。

2. 发包人反索赔

反索赔是指发包人向承包人提出的索赔。发包人向承包人索赔的主要目的，一是减少或防止可能产生的索赔；二是反索赔，对抗（平衡）承包人的索赔要求。发包人向承包人提出索赔的内容包括：

(1) 工期延误反索赔

工期延误反索赔是指由于承包人责任造成工程延误时，发包人对承包人进行索赔，即由承包人支付工程延期竣工违约金。发包人在确定违约金的费率时，一般要考虑以下因素：

① 发包人盈利损失。

② 工程拖期带来的附加管理费，包括监理费。

③ 由于工程拖期竣工不能投入使用，造成的损失。

违约金的计算方法，在每个合同文件中均有具体规定，一般按每延误一天赔偿一定的款额计算，累计赔偿额一般不超过合同总额的10%。

(2) 实施缺陷反索赔

实施缺陷反索赔是指承包人的实施质量不符合实施技术规程的要求，或使用的设备和材料不符合合同规定，或在保修期未满以前未完成应该负责维修的工程时，发包人有权向承包人追究责任。如果承包人未在规定的期限内完成维修工作，发包人有权雇佣他人来完成工作，发生的费用由承包人承担。

(3) 对指定分包人的付款索赔

对指定分包人的付款索赔是指工程承包人未能提供已向指定分包人付款的合理证明时，发包人可以直接按照监理工程师的证明书，将承包人未付给指定分包人的所有款项（扣除保留金）付给这个分包人，并从应付给承包人的任何款项中如数扣回。

(4) 发包人合理终止合同或承包人不正当放弃工程的索赔

如果发包人合理地终止承包人的建设工程，或者承包人不合理地放弃工程，则发包人有权从承包人手中收回工程项目，而改由新的承包人继续完成全部工程所需的工程款与原合同未付部分的差额。

3. 费用索赔的依据

费用索赔的依据（即费用索赔的凭证）作为索赔文件的一部分，关系到索赔的成败，证据不足，依据不够，或没有证据，索赔是不成立的。索赔依据的基本要求包括：真实性、全面性，法律证明效力和及时性。主要包括：

① 国家有关的法律、法规和工程项目所在地的地方法规，如《中华人民共和国合同法》等。

② 国家、部门和地方有关智能建筑工程的标准、规范和文件。

③ 本工程的实施合同文件，包括：招标文件、合同文本及附件以及补充合同等。

④ 合同履行过程中与索赔事件有关的凭证，包括：来往文件、签证及更改通知；各种会谈纪要；实施进度计划和实际实施进度表；实施现场工程文件；工程照片和产品采购单据等。

⑤ 其他相关文件，包括市场行情记录；各种会计核算资料等。

4. 费用索赔控制措施

任何索赔事件的出现，都会造成工程拖期或费用加大，增加履行合同的困难，对于发包人和承包人双方来说都是不利的，因此，工程实施的三方主体（发包人、承包人、监理方）都应努力从预防索赔发生着手，洞察工程实施中可能导致索赔的起因，防止或减少索赔事件的出现。

智能建筑工程索赔控制包括两方面：一是采取预防工程索赔的措施，尽量避免索赔发生；二是一旦因发包人原因造成费用索赔时，要按规定程序做好处理工程索赔工作。控制措施包括：

(1) 事前控制

费用索赔事前控制的目的是进行工程风险预测，并采取相应的防范性对策，尽量减少造成工程索赔的机会和可能。

① 项目招标阶段要防止“低价中标、高价索赔”。由于当前市场的竞争激烈，有些投标人不惜采用“无利润算标”。所谓“无利润算标”，就是计算投标报价时，完全按实际成本，甚至低于成本报价，中标以后，再想办法向发包人索赔，以争取取得微利。

② 预测工程项目风险及可能发生索赔的诱因，制定防范对策，减少索赔的发生。

③ 按照合同规定的条件，如期提供施工现场，使工程能如期开工、正常施工、连续施工，不要因违约造成索赔条件。

④ 根据合同要求，按时、按质、按量地供应由发包人负责的材料、设备到现场，不要因违约造成索赔条件。

⑤ 按合同要求，及时提供设计图纸等技术资料，不要因违约造成索赔条件。

(2) 事中控制

① 按合同规定，及时答复工程实施过程中提出的问题及要求，不要因违约造成索赔条件。

② 项目实施过程中主动搞好设计、材料、设备、土建、安装、装修、水电供应及其他外部协调、配合，不要造成索赔的条件。

③ 工程变更、设计修改要慎重，事前应进行经济合理性预分析。

④ 严格经费签证。凡涉及经济费用支出的停窝工签证、用工签证、使用设备签证、材料代用和材料调价等的签证，由项目总监理工程师最后审核签认后方有效。

⑤ 按合同规定，及时对已完工工程进行计量和验收，不要形成未经正式验收认可就承认其完成量的被动局面。

⑥ 按合同规定，及时支付工程进度款，不要违约造成被罚款的条件。

⑦ 完善价格信息制度，及时掌握国家调价的范围和幅度。

⑧ 定期、不定期地进行工程费用超支分析，控制工程费用突破。

⑨ 当索赔要求与工程延期要求相关联时，应综合考虑工程延期和费用索赔的关系，采取相应的调整措施。

(3) 事后控制

① 审核工程结算书。

② 公正地处理承包人提出的索赔。

③ 收到承包人提出的索赔报告后，在专业监理工程师配合下，由总监理工程师主持审核，主要看三点：

(1) 索赔理由是否成立？

(2) 索赔依据是否有效完整？

(3) 索赔金额计算是否正确？

审核通过后，举行发包人、承包人和监理单位三方谈判，根据谈判结果，三方在协议上签字，协议生效。

5. 索赔处理程序

索赔发生后必须依据合同准则及时地对单项索赔进行处理，一般情况下，不宜采用所谓“一揽子索赔”处理方式。索赔处理程序是指承包人向发包人提出索赔意向，调查干扰事件，寻找索赔理由和证据，计算索赔值，起草索赔报告，通过谈判、调解或仲裁，最终解决索赔争议。图 11.4-2 表示索赔处理程序图。

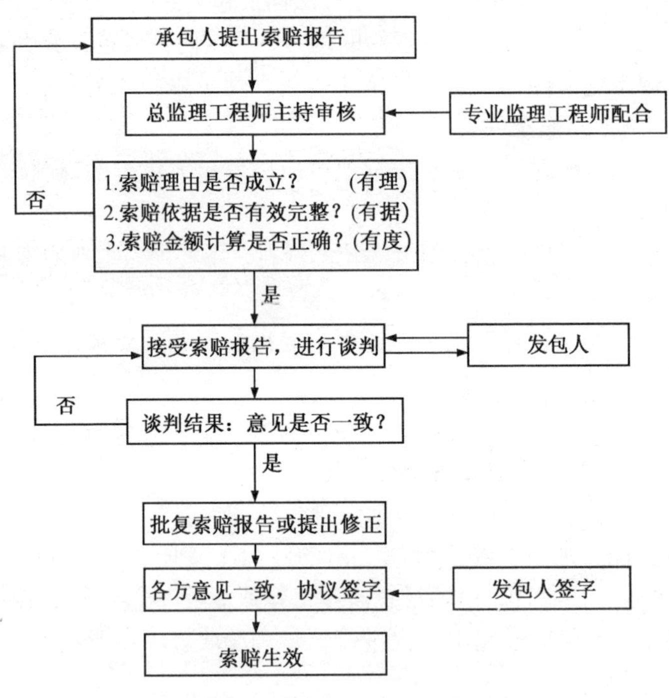

图 11.4-2　索赔处理程序图

发包人未能按合同约定履行自己的义务及应由发包人承担的其他情况，造成工期延误和（或）承包人不能及时得到合同价款及承包人的其他经济损失，承包人可按下列程序以书面形式向发包人索赔。

① 索赔事件发生 28 天内，由承包人项目经理发出索赔意向通知。

② 发出索赔意向通知后 28 天内，承包人项目经理向监理工程师提出延长工期和（或）补偿经济损失的索赔报告及有关资料。

③ 监理工程师在收到承包人送交的索赔报告及有关资料后，于 28 天内给予答复，或要求承包人进一步补充索赔理由和证据。

④ 监理工程师在收到承包人送交的索赔报告和有关资料后 28 天内未予答复或未对承包人作进一步要求，视为该项索赔已经认可。

⑤ 当该索赔事件持续进行时，承包人应当阶段性向监理工程师发出索赔意向，在索赔事件终了 28 天内，向监理工程师送交索赔的有关资料和最终索赔报告。索赔答复程序与上述规定相同，发包人的反索赔的时限与上述规定相同。

6. 编写索赔报告的一般要求

索赔报告是具有法律效力的正规的书面文件。对重大的索赔，最好在律师或索赔专家的指导下进行。编写索赔报告的一般要求有以下几方面。

① 索赔事件必须真实：索赔报告中所提出的干扰事件及造成索赔的原因，必须真实，且有可靠的证据来证明。对索赔事件的叙述，必须明确、肯定，不包含任何估计的猜测。

② 责任分析应清楚、准确、有根据：索赔报告应仔细分析事件的责任，明确指出索赔所依据的合同条款或法律条文，且说明承包人的索赔是完全按照合同规定程序进行的。

③ 充分论证事件造成承包人的实际损失：索赔的原则是赔偿由事件引起的承包人所遭受的实际损失，所以索赔报告中应强调由于事件影响，使承包人在项目实施过程中所受到干扰的严重程度，以致工期拖延，费用增加；并充分论证事件影响与实际损失之间的直接因果关系，报告中还应说明承包人为了避免或减轻事件影响和损失，已尽了最大的努力，采取了所能采用的一切措施。

④ 索赔计算必须合理、正确：要采用合理的计算方法及数据，正确地计算出应取得的经济补偿款额或工期延长。计算中应力求避免漏项或重复，不出现计算上的错误。

⑤ 文字要精练、条理要清楚、语气要中肯：索赔报告必须简洁明了、条理清楚、结论明确、有逻辑性。索赔证据和索赔值的计算应详细和清晰，没有差错而又不显繁琐。语气措辞应中肯，在论述事件的责任及索赔根据时，所用词语要肯定，忌用“大概”、“一定程度”、“可能”等词汇；在提出索赔要求时，语气要恳切，忌用强硬或命令式的口气。

7. 索赔报告的内容

索赔报告的具体内容由索赔事件的性质和特点所决定。一般包括以下四个部分。

（1）总论部分

在总论部分，文中首先应概要地论述索赔事件的发生日期与过程；承包人为该索赔事件所付出的努力和附加开支；承包人的具体索赔要求，附上索赔报告编写组主要人员及审核人员的名单，注明有关人员的职称、职务及实施经验，以表示该索赔报告的严肃性和权威性。总论部分的阐述要简明扼要，说明问题。一般包括以下内容：

① 序言。

② 索赔事项概述。

③ 具体索赔要求。

④ 索赔报告编写及审核人员名单。

（2）根据部分

根据部分主要是说明自己具有的索赔权利，这是索赔能否成立的关键。根据部分的内容主要来自该工程项目的合同文件，并参照有关法律规定。该部分中承包人应引用合同中的具体条款，说明自己理应获得经济补偿或工期延长。在写法结构上，按照索赔事件发生、发展、处理和最终解决的过程编写，并明确全文引用有关的合同条款，使发包人和监理工程师能历史地、逻辑地了解索赔事件的始末，并充分认识该项索赔的合理性和合法性。

根据部分的篇幅可能很大，其具体内容随各个索赔事件的特点而不同。一般地说，根据部分应包括以下内容：

① 索赔事件的发生情况。

② 已递交索赔意向书的情况；索赔事件的处理过程。

③ 索赔要求的合同根据。

④ 所附的证据资料。

(3) 计算部分

索赔计算的目的，是以具体的计算方法和计算过程，说明自己应得经济补偿的款额或延长时间。如果说根据部分的任务是解决索赔能否成立，则计算部分的任务就是决定应得到多少索赔款额和工期。前者是定性的后者是定量的。

承包人应注意采用合适的计价方法，至于采用哪一种计价法，应根据索赔事件的特点及自己所掌握的证据资料等因素来确定。其次，应注意每项开支款的合理性，并指出相应的证据资料的名称及编号。切忌采用笼统的计价方法和不实的开支款额。

通常，在索赔计算部分，承包人必须阐明下列问题：

① 索赔款的要求总金额。

② 各项索赔款的计算，如额外开支的人工费、产品费、管理费和所失利润。

③ 指明各项开支的计算依据及证据资料。

(4) 证据部分

证据部分包括该索赔事件所涉及的一切证据资料，以及对这些证据的说明。证据是索赔报告的重要组成部分，没有翔实可靠的证据，索赔是不能成功的。索赔证据资料的范围很广，它可能包括工程项目实施过程中所涉及的有关政治、经济、技术、财务资料，具体可进行如下分类：

① 政治经济资料：重大新闻报道记录如地震以及其他重大灾害等；重要经济政策文件，如税收、海关规定、工资调整等；政府和工程主管部门领导视察时的讲话记录等。

② 实施现场记录报表及来往函件：监理工程师的指令；与发包人或监理工程师的来往函件和电话记录；现场实施日志；每日出勤的人员和产品报表；完工验收记录；事故详细记录；实施会议记录；材料使用记录；质量检查记录；进度检查记录；文件收发记录等。

③ 工程项目财务报表：实施进度月报表及收款记录；索赔款月报表及收款记录；产品、设备及配件采购单；付款收据；收款单据；工程款及索赔款迟付记录；迟付款利息报表；向分包商付款记录；会计日报表；会计总账；财务报告；会计来往信件及文件等。

在引用证据时，要注意该证据的时效和可信程度。为此，对重要的证据资料最好附以文字证明或确认件。例如，对一个重要的电话内容，仅附上自己的记录本是不够的，最好附上经过双方签字确认的电话记录；或附上发给对方要求确认该电话记录的函件，即使对方未给复函，亦可说明责任在对方，因为对方未复函确认或修改，按惯例应理解为他已默认。

11.4.4 智能建筑工程计量与工程付款控制

在智能建筑工程项目成本管理过程中，通过中间计量与期中支付证书签认工程进度款，工程费用则随工程进度逐步一份一份地支付出去。因此，在期中支付时，应对工程计量和进度款支付进行全面管理和控制。主要是通过合同的进度款支付约定与工程费用的实际支付进行对比，发现问题，及时处理，对工程费用的支付过程严格把关。

1. 工程计量

工程计量是指准确地测定和计算已完工程的数量，它是工程进度款结算和支付的基础。工程计量的含义包括两层意思：一是准确地测定和计算已完成的实际工作量，二是对已完工程的质量进行综合评价，确认其质量是否满足用户需求。

工程费用支付是需要进行工程计量的最关键原因。在单价合同中，付款额是通过将总监理工程师认可的实际工程量与投标报价时所填报的单价相乘后得到的，由于单价已经在合同中固定下来了，工程量就成为影响付款金额的唯一参数，所以进行准确的工程计量是确保发包人与承包人双方实现公平交易的关键。

（1）工程计量的要求

① 不符合合同要求的工程，不得计量：所完成的工程项目的质量必须达到合同的要求和行业规范标准以后，才能由监理工程师签发中间交工证书，在此基础上再进行计量。工程质量没有达到合同的要求和行业规范标准的任何工程项目或工序，一律不得进行计量。

② 按合同规定的方法、范围、内容、单位计量：合同附录中的单位工程（子系统）清单列明了项目的工作范围和内容、计量方式和方法、费用计算依据，以及系统设备型号、规格、数量和单价。清单中的工程项目全部都需要进行计量，即使没有填写单价与金额的项目其费用已包括在清单的其他单价或款项中，也需进行计量，以便确认是否按合同条件完成了该项工程。

除了单位工程清单中的项目以外，在合同文件中通常还规定了一些包干项，对于这些项目及工程变更清单中的项目，也必须根据合同条件进行计量。

③ 验收手续必须齐全：任何一项工程或一道工序的验收手续和资料齐全后才能进行计量，包括以下资料和手续。

- 监理工程师批准的开工申请单。
- 承包人自检的各种资料和试验数据，同时各种试验的频率要符合合同规定。
- 监理工程师检验的各种试验数据。
- 中间交工证书。

④ 计量的时间要求：根据合同规定应及时对已经完成且质量合格的工程项目进行计量。同时对一切进行中的工程项目，均须每月粗略计量一次，到该部分工程完工后，再根据合同规定进行精细的计量。每月进行计量的目的是掌握工程进度情况、填制中间计量单及核定月进度款。

对于隐蔽工程，则需在工程覆盖之前进行计量。否则，在覆盖后再进行计量将使工作更复杂和更困难。

（2）工程计量的方法

根据合同条款、技术规范的有关规定和工程量清单，由承包人项目经理负责工程计量，并提供计量工作的记录正本和计算结果，经监理工程师定期检查确认，并以此认定“每月（阶段）付款证明书”。

智能建筑工程项目一般采用以下方法进行计量：

① 凭证法：根据合同中要求，按月（阶段）汇总承包人提供的费用票据进行计量。

② 分项计量法：汇总已完成的所有子项（子系统）进行计量。子项（子系统）计量支付的金额要根据工程量和设备清单列出的数量和单价进行计算，所有子项（子系统）合计的支付金额应等于项目规定的金额。

③ 估价法：当设备清单中规定购买的软硬件设备不能一次购进时，则需按合同文件的规定，估算已完成的工程量价值。

④ 图纸法：技术规范中有的计量支付条款规定某些特殊工程的数量应根据图纸法进行计量，例如机房工程中混凝土的体积、钢筋的长度等都应该按图纸法计量。对于采用图纸法计量的项目，必须进行现场量测，量测的目的在于检查结构物几何尺寸的偏差是否在技术规范允许的误差范围内。达到规范标准的项目或部位才予以计量。

⑤ 均摊法：所谓均摊法，就是根据合同价按合同工期每月平均计量。它适用于系统维护、设备保养、咨询服务等项目，其特点是在合同工期内每月都有发生，因此可以采用均摊法。

2. 工程费用支付控制

(1) 工程费用支付的特点

工程费用支付是成本管理的关键工作之一，同时也是成本控制的最后一个环节。

智能建筑工程建设活动是一种只有在资金运动和物资运动良性循环的条件下才能顺利进行的生产活动，费用支付是保证资金运动正常化的基本环节。随工程项目实施的进展情况资金逐步由发包人向承包人转移，物质由承包人逐步向发包人转移。在市场经济条件下，只有当物质运动与资金运动平衡地进行时，工程建设活动才能得以正常运转。

由于承包人与发包人的经济利益与目标不同，从而使他们在工程实施活动中处于不同的经济地位，要使他们按照共同的目标执行合同，就必须以费用支付为经济杠杆来协调他们的活动，使工程合同最经济地履行。智能建筑工程本身的特点决定了工程费用支付的特点：

① 项目投资大、工期长、风险高：智能建筑工程项目大多都是复杂的系统工程，具有投资大、工期长、风险高以及生产必须连续等特点。因此，进行项目实施的承包人，一般无法也不愿单方承担项目实施的种种风险，更无法垫付全部工程费用。如果发包人不及时支付工程费用，承包人将会出现资金周转困难，资金运动受阻，必然导致物质运动无法进行，这就只能使工程建设活动受到阻碍而无法连续进行，从而最终影响发包人的利益。

② 资金正常周转是工程进展的前提：智能建筑工程承包人在项目实施过程中要垫付大量的资金，要完成本期工程进度，他需要资金正常周转，如果上期已垫进的资金不能及时收回，将会造成资金周转困难，自然会导致工程进展不顺利。工程建设活动的特点要求工程费用支付及时，从而也就出现了进度款这一概念和中间计量等工作。这与一般商品生产有较大区别。

③ 工程承包是一种商业行为：在智能建筑工程承包活动中的发包人与承包人，是两个独立的经济实体，有各自的经济利益，都是为了实现各自的经济目标而参与共同的工程建设活动。因此，只有通过工程费用的合理支付，才能使他们公平地实现各自的经济利益。

④ 工程建设分阶段分步骤进行：智能建筑工程项目实施过程是一种特殊的生产活动，需要分阶段分步骤进行，一环扣一环。前一阶段或工序没有按质、按量、按时完成，没有进行工程计量和结算，后一阶段或后面工序就不能开工。只有前一阶段或工序通过竣工验收，所耗费的资金回笼后，承包人才可以开展下一阶段的工作，即在工程建设过程中无法离开工程进度款的按时支付。否则，可能因缺少资金，致使工程建设难以为继，无法进行下去。

(2) 工程费用结算支付的基本原则

智能建筑工程费用结算支付的目标是组织和协调好发包人与承包人之间的收支行为，使双方发生的每一笔工程费用都符合合同的规定，并做到公平合理。为了真正做好这一工作，必须遵循以下几个基本原则。

① 工程费用结算支付必须以报价清单和工程计量为基础。

② 工程费用结算支付必须以技术规范和报价单为依据。

③ 工程费用结算支付必须符合工程承包合同条款。

④ 任何工程款项的结算支付必须经总监理工程师的审批。

⑤ 工程费用结算支付不解除承包人合同内应尽的责任和义务。

⑥ 工程费用结算支付必须及时。

⑦ 工程费用结算支付必须严格按规定的程序进行。

(3) 工程费用结算支付的种类

工程费用的结算和支付，应根据智能建筑工程项目的特点，既保证承包人及时补偿实施工耗，满足正常资金周转的需要，又要适当简化手续，故应采取适当的费用结算办法。在智能建筑工程项目实施过程中，不同阶段、不同时期有不同种类的工程费用结算支付，而不同种类的费用结算支付又有不同的规定程序和办法，因此，必须全面了解结算支付的分类。

① 按工程标志性任务完成结算支付：根据智能建筑工程项目开发的特点，按工程标志性任务或阶段来结算支付工程费用。智能建筑工程项目中多以合同签订、用户需求调研完毕、系统测试成功、竣工验收完毕等里程碑式任务做为工程费用结算支付条件。这种结算支付方式在包括智能建筑工程在内的信息化工程中较为常见。

② 按旬（或半月）预支，按月结算：在工程实施阶段实行旬末或月中预支，月终结算支付工程费用，即每月上、中旬旬末（或月中），由承包人按当月计划工作量填列工程费用预支账单，列明工程名称、预算造价、完工进度、预支工程款和实支款项，送交监理工程师核实签证，然后转交发包人审核和办理工程费用结算支付。

③ 按月（或分次）预支，完工后一次结算：对于成本少、施工期短、技术比较简单的单位工程或子系统，为了简化手续，可以采取分次或分月预支，工程完工后一次结算的简便方法。采用这种办法时，应注意使分（月）预支的款额大体同工程施工进度相适应。

④ 按工程进度预支，完工后一次结算：这种工程费用结算方法，是根据智能建筑工程项目的不同性质和特点，按工程项目实施顺序，划分为几个实施段落，经测算后定出每个实施段落的造价。当承包人完成了一定的实施段落后就可按该实施段落的预算造价进行工程费用预支，即由承包人填制工程造价预支账单，送监理工程师和发包人审查和签证后，办理付款。当整个工程项目完工后，再办理竣工结算。

(4) 工程费用支付的程序

① 根据工程承包合同及其附录工程量和设备清单，进行工程分项、分类计算，然后汇总各分项和各类金额。按规定比例扣减承包人预付款。

② 如果智能建筑工程项目是跨年度建设，在每年年终时应办理一次年终结算，把当年的工程建设费用清算一次，以核实工程年度成本拨款。

③ 为促使承包人保质保量地完成工程建设任务，不论采用何种工程费用结算支付办法，都应保留一定比例的尾款，待工程竣工后凭竣工结算单据作出最后结算。

④ 分包人于每月底应测量和检查工程项目实施进度，将本月度内完成的工程建设内容和工程量的统计资料交给总包单位。

⑤ 总包单位每月须将实际的工程项目实施进度情况，向监理工程师提交各类报表、有关的结账单和清款单。根据工程承包合同规定的付款条件，监理工程师有权对支付报表和结账单中的错误和不实之处进行修改指正，甚至驳回承包人要求支付工程款的请求。

⑥ 如果承包人填报的支付报表和结账单属实，通过监理工程师的审核认定后，上报发包人审核认定。在支付报表及结账单中应列明本月应收取的工程费用金额，发包人收到各类付款报表、结账单后，如果通过审查仍没有发现什么问题，即可付款。

11.4.5 智能建筑工程项目财务决算

智能建筑工程项目竣工财务决算的定义是指以实物量和货币为计量单位，综合反映竣工验收的工程项目的建设成果和财务状况的总结性文件。它是工程项目的实际造价和成本效益的总结，是工程项目竣工验收报告的重要组成部分，是工程项目竣工验收结果的反映，是对项目进行财务监督的手段。

1. 智能建筑工程项目竣工决算的意义

国家有关规范规定：工程项目在竣工验收后一个月内，应向主管部门和财政部门提交财务决算，即智能建筑工程项目结束时，应对工程项目资金的实际使用情况进行决算，以表明实际项目及其费用的支付均已完成并核实。通过财务决算、审查和分析项目成果，以确定工程项目费用目标是否达到，成本管理系统是否有效。

智能建筑工程项目竣工决算的意义如下：

① 可正确分析成本效果：竣工决算是工程项目的财务总结，它从经济角度反映了工程建设的成果。只有编制好工程项目竣工决算，才有可能正确考核工程建设成本效果。

② 可分析项目实施计划和预算实际执行情况：编好工程项目竣工决算，才能了解工程项目实施计划和项目预算实际执行的情况，才能考核工程建设成本，才可以分析工程项目预算与竣工决算的差额、计划成本额与实际成本额的差距，并可发现费用支出中存在的问题。

③ 可分析总结项目费用支出中的经验和教训：编好工程项目竣工决算，可分析发包人对工程建设财务计划和财经制度的遵守情况，以及项目费用支出的合理性，总结工程建设和成本控制中的经验，为有关部门制定类似项目的建设计划提供参考资料和有益的经验。

④ 为修订预算定额提供依据资料：竣工决算反映项目的实际物资消耗和劳动消耗，

通过竣工项目有关资料的积累，可为修订项目预算定额提供必要的依据资料。

2. 智能建筑工程项目竣工财务决算的编制

在编制智能建筑工程项目竣工财务决算之前，应对工程项目所有的财产和物资，包括各种设备材料等都要逐项清仓盘点，核实账物，清理所有债权债务，做到工完账清，项目竣工后结余资金，要按国家规定，通过银行上交主管部门。

智能建筑工程项目竣工财务决算由承包人汇总编制，上报监理工程师和发包人审核认可。项目竣工决算必须内容完整、核对准确、真实可靠。其内容包括工程项目竣工决算说明书、工程竣工财务决算汇总表和各合同段工程竣工财务决算、交付使用财产总表和明细表、结余设备材料明细表和应收应付款明细表等。

（1）工程项目竣工决算说明书

工程项目竣工决算说明书是对工程竣工财务决算进行分析和说明的文件。用来反映竣工工程项目新增生产能力，项目建设的实际成本及各项技术经济指标的实际情况。内容包括：

① 工程概况：工程名称、地点、建设规模及主要技术标准，项目计划与实际开、竣工日期。

② 已完成的主要工程数量。

③ 各项技术经济指标及其完成情况。

④ 建设成本和成本效益，包括项目计划和实际费用支出情况。

⑤ 投资控制情况分析。

⑥ 工程质量评定情况。

⑦ 项目建设的经验总结，以及存在的主要问题和解决措施等。

⑧ 竣工项目新增生产能力（或收益）。

⑨ 收尾工程的处理意见。如果在工程项目验收之后，尚有少量收尾工程，则应在此说明书中列出收尾工程的内容、尚需成本数额、负责收尾的单位、完成时间。收尾工程的成本，可进行估算并加以说明，然后列入决算成本。收尾工程竣工后不必再另外编制项目竣工决算。

（2）工程项目竣工财务决算表

通常，把工程项目竣工财务决算汇总表和各合同段工程竣工财务决算，统称为工程竣工财务决算表。此表反映竣工工程项目的全部资金来源及其运用情况，作为考核和分析工程项目成本效果的依据。此表是采用平衡表的形式，即资金来源合计等于资金运用合计。

在工程项目竣工财务决算表中，应将资金来源与资金运用两栏对应列表。资金来源包括工程项目的各种来源渠道的资金情况，资金运用反映工程项目从开工准备到工程竣工全过程中，资金运用的全面情况。

3. 智能建筑工程项目竣工决算的审核

审核分析工程竣工决算是项目成本控制工作的一项重要内容。监理工程师在深入实际，弄清情况，掌握数据基础上，以国家政策、设计文件、建设预算、项目成本计划为依据，重点审核分析以下内容：

① 审核项目成本计划的执行情况。
② 审核项目的各种费用支出是否合理。
③ 审核工程报废损失和核销损失的真实性。
④ 审核各种账目、统计资料是否准确完整。
⑤ 审核工程竣工决算说明书和财务决算表是否真实、全面和系统。
⑥ 审核工程上应分摊的各项费用是否全部分摊完毕。
⑦ 审核应退余款是否上交、余料是否退清等。

4. 工程项目最终支付程序

工程项目承包人应在合同规定的时间内向监理工程师提交工程最终支付申请报告，而监理工程师也应在合同规定的时间内，完成对工程最终支付申请报告的审定，然后向发包人提交经总监理工程师签发的《最终支付证书》，并将副本抄送承包人。

在智能建筑工程项目实施过程中，项目资源计划、项目成本估算、成本计划、成本控制和财务决算这五个过程会相互交叉重叠、相互影响，而且在项目实施的各个阶段中，除了财务决算是项目结束时才进行的以外，其余四个过程的都至少会涉及一次。同时，这些过程相互之间和其他知识领域的过程之间也有着内在的相互联系和相互作用。

智能建筑工程项目成本管理应该考虑到项目利益相关者的不同利益要求。因为不同的项目利益相关者在不同的时期内会以不同的方法度量项目的成本，从而会对项目的执行情况产生不同的理解。如果处理不恰当，会使矛盾增加，使项目的风险加大。很多项目失败的原因正是如此，这应该引起我们的充分重视。

第12章　智能建筑工程项目风险管理

由于智能建筑工程项目的特点，决定了在项目实施过程中存在着大量的不确定因素，这些不确定因素无疑会给项目的目标实现带来影响。其中有些影响甚至是灾难性的，智能建筑工程项目的风险就是指那些在项目实施过程中可能出现的灾难性事件或不满意的结果。

风险事件发生的不确定性，是由于外部环境千变万化，也因为智能建筑工程项目本身的复杂性和人们预测能力的局限性。风险事件是一种潜在性的可能事件，无论人们是否喜欢，风险是不以人的意志为转移的。但这并不意味着风险是无法避免的。风险的存在要求人们要积极面对风险，做到有备无患，才能将风险的影响减到最小。

12.1　工程项目风险管理概述

可以说，风险存在于任何工程项目中，并往往会给工程项目的推进和工程项目的成功带来负面影响。当前，智能建筑工程项目风险高是个不争的事实，工程项目的规模越大、技术越新、越复杂，其风险程度就越高。

不过，人们也无须过分地恐惧风险，只要掌握风险发生的因果关系，风险是可以管理并得到控制的。关注项目风险，掌握风险管理的知识与技能，从项目组织、职责、流程与制度上建立一套风险管理机制是确保项目成功的前提与保障。

12.1.1　项目风险管理的概念

1. 项目风险管理的定义

什么是风险？从词源学上看，风险（RISK）一词可以追溯到古代拉丁语“RESCUM”，意思是“在海上遭遇损失或伤害的可能性”，或“危险的、应避免的东西”。经济学对风险的定义是指出现损失或损害的可能性。该定义强调了常与风险相关的消极方面，以及所涉及的不确定性。换言之，任何风险都包括两个基本要素：一是风险因素发生的不确定性；二是风险发生带来的损失。

风险管理是一个识别和度量项目风险，制定、选择和管理风险处理方案的系列过程。风险管理的目标是减少风险的危害程度，它包括将积极因素所产生的影响最大化和使消极因素产生的影响最小化两方面内容。

项目风险管理是指为了最好地达到项目的目标，识别、分配、应对、减少和避免项目生命期内风险的现代科学管理方法。

从资源分配的角度来看，风险管理是一项投资，也就是说，风险管理需要花费与识别风险、分析风险和规避减轻风险相关的成本。项目风险管理的成本必须包括在项目成本、进度和资源的计划编制中。风险效用或风险承受度是指从潜在回报中得到满足或快乐的程度。风险喜好者乐于高风险，风险厌恶者不喜欢冒险，风险中性者试图在风险和潜在回报之间取得平衡。

项目风险管理涉及分析和决定对付风险的备选战略，它是一种行业准则，要求项目团队不断地评估什么会对项目产生消极的影响，并确定这些事件发生的概率，以及确定这些事件如果发生所造成的影响。风险管理中包含的四个主要过程是：风险识别、风险量化、风险应对计划的制定和风险应对控制。风险管理计划是风险管理的重要工作。

智能建筑工程项目经常涉及下列风险：缺乏用户的参与、缺少高级管理层的支持、不明确的用户需求、拙劣的计划编制等等。利用项目管理知识领域的一般风险条件表，有助于识别智能建筑工程项目的潜在风险。

近十几年来，人们在项目管理系统中提出了全面风险管理的概念。全面风险管理是用系统的、动态的方法进行风险控制，以减少项目实行过程中的不确定性。它不仅使各层次的项目管理者建立风险意识，重视风险问题，防患于未然，而且在各个阶段、各个方面实施有效的风险控制，形成一个前后连贯的管理过程。

2. 项目风险管理的重要性

一般情况下，项目的立项、可行性研究及设计与计划等都是基于正常的、理想的技术、管理和组织以及对将来情况（政治、经济、社会等各方面）预测的基础之上而进行的。而在项目的实际运行实施过程中，所有的这些因素都可能产生变化，而这些变化将可能使原定的目标受到干扰甚至不能实现，这些事先不能确定的内部和外部的干扰因素就是项目风险，风险即是项目中的不可靠因素。风险会造成项目实施的失控现象，如工期延长、成本增加、计划修改、投资加大等，这些都会造成经济效益的降低，甚至项目的失败。

正是由于风险会造成很大的伤害，在现代项目管理中，风险管理已成为必不可少的重要一环。良好的风险管理能获得巨大的经济效果，同时它有助于企业竞争能力的提高，素质和管理水平的提高。风险管理，一个经常被忽略的项目管理领域，却常常能够在通往项目最终成功的道路上，取得重大的进步。

大多数重大工程项目都要受一系列计划的指导，这些计划规定了一系列合理和预定的过程，经过这些过程，项目得以执行。风险管理计划是这一系列指导文件的敏感部分。这种计划可用于公布风险管理规划过程的结果或最新状态。

在项目开始前，项目风险管理人员就应制订项目风险管理计划，并在项目进行的过程中，实行目标管理，进行有效的指挥和协调。项目风险管理实质上是整个组织全体成员的共同任务，没有广大群众的参与，是无法实现目标的，因此，实行风险目标管理要求自上而下层层展开，又要求自下而上层层保证风险管理目标的实现。在管理实践过程中要群策群力，积极发挥所有员工能动的作用，开发他们的潜在积极性和能力。

风险管理对选择项目、确定项目范围和制定现实的进度计划和成本估算有积极的影响。风险管理有助于项目利益相关者了解项目的核心本质，使团队成员参与确定优势与劣势，并有助于结合其他项目管理知识领域来评估项目的优劣、可行性和成功率。

此外，要记住重要的一点：项目风险管理是一种投资，与其相关的会发生一些项目成本。在许多方面，项目风险管理像是保险的一种形式，它是为减轻潜在的不利事件对项目的影响而采取的一项活动。一个项目愿意在风险管理活动中进行的投资，取决于项目的本质、项目团队的经验和两者的约束条件。在任何情况下，项目风险管理的成本不应超过潜在的收益。

3. 项目风险管理的过程

根据《建设工程项目管理规范》的规定：企业应建立风险管理体系，明确各层次管理人员的风险管理责任，减少项目实施过程中的不确定因素对项目的影响。项目风险管理过程应包括项目实施全过程的风险识别、风险评估、风险响应和风险控制。

（1）项目风险识别

组织应识别项目实施过程中的各种风险。组织识别项目风险应遵循下列程序：

① 收集与项目风险有关的信息。

② 确定风险因素。

③ 编制项目风险识别报告。

（2）项目风险评估

应利用已有数据资料和相关专业方法进行风险因素发生概率的估计。组织应根据风险因素发生的概率和损失量，确定风险量，并进行分级。风险评估后应提出风险评估报告。

1）项目风险评估的内容

项目风险评估应包括下列内容：

① 风险因素发生的概率。

② 风险损失量的估计。

③ 风险等级评估。

2）风险损失量估计的内容

风险损失量的估计应包括下列内容：

① 工期损失的估计。

② 费用损失的估计。

③ 对工程的质量、功能、使用效果等方面的影响。

（3）项目风险响应

① 风险响应应确定针对项目风险的对策。

② 常用的风险对策有风险规避、风险减轻、风险自留、风险转移及其组合策略。

③ 项目风险对策应形成文件。

（4）项目风险控制

① 在整个项目进程中，组织应收集和分析与项目风险相关的各种信息，获取风险信号，预测未来的风险并提出预警，纳入项目进度报告。

② 组织应对可能出现的风险因素进行监控，根据需要制定应急计划。

12.1.2 智能建筑工程项目风险与机会并存

1. 风险效用理论的概念

所有的项目在包含着风险的同时，也蕴藏着大量的发展机会，风险越高，发展机会越多。许多人士和组织敢于冒险的原因，是想从机会中获益，努力在项目的各个方面寻找风险和机会之间的一种平衡。这种努力去平衡风险和机会的思想表明，不同的组织和个人对于风险有不同的承受度。一些组织或个人对风险有一种中性的承受度，一些对风险很厌恶，而另一些则追求风险。这三种对风险的偏好类型是风险效用理论的一部分。

风险效用或风险承受度是从潜在回报中得到满足或快乐的程度。对于风险厌恶型的人来说，效用以递减的速率增长。换句话说，当更多的回报或金钱处于风险中时，风险厌恶型的人或组织从风险活动中获得的满意会越来越少，或对风险的承受度越来越低。那些风险喜好型的人或组织对风险有很高的承受度，而且当更多的回报处于风险中时，他们的满足程度就会增加。一个风险喜好者喜欢更多不确定性的结果，且经常愿意为冒险而付出代价。风险中性型的人或组织在风险和回报之间取得平衡。

风险效用理论研究在激烈的市场竞争条件下，如何提高组织的风险承受能力，最大限度地利用项目机会，以最快速度占据市场或提高市场占有率。没有风险也就没有发展机会，对于企业而言，没有承担风险的勇气，没有大胆冒险的精神，就意味着要面临被市场淘汰的局面，失去发展和生存的空间。

随着科学技术的飞速发展，现代企业已经认识到做事情不可能有100%的把握，不能等到有完全的把握才去做，鼓励员工工作时承担一定的风险，鼓励员工在“大概正确”，感到差不多的情况下就试一把。特别在团队建设和企业文化中注意培养员工具备这种观念和行为，并不要求每一件事都完美无缺，而是要求员工有承担责任和风险的勇气。

企业这样做的目的是要追求速度，速度成为信息时代制胜的一个法宝了。以前企业谈竞争就是比技术、比产品、比质量、比服务。现在许多企业开始提出比速度，因为技术、产品、质量和服务已经成为一个基本的素质了，没有这些基本素质的企业当然就不可能在市场上露脸，或一露脸就死掉了，而且成熟的技术和产品都通过并购等资产行为就能够实现，而谁最快占领市场，形成市场覆盖优势，谁才有可能给市场说下一句话。

2. 智能建筑工程项目风险与机会并存

根据国内外的统计资料表明，目前包括智能建筑工程项目在内的信息化建设工程项目的成功率只有70%，软件项目ERP的实施成功率不到10%。信息化建设工程项目失败率是如此之高，成功（或者说完全成功）的只是少部分，不少企业和组织因此已经遭受了巨大的损失与损害，并且以后也可能会常常遭受损失与损害，那么它们为什么明知山有虎，偏向虎山行，还要接连不断地引进新的信息系统呢？其主要原因是：信息技术是一个现代企业战略的关键组成部分；不采用先进的信息技术，许多企业就可能生存不下去。就好比人们都知道每天都会发生不少交通事故，但仍然天天要开车一样。

人类社会经历了农业经济时代、工业经济时代的阶段以后，进入了信息经济时代。信息经济是全球一体化的时代特征，互联网的开放性、包容性和互联、互通、互动的特点，给不同国籍的各阶层人士提供了一个平等参与的机会，从而引发了席卷全球的传统产业革命。几年以前，我们还不能预料的信息技术的发展几乎是“一夜之间”就改变了我们的商贸方式，并创造出巨大财富和价值，为众多的企业和淘金者带来无限生机。由此引发的一场创新变革，将影响和改变我们的生活方式，企业的生产运作方式，以及政府的行为方式。如果谁不从战略眼光去实践现在，把握未来，谁就将错过良机，极有可能被市场淘汰。

市场竞争既是公正的，又是残酷无情的。据有关资料统计，美国每年申请注册企业达 75 万个，但 5 年之内真正生存下来的仅 5%，其中 95% 的企业则在竞争中关闭、被兼并或转产。这种现象，随着我国社会主义市场经济的建立，也已成为大家熟知的事实，现今我国每年有数以十万计的企业产生与消亡，就是明证。

在市场经济的环境下，企业运作过程主要涉及的是三流：信息流、物流和资金流，其中信息流起主导作用，控制物流和资金流。企业如何通过信息化建设，科学地、有效地把企业信息活动的各个环节组织起来，加快物流和资金流的流通周转，提高企业在市场上的竞争能力和适应性，就是企业生存的核心问题。

企业为什么要搞信息化建设？面对残酷无情的市场竞争，面对即将来临的生死之战，答案再简单不过了：为了企业的生存和发展！

问题再回到我们讨论的主题上来。众所周知，当代建筑业界，不论是房地产开发商还是建筑企业，只要是新建或改建任何一座大型建筑物（如学校、医院、办公楼、图书馆、博物馆、剧院、体育馆等）或一个居民小区都必须是智能建筑，否则它就失去了建设的意义。既然智能建筑工程项目建设是非搞不可，那么就要正视智能建筑工程项目中存在的众多的不确定因素。这些因素决定了项目的风险，投入越大，风险也越大。因此要特别加强风险防范的意识和手段，建立和健全智能建筑工程项目全面风险管理体制就显得非常重要。

12.2　智能建筑工程项目风险类型和特点

全面风险管理强调风险的事先分析与评价，风险因素分析是确定一个项目的风险范围，即有哪些风险存在，将这些风险因素逐一列出以作为全面风险管理的对象。罗列风险因素通常要从多角度、多方位进行，形成对项目系统的全方位的透视。

12.2.1　智能建筑工程项目风险的类型

不同类型的工程项目有不同的风险，相同类型的工程项目根据其所处的环境、客户与项目团队以及所采用的技术与工具的不同，其项目风险也是各不相同的。

总的来说，智能建筑工程项目风险的基本类型可分为以下两大类：

1. 风险按其形成原因分类

按风险形成的主要原因来进行风险因素分析，它体现的是风险形成的主观和客观的原因，包括以下几个方面的风险：

① 决策风险：决策风险是智能建筑工程项目最大最可怕的风险，如果项目不可行、

立项错误，造成根基不稳，就会全盘皆输，项目失败早成定局。项目决策风险包括高层战略风险，如指导方针战略思想可能有错误而造成项目目标错误；环境调查和市场预测的风险；投标决策风险，如错误的项目选择，错误的投标决策、报价等。

② 行为主体风险：智能建筑工程项目行为主体产生的风险也是常见的项目风险来源之一。如投资者项目资金准备不足，项目仓促上马，支付能力差，改变投资方向，违约不能完成合同责任等产生的风险；承包人（分包商、供应商）技术及管理能力不足，不能保证安全质量，无法按时交工等产生的风险；项目管理者和监理工程师的能力、职业道德、公正性差等产生的风险等。

③ 软件危机风险：软件是维持和增强智能建筑工程项目竞争力的基础，其好坏是决定智能建筑工程项目成败的关键性技术因素。软件危机是指在计算机软件的开发和维护过程中所遇到的一系列严重问题，包括用户需求不明确、变更过多；软件开发不规范，没有建立完整的文档管理制度；开发进度难以控制；软件质量差；软件维护困难等。

④ 项目管理风险：项目管理风险包括智能建筑工程项目过程管理的方方面面，如：项目计划的时间、资源分配（包括人员、设备）、项目质量管理、项目管理技术（流程、规范、工具等）的采用以及外包商的管理等，因项目计划不周、制度缺乏、经营不善、技术落后、用人不当、沟通不畅等项目管理混乱而造成的风险。

⑤ 项目组织风险：组织风险中的一个重要来源就是项目决策时所确定的项目范围、时间与费用三个要素之间的矛盾。三要素的关系是相互并存，相互制约的，不合理的匹配必然导致项目执行的困难，从而产生风险。智能建筑工程项目资源不足或资源冲突方面的风险同样不容忽视，如人员到岗时间、人员知识与技能不足等。组织中的团队精神和文化氛围同样会导致一些风险的产生，如团队协同合作和人员激励不当导致内部不团结、人员离职等。

⑥ 外部环境风险：智能建筑工程项目外部环境风险主要是指其政治、经济环境的变化，包括政治风险、法律风险、经济风险、社会风险；以及与项目相关的规章或标准的变化，组织中雇佣关系的变化，如公司并购、自然灾害、外围主体（政府部门、相关单位）等产生的风险。这类风险因项目性质的不同而对其影响的程度也不一样。

2. 风险按其影响结果分类

按风险对目标的影响来进行风险因素分析，它体现的是风险作用的结果，包括以下几个方面的风险：

① 工期风险：如造成局部的（工程活动、分项工程）或整个工程的工期延长，工程项目不能及时竣工验收。

② 成本风险：包括财务风险、资金链断裂、成本超支、投资追加、收入减少等。

③ 质量风险：包括系统不符合用户需求，设备、材料、工艺、工程等不能通过验收，项目试运行不合格，经过评价工程质量未达到标准或要求等。

④ 能力风险：项目建成后功能和性能达不到用户要求，生产能力达不到设计要求等。

⑤ 市场风险：项目建成后产品达不到预期的市场份额，销售不足，没有销路，没有竞争力。

⑥ 信誉风险：可能造成对企业的形象、信誉的损害。

⑦ 伤亡损失风险：项目实施过程或使用中人身伤亡以及设备的损坏。

⑧ 法律责任风险：因被起诉而要承担相关法律的或合同的责任。

12.2.2　智能建筑工程项目风险的特点

智能建筑工程项目所面临的风险种类繁多，各种风险之间的相互关系错综复杂，所以从立项到竣工后运行的整个生命期中都必须重视风险管理。归纳起来，其风险具有如下特点：

1. 风险存在的客观性和普遍性

作为损失发生的不确定性，风险是不以人的意志为转移的，并超越人们的主观意识而客观存在。风险的普遍性表现在几乎所有的项目都存在着风险，特别是像智能建筑工程这样的高科技项目，把先进复杂的现代信息技术与建筑技术有机结合在一起。在项目的整个寿命周期内，自始至终风险是无处不在、无时没有的。这些说明为什么虽然人类一直希望认识和控制风险，但直到现在也只能在有限的空间和时间内改变风险存在和发生的条件，降低其发生的频率，减少损失程度，而不能也不可能完全消除风险。

2. 风险发生的偶然性和必然性

智能建筑工程项目风险发生的偶然性表现在任何具体风险的发生都是诸多风险因素和其他因素共同作用的结果，是一种随机现象。而智能建筑工程项目风险发生的必然性是指虽然个别风险事故的发生是偶然的、杂乱无章的，但对大量风险事故资料的观察和统计分析，发现其呈现出明显的运动规律，这就使人们有可能用概率统计方法及其他分析方法去计算风险发生的概率和损失程度，同时也导致风险管理技术方法的迅猛发展。

3. 风险的可变性

智能建筑工程项目风险的可变性是指在项目的整个实施过程中，各种风险在性质和数量上都是在不断变化的。随着工程项目的实施进展，有些风险可以规避，有些风险会得到控制，有些风险会发生并得到处理，同时在工程项目的每一阶段都可能产生新的风险。

4. 风险的多样性和多层次性

一般大中型工程建设项目，特别是智能建筑工程项目要求高、周期长、技术新、涉及范围广、风险因素数量多且种类繁杂，致使其在整个寿命周期内面临的风险多种多样，而且大量风险因素之间的内在关系错综复杂，各风险因素之间与外界交叉影响又使风险显示出多层次性，这是智能建筑工程项目风险的主要特点之一。

12.3　智能建筑工程项目全面风险管理

虽然智能建筑工程项目风险很多，不过，人们也无须过分地恐惧风险，只要掌握风险发生的因果关系，风险是可以管理，并得到控制的。关注项目风险，掌握风险管理的知识与技能，从工程项目组织、职责、流程与制度上建立一套风险管理机制是确保项目成功的前提与保障。

12.3.1 智能建筑工程全面风险管理的任务

1. 智能建筑工程项目全面风险管理的涵义

工程项目全面风险管理是运用系统科学的方法，在工程项目整个生命期内，采取全面的组织措施，对项目的全部风险进行全过程、全方位的管理，简称“一法四全”。它不仅使各层次的项目管理者建立风险意识，重视风险问题，防患于未然，而且在工程项目实施的各个阶段、各个方面执行有效的风险控制，形成一个前后连贯的管理过程，以减少项目实施过程中的不确定性。

智能建筑工程项目全面风险管理包括以下几方面的涵义：

① 用系统的观点、动态的方法进行风险控制：针对智能建筑工程项目具有工期长、不确定因素多、经济风险和技术风险大的特点，从全面、整体、系统和发展的观点出发，充分考虑到各子系统间相互依存、相互制约的联系和作用，以动态的方法对项目风险进行严格控制。

② 项目全过程的风险管理：从项目的立项到项目的结束，都必须进行风险的研究与预测、过程控制以及风险评价，实行全过程的有效控制以及积累经验和教训。

③ 项目全部风险的管理：对各种类型的项目风险进行严密的监控管理。

④ 项目风险全方位的管理：从决策、技术、经济、组织、合同等各个方面采取有效措施尽量避免和减少项目风险的发生。

⑤ 项目风险全面的组织管理措施：建立良好的项目风险管理体制，积极发挥所有员工能动的作用，群策群力，采取健全的组织管理措施，防患于未然。

2. 智能建筑工程项目全面风险管理的任务

由于风险贯穿于智能建筑工程项目的整个生命期中，因而风险管理是个持续的过程，建立良好的风险管理机制以及基于风险的决策机制是工程项目成功的重要保证。风险管理是工程项目管理流程与规范中的重要组成部分，制定风险管理规则、明确风险管理岗位与职责是做好工程项目风险管理的基本保障。同时，不断丰富风险数据库、更新风险识别检查列表、注重项目风险管理经验的积累和总结更是风险管理水平提高的重要动力源泉。

一般，智能建筑工程项目全面风险管理的主要任务有三方面：

(1) 预报预防

在智能建筑工程项目工程实施过程中，要不断地收集和分析有关项目的各种信息和动态，捕捉项目风险的前奏信号，以便更好地准备和采取有效的风险对策，包括工程项目投保等措施，预防和避免可能发生的风险。加强风险预报预防工作是项目风险管理最重要的任务，预防措施的好坏，直接关系到风险发生的几率和风险损失的大小。

(2) 防范控制

无论预防措施做得有多么周全严密，智能建筑工程项目的风险总是难以完全避免的。当风险发生时要进行有效控制，防范风险损失范围和程度进一步扩大。在风险状态下，依然必须保证工程项目的顺利实施，如迅速恢复生产，按原计划保证完成预定的目标，防止工程项目中断和成本超支，唯有如此才能有机会对已发生和还可能发生的风险进行良好的控制。

（3）积极善后

在项目风险发生后，亡羊补牢，犹为未晚，要迅速及时地采取各种有效措施以控制风险的影响，尽量降低风险损失，弥补风险损失。并争取获得风险的赔偿，如向保险单位、风险责任者提出索赔，以尽可能地减少风险损失。

12.3.2　智能建筑工程全面风险管理的组织方法

1. 全面风险管理的组织

全面风险管理组织主要指为实现全面风险管理目标而建立的组织结构，即组织机构、管理体制和领导人员。没有一个健全、合理和稳定的组织结构，全面风险管理活动就不能有效地进行。

智能建筑工程项目全面风险管理组织具体如何设立、采取何种方式、需要多大的规模，取决于多种因素。其中决定性的因素是智能建筑工程项目风险在时空上的分布特点。项目风险存在于智能建筑工程项目的所有阶段和各个方面，因此全面风险管理职能必然是分散于项目管理的所有阶段和各个方面，管理班子的所有成员都负有一定的风险管理责任。但是，如果因此而无专人专职对项目风险管理负起责任，则全面风险管理就要落空。因此，全面风险管理职能的履行在组织上具有集中和分散相结合的特点。

此外，智能建筑工程项目的规模、技术和组织上的复杂程度、项目风险的复杂和严重程度、风险成本的大小、上级管理层对风险的重视程度、国家和政府法律、法规和规章的要求等因素都对全面风险管理组织有影响。

智能建筑工程项目全面风险管理组织结构的核心应该是项目经理，项目经理应负起项目全面风险管理的领导责任。项目经理之下可设一名风险管理专职人员，帮助项目经理组织和协调整个工程项目管理班子的风险管理活动。

至于项目风险分析人员，应由有技术、经济、电脑和项目管理经验的权威人士来担任。若无合适人选，可以从外面请人。从外面请人的优点是容易使项目风险分析做得更客观、更公正。无论何种情况，项目管理班子成员都要参与风险分析过程。这样既可保证风险分析做得合理，又能够了解问题的来龙去脉，对风险分析的结果做到心中有数，群策群力，防患于未然。

2. 全面风险管理的方法

众所周知，当某一危机发生时，通常不仅会显而易见地威胁到工程项目的成功，而且还会产生组织内部和外部的轰动效应，有时甚至会引起社会的广泛关注。因此，危机在众目睽睽、议论纷纷之下，会受到整个项目团队的极大重视。和处理危机事件不同，工程项目好的全面风险管理往往是默默无闻地进行的。

智能建筑工程项目实施全面风险管理的基本要求是注重工程项目实施过程中点点滴

滴、一丝不苟、计划有序、贯穿始终、全面的风险管理，即采取全面的组织措施，对工程项目的全部风险实施全过程、全方位的管理。

当全面风险管理非常有效时，智能建筑工程项目实施过程中基本不会产生什么大的问题；并且，对于存在的少数问题来说，它也会得到更加迅速的解决。站在局外旁观者的角度上来看，要说明一个智能建筑工程新项目的顺利开发是由于好的全面风险管理所致还是运气所致，可能是很困难的，但项目团队总会知道，他们的工程项目正是由于好的全面风险管理而运转得更好。通常进展顺利的智能建筑工程项目，就像优美芭蕾舞的演出一样，观众是看不到演员为了上乘的表演背后所付出的努力有多么艰辛。

智能建筑工程项目全面风险管理方法一般包括以下几个过程：

(1) 风险预测和识别

风险预测和识别是智能建筑工程项目全面风险管理的第一步，即预测和识别出工程项目目标实施过程中可能存在的风险事件，并予以整理分类。对工程项目风险的管理首先必须明确项目都存在哪些风险，一般是根据工程项目的性质，从潜在的事件及其产生的后果，以及潜在的后果及其产生的原因来预测识别风险。

智能建筑工程项目风险预测和识别的过程主要立足于数据收集、分析、整理和预测，要重视经验在预测中的特殊作用（即定性预测）。为了使风险识别做到准确、完整和有系统性，应从全面风险管理的目标出发，通过项目风险调查、信息分析、专家咨询及实验论证等手段，对项目风险进行多维分解，并充分征求各方意见，从而全面认识风险，形成风险清单列表。

(2) 风险分析

在确定了智能建筑工程项目的风险列表之后，接下来就要搞清楚工程项目中存在的各种风险的性质，即进行风险分析。这一步骤主要是将项目风险的不确定性进行量化，评价其潜在的影响。其内容包括确定风险事件发生的概率和对项目目标影响的严重程度，如经济损失量、工期迟延量等；评价所有风险的潜在影响，得到工程项目的风险决策变量值，以作为项目决策的重要依据。

一般只对已经识别出来的项目风险进行量化估计，评估风险及各种风险之间的相互作用，以及评价项目可能产生的结果范围。这里要注意三个基本概念。

① 风险损失量：风险损失量是指风险对项目造成的负面影响的大小。如果损失量的大小不容易直接估计，可以将损失量分解为更小部分再评估它们。风险损失量可用数值表示，即将损失量大小折算成对影响计划完成的时间表示。

② 风险概率：风险概率是指风险发生可能性的百分比表示，是一种凭借分析处理以往发生的类似项目风险事件的经验，所作出的主观判断。

③ 风险量：风险量是指项目风险危害程度。其计算公式为：

$$风险量=风险概率\times风险损失量$$

举例来说，如某一工程项目风险概率是25%，一旦发生风险就会导致项目计划延长4周，根据上述公式计算，可得出：风险量=25%×4周=1周。

风险量示意图如图12.3-1所示。在图12.3-1中，风险危害程度可划分为A、B、C、D四大区域。A区风险损失量大，风险概率高，风险量也大，故风险危害程度最大。反之，B区域风险危害程度最小。C、D两区域间的比较视项目的具体情况而定，C区风险概率高，D 区风险损失量大，C、D 区域的风险危害程度介于 A、B 之间。

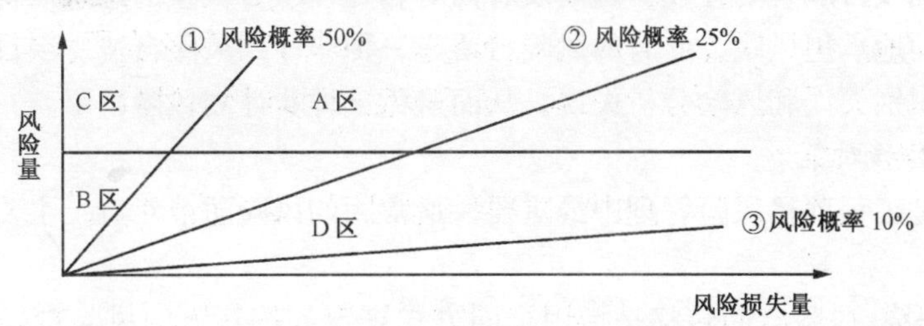

图 12.3-1　风险危害程度示意图

12.3.3　智能建筑工程风险防范对策

在智能建筑工程项目的实施过程中，对不同类型的项目风险要采取相应的风险对策，才能进行良好的风险控制，尽可能减小风险造成的损失和危害，以确保工程项目的效益。

1. 项目风险防范对策

（1）风险防范计划

完成了智能建筑工程项目风险分析后，实际上就已经确定了工程项目中存在的风险，以及它们发生的可能性和对工程项目的冲击，因而可以对项目风险排序。然后根据风险性质和项目对风险的承受能力制定相应的防范计划，即风险防范对策。制定风险防范对策主要考虑以下四个方面的因素：可规避性、可转移性、可缓解性、可接受性。

风险防范对策总的目标是减小风险的潜在损失。风险防范对策在某种程度上决定了采用什么样的工程项目开发方案。对于应“规避”或“转移”的风险在工程项目策略与计划时必须重视，加以仔细考虑。

（2）风险控制对策

项目风险控制是对使风险损失趋于严重的各种条件采取措施，进行控制而避免或减少发生风险的可能性及各种潜在的损失。项目风险控制对策有风险回避和损失控制两种形式。风险回避对策经常是一种规定，如禁止某项活动的规章制度。风险损失控制是通过减少损失发生的机会或通过降低所发生损失的严重性来处理项目风险。风险损失控制方案的内容包括：制定安全计划、评估及监控有关系统及安全装置、重复检查工程建设计划、制定灾难计划、制定应急计划等。

在参加智能建筑工程项目投标时，要权衡利弊、量力而行，要回避风险大的项目，选择风险小或适中的项目。对待工程项目风险，时时都要提高警惕，特别在项目决策过程中，一开始就应该掂量掂量风险和成功，谁重谁轻，冒险值不值。对于那些可能明显导致亏损的工程项目要坚决放弃，对于某些风险超过自己承受能力，并且成功把握不大的项目也应该尽量回避，这是相对保守的项目风险防范对策。

（3）风险自留对策

项目风险自留是一种重要的财务性管理技术，由自己承担项目风险所造成的损失。项目风险自留对策分计划性风险自留和非计划性风险自留两种。计划性风险自留是指项目风险管理人员有意识地不断地降低风险的潜在损失。非计划性风险自留是指当项目风险管理人员没有认识到项目风险的存在，因而没有面对和处理项目风险的思想准备、组织准备和物资准备，被动地承担风险，此时的风险自留是一种非计划风险自留。项目风险管理人员通过减少风险识别失误和风险分析失误，从而避免这种非计划风险自留。

(4) 风险转移对策

风险转移是工程项目风险管理中最重要、最常用的风险防范对策，主要有以下两种方式：

① 合同转移：风险合同转移是指用合同方式规定签约双方的风险责任，从而将风险本身转移给对方以减少自身的损失。因此合同中应包含责任和风险两大要素。

② 项目投保：项目投保是全面风险管理计划中的最重要的转移技术，目的在于把项目进行过程中发生的大部分风险作为保险对策，以减轻与项目实施有关方的损失负担和可能由此产生的纠纷。付出了保险费，在项目受到意外损失后能得到补偿。项目保险的目标是最优的工程保险费和最理想的保障。

(5) 风险分配对策

风险分配对策是从工程项目整体效益的角度出发，把项目风险合理分配给项目所有参与各方，以最大限度地发挥各方面的积极性。工程项目风险是时刻存在的，这些风险必须在工程项目所有参加者（包括投资者、发包人、项目管理者、承包人、供应商等）之间进行合理的分配，只有每个参加者都有一定的风险责任，他才有对项目管理的积极性和创造性；只有合理的分配风险才能调动各方面的积极性，才能有工程项目的高效益。

(6) 风险分散对策

俗话说得好：不要吊死在一棵树上。采用多领域、多地域、多项目分散投资的办法，可以分散风险。因为这样可以扩大投资面及经营范围，扩大资本效用，以及能与众多合作伙伴共同承担风险，从而达到降低总经营风险的目的。

项目风险分散是智能建筑工程建设常用的一种风险防范对策，特别是对于重大工程项目，其利润高，但风险也大，如果独家投资开发（发包人）或承建建设（承包人）冒险性太大，就可以寻找有实力的、可靠的、信誉好的合作伙伴，联合一起投资开发（发包人）或参加项目投标（承包人），在签订合作协议时要明确规定各方分配的风险比例。此外，发包人委托监理单位负责工程项目实施过程的监督管理，也是一种项目风险分散对策，发包人把项目管理的责任风险通过授权委托的方式分散给了监理单位。

(7) 风险保证金制度

要求对方提供合理的风险保证金，这是从财务的角度为防范风险作准备，在工程报价中增加一笔不可预见的风险费，以抵消或减少风险发生时的损失。

(8) 加强组织和技术措施

为了降低风险事件发生几率及减小风险产生的影响，要采取可靠先进的技术措施，加强和完善风险管理的组织措施。如选择有弹性的、抗风险能力强的技术方案，进行预先的技术模拟试验，采用可靠的保护和安全措施。对管理的项目选派得力的技术和管理人员，采取有效的管理组织形式，并在实施的过程中实行严密的风险监控，加强计划工作，抓紧阶段控制和中间决策等。

确定了智能建筑工程项目风险防范对策后，就可编制工程项目全面风险管理计划，它主要包括：已识别的项目风险及其描述、风险发生的概率、风险应对的责任人、风险防范对策、行动计划及处理方案、应急计划、项目保险安排等。

2. 项目风险的监控管理

（1）项目风险的动态监控

由于智能建筑工程项目风险存在的客观性和普遍性，在制定了工程项目全面风险管理计划以后，项目风险并非不存在。在工程项目实施过程中，各种项目风险在性质和数量上都是在不断变化的，有可能会增大或者衰退。因此，在工程项目整个生命期中，需要时刻监控项目风险的发展与变化情况，并确定随着某些项目风险的消失而带来的新的风险。项目风险监控主要任务是采取应对风险的纠正措施以及项目全面风险管理计划的及时更新，包括两个层面的工作：

① 跟踪已识别的项目风险的发展变化情况，包括在整个工程项目生命期内，项目风险产生的条件和导致的后果的变化，衡量风险减缓计划需求。

② 根据风险的变化情况及时调整项目全面风险管理计划，并对已发生的风险及其产生的遗留风险和新增风险及时识别、分析，并采取适当的应对措施。对于已发生过和已解决的项目风险也应及时从风险监控列表调整出去。

最有效的项目风险监控工具之一就是“前 10 个风险列表”，它是一种简便易行的风险监控活动，是按“风险值”大小将项目的前 10 个风险作为控制对象，密切监控项目的前 10 个风险。每次风险检查后，形成新的“前 10 个风险列表”。

（2）项目风险管理检查

项目风险管理检查是指在智能建筑工程项目实施过程中，不断检查项目风险防范对策几个步骤的实施情况和实施结果，包括项目全面风险管理计划执行情况及保险合同执行情况，以实践结果来评价风险防范对策效果。还要确定在条件变化时的项目风险处理方案，检查是否有被遗漏的风险类型和项目。对新发现的风险项目应及时提出防范对策。

3. 全面风险管理计划的编制

在智能建筑工程项目整个生命期内，当旧的项目风险消除后，可能又会出现新的项目风险，所以风险识别、风险分析、风险应对策略和风险监控管理这几个环节要连续不断地进行下去，形成有效的项目风险监控机制。编制工程项目全面风险管理计划要考虑如下几方面的内容：

（1）项目概要

项目概要部分主要包括项目的目标、总体要求、关键功能、应达到的使用特性和技术特性、项目总体进度、应遵守的有关法律法规、行业标准和规范等。这部分内容和其他各种计划一样，它应为人们提供一个参考基准，以了解项目的概貌，还要说明项目组织各部门的职责和联系。

（2）项目风险管理途径

这部分主要包括与工程项目有关的决策风险、行为主体风险、技术风险、组织风险、项目管理风险和外部环境风险等的确切定义、特性、判定方法以及应对这些风险的合适方法的综述。

(3) 项目风险管理实施的准备

这部分包括对项目风险进行定性预测与识别、定量分析与评估的具体程序与过程，以及处置这些项目风险的具体措施，并做好项目保险安排和项目风险预算的编制等。

(4) 对项目风险管理过程进行总结

这部分记录有关资料、信息的来源，以备查证。对于工期长的重大智能建筑工程项目，在制订全面风险管理计划时，还应有短期计划与长期计划之分，短期计划主要是针对工程项目的现状而制订，而长期计划则具有战略性，是围绕风险回避、风险控制、风险转移、风险自留等而作的综合性行动计划。

(5) 考虑与其他相关计划的协调关系

在制定智能建筑工程项目全面风险管理计划时，还应注意与项目其他相关计划的协调关系，如项目管理计划、质量保障计划等对风险的各种问题都有涉及。它们本来不是从全面风险管理角度出发编制的，但是它们描述项目风险问题时，可以从各个不同角度反映许多有价值的信息。

在制定好项目全面风险管理计划以后，便要在工程项目实施过程中予以执行，在具体执行过程中，应对执行情况进行跟踪监测，作好信息反馈。只有这样，才能及时调整全面风险管理计划，以适应不断变化的新情况，从而有效地管理工程项目风险。

12.3.4 智能建筑工程项目保险概述

为了减轻与智能建筑工程项目实施有关各方的损失负担和可能由此产生的纠纷，一般都要采用风险转移的防范对策，其中最重要风险转移对策是项目投保，把工程项目进行过程中发生的大部分风险作为保险对象。简言之，投保人向保险公司付出了一定的保险费，当工程项目受到意外损失时就能得到保险公司的补偿，投保人自己用不着承担发生项目风险所造成的损失。保险作为风险控制和分散的重要手段，在智能建筑工程全面风险管理体系中占有重要的地位。

智能建筑工程项目保险主要是确定保险内容、保险额、保险费、免赔额和赔偿限额等，并签订工程项目保险合同。为此，必须对工程项目保险的特点和保险的责任范围有比较清楚的了解。

1. 工程项目保险的特点

工程项目保险作为一个相对独立的险种起源于上世纪初，其发展历史相对于财产保险中的火灾保险来讲要短得多。但是，由于工程项目保险针对的是具有规模宏大、技术复杂、造价昂贵和风险期限较长等特点的现代工程，其风险从根本上有别于普通财产保险标的的风险。所以，工程项目保险是在传统财产保险的基础上有针对性地设计风险保障方案，并逐步发展形成自己独立的体系，并已经发展成为财产保险领域中的一个主要的险种，发挥着巨大的风险保障作用。

① 承保的风险具有特殊性：首先，工程项目保险既承保被保险人财产损失的风险，同时，还承保被保险人的责任风险，包括设备保险、人员保险、各类责任保险、工程施工保险、设计师风险保险、监理责任险、第三者责任险和雇主责任险等损失保险的一揽子保险服务。其次，承保的风险标的中大部分裸露于风险中，抵御风险的能力大大低于普通财

产保险的标的。第三，工程在施工中始终处于一种动态的过程，各种风险因素错综复杂，使风险程度加大。

② 保障具有综合性：工程项目保险针对承保风险的特殊性提供的保障具有综合性，其保险的主责任范围一般由物质损失部分和第三者责任部分构成。同时，工程项目保险还可以针对工程项目风险的具体情况提供运输过程中、工地外储存过程中、保证期过程中等各类风险的专门保障。

③ 被保险人具有广泛性：普通财产保险的被保险人的情况较为单一，但是，由于工程项目建设过程中的复杂性，可能涉及的当事人和关系方较多，包括发包人、主承包人、分包商、设备供应商、设计商、技术顾问、工程监理等，他们均可能对工程项目拥有保险利益，成为被保险人。

④ 保险期限具有不确定性：普通财产保险的保险期限是相对固定的，通常是一年。而工程项目保险的保险期限一般是根据工期确定的，往往是几年，甚至十几年。与普通财产保险不同的是工程项目保险期限的起止点也不是确定的具体日期，而是根据保险单的规定和工程项目的具体情况确定的。为此，工程项目保险采用的是工期费率，而不是年度费率。

⑤ 保险金额具有变动性：工程项目保险与普通财产保险不同的另一个特点是：普通财产保险的保险金额在保险期限内是相对固定不变的，但是工程项目保险的保险金额在保险期限内是随着工程建设的进度不断增长的。所以，在保险期限内的任何一个时点，保险金额可能是不同的。

2. 工程项目保险的责任范围

工程项目保险的责任范围由二部分组成，第一部分主要是针对工程项目下的物质损失部分，包括工程标的有形财产的损失和相关成本的损失；第二部分主要是针对被保险人在施工过程中因可能产生的第三者责任而承担经济赔偿责任导致的损失。

(1) 主责任范围：物质损失部分

① 工程项目保险的物质损失部分属于财产保险的一种，它主要是针对被保险财产的直接物质损失。通常对因此产生的各种费用和其他损失不承担赔偿责任。

② 风险事故是指造成生命和财产损失的偶发事件，它是造成损失的直接原因或外在原因，是损失的媒介物，即风险只有通过风险事故的发生，才能导致损失。工程项目保险中的风险事故主要是指自然灾害或意外事故等，范围十分广泛，所以要对事故的定义和类型作出严格限定。

③ 保险人实际承担保险责任的起止点往往要根据保险工程项目的具体情况确定，是一个事先难以确定的时间点。如工程项目所用的尚未进入工地范围内的材料、工程项目中已交付的部分项目发生保险责任范围内的损失，尽管发生损失的时间是在保险期限内，但保险人对上述损失不承担赔偿责任。

④ 工程项目保险对于保险标的的地理位置限定于工地范围内，即被保险财产只有在工地范围内发生保险责任范围内的损失，保险人才负责赔偿。若在工地范围之外发生保险责任范围内的损失，保险人不承担赔偿责任。被保险人若因施工的需要，必须将被保险财产存放在施工工地以外的地方时，应在确定保险方案时就予以考虑。解决的办法有两种，

一是如果这种工地外存放的地点相对集中、固定，可以在保单明细表上进行说明和明确。二是如果这种工地外存放的地点相对分散，且投保时尚无法确定，可以采用扩展“工地外储存”条款，对这类风险进行扩展承保。

⑤ 责任范围除了对承保的风险进行定性的限制外，同时要对保险人承担赔偿责任进行定量的限制。在进行定量限制中采用的是分项限制和总限制相结合，分项限制主要是三类：一是保险单明细表的对应分项限额，如场地清理费用；二是特别条款中明确的赔偿限额；三是批单中规定的赔偿限额。总限额是对整个保险单的赔偿限额进行总体的限制，即在任何情况下保险人承担赔偿责任的最高数额。

（2）附加责任范围：第三者责任

① 责任保险是以被保险人可能产生的责任作为保险标的的。但是作为保险标的的责任必须是被保险人依法应当承担的责任；同时，这种责任通常是指被保险人应当承担的民事经济赔偿责任，而非其他责任。

② 工程项目保险的第三者责任保险属于场地责任保险，所以，保单只是对被保险人发生在工地内及邻近区域的第三者责任承担保险责任。被保险人若在工地以外的地区产生的第三者责任则不在本保险责任范围内。

③ 工程保险的第三者责任保险所承保的责任是被保险人在从事与本保险单所承保工程直接相关的工作过程中，因发生意外事故而产生的责任。

④ 工程项目保险的第三者责任保险仅仅是分散了被保险人的一部分第三者责任风险。保险人对于被保险人的责任是基于保险合同产生的，责任的依据是合同，这种责任是相对有限的。被保险人的第三者责任只有满足了保险单的一系列规定后才能成为保险责任。

⑤ 工程项目保险的第三者责任保险的标的除了被保险人的经济赔偿责任外，还包括两种费用：一是为了避免或减少责任可能产生的诉讼费用；二是事先经双方书面同意而支付的其他费用，如调查取证费用等。

⑥ 工程项目保险的第三者责任部分，除了对承保的风险进行定性的限制外，同时对保险人承担赔偿责任进行定量的限制。保险单中通常对保险人在第三者责任项下承担赔偿责任确定两个赔偿限额：一是每次事故的赔偿限额，即保险人对被保险人因一次事故引起的第三者责任的最高赔偿金额；二是保险期限内累计赔偿限额，即保险人在保险期限内对被保险人的所有第三者责任的最高赔偿金额。

12.4 软件开发风险管理的要点

大多数智能建筑工程都包含有应用软件开发项目，而软件开发过程的风险控制问题一直是困绕着项目开发人员的难题，它涉及诸如思想、观念、行为、地点、时间等多种因素，并与将要发生的事情有关，随条件的变化而改变。由于对项目风险管理重视不够或控制不力，使很多应用软件开发项目陷入混乱状态，危机四伏，开发人员经常感到疲于奔命，穷于应付。

在软件开发过程中，人们关心的问题是，什么风险会导致软件开发项目的彻底失败？用户需求、开发环境、硬件技术、人员安排、时间、成本的改变对软件开发项目的风险会产生什么影响？人们必须采取什么措施才能有效地减少风险、顺利完成任务？所有这些问题都是软件开发过程中不可避免并需要妥善处理的。

12.4.1 软件危机的表现和风险来源

1. 软件危机的表现

概括来说，软件危机包含两方面问题：

① 如何开发软件，以满足不断增长、日趋复杂的需求。

② 如何维护数量不断膨胀的软件产品。

具体地说，软件危机主要有以下表现：

- 对软件开发成本和进度的估计常常不准确。开发成本超出预算，实际进度比预定计划一再拖延的现象并不罕见。
- 用户对已完成的系统不满意的现象经常发生。
- 软件产品的质量往往靠不住，漏洞一大堆，问题一个接一个。
- 软件的可维护性差。
- 软件没有保存适当的文档资料。
- 软件的成本不断提高。
- 软件开发生产率的提高赶不上硬件的发展和人们需求的增长。

2. 软件开发项目风险来源

软件危机的原因，一方面与软件本身的特点有关；另一方面与软件开发和维护的方法不正确有关。软件开发和维护的不正确方法主要表现为忽视软件开发前期的需求分析；开发过程没有统一的、规范的方法论的指导；文档资料不齐全；忽视人与人的交流；忽视测试阶段的工作；提交用户的软件质量差；轻视软件的维护。这些大多数都是软件开发过程管理上的原因。

(1) 开发人员缺乏经验

软件对于人类而言是一个全新的东西，其发展历史不过四十多年。因此，软件开发项目巨大风险的来源从根本上来说，主要是软件项目目前并没有成熟，开发人员对产品开发中的系统概念、现代意义的产品复杂性、系统工程和软件工程理论和目前的实践缺乏了解。在开发技术和管理方面，以及在具体应用领域都缺乏经验，导致软件开发风险广泛存在，风险事件频繁发生，软件开发成功率过低等。

(2) 需求内容不明确，把握不充分

一方面，由于用户（发包人）信息技术知识缺乏，一开始自己也不知道要开发什么样的系统，或者懒于系统地整理出来，经常是走一步算一步，不断地提出和更改需求，使得软件开发人员叫苦连天。另一方面，承包人由于行业知识缺乏和开发人员水平低下，不能完全理解用户的需求说明，而又没有加以严格的确认，经常是以想当然的方法进行系统设计，结果经常是推倒重来。

(3) 开发工作量估计过低

软件开发的工作量估算是一项很重要的工作，必须综合开发的阶段、人员的生产率、工作的复杂程度、历史经验等因素，将一些定性的内容定量化。在软件开发过程中最常见的问题是对工作量的重要性认识不足，经常用拍脑袋的方式估算；此外，工作量估算时经常会遗漏一些平时不可见的工作量，如人员的培训时间、各个开发阶段的评审时间等。

(4) 人手不足、技术水平不够

每个承包人都希望以最少的成本来完成项目开发，人手不足是大多数软件开发项目都会面临的问题。还有一种情况是开发人员的技术水平达不到项目的要求，或者由于项目经理的失误，在项目工作量估算时没有明确要求技术水平，只寄希望于员工自己努力。还有一些项目经理错误地认为，在项目启动时不需要高水平的技术人员。

(5) 开发计划不充分

没有良好的开发计划和开发目标，项目的成功就无从谈起。开发计划太粗略，主要反映在以下几个方面：

① 项目分工（责任范围）不明确，工作分解结构（WBS）与项目组织结构不明确或者不相对应，各成员之间的接口不明确，导致有一些工作根本无人负责。

② 每个开发阶段的提交结果定义不明确，中间结果是否已经完成，完成了多少模糊不清，结果是到了项目后期堆积了大量工作。

③ 开发计划没有指定里程碑或检查点，也没有规定设计评审期。

④ 开发计划没有规定进度管理方法和职责，导致无法正常进行进度管理。

(6) 设计能力不足

软件开发设计人员能力低是项目失败的重要原因之一。一方面，由于对技术问题的难度未能正确评价，将设计任务交给了与技术要求水平不相称的人员，造成设计结果无法实现。另一方面，随着资源外包现象的日益普遍，一些承包人经常因工期紧而匆忙将中标的项目经理部分转包给其他协作公司，这些公司的设计能力如不加以仔细评价，就会对整个项目造成影响。

(7) 项目经理的管理能力差

项目经理自己也不知道项目的状态，下属人员报喜不报忧，害怕报告问题后给自己添麻烦。进度管理必须随时收集有关项目管理的数据，开发人员总是担心管理工作会增加自己的工作量，不愿配合。管理人员甚至不知道应该收集哪些数据，没有及时把握软件项目开发的进度。

由于没有进行定期的项目评审会，表面上进展顺利而实际上隐藏着危机。项目经理总是轻信下属的报告而没有加以核实，出现严重问题时，项目经理没有重新评价需求分析、工作量估算、设计结果等就匆忙采取头痛医头、脚痛医脚的措施，致使问题更严重。

(8) 软件开发其他类型的风险

① 市场风险：如果软件项目是生产新产品或服务的项目，那么它对组织有用吗？产品或服务能销出去吗？用户会接受并采用这一产品或服务吗？还有没有其他人能更快、更好地发明类似的新产品或服务，而使这一项目既浪费时间，又浪费金钱？

② 财务风险：发包人和承包人有能力承担这一项目吗？项目利益相关者在财务预测时有多自信？项目会达到回报估计吗？如果不能达到回报要求，还有能力继续进行该项目吗？该项目是利用公司资金资源的最好途径吗？

③ 技术风险：该项目在技术上可行吗？硬件、软件和网络功能适合吗？是否有相应的技术来满足项目目标？在有用的产品生产出来之前，该技术会过时吗？

12.4.2　软件开发项目的风险识别和管理

风险识别是理解软件开发项目有哪些可能令人不满意的结果的过程。通过理解风险的可能来源，就可以进一步通过检查表、流程图或访谈等手段，来识别风险。识别风险来源有助于识别项目的可能风险事件与风险症状。

通过风险识别过程所识别出的潜在风险数量很多，包括潜在的预算、进度、人力、资源、客户、项目复杂性、规模、结构不确定性，以及需求等方面的问题以及它们对软件项目的影响等，但这些潜在的风险对项目的影响是各不相同的。"风险分析"即通过分析、比较、评估等各种方式，来确定各风险的重要性，对风险排序并评估其对项目可能后果，从而使项目实施人员可以将主要精力集中于为数不多的主要风险上，从而使项目的整体风险得到有效的控制。

1. 软件开发项目的风险标识

从宏观上看，软件开发项目风险可以分为组织风险、技术风险和商业风险三类。

① 组织风险：组织风险是组织内部对目标未达成一致、高层领导对项目不重视、资金不足或与其他项目有资源冲突等都是潜在的组织风险。

② 技术风险：技术风险是指潜在的设计、实现、接口、验证、维护、技术的不确定性，以及技术落后等方面的问题。如果技术风险变成现实，则开发工作可能变得很困难或根本不可能。

③ 商业风险：开发了一个没人需要的优质软件，或推销部门不知如何销售这一软件产品，或开发的产品不符合公司的产品销售战略等，称为商业风险。

这些风险有些是可以预料的，有些是很难预料的。为了帮助项目管理人员、项目规划人员全面了解软件开发过程存在的风险，可利用各类风险检测表标识各种风险。

2. 软件开发项目风险识别步骤

软件开发项目风险识别是指识别并记录可能对软件项目造成不利影响的因素。风险识别不是一次性的工作，而需要更多系统的、全面的思维，以及分阶段及时进行预测和识别。

软件开发项目的风险识别可分为三个步骤：

（1）收集资料

有关项目的资料和数据能否收集到手，是否全面、真实、完整，都会影响到对项目风险损失的评估。所有有关项目的前提、假设、限制、计划与信息都要作为风险识别的依据，如项目建议书、可行性研究报告、设计文件、资源计划、进度计划、成本计划、工作分解结构、项目组织结构、类似项目的历史信息等。

（2）风险形势估计

风险形势估计是要明确项目的目标、战略、战术以及实现项目目标的手段和资源，以确定项目及其环境的变数。例如产业政策、产品使用者情况、项目的参与者、项目规模、费用、时间和质量等。风险形势估计还要明确项目的前提和假设。有些前提和假设，在制定项目计划时，常常没有被意识到。明确了项目的前提和假设可以减少许多不必要的风险分析工作。

(3) 风险预测和识别

预测和识别出软件开发过程中可能出现的风险事件，并予以整理、列表分类。软件开发项目风险预测和识别活动包括：

(1) 建立一个尺度，以反映风险发生的可能性。

(2) 描述风险的后果。

(3) 估算风险对项目及产品的影响。

(4) 标注风险预测的整体精确度，以免产生误解。

3. 软件开发项目风险识别技术

通常，人们考虑问题有联想习惯。在过去类似经验的启示下，思想常常变得很活跃，浮想联翩。项目风险识别实际上是关于将来风险事件的设想，是一种预测。如果把人们经历过的类似项目的风险事件及其来源罗列出来，汇集成一张历史数据表格，那么，项目开发人员看了就容易开阔思路，容易想到现在的软件开发项目会有哪些潜在的风险。历史数据表格可以包含多种内容，例如以前项目成功或失败的原因、用户需求、项目其他方面规划的结果（范围、成本、质量、进度、采购与合同、人力资源与沟通等计划成果）、项目产品或服务的说明书、项目开发成员的技能、项目可用的资源等，这些东西能够提醒还有哪些风险尚未考虑到。

4. 前10个风险列表

按“风险值”大小将软件开发项目的前10个风险作为控制对象，密切监控项目的前10个风险。每次风险检查后，形成新的“前10个风险列表”。如表12.4-1所示。

在表12.4-1中的第一列表示风险大小的顺序。第二列列出所有风险，每一个风险在第三列上加以分类，每个风险发生的概率则输入到第四列中。项目风险的概率值先由项目开发人员个别估算，然后将这些单个数值求平均，得到一个有代表性的概率值。

下一步是评估每个风险所产生的影响，对几个主要的影响因素，如质量、性能、功能、成本及进度的影响数值求平均可得到一个整体的影响数值，如果其中一个风险因素对项目特别重要，也可以使用加权求平均值。选用0，1，2，3，4，5来表示。基本没有风险的取值为0，反之，风险最大的数值为5，中间情况分别取数值1，2，3，4。数值越大表示风险越大。

前10个风险列表 **表12.4-1**

序号	风　险	类　别	概率（%）	影　响
1	用户需求频繁变动	PS（产品规模风险）	80	5
2	缺少对员工的培训	DE（开发环境风险）	80	3
3	规模估计可能非常低	PS（产品规模风险）	60	2
4	项目人员流动频繁	ST（人员经验风险）	60	2
5	交付期提前	BU（商业风险）	50	2

续表

序号	风　险	类　别	概率（%）	影　响
6	用户对系统采取消极态度	BU（商业风险）	40	3
7	资金不足	CU（客户特性风险）	40	3
8	复用程度低于计划	PS（产品规模风险）	30	3
9	项目人员缺乏经验	ST（人员经验风险）	30	2
10	技术到预期的效果	TE（开发技术风险）	30	1

根据风险发生的概率及影响数值来进行排序。高发生概率、高影响的风险放在表的上方，而低概率、低风险则移到表的下方。这样就完成了第一次风险排序。

从软件开发项目风险管理的角度来考虑，风险影响数值及发生概率是起着不同的作用的。一个具有高影响但发生概率很低的风险因素不应该花费太多的关注时间和精力。而高影响且发生概率为中到高的风险以及低影响且高概率的风险，应该首先列入重点监控考虑之中。

5. 软件开发项目风险监控管理措施

在软件开发过程中，一般采取下列风险监控管理措施：

① 在软件开发项目实施过程中跟踪已识别风险、监控残余风险并识别新风险，建立并及时更新“前10个风险列表”及风险排序。

② 定期召集项目利益相关者召开项目风险评估会议，对风险状况进行评估，保证风险管理计划的执行并评估风险管理计划执行效果。

③ 对突发的项目风险或自留的风险采取适当的对策和防范措施。

④ 建立报告机制，及时将软件开发项目中存在的问题反映到上级管理层。

⑤ 引入软件开发的监理体制，由第三方对软件开发项目实施全过程进行全面监督管理，以防范大的风险发生。

⑥ 加强项目有关人员的培训，提高大家的风险意识。

12.5　人力资源的风险管理

企业的竞争是科技的竞争，归根结底是人才的竞争。智能化工程的建设同其他工作一样，最终决定于人及其素质。要顺利完成智能化工程建设任务，必须要有一支既懂信息技术又懂管理业务的、稳定的专业队伍，包括管理层、营销、系统管理员，而这样的一支队伍需要时间培养，因此，企业人员的培训和他们水平的提高是根本性问题。

专业技术人员的技术和创造力固然重要，而企业领导的观念更新和智慧，以及全体员工的职业道德、思想意识和整体素质更为重要。建立一支思想、作风和技术过硬的队伍的前提是加强员工的培训，提高员工队伍的素质。

在进行人力资源管理时，人们往往重视招聘、培训、考评、薪资等各个具体内容的操作，而忽视了其中的风险管理问题。其实，每个企业在人事管理中都可能遇到风险，如招聘失败、新政策引起员工不满、技术骨干突然离职等等，这些事件会影响企业的正常运转，甚至会对企业造成致命的打击。如何防范这些风险的发生，是我们应该研究的问题。特别是包括智能建筑在内的高新技术企业，由于对人才的依赖更大，所以更需要重视人力资源管理中的风险管理。

12.5.1 人力资源风险的识别和评估

1. 人力资源风险管理的定义

风险管理是指通过风险识别、风险估计、风险驾驭、风险监控等一系列活动来防范风险的管理工作。人力资源管理中的风险管理是指在招聘、工作分析、职业计划、绩效考评、工作评估、薪金管理、福利/激励、员工培训、员工管理等各个环节中进行风险管理，防范人力资源管理中的风险发生。

2. 人力资源风险分类

一般我们可以按人力资源管理中的各环节内容对风险进行分类，如招聘风险、绩效考评风险、工作评估风险、薪金管理风险、员工培训风险、员工管理风险等等。对包括智能建筑在内的高新技术企业来讲，招聘风险、绩效考评风险、薪金管理风险、员工管理风险等显得更为重要。

另外我们也可从已知风险、可预知风险、不可预知风险的角度对风险进行分类。对于已知风险和可预知风险我们要采取积极的措施进行防范。

3. 人力资源风险识别

要想防范人力资源风险，首先要进行人力资源风险识别。人力资源风险识别就是主动地去寻找人力资源管理中的风险。比如员工管理中，技术骨干离职风险可能会由以下几个方面产生：

① 待遇：他是否对他的待遇满意。

② 工作成就感：他是否有工作成就感。

③ 自我发展：他是否在工作中提高了自己的能力。

④ 人际关系：他在公司是否有良好的人际关系。

⑤ 公平感：他是否感到公司对他与别人是公平的。

⑥ 地位：他是否认为他在公司的地位与他对公司的贡献成正比。

⑦ 信心：他是否对公司的发展和个人在公司的发展充满了信心。

⑧ 沟通：他是否有机会与大家沟通、交流，他是否能感觉到公司和员工对他的关心。

⑨ 认同：他是否认同企业的管理方式、企业文化、发展战略。

⑩ 其他：他是否有可能因为结婚、出国留学、继续深造等原因离职。

智能建筑企业的人事经理和在智能化工程建设现场负责的项目经理都要认真了解客观情况，了解员工真实的思想状况，以及对可能发生的人力资源风险进行有效识别，这是防范人力资源风险的第一步。

4. 人力资源风险评估

人力资源风险评估是对人力资源管理中的风险可能造成的灾害进行分析。主要通过以下几个步骤进行评估：

① 根据人力资源风险识别的条目有针对性的进行调研。

② 根据调研结果和经验，预测发生的可能性，并用百分比表示发生可能性的程度。

③ 根据程度排定优先队列。比如说，人事经理可以通过与当事人交谈、发调查表等形式进行调研，并根据调研结果和经验，确定该员工在各风险识别条目中离职的可能性。

12.5.2　人力资源风险控制

1. 人力资源风险控制的步骤

人力资源风险控制是解决人力资源风险评估中发现的问题，从而消除预知风险。它一般由以下几个步骤构成：

① 针对预知的人力资源风险进行进一步调研。

② 根据调研结果，草拟消除人力资源风险方案。

③ 将该方案与项目利益相关者讨论，并报上级批准。

④ 实施该方案。

举例来说，如果有较多员工认为公司没有公平对待每一个人，那么人事经理可针对公平问题和沟通问题，进行专项交谈或调查，找出问题的根源，并草拟相应的方案。如解决公平问题的方案如下：

① 在制定公司规章制度时，广泛征求员工的意见（通过调查发现，由于没有参与制度的制定，误认为制度本身不公平）。

② 向各部门发放公司管理制度合订本，方便员工了解公司制度（通过调查发现，由于对某些制度的细节不很清楚，误以为制度执行不公平）。

③ 增加部门间交流（通过调查发现，误认为其他部门工作轻松，而自己是最辛苦的，也容易产生不公平感）。

人事经理可以将上述建议与大家讨论，最后由办公例会或总经理批准通过。通过上述方案的实施，可能会增加大家的公平感，具体效果如何，还要进行调查得出结论。

2. 人力资源风险监控机制

当旧的人力资源风险消除后，可能又会出现新的人力资源风险，所以风险识别、风险评估、风险控制这几个环节要连续不断地进行下去，形成有效的监控机制。人力资源风险监控机制应当是动态的，即在一段时间以后，要对人力资源风险进行再分析、识别和评估，确保对人力资源风险制定的控制方案能够随着智能化工程的实施进展，根据项目团队人员最新的思想状态进行调整和补充，以及对方案执行中的问题进行总结和改进，以使人力资源风险监控方案符合员工实际思想的新情况，使监控方案能得到切实有效的执行。另外要注意总结经验，为将来的人力资源风险管理提供经验和数据。

智能建筑项目管理中人力资源风险监控机制的内容主要包括以下几方面：

① 项目开始前应控制产生人力资源风险的原因，在项目开工后想方设法减轻风险影响。

② 了解导致项目经理部人员变动的原因，在项目实施期间进行人力资源风险动态控制，尽量减少人员流动。

③ 在工作方法和技术上应采取适当措施，防止因人员流动给工作带来损失。

④ 项目在实施过程中应及时公布并交流项目实施进展的信息。

⑤ 建立组织机构，确定文档标准，并及时生成文档。

⑥ 对工作进行集体复审，使多数人都能了解工作的细节，跟上工作进度。

⑦ 为关键技术准备后备人员。

3. 后备人力资源

为了降低企业高级职员和技术骨干流动给智能化工程项目建设带来的风险，可以采取培养后备人才的措施，包括技术培训、学术交流、脱产学习、参观考察和技术咨询等。在智能化工程项目建设过程中，尽量让企业更多的员工参与项目总体方案设计和关键技术的攻关工作，并要加强企业内部技术交流和汇报，让企业更多的员工了解项目实施工作进展情况、遇到的难题和困难，以及解决问题的方案等。

实施这些措施需要一定的人力、时间和经费。人们必须懂得，风险管理不仅需要人力资源，而且还需要经费的支持。项目经理应根据降低人力资源风险、减少损失的原则，客观地分析形势，做出正确的决策。

第13章 智能建筑工程项目整体管理

智能建筑工程项目建设的主要目标是：控制工程费用、进度和质量。而风险控制、合同管理、信息管理和全面的组织协调是实现费用、进度、质量三大目标所必需运用的控制手段和措施。只有确定了费用、进度和质量目标值，才能进行有效的监督管理。

13.1 智能建筑工程项目整体管理的概念

在智能建筑工程项目实施过程中，项目费用、进度和质量这三大目标经常存在冲突，项目经理的主要责任就是在这三者之间保持平衡。由于智能建筑工程项目的不确定性和资源使用的竞争性，很少有智能建筑工程项目最终能够完完全全地按照发包人原先预定的三大目标值完成。

实际上，随着智能建筑工程项目建设的进展和时间的推移，发包人、承包人或其他的项目利益相关者对项目会产生新的不同的看法。即使就是达到了项目费用和工期进度目标，也可能会忽略了项目质量和用户满意度。怎样才能避免这些问题呢？答案就是运用好的项目整体管理。成功的项目管理意味着同时实现这三大目标（费用、进度和质量），并让发包人（用户）满意。

13.1.1 工程项目管理的综合平衡

智能建筑工程项目的费用、进度和质量是一个既统一又相互矛盾的目标系统，在确定每个目标值时，都要考虑到对其他目标的影响。项目费用与进度的关系是加快进度往往要增加投资；但是加快进度提前工程项目启用时间，则可增加收入，提高投资效益。进度与质量的关系是加快进度可能影响质量；但严格控制质量，避免返工，进度则会加快。费用与质量的关系是质量好，可能要增加费用，但严格控制质量，可以减少经常性的维护费用；延长工程使用年限，则又提高了投资效益。

对于一个智能建筑工程项目的三大目标，一般不能说哪个最重要。不同的项目在不同的时期，目标的重要程度是不同的。对于项目经理而言，要能处理好在各种条件下智能建筑工程项目三大目标间的关系及其重要顺序。在确定各目标值和对各目标值实施控制时，都要考虑到对其它目标的影响，要进行多方面、多方案的分析、对比，做到既要节约费用、又要质量好，进度快，力争费用、质量和进度三大目标的统一。其中工程安全可靠性和使用功能目标，以及施工质量合格目标，必须优先予以保证，以确保整个目标系统可行，并达到整个目标系统最优化。

1. 工程项目管理综合平衡原则

成功的项目管理既是一门科学又是一门艺术，它是在考虑项目进度、费用和质量平衡的基础上，尽可能地少使用资源。任何项目都是独一无二的活动，事前的计划编制并没有一个合理的标准。对于项目经理而言，处理好进度、费用、质量、人力资源、沟通、采购等目标之间关系不是一件容易的事。在编制计划的时候就应当充分利用已掌握的信息和资源，通过综合平衡的方法，制定出合理的、有指导意义的综合计划。

(1) 系统性原则

综合平衡是从计划全局出发，对计划的各个构成部分，各个主要因素，整个计划指标体系进行的全面平衡。综合平衡是把整个计划都看作是一个系统，不是追求局部的、单指标的最优化，而是寻求系统整体的最优化。

(2) 合理性原则

综合平衡是根据客观规律的要求，为实现计划目标，合理地确定各种比例关系，从系统论的角度来说，也就是保持系统内部结构的有序和合理。不平衡的计划必然会使系统出现无序性与内耗增加。制定计划时，必须对计划的各个组成部分、对象与相关系统的关系进行统筹安排。其中，最重要的就是保持任务资源与需求之间，局部与整体之间，眼前与长远之间的平衡。

(3) 重点性原则

在寻求项目整体最优的目标下，首先要确定出项目的主要问题，即要平衡对实现项目目标影响最大的矛盾。综合平衡的要素包括项目的用户需求、进度、费用、质量、人力资源、沟通、采购等多个方面，在处理多个冲突问题时平衡的重点是与项目目标实现关联最为紧密的要素。

(4) 满意性原则

综合平衡的目标是找到使项目的所有利益相关者达到最大满意度的方案。因此，项目综合平衡的基础就是对于利益相关者期望的分析。综合平衡的结果必须满足所有利益相关者的需要和期望，因此，综合平衡的结果也要经过项目利益相关者的全面评审并得到他们的最终批准。

2. 综合平衡的方法

进度、费用、质量是智能建筑工程项目管理中最受关注的三要素，也是综合平衡的重点。项目经理希望在项目的生命期内能够找到它们三者的最佳配置。一般情况下根据计划需要进行平衡分析以保证项目顺利进行。但是，许多项目不可避免的会出现三者之间的冲突。在这种情况下，在计划的进度、费用的约束下要得到期望的质量会变得十分困难。

(1) 项目进度、费用和质量平衡分析

进度、费用和质量的任何管理过程都应该强调系统的方法，在平衡分析中设计一个平衡分析与决策的过程远比坚持一成不变的规则要好。以下的六个步骤是管理项目进度、费用和质量平衡的一种常用方法。

① 检查项目目标值。

② 识别和了解项目目标冲突发生的来源。

③ 分析项目所处的环境和状态。

④ 分析各要素变更的可能性。

⑤ 分析和选择最好的综合平衡方案。

⑥ 修改项目计划。

平衡分析在项目生命期的任何时点上都是必需的。在项目整个生命期内平衡分析的准则有可能变化，进度、费用和质量约束的相对重要性也有可能发生变化。例如，在项目初期，费用可能没有积累到引人注目的地步，而质量可能被过分强调。当项目临近结束时，费用约束的相对重要性将处在突出的位置上，特别是项目的利润是承包人收益的主要来源时。同样的，这时的质量和进度计划的影响将会降低。

（2）综合平衡的方法

1）质量保持不变

质量固定时，费用可以看作是时间的函数。按进度工期要求完成项目所需的费用往往比预算费用高，主要原因是由于为了在规定工期内完成工作往往要额外增加资源或加班，造成项目费用的逐步提高。

大多数公司的理念是追求更好的质量，其工作质量一般会超过合同要求的标准。这个理念往往会导致项目费用的增加，当然也会有利于公司树立良好的信誉和品牌，确保接到随后的订单。尽管质量是项目成功的一项关键因素，但也不应当总是把质量放在第一位考虑。

在质量固定时，有四种基本情况：

① 可能需要额外的资源：这种情况下通常费用会上升。假设可以获得必需的资源，增加的费用控制问题可以看作是在初步项目预算后增加资源的结果。

② 对项目质量要求影响不大的工作可能会被删除：如果质量标准设置的太高，那么项目团队要成功地完成项目是十分困难的。如果较低的质量标准也可以满足发包人（用户）的要求，则可以采取削减项目费用和赶工期的方法。

③ 有效资源会被投入到那些拖期的工作中：为了平衡项目费用或者加快在关键路径上的某些活动，重新更新的计划会把资源从非关键路径上移动到关键路径上。

④ 计划的改变会把某些工作由顺序进行改为并行：这种变更也会导致资源的重新分配。

2）费用保持不变

费用固定时，质量可以作为时间的函数，质量的高低也往往决定是否改变项目的进度计划。

如果费用固定，项目就必须要有一份经过仔细推敲的合同，合同中对于要求达到的项目质量必须有清晰的规定，对于所包含的内容必须陈述清楚。密切注意由于用户需求变化或者额外要求发生的费用，有助于减少费用超出计划的可能性。

如果保持项目费用不变，质量通常是为满足这个约束首先牺牲的。但是，如果放弃那些必要的质量规格，那么这样的平衡方法会造成项目出现潜在的隐患。长期来看，降低质量事实上会增加以后运营的费用。因此，项目经理应该仔细研究项目质量和进度之间的平衡，要对可能引起的费用的增加进行深入地分析和理解。

3）进度保持不变

在进度工期固定的情况下，项目费用会随着质量要求而改变。在计划费用的情况下，为了保证项目按时完成，承包人可能会提出降低项目质量的要求。这样做的潜在影响就是质量的降低将意味着公司信誉的下降，也将对公司以后的投标产生影响。

多数情况下，按进度计划完成项目是很重要的。项目的拖期不但会造成违约的损失，往往会影响到企业的信誉，同样对于企业今后获得项目造成影响。

进度因素的另一方面是如何做好事前安排，即在项目开始之前和项目的进行过程中，对项目的进度进行详细的计划和跟踪，并把进度计划超期的应对措施和结果尽早通知发包人（用户）。特殊的情况下可以加大某项资源的投入，如加班点或投入更多的人力和物资。

4）三要素均有变化的情况

当项目进度、费用和质量都固定时，需要做的工作就是在不同的质量水平上进行费用和进度平衡。可以有不同的费用变更来达到计划的时间和质量要求，但最终费用方案的选择取决于发包人（用户）愿意承受的风险大小。

（3）备选方案

一旦综合平衡后的结果确定以后，接下来的工作就是分析和选择可行的备选方案。分析备选方案应该包括项目费用、进度和质量目标修改的准备工作，同时还要分析所需资源，总的进度计划以及支持每个方案必需的项目计划修改。备选方案的决策工作由公司高层领导负责，选择最佳方案的目标是使公司所受的总影响最小，即不仅要以短期的财务结果来衡量，还应考虑长期的战略和市场状况。主要工作包括以下内容：

① 编制一份正式的项目更新报告，包括要达到的平衡后的工作目标、进度计划和费用计划。

② 构造一个包含费用、工作目标和进度计划的决策树，同时估计每种情况下到达决策点成功的概率。

③ 为内部和外部项目管理提供几个备选方案，同时给出各自的成功概率。

④ 假设项目可以在计划的工期内完成，选择恰当的措施和策略，并实施。

13.1.2 系统工程的基本概念

1. 系统和系统工程的定义

（1）系统的定义和分类

所谓系统，是混乱、无秩序的反义词，通俗地说就是有组织、有秩序地达到某种目的的一个组合体。在自然界和人类社会中普遍存在着各种系统。

自然系统就是由自然物所组成的系统，它的特点是自然形成的。由矿物、植物、动物等自然物组成的系统，如生态系统、气象系统、星空系统等都是自然系统。

人造系统是由人工造出来的系统，是具有特定功能的相互有机联系的许多要素所构成的一个整体。如生产、通讯、运输、管理等系统。主要有三种类型：

① 工程技术系统：由人们从加工自然物中获得的零、部件装配而成的系统。

② 管理系统：由一定的制度、组织、程序、手续等所构成的系统。

③ 科学体系：根据人们对自然现象和社会现象的科学认识所创立的系统。

（2）系统工程的定义

系统工程（Systems Engineering）是在系统科学思想的指导下，综合应用自然科学和社会科学中有关的先进思想、理论、方法和工具，组织管理系统的规划研究、设计制造、使用维护的科学方法，是一种对所有系统都具有普遍意义的科学方法。系统工程研究对象主要是复杂的大系统。

所谓大系统是指众多子系统的集合。归纳起来表现为：系统结构庞大而且复杂；信息复杂；计算复杂；采用分散化控制；多目标；在大系统里人的因素、经济因素越来越多。在设计复杂的大系统时，应有明确的预定功能及目标，并协调各个子系统（元素）之间及子系统和整体之间的有机联系，以使整个系统能从总体上达到最优目标。

2. 系统工程方法

(1) 系统工程方法的概念

系统工程的方法是指运用系统工程研究问题的一套程序化方法，也就是为了达到系统的预期目标，运用系统工程思想及技术，解决问题的工作步骤。系统工程方法论的特点，是从系统思想和观点出发，将系统、工程所要解决的问题放在系统的形式中加以考察，始终围绕着系统的预期目的，从整体与部分、部分与部分和整体与外部环境的相互联系、相互作用、相互矛盾、相互制约的关系中综合地考察对象，以达到最优地处理问题的效果，它是一种立足整体、统筹全局的科学方法体系。

(2) 系统工程方法的原则

① 整体性原则：系统工程方法要求把研究对象（任务、项目）都看成由不同部分构成的有机整体，把全局观点、整体观点贯彻于整个项目（任务）的各个方面、各个部分、各个阶段，从整体上搞好局部的协调。整体性原则要满足下列要求：不能从系统的局部得出有关系统整体的结论；子系统的目标必须服从于系统整体的目标；从优化系统出发开展各子系统之间的活动；从总体协调的需要来确定最佳方案。

② 有序相关原则：系统的有序性是系统有机联系的反映，系统的任何联系都是按一定等级和层次进行的，都是秩序井然、有条不紊的。在系统层次上表现出来的整体特性是由要素或子系统层次上的相互关联、相互制约所形成的。由同类型要素或子系统组成的系统，由于内部组织管理方式的不同，即结构方式、有序程度的不同，系统的整体功能表现出极大的差异性。

③ 目标优化原则：最优化观念贯穿系统工程的始终，它是系统工程的指导思想和追求目标。对于每个具体系统工程项目来讲，它的开发、设计、制作和运用，各个阶段的管理、控制和决策，都有最优化目标和要求，在系统工程中运用最优化原则就能使系统取得满意效果和最佳效果。

④ 动态性原则：系统工程研究项目内部复杂的相互作用和外部的环境多变性，使系统工程本身呈现出动态特性。因此，应把实施对象看作一个动态过程，分析系统内外的各种变化，掌握变化的性质、方向和趋势，采取相应的措施和手段，改进工作方法，调整规划和计划，在动态变化中求得系统整体优化。

⑤ 分解综合原则：分解是将多个有比较密切相关关系的要素进行分组。对系统来说就是归纳出相对独立、层次不同的子系统。分解的方法是多种多样的，一般可按结构要素、功能要求、时间序列、空间状态等方法进行分解。综合则是完成新系统的构建过程，即选择具有性能好、适用的子系统，设计出它们之间的相互关系，形成具有更广泛价值的系统，以达到预定的目的。

⑥ 系统创造思维原则：系统创造思维的基本原则有两条，其一是把陌生的事物看作熟悉的东西，用已有的知识加以识别和解决。从这条原则出发，不只是对新的事物给予旧的解释，还可能给予新的解释，从而创造出新的理论。其二是把熟悉的事物看作陌生的东西，用新的方法、新的原理加以研究，从而创造出新的理论、新的技术。掌握这条原则，不但可以克服思维过程中的障碍，还可通过训练，提高创造能力，提高系统分析人员的素质。

3. 系统工程模型

在项目可行性研究中，会应用到很多系统工程模型，包括线性规划、多目标规划、决策模型、综合评价模型。这里主要介绍在项目选择中经常使用的层次分析法模型。

(1) *层次分析法的特点*

层次分析法（AHP）是一种可用于处理复杂项目决策问题的分析方法，是一种定量与定性相结合，将人的主观判断用数量形式表达的处理方法。层次分析法特别适用于对各个评价指标权重因子的确定。在综合评价中，尤其适用于评价准则较多且分层的情况。

层次分析法的特点是：

① 分析思路清楚，可将系统分析人员的思维过程系统化、数学化和模型化。

② 分析时需要的定量数据不多，但要求对问题所包含的因素及关系有全面而明确的了解。

③ 这种方法适用于多准则、多目标的复杂问题的决策分析。

(2) *层次分析法（AHP）的步骤*

用层次分析法进行决策，基本过程是：分析各因素之间的关系，建立系统的递阶层次结构，对同一层次的各元素关于上一层次中某一准则的重要性进行两两比较，构造两两比较判断矩阵，通过两两比较判断矩阵计算被比较元素对于该准则的相对权重。然后计算各层元素对目标的合成权重，进行排序。

① 明确问题：首先要对问题有明确的认识，弄清问题的范围，了解问题所包含的因素，确定出各因素之间的联系和隶属关系。

② 递阶层次结构的建立：应用层次分析法分析问题时，首先把系统层次化，构造出一个层次分析的结构模型。同一层次的元素作为准则对下一层次的某一元素起支配作用，同时它又受到上一层元素的支配。这种由自上而下的支配关系所形成的层次结构，称为递阶层次结构。

(3) *递阶层次结构模型*

递阶层次结构的层次大体上可分为三类（图 13.1-1）：

① 决策层：这一层次中有一个元素，一般是决策所要达到的目标。

② 准则层：准则和子准则是中间层次，是为了实现目标所涉及的环节。准则层受到目标层的支配，子准则一般有多层，受到上一层准则或子准则的支配。

③ 方案层：方案是递阶层次结构的最低层，由为实现目标可供选择的各个方案、措施组成。

递阶层次结构层次之间具有的支配关系并不一定是完全的，即上一层的元素不一定支配下一层的所有元素，而仅支配其中的一部分。

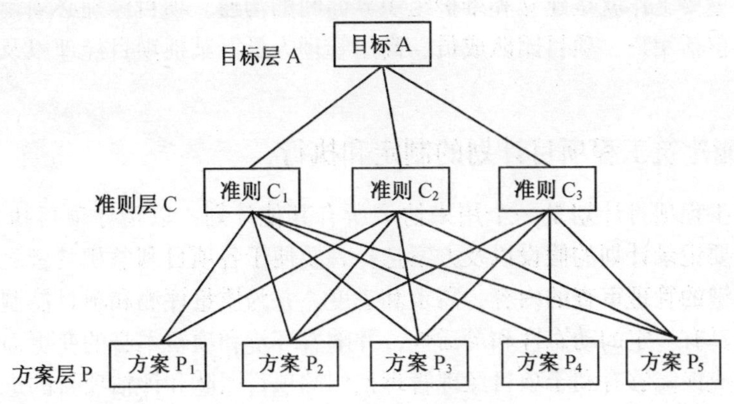

图 13.1-1　递阶层次结构模型

递阶层次结构的层次数一般与问题的复杂程度有关，可以不受限制，但一般情况下所支配的元素不超过 9 个。因为支配的元素过多会给两两比较判断带来困难。

13.2　智能建筑工程项目整体管理的过程和计划

智能建筑工程项目整体管理是实现整体项目成功的关键措施之一。由于项目整体管理把所有知识领域结合在一起，因此项目整体管理必须依靠来自所有其他八个知识领域的活动，涉及项目的需求、质量、进度和费用管理以及人力资源、沟通、风险和采购管理，在项目生命期中，它还需要智能建筑工程建设所有参与单位高级管理层的支持参与。

13.2.1　智能建筑工程项目整体管理的过程

智能建筑工程项目整体管理是指在项目生命期中协调好所有项目管理知识领域所涉及的过程。它确保智能建筑工程项目所有的组成要素能在正确的时间结合在一起，以成功地完成项目。项目整体管理所包括的几个主要过程有：

① 项目计划制定：包括收集其他计划编制过程的结果，并将它们整合为一个协调一致的项目计划文件。

② 项目计划执行：包括通过执行项目计划所包含的有关活动，实施项目计划。

③ 整体变更控制：包括调整整个项目的变更。

智能建筑工程项目整体管理肯定是在整个组织的环境中进行的，除了要协调整合项目内部的各个方面之外，还要整合项目外部的许多方面。要进行跨知识领域与跨组织的综合，项目整体管理工作必须要与执行组织的日常持续运作相结合。项目经理实施项目整体管理时，统领项目全局，带领项目团队齐心协力地努力工作，执行计划，实现项目目标。当各项目目标之间或参与项目的人员之间出现冲突时，要进行协调以及最后的拍板定夺。与此同时，项目经理还要负责向高级管理层汇报重要的项目信息。

智能建筑工程项目整体管理包括界面管理，界面管理是指识别和管理项目不同要素间的相互作用点。随着参与项目人数的增加，这种界面的数量会呈指数增加。因此，项目经理的另外一个重要工作就是建立和维护组织界面间的沟通。项目经理必须耐心与所有项目利益相关者，包括用户、项目团队成员、高层管理人员、其他项目经理以及项目的反对者进行有效沟通。

13.2.2 智能建筑工程项目计划的制定和执行

智能建筑工程项目计划是一个用来协调所有其他计划，以指导项目执行和控制的文件。项目计划要记录计划的假设以及方案选择，要便于各项目利益相关者之间的沟通，同时还要确定关键的管理审查的内容、需求和进度，并为质量评测和项目控制提供一个基准线。计划应该具有一定的动态性和灵活性，并随着环境和项目本身的变更而能够进行适当的调整。计划应该能够有利于项目经理管理他们的项目团队和评估项目的进展状况。

1. 项目计划的主要内容

(1) 项目概况

① 项目名称。

② 项目的目标和组织项目的原因。

③ 发起人的名称。

④ 项目经理与团队主要成员的姓名。

⑤ 项目可交付成果。

⑥ 重要资料清单。

⑦ 列举有关定义和缩写词的说明。

(2) 项目组织结构

① 组织结构图。

② 项目的主要职能和任务。

③ 其他与组织或过程相关的信息。

(3) 项目管理目标和方法

① 管理目标：包括上级的想法，需要优先考虑的因素、假设和限制条件。

② 项目控制：主要描述如何对项目运行进行监控，并处理变更。

③ 风险管理：风险的识别、管理和控制。

④ 项目人员。

⑤ 技术过程：采用的一些具体方法以及信息的归档方法。

(4) 项目任务

① 主要工作包：通过运用 WBS 将项目工作分解成一些工作包。

② 主要可交付成果：把项目产出的主要子系统列举出来。

③ 与工作有关的其他信息：重点突出项目要做工作的一些重要信息。

(5) 项目进度信息

① 进度概要：只列出一些关键的可交付成果和计划完成日期。

② 进度细则：这一部分用来详细描述项目进度计划。

③ 与进度有关的其他信息。

(6) 项目预算

① 预算概要：对整个项目有一个整体的估算。

② 预算细则：总结成本管理计划的有关内容，给出较为详细的预算资料。

③ 与项目预算有关的其他信息。

2. 项目计划的执行

智能建筑工程项目计划的执行是指管理和运行项目计划中所规定的工作。工程项目的竣工验收主要都是在项目执行期实施生产出来的，所以工程项目的大部分时间和预算通常都花在项目执行阶段。

智能建筑工程项目整体管理将项目计划和项目执行视为互相渗透、不可分割的活动，制定项目计划的主要目的就是要用来指导项目实施工作。好的项目计划执行需要多种能力，项目经理必须亲自做出表率，制定一个好的项目计划并在执行阶段很好地遵循计划。在软件开发项目里，通常程序员首先写出详细的程序说明，然后按照他自己写的说明进行编码。

项目经理能否成功地领导项目顺利实施的一个非常重要的因素，就是他们从高级管理层那里获得的支持程度。由于智能建筑工程项目只是更大范围的组织环境中的一部分，许多影响因素是不为项目经理所控制的，所以没有高级管理层的参与支持，工程项目都难以成功。

为什么高级管理层的参与支持对项目经理这么重要？主要有以下几个原因：

① 项目经理需要获取足够的资源，如果项目经理得到了高级管理层的支持，他们也就能够得到足够的资源，不会为项目以外的其他琐事分心了。

② 项目经理经常需要及时获取对项目特殊要求的审批。

③ 项目经理必须与来自组织其他部门人员进行合作，高级管理层必须帮助项目经理处理那些由此而出现的责、权、利问题。

④ 项目经理经常需要在领导事务上得到适当的指导和帮助。

13.2.3　智能建筑工程项目整体变更控制

智能建筑工程项目变更的整体控制是指在项目生命期的整体过程中对变更的识别、评价和管理等工作。整体变更控制的三个主要目标是：

① 项目管理综合平衡：影响促使变更形成的因素以确保变更对项目来说是有利的。要确保变更是有利于项目的成功，项目经理必须在用户需求、进度、费用和质量等关键的几个项目尺度之间进行综合权衡。

② 确定变更的发生：要确定变更的发生，项目经理必须知道项目几个关键方面在各个阶段的状态。另外，项目经理还必须及时将一些重大的变更与高级管理层和主要项目利益相关者沟通。高级管理层与其他主要项目利益相关者都不喜欢有什么突然变化发生。

③ 变更控制：在实际的变更发生或正在发生的时候对变更加以控制和管理。变更控制是项目经理和项目人员的一个重要工作。项目经理采取一定的规章制度来管理项目使可能发生变故的次数减到最小，这一点是非常重要的。图 13.2-1 给出了一个整体变更控制过程的简要示意图。

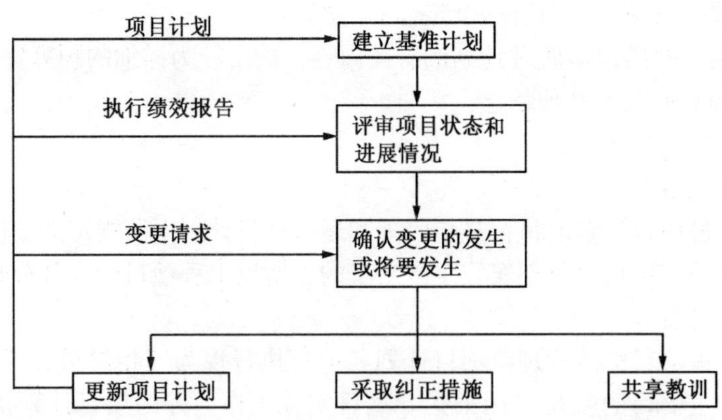

图 13.2-1　整体变更控制过程

项目计划为项目变更的识别和控制提供了基准，整体变更控制主要依据包括项目计划、计划执行报告和变更申请，形成更新的项目计划、纠正行动和教训记录文档。例如，项目计划包括一部分用来描述项目任务的内容，给出了项目主要的可交付成果、项目产品以及质量要求。项目计划的进度安排部分列出了主要成果完成的期限要求，而项目计划的预算部分则为提供这些成果制定了费用计划。项目经理必须按照计划要求来完成这些工作。如果在项目执行期间发生了某些变更，项目计划就必须加以修订。

13.3　智能建筑工程全目标整合管理

智能建筑工程项目整体管理要遵循管理学的基本原则。尽管管理学也有多种学派，但仍存在一些普遍适用的原则。例如：

- 需求引导、面向用户。
- 效益性原则。
- 整体优化原则。
- 适应变化，推行柔性管理。
- 在管理中重视人的因素等。
- 创新与继承性原则。

根据智能建筑工程项目整体管理要遵循的基本原则，在项目整体管理中采取的主要措施还包括工程项目全目标管理和过程管理。

13.3.1　智能建筑工程项目全目标管理

根据用户需求制订智能建筑工程项目要求达到的目标时，要考虑工程项目竣工验收以后，项目的成果能长期发挥效益，具有可持续的能力。为此，项目目标应当是全方位的。

① 项目可交付系统。

② 运行和经营该系统的组织。

③ 组成该组织的人员。

系统—组织—人员，可称为目标大三角，为实现其中的每一个目标，又都必须满足质量—进度—费用的要求，可称为目标小三角。全目标管理就是要面向系统、组织、人员三大目标，全面满足项目质量、进度和费用的要求（图 13.3-1）。运行和经营该系统的组织目标和组成该组织的人员目标必须与该系统本身的目标相适应。

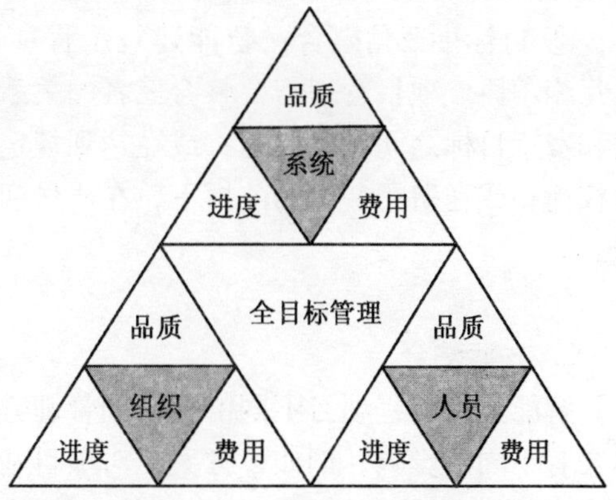

图 13.3-1　全目标管理的目标三角形

1. 组织目标

组织目标宜考虑以下内容：

① 组织形式：是独立法人还是组织中的一个部门或下属机构，是政府机关、团体、事业单位还是企业，是股份制企业还是非股份制企业。

② 产权形式：是国有、私有、集体所有或产权多元化形式。

③ 组织结构：包括规模、类型、机构与岗位设置，组织与领导关系，职能分工等。

④ 财务体制和财务系统。

⑤ 人力资源管理的制度和办法等。

2. 人员目标

人员目标宜考虑以下内容：

① 决策层、管理层、作业层人员的规模和比例。

② 适应该系统运行和经营需要的各类专业人员的人数和比例。

③ 在编人员和临时人员的人数和比例，全时人员和非全时人员的人数和比例。

④ 对各类人员要求的受教育程度、专业背景、能力、素质、年龄、性别、职责等。

智能建筑工程项目成果以组织机构的设置或改革为主，在全目标管理中要考虑人员配备和设备配置的要求，同时还要考虑培训的组织和相应的硬件设备的配置要求

13.3.2　智能建筑工程项目整合管理

智能建筑工程项目和项目管理具有显著的整体特征，其项目整合管理要有全局的整合观念。这里仅就三个互相密切关联的方面说明如下：

1. 目标整合

① 项目利益相关者需求整合：智能建筑工程项目的各方项目利益相关者通常有不同的，甚至互相冲突的需求，项目整体管理要做出权衡，整合他们的需求，使项目目标被所有的项目利益相关者赞同或接受，至少缓解他们的强烈反对。这可称为项目利益相关者需求整合。

② 目标大三角整合：多数智能建筑工程项目发包人对项目目标不一定有整体化的理解。他们往往注重有形的成果，而忽视无形的起保障作用的成果。因此，项目管理要为发

包人进行包括系统—组织—人员在内的全目标整合，以实现发包人（用户）的需求，这称目标大三角整合。

③ 目标小三角整合：智能建筑工程项目的质量、进度和费用三个目标既互相关联，又互相矛盾。项目管理需要整合三者的关系。例如，在达到规定质量标准的前提下，在进度和费用目标之间做出权衡；或在达到规定进度要求的前提下，在质量和费用目标之间做出权衡；或在费用一定的前提下，在质量和进度目标之间做出权衡，这可称目标小三角整合。

2. 方案整合

智能建筑工程项目不同的技术和管理方案，对不同的项目利益相关者和不同的项目目标会有不同的影响，例如，方案甲对项目利益相关者 A 更为有利，而对项目利益相关者 B 却略有不利，对质量目标更为有利，而对实现进度要求略显不利；而方案乙则反之。这种情况下，项目整体管理就要对各种方案加以整合，权衡各方面的利弊找出可接受的方案，或取长补短找出折中方案，尽可能地满足各方项目利益相关者的需求。

3. 过程整合

智能建筑工程项目管理是一个整体化过程。各组管理过程与项目生命期的各个阶段有紧密的联系，每组管理过程在每个阶段中至少发生一次，必要时会循环多次。项目阶段的整合需要通过可交付成果的交接来实现。

项目计划过程要求把各个知识领域计划过程的成果整合起来，包括用户需求调研、质量规划、组织计划、人力资源计划、采购计划等，形成首尾连贯、协调一致、条理清晰的文件。

项目执行过程要求对项目中各个分项、各种技术和各个部门之间的界面进行管理。这些界面往往存在较多的矛盾和冲突需要协调和整合，使计划得以较顺利地实施。

整体变更控制过程是处理项目计划执行中产生的或多或少的偏离。为了控制和纠正这些偏离，需要采取变更措施。评价变更是否必要和合理，预测变更带来的影响和后果，都具有很强的综合性和整体性。例如，项目用户需求的任何变更都会引起成果的技术要求变更，同时会影响费用、进度以及风险程度等的变化，需要在这些方面做出相应的变更。换言之，任何变更都要求多方面的整合。

第14章　智能建筑工程项目合同管理

智能建筑工程项目的建设过程实际上就是合同的执行过程，合同是工程项目建设的基本依据。智能建筑工程项目从招标、投标、设计、施工、试运行到投入使用，涉及项目发包人、设计单位、承包人、监理单位、设备供应商、材料生产厂家等多家主体单位，怎样使智能建筑工程项目各主体单位之间建立有机的联系，相互协调，默契配合，共同实现进度、质量、费用三大目标，一个重要的措施就是利用合同手段。通过经济与法律相结合的方法，将智能建筑工程项目所涉及的各主体单位在平等互利的原则上依法建立起多方的权利义务关系，以保证智能建筑工程项目目标的顺利实现。

14.1　智能建筑工程合同管理的概念

14.1.1　智能建筑工程合同的内容和特点

1. 合同的定义

合同又称契约，其概念有广义和狭义之分。广义的合同定义：泛指一切确立权利义务关系的协议，既包括民法中的合同，也包括行政法上的行政合同、劳动法中的劳动合同、国际法上的国家合同等。狭义的合同定义：仅指民法上的合同，即合同是指当事人双方或数方设立、变更或终止相互民事权利和义务关系的协议。

我国合同法基本上采纳了狭义说。根据合同法的规定：合同是平等主体的自然人、法人、其他组织之间设立、变更、终止民事权利义务关系的协议。随着我国市场经济体制的逐步完善，合同制度已成为我国经济生活中的重要法律制度。

合同具有以下主要法律特征：

① 自愿原则：合同是当事人之间在自愿基础上达成的协议，是双方或多方的民事法律行为。当事人不能同自己签订合同，必须有两个或者两个以上的主体参加。

② 平等协商：当事人法律地位平等是合同的一个基本特征。当事人之间必须在平等自愿的基础上，通过协商达成一致的协议，作出意思完全一致的表示。

③ 合法性：当事人所作出的意思表示必须符合国家法律要求，合同才具有法律约束力，并受到国家法律的保护。相反，如果当事人作出了违法的意思表示，即便达成了协议，也不能产生合同的效力。

2. 相关的一些基本概念

① 合同主体：签订合同的当事人。公民、法人、其他组织均可成为合同的主体。

② 合同客体：合同客体又称合同标的，是指法律关系主体的权利和所指向义务的

对象。

③ 公民和自然人：具有中华人民共和国国籍、依照宪法和法律享有权利和承担义务的自然人。自然人是指基于出生而成为民事法律关系主体的有生命的人。自然人的权利和义务始于出生，终于死亡，是国家法律直接赋予的。

④ 法人：具有民事权利能力和民事行为能力的社会组织。

⑤ 其他组织：指依法成立，但不具备法人资格，而能以自己的名义参与民事活动的经营实体或者法人的分支机构等社会组织，如分公司、社会团体等。

⑥ 代理：代理是指代理人以被代理人的名义在代理权限内，向第三人作出意思表示，所产生的权利和义务直接由被代理人享有和承担的法律行为。代理人的任务是要反映被代理人的意志，替被代理人进行民事法律行为，与此同时，被代理人对代理人的行为承担民事责任。

⑦ 权利：指权利主体依据法律规定和约定，有权按照自己的意志为或不为一定行为；要求义务主体作出某种行为或者不得作出某种行为，以实现其合法权益；当权利受到侵犯时，有权获得法律保护。

⑧ 义务：指义务主体依据法律规定和权利主体的合法要求，必须作出某种行为或不得作出某种行为，以保障权利主体实现其权益，否则要承担法律责任。

⑨ 法定义务：法定义务对义务人而言是必须履行的，如果不履行法定义务时，国家权力机关就有权依法强制其履行义务，因不履行法定义务造成的后果，还要追究其法律责任。

⑩ 合同变更：指合同依法成立后，在尚未履行或尚未完全履行时，当事人依法经过协商，对合同的内容进行修订和调整所达到的协议。

3. 智能建筑工程合同的定义

智能建筑工程建设市场是我国社会主义市场经济体系的组成部分之一。为了保证智能建筑工程市场模式的正常运作，必须培育合格的市场主体，建立市场价格机制，强化市场竞争意识，推行智能建筑工程项目招标投标制度，严格履行合同。

经济合同是法人与法人之间为实现一定的经济目的，明确相互权利义务关系的协议。这种协议以法律的形式确认和调整合同当事人之间的权利和义务。

智能建筑工程合同属于经济合同的范畴，它是指发包人就智能建筑工程项目的设计、开发、实施、监理和维护等环节，与相关单位为实现工程目标而以书面协议形式缔结的具有法律效力的契约，它是智能建筑工程建设市场主体依据其参与工程建设经济活动而形成各种法律关系。由于智能建筑工程建设活动涉及广泛的人、机、料、法、环等五个方面的内容，因而需要针对不同方面和不同阶段的工作内容，签订各种不同类型的合同加以确认和调整当事人之间的权利和义务，如项目设计合同、系统集成合同、应用软件开发合同、项目采购合同、项目施工合同、监理服务合同，以及系统维护合同等。

4. 智能建筑工程合同的主要内容

智能建筑工程合同的主要内容一般由合同当事人约定，主要包括以下条款：

（1）当事人的名称或者姓名和住所：合同法规定合同的主要条款必须包括当事人的

名称或者姓名和住所，这有助于督促当事人认真履行合同，也便于追究违约方的责任。

（2）标的：合同双方当事人的权利义务指向的对象，是合同成立的基本条件。主要包括：

① 财产：包括有形财产和无形财产。

② 劳务：不以有形财产表现其成果的劳动和服务。

③ 工作成果：指合同履行过程中产生的、体现义务方履约行为的有形财物。

（3）数量：数量是标的具体化，直接决定着当事人双方权利和义务的程度，因此在制定数量条款时，应当写明计量单位和计量方法。

（4）质量：质量是标的的质的规定性，它也是标的的具体化。

（5）价款：指一方当事人向对方当事人所付代价的货币支付。在签订合同时应当明确规定价格条件、支付金额、支付方式和各种附带费用的条款、计价单位和保值条款等。

（6）履行期限、地点和方式：在订立合同时，履行期限、地点和方式一定要明确、具体。

（7）违约责任：指当事人一方或者双方由于自己的过错，造成合同不能履行或者不能完全履行时，按照法律的规定或合同的约定所承担的民事责任。

（8）解决争议的方法：指发生合同纠纷后通过何种途径来解决。主要有四种：

① 当事人自行协商解决。

② 合同争议双方请求其他上级主管部门主持调解。

③ 当事人向仲裁机关提出仲裁申请，请求仲裁解决。

④ 合同双方当事人的任何一方都可以直接向人民法院提起诉讼。

5. 智能建筑工程合同的特点

由于智能建筑工程项目的核心技术是信息技术，有着不同于其他工程建设的诸多特点，例如工程投资大、不可预见成分高、风险大、技术含量高、专业性强、涉及面广、产品更新换代快，以及设计与实施难以分离、设计优化的活动贯穿于工程生命期的全过程等，致使智能建筑工程合同具有以下特点：

（1）合同条款的复杂性

由于经济法律关系的多元性，以及工程项目的一次性特点所决定的每一个工程项目的特殊性，智能建筑工程项目在实施过程中受到诸多条件的制约和影响，而这些制约和影响均应以合同条款的形式反映到合同文件中去。

（2）合同具有法律效力

合同具有法律手段的特殊地位和作用，订立合同是一种法律行为。但合同并不等于法律，合同只有在依法成立时，才具有法律约束力，所以合同的订立必须以法律为前提，合同必须服从法律，违反法律的合同是无效合同。另一方面，当合同依法成立后，即具有法律约束力受国家强制力的保障，此时违反合同，人民法院可以依守约方的请求强制违约方实际履行或承担其他违约责任。这就是合同与法律的关系，法律代表了行为规则的普遍性，而合同则是法律在某一具体问题中的应用，它代表了行为规则的特殊性，普遍性寓于特殊性之中。因此，当事人双方的合同关系，实际上是一种法律关系。

(3) 合同双方的平等性

智能建筑工程合同双方当事人在合同范围内处于平等地位，任何一方均不得超越合同规定，强迫他人意志。即使有行政隶属关系的上级和下级，在合同关系上也应是完全平等的，一切工程问题只能在合同的范围内解决。

(4) 工程合同的风险性

由于智能建筑工程合同的经济法律多元性、复杂性，加之投资大，竞争激烈及人们预测能力的局限性等因素影响，使智能建筑工程合同必然具有一定的风险性。因此，签订合同的双方均需慎重分析风险可能产生的各种因素，制定平等严格的风险条款，以避免各种风险因素对智能建筑工程项目建设造成不利影响。

14.1.2 智能建筑工程合同的分类

智能建筑工程合同可以从不同的角度进行分类。

1. 按照工程建设阶段分类

(1) 勘察合同

勘察合同是发包人与承包人（承包人）或勘察人就完成智能建筑建设工程地理、地质状况的调查研究工作而达成的协议。

(2) 设计合同

设计合同是发包人与承包人（承包人）或设计人就智能建筑工程初步设计和施工设计订立的合同。

(3) 施工合同

施工合同是发包人与承包人（承包人）或施工人为智能建筑工程施工达成的协议。施工人或承包人完成工程项目的建造，发包人接受工程项目并支付报酬。

(4) 监理合同

监理合同是发包人与监理人采用书面形式签订的委托监理服务合同。

(5) 采购合同

采购合同是采购人与供应商之间签订的设备材料买卖合同。

2. 按承揽方式分类

(1) 工程总承包合同

工程总承包合同是指发包人与承包人（承包人）之间签订的包括智能建筑工程建设全过程的合同。由承包人负责工程项目的全部实施工作，直至项目竣工，向发包人交付验收合格的全面竣工工程。

(2) 单项承包合同

发包人将智能建筑工程中不同子系统（单个项目）的工作任务，分别发包给不同的承包人，并与其签订相应的单项项目合同。单个项目承包方式有利于吸引较多的承包人参与投标竞争，使发包人有更大的选择余地。

(3) 工程分包合同

工程分包合同是指由总承包人（承包人）将所承包智能建筑工程项目的某部分工程

或某单项工程分包给另一分包人完成所签订的合同，总承包人对外分包的工程项目必须经发包人许可。总承包人和分包人对分包合同的履行向发包人承担连带责任。

分包合同管理有相应的禁止性规定，包括：

① 禁止转包：所谓转包是指承包权的转让，即中标单位将与发包人签订的合同所规定的权利、义务和风险转由其他承包人来承担。根据我国法律规定，禁止承包人转包工程。

② 禁止分包给不合格单位：即禁止将项目分包给不具备相应资质条件的单位。

③ 禁止再分包：工程项目的的分包只能有一次，分包人不得再次向他人分包。

④ 禁止分包主体工程：项目主体工程的实施必须由承包人自行完成，不得向他人分包。

（4）转包合同

转包合同是指承包人之间签订的合同，实际上是承包人将其已经筹建工程的一部分转包给第三者完成。转包的法律后果是承包人成为新的发包人，而第三人成为承包人。

（5）劳务分包合同

劳务分包合同通常称为包施工合同，即在智能建筑工程施工过程中，劳务提供方保证提供完成工程项目所需的全部施工人员和管理人员，不承担劳务项目以外的其他任何风险。

（6）联合承包合同

联合承包合同即由两个或两个以上合作单位，以一个承包人的名义，为共同承包某一工程项目的全部工作明确相互权利、义务和责任的合同。

3. 按计价方式分类

（1）总价合同

总价合同又称约定总价合同，一般是投标人按招标文件要求，与招标人达成一个总价，在总价格下完成合同规定内容。总价合同分以下几种：

① 总价固定合同：以固定不变的合同总价承包智能建筑工程的方式。适于工期不长、施工内容明确的项目。承包人（承包人）将承担较大的风险，要为许多不可预见的因素付出代价。

② 可调价合同：双方约定在智能建筑工程项目建设过程中，允许因发包人变更、通货膨胀、材料价格变动、汇率变化等因素，对合同价格进行调整的合同方式。

（2）单价合同

通常是由发包人在招标文件中提供出较为详细的工程清单，由承包人（承包人）填报单价，再以工程量清单和单价表为依据计算出总造价。单价合同分为以下几种：

① 估计工程量单价合同：以估计的工程量为依据，投标者只填报单价，而计算出合同价格的发包方式。项目完成后，按实际工程量结算，或在月工程款支付中，按实际工程量支付。也有规定只有相差超过一定数量时，方才按实支付的。

② 纯单价合同：工程量未知，仅以单价签订合同，按实际工程量支付。

③ 单价合同与总价合同结合：对能够明确计算出工程量的部分，使用单价报价；对变化较大，不能确定工程量的分项工程采用包干方式。

(3) 成本补偿合同

成本补偿合同也叫成本加酬金合同，指发包人在支付工程实际成本后，再按事先约定的方式支付给承包人（承包人）管理费用及利润（酬金）。这种合同方式灵活机动，应用巧妙的话，可起到非常好的激励作用。常用的成本补偿合同有以下几种：

① 成本加固定酬金合同：这是根据双方协议，工程无论成本多少，承包人（承包人）的人工、材料、机械等直接费全部按实报销，然后再给承包人（承包人）一笔固定的酬金。

② 成本加定比费用合同：承包人（承包人）的酬金以完成的工作量为计算基数，按协议比例提取酬金的合同。

③ 成本加目标奖金合同：在成本费用之外，发包人制定若干目标（如成本、质量、工期目标），若承包人（承包人）实现目标，则按规定支付奖金报酬的合同。

④ 最大成本加费用合同：即双方协议一个最大的成本加固定酬金金额合同，并规定，当实际费用超过合同规定后，多余部分由承包人（承包人）自理；当实际成本低于合同费用时，除付给承包人（承包人）报酬外，多余部分由发包人与承包人（承包人）分享。

⑤ 成本加提成合同：即发包人支付给承包人（承包人）实际成本后，发包人将项目产生的利润进行提成，作为付给承包人（承包人）的酬金。这种合同方式可以作为一种项目入股或融资的方式。

14.1.3 智能建筑工程合同的作用

智能建筑工程合同的订立，确立了当事人双方经济法律关系，也是双方实施智能建筑工程管理，享有权利和承担义务的法律保障。工程项目发包人、承包人和监理单位作为智能建筑工程合同管理者必须牢固地树立合同法律意识，自合同订立之日起，在合同履行、合同变更和转让以及合同终止的全过程中，紧紧抓住合同主体之间的权利和义务这一关键要素，充分发挥其纽带作用，以保证智能建筑工程建设项目全过程的合同管理任务的实现。

合同确定了智能建筑工程项目实施和管理的主要目标，是合同双方在工程中各种经济活动的依据。合同的公平性和法律效力使签订合同的各方自觉遵守，有章可循，其作用是：

(1) 工程合同可以有效管理工程进度

为了保障智能建筑工程项目建设顺利进行，在工程合同中对各种可能影响工程进度的情况均要作相应明确的规定。在工程项目实施过程中，承包人要按合同规定的分项工程和整个工程的工期要求，合理地组织施工安排。如果发现工程进度计划受到影响，项目经理要按合同规定，及时修改项目进度计划，并采取各种补救措施，确保在合同规定的工期内完成智能建筑工程项目的实施任务。

(2) 工程合同可以保证工程质量

根据合同规定，承包人必须严格按照技术规范进行项目的实施建设。技术规范详细地规定了分项工程（子系统）和各种设备材料的质量标准，受发包人委托，监理工程师要按合同要求对承包人的实施方案、技术手段、材料、设备、测试，以及施工质量等进行全面控制管理。质量不符合要求，监理工程师不予确认和计量，承包人则得不到相应的工程款项。因此，工程合同是保证工程项目质量的有力措施之一。

(3) 工程合同可以公正地维护合同双方利益

智能建筑工程合同详细规定了合同双方的职责、权力和义务，既保证了发包人的投资利益，同时也保护了承包人的合法权益。如：合同中有关违约管理的条款、索赔条款等，使合同双方的矛盾可以在比较合理的基础上得到解决。

(4) 工程合同有利于工程建设的科学管理

智能建筑工程建设活动投资大，涉及面广，要求要有一种科学的管理体系，工程合同充分地反映了这种管理的科学性。工程合同规定：工程建设实施过程中合同各方办事要有根据，施工要有设计、验收要有数据、变更要有指令、支付要有凭证，即发包人、承包人和监理单位三方都必须扎扎实实地工作，以科学的态度，按客观规律办事，搞好智能建筑工程项目的开发建设。

14.1.4　智能建筑工程合同管理的程序

合同管理是指依据合同规定对当事人的权利和义务进行监督管理的过程。合同管理可分为宏观的合同管理和微观的合同管理。宏观合同管理是指国家和政府机关为建立和健全合同制度所开展的管理工作，包括立法工作、行政执法工作、行政监督工作等；微观的合同管理是指企业对合同的管理工作，即从合同条件的拟定、协商、签署、执行情况的检查、分析，以及调整变更等环节进行组织管理工作。在这里本书只讨论微观的合同管理。

智能建筑工程项目合同管理，是指为了智能建筑工程项目建设的顺利实施，严格按照合同有关规定，保证工程项目的质量、进度和费用控制在合理的范围内并使其圆满完成的活动。实践证明，合同管理是建立和维护市场经济秩序的重要手段。

根据《建设工程项目管理规范》的规定：企业应建立合同管理制度，设立专门机构或人员负责合同管理工作。合同管理应包括合同的订立、实施、控制和后评价等工作。

承包人的合同管理应遵循下列程序：

① 合同评审。

② 合同订立。

③ 合同实施计划编制。

④ 合同实施控制。

⑤ 合同后评价。

14.2　智能建筑工程合同管理的主要任务

14.2.1　智能建筑工程合同的评审和订立管理

合同的订立管理是指智能建筑工程的发包人与承包人、设备材料供应单位等各方间的各种合同进行分析、谈判、协商、拟定、签署等工作。

1. 项目合同评审

合同评审应在合同签订之前进行，主要是对招投标文件和合同条件进行全面和深刻的理解评定。智能建筑工程合同订立前的项目评估工作包括前期阶段的准备工作和总体策划。

发包人在项目前期阶段的工作内容主要有项目发展规划、可行性研究等。通过项目评估来确定工程项目，包括对项目进行科学、实事求是的分析、论证和评估，从而正确地立项，以及在智能建筑工程立项以后，如何将一项大的系统工程进行分包，并通过招投标程序和项目合同评审来选择合适的工程项目承包人。

项目承包人应研究合同文件和发包人所提供的信息，确保合同要求得以实现；发现问题应与发包人及时澄清，并以书面方式确定；承包人应有能力完成合同要求。其任务主要是对该智能建筑工程项目实施的可行性要进行详细分析，包括经济效益、社会效益和环境保护的论证和评估，其中特别要注意根据自身的实力，如技术力量、施工设备、人力资源和资金周转等确定参与投标的工程项目的规模，避免投标竞争超出自身能力范围的工程项目。

合同评审应包括下列内容：

① 招标工程和合同的合法性审查。

② 招标文件和合同条款的完备性审查。

③ 合同双方责任、权益和项目范围认定。

④ 与产品有关要求的评审。

⑤ 投标风险和合同风险评价。

2. 合同谈判

工程合同的签约过程包括签约前的合同谈判和最终合同的签订，其中合同谈判是项目执行成败的关键之一。成功的合同谈判，可以为项目的实施创造有利的条件，反之，谈判失误会给项目的实施带来无穷的隐患，甚至灾难，导致项目的严重亏损或失败。

智能建筑工程项目经过招投标程序选定中标单位以后，发包人和中标的承包人双方需要进行签约前的合同谈判。以便对招标文件中没有提到但将来工程实施中可能会遇到的问题，以及招标文件中不明确或有错误的条款提出修正或补充增加的要求，力争将这些补充条款或修正条款明确地写入合同（或补充协议）中，以避免或减少今后合同实施中出现的风险。由于一旦订立了合同对双方都会构成事实上的法律约束，因此双方在合同谈判中对涉及技术和商务的一些原则问题都应当极为慎重。

项目招标文件中的所有商务和技术条款是双方合同谈判的基础，任何一方均可以拒绝另一方提出的超出原招标条件的要求，因为投标前都应对投标文件中的合同条款进行过认真的研究，并在投标书已予以确认。中标者（承包人）在合同谈判时主要目的应是在一定条件下尽可能改善合同条件，防止产生意外的损失，而不能寄希望于通过合同谈判解决所有的问题。

(1) 合同谈判的步骤

① 组建谈判小组：人数一般是 3 ~ 5 人。由熟悉工程承包合同条款、并参加了该项目招标文件编制的技术人员和管理人员组成，小组负责人应具有合同谈判经验、良好的协调能力和社交经验，思路敏捷、体力充沛，了解业务、熟悉承包惯例和合同文本，具有一定的口才以及良好的心理素质和执著的性格。

② 事先了解谈判对手：事先了解和熟悉对方的基本情况，包括人员结构、技术能力、仪器设备、工程案例和业绩，以及通常谈判的习惯做法等，对取得较好的谈判结果是有益的。

③ 确定基本谈判方针：谈判小组应收集信息，了解对方可能提出的问题，并对其认真进行研究和分析。分析己方和对方的有利、不利条件，制定谈判策略，写出谈判大纲，并得到公司的批准。对关键问题制定出希望达到的上、中、下目标，要有据理力争的信心，以及妥协"退而求其次"的思想准备和"最后防线"的目标。

④ 谈判的议程安排：谈判的议程安排一般是由发包人一方提出，征求承包人的意见后确定的。根据拟讨论的问题来安排议程可以避免遗漏要谈判的主要问题。谈判议程要松紧适宜，既不能拖得太长，也不能过于紧张。一般在谈判中后期安排一定的调节性活动，以便缓和气氛，进行必要的请示以及修改合同文稿等。

（2）合同谈判的注意事项

合同谈判和其他类型的谈判一样，都是一个双方为了各自利益说服对方的过程，而实质上又是一个双方相互让步，最后达成协议的过程。合同谈判是一门综合的艺术，需要经验和讲求技巧。为使合同谈判成功和达到预期目的，除做好充分准备、制定好谈判策略、掌握好谈判时机和技巧外，还应注意以下事项：

① 要善于抓住谈判的实质性问题。任何一项谈判都有其主要目标和主要内容，在整个谈判过程中，要始终注意抓住主要的实质问题来谈，不要为一些小事争论不休，而把重要的问题忘掉。要防止对方转移目标、回避主要问题，或故意在无关紧要的问题上转圈子，等到谈判结束时再把主要问题提出来，形成对自己不利的结局，草草收场，使谈判达不到预期的效果。

② 谈判中要注意礼仪、讲礼貌、不卑不亢、以理服人、平等待人、谈吐得体、发言清楚、用词准确。

③ 要坚持原则，维护己方利益，但不能使用侮辱性语言和有侮辱性的举措。当对方有过激语言或出言不逊时，既要克制又要敢于严正表态，维护尊严。

④ 谈判时一般不做录音，录音容易使气氛紧张，录音资料也并不能作为正式合同的依据。因此，谈判时一定坚持双方均做记录，一般在每次谈判结束前双方对达成一致意见的条款或结论进行重复确认。谈判结束后，双方确认的所有内容均应以文字方式，一般是以"会议纪要"、"合同补遗"等形式作为合同附件写进合同，并以文字说明该"会议纪要"或"合同补遗"是构成合同的一部分。

⑤ 坚持"统一表态"和"内外有别"原则，任何时候都不应把内部意见分歧在谈判会上暴露出来，可以建议休会，回去争论。

3. 合同订立的基本原则

订立智能建筑工程合同的过程是合同当事人就经济合同的权利、义务及合同的主要条款达成一致的过程。在合同的订立过程中应遵守以下基本原则。

（1）合法原则

订立智能建筑工程合同时，必须遵守法律和行政法规，服从法律、法规的规定和要求。

① 主体资格合法：订立合同的当事人应该是法人或其他经济组织，且应满足合同条例和行政法规的规定。

② 合同内容合法、真实：合同的标的必须是法律允许交易的标的，合同的条款应服从法律、法规的规定，合同的主要条款应完备，内容表述应真实。

③ 代理合法：合同的代理应符合我国的合同代理制度，代订合同前，应取得委托人的委托证明，并根据授权范围以委托人的名义签订。

④ 程序和形式合法：合同的订立程序和订立形式应符合法律、法规的具体规定。

(2) 平等、自愿、公平原则

在订立智能建筑工程合同过程中，应遵循平等互利、协商一致的原则。任何一方不得把自己的意志强加给对方，更不得胁迫对方签订合同，任何单位和个人不得非法干预合同的订立。

4. 合同的订立程序

智能建筑工程合同的订立程序主要包括要约和承诺两个阶段。

(1) 要约

要约是希望和他人订立合同的意思表示。《合同法》要求要约应符合以下规定：

① 内容具体确定：内容具体确定是指要约的内容明确、全面，受要约人通过要约不但能明白地了解要约人的真实意愿，而且还能知道未来合同的一些主要条款。

② 要约生效时间：要约一旦到达受要约人手中，在法律或者约定的期限内，要约人不得擅自撤回或变更其要约，一旦受要约人对要约予以承诺，要约人与受要约人之间的合同订立过程即告结束，合同也就成立了。

(2) 承诺

承诺又称接受提议，是受要约人同意要约的意思表示。承诺有效成立，必须具备以下条件：

① 承诺的内容：承诺的内容应当与要约的内容一致。受要约人对要约的内容提出或附带实质性的变更条件，则这种意思表示不是承诺而是新要约。所谓实质性变更是指有关合同标的、数量、质量、价款或者报酬、履约时间、地点和方式、违约责任和解决争议方法等的变更。

② 承诺人资格：承诺须由受要约人或其合法的代理人表示。

③ 作出承诺的时间要求：承诺应当在要约确定的期限内到达要约人。要约没有确定承诺期限的，承诺应当在合理期限内到达。

(3) 要约和承诺的表现形式

以竞争形式订立合同时，要约和承诺最典型的表现形式是招标和拍卖。

① 招标：投标是一种要约，对投标人有约束力。投标人在投标有效期内不得变更或撤销标书，并负有按标书内容与招标人订立合同的义务。为约束投标人履行这一义务，通常要求投标人在投标时提交投标担保。投标与定标的过程实际上是要约与承诺的过程，定标即意味着双方当事人的意思表示一致，合同成立。

② 拍卖：拍卖是由出卖标的物的人提出卖该物的要求和条件，由各应买人提出自己的条件，相互报价，进行竞争，最后由出卖人拍定成交的行为。应买人提出的条件属于要

约，拍卖人的拍定属于承诺。一旦拍定，即表明双方当事人意思表示一致，合同即告成立。

5. 合同的鉴证与公证

（1）鉴证

鉴证是指合同管理机关根据当事人的申请，依法证明合同的真实性和合法性的一项法律制度。除国家规定必须鉴证的合同外，合同的鉴证实行自愿原则。合同在鉴证过程中，鉴证人员根据当事人双方提供的合同文本及有关证明材料和外调材料，依照国家法律、行政法规和政策规定，进行严格审查。鉴证人员如果认为经济合同真实、合法、可行，符合鉴证条件，即予以证明。由鉴证人员在合同文本上签名，并加盖工商行政管理机关公章。

合同鉴证工作主要审查以下内容：

① 签订合同的当事人是否具有相应的权利能力和行为能力。

② 合同当事人的意思表示是否真实。

③ 合同的内容是否符合国家的法律和行政法规的要求。

④ 合同的主要条款内容是否完备，文字表述是否正确，合同签订是否符合法定程序。

（2）公证

合同公证是国家公证机构根据当事人的申请依法确认合同的合法性与真实性的法律制度。我国的公证机构是司法部领导下的各级公证处，它代表国家行使公证权。根据《中华人民共和国公证暂行条例》的规定，合同的公证实行自愿原则。任何合同是否需要经过公证，不是法定的必经程序。但是具体到某一地区或某类合同是否需要经过公证，应根据具体规定办理。没有经过公证的有效合同与公证后的合同，具有同等的法律约束力。

（3）鉴证与公证的区别

① 性质不同：鉴证是国家工商行政管理机关根据合同鉴证法规依法作出的管理行政行为；公证是国家司法部领导下的公证机构根据国家公证法规作出的司法行为。

② 行使权力的国家机关不同：合同公证是由国家公证机关统一行使公证权；鉴证则是由政府鉴证机关，即工商行政管理局依法行使鉴证权。

③ 法律效力不同：公证后的合同具有法定证据效力，如人民法院审理案件时，收集的证据涉及的某项文书系公证文书，即确认具有法定证据效力，而予以强制执行。公证在国内外都起作用。鉴证则不具有强制执行的效力，且只能在国内起作用。

6. 缔约过失责任

缔约过失责任是基于合同不成立或合同无效而产生的民事责任，违反的是合同前义务。《合同法》规定，当事人在订立合同中，因以下各种过错给对方造成损失的，应承担损害赔偿责任：

① 假借订立合同，进行恶意磋商。

② 故意隐瞒与订立合同有关的重要事实或者提供虚假情况。

③ 有其他违背诚实信用原则的行为。

7. 合同成立的时间和地点

根据《合同法》规定，下列情形下合同成立：

（1）合同成立的时间

① 承诺生效时合同成立。

② 当事人采用合同书形式订立合同的，自双方当事人签字或盖章时合同成立。

③ 采用合同书形式订立合同，在签字或盖章之前，当事人一方已履行主要义务，对方接受的，该合同成立。

④ 当事人采用信件、数据电文等形式订立合同的，可以在合同成立之前要求签订确认书，签订确认书时合同成立。

（2）合同成立的地点

① 承诺生效的地点为合同成立的地点。

② 采用数据电文形式订立合同的，收件人的主营业地点为合同成立的地点，没有主营业地点的，其经常居住地为合同成立的地点。

③ 当事人采用合同书形式订立合同的，双方当事人签字或盖章的地点为合同成立的地点。

④ 当事人约定了合同成立地点的，约定的地点为合同成立的地点。

8. 合同的生效

（1）合同正式生效的条件

《合同法》规定，下列情况下合同正式生效：

① 依法成立的合同，自成立时生效。

② 法律法规规定应当办理批准、登记等手续的，则只有经过批准、登记以后合同才能生效。

③ 当事人对合同的效力附生效条件的，则自条件成熟时生效。

④ 当事人对合同的效力附生效期限的，则自期限届至时生效。

（2）无效合同

凡违反合同订立原则的合同都属于无效合同。无效合同可从以下几个方面确认：

① 主体不合格：不具备法人资格及国家法律限制行为能力的人签订合同的。

② 内容不合法：合同条款违反国家法律法规，以及当事人的意思表示不真实，或采取胁迫、欺诈等手段签订合同的。

③ 代理不合法：代理人未经授权、超越代理权限或者代理权消灭后签订合同，未经被代理人追认的；代理人与对方通谋签订损害被代理人利益的。

④ 程序和形式不合法：合同订立程序违反法定程序，或合同的订立形式不符合法定形式。

（3）可撤销合同

可撤销合同是指合同的内容对当事人一方显失公平或当事人一方对合同内容有重大误解时，可以依法变更或撤销的合同。可撤销合同履行中发生纠纷，当事人有权请求仲裁机构或人民法院对合同予以变更或撤销，合同被变更后，应按变更后的合同执行；合同被撤销后，原合同从签订时起即告无效。

（4）无效免责条款

无效免责条款是指没有法律约束力的，当事人约定免除或者限制其未来责任的合同条款。

① 造成对方人身伤害的免责条款。

② 因故意或者重大过失造成对方财产损失的免责条款。

③ 提供条款一方免除自身责任、加重对方责任、排除对方主要权利的合同条款。

(5) 部分无效合同

无论是无效合同还是可撤销合同，如果其无效或被撤销而宣告无效只涉及合同的部分内容，不影响其他部分效力的，则其他部分仍然有效。部分无效的合同须具备以下条件：

① 合同内容是可分的。

② 合同无效或者被撤销的部分不影响其他部分的效力。

9. 合同的担保

合同的担保是指合同当事人根据法律规定或双方约定，为确保合同的切实履行而设定的一种权利、义务关系。

(1) 合同担保的法律特征

① 附属性：合同担保是从属于主合同的法律关系，它必须以主合同的有效存在为前提，合同变更或消灭时担保也随之变更或消灭。

② 预防性：合同担保具有防止违约的作用，只要一方不履行合同，另一方就有权请求履行担保义务或主动行使相应的权利，因而对违约有警戒作用，会产生预防受损的积极效果。

(2) 合同担保的形式

① 定金：定金是指缔约一方为了保证合同的履行，在订立合同前向对方支付一定数额的货币的担保形式。在采用定金作担保形式时，定金的大小应适当，定金过高会加重当事人的负担，实践中也难于执行，定金过低则不利于促进经济合同的履行，起不到定金应具备的作用。

定金不同于预付款，预付款与定金的区别是：预付款不具备担保作用，如果合同不能履行，当事人应如数退还预付款，但不发生像定金那样双倍返还的法律后果。支付定金是履行担保合同的过程，而支付预付款是履行合同义务的过程。

定金也不同于押金，定金与押金的区别是：定金是在合同履行前交付的，定金适用定金罚则；而押金是在履行中交付的，押金在合同关系结束时应退回给交纳人，它并不适用定金罚则。

② 保证：保证是指保证人以自己的名义和资产作为一名当事人的关系人，向另一方当事人作履行合同的担保的一种方式。保证人是合同当事人以外的第三人，在义务人不履行合同时，承担代履行或连带承担赔偿损失的责任。

保证人必须是营利性的法人单位，任何公民个人不能作为合同的保证人，且国家机关不能作为合同的保证单位。保证人的承担责任范围，应以合同中义务人所承担的义务为限，具体范围依保证人同被保证合同权利人的约定而定，法律有规定的除外。

③ 抵押：抵押是合同当事人一方用自己或第三方财物为另一方当事人提供清偿债务的权利。当义务当事人不履行合同时，权利当事人可以变卖其财物，优先取得补偿。如有剩余，仍应退还给义务当事人；如果仍不足以补偿时，权利人有继续向义务当事人追偿的

权利。

④ 留置权：留置权是用标的物作为担保的一种形式，当义务人未能在约定的期限内全面履行合同时，权利人有权处置所留置的财物，留置权的行使必须有法律明文规定，权利人不得违反法律规定滥用留置权。

⑤ 质押：质押是当事人一方以动产或某种权利作为抵押的一种担保形式。债务人不履行合同时，债权人有权以该动产或权利折价或者以拍卖、变卖该动产或权利的价款优先受偿。

14.2.2 智能建筑工程合同的履行管理

合同的履行是指合同依法成立以后，当事人双方按照约定的内容和约定的履行期限、地点和方式，全面完成各自所承担的合同义务，从而使该合同所产生的合同法律关系得以全部实现，当事人期望的项目目标得以达到的整个行为过程。合同管理是智能建筑工程建设合同得到有效履行的有力保证，它贯彻于工程项目实施活动的始终。

合同的履行管理包括合同约定的工期、质量和费用等控制管理工作，以及合同争议的解决、合同条款的解释及索赔处理等工作的管理。合同履行管理的另一个重要的内容是检查解释双方来往的信函和文件，以及会议记录、发包人指示、监理通知等，因为这些内容对合同管理是非常重要的。智能建筑工程项目在实施过程中不确定性因素多，对合同的理解很容易出现争议，这些不确定因素容易造成合同履行困难。

1. 合同履行的原则

① 合法原则：当事人在履行合同中，应当遵守法律法规，尊重社会公德，不得扰乱社会经济秩序，损害社会公共利益。

② 诚实信用原则：当事人在履行合同过程中，应信守合同承诺，履行合同规定的义务。

③ 全面履行原则：当事人应按照合同规定的标的、数量、质量、价款或报酬、履约时间、地点、方式等全面履行合同的义务。

④ 实时纠正原则：及时发现并纠正签约各方在合同履行中的不当做法及违反合同的行为。

2. 合同履行管理的工作内容

智能建筑工程项目合同的履行管理具体工作有如下几个方面：

① 制定合同实施计划及建立合同管理制度。

② 跟踪检查合同的执行情况，督促签约各方严格履行合同，解决各方对合同条款的争议。

③ 严格按规定的程序和时限办理工程计量与支付、工程变更、费用索赔和工程延期。

④ 任何形式对工程质量、数量、费用的变动，均须经发包人、监理单位和承包人三方充分协商、审核签认后，工程变更通知书方能生效。

⑤ 及时、详尽记录不可抗力发生时的现场情况。

⑥ 协调、处理合同争端，及时记录和纠正签约各方的违约行为。

⑦ 承包人在将工程分包前需得到发包人的同意，监理方对分包商及分包合同进行审核，防止分包给不合格的分包商。严禁将关键工程转包第三方。

⑧ 签约各方在工程项目实施过程中提交的所有指令、批复、报告均要以书面形式进行，并全部归档。

3. 合同履行管理的步骤和方法

（1）合同分析

合同分析是从执行的角度分析、补充、解释合同，将合同目标和合同规定落实到合同实施的具体问题上和具体事件上。

① 分析合同漏洞：一般合同难免会有漏洞，找出漏洞并加以补充，可以减少双方争执。

② 分析合同风险：识别项目风险、评估风险影响的程度，找到风险控制措施和对策。

③ 落实合同责任：提高全员合同管理的意识，加大合同管理的力度，协调各方的关系。

（2）制定合同实施计划

在合同分析的基础上制定详细的合同实施计划。

① 合同实施计划应包括合同实施总体安排，分包策划以及合同实施保证体系的建立等内容。

② 合同实施保证体系应与其他管理体系协调一致，须建立合同文件沟通方式，编码系统和文档系统。承包人应对其同时承接的合同作总体协调安排，分包合同应符合主合同的总体责任。

③ 合同实施计划应规定必要的合同实施工作程序。

（3）合同实施控制

合同实施控制是指为保证全面完成合同规定的各项义务及实现各项权利，以合同实施计划为基准，对整个合同实施过程的全面监督、检查、对比、引导及纠正的管理活动。通过追踪收集、整理，能反映出工程进展实际情况的各种资料和数据，如进度报表、质量报告、费用收支报表等，将这些信息与工程目标、合同文件进行对比分析，对偏差进行处理，进行调整。

① 合同实施控制包括合同交底、合同跟踪与诊断、合同变更管理和索赔管理等工作。

② 在合同实施前，合同谈判人员应进行合同交底。合同交底应包括合同的主要内容、合同实施的主要风险、合同签订过程中的特殊问题、合同实施计划和合同实施责任分配等内容。

③ 组织应监督项目经理部严格执行合同，并做好各分包人的合同实施协调工作。

（4）合同跟踪和诊断要求

进行合同跟踪和诊断应符合下列要求：

① 全面收集并分析合同实施的信息，将合同实施情况与合同实施计划进行对比分析，找出其中的偏差。

② 定期诊断合同履行情况，诊断内容应包括合同执行差异的原因分析、合同差异责任分析、合同实施趋向预测。应及时通报合同实施情况及存在问题，提出合同实施方面的

意见和建议，并采取相应的管理措施。

(5) 合同履行监督

合同履行情况的监督就是要经常将合同条款与实际实施情况进行比对，以便根据合同条款执行情况来掌握项目的进展。合同履行监督工作主要由监理单位承担。

(6) 合同终止和后评价

合同履行结束后合同即告终止。组织应及时进行合同后评价，总结合同签订和执行过程中的经验教训，提出总结报告。

合同总结报告应包括下列内容：

① 合同签订情况评价。

② 合同执行情况评价。

③ 合同管理工作评价。

④ 对本项目有重大影响的合同条款的评价。

⑤ 其他经验和教训。

14.3 智能建筑工程合同管理的主要内容

实践证明，做好智能建筑工程合同管理工作的关键是熟悉合同，掌握合同，利用合同对工程项目实施过程的进度、质量、费用实施有效的管理。合同管理的主要内容包括：工程变更、工程延期、费用索赔、争端与仲裁、违约、工程分包、保险等。

14.3.1 工程变更控制

工程变更是指在智能建筑工程项目的实施过程中，由于用户需求、项目环境或其他的各种原因而对工程合同文件的任何部分或工程项目的任何部分所采用的形式上、质量要求上、工程数量或工期上等方面的改变，涉及的内容比较广泛。智能建筑工程本身的特点决定了智能建筑工程的变更是经常发生的，有些变更是积极的，有些变更是消极的，其中大多数变更是不可预见的。

合同变更管理应包括变更协商、变更处理程序、制定并落实变更措施、修改与变更相关的资料以及结果检查等工作，确保变更的合理性和正确性。有很多失败的先例都是由于项目变化不能得到及时的确定和处理，导致项目后期变更太多，工程费用和进度压力过大而造成的，因此做好工程变更控制可以更好地为实现项目目标控制服务。

1. 变更产生的原因

随着信息技术日新月异地飞速发展，智能建筑工程本身的新技术层出不穷，采用的技术手段更新速度快。一方面是由于发包人提出的用户需求根据时代变化在发生变化，与时俱进；另一方面，承包人也要根据发包人的要求，适当的调整实施技术方案，这样就决定了智能建筑工程在建设过程中工程变更的频繁。不管项目在准备阶段的工作做的如何细致、全面，在项目实施过程中仍然会遇到各种预料之外的变化。

因此，在智能建筑工程实施过程中，对工程变更要具有快速反应能力，以应付各种突然的变化。对可能发生的工程变更要保持预控能力，要有防患于未然的应对措施。相对其他的工程建设项目，智能建筑工程在实施阶段的变更是工作量最大的一个阶段，在变更控制方面要加强管理。

一般情况下，造成智能建筑工程变更的原因有以下几个方面：

① 外部环境变化：项目外部环境发生变化，例如，政策的变化。

② 用户需求变化：项目总体设计和项目需求分析不够周密详细，有一定的错误或者遗漏，这就注定了用户需求以后需要变更，以便达到完善程度。

③ 技术更新换代：新技术和新设备的出现导致原设计方案所采用的设备被淘汰。

④ 业务流程变化：发包人由于机构重组等原因造成业务流程的变化。

⑤ 品牌型号的变化：设备和材料品牌型号可能的变更包括：

- 改换主机、服务器品牌型号。
- 改变操作系统。
- 增加通讯带宽和信息发送速率。
- 信息点的增减。

⑥ 系统扩充升级：由于系统容量的问题造成设备的添加、硬件的扩充或者软件的升级。

⑦ 安全控制管理的变化：改变安全控制管理的方法和加密级别。

⑧ 土建装修工程拖期：由于土建装修工程工期延误导致智能化工程不能按期进行。

2. 变更控制的原则

一般情况下，在处理变更的时候要遵循以下几个原则：

(1) 修正错误，变更越早越好

对于用户需求调研阶段就出现的错误，如果在项目进行到后期的时候才发现，那么修正错误的费用非常高。例如应用软件开发在用户需求阶段出现的错误，在维护阶段修复它的成本约是用户需求阶段修复成本的 100 ~ 200 倍。出现这种修复成本急剧上升的原因在于，如果错误在需求阶段就能发现的话，只需要重新进行规格说明，但如果直到维护阶段才发现的话，则需要重新进行规格说明、重新设计、重新编码、重新测试、重新建立文档等。对于应用软件缺陷，发现和修复的越早，则成本越低。

(2) 任何变更都要得到三方确认

变更协商是指工程变更申请可以由发包人、监理单位、承包人三方中的任何一方提出，但任何变更都要经过协商，得到这三方一致同意的书面确认，并且要在接到正式的变更通知单之后才能进行。工程变更事项必须属于合同范围，必须符合规范，必须对工程质量有保证。严禁擅自变更，在任何一方或者两方同意下做出变更而造成的损失应该由变更方承担。

(3) 对变更申请要及时处理

智能建筑工程项目变更是正常的、不可避免的。在项目实施过程中，变更处理越早，损失越小；变更处理越迟，难度越大，损失也越大。因此发包人、监理单位、承包人三方要尽快协商一致，及时按照变更处理程序进行变更处理，并迅速下达变更通知。

(4) 明确界定项目变更的目标和范围

变更的真正目的是为了解决问题，因此变更想要达到的目标必须明确。如果变更后项目的目标模糊不清，那么在实施过程中就难以确定努力的方向，难以完成工程项目的建设任务。

对项目变更范围也要有明确的界定，三方要协商一致，对变更范围的理解上没有任何异议。

(5) 加强变更风险以及变更效果的评估

工程变更对项目质量、进度、费用等都会产生较大的影响，要多方面评估变更所带来的风险，要制定详细的变更风险处理措施，并且要对变更实施过程进行监控，对变更实施效果进行评估，如果发现异常情况，要及时终止变更，对变更重新进行评估。

(6) 及时公布变更信息

当工程变更事项经发包人、监理单位、承包人三方一致同意，书面确认后，应及时将变更信息公之于众，这样才能调整所有项目有关人员的工作，朝着新的方向努力。

3. 变更控制的工作流程

(1) 及时了解项目变化

在智能建筑工程项目实施过程中，项目经理和监理工程师要经常关注与项目有关的主客观因素，要对整个项目的执行情况做到心中有数，及时发现和把握项目的变化，认真分析其性质，确定变化的影响，图 14.3-1 表示了变更控制流程。

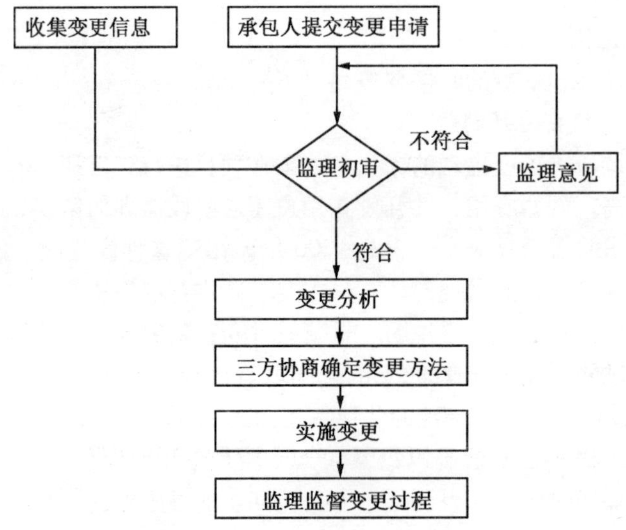

图 14.3-1　变更控制流程图

(2) 提出变更申请

工程变更申请书应在预计可能变更的时间 14 天之前提出。在特殊情况下，工程变更可不受时间的限制。工程变更申请书主要包括以下内容：

① 变更的原因及依据。

② 变更的内容及范围。

③ 变更引起的合同总价增加或减少。

④ 变更引起的合同工期提前或缩短。

⑤ 为变更审查所提交的附件及计算资料等。

(3) 变更初审

根据实际情况和项目变更相关的资料，首先明确界定项目变更的目标，然后评价和判断变更的合理性和必要性。评价项目变更合理性应考虑的内容包括：

① 变更是否会影响工作范围、费用、工作质量和时间进度。

② 是否会对项目准备选用设备和材料产生影响，性能是否有保证，投资的变化有多大。

③ 变更是否会影响到项目的投资回报率和净现值？如果是，那么项目在新的投资率和净现值基础上是否可行。

(4) 变更分析

项目变更分析是指如何把握项目变化的影响和冲击，以便找出合理的项目变更方案。进行变更影响分析时应评估变更对项目计划安排的影响，同时明确与变更相关的任务并评估完成这些任务需要的工作量和资源。根据项目变更的要求，在原来的项目计划中加入变更的内容，就变成了新的修改过的项目计划。通过新旧计划的对比，可以清楚地看到项目变更对项目费用、进度、资源配置的影响与冲击。

(5) 确定变更方法

发包人、监理单位、承包人三方进行协商和讨论，确定最优变更方案，然后三方在最优变更方案上签字确认，并下达变更通知书及公布项目变更内容。同时把变更实施方案告知有关实施部门和实施人员，为变更实施做好准备。

(6) 监控变更的实施

变更后的项目内容作为新的计划和方案，可以纳入正常的工作范围内进行实施。项目变更控制是一个动态的过程，在这一过程中，要记录这一变化过程，充分掌握信息，及时发现变更引起的超过估计的后果，以便及时控制和处理。

4. 对合同变更的控制

所谓项目合同变更是指对有效成立的合同就其内容即当事人的权利、义务进行变更（增减、修改）的过程，是由于一定的法律事实而改变合同的内容和标的的法律行为。它不包括合同主体的变更和合同标的的变更。合同主体的变更叫做合同的转让，合同标的的变更会导致原有合同关系的终止和新合同关系的产生，即相当于将原合同解除后重新订立一项新的合同。

合同变更的条件和原则：

合同依法成立后，对当事人具有法律约束力，根据合同的履行原则，当事人双方应按照合同规定的标的及当事人的权利和义务认真严肃、全面地履行合同义务，任何一方无权擅自变更或者解除合同。但《合同法》同时也规定，如果符合以下条件，当事人可以变更合同。

① 双方协商一致：由于合同是当事人协商一致而达成的协议，所以只要当事人双方愿意，而且能就变更的事宜达成一致，则可以变更合同；反之，当事人一方不愿意或双方不能就变更合同的协议达成一致，则不能变更合同，在变更协议达成前，原协议有效。

② 符合合同订立的基本原则：变更合同是一个订立新的补充合同的过程，应符合合同订立的基本原则，在变更合同过程中，应遵守平等、自愿、公平原则；应遵守法律和行政法规，不得损害国家利益、社会公共利益和第三方的利益；规定合同应采用书面形式的，变更合同的协议同样应采用书面形式，法律、法规规定变更合同应当办理批准、登记手续的，应办理登记手续。

③ 不损害合同履行的基本原则：包括合法原则和诚实信用原则。

④ 不变更合同难以履行下去的情况：由于合同当事人一方在履行过程中遇到了合同订立时没有考虑到的问题，不解决无法继续履行下去，因而需要变更合同。

⑤ 合同变更协议的内容应明确：合同变更协议的内容约定不明确，会使当事人无法按照该协议履行合同义务，因而不产生法律效力，《合同法》规定按未变更处理。

⑥ 因合同变更所造成的损失应赔偿：因项目合同的变更给另一方当事人造成损失的，除依法可以免责的以外，应由责任方负责赔偿。

5. 合同中的推定变更

推定变更是指发包人和监理单位虽然没有发布书面的工程变更通知或变更令，但实际上要求承包人干的工作已经与原合同不同或有额外的工作。推定变更可以通过发包人管理人员或驻地监理工程师的行为来推定，一般要证明：原合同规定的施工要求是什么，实际上承包人自己的工作已超出了合同要求，并且是按发包人管理人员或监理工程师的要求去做的。这样，便可证明为推定变更。推定变更与指令变更一样，承包人有权获得额外费用补偿。

智能建筑工程项目通常发生的推定变更情况如下：

(1) 发包人要求的修改与变动

在智能建筑工程项目实施过程中，如果发包人对技术规范进行修改与变动，又没按合同规定程序办理变更通知，可看作推定变更。当合同订立以后，国家新近颁布了新的技术规范或施工管理规定，对原合同要求标准有所提高，也可归属于“发包人要求的修改”，视为推定变更。据此，承包人可提出索赔要求。

(2) 发包人的不适当拒绝

这表现为两个方面：一方面是发包人认为承包人用于工程上的材料或施工方法等不符合技术规范的要求，从而拒绝该方法或材料，可事后又证明发包人的认识是错误的。这种不适当的拒绝则构成了推定变更。若因此而使承包人花费了额外款项，则有权索赔并得到补偿。另一方面是发包人在发现承包人的施工缺陷后，没有在规定的合理时间内拒绝该工作，也可以认为发包人已默许并改变了原来的工程质量要求，这也构成推定变更。若后来发包人又拒绝认可该工作，就又属于不适当拒绝。因此而造成承包人不得不进行的缺陷修复或返工，可认为是因推定变更而引起，承包人可要求额外费用补偿。

(3) 干扰和影响了正常的施工程序

如果发包人的行为实质上影响到承包人的正常施工程序，就构成了推定变更。由此产生的干扰会给承包人造成生产效率的降低，增加工程成本，甚至导致停工，人员和机械设备闲置，以及其他额外费用的问题。因此，承包人有权提出索赔并得到相应的经济补偿。

(4) 图纸与技术规范中的缺陷

由发包人方提供的技术规范和设计图纸，应由发包人负责。若承包人按技术规范和图纸进行规范化施工，如果出现了因设计图纸错误导致的工程缺陷，则属于发包人的失误和责任。从理论上讲，起草技术规范和设计图纸的发包人，一般被认为提供了暗示担保：如果承包人遵守该技术规范和按图施工，工程项目就能够达到合同的预定目标要求。即便建成的工程不能令人满意，承包人也没有责任。如果是因技术规范和图纸有缺陷，则承包人有权向发包人索赔由此而增加的额外项目费用。

(5) 工作实施的不可能

这是指合同所要求的工作根本无法实现，即实际工作上的不可能，或者是合同所要求的工作不能在合理的时间、成本或努力之内完成，即商业上的不可行。承包人要以工作实施的不可能为理由得到补偿比较困难，因承包人签订合同时已能预料到工作实施的不可能，应当承担其风险。承包人若要对工作实施的不可能得到索赔补偿，则必须设法去证明：从法律和工程意义上看，发包人提供的技术规范和图纸所要求的工作是不可行的，并且是在签合同时承包人完全不知道或无法合理预料到的，这种风险该由发包人来承担。

14.3.2　工程延期管理

工程延期管理是工程项目合同管理的重要工作之一。工程延期的定义是：按工程承建合同的有关规定，由于非承包人自身原因造成的，经监理工程师书面批准的合理竣工期限的延长，它不包括由于承包人自身原因造成的工期延误。

1. 工程延期的原因

竣工时间也称竣工期限，是指工程合同中写明的，从开工日期算起至工程或者某分项工程根据合同规定的要求竣工的全部时间，包括根据合同规定给予的任何延长期。

一般情况下，智能建筑工程项目承包人应根据合同的规定，在竣工期限内完成工程项目并通过竣工验收。但是，由于下列原因致使承包人延误完成工程，承包人可要求延长竣工时间：

① 工程发生变更造成额外的或附加的工作。

② 由于异常恶劣的气候条件（如夏天持续高温 35℃以上）影响工程实施的进展。

③ 非承包人原因，一周内因停水、停电、停气而导致停工累计超过 8 小时。

④ 根据合同条款规定，有权获得延长的原因。

⑤ 国家和地区有关部门正式发布的不可抗力事件（如流行病、自然灾害等）。

⑥ 发包人未能按合同的约定及时提供图纸及开工条件。

⑦ 发包人提供的施工条件不到位，或者其他承包人实施的相关工程项目进展滞后造成的任何延误、妨碍或者阻碍。

⑧ 发包人未能按合同约定的日期支付工程预付款、进度款，致使工程不能正常实施。

⑨ 不是承包人的过失、违约或由其负责的其他特殊情况。

2. 工程延期申报审批的步骤

如果承包人认为它有权要求延长竣工时间，应按照“承包人索赔”的规定向监理工程师提出工程延期申请，即在合同约定的期限内提交“项目延期申请表”及有关项目延期的详细资料和证明材料。监理工程师应根据现场记录、证明材料和有关资料，经过调查分析，在与发包人充分讨论协商的情况下，对项目延期事件进行认真地评估分析，以及研究减少因工程延期所造成损失的解决方案等，在确认延期测算方法及由此确认的延期天数的基础上作出审查报告，报发包人审批确认。在发包人确认其结论，并签字盖章之后，可确定工程延期，由总监理工程师签发有关工程延期的通知和报表。

3. 工程延期处理的原则

监理工程师在处理项目延期的过程中，一般要遵守以下原则：

① 承包人在合同约定的期限内提交了“项目延期申请表”。

② 项目延期事件属实。

③ 项目延期申请依据的合同条款准确。

④ 承包人提交的资料和证明材料齐全完整。

⑤ 项目延期事件必须发生在经发包人批准的进度计划的关键路径上。

⑥ 对项目延期事件的处理要及时，不能超出合同中规定的时限要求。

⑦ 最终评估出的延期天数要得到发包人的书面签认。

⑧ 要书面通知承包人采取必要的措施，减少工程延期对项目的影响程度。

14.3.3 工程延误管理

工程延误是指承包人的原因所致，由于某种原因未能按合同规定的时间完成工程项目，造成工程延误。工程延误的含义与工程延期不一样，虽然都是由于某种原因致使承包人延误完成工程项目，但是造成竣工期限延长的主体和原因不同。工程延期是由于非承包人自身原因造成的，而工程延误则是由于承包人自身原因造成的工期延误，例如工程施工质量不合格、材料设备进场拖延或规格质量不合格、施工人员资质达不到规范要求、施工计划不周、资源投入不足等，致使项目工期延长，不能按期交工。工程出现延误时，监理要协助发包人与承包人进行协商解决。

1. 工程延误的处理程序

当承包人在合同约定的期限内提出工程延误要求时，监理单位与发包人一致协商后应予以受理，并对承包人提交的工程延误报告、文件资料进行核查。处理程序如下：

(1) 收集资料，做好纪录

监理工程师应在承包人提出工程延误意向后，做好现场实际情况的检查和记录，收集各种相关的文件资料及信息。

(2) 审查承包人的工程延误申请

监理工程师在工程延误的情况发生后14天内，应对承包人提交的正式工程延误申请报告进行审查，审查的内容主要包括以下几个方面：

① 工程延误申请报告的格式是否满足规范的要求。

② 工程延误申请报告是否列明了延误的细目及编号。

③ 工程延误申请报告是否阐明了延误发生、发展的原因及申请所依据的合同条款，

并附有延期测算方法和延误涉及的有关证明、文件、资料等。

(3) 工程延误评估

工程延误评估主要从以下几个方面进行：

① 承包人提交的工程延误申请资料必须真实齐全，满足工程延误评审需要。

② 申请工程延误的合同依据必须准确。

③ 申请工程延误的理由必须正确充分。

④ 工程延误的天数的计算原则和方法恰当。

(4) 确定工程延误天数

监理工程师应根据现场纪录和其他有关资料，经调查、讨论、协商，在确认工程延误测算方法及由此确认工程延误天数的基础上做出审查报告，并在确认其结论之后，确定工程延误天数，签发有关报表。

2. 工程延误时间的确定

发包人和监理单位在审查工程延误时，应依下列情况确定批准工程延误的时间：

① 依据合同中有关工程延误的约定来确定工程延误时间。

② 实际调查工期延误对工程实施影响的事实和程度。

③ 工期延误对工程实施的影响程度进行量化计算处理。

14.3.4　索赔与反索赔管理

1. 工程费用索赔管理

因发包人方面的原因造成工程延期，导致工程项目实施费用严重超支，为此承包人可向发包人提出费用赔偿，要求发包人补偿其超支的费用。当承包人的费用索赔要求与工程延期要求相关联时，两者应当联系起来，综合做出费用索赔和工程延期的决定和具体安排。

承包人对发包人、分包人、供应商之间的索赔管理工作应包括下列内容：

① 预测、寻找和发现索赔机会。

② 收集索赔的证据和理由，调查和分析干扰事件的影响，计算索赔值。

③ 提出索赔意向和报告。

2. 工程费用反索赔管理

承包人因自身的责任延误了工程，应该受到工程拖期罚款，即向发包人赔偿“工程延误损害赔偿费”。工程延误损害赔偿费一般按每拖延工期一天赔偿合同价的 0.01% ~ 0.05%，但是工程延误损害赔偿费有一个总限额，一般占合同价的 5% ~10%。

工程延误损害赔偿费可从履约保证金中扣除，也可列入付款证书从应付款中扣除。由于工程延误的确切时间要从工程移交证书确定的竣工日期来计算，因此工程延误损害赔偿费又往往出现在最后一次中期付款证书及最终付款证书中。

当承包人工程延误时间太长时，工程延误损害赔偿费又不足以补偿发包人的损失，就必须采取其他措施，千万不要等到工程延误损害赔偿费扣完才采取行动。

承包人对发包人、分包人、供应商之间的反索赔管理工作应包括下列内容：

① 对收到的索赔报告进行审查分析，收集反驳理由和证据，复核索赔值，起草并提出反索赔报告。

② 通过合同管理，防止反索赔事件的发生。

无论是发包人还是承包人的原因造成工程拖期，都应依约给对方一定的赔偿。监理单位在此过程中的监理工作尤为重要，应该深入实际了解情况，掌握第一手资料。对于因承包人原因造成工程延误的索赔，监理单位应积极与发包人配合，作好工程延误的索赔工作；而对于因发包人原因造成工程延期的索赔，监理单位也应积极与发包人沟通，与承包人积极协商，尽量友好解决索赔问题，而不应将事件扩大化。

14.3.5 工程暂停与复工管理

1. 工程暂停管理

工程暂停是指因为发包人或承包人的原因或其他自然界不可抗力因素导致工程暂时停止实施。在工程暂停期间，承包人应采取适当的保护措施保护、保管并保障该部分或者全部工程免遭或者减少损失。如果因工程暂停而导致损失发生，无论是发包人还是承包人提出的工程暂停，都要承担因此给对方带来相应损失的责任。

(1) 发包人提出工程暂停的管理

由于发包人中途变更用户需求或方案设计导致工程暂停的，应采取有力措施弥补或减少损失。同时，发包人应赔偿承包人因停工、窝工和返工，以及搬运、人员和设备调迁、材料和设备积压等造成的实际损失。

(2) 承包人造成工程暂停的管理

由于承包人的原因造成工程暂停的，导致工期延长，给发包人带来损失的，承包人应依约赔偿发包人相应的损失。

(3) 其他因素造成工程暂停的管理

其他因素是指非发包人或承包人原因造成的不可抗力的自然或人为的因素。如地震、火灾、洪水、电信中断、政府行为等自然、政治因素造成工程暂停，合同双方可免除责任。在不可抗力事件发生后，当事方须立即通知对方并向对方出具必要证明文件，并采取必要措施尽快解决问题。发包人应与承包人充分协商，双方达成一致协议，合理解决。

工程监理单位在实施工程暂停管理的过程中，应本着积极与各方协商的态度，进行充分调查研究，弄清工程暂停的具体原因。具体情况具体对待，站在公平、公正的立场上，根据停工的原因及其影响范围和影响程度，与发包人和承包人等多方进行充分协商，达成协议，进行科学、合理地管理。

作出工程暂停的决定必须符合一定的条件，只有在发生下列情况时，总监理工程师才可签发工程暂停令，暂停工程某一部分或者全部的施工。

① 发包人或承包人要求项目工程暂停实施且工程需要暂停实施。

② 为了保证工程质量而需要进行停工处理。

③ 发生了应暂时停止实施的紧急事件或危及信息安全的事件。

④ 工程承包人未经许可擅自实施，或拒绝监理工程师监督管理。

2. 工程复工管理

工程复工是指工程暂停的原因消除，恢复实施。

如果工程暂停是由于发包人的原因，或非承包人原因时，监理工程师应在工程暂停原因消失，具备复工条件时，及时签发复工令，指令承包人复工。承包人收到复工令以后，应对受到暂停影响的工程或生产设备和材料进行检查，并在监理工程师指定的期限内复工。若承包人无故拖延和拒绝复工，由此增加的费用和工期延误责任由承包人承担。

如果工程暂停是由于工程承包人的原因造成的，承包人在导致工程暂停的原因消失后，具备复工条件时，应填写“复工报审表”报工程监理部审批。监理工程师收到后，要及时审查承包人报送的复工申请及有关材料，经核查无误，报请发包人审批，经发包人签认后由总监理工程师及时签署工程复工令，指令工程承包人恢复工程实施。承包人在接到总监理工程师同意复工的指令后，才能继续工程实施。

14.3.6　违约管理

合同双方均须履行合同条款的规定。如果不履行合同的行为是由于当事人的过错所引起的，对另一方造成任何直接经济损失或损害，则当事人的行为是一种违约行为，应承担法律责任和民事赔偿责任，简称违约责任。

1. 发包人的违约

按照合同规定，因发包人未能按时支付承包人应得款项而违约时，承包人有权按合同有关规定暂停工程或延缓工程进度，由此发生的项目费用增加和工期延长，经监理工程师与发包人、承包人协商后，将有关费用加到合同金额中，并应给予承包人适宜的工期延长。如果发包人收到承包人暂停工程或延缓工程进度的通知后，在合同规定时间内恢复了向承包人应付款的支付以及支付了延期付款利息，承包人应尽快恢复正常建设施工。

当监理工程师收到承包人因发包人违约而提出的部分或全部中止合同的通知后，应尽快深入调查，收集掌握有关情况，澄清事实。在调查、了解的基础上，根据合同文件要求，同发包人、承包人充分协商后，办理部分或全部中止合同的支付。

2. 承包人的违约

在履行工程建设合同的过程中，承包人的违约行为通常可划分为以下两种。

（1）一般违约

承包人有下列事实，应确认为一般违约。

① 给公共利益带来伤害、妨碍和不良影响。

② 未严格遵守和执行国家法律法规及有关行业的标准规范。

③ 由于承包人的责任，使发包人的利益受到损害。

④ 不严格执行监理工程师的指示。

⑤ 未严格按合同建设好工程，情节轻微。

承包人属一般违约时，监理工程师应书面通知承包人在尽可能短的时间内，予以弥补与纠正，且提醒承包人一般违约有可能导致严重违约。对于因承包人违约给发包人造成的费用影响，监理工程师应办理扣除承包人相应费用的证明。

(2) 严重违约

承包人有下列事实时，应确认为严重违约。

① 无力偿还债务或陷入破产，或主要财产被接管、抵押，或停业整顿等，因而放弃合同。

② 无正当理由不开工或拖延工期。

③ 无视监理工程师的警告，一贯公然忽视履行合同规定的责任与义务。

④ 未经监理工程师同意，随意分包工程，或将整个工程分包出去。

3. 违约责任的形式

根据《合同法》的规定，当事人违反合同时应承担违约责任，其形式如下。

① 支付违约金：《合同法》规定的违约金具有赔偿作用。违约金的额度应适当，太高会有悖于合同订立的公平原则，不利于合同的正常履行，太低则起不到赔偿作用。违约金有法定违约金与约定违约金两种，当二者不一致时，应按照约定优先的原则，以约定违约金为准。

② 支付赔偿金：赔偿金是指由于当事人的过错不履行或不完全履行合同给对方造成损失时，在违约金不足以弥补损失时而向对方支付不足部分的货币。它具有赔偿损失的性质即补偿性。

③ 采取补救措施：即违约方在违约事实发生后，所采取的返工、修理、重做等措施。

④ 继续履行合同：违约方在承担经济责任后，无论是支付违约金还是支付赔偿金，都不能代替合同的履行。《合同法》规定，违约方在支付违约金、赔偿金以后，如果对方要求继续履行的，应继续履行；如果双方都同意解除合同，则应按变更与解除合同的法律规定办理。

⑤ 解除合同：根据《合同法》的规定，如果当事人一方违约致使合同无法按期履行或无法实现合同目的，则合同可以解除而不必继续履行。因此，解除合同也是处理违约责任的一种形式。

除当事人的违约责任外，对由于失职、渎职或其他违法行为造成重大事故或严重损失的直接责任者个人，应追究经济行政责任直至刑事责任。

14.3.7 争端与仲裁管理

在智能建筑工程项目工程建设施工过程中，以及合同终止以前或以后，发包人和承包人对合同以及工程中的很多问题将可能发生各种争端事宜，包括由于工程监理工程师对某一问题的决定使双方意见不一致而导致的争端事宜。

1. 争端的管理

按照合同要求，无论是承包人还是发包人，应以书面形式向监理工程师提出争端事宜，并呈一副本给对方。监理工程师应在收到争议通知后，按合同规定的期限，完成对争议事件的全面调查与取证，同时对争议作出决定，并将决定书面通知发包人和承包人。如果监理工程师发出通知后，发包人或承包人未在合同规定的期限内要求仲裁，其决定则为最终决定，争端事宜处理完毕。只要合同未被放弃或终止，监理工程师应要求承包人继续精心施工。

2. 仲裁的管理

在执行合同中所发生的一切争执，合同双方应在互相谅解和友好的基础上协商解决。如经协商解决仍达不到协议，任何一方均可向发包人所在地仲裁机构提起诉讼。当合同一方提出仲裁要求时，监理工程师应在合同规定的期限内，对争议双方设法进行友好调解，同时督促发包人和承包人继续遵守合同，执行监理工程师的决定。当通过友好协商无法解决时，争端应通过仲裁对其作出最终解决。

在合同规定的仲裁机构进行仲裁调查时，监理工程师应以公正的态度提供证据和作证。发包人和承包人双方在仲裁后都应执行裁决。一般而言，如果任何一方不再诉诸于法院或其他权力机构，仲裁机构的裁决就是最终裁决，对合同双方均有约束力。

14.3.8　工程分包管理

工程分包有两种形式，即一般分包和指定分包。

1. 一般分包管理

一般分包是指由承包人自己选择分包人，但应禁止承包人把大部分工程分包出去或层层分包。承包人必须经监理工程师批准，并按规定办理分包手续后，才能将部分工程分包出去。所分包的工程不能超过全部工程的一定百分比，该百分比应在合同中予以明确。

承包人未经发包人同意，不得转让合同或合同的任何部分。这主要表明发包人希望工程承建合同由中标的承包人来执行。在一般分包中，承包人不能因为分包而对所分包出去的工程不承担合同所规定的义务。即承包人应对分包人的任何行为、违约、疏忽和工程质量、进度等负责。监理工程师应通过承包人对分包工程进行管理，监理工程师也可以直接到分包工程去检查，发现涉及分包工程的各类问题，应要求承包人负责处理。

监理工程师在获得承包人推荐的分包人和分包的工程内容及有关的资料后，应对分包人进行审查。主要审查分包人的资格情况及证明；分包工程项目及内容；分包工程数量及金额；分包工程项目所使用的技术规范与验收标准；分包工程的工期；承包人与分包人的合同责任；分包协议。监理工程师完成上述审查工作后，若无问题，签发“分包申请报告单”，批准分包人。

2. 指定分包管理

指定分包是指发包人或监理工程师根据工程需要而指定的分包。分包合同一经签发，指定分包人应接受承包人的管理，向承包人负责，承担合同文件中承包人应向发包人承担的一切相应责任和义务，并向总承包人交纳部分管理费。

若承包人未按合同规定向指定分包人支付应得款项，根据监理工程师的证明，发包人有权直接向指定分包人付款，并在承包人应得款项中扣除。为保证工程的顺利进行，在指定分包合同招标前，指定分包人最好被发包人、监理工程师和承包人共同认可。如果承包人有合理的理由，则可以拒绝发包人指定的分包人。

14.3.9 保险管理

智能建筑工程建设实施阶段的保险，是指通过专门机构——保险公司以收取保险费的方式建立保险基金，一旦发生自然灾害或意外事故，造成参加保险者的财产损失或人员伤亡时，即用保险金给以补偿的一种制度。它的好处是参加者付出一定的小量保险费，换得遭受大量损失时得到补偿的保障，从而增强抵御风险的能力。

1. 保险合同

保险合同是投保人与保险人约定保险权利义务关系的协议。保险合同订立后，投保人向保险人交付一定保险费，在被保险人遭遇特定灾害事故造成其财产损毁或人身伤害之后，由保险人承担经济补偿或给付保险金责任。

(1) 保险合同的类型

① 财产保险合同：是以财产及其相关利益为保险标的的保险合同。其保险标的的种类不仅包括家庭财产、船舶、机动车辆、设备等有形的物质财产，而且包括无形财产即利益，如民事责任、商业信用等。根据保险标的不同，财产保险合同一般包括火灾保险合同、工程保险合同、运输工具保险合同、货物运输保险合同、责任保险合同、信用保险合同、保证保险合同等。

② 人身保险合同：是以人的寿命和身体为保险标的的保险合同。根据人身保险合同所保障的风险不同，又可将其分为人寿保险合同、意外伤害保险合同和健康保险合同等类型。

(2) 保险合同的当事人、关系人与中介人

① 保险合同的当事人：是指享有合同权利并承担合同义务的人，包括保险人和投保人。保险人是指在保险合同成立后有权收取保险费，保险事故发生时依合同履行赔偿或给付义务的人。投保人则是对保险标的具有保险利益，向保险人申请订立保险合同，并负有交纳保险费义务的人。

② 保险合同的关系人：是指与保险合同的订立有利益关系的人，包括被保险人和受益人。被保险人是受保险合同保障的人，即在保险事故发生时，享有保险金请求权的人。受益人也叫保险金受领人，是由投保人在保险合同中指定的、在被保险人死亡后具有保险请示权的人，一般出现在人身保险合同中的死亡保险合同中。

③ 保险合同的中介人：是指与保险合同的订立或履行有一定辅助关系的人，一般是指保险代理人、保险经纪人和保险公证人。

2. 保险合同的管理

(1) 保险合同订立管理

保险合同的订立由投保人提出保险要求，经保险人同意承保，并就合同的条款达成协议，保险合同成立。保险人应当及时向投保人签发保险单或其他保险凭据，并在保险单或者其他保险凭据中载明当事人双方约定的合同内容。在保险合同的订立过程中，一般情况下，投保人是要约人，保险人是承诺人。保险人应当向投保人说明保险合同的条款内容，并可以就保险标的或者被保险人的有关情况提出询问，投保人应当如实告知。

现代智能建筑工程规模越来越大，造价也日趋昂贵，发包人及承包人都很难承担各种风险责任，因此责任各方应该尽量申请投保，并根据实际情况做好要约工作，完成保险合同的订立。

（2）保险合同履行管理

保险合同签订成立后，投保方应及时交付保险费，并遵守国家有关消防、安全、生产操作、劳动保护等方面的规定，并根据保险人有关保险标的安全的建议对保险标的的安全维护工作进行改进。在保险期内，如果保险项目发生保险责任范围内的损失时，应当立即通知保险人。被保险人应及时向保险人要求赔偿，并提供由政府主管部门及国家有关单位鉴定，确认属于保险责任的损失，并提供必要的单据、损失清单，由保险方负责赔偿。

在履行合同过程中，双方当事人围绕理赔、追偿、交费以及责任归属等问题容易产生争议。必须采用适当方式，公平合理地加以解决。对保险业务中发生的争议，可采取和解、调解、仲裁或诉讼四种方式来处理。

第 15 章　智能建筑工程项目信息管理

智能建筑工程项目管理工作是以信息为基础的。工程项目经理部在项目实施过程中的主要任务是进行目标控制，控制的基础是各类与项目相关的信息，对任何目标的控制只有在这些信息的支持下才能有效地进行。因此，在智能建筑工程项目实施过程中，如何全面、准确、及时地收集、加工、整理、存储、传递和应用各类信息，是一项极为重要的工作。

15.1　智能建筑工程项目信息管理的概念

15.1.1　与信息相关的一些基本概念

1. 信息的定义

信息是指向人们或机器提供关于现实世界的各种知识，是数据、消息中所包含的意义，它不随载体的物理形式的各种改变而改变。信息具有以下几方面的特性：

① 客观性：任何信息都与客观事实紧密相关，这是信息的正确性与精确度的保证。

② 适用性：信息对决策十分重要，信息系统将人类社会中巨大的数据流收集和组织管理起来，经过处理、转换和分析变成对生产、管理和决策具有重要意义的有用信息。

③ 传输性：信息可在发送者和接收者之间传输。有很多系统采用了网络传输技术。

④ 共享性：信息与实物不同，可以传输给多个用户，为多个用户共享，而其本身并无损失。这为信息的并发应用提供了可能。

智能建筑工程项目信息是指报告、数据、计划、安排、文件、会议等与项目实施有直接或间接关系的各种信息。其特点是数量多、内容庞杂，形式多样，来源广泛，涉及多个单位、多个部门和多个专业。信息资源具有非消耗性，以及信息的发生、加工及应用在时空上的不一致性。

2. 信息的形态

信息一般表现为四种形态：数据、文本、声音、图像。信息与它们之间的关系是：数据、文本、声音、图像是信息的外在表现形式，而信息则是其内涵。

① 数据：从信息科学的角度考察，指电子计算机能够生成和处理的所有事实、数字、文字、符号等。它是对事物及其状态进行记录而得到的诸如表示数量、行为和目标的用于鉴别的符号。

② 文本：是指书写的语言，即“书面文字”，以示与“口头语”的区别。

③ 声音：是指人们用耳朵听到的信息，即说话的声音和音乐。

④ 图像：是指人们能用眼睛看见的信息。

3. 信息管理的定义

信息管理是指对信息的收集、传递、处理、存储、发布等方面的管理过程。

智能建筑工程项目信息管理是指对项目实施过程中的信息进行采集、加工、存储、传递和应用等管理过程，即通过统计分析、对比分析、趋势预测等处理过程，为项目经理的决策提供依据，对工程的费用、进度、质量进行控制；同时它也为确定索赔内容、索赔金额及反索赔提供确凿的事实依据。因此，信息管理是智能建筑工程项目管理工作的一项重要内容。

根据智能建筑工程项目大、建设期长、质量要求高、各种合同多、使用仪器、设备、材料数量大的特点，信息管理采取人工决策和计算机辅助管理相结合的手段，特别是利用计算机准确及时地收集、处理、传递和存储大量数据，并进行工程进度、质量、费用的动态分析，达到智能建筑工程项目信息管理的高效。

4. 信息系统的定义

系统是具有特定功能的相互有机联系的许多要素所构成的一个整体。

信息系统是指具有对数据进行采集、传输、存储、管理、处理、控制和再现功能，且可以回答用户一系列问题的系统，其结构如图 15.1-1 所示。

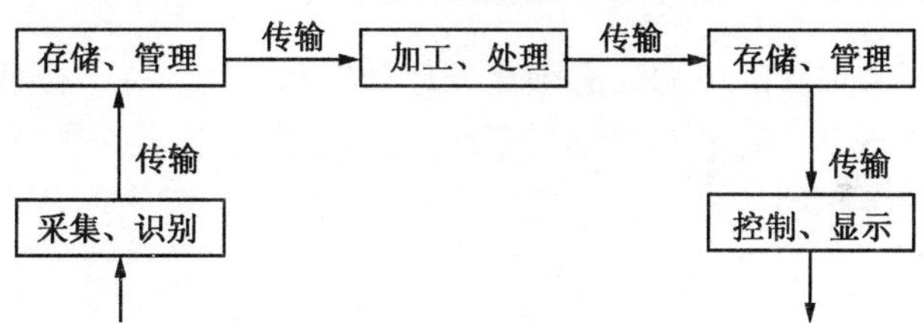

图 15.1-1　信息系统示意图

5. 信息化工程

信息化工程是指主体核心技术属于信息技术范畴的新建、升级、改造工程项目，如智能建筑工程、机房工程、网络工程和软件工程等都属于信息化工程。当今信息技术发展的一个重要特征是与其他技术的交叉融合，主要特点表现在你中有我，我中有你。所以，在鉴别一个建设工程项目是否属于信息化工程时，主要是要看其主体核心技术、关键技术是否属于信息技术的范畴。

6. 信息社会

信息社会指在社会的政治、经济、生活等各方面大规模地生产和利用信息与知识，以知识经济为主导的社会。在信息社会中，信息与信息技术已经渗透到社会生活的各个方面，劳动生产率将大幅度提高；信息将成为社会最重要的资源和财富；信息产业将成为支柱产业，信息社会将是知识密集型社会；人类社会将走向小型化、分散化和多极化。

7. 信息产业

信息产业是社会经济活动中从事信息技术、信息服务、信息设备和产品生产的产业的统称。它涵盖了信息采集、生产、存储、传递、处理、分配、应用等众多产业领域。

从狭义上讲，信息产业包括信息产品制造业、软件业、电信与信息服务业。从广义上讲，还包括印刷出版业、广播电影电视业等。

8. 知识经济

知识经济是一种以知识为基础的新经济，全面地说就是人类正在步入以知识（主要是智力）资源的占有、配制、生产、分配、消费等为最重要因素的经济时代。

9. 信息鸿沟

信息鸿沟又称为数字鸿沟。它是指当代信息技术领域中存在的差距现象，既存在于信息技术的开发领域，也存在于信息技术的应用领域，特别是指由网络技术产生的差距。有条件者可以上网，并能从网上得到更多的信息资源，而无条件者则只能徘徊在网络的大门之外，从而造成信息化水平的巨大悬殊。在信息社会，数字鸿沟实际上是“信息富有者和信息贫困者之间的鸿沟”。

15.1.2 智能建筑工程信息分类和信息管理要求

信息是十分重要和宝贵的资源，必须充分地开发和利用。在智能建筑工程项目实施过程中，信息管理贯穿整个工程实施的各个阶段。每个工作日各个方面都有不同的情况发生，其中包含着各种各样的信息，例如现场情况记录、会议纪要等都以文字报告提交给各相关单位。

1. 智能建筑工程项目信息的类型

由于智能建筑工程项目信息表现形式多样，并且有明显的系统性，因此从提高管理效率、加强信息运用的目的出发，需根据具体需要对信息进行分类。分类时，应坚持稳定性、可扩展性和实用性的原则。一般可以按照下面的几种方式进行分类。

（1）按照项目管理的职能分类

① 成本控制信息：是指与成本控制有关的各种信息，如工程造价、各种价格指数、概预算定额、项目成本估算、成本预算、合同价格、运费和仓储费用、工程款支付单、工程变更费用、工程索赔费用等。

② 进度控制信息：包括项目进度计划，进度控制制度，进度记录，工程款支付情况，项目参与人员、物资、设备情况，意外风险等。

③ 质量控制信息：包括国家质量政策及质量标准、项目建设标准、质量目标分解体系、质量控制工作流程、质量控制工作制度、质量控制的风险分析、质量检查的数据、验收的有关记录和报告，项目实施工艺、方法、手段，项目实施人员的资质、设备和材料质量等。

④ 合同管理信息：包括国家和地方的法律、法规，中标通知书、投标书及附件，工

程承包合同，监理合同，设备供应合同，储运合同，工程变更，工程索赔，工程违约等。

(2) 按照项目信息来源分类

① 项目内部信息：包括项目概况、规划、设计合同、采购合同、承包合同、监理合同等。

② 项目外部信息：包括国家和地方的政策、法规，国内外市场设备、材料价格等。

③ 发包人提供的信息：发包人发表的各种意见和看法，用户需求，下达的指令；以及与政府部门联系的有关情况，如劳动、质监、消防、通讯和供电、供水、环保和交通运输等。

④ 承包人提供的信息：在施工过程中反映项目进度、质量、变更、索赔、延期、单价计量、支付、报表及其他方面的信息；承包人报送的施工组织措施、各种计划、工程款支付申请表；工程例会、现场协调会、各种专题会等会议纪要；隐蔽工程验收单、质量日志、安装记录等资料。

⑤ 监理提供的信息：包括监理过程中监理工程师的一切指令、审核、审批意见，以及监理文件，如监理报告、监理通知、监理建议、监理周报和监理月报等。

⑥ 来自其他方面的信息：项目外部其他方面产生的各种信息。

(3) 按照信息的流向分类

① 自上而下的项目信息：是指从较高层次流向较低层次的项目信息，这些信息包括上级主管下达的目标、指示、命令、工作方法、有关规定、指导性的意见等。

② 自下而上的项目信息：是指下级向上级传递的信息，包括实际工作情况的统计，如项目进度、费用、质量、安全、效率等信息。

③ 横向流动的项目信息：是指同一层次各个部门或人员之间相互交流的信息，这些信息往往是为实现项目管理的目标而需要相互协作和相互补充的信息。

(4) 按照信息的稳定程度分类

① 静态信息：是指那些相对稳定的信息，包括各种消耗量定额，施工、安装和调试的作业方法，国家和行业颁发的各类标准等。

② 动态信息：是指随项目的进展而不断变化的信息，如人工、材料和能源的消耗等。

(5) 按照项目实施阶段分类

① 项目启动阶段的信息：包括项目可行性分析，项目核准立项，招投标等方面的信息。

② 项目规划设计阶段的信息：包括用户需求调研分析，方案设计，范围规划，项目分解，进度规划，成本规划，质量管理规划，组织规划，风险管理规划等方面的信息。

③ 项目实施阶段的信息：包括项目实施准备，项目计划编制和核实，项目施工和计划执行，项目跟踪，项目控制，项目测试和试运行等方面的信息。

④ 项目收尾阶段的信息：包括项目竣工验收，项目移交，文档资料整理和移交，合同收尾，管理收尾等方面的信息。

⑤ 质保期阶段的信息：包括项目运行情况，维修维护记录等方面的信息。

(6) 按照信息的形态分类

① 书面形式的信息：以文字图形等纸介质表达的信息。

② 口头表达信息：口头表达的信息。

③ 多媒体信息：以录音、录像音频视频表达等信息。

④ 电子信息：以电子邮件、电子文件等表达的信息。

⑤ 以其他形式表达的信息：如手机短信等。

（7）其他类型信息

① 原始记录：包括工作日记、现场检查记录、会议记录、来往函件等。

② 测试信息：对单项工程、子系统和全系统，以及设备、材料等的测试信息。

③ 环境信息：政府部门、有关单位、人民群众对建设项目的意见、建议及各单位、部门之间关系等信息，天气气候信息等。

2. 智能建筑工程项目信息管理的重要性

（1）信息是智能建筑工程项目实施不可缺少的资源

智能建筑工程项目实施过程，实际上是人、财、物、技术、设备等资源投入的过程，而要高效、优质、低耗地完成工程建设任务，必须通过信息的收集、加工、处理和实现对上述资源的规划和控制。项目管理的主要任务就是通过信息的作用来规划、调节上述资源的数量、方向、速度和目标，使上述资源按照一定的规划运动，实现工程建设的投资、进度和质量目标。

（2）信息是项目控制的基础

项目控制是智能建筑工程项目管理的主要手段。控制的主要任务是将计划目标与实际目标进行分析比较，找出差异和产生问题的原因，采取措施排除和预防偏差，保证项目建设目标的实现。

因此，项目经理必须掌握项目目标的计划值、实际值及其他相关信息，才能实施控制工作。否则，如果不掌握大量的与项目相关的信息，项目经理就无法实施正确的项目控制。

（3）信息是进行项目决策的依据

信息是项目正确决策的依据。智能建筑工程项目决策的正确与否，将直接影响项目总目标的实现，而影响决策正确与否的主要因素之一就是信息。如果没有可靠、正确的信息作依据，就不能做出正确的决策，结果将导致项目失败。

（4）信息是协调项目各参与单位之间关系的纽带

智能建筑工程项目涉及到众多的单位，如上级主管政府部门、发包人、监理单位、设计单位、承包人和设备供应商等，这些单位都会对智能建筑工程项目目标的实现带来一定影响。要使这些单位协调一致就必须通过信息沟通将他们组织起来，处理好各方面的关系，协调好他们之间的活动，以实现项目目标。

3. 智能建筑工程项目信息管理的要求

智能建筑工程项目信息管理的目的是通过有组织的信息流通，使项目管理人员及时掌握完整、准确的信息，为进行科学的决策提供可靠依据。

智能建筑工程项目中集成了大量新概念、新结构、新工艺、新材料，其技术构成日益复杂，技术的复杂性和社会分工的广泛性使得参与项目建设的设计、施工、安装、调试，以及材料设备供应商不仅数量众多，而且他们之间工作和工序上的衔接也越来越复杂。在此情况下，无论是发包人、承包人，还是监理，其项目管理过程实质上已转变为工程项目信息管理的过程。

智能建筑工程项目管理人员在明确项目信息流程的基础上对项目信息进行收集、加工、存储、传递、分析和运用的过程就是信息管理。信息管理工作做的好与坏，会直接影响到项目的成败。项目管理人员有必要通过建立健全的信息管理机构和信息管理制度，掌握智能建筑工程项目信息管理的理论、方法和手段，实现工程项目管理的现代化。

根据《建设工程项目管理规范》的规定：企业应建立信息管理体系，及时、准确地获得和高效、安全、可靠地使用所需的信息。

信息管理应满足下列要求：

① 有时效性和针对性。

② 有必要的精度。

③ 综合考虑信息成本及信息收益，实现信息效益最大化。

④ 项目信息管理的对象应包括各类工程资料和工程实际进展信息。工程资料的档案管理应符合有关规定，宜采用计算机辅助管理。

⑤ 项目经理应根据实际需要，配备熟悉工程管理业务、经过培训的人员担任信息管理工作。

15.2　智能建筑工程项目信息管理计划与实施

15.2.1　项目信息管理计划与实施要求

根据《建设工程项目管理规范》的规定，智能建筑工程项目信息管理计划与实施要求如下：

（1）项目信息管理计划的制定应以项目管理实施规划中的有关内容为依据。在项目执行过程中，应定期检查其实施效果并根据需要进行计划调整。

（2）信息管理计划应包括信息需求分析，信息编码系统，信息流程，信息管理制度以及信息的来源、内容、标准、时间要求、传递途径、反馈的范围、人员以及职责和工作程序等内容。

（3）信息需求分析应明确实施项目所必需的信息，包括信息的类型、格式、传递要求及复杂性等，并应进行信息价值分析。

（4）项目信息编码系统应有助于提高信息的结构化程度，方便使用，并且应与企业信息编码保持一致。

（5）信息流程应反映企业内部信息流和有关的外部信息流及各有关单位、部门和人员之间的关系，并有利于保持信息畅通。

（6）信息过程管理应包括信息的收集、加工、传输、存储、检索、输出和反馈等内容，宜使用计算机进行信息过程管理。

（7）在信息计划的实施中，应定期检查信息的有效性和信息成本，不断改进信息管理工作。

15.2.2 智能建筑工程项目信息编码

每个事物都有其区别于其他事物的名称、属性和状态。因此，在信息管理中就可以用一定的符号和数字作为代码来替代某个信息。代码的编制和设计就是编码。

为实现智能建筑工程项目的信息管理，必须对项目信息进行编码。典型的项目信息编码包括项目分解结构（PBS）编码、工作分解结构（WBS）编码、组织分解结构（OBS）编码、资源分解结构（RBS）编码和费用分解结构（CBS）编码等。

1. 信息编码的作用

在项目信息管理中，编码有两个作用：

（1）可以为每个信息提供一个精炼和便于记忆的符号，便于信息的分类、储存和处理。

（2）可以提高数据处理的效率，节省处理时间。

2. 信息编码的原则

信息编码是信息管理的基础，进行信息编码工作时要遵循下列原则。

① 唯一性：每个编码仅代表唯一的实体属性或状态。

② 稳定性：代码结构的设计应保证代码结构不会因信息量和信息种类的变化而变化。

③ 可扩充性：代码设计应留出适当的扩充位置，以便当增加新内容时用代码扩充。

④ 标准化和通用性：信息编码的设计应严格遵循国家的有关规定，能采用国家或行业编码的应尽可能采用，体系上有差别的也应考虑整体转换。

⑤ 逻辑性与直观性：代码不但要具有一定的逻辑含义，以便与数据的统计汇总，并且要简明直观，要便于识别和记忆。

⑥ 精练性：信息代码的长度会直接影响存储空间的占有量，影响信息处理的速度，影响整个系统的处理速度，因此在满足今后扩充需要的基础上要尽可能压缩信息代码的长度。

⑦ 规范性：在同一个项目的信息编码标准中，代码的类型、结构及编写方式应该是统一的。

⑧ 等长原则：等长是指信息代码的长度相等。等长的原则就是在监理信息编码时，每个信息代码的长度应该相等。

3. 编码的方法

① 顺序编码：顺序编码的方法是代码由数字组成，按数字顺序依次编排下去。即从0001（或00001，000001等）开始依次排下去，直至最后的编码方法。顺序编码的方法简单，代码较短。但这种代码缺乏逻辑基础，本身不能说明任何信息特征。

② 成批编码：成批编码的方法是在顺序编码方法的基础上进行改动的一种编码方法。它也是从数字开头开始，依次编号，只是在每批同类型数据后面留有一定的余量，以备添加新的代码。

③ 多面码：一个事物可能具有多个属性，如果在代码的结构中为这些属性各规定一

个位置，就形成了多面码。

④ 十进制码：十进制码的编码方法是先将对象分成十大类，编以 0~9 的号码，每大类中再分成十中类，给以第二个 0~9 的号码，每中类再分成十小类，再给以第三个 0~9 的号码，依次下去。这种方法可以扩充下去，直观性也较好。这种方法也可以用百进制来表示，即每百位为一组，编以 00~99 的号码。

⑤ 文字数字码：文字数字码的编码方法是用文字来表明对象的属性，再尾拖数字进行顺序编号。文字一般用英文缩写或汉语拼音的字头。这种编码的直观性较好，记忆使用也很方便。

15.2.3　智能建筑工程项目信息管理制度和流程

1. 信息管理制度

高效的信息管理必须要有一套严谨的信息管理制度，这样，工程项目进展的详细情况才可能被项目经理准确掌握，换言之，信息管理制度是项目信息管理的保证，没有信息管理制度的保证，很难做到项目信息的规范化管理。智能建筑工程项目信息管理制度至少应包括信息类别和信息清单、信息流程和项目经理部所有成员在信息管理方面的职责规定等方面的内容。

项目承包人应对整个项目的实施过程予以记录，每个工作日都要按时写工程实施日志和质量检查日志。监理有权对日志的真实性和内容的完整性予以检查，对内容不符部分，承包人应予以及时改正。同时，监理每天也要写工程监理日志，每天都要详细记录有关工程的一切情况。

项目承包人应及时提供完善的工程文档，包括系统连接物理、逻辑结构图，系统设备配置、材料设备的选型、品牌选择、价格表，到货时间、数量，有关生产厂家或供应商的资料，以及项目所使用的材料设备的质量合格证、产地证、装箱单、零配件清单，其中包括中文简明安装、使用、日常维护、操作管理、出错处理手册等。

所有与项目有关的文件资料都是重要的文字依据，项目管理人员必须及时填写，并妥善保存经有关方面签字的文件和单据，并建立资料档案数据库，以免在合同履行中发生纠纷时缺少有关的文字根据。项目文档本身是项目管理工作经验最好的总结，是项目管理工作最好的培训资料，从培养人员的角度上来说，一套完善的信息管理体制也非常必要。

项目信息管理制度必须包括一套行之有效的项目文档资料管理制度。智能建筑工程项目的文档管理应由各相关单位的项目经理部承担，应选配思想素质高、责任心强的项目经理部成员进行文档管理，负责做好项目有关各方面的资料档案的收集、整理、归档、立卷、保管工作。

在智能建筑工程项目实施过程中，资料档案的管理工作通常由监理单位负责，发包人和承包人要保存与之相关的文档副本。归档的资料应做到格式规范、内容完备、条理清楚，所有手写的文件或填写的表格应用碳素墨水工整书写。所有资料必须分期、分区、分类（同行业信息、素材、样本、合同、协议等）管理，时刻保证资料与实际情况的统一；负责文档管理人员必须遵守保密原则，确保各方技术信息不流失。作好工作日记及工程大事记；作好合同批复等各类往来文件的批复与存档；作好项目协调会、技术专题会的会议纪要；管理好实施期间的各类技术文档；提交竣工文档清单，并且检查文档的合格性。

2. 信息流程

智能建筑工程项目信息流程实际反映了项目各个参与单位之间的关系，如图 15.2-1。智能建筑工程项目每个参与单位组织内部都存在五种信息流：

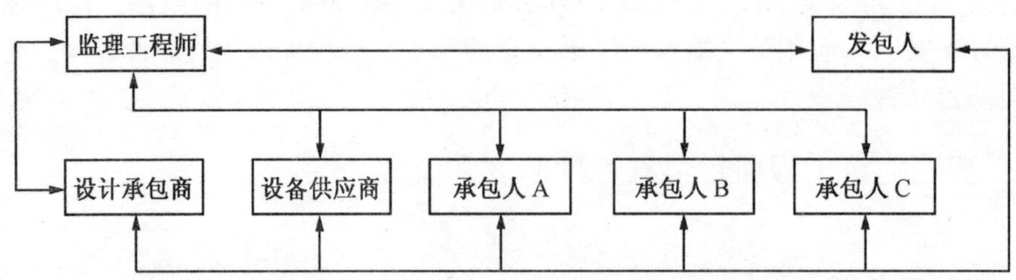

图 15.2-1　工程项目参与各方之间的信息流

① 自上而下的信息流：由上层管理者流向中低层管理者乃至作业者的信息。

② 自下而上的信息流：由下级向上级汇报工作情况、意见等。

③ 横向之间的信息流：项目中同一层的工作部门或工作人员间相互交流的信息。

④ 组织与环境之间交流的信息：发包人与国家主管部门等进行的信息沟通。

⑤ 外部环境信息：与企业自身发展或项目相关的新闻、市场信息、政策法规等。

15.3　智能建筑工程项目信息的收集和处理

15.3.1　智能建筑工程项目信息的收集

智能建筑工程项目信息的收集是指项目实施过程中要收集各种原始信息，这是一项很重要的基础工作。项目原始信息就是第一手资料，项目信息管理工作质量好坏，很大程度上取决于原始资料的全面性和可靠性。尤其在项目实施阶段，实施现场情况千变万化，新的信息不断产生。因此，建立一套完善的信息采集制度是极其必要的。项目信息采集制度的建立不外乎两方面的内容：一是项目情况记录，二是会议纪要。

1. 项目情况记录

项目情况记录的内容有很多，主要有两大方面的内容，一是实施现场情况记录，二是项目经理对现场情况所存在问题的处理意见或处理结果记录。

① 现场情况日报表：包括当天的项目实施内容，包括项目实施的位置，投入的人力、机械、仪器设备，以及进度计划完成情况和施工质量问题。日报表可采用表格的形式，力求简明，每日填写，一式二份。一份自留，另一份交监理存档。

② 现场天气情况：详细记录现场每天的天气情况，包括当天最高、最低气温；当天的降雨、降雪量；当天的风力、风向；当天的其他天气情况；因天气原因造成的当天损失的工作时间等。

③ 现场实施日记：现场实施工作纪要；其他有关情况与说明等。

④ 现场实施月报：工程情况评述，项目进度计划完成情况及工程签证情况，包括工程质量的签证、材料设备到货情况，组织协调方面的问题与困难，异常的天气情况等，以及对工程质量和工程进展中的问题所采取的措施和结果等。

⑤ 现场专业记录：包括开工申请、开工令，现场交接记录，隐蔽工程记录，测试记录、安装调试记录和试运行记录等。

2. 现场会议纪要

项目实施现场的工地会议是信息收集的一种重要方法，会议中包含着大量的项目信息。这就要求项目经理必须高度重视工地会议，并建立一套完善的会议制度，以便于会议信息的收集。会议制度包括会议的名称、会议主持人、会议参加人、举行会议的时间和地点等，每次会议都应有专人记录，会后应有正式的会议纪要等。

项目实施现场的工地会议形式很多，一般有以下几种。

① 开工会议：开工会议也就是第一次工地会议，应在下达开工令之前举行。内容包括相互介绍有关单位的负责人和主要管理人员名单，检查施工人员和组织落实情况。检查工程开工前的准备工作是否已达到具备开工的条件，如资金、材料、装备、前道工序、图纸等等。

② 工程例会：为解决项目实施过程中存在的问题而定期召开的，一般每周一次。

③ 现场协调会：会议内容主要是提出项目实施过程中发生的一些主要问题，商量解决对策，协调各方关系。

④ 专题会议：专题会的内容是解决专门的疑难的问题，包括质量专题会、材料供应专题会、进度计划专题会、事故分析专题会、索赔专题会等。

各例会和专题会议都应有会议纪要，分发给各有关单位。各有关单位都应按照会议纪要的精神进行落实，遵照执行。会议纪录要忠实于会议发言者原话记录，不要加入任何记录人的感情色彩，以确保会议记录的真实性。

15.3.2　智能建筑工程项目信息的处理

在智能建筑工程项目实施过程中，所发生并经过收集和整理的有关项目的信息、资料，不仅数量很多，而且内容极其广泛，涉及面很广。在实际工作中，可能要随时调用其中某些资料。为了管理和及时调用的方便，必须对所收集的信息、资料进行及时适当的处理。

1. 项目信息处理的要求

要使项目信息有效地发挥作用，必须在信息处理过程中符合及时、准确、适用和经济的要求。

① 及时：信息处理速度要快，不能拖拉，以便及时决策。

② 准确：在信息处理过程中，要使处理后的信息能客观地反映实际情况。

③ 适用：处理后的信息必须能符合项目实施工作的实际需要。

④ 经济：是指信息处理采用什么样的方式，才能达到取得最大经济效果的目的。

2. 项目信息处理的内容

项目信息的处理内容包括：

① 收集：收集原始信息。这是一项很重要的基础工作，信息处理的质量好坏，在很大程度上取决于所收集的原始资料的全面性和可靠性。

② 加工：对原始信息进行分类、排序、计算、比较、选择等一系列的工作。

③ 传输：信息借助于一定的载体（如纸张、磁带、U 盘、光碟、网络等）进行传播。通过传输形成各种信息流，畅通的信息流会不断地将项目信息传送到有关人员手中，成为他们进行项目管理工作的依据。

④ 存储：将处理后的信息存储起来，建立档案，妥为保管，以备日后应用或参考。

⑤ 检索：建立起一套科学的、迅速的检索方法，以便能从所存储的大量信息中，及时查找及获得某些需用的项目信息。

⑥ 输出：将处理好的信息按不同的要求编制打印成各种报表和文件。

3. 项目信息处理的方式

（1）手工处理方式

这是一种最为简单和最原始的信息处理方式。在信息收集上，依靠人工填写表格收集原始信息；在信息加工上，靠人采用笔、纸、计算器等来进行分类、比较和计算；在信息存储上，靠人运用档案室来保存和存储资料；在信息输出上，靠人来编制报表、文件，靠人用电话、信函等发出通知、报表和文件。

手工处理方式对于一般工程量不大、项目内容比较单一、信息量较少、固定性信息较多的项目信息来说还可以适用。但由于其处理方法简单，处理速度较慢，故对于有着大量的流动性信息的智能建筑工程项目来说就不能适用了。

（2）计算机处理方式

在智能建筑工程项目实施过程中，不仅需要大量的信息，而且对信息的质量，如信息的正确性、可靠性、及时性等也有很高的要求。因此，必须借助于电子计算机来完成信息处理。电子计算机信息处理的特点是：速度快、存储量大、准确性高，信息处理起来不仅自动、快捷、方便，而且通过计算机网络系统进行远程传输、检索和输出，真正做到信息共享，以及协助文档管理人员确保文件资料及时整理、真实完整、分类有序。

15.4 智能建筑工程项目文档管理

文档是指文书、档案等原始的资料或电子资料。项目文档是项目管理工作信息的重要载体，是项目书面文字的工作成果。在智能建筑工程项目实施过程的各个阶段，所有相关信息都要予以分类整理保存，从而形成许多有关项目合同执行情况的文档资料，作为工程项目执行的完整档案和事实依据，供有关单位和部门查阅参考。

智能建筑工程项目文档资料即是指在项目实施过程中形成的各种原始文字记录，它既是项目实施工作中各项控制管理工作的依据和凭证，也反映了项目实施人员的素质和项目经理的管理能力和水平。

15.4.1　智能建筑工程项目文档的分类

根据智能建筑工程项目文档资料反映的内容可分为如下几类：

（1）文件合同类

文件合同类包括智能建筑工程项目实施前期的政府文件，可行性研究报告，招投标书，项目合同，用户需求分析报告，相关实验报告，勘察、设计、安装施工、监理等材料及设备订货合同和有关会议纪要等文件。这类文件是保证智能建筑工程顺利开工的基础。

（2）工程经济及技术资料类

这类文件包括承包人资质论证、项目实施方案审批、技术方案、工艺流程、工程变更、项目实际进度检查记录、工程质量检验记录、工程概预算、工程款实际支付情况等。这类文件资料体现了对项目质量、成本和进度的控制，以及对项目实施进程进行的有效管理。

（3）工程设计、采购、开发、安装、测试过程文件

这类文件包括项目总体设计方案，深化设计或详细设计，测试方案，项目规划、项目整体计划、采购计划、开发计划、测试计划，项目实施日志、质量日志，项目技术措施、安全措施和环境保护措施，模块测试、系统测试和试运行记录，工程例会、现场协调会、专题会等会议纪要，以及项目参与各方之间来住的信函、报告、通知、传真、电子文件等。这类文件反映了项目进行过程的真实情况，是今后区分项目各参与单位质量责任的凭据。加强对这类文件的审查、整理、归档保管是项目信息管理的一项很重要的工作。

（4）竣工验收类文件

这类文件包括验收、测试记录、竣工核定书、保修合同、质量合格证书等。这类文件是工程项目的收尾工作记录，用于对智能建筑工程项目质量进行质量评定。

按国家档案管理条例及发包人的要求，智能建筑工程项目竣工验收时要提供齐全的工程竣工资料，经过分析整理，编制归档。项目进行全面验收之前，首先要对全套完整的工程资料和文档进行验收，包括项目实施记录、检测报告、竣工图纸、软件文档和源代码，经监理单位检查、审核后，签字并加盖公章，移交发包人。

（5）监理工作文件类

监理工作文件类包括监理大纲、监理规划、监理细则、监理通知、监理日志、监理周报和月报，以及监理工作总结等。这类文件是监理机构开展监理工作的依据，也是管理和控制工程项目实施情况的手段。

15.4.2　智能建筑工程项目文档管理的原则和方法

智能建筑工程项目文档管理是项目信息管理的最重要的组成部分之一。为了提高智能建筑工程项目管理水平，促进项目管理工作的程序化、规范化和科学化，并为以后的智能建筑工程项目管理打好基础，要求项目相关各部门认真做好项目文档的管理工作。

1. 项目文档管理的原则

智能建筑工程项目文件资料的归档整理，一般于工程竣工验收后一个月内装订完成，经总监理工程师审核后移交发包人；特大型智能建筑工程项目的文件资料的归档移交时间

不得超过三个月；存档的文件资料需要借阅时应办理借阅和归还手续。关于工程项目档案的保存时间及销毁手续，应该根据国家档案管理相关的要求，统一进行规定。

智能建筑工程项目文档管理的原则包括：

（1）工程监理档案应与工程形象进度同步建立，按类别及时整理归档，要求真实齐全、纸张统一，编有检索目录，便于查询。

（2）项目文档资料的日常管理由总监理工程师负责，指定专人进行项目文档资料管理。收发、借阅必须通过资料管理员履行手续。当月资料可建立临时文件夹便于查阅，月末按统一编目建立案卷盒存放保管。

（3）文档的格式应该统一。要结合工程项目管理软件来统一定义文档格式，以方便管理。

（4）文档版本的管理。新的文档版本出来后，旧的版本应该进行相应的改变，并彻底从管理库中清除，以保持文档版本的统一。

（5）文档的存档标准是指某一类型的文档究竟应该保存多长时间，这个问题应该根据国家档案管理相关的要求，统一进行规定。

（6）全面推广计算机辅助管理，实现项目信息处理的规范化、网络化和自动化，以提高项目文档管理水平。

2. 项目文档管理的任务

智能建筑工程项目文档管理工作包括文档计划、编写、修改、形成、分发和维护等几方面。

（1）建立编制、登记、出版、分发文档的各种管理制度。

（2）编制项目文档计划。

（3）建立确定文档质量、测试质量和评审质量的各种方法的规程。

（4）严格按照国家档案管理相关的要求开展项目文档管理工作。

（5）积极支持文档管理工作，以形成在项目实施工作中自觉编制文档的团队风气。

（6）不断检查和完善项目文档管理工作过程，全面推广计算机辅助信息管理。

3. 项目文件资料归档的方法

一般情况下，智能建筑工程项目资料归档的方法如下：

（1）一般按工程项目、单位工程划分，以及文件资料属类等内容进行组卷。

（2）相同属类的文件资料较多，要以若干分册装订时，每册页数最好不超过 200 页，应有资料总目录、本卷、本册目录，并统一编制页码。如果不能连续编制页码时，可采用卷、册编号加页码编号的连写形式。

（3）归档的文件资料应统一使用 A4 规格复印纸，必须加大时，可扩大到 A3 纸。封面采用符合档案要求的硬纸，装订达到城建档案馆的要求。

（4）文档的审核、管理、验收和移交工作由总监理工程师负责。

第16章　智能建筑工程项目沟通管理

沟通是保持项目顺利进行的润滑剂。正如人体内的血液循环一样，如果没有有效沟通的活动，项目也会趋于死亡。尽管技术对沟通过程有帮助作用，是沟通过程里最容易处理的方面，但不是沟通过程里最重要的方面，最重要的应是提高一个组织的沟通能力。沟通能力的提高通常要求组织的文化发生变化，这需要花费许多时间、艰苦的工作和耐心。

16.1　项目沟通管理的概念

沟通不畅几乎是每个信息化建设工程，包括智能建筑工程项目都会遇到的问题，工程项目的规模越大、技术越复杂，其沟通就越困难。其实，沟通不仅是项目经理最应具备的技能，也是项目组其他成员必须具备的基本技能。

16.1.1　项目沟通和沟通方式的类型

1. 沟通和沟通过程的概念

什么是沟通？从其目的上讲，沟通是人与人之间就某些课题磋商共同的意见，即人们必须交换和适应相互的思维模式，直到每个人都能对所讨论的意见有一个共同的认识。说简单点，就是让他人懂得自己的本意，自己明白他人表达的意思。人与人之间商讨某个问题时，只有达成了共识才可以认为是有效的沟通。项目团队中，团队成员越多样化，就越会有差异，也就越需要成员之间进行有效的沟通。

沟通就是信息的交流，具体来说，沟通是信息的发出者将信息传递给接收者，以期接收者作出响应的过程。有效沟通是指人们有效地进行信息交流的技术和能力。

完整的沟通过程如图16.1-1所示。

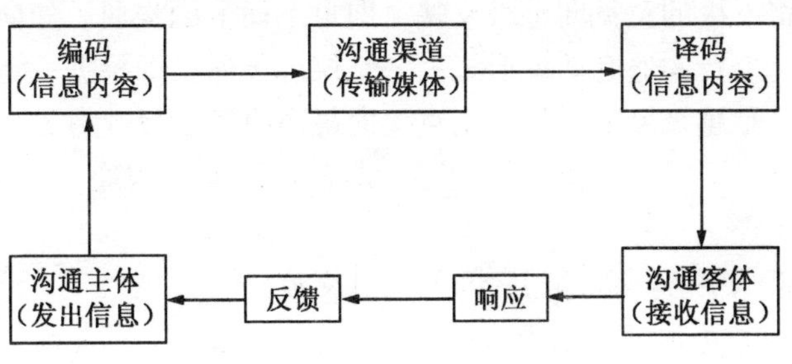

图16.1-1　沟通过程示意图

项目沟通是项目管理的一个重要组成部分，是联系其他各方面管理的纽带，也是影响项目成败的重要因素之一。

2. 项目沟通的对象和方式

项目沟通的对象应是项目所涉及的内部和外部有关组织及个人。

（1）项目内部沟通应包括项目经理部与企业管理层、项目经理部内部的各部门和主要成员之间的沟通。内部沟通应依据项目沟通计划、规章制度、项目管理目标责任书、控制目标等进行。

（2）内部沟通可采用授权、会议、培训、检查、项目进度报告、思想教育、考核激励等方式。

（3）项目外部沟通应包括组织与发包人、承包人、分包人、供应商等之间的沟通。外部沟通应依据项目沟通计划、合同和合同变更资料、相关法律法规、社会公德和项目具体情况等进行。

（4）外部沟通可采用召开会议、联合检查、宣传媒体和项目进度报告等方式。

（5）项目经理部应编写项目进度报告。项目进度报告应包括项目的进展情况，项目实施过程中存在的主要问题以及解决情况，计划采取的措施，项目的变更以及项目进展预期目标等内容。

3. 沟通方式的类型

沟通的方式按其划分角度的不同可以分为如下五种类型：

（1）正式沟通和非正式沟通

正式沟通是指通过项目组织内部规定的沟通方式进行的信息传递与交流，如组织之间的公函来往、组织内部的文件传达、召开会议、组织规定的汇报制度等。正式沟通的优点是：沟通效果好，约束力较强，可以使沟通保持权威性；缺点是：比较刻板，沟通的速度较慢。

非正式沟通是指在正式沟通渠道之外进行的信息传递和交流，如项目团队成员之间的私下交流，小道消息等。非正式沟通的优点是：灵活、方便，直接明了，速度快，能够了解到一些正式沟通中难以获得的信息；其缺点是：难于控制，传递的信息不准确，容易造成信息失真。

（2）上行沟通、下行沟通和平行沟通

上行沟通是指将下级的意见向上级反映，即自下而上的沟通。如向上级反映情况、意见、要求和建议等。上行沟通有两种形式：一是层层传递，即根据一定的组织原则和程序逐级向上级反映；二是越级反映，指员工直接向最高决策者反映意见，减少了中间环节。

下行沟通是上级向下级发布指示的过程，即自上而下的沟通，如上级将政策、目标、制度、方法等告诉下级。

平行沟通是指组织中各同级部门之间的信息交流。

（3）书面沟通、口头沟通和电子沟通

书面沟通是指以合同、规定、协议、通知、布告等书面形式进行的信息传递和交流。它的优点是正式、准确、具有权威性，可以作为资料长期保存，反复查阅。

口头沟通是指以谈话、报告、讨论、讲课、电话等口头表达的形式进行的信息交流活动。它的优点是比较亲切、灵活、速度快，沟通效果好；其缺点是：事后难以进行准确查证。

电子沟通是一种介乎于书面沟通和口头沟通之间的现代沟通方式，如电子邮件、BBS、网络留言、网络聊天、手机短信、语音邮件和电视会议等。

(4) 单向沟通和双向沟通

单向沟通是指沟通主体和沟通客体两者的角色不变，一方只发送信息，另一方只接收信息，如作报告、发布指令等。这种方式传递信息快，但是没有反馈，准确性较差。

在双向沟通中，沟通主体和客体两者的角色不断交换，且沟通主体是以协商和讨论的态度来面对沟通客体，信息发出后还要认真听取客体的反馈意见，必要时双方可进行多次沟通，直到双方满意为止。双向沟通的气氛活跃，准确性较高，沟通客体能够表达自己的意见，有助于建立良好的人际关系，但是这种方式传递信息的速度较慢。

(5) 言语沟通和体语沟通

言语沟通是利用语言、文字、图画、表格等形式进行的沟通。优点是简单明了，通俗易懂。体语沟通是利用动作、表情、姿势等非语言方式进行的沟通。

16.1.2　项目沟通管理的定义和内容

1. 项目沟通管理的定义

沟通管理就是对项目信息交流的管理，包括对信息传递的内容、方法和过程进行全面的管理。换言之，项目沟通管理是指为了确保项目信息的合理收集和传输所需要采取的一系列措施。

项目沟通管理提供了一个重要的在人、思想和信息之间的联络方式。项目沟通管理确保通过正式的结构和步骤，及时和适当地对项目信息进行收集、分发、储存和处理，并对非正式的沟通网络进行必要的控制，以利于项目目标的实现。

根据《建设工程项目管理规范》的规定：企业应建立项目沟通管理体系，健全管理制度，采用适当的方法和手段与相关各方进行有效沟通。

项目沟通管理的工作过程包括：

① 编制沟通计划：确定项目利益相关者的信息和沟通需要，即明确列出谁需要什么信息，什么时候需要以及如何把信息发送给他们。

② 信息发送：及时向各项目利益相关者提供所需信息。

③ 绩效报告：收集并发布有关项目绩效的信息，包括状态报告、进度报告、预报告、状态评审会议纪要等。

④ 管理收尾：生成、收集和分发信息来使阶段或项目完成正规化验收。

2. 项目沟通管理程序和内容

在智能建筑工程项目的整个生命期中，沟通起着至关重要的作用。例如承包人的项目经理部与发包人、监理、供应商的沟通，项目团队内部的沟通，这些沟通贯穿了项目生命期的始终。项目沟通程序和内容包括：

(1) 组织应根据项目的实际需要，预见可能出现的矛盾和问题，制定沟通计划，明确沟通的原则、内容、对象、方式、途径、手段和所要达到的目标。

（2）组织应针对不同阶段出现的矛盾和问题，调整沟通计划。

（3）组织应运用计算机信息处理技术，进行项目信息收集、汇总、处理、传输与应用，进行信息沟通，形成档案资料。

（4）沟通的内容应涉及与项目实施有关的信息，包括项目各相关方共享的核心信息、项目内部和项目相关组织产生的有关信息。

3. 消除沟通障碍的方法

消除沟通障碍可采用下列方法：

（1）选择适宜的沟通途径。

（2）充分利用反馈。

（3）组织沟通检查。

（4）灵活运用各种沟通方式。

16.1.3 项目沟通管理的重要性

许多专家都认为对任何项目，特别是包括智能建筑工程在内的信息化工程项目的成功威胁最大的是沟通的失败。有的专家对大量信息化工程项目失败的教训和一些成功案例的经验进行了深入研究，结果表明，与信息化工程项目成功有关的三个主要因素是：用户参与、上级管理层的支持、需求的清晰表述。所有这些因素都依赖于拥有良好的沟通技能。

造成大多数信息化工程项目（包括智能建筑工程）沟通不畅的原因，主要是项目经理部成员中大部分都是学计算机或通信专业的技术人员，总体上讲这些人的特点是重视技术、事业心强，但往往与人沟通少、社交能力弱。

由于现代信息技术突飞猛进地高速发展，计算机和通信专业技术人员必须花费大量的时间和精力去学习和掌握日新月异的新技术，并运用学习和掌握的新技术知识进行进一步的创新，促使信息技术发展的更快。他们总是加班加点超时工作，把别人喝茶、聊天、休闲、甚至谈恋爱的时间都用到了摆弄计算机、编写程序、发明创新上去了。他们给人留下的总体印象是一群书呆子，只知道工作，不懂生活。举个例子，美国硅谷是当代世界上最有活力的地方，许多高新技术，特别是最新的信息技术都是从那里诞生出来的。在硅谷搞创新发明的大多数人是年轻人，他们头脑聪明、崇尚科技、反对传统、精力旺盛、干劲十足，他们是一群真正的工作狂，所以在硅谷有两多：一是百万富翁多，二是王老五多。

除了信息技术专业人员本身不善于或者没时间没精力与别人（其他专业）经常沟通以外，信息技术领域不断地高速发展变化，这些变化产生了大量的技术术语和行话。尽管使用计算机的人越来越多，但是用户与开发商之间的差距随着技术进步也越来越大。计算机专业技术人员与非计算机人士进行沟通时，就好像他们在与另一个星球来的人交谈一样。

探讨产生沟通困难的根本原因要从分析我国教育体制存在的缺陷入手，我们在培养包括计算机和通信专业在内的理工科学生时，向来不重视，甚至是轻视人文科学的教育培养。“学好数理化，走遍天下都不怕”的思想在学生、家长和大部分老师的头脑中根深蒂固。大学计算机专业只注重培养学生的技术知识和技能，而不重视培养他们的沟通与社交技能，学位课程对学生的技术能力和学术基础要求很高，但很少有沟通（听，说，写）、心理学、社会学和人文科学方面的课程。老师也常常误导学生，使学生自以为这些“软技能”是很容易的，不用学就能应付。

实际情况并不是如学生想像的那么简单，许多实践经验和研究结果都表明：这些软技能正是计算机专业技术人员所缺乏的，而且是他们工作中必不可少的重要技能。在信息化工程项目实施过程中，不可能把技术技能与这些软技能分开，每个人都必须与群体或其他成员紧密联系，沟通能力也是确保项目实施顺利进行最重要技能之一。为了使项目成功，项目经理部的每个成员在工作中都需要同时运用技术技能与软技能，而且这两类技能都应该通过正规教育和在职培训得到不断提高，并在信息化工程项目实施过程中应用自如。

在信息时代，专业技术人员是知本家，一方面他们要注意对沟通负起责任；另一方面“高科技需要高情感”，在信息化工程项目团队中，由于外部市场的竞争压力和技术创新的动力，许多员工都负载着繁重的知识劳动，因此，他们也最需要情感，有效的沟通是缓解内心压力和舒张创造力的重要方式。项目经理一定要重视包括正式沟通与非正式沟通的沟通管道建设，并且帮助员工提高沟通技能，建立高效的工作场所、和谐的人际氛围。对“人”的高度重视和对人性张扬的强调，也时刻提醒着团队每一个成员要不断地抛弃狭隘的本位主义、尊卑意识和自我中心倾向。团队建设和管理如同演奏交响乐，只有员工的心跳与团队的心跳合拍了，才能奏起和谐美妙乐章。

16.2　项目沟通管理的目标和过程

项目沟通管理的目标是保证有关项目产生的信息能够及时以合理的方式进行传递和交流，为此，需要对项目信息的内容、信息传递的方式、信息传递的过程等进行全面的管理。

16.2.1　项目沟通计划

项目沟通计划是针对项目利益相关者的沟通需求进行分析，从而确定谁需要什么信息、什么时候需要这些信息，以及采取何种方式将信息提供给他们等。虽然所有的项目都需要信息沟通，但是信息需求和信息传递的方式可能存在很大差别。因此，制定项目沟通计划，确定项目利益相关者的信息需求和传递信息需求的方式，是项目成功的关键。

1. 项目沟通计划的作用

做任何事情有计划进行和无计划是完全不一样的，由于有效沟通对于项目成功起到至关重要的作用，那么项目经理拟定一份周详的沟通计划的原因也就不言而喻了。

① 帮助项目经理有计划地收集、整理、处理许多有关项目沟通的信息。

② 事先防止或减少以后项目实施过程可能出现的沟通问题。

③ 拓展和开发新的项目沟通渠道。

④ 加强项目沟通的管理，促进项目团队建设。

⑤ 增强与所有项目利益相关者联系沟通。

⑥ 当组织有多个项目同时实施时，有利于处理多个项目沟通问题时保持一致性、统一性和规范性，有助于组织的平衡运行，促进项目沟通顺畅。

⑦ 帮助项目经理从工作分解结构中获得有关项目沟通的基本信息。

2. 项目沟通计划的编制

项目沟通计划应由项目经理部主持编制。项目沟通计划应与项目管理的其他各类计划相协调。项目沟通计划应包括信息沟通方式和途径，信息收集归档格式，信息的发布与使用权限，沟通管理计划的调整以及约束条件和假设等内容。组织应定期对项目沟通计划进行检查、评价和调整。

编制项目沟通计划应依据下列资料：

① 合同文件。

② 项目各相关组织的信息需求。

③ 项目的实际情况。.

④ 项目的组织结构。

⑤ 沟通方案的约束条件、假设，以及适用的沟通技术。

3. 项目沟通计划的内容

沟通计划是一个指导项目沟通的文件，它是项目整体计划的一部分。项目沟通计划一般在项目的初期阶段制定，其类型和内容要根据项目的需要而变化，主要内容包括：

(1) 归档的规章制度

沟通计划书首先要描述项目信息收集和文档归档的规章制度，对收集和保存项目不同类型信息的原则、宗旨、方法、要求和规定作出详细明确的叙述。

(2) 信息收集的渠道

在沟通计划书中要列出采用何种方法，从何处，什么时候和如何收集项目信息。

(3) 信息发送的渠道

在沟通计划书中要有信息发送记录部分，主要描述什么信息发送给谁、什么时候和如何发送的情况。

(4) 重要信息的格式

在沟通计划书中要列出重要信息的格式模板，包括信息的格式、内容、详细程度，采用的符号规定、术语缩写词和定义表等。

(5) 信息流转日程表

信息流转日程表是指项目信息创建、收集和发送的日程安排，包括所有项目文件的编写、起草、报送、评审、批准、接收、归档的日程安排，以及一些重要会议的日程安排：召开的时间、参加的人员、议题、议程和会议纪要等。

(6) 信息访问的权限安排

根据项目经理部成员工作岗位的性质、职责范围和完成任务的需要，信息访问的权限分密级、类别等级、岗位和分人进行安排的。密级分为绝密、机密、保密三个级别；类别等级分为项目经理级、经理助理级、财务信息、客户信息、关键技术信息、程序源代码、会议出席人员等；项目成员的岗位安排不同，其可接触访问的信息密级和类别等级也不同，主要视工作任务的需要而定；对于项目经理部一些特殊的专业人员，如质量监督员，安全监督员，沟通监督员等，则要在信息访问权限上作一些特别安排，以利于他们开展工作。

(7) 更新沟通计划的方法

更新和细化沟通计划的方法：主要包括信息更新的依据、修改的时间安排和修改程序，以及在信息发送之前查找现时信息的各种方法。

(8) 项目利益相关者的沟通分析

对项目利益相关者的沟通分析是很重要的，在沟通计划书中要详细列明项目利益相关者的姓名、出生年月、地址、电话、职务、学历、工作经历等个人履历资料；个人爱好、兴趣、习惯、个性、修养、健康状况等个人性格资料；以及家庭成员、亲朋好友的相关资料。对项目利益相关者沟通分析的越详细、越透彻，对症下药，沟通就越顺畅。

在沟通计划书中还要记录与每个项目利益相关者有关的通知、文件、会议、备忘录等特殊考虑的细节，包括哪个项目利益相关者能获得哪种书面信息；哪个项目利益相关者应出席哪个项目会议；以及信息的联系人、交付信息的时间、指定的信息格式；评审的标准、批准的权限、签字确认要求等。

16.2.2　信息发送

信息发送是指把信息在适当的时间、以标准的格式送给适当的人，这与在第一时间、第一地点采集信息同样重要。在沟通计划书中做的项目利益相关者分析是信息发送的较好出发点，项目经理和项目经理部成员必须确定何时、何地、谁收到什么信息，以及信息发送的最佳方式。

1. 信息发送的方法

(1) 使用计算机发送信息

良好的技术手段能使信息发送的过程更便利。通过使用项目管理信息系统软件和互联网来改善信息发送，把项目文件、会议记录、客户要求、变更请求书等信息输入计算机，做成电子格式形式，按访问权限的要求提供给有权限、有需要的人使用。

计算机项目管理信息系统通常被用于搜索、综合处理和发布信息，它能快速检索和处理复杂的事件，项目利益相关者可以通过网络共享项目信息，其中信息检索系统包括档案系统、电子文档数据库、项目管理软件等；信息发布系统包括书面文档复印件、电子邮件、语音邮件、BBS、网络留言、网络聊天和多媒体电视会议等。

(2) 发送信息正式和非正式的方法

有效地发送信息依赖于良好的沟通技能，在智能建筑工程项目实施过程中，发送信息可以使用正式的书面报告，也可以使用非正式的口头沟通的方式。为了保证信息发送的准确和成功，这两种沟通方式经常要一起使用，比如，先是就某些问题召集有关人员开会，在会上达成（口头）决议，会后将会议记录整理出来，形成正式的会议纪要发送给有关人员。有些重要书面材料发送出去以后，项目经理还要通过电话或当面口头查询对方收到没有，以及追问处理的结果。

口头沟通方式的主要优点是通过当面交谈能够及时找到问题的关键症结之所在，及时进行答复或解决处理。其缺点主要是无法归档，难以用作以后解决双方争执的依据。相反，书面沟通方式的主要缺点是其答复的及时性、描述的准确性、问题的关键性等方面，可能会受到文件编写人员的技术水平和文字表达能力的限制，由于无法当面追问，解决问题的及时直接效果没有非正式口头沟通方式好。其最大的优点是书面文字材料可以归档，以利于今后查询，这一点在以后双方发生争执时就显得特别重要。

(3) *口头沟通方法的重要性*

口头沟通有助于在团队成员与项目利益相关者之间建立较强的联系。人们在讨论项目进展情况时，喜欢通过相互面对面的沟通来获得项目进展情况的真实感受，因为一个人讲话时的音调和身体语言能直接地表达出他们的真实感受是怎样的。有研究结果表明，大多数项目沟通都是通过非正式口头沟通方式完成的，大约只有不足10%的沟通是使用书面文字的正式沟通方式。

智能建筑工程项目实施过程中，通常需要进行大量的协调工作，因而口头沟通方式是最常用的发送信息的方式。例如，召开简短而频繁的碰头会就是一个好办法，一些工程项目经理要求所有的项目人员参加“站立”会议，根据项目的需要，这种会议每周或每天早晨召开一次。这种会议没有椅子，这样迫使人们把精力集中在真正需要沟通的问题上。

2. 沟通渠道的确定

信息发送的另一个重要的方面是项目参与人员的数目，沟通的复杂性会随着项目人数的增加而增加。当项目人数越多时，除了有更多的个人的沟通偏好外，还会有更多的沟通渠道。当项目人数增加时，有一个简单的计算公式可以确定沟通渠道数目，计算公式如下：

$$沟通渠道的数目 = n(n-1)/2$$

式中 n 是包含的人员的个数。例如，2个人有一条沟通渠道：$2(2-1)/2=1$；3个人有3条沟通渠道：$3(3-1)/2=3$；4个人有6条沟通渠道；5个人有10条沟通渠道等。

当参与沟通的人数超过3个时，沟通渠道的数目快速地增长，要想改善沟通，就必须考虑对不同的人采用不同的沟通方式。举例来说，如果在智能建筑工程项目实施过程中发现有一个问题与100个人有关，需要把问题提交给他们作出说明解释。有两种沟通方式，一种是通过给100个人发电子邮件来提出这个问题，另一种是召开一个会议，将有关人员召集在一起开会商讨解决的办法。显然，前一种方式沟通效率要比后一种差很多，因为给100个人发送电子邮件可能会导致更多的问题，包括信息发送不及时、内容误解和通信安全问题等。当人数增加、组织膨胀时，项目经理将面临许多管理上的挑战，沟通不畅会使犯错误的可能性成指数增长。这就好比在宽阔的有三车道的滨海大道上，有100个人分乘两辆大公共汽车，交通丝毫不受影响；如果这100个人分乘100辆小汽车，同时出现在同一路段上，每个人的驾驶技术、习惯和汽车的性能都不一样，将给交通秩序带来多大的压力就可想而知了。信息接受者对信息的解释很少与发送者想的一模一样，因此，提供多种沟通方法和一个能促进坦诚对话的环境是很重要的。

16.2.3 项目绩效报告

项目绩效报告包括收集和发布项目实施情况的信息，从而向项目利益相关者提供其所需的项目信息。一般来说，项目绩效报告应提供项目范围、进度、成本、质量、风险和采购等方面的信息，包括状态报告、进度报告、项目预测、状态评审和项目收尾。编写项目绩效报告的主要目的是对项目的状况或进度进行评价，以使项目利益相关者能及时了解为了达到项目的目标，是如何使用资源的，项目的进展情况如何等。编写项目绩效报告的依据是项目计划和工作成果。

1. 编写项目绩效报告的工具和方法

编写项目绩效报告的工具和方法包括：

① 挣值分析：又称为偏差分析技术，是一种综合范围、进度和成本数据的项目执行绩效测量技术，用于将项目的实际进展情况和计划数据进行对比。

② 趋势分析：随时检查项目的实施情况并据此预测项目未来的进展情况。

③ 通用图表：对项目实施情况的总结、分析结果，采用甘特图、S 曲线图、矩形图和表格等通用图表描述。

2. 项目绩效报告的内容

(1) 状态报告

状态报告描述项目当前的进展情况，即介绍项目在某一特定时间点上所处的位置，即从达到范围、进度和成本目标的角度上说明项目所处的状态。状态报告根据项目利益相关者的需要有不同的格式，其内容包括已经花费多少资金，完成某项任务要多长时间，工作是否如期完成等。编写状态报告要用到项目挣值分析的详细资料。

(2) 进度报告

进度报告描述项目团队已经完成的进度，即介绍项目经理部在某一特定期间所完成的工作。在智能建筑工程项目实施过程中，项目经理部每个成员都必须按周、月、年为时间段，编写每周、每月和每年的项目进度报告，项目经理以从各个成员那里收集的信息为基础完成统一的每周、每月和每年的进度报告。

(3) 项目预测报告

项目预测报告预测项目未来的进展情况，即在过去资料和发展趋势的基础上，预测项目未来的状态和进度，包括根据当前事情的进度情况，预计完成项目还要多长时间，完成项目需要多少资金等。项目预测主要采用挣值分析方法，根据项目目前进度情况，进行完工预算的估算。

(4) 状态评审会议

状态评审会议是项目实施过程中常用的一种评估项目绩效的好办法，它能突出一些重要项目文件提供的信息，促使项目经理部成员对他们自己的工作负责，以及对重要的项目问题进行面对面的沟通讨论。项目经理最好每月召开一次项目状态评审会议来交换重要的项目信息，沟通协调，激励员工，解决难题，以确保项目顺利进展。同样的，公司上级管理层每月、每季度会召开全公司的月度或季度状态评审会议，会上项目经理必须汇报各自项目的综合状态信息。

有时，项目状态评审会议所暴露的问题较多，矛盾复杂，协调困难，甚至会成为不同各方之间冲突白热化的地方，因此，项目经理或更上层的高级经理应为评审会议制定基本规则，控制局面、消除对立情绪、平息冲突的发生，并切实解决项目中存在的各种现有的或潜在的问题。

(5) 项目管理收尾

项目达到预期目标或因其他原因而终止后需要进行收尾。项目管理收尾包括对项目成果进行竣工验收，对项目文件进行收集、整理，并将有关文件存档，以备今后复查。

① 项目档案：项目团队对有关的项目文件要进行整理，建立索引并归档，形成一个完整、准确的历史记录。当对项目组织审计时，良好的项目档案能够快速地提供有价值的信息。

② 项目收尾：确认项目已经满足用户要求，用户正式接受项目成果。

③ 经验教训：项目组织应该把实施过程中引起项目偏差的原因、采取纠正的措施、有效的项目管理方法和技术等编制成文件，并归档，以此作历史资料的一部分，为项目组织今后的工作或进行其他项目提供参考。

16.2.4 项目团队建设与沟通的关系

一般而言，综合素质较高的项目团队，其沟通质量也较好，而素质普遍偏低的项目团队如果能重视沟通，采取措施加强沟通，项目绩效也能逐步出现起色。项目团队建设与沟通之间存在一种相互影响、相互依存、相辅相成的辩证关系。流畅的沟通能促进团队精神和企业文化的建设，而团队精神和企业文化的建设也有助于沟通的流畅。反之，如果没有良好的团队精神和企业文化，成员之间也不可能有良好的沟通和默契；没有良好的沟通和默契，自然也搞不好团队建设。

1. 项目团队建设为沟通准备好平台

良好的项目团队精神和企业文化，共同的目标，以及互相体谅、和谐、关心和互助的团队氛围是沟通流畅的必要“平台”。这好比是野雁的群体生活一样，在野雁的团队里，成员与成员之所以很默契，就是因为有一个共同方向、目标，以及良好的团队氛围。一个团队必须具备野雁的天赋。在一个组织中，如果像野雁一样，有共同的目标和方向，领导也努力创造互相鼓励、支持和帮助的环境和氛围，同事之间不断向对方发出源自内心的喝彩，那么沟通自然是事半功倍。

相反，一个组织如果没有共同的文化和目标，没有团结的氛围，每个处于不同位置的人各自为政，高层的摆起架子，低层的明哲保身，沟通自然是事倍功半。微软公司在研发Windows 2000这件软件产品时，有超过3000名开发工程师和测试人员参与，写出了5000万行代码。如果没有全部参与者的默契与分工合作，这项工程根本不可能完成。

2. 团队建设为沟通铺设管道

沟通的形式有口头、书面、固定电话、移动电话、传真、卫星通信、计算机网络和互联网等类型，现代通讯技术为沟通提供了各种捷径设备和管道。要使沟通有效地进行，必须选择合适的沟通管道。项目经理不仅要重视沟通管道硬件设备建设，更重要的是重视沟通管道软环境的建设，创造良好的团队精神和企业文化，如轻松愉快、宽容和谐、关心鼓励、融洽互助的人际关系等。

在智能建筑工程项目实施过程中，正式场合的沟通管道要根据工程项目的目标及其实现策略来进行选择。采用沟通管道的形式时要重视平行渠道，如口头沟通辅以备忘录，语言沟通辅以表情、手势，会议结果有个会议纪要等，这些都易于加深人们对沟通信息的理解与接受。

3. 团队建设为沟通排除障碍

研究发现在沟通的过程中存在有不少障碍，项目经理要通过搞好团队建设，改进组织结构，以及提高成员的文化、语言、表达、心理和修养等方面的素质，及时排除障碍。

影响沟通流畅的主要障碍有：文化障碍、组织结构障碍、心理障碍。文化障碍中包括语言障碍、语意表达障碍及文化水平差异。组织结构障碍包括地位障碍、空间障碍及机构障碍，其中的机构障碍往往是由于机构设置不合理，规模臃肿，层次太多，从高层到低层或从低层到高层要经过太多的程序，容易造成信息走样和失去时效。心理障碍则包括认知障碍、情感障碍和态度障碍等。由于习以为常，或其他原因，这些障碍常常不易发觉，不愿克服，也常常在不知不觉中影响沟通的流畅。所以，项目经理要特别留意，随时发现团队及员工出现沟通障碍的情况，采取有力措施精简机构，以及帮助员工克服各种沟通障碍。

正式沟通渠道的不通畅，正是造成小道消息得以盛行的原因。小道消息作为一种非正式的沟通的方式，在一定程度上对正式沟通起到补充和辅助的作用，但它也有很多不利的反作用也是有目共睹的。因此，及时排除种种障碍，加强和疏通正式沟通的渠道，是防止那些不利于或有碍于组织目标实现的小道消息传播的有效措施。

4. 沟通从心开始

沟通必须以人为本，只有从心开始，进行心灵与情感的沟通，才能真正有效地进行沟通。项目经理作为团队领导者，要考虑以什么方式进行沟通，使沟通的双方相互理解、相互信任、相互认同。只有用情感进行沟通，让大家在心理上能愉快地接受对方，才能收到事半功倍的效果。

个人目标是个人追求的一种生活境界，它表现为个人的理想、愿望以及对未来生活的一种期盼，一般存在三类心理目标：与生存有关的目标简称生存目标；与社会交往有关的目标简称为关系目标；与自我发展有关的目标简称发展目标。如果某些管理行为能够促进员工的个人目标向预期的方向发展，就会产生积极的情绪情感；反之，就会产生消极的情绪情感。员工的积极情绪是有效沟通的前提，也是项目成功的保障；而员工的消极情绪则是项目绩效的“天敌”，因为无法进行有效沟通，就无法获得成功。

16.3　提高沟通技能的措施和方法

16.3.1　改进沟通观念和体制

在一般情况下，导致项目沟通不畅的问题主要在于个人观念与组织体制。其实观念与体制的改变都并非难于登天，根据项目沟通的特点，项目经理只要愿意花三分时间去思考，七分时间去实践，是能够成功办到的。

1. 沟通方式的多样化

项目沟通最常见的方式是书面报告及口头传达，但前者最容易掉进层层报告、文山会海当中，失去沟通的效率性，而后者则易为个人主观意识所左右，无法客观地传达沟通内容。当项目经理部开始为沟通不畅所苦恼时，就应该采取不同以往的沟通方式进行改良。比如沟通效率过低，就应该反省团体内部有关教育是否滞后不前。

2. 等距离沟通

有效沟通应建立在平等、公正、公平的基础上，如果在团体内对待每个成员的沟通和处事态度无法做到等距离，尤其是领导对所有的下属员工不能保持一视同仁的话，就会引起员工之间心理不平衡，无端产生嫉妒和矛盾，期间所进行的沟通一定会产生相当多的副作用。获得上司宠爱者自是心花怒放，怨言渐少，但与此同时，其余的员工便产生对抗、猜疑和放弃沟通的消极情绪，沟通工作就会遭遇很大抵抗力。

3. 变单向沟通为双向沟通

有时项目经理与员工的立场难免有不协调、不能共通之处，只有善用沟通的技巧和能量，及时调整双方利益，消除矛盾，才能够使双方协调一致、互为推动、更好地发展。在一个团队内，如果沟通只是单向的，即领导下达命令，下属只是象征性地反馈意见。那么，这样的沟通不仅无助于决策层的监督与管理，时间一长，必然挫伤员工的积极性及归属感。因此，单向的沟通必须变为双向的沟通，才能形成有效的沟通。

4. 提高沟通效率

沟通是处理因管理不当所引起矛盾的主要工具，沟通效率类似于化学反应里的分解速度。如果沟通效率过低，当然就无法及时化解不良反应，这种沟通就是低质沟通或无效沟通。

提高项目沟通效率最有效的方法是明确沟通管道和方向，这与团队内部部门职能及员工职责的清晰与否有关。如果部门职能、员工职责清晰明确，沟通便有相应的管道和方向目标，而不至于如皮球般被踢来踢去，最终不了了之。另外，为避免在沟通过程中因为利益的冲突而导致恶性沟通，团队内部最好能设立一个独立于各职能部门以外的监督部门，或者指定负责监督的员工负责协调沟通工作。

5. 改善沟通的技巧

项目沟通最困难的是内部人员素质参差不齐的组织类型，因为素质不等，所以，在同样的沟通方式下，却会产生各种不同的沟通反应。根本的解决之道，就是持续地开展内部培训和再教育，让所有员工的思想观念跟得上组织的发展，同时也推动组织寻求更大的突破。

一般情况，沟通技能水平不高的人大致可分为三类：

① 技术能力强的人：以信任和放权为沟通的基础，激发其责任感，促使其在责任感的驱使下改善沟通；

② 能力平平而纪律性甚好的人：主动指导，尤其是针对其薄弱之处，多作鼓励，适当批评，让其发现自身优缺点而主动沟通；

③ 能力平平而纪律性甚差者：这是最容易产生沟通不畅问题的群体，听之任之或公开惩罚在多次以后就会失却效用，因此需要采用一些特殊的方式，如在某些方面给予一定的肯定及期许性的鼓励，通常荣誉往往比惩罚更能培养个人的责任感，而只要增强了员工的责任感，沟通往往会水到渠成。

6. 重视沟通基础设施的建设

为了确保组织内部与外部信息的快速流动，必须重视沟通基础设施的建设，包括沟通工具、技术和原则。沟通工具主要有信函快递、固定电话、移动电话、传真机、计算机网络、宽带网、互联网、多媒体会议系统、电子邮件、项目管理软件、文件管理系统等；沟通技术包括各种报告文档编写的指导方针、标准格式和模板；项目文件归档的程序和规章制度；会议基本规则和程序；决策过程、解决问题的方法、冲突解决和协商技术，以及与此相似的技术等；沟通原则包括提供开放式对话的环境，使用“率直交谈”和遵照公认的工作道德规范等。

16.3.2　倾听是有效沟通的关键

在项目团队沟通中，言谈是最直接、最重要和最常见的一种途径，有效的言谈沟通很大程度上取决于倾听。作为一个项目团队，成员的倾听能力是保持团队有效沟通和旺盛生命力的必要条件；作为个体，要想在团队中获得成功，倾听是基本要求。

有研究表明：在智能建筑工程项目实施过程中，那些是很好的倾听者的员工，总是比那些不是好的倾听者的员工工作更出色、成绩更突出。在工作中，倾听已被看作是获得初始职位、管理能力、工作成功、事业有成、工作出色的重要必备技能之一。

在倾听的过程中，如果人们不能集中自己的注意力，真实地接受信息，主动地进行理解，就会产生倾听障碍，在人际沟通中，造成信息失真。通常，影响倾听效率有以下三点：

（1）环境干扰

环境因素对人的听觉与心理活动有重要影响，环境中的声音、气味、光线以及色彩、布局，都会影响人的注意力与感知。布局杂乱、声音嘈杂的环境将会导致信息接收的缺损。

（2）信息质量低下

交谈双方在试图说服、影响对方时，并不一定总能发出有效信息，有时会有一些过激的言辞、过度的抱怨，甚至出现对抗性的态度。现实中我们经常遇到满怀抱怨的顾客，心怀不满的员工，剑拔弩张的争论者。在这种场合，信息发出者受自身情绪的影响，很难发出有效的信息，从而影响了倾听的效率。

信息低下的另一个原因是，信息发出者语言表达能力差，不善于表达或缺乏表达的愿望。例如，当人们面对比自己优越或地位高的人时，害怕“言多必失”而留下坏印象，因此不愿意大胆发表自己的意见，或尽量少说，甚至前言不搭后语，语义不清等，让对方难以理解。

（3）倾听者主观毛病

在沟通的过程中，造成沟通效率低下的最大原因就在于倾听者本身。研究表明，信息的失真主要是在理解和传播阶段，归根到底主要责任还是在于倾听者的主观毛病。

① 个人偏见：有时，即使是思想最无偏见的人也不免心存偏见。在项目团队成员的背景多样化时，倾听者的最大障碍往往就在于自己对信息传播者有偏见，造成无法获得准确信息。

② 先入为主：在行为学中被称为“首因效应”，它是指在进行社会知觉的过程中，对象最先给人留下的印象，对以后的社会知觉发生重大影响。也就是我们常说的，第一印象往往决定了未来。人们在倾听过程中，对对方最先提出的观点印象最深刻，如果对方最先提出的观点与倾听者的观点大相径庭，倾听者可能会产生抵触的情绪，而不愿意继续认真倾听下去。

③ 自我中心：人习惯于关注自我，总认为自己才是对的。在倾听过程中，过于注意自己的观点，喜欢听与自己观点一致的意见，对不同的意见置若罔闻，往往错过了聆听他人观点的机会。

16.3.3 提高倾听能力的技巧

掌握倾听的艺术并非很难，只要克服心中的障碍，从小节作起，肯定能够成功。下面列出一些提高倾听能力的技巧：

（1）创造有利的倾听环境，尽量选择安静、平和的环境，使对方处于身心放松状态。

（2）在同一时间内既讲话又倾听，是不可能的事情，要停止讲话，注意倾听对方讲述。

（3）尽量把讲话时间缩到最短。你讲话时，便不能聆听别人的良言，为了多听听别人的意见，就要尽量缩短讲话时间。可惜许多人都忽略了这一点。

（4）摆出有兴趣的样子。这是让对方相信你在注意聆听的最好方式，并且要提问和要求进一步详细阐明他正在讨论的一些论点。

（5）观察对方。端详对方的脸、嘴和眼睛，尤其要注视眼睛，将注意力集中在传递者的外表。这能帮助你聆听，同时，能完全让传递者相信你在聆听。

（6）关注中心问题，不要使你的思维迷乱。

（7）以平和的心态倾听，不要将其他的人或事牵扯进来。

（8）注意克服自己的偏见，倾听中只针对信息而不是传递信息的人。诚实面对、承认自己的偏见，并能够容忍对方的偏见。

（9）抑制争论的念头。注意你们只是在交流信息，而非辩论赛，争论对沟通没有好处，只会引起不必要的冲突。学习控制自己，抑制自己争论的冲动，放松心情。

（10）保持耐性，让对方讲述完整，不要打断他的谈话，纵然只是内心有些念头，也会造成沟通的阴影。

（11）不要臆测。臆测几乎总是会引导你远离你的真正目标，要尽可能避免对对方做臆测。

（12）不宜过早作出判断。人往往立即下结论，当你心中对某事已做了判断时，就不会再倾听他人的意见，沟通就被迫停止。保留对他人的判断，直到事情清楚，证据确凿。

(13) 做笔记。做笔记不但有助于聆听，而且有集中话题和取悦对方的优点。

(14) 不要以自我为中心，在沟通中，只有把注意力集中在对方身上，才能够进行倾听。但很多人习惯把注意力集中在自己身上，不太注意别人，这容易造成倾听过程的混乱。

(15) 鼓励交流双方互为倾听者。用眼神、点头或摇头等身体语言鼓励信息传递者传递信息和要求别人倾听你的发言。

16.3.4　沟通技能培训学习

人们的技术技能主要是通过不断地学习（培训、自学、交流、实践）获得提高的，人们的沟通技能也像技术技能一样，能通过不断地学习得到提高。当然，不可否认有些人似乎天生就有很好的沟通技能，有些人则有学习技术技能的诀窍，但很少发现有人天生就同时拥有这两种本领。

现实生活中，大多数技术专业人员是因其技术技能而得以进入智能建筑工程这个领域的，不过，多数人发现沟通技能才是提升职位的关键，特别是如果他们想成为优秀的项目经理。

培训是提高项目员工沟通技能的重要手段之一，然而许多员工还不太懂得这个道理，就他们本身的想法而言，也可能更愿意参加最新的技术培训，而不是那些软技能的培训。所以项目经理一定要强调软技能培训的重要性，因为项目员工沟通技能的提高将关系到项目能否成功。在沟通和表达培训方面很小的投资就能为个人、项目和组织带来巨大的回报，这些技能比他们在技术培训课上学到的许多技能有更长的生命力。

沟通技能培训通常包括角色扮演活动，通过这些活动让学员建立协同的观念；培训课还为学员提供机会去发展在小组中沟通的特殊技能，并把学员的表现录在录像带上。大多数学员对他们在录像带中看到的言语上的特殊习惯感到惊讶。

16.3.5　召开有效的会议

在项目实施过程中有大量协调工作要通过经常的定期或不定期会议协商讨论解决，组织召开有效的会议是项目经理最重要的工作。一个成功的会议能起到鼓舞士气的作用，反之，失败的会议会对项目产生极为有害的影响。下面是几条有关开会指导方针。

(1) 终止不必开的会议

如果时机不成熟、准备不充分，或没有解决问题的好办法，就不要召开会议。开会的原则是：可开不可开的会议，不要开；小会能解决的问题，不要开大会；短会能解决的问题，不要开长会。

(2) 会议目的要明确

每次开会之前，一定要明确会议的议题、议程和目的，并事先使出席会议的每个人都能十分清楚会议的议题和目的，以便做好讨论发言的准备。

(3) 确定参加会议的人员名单

参加会议的人员名单是以会议的议题、议程和目的为基础确定的。会议出席人员与会议的议题和目的之间是一种相辅相成的关系，如果有的关键人物不能出席会议，那么相关会议议题就得取消，甚至会议都不能如期举行。一般情况下，参加会议的人数越少越有效，特别是在做决策的时候。其他一些会议则需要很多人参加。

(4) 会前向与会者提供议程

会议议程是会议组织者拟定的会议流程，实质上是会议组织者对会议内容作出的计划安排表。会议召开前给每个准备出席的与会者发会议议程表很重要，其主要作用是：

① 当受到邀请有可能出席会议的人会前知道了会议议程以后，就有机会和时间来考虑与会议有关的问题，并决定他们是否真的需要出席会议。

② 与会者可以根据会议议程作出席会议的准备工作，如看报告翻资料，收集必要的信息，准备发言稿等。与会者有准备而来，则会议会有效得多。

(5) 做好会务准备工作

会务准备工作繁琐而重要，事务性工作又多又杂，大大小小、方方面面的问题都要考虑周全。例如，事先要准备好会议分发的印刷品、多媒体会议设施和后勤安排，包括预订合适的房间，安排交通车辆，搞好会议伙食，迎来送往热情服务等。

(6) 会议主题要突出

会议主持人要协调好会议关系，把握住会议议程，掌握好时间进程，控制整个会议局面气氛，特别要突出会议主题，会议自始至终都要紧紧围绕着会议主题展开热烈的讨论和认真的研究，以尽量短的时间，达成共识，解决问题。会议要作记录，会后要整理好记录写成会议纪要。

(7) 通过会议建立关系

通过召开主题突出、生动有趣、气氛热烈的专题会议，适当地使用幽默、小礼品或奖励好主意等方式来保持会议参加者的积极参与，有助于与各方面建立起业务关系。

16.3.6 有效的项目沟通来自心灵沟通

人是有着丰富感情生活的高级生命形式，情绪、情感是人精神生活的核心成分。优秀精明的领导者就是最大限度地影响追随者的思想、感情乃至行为。作为项目经理，仅仅依靠一些物质手段激励员工，而不着眼于员工的感情生活，那是不够的，与员工进行思想沟通与情感交流是非常必要的。现代情绪心理学的研究表明，情绪、情感在人的心理生活中起着决定性的组织作用，它支配和组织着个体的思想和行为。因此，情感管理应该是管理的一项重要内容，尊重员工、关心员工是确保项目沟通顺畅，搞好人力资源开发与管理的前提与基础，这一点对智能建筑工程项目管理尤其重要。

既然有效的项目沟通来自于心灵的沟通、感情的沟通，项目经理不妨试试以下小小的情感投资方法：新员工前来上班之际，开个简短的欢迎会，发表一个简短的欢迎辞；支持和鼓励员工参加技能培训，培训结束时给项目经理部学员发个祝贺信，祝贺他学到了新技能；逢年过节给员工发一点小礼品，或者请全体员工吃顿饭；员工生日送个生日蛋糕；对员工的工作成就和额外努力要给予表扬和奖励；员工遇到个人困难时表达出同情和关心。

研究表明，一些最为珍贵的信息是出人意料的：邮箱里的一张贺卡，电子邮件中的电子贺信，出乎预料的小礼品……这些最能体现出小礼物背后的真诚，也最能让人感动，让人难以忘怀。

16.4　冲突和协调的概念

智能建筑工程项目属于信息系统工程领域，其特点是技术新、风险高。任何事物当风险高时，矛盾冲突就不可避免；当潜在的矛盾冲突发生时，良好的沟通显得特别重要。根据《建设工程项目管理规范》的规定：项目沟通应减少干扰，消除障碍，处理冲突，保持沟通途径畅通、信息真实。组织应做好冲突的预测工作，了解冲突的性质，寻找解决冲突的途径。

16.4.1　冲突的含义和解决方法

1. 冲突的含义

冲突的含义相当广泛。项目上的冲突可以解释为两个或两个以上的人或组织在某个争端问题上的相互干扰、意见不合或争执。冲突分为以下几种：

① 利益冲突：指组织内外部的个人之间、组织与个人之间、组织之间以及组织或个人与其所在的自然和经济环境之间，在其赖以生存的资源分配处于不公平情况下产生的冲突。利益冲突的解决取决于利益分配问题的解决。

② 文化冲突：指组织内外部的个人之间、组织与个人之间、组织之间以及组织或个人与其所在的社会环境之间在文化、思想、信仰和观念等各方面不一致、不和谐而产生的冲突。原因在于不同的观念将引致不同个体或组织的行动，而不同的行动将产生不公平的利益或资源的分配，从而引起冲突。

③ 角色冲突：指自然系统、机械系统或人的组织系统与构成系统的组成单元或部件的相互关系（结构）或功能不和谐、不相容等产生的冲突。原因在于组成系统的结构和各部件（或部分部件）的功能具有排他性，引起碰撞。角色冲突的结果可能导致系统的整体生存能力下降，目标不能实现，甚至死亡。

④ 心理冲突：指个人或组织的逻辑思维对环境的认识、评价和判断产生矛盾的结果，导致其精神状况不和谐、不稳定。心理冲突可能导致行为选择的风险。

2. 冲突的解决方法

利益冲突需要使冲突的各方在资源的分配上由不公平重新达到公平状态才能解决；文化冲突需要各方在不同的文化环境中达到沟通、相互接受和融合才能解决；角色冲突需要冲突各方在不同的文化环境中达到结构与功能的整体优化方能解决；心理冲突需要个体或组织在精神和心理上得到调整，达到新的平衡。

解决冲突问题是由若干种不同的措施，以不同的力度构成的一个措施组合方案。构成解决冲突问题方案的措施种类很多，可分为经济措施、技术措施、组织措施和合同措施，每种措施包含多个子措施。解决冲突可采用下列方法：

① 协商、让步、缓和、强制和退出等。

② 使项目的相关方了解项目计划，明确项目目标。

③ 搞好变更管理。

④ 领导裁决。

⑤ 对抗的方式，如进行诉讼或提交仲裁。

解决冲突问题的过程分为静态和动态两种。对于通过选择某种途径和有效的解决方案一次性地解决冲突问题的情形，称为静态解决冲突问题；而若需要持续多次采用解决方法，选择某种途径和有效的解决方案解决问题的，称为动态解决冲突问题。一般来说，绝大多数冲突问题的解决都是一个动态过程。

16.4.2 协调的含义和监理的协调作用

1. 协调的含义

协调，根据不同情景可以理解为协商、调解、调停或调理。在利益冲突中，协调是指第三方依照法律或合同赋予的权力对处于冲突境界的个体或组织之间的利益分配和资源分享的不公平状态进行识别、分析、评价和判断，依据一定的标准和尺度，采用调节和理顺的方法，选择有效的调理措施，通过沟通与协商手段，使处于冲突境界的各方认识冲突的利害关系和发展前景，推荐解决冲突的措施方案，使其利益分配和资源分享趋于新的公平和稳定状态。

沟通和协商是协调的重要手段，沟通是通过语言、信号、姿势等通用符号系统在个体或组织之间进行思想或观念交换的过程。因而沟通在解决冲突问题中是重要的手段和不可缺少的环节。协商，又称为谈判，是指通过会议或讨论的方式使某种事件得到公平解决，或达成某一协定。

2. 监理的协调作用

在上述协调的解释中，沟通与协商起着核心的作用。可见协调是对处于冲突境界中的双方或多方通过信息沟通和协商，使其利益分配或资源分享达到新的公平（或平衡）状态，从而使冲突问题得到解决。因此，协调是为了解决利益冲突问题。

在智能建筑工程项目实施过程中，发包人与承包人是依合同建立起的交易关系，二者通过签订合同达成某种公平交易的承诺。然而在合同的履行过程中必然会产生现实交易结果与合同承诺的差异，这将导致实际结果的不公平，致使在发包人与承包人之间产生利益的冲突。监理作为第三方对发包人与承包人在合同履行过程中产生的差异进行协调，以使合同的差异不断缩小，对损失方给予利益补偿，使发包人与承包人的交易尽量达到公平和新的平衡。

通常，处于冲突当中的发包人与承包人之间的利益冲突很少可以通过自我调解得到解决，因为发包人与承包人是利益相关但方向相反的一对冲突体。只能通过第三方协调的方法达到对实际费用、实际进度和实际质量控制的目的。应当说，在智能建筑工程建设活动中，监理单位是最适宜的组织协调者，原因如下。

① 监理单位是发包人委托并授权的、在工程项目实施现场唯一的全过程管理者，它代表发包人，根据监理合同及有关的法律、法规授予的权力，对整个工程项目的实施过程进行监督管理。

② 监理人员都是经过考核的专业人员，一般情况下，他们比发包人的管理人员有更

高的管理水平、管理能力和管理经验，能保证工程项目建设的顺利实施。

③ 现行的相关法律、法规为监理单位对工程项目建设进行的协调提供了有效保证。

16.5　智能建筑工程组织协调的原则和内容

16.5.1　工程项目组织协调的原则

智能建筑工程组织协调工作的原则是：坚持项目利益第一，全局利益第一的原则。方便他人，也方便自己。加强与参与项目各单位的联系，通过各方充分协调与理解，使各方达成一致。

智能建筑工程项目实施过程中涉及的单位较多，即在工程项目建设中，监理工程师要与发包人、承包人、土建装修、供电供水、上级主管门等进行定期和不定期的工作协商，召开各方有关人员的协调会。由于各单位人员素质参差不一，在同一时间内交叉作业，会不断产生一些问题，且存在着一定的矛盾，有技术方面的问题，也有管理方面的问题，因此监理工程师要像现场指挥那样，协调好方方面面的工作，协调配合贯穿整个工程实施全过程。

及时掌握工程建设的进度、费用、质量、施工流程、工序衔接，以及与其他系统施工工期、工序、施工安排、人员关系，从而顺利地协调各工种之间、各系统之间、各单位之间的干扰与矛盾，减少施工过程中的相互影响。加强智能建筑工程项目承包人与其他项目承包人，如土建装修、电力、给水排水、通讯各单位的沟通、协调与配合，确保工程项目实施的顺利进行。

16.5.2　工程项目组织协调的内容

组织协调工作是贯穿于智能建筑工程项目实施全过程的。由于工程项目实施过程涉及的单位较多，将整个工程项目作为一个系统来看，项目组织协调可分为系统内部的协调和系统外部的协调两大部分。系统外部的协调又可分为具有合同因素的协调和非合同因素的协调。

1. 系统内部协调

系统内部协调是指一个项目内部各种关系的协调，主要包括以下几个方面：

(1) 系统内部人际关系的协调

主要指如何提高每个人的工作效率，这在很大程度上取决于人际关系的协调程度。项目经理首先应注意做好人际关系的协调工作，充分调动系统内部各个成员的积极性，这样才能保证工程项目顺利地实施。因为任何协调工作最终都表现为人与人之间的往来，而良好的人际关系可以使双方相互信赖、相互支持，容易沟通，同时人际关系的渗透和扩散性反过来能更加提高工作的效率。和谐的人际关系是做好项目管理工作的基础。

(2) 系统内部组织关系的协调

这里说的组织，是指智能建筑工程项目中对应承担各个子系统任务的若干个项目经理部。组织协调的作用是要使这些项目经理部都能从整个项目的总目标出发，积极主动地完成本组的工作，使整个项目处于有序的良性状态。组织协调可以通过开定期的工程例会、业务碰头会和协调会来实现，会后应有会议纪要，并采用信息传递方式进行有效沟通，这样可使局部的小组单位了解全局，消除误会，服从并适应全局的需要。通过及时有效的组织协调，可以避免资源的浪费，节省人力物力和财力。

（3）系统内部需求关系的协调

系统内部需求关系的协调是指在工程项目实施过程中，对人员、材料、设备和软件的需求，以及能源动力需求等进行及时的协调，以达到内部需求的平衡，实现内部资源的一种合理配置。

2. 系统外部关系中的合同因素协调

系统外部的协调是指智能建筑工程项目所涉及各个单位（即利益相关者）之间的关系协调。以是否具有合同关系为界限，划分为具有合同因素的协调和不具有合同因素的协调。具有合同因素的协调主要是发包人与承包人，发包人与设计单位，发包人与供货商等之间的关系协调，因为他们之间的关系均具有合同性质。系统外部关系中的合同因素协调是组织协调工作的重点环节。

对于系统外部关系中合同因素的协调，主要是协调发包人与承包人的关系。监理单位受发包人的委托，作为第三方对发包人与承包人在合同履行过程中产生的冲突进行协调，应该本着公正的原则进行协商，正确地协调好各种矛盾，以使双方的差异不断缩小，同时要对受到损失的一方给予利益补偿，使发包人与承包人的之间的利益尽量达到公平和新的平衡。在不同阶段，需要协调的内容也不尽相同。如：招标阶段的协调、实施和开发准备阶段的协调、实施和开发阶段的协调、竣工验收阶段的协调，总包与分包商之间关系的协调等。

对承包人在履行合同中的实际投资、实际进度和实际质量进行的控制不像对物资交易系统进行的调节和控制，双方所构成的利益相关、方向相反的冲突是由人组成的系统，只能通过协调的方法达到对实际投资、实际进度和实际质量控制的目的。

监理单位必须采取有效的沟通和组织协调措施，才能担当起监督者的责任，以加强对智能建筑工程项目实施监理的力度。同时发包人也必须密切配合，充分信任监理单位，使监理单位在监理合同范围内的职责充分发挥出来。

3. 系统外部关系中的非合同因素协调

智能建筑工程项目系统外部关系中的组织协调工作，除了合同方面的协调以外，还有许多非合同因素的外部关系需要进行组织协调工作。如一些政府主管部门、新闻媒体、中介服务单位、金融机构、社会团体等，虽无合同关系，但作用不可低估。他们往往对智能建筑工程项目的实施过程在某些方面、某些场合起着很大的和决定性的作用，起着一定的控制、监督、支持的作用。这方面的关系若协调不好，会影响智能建筑工程项目的实施进度。

非合同因素协调的范围很广，可能遇到的问题比合同因素协调更多，协调工作量更大、更复杂。智能建筑工程项目在实施过程中可能会遇到方方面面的部门和事情，组织协调的作用是回避不了的，而这些方面都不是事先签好合同可以进行约束的，反而常常是事先难以预料的。通常，这方面的协调工作不是监理单位所能胜任的。显而易见，发包人应负责协调工程项目系统外部关系中的非合同因素的关系。

16.5.3 工程项目组织协调的措施

1. 利用沟通技能解决矛盾冲突

智能建筑工程项目实施过程中，大多数矛盾冲突是由项目进度问题引起的，其他一般冲突发生的排列次序是：人员安排、技术问题、管理程序、个性和成本。项目经理要提高沟通技能来帮助尽早发现、识别、减少和消除项目矛盾冲突，这是至关重要的。

通常解决项目矛盾冲突的方法有以下五个基本模式：面对，妥协，圆滑，强制和撤退。

① 面对：项目经理直接面对冲突，本着解决问题的态度，寻找解决问题的方法，允许受到矛盾冲突影响的各方一起沟通，以消除他们之间的分歧。这种方法也叫问题解决模式。

② 妥协：根据妥协模式，项目经理利用妥协的方法解决冲突。摊开问题、讲清道理、讨价还价、各让一步，寻求解决方法，使冲突各方都能满意。

③ 圆滑：当使用圆滑模式时，项目经理不再强调各方分歧点，或是采取避开矛盾的方法，主要强调各方一致的目标、共同点，以及团结的重要。

④ 强制：强制模式采用非输即赢的方法来解决冲突。项目经理通过牺牲别人的观点来推行自己的观点，具有竞争和独裁管理风格的经理喜欢这种模式。

⑤ 撤退：当使用撤退模式时，项目经理从大局出发，抓大放小，单方面妥协让步。这种方法是最不令人满意的冲突处理模式。

研究表明，与其他四种模式相比，项目经理最喜欢使用“面对模式”来解决冲突。面对这个术语可能会让人产生误解，这种模式其实强调解决问题的方法，即找到产生问题的根源，切实解决好问题，最后真正解决了矛盾冲突。该模式注重双赢的策略，各方一起努力寻找解决问题、解决冲突的最佳方法。接下来他们最喜欢的冲突解决模式是妥协模式。与经常使用的面对和妥协两种模式相比，项目经理不太可能使用圆滑、强制或撤退模式。

2. 工程例会

智能建筑工程项目管理工作制度中所实施的工程例会制度，可提供大量的反馈信息，是项目经理对工程项目进行全面管理的一种重要方法，也是工程项目管理中普遍采用的一种手段。工程例会旨在检查、督促合同各方，特别是承包人对工程项目承包合同的执行情况，协调各方关系，促进工程项目的顺利进行。工程例会的作用有：

（1）通过工程例会，便于对工程项目实施的进度和质量的矛盾进行协调，同时方便各种信息迅速在发包人、承包人和监理之间传递，有利于工程的顺利进行；

（2）工程例会可用来协调发包人和承包人双方之间的矛盾，也可以协调工程项目实施过程中的一些矛盾，使矛盾和问题及时得到解决，避免对工程项目三大目标的影响；

（3）在工程例会上，监理工程师对工程进度、质量、费用情况进行经常性检查，通过对执行合同的情况和项目实施技术问题的讨论，可以发现问题，为项目决策和采取改进措施提供依据；

（4）工程例会还可以集思广益，对项目实施过程中出现的各种问题，提出建设性意见。

3. 现场协调会

在智能建筑工程项目实施过程中，应根据具体情况定期或不定期召开不同层次的施工现场协调会。会议由监理工程师主持，承包人必须派代表出席，其他有关人员酌情参加。会议只对近期项目实施活动进行证实、协调和落实，对发现的施工质量问题及时予以纠正，对其他重大问题只是提出而不进行讨论，另外召开专门会议或在工程例会上进行研究处理。

会议的主要内容包括：承包人报告近期的项目实施活动和进展情况，提出近期的实施计划安排，简要陈述发生或存在的问题；监理工程师就项目实施进度和质量予以简要评述，并根据承包人提出的实施活动安排，安排监理人员进行旁站、工序检查、抽样试验、测量验收、计算测算、缺陷处理等监理工作；对执行合同有关的其他问题交换意见。

现场协调会以协调工作为主，讨论和证实有关问题，及时发现问题，一般对出现的问题不作出决议，重点只对日常工作发出指令。监理单位和承包人通过现场协调会彼此交换意见，交流信息，促使双方保持良好的关系。

现场质量协调会一般由现场总监理工程师主持。协调会后应印发会议纪要，其纪要的签发管理流程如图 16.5-1 所示。

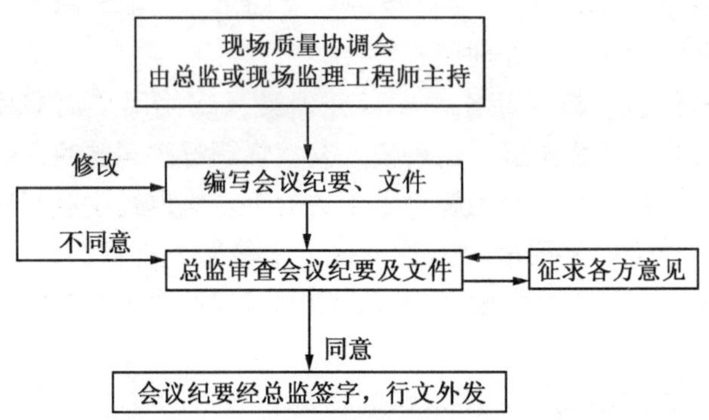

图 16.5-1　协调会议纪要签发程序图

第17章　智能建筑工程项目采购管理

项目采购管理是为了从项目实施组织之外获得所需资源或服务所采取的一系列管理措施。项目采购管理能为组织降低项目固定成本和经常性成本，并能提高采购的有效性，以及带来稳定的货物或服务供应，因此，受到各国政府和企业的越来越广泛的重视。智能建筑工程建设的专业人员应充分了解并掌握项目采购管理，通过采购获取产品、技能和技术，提供灵活性，并把主要精力放在核心业务上，以降低项目成本，确保项目质量和进度。

17.1　项目采购管理的概念

项目采购管理是保证项目成功实施的关键活动，如果采购的材料、设备和服务没有达到项目规定的标准，必然会降低项目的质量，影响项目的成本、进度和质量等目标的实现，甚至导致整个项目的失败。

17.1.1　项目采购管理的定义和类型

1. 采购和项目采购管理的定义

采购就是从外部的供应方获取产品和服务的经常性活动。

项目采购管理是指为达到项目的目标而从项目组织的外部获取材料、设备和服务所进行的管理过程。它包括采购计划，采购与征购，资源的选择以及合同的管理等项目工作。

项目采购管理的总目标是以最低的成本及时地为项目提供满足其需要的材料、设备和服务。如果说编制预算是有关资源的分配的话，那么确保资源的有效利用则是采购管理的使命。在完善的市场经济条件下，组织的资金管理者责任及资金的使用效率可以通过其赢利性本身，通过优胜劣汰的市场机制反映出来，也即通过市场检验来体现。项目采购管理涉及到管理与合同有关的活动，如需采购的物资和服务的种类、数量、规格和时间的确定、市场分析、招标、合同签定、合同的执行和合同收尾等。

2. 项目采购管理的程序

根据《建设工程项目管理规范》的规定：企业应设置采购部门，制定采购管理制度、工作程序和采购计划。项目采购工作应符合有关合同、设计文件所规定的数量、技术要求和质量标准，符合工期、安全、环境和成本管理等要求。产品供应和服务单位必须通过合格评定。采购过程中应按规定对产品或服务进行检验，对不符合或不合格品必须按规定处置。采购资料必须真实、有效、完整，具有可追溯性。

项目采购管理应遵循下列程序：

① 明确采购产品或服务的基本要求、采购分工及有关责任。

② 进行采购策划，编制采购计划。

③ 进行市场调查，选择合格的产品供应或服务单位，建立名录。

④ 通过招标或协商等方式，确定供应或服务单位，并通过评审。

⑤ 签订采购合同。

⑥ 运输、验收、移交采购产品或服务。

⑦ 处置不合格产品或不符合的服务。

⑧ 采购资料归档。

3. 项目采购的类型

项目采购的分类方法通常有以下两种：

（1）按采购对象分类

项目采购按采购对象的不同可分为如下种类，如图 17.1-1 所示。

项目采购
- 有形采购：机器、设备、仪器、材料等物料采购
- 无形采购：咨询服务采购

图 17.1-1　项目采购按采购对象的分类

① 物料采购是指购买项目所需的各种机器、设备、仪器、材料等物料，还包括与之相关的运输、安装、测试、维修和人员培训等服务。

② 咨询服务采购是指聘请咨询专家来完成项目所需的各种服务，包括项目的可行性研究、项的计划工作、项目管理、项目监理、技术支持和人员培训等服务。

（2）按采购方式分类

项目采购按照采购方式的不同可以分为如下种类，如图 17.1-2 所示。

1）招标采购

招标采购是由招标人发出招标公告或邀请潜在的投标者进行投标，然后由招标人对投标者所提出的投标文件进行综合评价，从而确定中标人，并与之签订采购合同的一种采购方式。招标采购的缺点是手续较繁琐，耗费时间也较多，不够机动灵活，但是具有以下优点：

项目采购
- 招标采购
  - 公开招标采购
  - 邀请招标采购
- 非招标采购
  - 询价采购
  - 直接采购
  - 自营工程

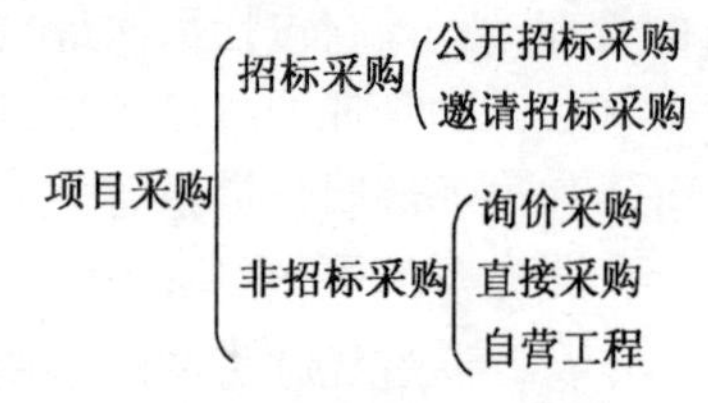

图 17.1-2　项目采购按采购方式的分类

① 帮助招标者以最低的价格取得符合要求的材料、设备和服务。

② 符合要求的投标者都有机会在公平竞争的情况下参加投标。

③ 公开办理各种手续，可避免贪污贿赂行为。

2）非招标采购

非招标采购类似于日常运作的采购活动，在现实生活中应用非常广泛。非招标采购一般适用于单价较低、有固定标准的产品的采购，主要包括：

① 询价采购是指收集若干个供应商的产品报价，综合评价各供应商的条件和价格，并最终选定一个供应商。

② 直接采购是指直接与供应商签订采购合同的采购方式。

③ 自营工程是指由于项目本身的特殊要求或成本收益的限制，利用项目自身的人力、物力和财力自己制造或提供所需的产品或服务。

4. 项目采购管理的内容

项目采购管理由如下管理工作过程组成：

(1) 编制项目采购计划

编制项目采购计划是确定怎样从项目组织以外采购物资和服务，以最好地满足项目需求的过程。它考虑是否采购、采购什么、采购多少、怎样采购及何时采购等相关问题。制订采购计划时应进行市场调查，了解有哪些可能的供应商，以及他们提供的货物和服务的质量、价格等。采购计划应包括从采购策略、采购程序、采购合同到每项物资和服务合同收尾的全过程。

(2) 项目采购计划的实施

在制定了项目采购计划之后，项目团队要了解市场行情。通过市场调查确定能够满足采购需求的潜在供应商，对他们可能满足项目目标的程度作出评价。通过与供应商沟通和招标或协议的方式，以及事先制定的评选标准，选择最满意的供应商。采购方式和程序一般应得到上级主管和投资方的认可，以保证采购活动符合组织目标和投资方的利益。公开招标有利于潜在供方之间的公平竞争，能达到提高采购效果和效率的目的。

(3) 项目采购合同管理

项目采购合同管理包括与供应商进行合同谈判、合同签订以及监督合同履行的一系列管理工作。与选择的供应商进行有关合同的谈判以达成协议。合同或协议的内容和条款应尽可能准确、周全，将不确定因素减到最小。

认真按照签订的合同办事，实施采购管理计划，以实现合同双方双赢的目标。审查采购进展情况，分析变化，执行双方同意的变更，以保证在合同的法律框架内实现项目目标。明确潜在的、可觉察的和实际存在的合同争议，并采取适当措施尽可能避免合同争议发展成为法律争端。

(4) 项目采购合同收尾

项目采购合同收尾是指合同全部履行完毕或合同因故终止所需进行的一系列管理工作。对采购的货物和服务进行最后验收，确认合同已经完成可以移交，包括解决所有项目进展中遗留的合同问题，如采购结算、索取保险赔偿和违约金等。

17.1.2　项目采购管理的作用和过程

1. 项目采购管理的重要性

智能建筑工程项目大多都要使用外购的产品和服务。由于采购是一个正在兴起的领域，了解项目采购管理对一个项目经理来说是很重要的。许多企业把目光转向采购，是为了：

① 降低固定成本和经常性成本。产品或服务供应商通常可以利用规模经济效应，因为在市场经济条件下，数量越多、规模越大，价格越低。而单个客户由于数量少则无法做到这一点。

② 可以使组织和员工把工作重点放在核心业务上。大部分公司并不是从事信息技术行业的，但是许多公司在它们应把重点放在诸如市场营销、客户服务以及新产品设计的核心业务上的时候，却在信息技术职能（产品和服务）上投入了大量的时间和资源。通过采购信息技术职能，员工可以把精力放在对于企业成功至关重要的工作上。

③ 得到技能和技术。通过从外界获取资源，组织可以在需要的时候获得专门技术。

④ 提供经营的灵活性。在企业工作高峰期利用采购来获取外部人员，比起整个项目都配备内部人员要经济得多。

⑤ 提高责任心。合同是一份要求卖方承担提供一定产品或服务的责任、买方承担付款给卖方的责任的互相约束的协议。一个内容全面的合同能分清责任，并把重点放在项目的可交付成果上。由于合同在法律上具有约束力，所以双方对遵守合同规定更能负起责任。

目前，信息技术职能的采购正迅猛增加。例如，发包人可能会聘请一信息工程监理公司，代表他们对智能建筑工程项目的实施过程进行监督管理，以确保顺利实现项目目标。

2. 项目采购管理的过程

许多成功的利用外界资源的项目，常常归功于好的项目采购管理。其主要过程包括：

① 编制采购计划：这一过程包括采购什么和何时采购；确定合同的类型；编制工作说明书。自制—外购决策就是组织决定是自己内部生产产品或者提供服务，还是从外界购买产品或服务更有利。作为采购计划编制过程的一部分，项目经理部还要制定一个采购管理计划。

② 编制询价计划：拟定项目所需产品或服务的询价计划，包括采购清单、品牌规格、数量和性能要求，以及供应商评价标准等，并识别潜在的供应商。在询价计划编制过程结束时，组织通常要向潜在的供应商发送询价邀请书，请他们报价。

③ 询价：该过程通常包括获得报价、标书、出价，讨价还价，以及采购文件的最后形成、广告、招标会的召开、获得投标书等，但偶尔也有不采用正式的询价过程而进行的项目采购。

④ 选择供应商：包括从潜在的供应商中进行选择。这个过程包括评价潜在的供应商、合同谈判和支付合同费用。

选择供应商或承包商可采用招标方式或协议方式。在选择供方时，通常需要综合考虑价格之外的因素，如供应商的经验、产品的性能、服务的质量、供应的时间以及满足项目需求的程度等。加权方法是一种量化定性变量的比选技术，具体的做法是：为每个评审标准分配一个数字权重，根据评价标准给潜在的供应商打分，分数乘以权重，最后合计乘积结果，计算出汇总分数，作为评价和比选的依据。

⑤ 独立估算：采购组织可以对采购产品编制自己的估算，用以检查供应商的报价。如果差异较大，说明定义的范围不恰当，或者供应商对采购方的需求有误解或漏项。独立估算又称为合理费用估算。项目经理部也可把独立估算的工作交给外部的咨询顾问来做。

⑥ 合同谈判：合同谈判是谈判的一种特殊形式。合同谈判时间是在选定供应商后和合同签约前，涉及双方的责任和权利、应用的法律和条款、使用的技术和商务管理办法，以及价格等。

⑦ 合同管理：包括处理与卖方的关系。这个过程包括监督合同的履行、进行支付、合同修改。到合同管理过程结束的时候，项目经理部期望承包出去的大量工作已经完成。

⑧ 合同收尾：即合同的完成和结算，包括任何未决定事宜的解决。这个过程通常包括产品审核、正式验收和收尾、以及合同审计。

图 17.1-3 总结了采购管理的主要过程，以及过程中每个阶段结束后常发生的重要里程碑事件。例如，采购计划编制之后的重要里程碑事件就是自制—外购决策。如果没有必要从组织外部购买任何产品或者服务，那么就没有必要再进行采购管理的其他过程。在询价计划编制结束时，关键的里程碑事件就是发布询价邀请书。在询价过程之后，组织将会收到建议书。在供应商选择结束时，应该裁决是否签署合同。在合同管理过程之后，卖方会完成合同中所规定工作的大部分内容。在合同收尾结束时，将会有一个正式的验收及合同收尾。

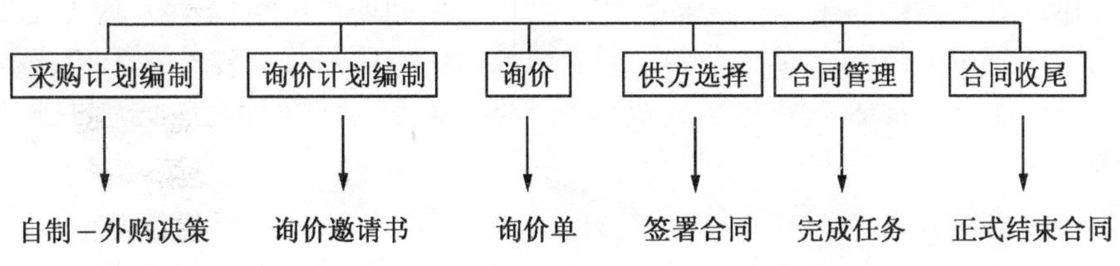

图 17.1-3　项目采购管理过程和关键输出

17.2　项目采购计划和合同专用条款

17.2.1　采购计划的编制要求

编制采购计划是一个项目管理过程，它确定项目的哪些需求可以通过采用组织外部的产品或服务得到最好的满足。它包括：决定是否要采购；如何去采购；采购什么；采购多少；以及何时去采购。清晰地界定项目的范围、产品的范围、市场条件、约束条件以及假设，是非常重要的。对于大多数项目来说，恰当的采购计划编制可以给组织节省成本。

组织应依据项目合同、设计文件、项目管理实施规划和有关采购管理制度编制采购计划。采购计划应包括下列内容：

① 采购工作范围、内容及管理要求。

② 采购信息，包括产品或服务的数量、技术标准和质量要求。

③ 检验方式和标准。

④ 采购控制目标及措施。

智能建筑工程项目大多都是用采购的方法，来解决其电脑、网络、监控、电源、机房等设备的发送、维护、基本的用户培训与支持等。这项决策是根据采购计划而做出的。如果有供应商能以合理的价格和可靠的服务提供这些设备，则采购是有意义的，因为它降低了项目的固定成本和经常性成本，让项目经理部把精力放在系统集成和施工这些核心业务上。

17.2.2 编制采购计划的方法

1. 自制—采购分析

自制—外购决策分析即用于决定是在组织内部制作某些产品或进行某种服务，还是从组织外部购买这些产品或服务的一种管理技术。它包括估算提供产品和服务的内部成本，同时还包括与采购成本估算的比较。在比较自制与采购的经济性时要考虑直接和间接两部分费用，并考虑组织的长远需求和项目的当前需求，即能够满足组织长远需求时，采购成本分摊到当前项目上的比例就会小一些。

举例来说，发包人在智能建筑工程项目质保期满以后，要考虑计算机网络系统的运行维护和技术支持由谁来承担的问题。利用自制—外购决策分析，发包人可以估计出只使用内部资源提供这种服务的成本，以及这种服务外包方式的成本。该估算成本应当包括硬件和软件、运输和技术支持等方面的成本。假设估计自己承担每年的运行维护和技术支持成本需要100万，而将这种服务外包，其成本只需要50万，那么肯定应该考虑服务外包，即进行服务采购。

自制—外购决策分析可以帮助组织确定：是否能通过采购产品或服务来节省成本。当然，如果没有必要从组织外部购买任何产品或者服务，那么就没有必要再进行采购管理的其他过程。智能建筑工程项目的自制—外购决策分析必须包括工程项目的全生命期成本，如果发包人收到的供应商的报价低于他们的自制成本估算，项目采购就是合适的选择。

2. 咨询专家意见

作为项目采购计划编制的一个环节，应该咨询专家的意见。因为项目采购计划编制涉及许多法律、法规和组织、财务方面的问题，因此项目经理应当向企业内外的专家咨询，来帮助进行项目采购计划编制。同时，专家熟悉项目采购管理的程序，比较了解有关产品或服务的市场行情和价格，也知道哪些企业是合格的供应商。公司外部的专家，包括一些潜在的供应商，也能提供一些专家判断。不管是内部的、还是外部的，专家判断都是制定项目采购决策的一项宝贵财富。

17.2.3 采购合同专用条款和货物清单

大多数项目采购合同的附件都包括有合同专用条款和货物清单。合同专用条款是对项目采购所要求完成的工作的描述。合同专用条款应当足够详细地描述所要求的全部服务和工作内容，应当清楚、简洁而且尽量完整，而且包含绩效报告，以便让潜在的供应商决定他们能否提供所需的产品和服务，以及确定一个适当的价格。

作为采购合同附件的合同专用条款和货物清单不仅要包含所需货物的名称、品牌、规格、单价、数量，还应写清楚安装调试工作的具体地点、完成的预定期限、具体的可交付成果、何时付款及付款方式、适用的标准、验收的标准以及特殊要求等。

17.3　项目采购控制

17.3.1　项目采购控制的要求

根据《建设工程项目管理规范》的规定，项目采购控制的要求包括：

（1）采购工作应采用招标或协商等方式。

（2）采购部门应对采购报价进行有关技术和商务的综合评审。应制定选择、评定和重新评定的准则。评定记录应予保存。

（3）组织应对特殊产品（特种设备、材料、制造周期长的大型设备、有毒有害产品）的供应单位进行实地考察，并采取有效措施进行重点监控。

（4）承压产品、有毒有害产品、重要机械设备等特殊产品的采购，应要求供应商具备安全资质、生产许可证及其他特殊要求的资格。

（5）检验产品使用的计量器具和产品的取样、抽验必须符合规范要求。

（6）进口产品应按国家政策和相关法规办理报关和商检等手续。

（7）采购产品在检验、运输、移交和保管等过程中，应按照职业健康安全和环境管理要求，避免对安全、环境造成影响。

17.3.2　招标采购阶段的控制内容

1. 项目招标采购控制

（1）发包人（采购单位）起草招标文件。

（2）审查投标单位的资质，检验生产许可证、设备试验报告或鉴定证书。组织对设备制造厂或投标单位的考察调研，并作出考察结论。

（3）组织向投标单位进行询标的会议，深入了解情况。

（4）召开评标、定标会议，进行综合比较和确定中标单位。

（5）进行合同谈判和签署。采购合同应符合有关法规的规定，其中的条款应准确无误无漏。

合同条款一般应包括供货内容（型号、数量及技术参数）、价格、采用的标准、验收条件、交货状态、包装要求、交货时间地点、运输要求、付款方式、经济担保、索赔和仲裁条款等内容。此外，对于属于合同组成部分并且具有同等效力的有关附件都应在合同中加以明确。

2. 项目非招标采购控制

（1）核查供应商的质量保证和供货能力，建立和保存合格供应商的信用档案。

（2）对采购产品的样本进行验证。

（3）起草、审查签署采购合同。

3. 设备进场开箱控制

（1）设备进场后，要由发包人、监理、供应商或其代表联合在现场检查验收签证。

（2）首先进行外包装是否完好的外观检查，包括外包装有无破损，外包装印刷标志的内容、商标、产地、型号规格、重量、颜色、生产或出厂日期等是否符合合同要求，并记录设备进场的日期和时间，检查是否符合采购合同要求。

（3）开箱检查验收时，要仔细进行设备外观检查，有无压痕或破损，以及设备标牌，包括设备品牌商标、产地、型号规格、重量、颜色、生产或出厂日期等是否符合采购合同要求。

（4）清点设备装箱单，包括零配件数量、产地、型号规格、颜色、生产日期等是否符合合同要求，并要求供应商提供有关检验和试验结果。

（5）所有设备的数量、品牌、型号规格等都要符合采购合同文件规定，有按规定签署的质量合格证、生产许可证、保修卡和产地证，有产品安装使用维护说明书，如果是进口产品还要有设备进口报关单等证明文件资料。

17.3.3 设备安装调试阶段的控制内容

1. 设备安装调试的主要工作任务

设备安装调试阶段是智能建筑工程项目实施过程中的重要阶段，设备只有经过安装调试后才能形成真正的工作能力和被用户使用。设备安装调试的质量、进度和费用直接影响工程项目的质量等级、施工周期和工程造价。

设备安装调试的主要工作任务有：

（1）对设备基础进行检测。

（2）制作需要在工地现场制造的零部件。

（3）在建筑结构中埋设预埋件，敷设隐蔽的管、线（风管、气管、电线、电缆等）。

（4）设备进场开箱检查验收。

（5）运送、起重和吊装设备，使其就位。

（6）拼装设备的零部件。

（7）校正设备的位置和安放状态。

（8）固定设备。

（9）安装管、线、轨道、传送装置。

（10）对单机设备进行空运转试车并调整其动态技术参数。

（11）对系统进行联动试车并进行调整，使之运转协调，达到设计规定的技术要求。

（12）项目竣工验收，承建方向建设方移交设备和有关的文档资料。

2. 设备安装调试阶段的控制任务

设备安装调试阶段的控制任务是对设备安装调试的质量、进度和成本进行控制，项目经理通过合同管理、信息管理和组织协调来实施监督管理，促使施工安装单位采取有效的管理措施、科学的施工方法和先进的技术手段，确保设备安装调试的质量达到项目设计的技术标准和工程等级要求，施工进度达到工程项目预定的工期目标，控制新增工程费用和正确妥善处理索赔事宜来控制工程实际造价。

3. 设备安装调试的质量控制

影响设备安装调试质量的因素有五个：即人的因素、机具的因素、材料的因素、方法的因素和环境的因素。从准备安装设备开始到调试完成交工验收结束的全过程中都应对这五方面的因素加以控制，才能确保设备安装调试质量。

（1）事前控制

质量的事前控制主要是控制设备安装调试的组织工作和生产技术准备工作。审查施工安装单位的施工组织设计和施工方案设计，检查他们的落实情况，协调施工方与外部环境及与内部环境的关系，建立通畅的信息反馈系统。

施工安装单位应提交材料、设备检验报告。材料使用前，要依照相应的技术规范进行验证抽样，如果发现不合格，则施工安装单位应组织更换该部分材料、设备。所有施工工具、机械、设备必须报检，经审查合格后方可使用。

网络设备安装之前，必须对安装环境予以测试，并提交测试报告，经审查同意后才能在该环境中安装网络设备。所有网络设备，包括网络交换机、路由器、集线器在安装之前必须经 72 小时的烤机测试；所有用户终端设备，包括普通终端、服务器安装之前必须经过 48 小时以上的烤机测试，烤机测试过程必须有监理参加，所有设备只有通过测试并经监理审核同意才能予以安装。

所有磁盘或可装载计算机软件的媒介均应向监理报验，经监理审查同意后，方可使用。为确保开发软件质量，所有软件开发工具以及运行环境都应采用正版软件。所有承载软件源代码、可执行代码的工具都应该具有完善的防病毒措施。

（2）事中控制

质量的事中控制是在设备进行安装和调试过程中进行质量控制。主要是控制系统安装和施工工艺过程的工作质量，必须严格执行设计方案和施工方案，控制每道工序的质量。

① 上道工序经检查合格才能转到下道工序。

② 对隐蔽工程和预埋需经监理检查验收合格才能进行覆盖和转入下一道工序。

③ 当出现设计变更或工程变更时，应该按照规定的程序，及时认真研究分析，尽量缩小影响面，经批准后再实施变更。

④ 当出现质量事故时，应该找出事故的原因、责任者和处理的措施，经报批后妥善处理。

⑤ 及时地收集质量信息，进行分析整理和反馈是事中控制质量的重要方法。

调动人的积极性，增强质量责任感，提高技术水平，科学和严格地进行管理，才能做好质量的事中控制。要强调监理在技术文件和质量文件上的审核签署权，开工、停工指令的下达权，质量监督权和否决权。

（3）事后控制

质量的事后控制是指单机设备调整试车后的检验或系统进行联动试车调整后的检验，以及整个设备项目的交工验收。此时如果检验中发现设备质量未达到设计标准要求，应该寻找原因，采取措施，使设备系统达到要求。

4. 设备安装调试质量评审

评审设备安装调试质量时，根据设备的特点，将其划分为若干分部、分项和单位工程，分项工程中又划分为保证项目、基本项目和允许偏差项目。分项、分部、单位工程的质量等级均分为“合格”和“优良”两个等级。

（1）保证项目：是确定分项工程主要性能的项目。

（2）基本项目：是保证工程安全和使用性能的基本要求的项目。

（3）允许偏差项目：是结合对结构性能或使用功能、观感质量等影响程度，根据一般操作水平给出的允许偏差范围的项目。

（4）分项工程：按工种种类及设备组别或按系统、区段划分。

（5）分部工程：按专业划分，如煤气、电气、通风与空调、电梯、安防等分部工程。

（6）单位工程：由若干分项和分部工程组成，构成具有特定功能的系统或一个工程单位。

控制住单位工程中各设备安装和分部工程中的所有保证项目、基本项目和允许偏差项目就控制了设备安装调试的质量。

在分项工程中，在保证项目符合相应质量检验评定标准规定的前提下，基本项目和允许偏差项目达到合格规定的，分项工程才能评为合格；当基本项目和允许偏差项目都达到优良规定的，分项工程才能评为优良。

在分部工程中，所含分项工程质量全部合格，分部工程为合格；所含分项工程质量全部合格，并且其中50%及以上为优良，而且主要分项工程为优良，则分部工程可评为优良。

在单位工程中，所含分部工程的质量全部合格，质量保证资料基本齐全，观感质量的评定得分率达到70%及以上，单位工程为合格；当所含分部工程全部合格，其中有50%及以上优良，机房工程必须含主体和装饰分部工程，以设备安装工程为主的单位工程，其指定的分部工程必须优良，质量保证资料基本齐全，观感质量的评定得分率达到85%及以上，单位工程能评为优良。

5. 设备安装调试的进度控制

（1）事前控制

进度的事前控制主要是控制施工前的准备工作，为按时开工安装和在安装调试中不因为准备不足而延误进度打好基础。应审查安装单位的施工进度计划，检查它的合理性，审查它与其他施工项目计划是否发生矛盾；检查安装单位的人员、材料、机具等的准备情况；检查被安装的设备到货情况；协调为安装单位提供必要的安装场地空间和水电道路等安装条件。

（2）事中控制

进度的事中控制主要是控制每道安装工序和安装施工节点的进度，发现问题，及时反馈和纠正。项目经理要经常检查安装进度完成情况；审查安装单位的进度报告；及时进行安装工程计量验收和签证；召开调度会，协调施工各方，解决影响安装进度的问题；调整安装进度计划，使之与设计工作、材料供应、资金保障、设备的到货情况等工作相适应；

充分利用人力资源、空间资源和时间资源来保证设备安装调试的进度。

(3) 事后控制

进度的事后控制是当实际安装进度与计划进度发生差异时，分析原因，采取措施(技术措施、组织措施、经济措施和其他措施）逐步消除偏差。有时也采用调整计划和制定总工期被突破后的补救措施来实施进度控制。

6. 设备安装调试的成本控制

设备安装调试的成本控制可以从下列三个方面进行控制：

(1) 控制设备安装调试的承包费和经费支出。签订设备安装调试合同时价格应合理；及时掌握国家调价信息；工程变更和设计修改时应先进行技术经济分析；认真审查经费支出，严格经费签证；认真审核安装单位提交的工程结算书。

(2) 认真履行合同中双方应该承担的义务和责任，按时向安装单位提供安装场地、提供水、电、气、道路等安装条件，及时提供设计图纸资料，协调好外部和内部对设备安装调试的配合工作，使安装调试工作能按期开工、正常施工，连续工作。

(3) 科学严格地进行管理，防止因浪费造成费用增加。

17.3.4　设备验收阶段的控制内容

设备验收是项目采购管理过程的最后一个环节，设备验收的顺利完成将标志项目采购工作的结束和设备投入使用阶段的开始。尽快完成设备验收工作，对促进设备早日投入使用，发挥投资效益，有着非常重要的意义。

设备验收工作必须从整体的观念出发，对设备系统每一部分的质量、性能、功能、安全各方面进行最认真、全面、可靠的检查，绝不能给今后设备系统的运行留下任何质量或安全的隐患。为此项目经理应当花大力气抓好设备验收前的准备工作，做好设备验收的组织协调工作和设备验收后的交接收尾工作。

1. 设备验收工作的依据

设备验收阶段的控制工作，首先要遵循相关的法律和法规、规范和标准等，其次是有关的各种合同。严格按照合同的内容，以及在工程开发和实施阶段形成的各种文档资料进行设备验收阶段的控制工作，主要包括批准的设计文件及变更设计；系统集成项目的设计方案、项目采购清单及验收标准；应用系统项目的需求说明书及需求说明书的补充或变更等。

安装单位必须按规定编写和提交验收所需的各种技术文档，并且技术文档必须齐全、正确、清晰。在设备验收之前，应该将全部验收文件及技术文档，提交监理一份，以便审查确认。

2. 设备系统测试

为了确保设备系统能够稳定运行，以及满足用户对性能价格比的要求，既要保证系统的性能又能有很好的价格优势，必须做详细的系统测试。包括：

(1) 功能测试：用来评估设备系统是否达到了用户的需求。

（2）性能测试：用来评估设备系统是否达到了一定的性能指标，是否满足标准规范的要求。

（3）验收测试：用于测试设备系统是否达到用户的需求和相应的性能指标。

（4）安装测试：前三种测试是在模拟测试环境下进行，而安装测试是在实际操作环境下进行。

3. 设备验收程序

在设备验收前，要制定验收的工作程序，按时间顺序排列的一个设备验收工作流程图。

一般设备验收程序是：

（1）自检：安装单位在设备全部安装完成后，组织专业技术人员进行全面认真的自查自检，对系统进行认真地测试，准备各种必要的技术资料，并及时做好相应地修正完善工作。

（2）验收申请：安装单位自检合格后，向总监理工程师提交正式验收申请报告，同时递交有关文档和技术资料，经总监理工程师审核签认后即可开始设备初验。

（3）初验：由监理工程师负责组织设备初验工作班子，进行设备初验和资料审核。

（4）试运行：初验合格，要进行设备系统的试运行。在用户及其使用人员的操作下，按照正式使用的条件和要求进行较长时间的工作运转，记录运转数据，与项目设计的要求进行对比。通过设备系统的试运行，对发现的问题进行及时的整改。

（5）正式验收：设备系统试运行没有问题，即可通知发包人，并向设备验收委员会递送“设备验收申报表”，请求正式验收。设备验收委员会收到“设备验收申报表”后，确定正式验收日期，进行正式验收。

（6）设备移交：设备验收合格，则由验收委员会签发设备验收合格证书和验收鉴定书，而后可转入设备交接收尾，进行相关技术资料的整理移交，设备系统即转入质保期。

4. 设备验收阶段控制工作内容

设备验收阶段控制工作内容为：

（1）协调项目所有参建单位共同努力做好设备系统的初验、试运行和和正式验收工作。

（2）督促和查看设备系统试运行的记录，与用户要求进行对比，若有差距，向项目采购单位、安装单位和有关单位反馈，协调他们查找原因，加以改进。

（3）当运行中出现设备系统故障和问题时，协调分析原因和责任，协调操作、设计、制造、安装各方及时处理问题和排除故障。

（4）试运行结束后要对设备系统的质量作出评价，并编写设备试运行总结。

（5）设备系统试运行结束后，即可确定正式验收日期，进行正式验收。

（6）设备验收合格，转入设备交接收尾，进行设备和相关技术资料的整理移交。

第18章　智能建筑工程项目职业健康安全管理

现代科学技术的发展，使人类的生产方式和生活方式发生了深刻的变化，人类在享受现代科技带来的财富和舒适的同时，也在承受着来自人为或自然导致的事故与灾难，承受着生命、健康的风险。生产和生活中发生的意外事故和职业危害已经严重威胁到社会、经济及人类生命和健康。在经济竞争加剧和全球化发展的大环境下，如果以牺牲劳动者的职业健康安全利益为代价来换取低成本的经济发展实际是得不偿失的，应当将维护劳动者人权、健康权，提高生命质量放在重要位置。

为此，我国从2006年12月1日起实施的《建设工程项目管理规范》（GB/T 50326—2006）国家标准明确规定：建设工程项目必须按照《职业健康安全管理体系》（GB/T 28000）国标的要求建立和实施项目职业健康安全管理体系。

18.1　项目职业健康安全管理的基本概念

健康是指劳动者身体上没有疾病，精神上保持一种完好的状态；安全是指在劳动生产过程中，努力改善劳动条件，克服不安全因素，使劳动生产在保证劳动者生命安全健康、企业财产不受损失的前提下顺利进行。职业健康安全状况是经济发展和社会文明程度的反映。使所有劳动者获得安全与健康，是社会公正、安全、文明、健康发展的基本标志，也是保持社会安定团结和经济可持续发展的重要条件。项目职业健康安全管理体系是项目管理体系中的一个子系统，其循环也是整个管理系统循环的一个子系统。

18.1.1　项目职业健康安全管理的定义、目标和要求

1. 项目职业健康安全管理的定义

职业健康安全是指预知人类在生产和生活各个领域存在的固有的或潜在的危险，并且为消除这些危险所采取的各种方法、手段和行动的总称。

项目职业健康安全管理就是用现代管理的科学知识，通过努力改善劳动和工作条件，消除不安全因素，防止伤亡事故发生，使劳动生产在保障劳动者安全健康和人民生命财产不受损失的前提下顺利进行而采取的一系列管理活动。它包括经营管理者对职业健康安全生产工作进行的策划、组织、指挥、协调、控制和改进等工作，目的是保证在项目实施过程中的人身安全、财产安全，促进项目顺利发展，以及保持社会的安全稳定。

项目职业健康安全管理是智能建筑企业安全保障系统的关键，是保证企业处于安全状态的重要基础。在智能建筑工程项目实施过程中只有用现代管理的科学方法去组织、协调项目实施，才能充分调动实施人员的主观能动性，避免伤亡事故的发生。在提高项目经济效益的同时，改变不安全、不卫生的劳动环境和工作条件，即在提高劳动生产率的同时，

要加强对项目的职业健康安全管理。

对于智能建筑工程项目承包企业来说，实施项目职业健康安全管理体系最核心的部门是项目经理部，而项目经理部是一个临时组建部门，有的企业可能成立几十个甚至上百个项目经理部，因此在项目经理部成立之初，成功建立项目职业健康安全管理体系和环境管理体系至关重要。

2. 智能建筑工程项目职业健康安全管理的意义

在智能建筑工程项目建设过程中严格遵守国家标准，认真实施项目职业健康安全管理具有重大的现实和深远意义。因为在智能建筑工程项目实施过程中，多个单位、多个专业和多个工种集中在一个场地，施工工序、材料设备存放、场地使用和进度安排等经常交叉混合进行，各单位、各工种处于相互联系、相互干扰和相互制约的状态，加上施工人员、作业位置流动性较大，容易造成实施现场出现混乱局面。换言之，由于智能建筑工程项目实施现场存在着较多不安全因素，属于事故多发的作业现场。因此，加强对实施现场各种要素的管理和控制，对减少项目职业健康安全事故的发生非常重要。同时，随着我国经济改革的发展，智能建筑施工企业迅速发展壮大，难免良莠不齐，为了规范智能建筑市场秩序，也必须加强建筑施工职业健康安全管理。

实施项目职业健康安全管理可提升项目设计和实施的现代化管理水平，以及有效降低项目实施风险。随着生活水平的提高，健康、安全与环境意识的不断增强，人们对清洁生产、优美环境、人身财产安全的要求日益提高。如果工程上接连发生事故，既造成企业巨大经济损失，又会造成环境污染，给人们留下技术落后、施工与管理水平低劣的印象，造成地方关系恶化，给企业的活动造成困难。企业实施项目职业健康安全管理，通过提高健康、安全与环境的管理质量，减少和预防事故的发生，可以大大降低事故发生率，减少环境污染，降低能耗，减少事故处理、环境治理、处理和预防职业病发生的费用，实现资源的科学有效利用，从而满足职工、社会对健康、安全与环境的要求，又能改善企业形象，取得商业利益和增强市场竞争优势。

3. 职业健康安全管理的目标

项目职业健康安全管理的目标是项目根据企业的整体目标，在分析外部环境和内部条件的基础上，确定职业健康安全生产所要达到的目标，并采取一系列措施去努力实现的活动过程。项目职业健康安全管理目标为：

（1）控制目标

① 杜绝因工重伤、死亡事故的发生。

② 负轻伤年频率控制在6‰以内。

③ 不发生火灾、中毒和重大机械事故。

④ 无环境污染和严重扰民事件。

（2）管理目标

① 重大事故隐患整改率达到100%，一般隐患整改率达到95%。

② 扬尘、噪声、职业危害作业点合格率100%。

③ 保证施工现场达到当地省（市）级文明安全工地。

(3) 工作目标

① 施工现场实现全员职业健康安全教育。特种作业人员持证上岗率达到 100%，操作人员三级职业健康安全教育率 100%。

② 按期开展职业健康安全检查活动，隐患整改做到“四定”，即：定整改责任人、定整改措施、定整改完成时间、定整改验收人。

③ 认真把好职业健康安全生产的“七关”，即：教育关、措施关、交底关、防护关、文明关、验收关、检查关。

④ 认真开展重大职业健康安全活动和项目的日常职业健康安全活动。

4. 智能建筑工程项目职业健康安全管理的要求

为保证国家有关安全生产的政策、法规及施工现场安全管理制度的落实，智能建筑工程项目承包企业应从以下几方面着手认真贯彻和严格执行《职业健康安全管理体系》国家标准。

(1) 建立健全项目职业健康安全管理机构。

(2) 及时收集、整理和归档有关项目健康安全的信息和资料。

(3) 建立符合项目特点的职业健康安全制度，包括安全生产责任制度、安全生产教育制度、安全生产检查制度、现场安全管理制度、电气安全管理制度、防火、防爆安全管理制度、高处作业安全管理制度、劳动卫生安全管理制度等。

(4) 强调项目实施人员操作规范化管理，杜绝由于违反操作规程而引发的工伤事故。

(5) 从技术上采取措施，消除危险，保证项目实施人员的职业健康安全。

(6) 重视实施现场职业健康安全设施管理，要求现场材料设施有序摆放和科学管理。

(7) 职业健康安全体系必须与项目主体工程设计施工同步建立、同步实施和同步使用。

18.1.2　项目职业健康安全管理体系

1. 项目职业健康安全管理体系的概念

项目职业健康安全管理体系是指为实施项目职业健康安全管理所需的组织结构、程序、过程和资源。项目职业健康安全体系的内容应以满足项目职业健康安全目标的需要为准，它由职业健康安全方针、规划、实施与运行、检查和纠正、管理评审等 5 个一级要素和 17 个二级要素构成。各要素之间有机结合、紧密联系，形成 PDCA（计划、实施、检查、改进）的循环模式，通过有计划地评审和持续改进地循环，保持组织内部职业健康安全管理体系的不断完善和提高。

国标《职业健康安全管理体系》(GB/T 28000) 对企业环境的职业健康安全状态规定了具体的要求和限定，通过科学管理使工作环境符合职业健康安全标准的要求。它是我国广为采用的一套先进、有效、科学的有关职业健康安全的一体化管理体系。

职业健康安全管理体系的运行主要依赖于逐步提高，持续改进，是一个动态的、自我调整和完善的管理系统。其基本思想是将工程项目施工企业原有的分散的各种设备的安全检查、作业环境的安全检查和人的不安全行为的检查纳入了统一的安全评估体系，从运行体制上有效预防事故和职业危害的发生。

2. 项目职业健康安全管理体系的目标

为贯彻“安全第一、预防为主”的方针，建立健全项目职业健康安全生产责任制和群防群治制度，确保项目实施过程的人身和财产安全，减少一般事故的发生，应结合智能建筑工程项目的特点，建立项目职业健康安全管理体系，其目标包括：

(1) 减少员工面临的职业健康安全风险和控制工伤事故、职业病等发生的概率。

(2) 提高项目职业健康安全生产管理水平、改善劳动者的作业条件，同时提高项目经济效益。

(3) 实现以人为本的职业健康安全管理，提高劳动者身心健康和劳动效率，促进生产力发展。

(4) 提升企业的品牌和形象。因为项目职业健康安全是反映企业品牌的重要指标，也是企业素质的重要标志。

(5) 提高企业整体现代化管理水平和项目管理水平。

(6) 做好职业健康安全工作可以减少社会总损失，为国家经济可持续发展作出贡献。

3. 项目职业健康安全管理体系的基本要素

项目职业健康安全管理体系的基本要素及各个要素间的逻辑关系见图 18.1-1。

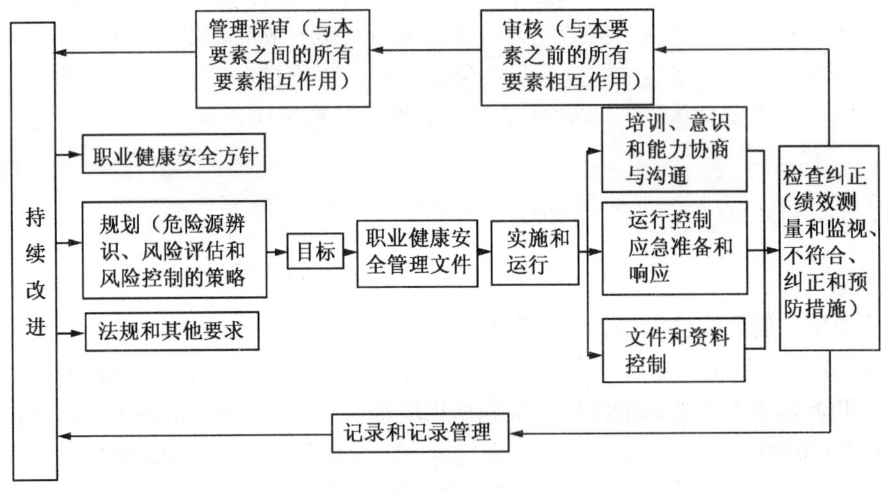

图 18.1-1　项目职业健康安全管理体系各要素间的逻辑关系

项目职业健康安全管理体系的基本要素包括职业健康安全方针、规划、实施与运行、检查和纠正、管理评审等到五个方面。实施项目职业健康安全管理体系能在企业内部形成一个系统化、结构化的职业安全自我管理、自我完善机制。职业健康安全管理体系的核心是对风险因素的识别、评价和控制。换言之，体系的各要素都是围绕“危险源辨识、风险评价和风险控制”工作的。

运行控制是控制风险的关键步骤。对于相关法律法规、企业和社会公众普遍不能接受的不可容许风险，可以通过制定目标和管理方案，使之转化为可接受的可容许风险；对于目前已处在可容许风险水平以下的所有活动风险，则实施有效控制措施，使其始终处在能接受的可容许风险水平，并努力防止其变为可不容许风险。

建立健全组织机构与明确职责是实施项目职业健康安全管理体系的必要前提，遵守国家相关法律法规和标准规范是体系实施的基础，持续改进是体系的基本要求，目标和管理方案是实现持续改进的重要途径。

监控系统对体系运行起保障作用。通过绩效检测和监视、审核、管理评审建立了体系的监控机制，包括对实施操作和基层管理的监督检查和监视，也包括对职业健康安全目标、绩效的例行测量，解决问题的方法是按程序要求及时处理，并对其运行情况作出实施有效性和法规符合性的判断。从而使体系具有自我调节、自我完善、自我提高的功能。

4. 项目的职业健康安全管理的程序

根据《建设工程项目管理规范》的规定：企业应遵照《建设工程安全生产管理条例》和《职业健康安全管理体系》标准，考虑有关社会责任的要求，坚持预防为主的方针，建立职业健康安全管理体系。项目经理应负责现场的职业健康安全全面管理工作。施工企业的主要负责人、项目负责人、专职安全生产管理人员应持证上岗。

企业应根据项目的特点制定职业健康安全生产技术措施计划，制定现场的安全生产事故应急救援预案，建立相关组织。现场发生事故，应按照国家有关规定，向有关部门报告。在项目设计阶段应注重施工安全操作和防护的需要，采用新结构、新材料、新工艺的建设工程应提出有关安全生产的措施和建议。在施工阶段进行施工平面图设计和安排施工计划时，应充分考虑安全、防火、防爆、防污染和职业健康等因素。

企业必须为从事危险作业的人员在现场工作期间办理意外伤害保险。施工现场应将施工区与生活、办公区分离，配备紧急处理医疗设施，使现场的生活设施符合卫生防疫要求，采取防暑、降温、保暖、消毒、防毒等措施。

项目的职业健康安全管理应遵循下列程序：

（1）确定职业健康安全目标。

（2）编制并实施项目职业健康安全技术措施计划。

（3）职业健康安全技术措施计划实施结果验证。

（4）持续改进。

5. 建立职业健康安全管理体系的步骤

建立项目职业健康安全管理体系的步骤如下：

（1）建立工作组

成立项目职业健康安全管理工作组，其主要任务是负责建立职业健康安全管理体系。工作组的成员来自组织内部各个部门，工作组的规模可大可小，可专职或兼职，可以是一个独立的机构，也可挂靠在某个部门。明确工作组成员的职责、权限和相互关系，并形成文件。

工作组在开展工作之前，应接受职业健康安全管理体系标准及相关知识的培训。同时，对组织体系运行需要的内审员，也要进行相应的培训。

(2) 资源保障

项目经理部应确定并提供充分的资源，以确保职业健康安全管理体系的有效运行和职业健康安全管理目标的实现。资源包括：

① 配备与项目职业健康安全相适应并经培训考核持证的管理、操作和检查人员。

② 提供项目职业健康安全技术及防护设施。

③ 配备用电和消防设施，以及职业健康安全装置。

④ 提供必要的职业健康安全检测工具。

⑤ 提供职业健康安全技术措施的经费。

(3) 初始状态评审

由组织的员工与外请专家组成评审组，对组织过去和现在的职业健康安全信息、状态进行收集、调查与分析，根据法律法规和标准规范的要求，进行危险源识别、风险评价及风险控制策划，以及评价投入到职业健康安全管理的现存资源的作用和效率，为职业健康安全策划打下基础。

(4) 职业健康安全策划

职业健康安全策划是指确定职业健康安全以及采用职业健康安全管理体系条款的目标和要求的活动。职业健康安全管理体系策划的主要内容包括：制定职业健康安全方针；安排组织机构，明确职责：制定职业健康安全目标；制定职业健康安全管理方案；以及编制相关的文件等。

(5) 职业健康安全管理体系文件编制

职业健康安全管理体系具有文档化管理的特征，编制相关文件是建立与保持职业健康安全管理体系并保证其有效运行的重要基础工作，也是项目实现持续改进和风险控制必不可少的依据。职业健康安全管理体系文件需要在体系运行过程中定期或不定期地进行评审和修改，以保证它的完善和持续有效。这些文件包括：

① 职业健康安全管理手册：它是组织依据职业健康安全管理体系标准的要求，针对项目特点而编写的一套纲领性的管理文件，其主要作用是向社会及有关各方展示职业健康安全意图和宗旨；展示组织对遵守安全生产法规的承诺；展示组织对风险控制和持续改进的承诺。职业健康安全管理手册对组织全体员工来说是法规性文件，必须严格遵照执行。

② 职业健康安全管理体系程序文件：它是组织实施职业健康安全管理体系、规范组织的安全生产管理行为的主要管理文件。它也是职业健康安全管理手册的支撑文件，更进一步具体明确了组织实施安全生产管理工作的程序、方法和要求。

(6) 体系试运行

职业健康安全管理体系试运行的目的是要在实践中检验体系的充分性、适用性和有效性，及时发现问题，找出问题的根源，纠正不符合项并加以修订。

(7) 内部审核和管理评审

职业健康安全管理体系审核的目的是确定职业健康安全活动和有关结果是否符合计划安排，是否达到了预定目标。

职业健康安全管理体系的内部审核是体系正常运作不可少的环节。体系经过一段时间的试运行，组织应开展内部审核。职业健康安全管理者代表负责组织内审，如有必要可聘请外部专家参与或主持审核。内审员在文件预审时，应重点关注和判断体系文件的完整性、符合性及一致性；在现场审核时，应重点关注体系功能的适用性和有效性，检查是否按体系文件的要求运作。

管理评审是职业健康安全管理体系整个运行的重要组成部分。管理者代表应收集各方面的信息供最高管理者评审。最高管理者应对试运行阶段的体系整体状态作出全面的评判，对体系的适用性、充分性和有效性作出评价。依据管理评审的结论，可以对是否需要调整、修改体系作出决定，也可以作出是否实施第三方审核认证的决定。

第三方审核认证是为组织的职业健康安全管理体系获取注册的审核，一般由委托单位或受审核单位向有资格的审核认证机构提出申请。

6. 职业健康安全审核的类型

（1）符合性审核

符合性审核是最基本的一种健康安全审核，内容是对照职业健康安全法规，检查组织的职业健康安全状况的符合性。职业健康安全法规的符合性是对组织的最基本要求，一般分为两个阶段：第一阶段是找出适合组织的健康安全法律、法规和标准；第二阶段是对照职业健康安全法律、法规及标准判断企业的符合性并给出审核结论。

（2）风险审核

风险审核是判定危险源导致事故的可能性和后果，或者二者的结合是否在可接受的范围内。风险评价的过程一般包括：分析评价目的和对象，选择评价方法，确定评价标准或准则，初稿评价，得出评价结论。风险评价是一项专业性很强的工作，需要评价人员掌握安全技术、职业健康安全法规及评价技术等专门知识。

（3）安全程度审核

安全程度审核是检查、评定组织的职业健康安全状况，得出安全程度结论的过程。安全程度审核通常以安全检查的形式出现，一般用拟定好的表格式标准来对照、检查和评定。

（4）事故隐患审核

事故隐患审核是针对物的不安全状态和人的不安全行为进行的检查和评定。事故隐患审核的主题内容针对的是组织所存在的可能导致事故的缺陷。

（5）事故原因审核

事故原因审核是指在事故发生后针对事故发生的原因进行的调查过程。事故原因审核的主要任务是查清事故发生的经过，找出事故原因，分清事故责任，吸取事故教训，提出预防措施，防止类似事故的反复发生。

（6）职业健康安全管理体系审核

职业健康安全管理体系审核是客观地获取审核证据并予以评价，以判断一个组织的职业健康安全管理体系是否符合职业健康安全管理体系审核准则的，是一个以文件支持的系统化验证过程。职业健康安全管理体系审核综合性非常强，它包括符合性审核、风险审核、安全程度审核、事故隐患审核、事故原因审核的部分甚至全部。

18.2 项目职业健康安全管理的内容

18.2.1 项目职业健康安全技术措施计划

1. 项目职业健康安全技术措施计划的编制

项目职业健康安全技术措施计划应在项目管理实施规划中编制，由项目经理主持编制，经有关部门批准后，由专职安全管理人员进行现场监督实施。危险识别、危险评价和危险控制计划是企业通过职业安全管理体系的运行，实行风险控制的开端。

企业保存和使用的法律法规和标准规范应是最新版本的，并应将其要求传达给全体员工及其他相关方。法律法规和标准规范为企业开展职业健康安全管理，实现良好的职业健康安全绩效，指明了基本的行为准则。企业在建立和评审职业健康安全目标时，应考虑法律和法规要求、自身职业健康安全危害和危险的特点，可选技术方案、财务、运行和经营要求，并应符合职业安全方针。职业安全管理方案是企业降低其职业健康安全风险，实现职业健康安全绩效的途径和保证。

项目职业健康安全技术措施计划应包括工程概况，控制目标，控制程序，组织结构，职责权限，规章制度，资源配置，安全措施，检查评价和奖惩制度等内容。对结构复杂、施工难度大、专业性强的项目，必须制定项目总体、单位工程或分部、分项工程的安全施工措施。对高空作业等非常规性的施工作业，应制定单项职业健康安全技术措施和预防措施，并对管理人员、操作人员的安全作业资格和身体状况进行合格审查。对达到一定规模的危险性较大的工程施工作业，应编制专项施工方案，并进行安全验证。临街脚手架、临近高压电缆以及起重机臂杆的回转半径达到项目现场范围以外的，均应按要求设置安全隔离设施。

编制项目职业健康安全技术措施计划应遵循下列步骤：

（1）工作分类。

（2）识别危险源。

（3）确定风险。

（4）评价风险。

（5）制定风险对策。

（6）评审风险对策的充分性。

2. 项目职业健康安全技术措施计划的实施

组织必须建立分级职业健康安全生产教育制度，实施公司、项目经理部和作业队三级教育，未经教育的人员不得上岗作业。项目经理部应建立职业健康安全生产责任制，并把责任目标分解落实到人。

组织应定期对项目进行职业健康安全管理检查，分析影响职业健康或不安全行为与隐患存在的部位和危险程度。职业健康的安全检查应采取随机抽样、现场观察、实地检测相结合的方法，记录检测结果，及时纠正发现的违章指挥和作业行为。检查人员应在每次检查结束后及时编写安全检查报告。

职业健康安全技术交底应符合下列规定：

（1）单位工程开工前，项目经理部的技术负责人必须向有关人员进行安全技术交底。

（2）结构复杂的分部分项工程施工前，项目经理部的安全技术负责人应进行安全技术交底。

（3）项目经理部应保存安全技术交底记录。

18.2.2　项目职业健康安全隐患和事故处理

项目经理部进行职业健康安全事故处理应坚持事故原因不清楚不放过，事故责任者和人员没有受到教育不放过，事故责任者没有处理不放过，没有制定防范措施不放过的原则。

（1）职业健康安全隐患处理应符合下列规定：

① 区别通病、顽症、首次出现、不可抗力等类型，制定安全整改措施。

② 对检查出的隐患及时发出职业健康安全隐患整改通知单，限期纠正违章指挥和作业行为。

③ 跟踪检查纠正预防措施的实施过程和实施效果，保存验证记录。

（2）处理职业健康安全事故应遵循下列程序：

① 报告安全事故。

② 事故处理。

③ 事故调查。

④ 编写调查报告。

18.2.3　项目消防保安

组织必须建立消防保安管理体系，制定消防保安管理制度。主要内容包括：

（1）施工现场必须设有消防车出入口和行驶通道。消防保安设施应保持完好的备用状态。储存、使用易燃、易爆物品和保安器材时，应采取特殊的消防保安措施。施工现场严禁烟火。

（2）施工现场的通道、消防出入口、紧急疏散通道等必须符合消防要求，设置明显标志。有通行高度限制的地点应设限高标志。

（3）施工现场应有动火管理制度。

（4）施工中需要进行爆破作业的，必须向所在地有关部门办理批准手续，由具备爆破资质的专业机构进行施工。

（5）施工现场必须设立门卫，根据需要设置警卫，负责施工现场安全保卫工作，并采取必要的措施。主要管理人员应在施工现场佩带证明其身份的标识。严格现场人员的进出管理。

第 19 章　智能建筑工程项目环境管理

项目环境是指与项目密切相关的、影响人类生活和生产活动的各种自然力量或作用的总和，它不仅包括自然因素的组合，还包括人类与自然因素间相互形成的生态关系的组合。随着国民经济的高速发展，环境污染和自然生态环境破坏日趋严重，现在人们已经认识到了：要实现可持续发展的目标，必须改变工业污染控制战略，从加强环境管理入手，建立污染预防（清洁生产）的新观念。通过企业的自我决策、自我控制、自我管理方式，把环境管理融于企业全面管理之中。

为此，我国从 2006 年 12 月 1 日起实施的《建设工程项目管理规范》（GB/T 50326—2006）国家标准明确规定：建设工程项目必须按照《环境管理体系》（GB/T 24000）国标的要求建立和实施项目环境管理体系。

19.1　项目环境管理的基本概念

19.1.1　项目环境管理的定义和程序

1. 项目环境管理的定义

环境是指人类活动的外部存在，包括空气、水、土地、自然资源、植物、动物、人，以及它们之间的相互关系。人类从事的任何一项活动对环境都会有影响，或多或少都会给环境造成有害或有益的变化。随着生活在地球上的人数大量增加，人类活动对环境的破坏日益加剧，人类的生活环境日益恶化，引起了世界各国人民和政府对环境保护的高度重视。人们认识到：今天的工程项目应能做到当前利益和长远利益的协调，既要考虑当前利益，又要考虑长远利益。为了人类生存和发展的需要，我国政府提出了国家的可持续发展战略，将保护环境作为基本国策。

项目环境管理就是用现代管理的科学知识，通过努力改进劳动和工作环境，有效地规范生产活动，进行全过程的环境控制，使劳动生产在减少或避免对环境造成不利影响的前提下顺利进行而采取的一系列管理活动。它包括经营管理者对项目环境管理体系进行的策划、组织、指挥、协调、控制和改进等工作，目的是使项目的实施能满足环境保护的需要，促进项目顺利发展，为实现国民经济健康平稳和可持续发展作出贡献。

2. 项目环境管理的程序

企业应遵照《GB/T 24000 环境管理体系》标准的要求，建立环境管理体系。

企业应根据批准的建设项目环境影响报告，以及环境因素的识别和评估，确定管理目标及主要指标，进行项目环境管理策划，确定环境保护所需的技术措施、资源以及投资估算，并在各个阶段贯彻实施。

项目的环境管理应遵循下列程序：

（1）确定环境管理目标。

（2）进行项目环境管理策划。

（3）实施项目环境管理策划。

（4）验证并持续改进。

3. 项目经理部在项目环境管理中的职责

根据《建设工程项目管理规范》的规定：项目经理负责现场环境管理工作的总体策划和部署，建立现场环境管理组织机构，制定相应制度和措施，组织培训，使各级人员明确环境保护的意义和责任。

项目经理部在项目环境管理中承担的职责主要有：

（1）项目经理部应按照分区划块原则，搞好现场的环境管理，进行定期检查，加强协调，及时解决发现的问题，实施纠正和预防措施，保持现场良好的作业环境、卫生条件和工作秩序，并进行持续改进。

（2）项目经理部应对环境因素进行控制，制定应急措施，并保证信息通畅，预防可能出现非预期的损害。

（3）项目经理部应保存有关环境管理的工作记录。

（4）项目经理部应进行现场节能管理，有条件时应规定能源使用指标。

19.1.2　项目环境管理的国家标准

国际标准化组织（ISO）1993年6月正式成立环境管理技术委员会（ISO/TC 207）制定和实施一套环境管理的国际标准，于1996年推出了ISO 14000系列标准。同年，我国将其等同转换为国家系列标准《环境管理体系》（GB/T 24000）。它包括了环境管理体系、环境审核、环境标志、生命期分析等环境管理领域内的许多焦点问题，从环境管理和经济发展的结合上去规范企业和社会团体等所有组织的环境行为，最大限度地合理配置和节约资源，减少人类活动对环境的影响，维持和持续改善人类生存与发展的环境。

国家系列标准《环境管理体系》（GB/T 24000）要求组织在其内部建立并保持一个符合标准的环境管理体系。该体系由环境方针、规划、实施与运行、检查和纠正、管理评审等5个一级要素和17个二级要素构成，各要素之间有机结合、紧密联系，形成PDCA（规划、实施、检查、改进）的运行模式（见图19.1-1），通过有计划地评审和持续改进地循环，保持组织内部环境管理体系的不断完善和提高。该标准要求组织建立环境管理体系的同时，必须建立一套程序来确立环境方针和目标，实现并向外界证明其环境管理体系的符合性，以达到支持环境保护的目的。

1. GB/T 24000系列标准分类

（1）GB/T 24000作为一个多标准组合系统，按标准性质分为三类。

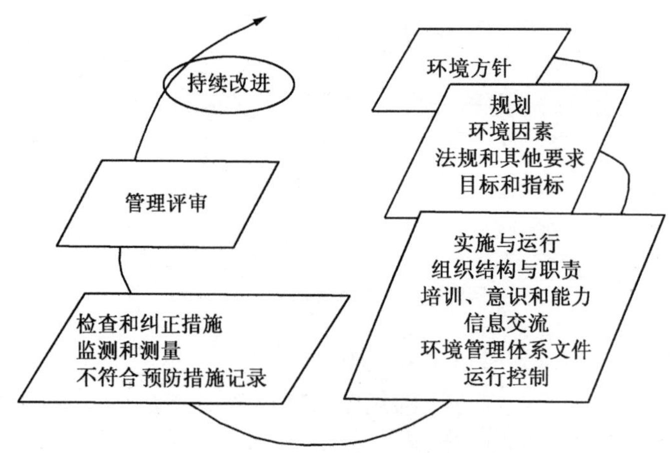

图 19.1-1　GB/T 24000 系列标准的基本要素和运行模式

第一类：基础标准—术语标准，即环境管理方面的术语和定义。
第二类：基本标准—环境管理体系、规范、原理、应用指南。
第三类：技术支持标准（工具），包括：
① 环境审核。
② 环境标志。
③ 环境行为评价。
④ 生命期评估。
（2）如按标准的功能，可以分为两类。
第一类：评价组织，包括：
① 环境管理体系。
② 环境行业评价。
③ 环境审核。
第二类：评价产品，包括：
① 生命期评估。
② 环境标志。
③ 产品标准中的环境指标。

2. GB/T 24000 系列标准的实质

GB/T 24000 系列标准的实质主要体现在以下几方面：
① 强调最高管理者的承诺、意识和作用。
② 强调全体员工的意识和积极参与。
③ 强调必须符合使用的环境法法规和其他要求。
④ 坚持污染预防和持续改进的原则。
⑤ 提倡运用生命期评价思想。
⑥ 系统化、程序化和必要的文件支持。

19.2　项目环境管理体系

19.2.1　项目环境管理体系的定义和意义

1. 项目环境管理体系的定义

项目环境管理体系是项目整个管理体系的一个子系统，它包括为制定、实施、实现、评审和保持环境方针所需的组织的结构、计划活动、职责、惯例、程序、过程和资源。

项目环境管理体系的概念涉及到有关环境保护的一些术语的定义，包括：

① 环境目标：组织依据其环境方针规定自己所要实现的总体环境目的，如可行应予以量化。

② 环境指标：环境指标直接来自环境目标，为实现环境目标所需的规定及具体的环境表现（行为）要求，如可行应予以量化。

③ 环境方针：组织对其全部环境表现（行为）的意图与原则的声明，它为组织的行为及环境目标和指标的建立提供了一个框架。

④ 环境表现（行为）：组织基于其环境方针、目标和指标，对它的环境因素进行控制所取得的可测量的环境管理结果。

⑤ 污染预防：旨在避免、减少或控制污染而对各种过程、惯例、材料或产品的采用，可包括再循环、处理、过程更改、控制机制、资源的有效利用和材料替代等。

在智能建筑工程项目实施过程中要加强环保教育，建立和完善各项环保制度，提高员工的环保意识，自觉做好环境保护工作。在提高项目经济效益的同时，改变不安全、不卫生的劳动环境和工作条件，即在提高劳动生产率的同时，要加强对项目的环境管理。

2. 项目环境管理体系的意义

项目环境管理体系的作用和意义具体可表现为以下几个方面：

（1）保护人类生存和发展的需要。

（2）国民经济可持续发展的需要。

（3）建立市场经济体制的需要。

（4）国内外贸易发展的需要。

（5）环境管理现代化的需要。

19.2.2　项目环境管理体系的内容

1. 完善各项管理制度

一个已经运行并通过环境和职业健康安全管理体系认证的智能建筑企业，必定已建立了较为完善的公司管理制度。那么，在新项目经理部成立时，就应将公司的管理制度纳入项目经理部的管理范围，并遵照执行。若公司建立的管理制度与新成立的项目经理部的实际情况相适宜，具备可操作性，项目经理部可直接应用公司的相关制度；否则，由公司主管科室与项目经理部共同研究，依据公司的相关制度，结合项目经理部活动、产品和服务的特点，建立或完善相关制度。项目经理部实施环境管理体系，一般应建立和完善如下制度：

（1）废水、粉尘、噪音、固体废弃物、能源资源、油品化学品、相关方管理等环境管理制度。在制定管理制度时，应将职业健康安全的相关要求同时纳入。

（2）专项制度，如锅炉房管理制度、库房管理制度、配电室管理制度、空压机房管理制度、食堂管理制度、宿舍管理制度等，应针对相应的环境因素及危险源的控制要求来制定。

（3）各种设备及各个岗位的安全操作规程，可根据相关的法规来制定。

（4）食品安全管理、设备维修保养、车辆安全管理、安全标识牌管理、安全用电、劳动保护用品管理、劳动保障管理、危险化学品的 MSDS（物质安全参数表）等相关制度。

（5）各项安全技术交底文件。

（6）各种应急预案。

2. 进行环境因素和危险源识别及评价

新项目经理部成立时，由公司主管科室和项目经理部一起，根据项目经理部的活动、产品和服务对公司原有的环境因素清单进行确认，找出公司清单中目前项目经理部存在的环境因素和危险源，对于项目经理部新增加的活动、产品和服务，应补充识别环境因素和危险源，并形成项目经理部的环境因素清单和危险源清单。按照公司规定的评价方法，由公司主管科室和项目经理部一起，对项目经理部所有的环境因素和危险源进行评价，评价出项目经理部自身的重大环境因素和危险源，并对其加以控制和管理。

（1）环境因素识别

① 全面考虑项目经理部自身活动中的环境因素、项目经理部所在地原有环境中的环境因素、各种原辅材料及产品中的环境因素等。识别时，还应考虑三种时态（过去、现在、将来），三种状态（正常、异常、紧急），九个方面（向大气的排放、向水体的排放、向土地的排放、原材料和自然资源的使用、能源的使用、能量排放、废物和副产品、物理属性，如大小、形状、颜色、外观等，以及可能施加影响的环境因素等）。

② 环境因素的描述应具体，如食堂含油废水的排放，锅炉废气 SO_2 的排放，烟尘的排放，油漆气体中苯系物的排放等。

（2）危险源识别

危险源的识别和分析方法如下：

① 物理性危险危害因素：设备设施缺陷、防护缺陷、电危害、噪声危害、振动危害、电磁辐射、运动物危害、明火、能造成灼伤的高温物质、造成冻伤的低温物质、粉尘与气溶胶、作业环境不良、信号缺陷、标志缺陷等。

② 化学性危险危害因素：易燃易爆性物质、自燃性物质、有毒物质、腐蚀性物质等。

③ 生物性危险危害因素：致病微生物、传染病媒介物、致害动物、致害植物等。

④ 心理、生理性危险因素：工作负荷超限、健康状况异常、从事禁忌作业、心理异常等。

⑤ 行为性危险危害因素：指挥失误、操作失误、监护失误、其他错误等。

⑥ 其他危险危害因素。

根据《企业伤亡事故分类》（GB 6441—1986）国标规定，将危险源可能导致的事故分为16类：物体打击、车辆伤害、机械伤害、起重伤害、触电、淹溺、灼伤、火灾、高处坠落、坍塌、放炮、火药爆炸、化学性爆炸、物理性爆炸、中毒和窒息等。

在描述危险源时，应描述可能导致的伤害或疾病、财产损失、工作环境破坏或这些情况组合的根源或状态，如：木工房电线老化、食堂明火上拉设电线、宿舍私接电炉子及电饭锅、司机酒后驾车、车辆刹车失灵、搅拌机的电线挂在塔吊的铁架上、楼梯边无防护栏、预留洞口无防护等等。在危险源清单中，也应将可能导致的事故一并描述。

3. 建立目标指标和环境管理方案

根据公司的总指标，结合考虑项目经理部评价出的重大环境因素及重大危险源，建立目标指标和环境管理方案。制定环境管理方案时，应考虑需要投资建立或改造的环保及安全设施是切实可行的。

例如，以预防发生施工触电事故的风险为例：

（1）风险名称：电线老化或用电设置不合理导致触电事故。

（2）目标：因电线老化或用电设置不合理导致触电事故为零。

（3）管理方案及措施：

① 调查因电线老化或用电设置不合理的数量和地点、确定改进的方法和措施。

② 购买所需电线和设施。

③ 更换或安装电线和设施。

④ 验收。

⑤ 建立健全作业指导书。

⑥ 对人员进行培训。

⑦ 定期检查、维护。

（4）责任部门：项目经理部、材料部、工程部。

4. 列出相关法律法规清单

根据公司列出的法律法规及其他要求清单，找出适用于项目经理部环境因素及危险源的法律法规和其他要求文本，并将重点传达到关键岗位。一般包括：国家的或国际性的法律要求、省部级的法律法规要求、地方性法律法规要求、政府机构的协定、用户的协议、非法规性指南、自愿性原则或业务范围、自愿性环境标志或产品护理承诺、行业协会的要求、社区团体或非政府组织的协议、组织或其上级组织对公众的承诺、本单位的要求等。

5. 落实各岗位的职责

编制岗位职责文件并传达到各岗位，对各岗位的员工实施分层次培训，进行三级（公司级、项目级、班组级）教育，培训方式有内培和外培，需要取得资格证才能上岗的工种，应送外培训取得上岗资格证书，其余员工应进行内部培训。培训内容一般包括：手册、程序文件、作业文件、应急预案、本岗位具有的环境因素、危险源及相关控制要求、公司方针、目标指标及管理方案、相关的法律法规、环境知识、安全知识等。培训应有针对性，不同的岗位应培训不同的内容。培训应做好记录，包括计划、签到表、记录、考核结果、有效性评价等。

6. 加强环境管理工作记录

按照项目环境管理相关制度进行各项活动和工作，并保存实施记录。记录一般包括：项目经理部的环境因素清单及重要环境因素清单、危险源清单、法律法规清单、目标指标管理方案及实施的相关记录、培训证书及记录、信息交流的相关记录、文件管理的相关记录、各种管网的维护维修记录、环保设施维修保养记录及监控记录、设备设施维修保养记录、固废处理记录、有毒有害固废交接及处理记录、与重要相关方签订的合同或协议、技术交底记录、各种验收记录、劳动防护用品的验收合格及发放记录、预案的演练及评价记录、体检及保险的相关证据、各种安检合格的证书、各项监测及检查记录、检测设备的校准及维护记录、投诉及处理记录、法律法规遵循情况的评价记录、事故事件报告及处理记录、对法律法规遵循符合或潜在不符合采取的纠正与预防措施记录、内审报告、管理评审报告等。

应建立和加强记录管理制度，包括建立记录清单，保存好记录表单，记录的更改、标识应具有可追溯性。记录保存应防水、防霉、防虫、防盗、防火等，记录应在规定的期限内分类保存，便于查阅。

7. 环境管理体系主要文件结构

项目环境管理体系文件的结构通常可分为四个层次，即环境管理手册、环境管理程序文件、环境管理作业指导文件、环境管理记录及其他相关文件。具体内容如下。

（1）环境管理手册

环境管理手册是组织环境管理体系的高度概括。环境管理手册是用来阐述组织的总体环境方针、环境目标和指标、明确需要控制的重要因素和组织机构及其相应职责，手册还对 GB/T 24000 系列标准所要求的 17 个要素及它们之间的相互关系有简要描述。

环境管理手册的内容包括：环境方针、环境目标、指标和环境管理方案；环境管理、运行、审核和评审工作人员的主要职责、权限和相互关系；关于程序文件的说明和查询途径；关于环境管理手册的管理、评审和修订工作的规定。

（2）环境管理程序文件

程序文件是环境管理体系文件的重要组成部分，是对手册的进一步细化和展开，是组织内部科学的管理制度，是各级各类人员必须遵照执行的法规性文件，也是组织对其员工进行岗位培训和业务考核的基本内容和指导、检查、改进相关业务工作的重要依据，另外还是第三方认证机构实施外部审核的依据之一。

程序文件的内容包括文件编号和标题、目的和适用范围、术语和定义、职责和权限、工作程序、相关文件、相关记录和报告等。

（3）环境管理作业指导文件

环境管理作业指导文件是侧重于操作性岗位或某一局部活动的规定，它是对环境管理程序文件的展开、补充和细化，目的是指导具体的岗位特别是重要环境工作岗位的实际操作，使环境因素得到有效控制。作业指导文件包括技术规范、操作规程、各种管理规定、标准和方法、流程图表、技术说明等。

（4）环境管理记录

环境管理记录存在于各级体系文件之中，它是环境管理体系文件中一种特殊形式的文件。环境管理记录是用于记录环境管理体系的运行过程和运行结果，并提供见证和可追溯性，同时也为体系实施改进提供依据。记录的形式通常包括原始记录、统计表和报告。

8. 应急预案

（1）组织应建立并保持一套程序，使之能有效确定潜在的事故或紧急情况，并在其发生前予以预防，减少可能伴随的环境影响；一旦紧急情况发生时做出响应，尽可能地减少由此造成的环境影响。

（2）组织应考虑可能会有的潜在事故和紧急情况，采取预防和纠正的措施应针对潜在的和发生的原因，必要时特别是在事故或紧急情况发生后，应对程序予以评审和修订，确保其切实可行。

（3）有必要时，可不定期按程序有关规定定期进行实验或演练。

9. 监测和测量

对项目环境管理体系进行例行监测和测量，既是对体系运行状况的监督手段，又是发现问题及时采取纠正措施，实施有效运行控制的首要环节。

（1）监测的内容

项目环境管理体系监测的内容包括组织的环境绩效，如组织采取污染预防措施收到的效果，节省资源和能源的效果，对重大环境因素控制的结果等；有关运行控制，如对运行加以控制，监测其执行程序及其运行结果是否偏离目标和指标等；目标、指标和环境管理方案的实现程度。

（2）监测的方法

在程序中应明确规定项目环境管理体系监测方法：包括如何进行例行监测，如何使用、维护、保管监测设备，如何记录和如何保管记录，如何参照标准进行评价，什么时候向谁报告监测结果和发现的问题等。

（3）监测结果的评价

组织应建立评价程序，定期检查有关法律法规的持续遵循情况，以判断环境方针有关承诺的符合性。

10. 内审和管理评审

内审是一个系统化、文件化和客观的验证过程，应符合 GB/T 24000 系列标准的要求。内审是由与受审核区域无直接责任的内审员，按预告编制的审核计划，定期对一个或几个部门、一个或几个要素进行审核，但每年应覆盖所有的部门和要素，也要集中在一段时间内完成。内审可采用查阅文件或记录、面谈和现场观察三种方式进行。

管理评审是组织的最高管理者就环境管理方案、目标和指标以及环境管理体系的现状和适用性所进行的自我评价。其目的是验证环境管理体系是否持续有效、适宜，是否需要根据变化了的内、外部条件进行修改。管理评审一般在全面的内审结束后进行。

11. 持续改进

持续改进是强化项目环境管理体系的过程，目的是根据组织的环境方针，实现对整体环境表现的改进。

19.3 项目文明施工

文明施工是指保持施工场地整洁、卫生，施工组织科学，施工程序合理的一种施工活动。实现文明施工，不仅要着重做好现场的场容管理工作，而且还要相应做好现场材料、设备、安全、技术、保卫、消防和生活卫生等方面的管理工作。一个工地的文明施工水平是该工地乃至所在企业各项管理工作水平的综合体现。

19.3.1 项目文明施工的要求和内容

1. 文明施工基本要求

（1）施工现场要建立文明施工责任制，划分区域，明确管理负责人，实行挂牌制，做到现场清洁整齐。

（2）施工现场场地平整，道路坚实畅通，有排水措施，基础、地下管道施工完后要及时回填平整，清除积土。

（3）现场施工临时水电要有专人管理，不得有长流水、长明灯。

（4）施工现场的临时设施，包括生产、办公、生活用房、仓库、料场、临时上下水管道以及照明、动力线路，要严格按施工组织设计确定的施工平面图布置、搭设或埋设整齐。

（5）工人操作地点和周围必须清洁整齐，做到活完脚下清，工完场地清，丢洒在楼梯、楼板上的杂物和垃圾要及时清除。

（6）要有严格的成品保护措施，严禁损坏污染成品，堵塞管道。

（7）建筑物内清除的垃圾渣土，要通过临时搭设的竖井或利用电梯井或采取其他措施稳妥下卸，严禁从门窗口向外抛掷。

（8）施工现场不准乱堆垃圾及余物。应在适当地点设置临时堆放点，并定期外运。清运垃圾及流体物品，要采取遮盖防漏措施，运送途中不得遗撒。

（9）根据工程性质和所在地区的不同情况，采取必要的围护和遮挡措施，并保持外观整洁。

（10）针对施工现场情况设置宣传标语和黑板报，并适时更换内容，切实起到表扬先进、促进后进的作用。

（11）施工现场严禁居住家属，严禁居民、家属、小孩在施工现场穿行、玩耍。

（12）施工现场应建立不扰民措施，针对施工特点设置防尘和防噪声设施，夜间施工必须有当地主管部门的批准。

2. 项目文明施工的工作内容

企业应通过培训教育、提高现场人员的文明意识和素质，并通过建设现场文化，使现场成为企业对外宣传的窗口，树立良好的企业形象。项目经理部应按照文明施工标准，定期进行评定、考核和总结。

文明施工应包括下列工作：

（1）进行现场文化建设。

（2）规范场容，保持作业环境整洁卫生。

（3）创造有序生产的条件。

（4）减少对居民和环境的不利影响。

19.3.2　项目现场管理

1. 项目现场管理基本规定

根据《建设工程项目管理规范》的规定，项目现场管理的基本规定如下：

（1）项目经理部应在施工前了解经过施工现场的地下管线，标出位置，加以保护。施工时发现文物、古迹、爆炸物、电缆等，应当停止施工，保护现场，及时向有关部门报告，按照规定处理后继续施工。

（2）施工中需要停水、停电、封路而影响环境时，必须经有关部门批准，事先告示。在行人、车辆通过的地方施工，应当设置沟、井、坎、洞覆盖物和标志。

（3）项目经理部应对施工现场的环境因素进行分析，对于可能产生的污水、废气、噪声、固体废弃物等污染源采取措施，进行控制。

（4）建筑垃圾和渣土应堆放在指定地点，定期进行清理。装载建筑材料、垃圾或渣土的运输机械，应采取防止尘土飞扬、洒落或流溢的有效措施。施工现场应根据需要设置机动车辆冲洗设施，冲洗污水应进行处理。

（5）除有符合规定的装置外，不得在施工现场熔化沥青和焚烧油毡、油漆，亦不得焚烧其他可产生有毒有害烟尘和恶臭气味的废弃物。应按规定有效地处理有毒有害物质。禁止将有毒有害废弃物现场回填。

（6）施工现场的场容管理应建立在施工平面图设计的合理安排和物料器具定位管理标准化的基础上。

（7）项目经理部应依据施工条件，按照施工总平面图、施工方案和施工进度计划的要求，认真进行所负责区域的施工平面图的规划、设计、布置、使用和管理。

（8）现场的主要机械设备、脚手架、密封式安全网与围挡、模具、施工临时道路、各种管线、施工材料制品堆场及仓库、土方及建筑垃圾堆放区、变配电间、消火栓、警卫室、现场的办公、生产和生活临时设施等的布置，均应符合施工平面图的要求。

（9）现场入口处的醒目位置，应公示下列内容：

① 工程概况牌。

② 安全纪律牌。

③ 防火须知牌。

④ 安全无重大事故牌。

⑤ 安全生产、文明施工牌。

⑥ 施工总平面图。

⑦ 项目经理部组织机构及主要管理人员名单图。

(10) 施工现场周边应按当地有关要求设置围挡。危险品仓库附近应有明显标志及围挡设施。

(11) 施工现场应设置畅通的排水沟渠系统，保持场地道路的干燥坚实。施工现场的泥浆和污水未经处理不得直接排放。地面宜做硬化处理。有条件时，可对施工现场进行绿化布置。

2. 项目现场环境保护

项目现场环境保护基本规定如下：

(1) 把环保指标以责任书的形式层层分解到有关单位和个人，列入承包合同和岗位责任制，建立一支懂行善管的环保自我监控体系。

(2) 要加强检查，加强对施工现场粉尘、噪声、废气的监测和监控工作。要与文明施工现场管理一起检查、考核、奖罚。及时采取措施消除粉尘、废气和污水的污染。

(3) 施工单位要采取有效措施控制人为噪声、粉尘的污染和采取技术措施控制烟尘、污水、噪声污染。建设单位应该负责协调外部关系，同当地居委会、村委会、办事处、派出所、居民、施工单位、环保部门加强联系。

(4) 要有技术措施，严格执行国家的法律、法规。在编制施工组织设计时，必须有环境保护的技术措施。在施工现场平面布置和组织施工过程中都要执行国家、地区、行业和企业有关防治空气污染、水源污染、噪声污染等环境保护的法律、法规和规章制度。

(5) 智能建筑工程项目施工由于技术、经济条件限制，对环境的污染不能控制在规定的范围内的，建设单位应当同施工单位事先报请当时人民政府建设行政主管部门和环境行政主管部门批准。

第20章　智能建筑工程项目知识产权保护管理

知识产权保护的问题在一般的建设工程中显得不很突出，但在智能建筑工程项目中则不同，是一个相当突出的重要问题，因此，在智能建筑工程项目实施过程中知识产权保护管理受到我国政府和业界的高度重视，在实践中列入了发包人项目管理的范畴。

20.1　知识产权的概念

知识产权可分为“著作权”和“工业产权”两类。著作权是指作者对其创作的作品享有的人身权和财产权。人身权包括发表权、署名权、修改权和保护作品完整权等；财产权包括作品的使用权和获得报酬权。工业产权包括专利、实用新型、工业品外观设计、商标、服务标记、厂商名称、产地标记或原产地名称、制止不正当竞争等九项内容。随着科学技术的迅速发展，知识产权保护对象的范围不断扩大，不断涌现新型的智力成果，如商业秘密、计算机软件、微生物技术、生物工程技术、遗传基因技术、植物新品种等，也是当今世界各国所公认的知识产权的保护对象。

20.1.1　知识产权的定义

知识产权是国家法律赋予智力创造主体，并保证其创造的知识财产和相关权益不受侵犯的一种专有民事权利。它是人们知识财产和精神财富在法律上的体现。

人类的聪明才智是一切艺术成果和发明成果的源泉，这些成果是人们美好生活的保证，国家的职责就是要保障坚持不懈地保护艺术和发明，这样才能够保护生产力，稳定社会关系，促进社会的发展。

计算机软件和集成电路布图设计被我国和大多数国家列为作品，成为著作权的客体内容。在内容的选取和编排上有独创性的数据库，被许多国家视为编辑作品，受著作权法保护。有少数智力成果可以同时成为著作权和工业产权这两类知识产权保护的客体，例如，计算机软件和实用艺术品属著作权保护的同时，权利人还可以通过申请发明专利和外观设计专利，获得专利权，成为工业产权保护的内容。

智能建筑工程项目中涉及的知识产权问题主要是发包人和承包人所拥有的商业秘密，包括经营秘密和技术秘密、设计方案、图纸及计算机软件等。

20.1.2　知识产权的特征

1. 客体的无形性

知识产权的客体是无形的脑力劳动创作性成果，与有形的财产不同，它是一种可以脱离其所有者而存在的无形信息，可以同时为多个主体所使用，可以通过计算机网络传送，在一定条件下也不会因多个主体的使用而使该项知识财产自身遭受损耗。这种客体的无形性是知识产权使用价值充分实现的基础和根源，极容易受到侵犯，只要它们一出现在市场，马上就可以以极低的成本进行大量的复制、模仿和传播。

2. 属性的单一性和双重性

知识产权的属性大致可以分为两类：人身权和财产权。大多数知识产权具有单一的属性，例如，发现权只具有名誉权属性，不具有财产权属性；商业秘密只具有财产权属性，不具有人身权属性。专利权、商标权主要体现为财产权，其人身权的属性目前仍有争议。

某些知识产权具有人身权和财产权双重属性，这主要是指著作权。其财产权属性主要体现在所有人享有的独占权或者排他权，以及许可他人使用而获得报酬的权利，同时它也能像有形财产那样进行买卖、转让和抵押。其人身权属性主要是指决定作品是否公之于众的权利，包括署名权、修改权、保护作品完整权、复制权、发行权等。

3. 法定性

法定性是指知识产权的产生和取得，一般要有法律的直接确认。有法律才有知识产权，没法律就没有知识产权。法定性的基本含义有两个方面，一是知识产权的确立、享有要依靠立法，法律赋予自然人、法人和其他组织知识产权，这些民事主体才能享有。二是一些主要的知识产权只有依法办理手续，才能由国家主管机关授予。通常由申请人向国家主管机关申请，然后由主管机关负责审查。

例如，把商标的文字、图形注册到国家商标管理局的注册簿上，最后发给商标注册证后才享有商标权。专利权的授予也是如此，完成人必须向国家专利局提出专利申请，专利局依照法定程序进行审查，只有当专利局发布授权公告，颁发专利证书后，其完成人才享有该项知识产权。文学艺术作品和计算机软件等的著作权虽然是自作品完成其权利即自动产生，但法院在保护作品著作权时，也要首先依法审查该作品是否具有独创性，不具备独创性的作品是不予保护的。法院对工商营业单位的商业秘密的保护，也要首先审查其是否具备法律规定的受保护的条件，缺少其中一个法定条件，法院即不予保护。

4. 专有性

由于智力成果具有可以同时被多个主体所使用的特点，因此，大多数的知识产权是法律授予的一种独占权，具有专有性和排他性，未经其权利人许可，任何单位或个人不得使用，否则就构成侵权，承担相应的法律责任。当然，法律对各种知识产权都规定了一定的限制，但这些限制不影响其独占权特征。也有少数知识产权不具有专有性特征，例如工商业经营者所拥有的商业秘密，包括经营秘密和技术秘密等不具备完全的财产权属性，因为其所有人不能禁止第三人使用其独立开发或者合法取得的相同秘密。

5. 地域性

知识产权具有严格的地域性特点，即各国主管机关依照其本国法律授予的知识产权，只能在其本国领域内受法律保护，例如中国专利局授予的专利权或中国商标局核准的商标专用权，只能在中国领域内受保护，其他国家则不给予保护，外国人在我国领域外使用中国专利局授权的发明专利，不侵犯我国专利权。

著作权虽然自动产生，但它也受地域限制，我国法律对外国人的作品并不是都给予保护，只是因为我国加入了“保护文学艺术作品伯尔尼公约”和“世界版权公约”等国际公约，履行这两个国际公约规定的义务，保护这些公约成员国的国民作品；公约的其他成员国也按照公约规定，对我国公民和法人的作品给予保护。还有按照两国的双边协定，相互给予对方国民的作品保护。

6. 时间性

知识产权都有法定的保护期限，一旦保护期限届满，权利即自行终止，成为社会公众可以自由使用的知识。至于期限的长短，依各国的法律确定。例如，我国发明专利的保护期为 20 年，实用新型专利权和外观设计专利权的期限为 10 年，均自专利申请日算起。我国公民的作品著作权的保护期为作者终生及其死亡后 50 年。期限届满后，发明和作品即成为社会公共财产。我国商标权的保护期限自核准注册之日起 10 年，但可以在期限届满前 6 个月内申请续展注册，每次续展注册的有效期 10 年，续展的次数不限，由此可见，商标权的期限有其特殊性，可以根据其所有人的需要无限地续展权利期限。

20.2　计算机软件著作权的概念和侵权的认定

计算机软件是相对于硬件而言的，即软件是计算机系统中与硬件相互依存的另一部分，包括计算机运行时所需要的各种程序、相关数据及其说明文档。

在国际上，以伯尔尼国际公约关于将计算机软件作为文字作品来保护的规定，已成为了世界各国计算机软件法律保护的基本趋势。《著作权法》第二条规定中国公民、法人或者其他组织的作品，不论是否发表，依照本法享有著作权。第三条规定将计算机软件、工程设计图、产品设计图、示意图等纳入了作品的范畴。著作权是一种民事权利，具有民事权利最一般的特征。

1. 保护计算机软件著作权的范围

《著作权法》对计算机软件的保护，是指计算机软件的著作权人或者其受让者依法享有著作权的各项权利。《计算机软件保护条例》明确规定保护计算机软件著作权的范围是指计算机程序及其有关文档，而不延及开发软件所用的思想、处理过程、操作方法或者数学概念等。

（1）计算机程序

根据《计算机软件保护条例》第三条第一款的规定，计算机程序是指为了得到某种结果而可以由计算机等具有信息处理能力的装置执行的代码化指令序列，或者可以被自动转换成代码化指令序列的符号化指令序列或者符号化语句序列。同一个计算机程序的源程序和目标程序被视为同一作品。

（2）计算机软件的文档

根据《计算机软件保护条例》第三条第二款的规定，文档是指用来描述程序的内容、组成、设计、功能规格、开发情况、测试结果及使用方法的文字资料和图表等。如程序设计说明书、流程图、用户手册等。

2. 计算机软件著作权的主体

计算机软件著作权的主体是指参加软件著作权法律关系享有权利和承担义务的人。根据著作权法和《计算机软件保护条例》的规定，计算机软件著作权的主体包括公民、法人和其他组织。

(1) 公民

公民，即指自然人。公民通过以下四种途径取得软件著作权主体资格：

① 公民自行独立开发软件。

② 订立委托合同，委托他人开发软件，并约定软件著作权归自己享有。

③ 通过转让的途径取得软件著作财产权主体资格。

④ 公民之间或与其他主体之间，对计算机软件进行合作开发而产生的公民群体或者公民与其他主体成为计算机软件作品的著作权人。

⑤ 根据《继承法》的规定通过继承取得软件著作财产权主体资格。

(2) 法人

法人是具有民事权利能力和民事行为能力，依法独立享有民事权利和承担义务的组织。计算机软件的开发往往需要较大投资和较多的人员。而法人则具有资金来源丰富和科技人才众多的优势，因而法人是计算机软件著作权的重要主体。虽然软件开发的直接人员均为自然人，但著作权法肯定了代表法人意志，法人投资的法人作品，涉及法人单位可以享有软件著作财产权。

法人取得计算机软件著作权主体资格一般通过以下途径：

① 由法人组织并提供创作物质条件所进行的开发，代表法人意志，由法人承担责任的。

② 通过接受委托、转让等各种有效合同关系而取得著作权主体资格。

③ 因计算机软件著作权主体发生变更而成为著作权主体。

(3) 其他组织

其他组织是指除去法人以外的能够取得计算机软件著作权的其他民事主体，包括非法人单位、个体工商户、个人合伙、联营等其他民事主体在某些情况下成为软件著作权主体。

3. 计算机软件受著作权法保护的条件

《计算机软件保护条例》规定受保护的软件必须由开发者独立开发，并已固定在某种有形物体上。即是说，一方面受保护的软件必须由开发者独立开发创作，任何复制、抄袭他人的、并非自己开发的软件不能获得著作权。当然，软件的独创性不同于专利的创造性。一项程序的功能设计往往被认为是程序的思想概念，根据著作权法不保护思想概念的原则，任何人可以设计具有类似功能的另一件软件作品。但是如果用了他人软件作品的逻辑步骤的组合方式，则对他人软件构成侵权。

另一方面，受著作权法保护的软件必须固定在某种有形物体上，如存储器、磁盘、磁带等计算机外部设备，或是纸张等其他的有形物，且是作者创作思想的一种实际表达，具备合理的逻辑思想，以正确的逻辑步骤表现出来，能实现软件的使用功能。如果作者的创作思想未表达出来，不可以被感知，或者毫无使用价值，就不能得到著作权法的保护。

4. 计算机软件著作权的内容

（1）计算机软件的著作人身权

根据《计算机软件保护条例》第九条的规定，软件著作权人享有发表权和开发者身份权，这两项权利与著作权人的人身不可分离，其中开发者的身份权，不随软件开发者的消亡而丧失，且无时间限制。

（2）计算机软件的著作财产权

《计算机软件保护条例》第九条规定，计算机软件著作权人享有以下财产权：

① 使用权：使用权是指著作权人在不损害社会公共利益的前提下，以复制、展示、修改、发行、翻译、注释等方式使用软件的权利。

② 报酬权：报酬权是指使用许可权和获得报酬的权利，即许可著作权人以使用软件的权利和由此而获得报酬的权利。

③ 转让权：转让权是指著作权人向他人转让软件的使用权和使用许可权的权利。

5. 对计算机软件侵权行为的认定

根据《计算机软件保护条例》第三十条的规定，凡是行为人主观上具有故意或过失对著作权法和计算机软件保护条例保护的软件人身权和财产权实施侵害行为的，都构成计算机软件的侵权行为。计算机软件侵权行为主要有以下几种：

（1）未经软件著作权人的同意而发表其软件作品。

（2）将他人开发的软件当作自己的作品发表。

（3）未经合作者的同意将与他人合作开发的软件当作自己独立完成的作品发表。

（4）在他人开发的软件上署名或者涂改他人开发的软件上的署名。

（5）未经软件著作权人或其合法受让者同意，修改、翻译、注释其软件。

（6）未经软件著作权人或其合法受让者同意，复制或部分复制其软件。

（7）未经软件著作权人或其合法受让者同意，向公众发行、展示其软件复制品。

20.3 知识产权侵权损害的赔偿

知识产权的侵权行为，侵害的对象是知识产权保护的体现创造性智力成果的知识财产和精神利益。对知识产权侵权损害赔偿的性质首先是对受害人财产损失和精神损害的一种补偿，同时侵权人承担赔偿责任也是对其不法行为的一种法律制裁。补偿应当是赔偿损失的基本功能，制裁则是其辅助功能；补偿与制裁又相辅相成，共同起着规范和调整民事主体行为和知识产权关系的作用。

1. 知识产权损害赔偿的范围

知识产权侵权损害赔偿的范围，应当包括对产权人精神权益的损害赔偿和对财产权益损失的赔偿。侵权行为造成权利人现有财产的减少或丧失，以及可得利益的减少或丧失。

（1）直接损失

① 对侵权直接造成的知识产权使用费等收益减少或丧失的损失。

② 因调查、制止和消除不法侵权行为而支出的合理费用。

③ 因侵犯知识产权人精神权益而造成的财产损失。

（2）间接损失

知识产权损害的间接损失是指知识产权处于生产、经营、转让等增值状态过程中的预期可得利益的减少或丧失的损失。其特征是：

① 损失的是一种未来的可得利益，在侵害行为实施时，它只具有一种财产取得的可能性，还不是一种现实的利益。

② 这种丧失的未来利益是具有实际意义的，而不是抽象的或者假设的。

③ 这种可得利益必须是一定范围的，即损害知识产权直接影响所及的范围，超出这个范围，不能认为是间接损失。

知识产权人精神权益的赔偿主要指知识产权的精神损害的赔偿。其赔偿范围仅限于对受害人人身精神权益的精神损害赔偿，不包括因侵害知识产权人身精神权益而遭受的财产损失。因侵害精神权益造成的财产损失应当归入财产损失范围。

所谓因侵权造成的商誉损失，在侵害法人名誉权、姓名权等涉及不正当竞争的案件中，应当属于直接损失，在其他一些知识产权侵权案件中又可能成为间接损失。

2. 知识产权侵权损害赔偿的计算方法

根据民法和知识产权法律的规定和司法实践的需要，知识产权侵权损害赔偿的计算方法有以下几种：

（1）全部赔偿

全部赔偿是指知识产权损害赔偿责任的范围，应当以加害人侵权行为所造成损害的财产损失范围为标准，承担全部责任。也就是说侵权行为所造成的损失应当全部赔偿，赔偿应以侵权行为所造成的损失为限。

（2）法定标准赔偿

法定标准赔偿是法院根据侵权行为的类型，规定出赔偿的数额。这种赔偿方法适用于侵权行为的损害后果不易确定的情况。例如最高人民法院知识产权审判庭有关赔偿额的规定：如无法查清实际损失或营利数额的，人民法院按以下规定的范围确定赔偿数额为：

① 侵犯他人图书、美术作品、摄影作品著作权的，赔偿额为0.5～20万元。

② 侵犯他人音像制品著作权的，赔偿额为1～20万元。

③ 侵犯他人计算机软件著作权的，赔偿额为1～30万元。

（3）法官斟酌裁量赔偿

智力创作成果损害结果的不易确定性以及案情的复杂多样，使得对知识产权的损害赔偿不可能简单化一，而应当给予法官在法律规定范围内一定的裁量权。即在确定知识产权侵权损害赔偿数额时应当并且必须赋予法官一定的“斟酌裁量权”，以满足对形形色色案件进行审判的需要。所谓斟酌裁量是要求法官确定赔偿数额必须依据客观事实，依照民法通则和知识产权法的基本原则，依靠法官本身的法律意识和审判经验，仔细地分析和判断案情，反复斟酌处理和解决当事人争议的方案，以求公正、公平、合理，并精细、快捷地对案件作出裁判，以追究侵权行为人的民事责任，保护权利人的合法权益。

（4）著作权侵权的损害赔偿

著作权侵权损害赔偿范围，应当包括侵权行为所造成的直接损失和间接损失，如商业信誉损失，必要用于诉讼的费用等。赔偿的数额，应将侵权人的非法所得与被侵权人通常行使著作权或与著作邻接权收益结合起来考虑确定。

第21章　智能建筑工程项目信息系统安全管理

信息技术是智能建筑工程项目的基础和关键技术，由于计算机网络的开放性、互连性等特征，致使网络易受黑客、病毒和其他计算机犯罪行为的攻击，而信息化程度越高就越容易受到攻击，所造成的损失就越大，致使智能建筑工程项目的系统安全面临新的、更严峻的挑战。

当前，信息技术在政务、金融和商务等方面的应用日益扩大，客观上为计算机犯罪提供了更多的机会；另一方面，计算机技术的普及，使人们从小就能接触、学习计算机，并能够很容易地学到实施网络攻击或利用网络进行犯罪的方法和技术。因而，具有实施计算机犯罪能力的人越来越多。相应地，计算机犯罪案件也不可避免地随之增多。计算机犯罪将在一定时期内继续存在、发展，并在犯罪数量、危害程度及表现形态等方面呈上升势头。

21.1　信息系统安全的概念

21.1.1　信息系统安全的定义和特性

1. 信息系统安全的定义

信息系统安全是指要保障系统中的人、设备、设施、软件、数据等要素避免各种偶然的或人为的破坏或攻击，使它们发挥正常，保障系统能安全可靠地工作。信息系统安全管理是指为了确保信息系统安全而采取的一系列管理和技术措施，其目的就是要保障信息系统的如下性能：

① 信息运行稳定可靠性：硬件不出故障。

② 信息的真实性和完整性：它包括数据单元完整性和数据单位序列完整性。

③ 信息的可用性：就是要保障系统中数据无论在何时，无论经过何种处理，只要需要，信息必须是可用的。

④ 信息的保密性：系统中的数据必须按照数据拥有者的要求，保证一定的秘密性。具有敏感性的秘密信息，只有得到拥有者的许可，其他人才能够获得该信息，信息系统必须能够防止信息的非授权访问或泄露。

⑤ 信息的合法使用性：系统中合法用户能够正常得到服务，能正常合法地访问资源和信息，而不至于因某种原因遭到拒绝或无条件的阻止。

2. 信息系统安全的特性

（1）安全的整体性

信息系统安全问题不仅仅是个技术性的问题，更重要的是管理方面的问题，而且它还与社会道德、法律、行业管理，以及人们的行为模式等都紧密地联系在一起。信息系统安全是一个整体的概念，在考虑信息系统安全问题时，必须从系统工程的角度，运用系统科学分析的方法，全面、整体、辩证地进行安全解决方案的设计，防范为主，攻防结合。

(2) 安全的社会性

信息系统安全是一个社会工程。信息安全无小事，因为整个国家、整个社会所有的人都处在一个大网（互联网）之中。由于信息技术的发展，企事业单位和家庭中的计算机很容易被犯罪分子利用来进攻更大的目标，就像江河千里大堤，洪水一来，大堤上的任何一个小蚁洞都会导致整个大堤崩溃，导致洪水淹没家园。如果智能建筑的最终用户没有足够的信息系统安全意识和常识，不能正确应用各项安全措施，正好给不法分子提供了可乘之机，成了他们入侵整个网络系统的突破口，于是一道道安全屏障被穿破，一座座防御工事被摧毁，后果不堪设想。可见大家都应担负起信息系统安全的相应责任，必须加强信息系统安全意识教育，以及加强安全常识的培训。

(3) 安全的相对性

计算机网络，特别是互联网的开放性、包容性和互联、互通、互动的特点，决定了信息系统安全是一个相对的概念。任何一个信息系统都存在着不安全的因素，存在着安全隐患，这一点是绝对的，确信无疑的。不同的系统由于各自采取的防范措施不同，其安全隐患的内容和程度可能不一样，有的措施得力，安全性好，不易受到破坏；有的麻痹大意，容易受到攻击和破坏。因此，一方面，不要企图去追求一个永远也攻不破的安全系统，因为这样的系统是不可能有的；另一方面要充分认识到系统安全与管理始终是联系在一起的，良好的管理制度、严密的防范措施、坚持不懈的努力才是提高信息系统安全性的基础和保障。也就是说系统安全是相对的，而不是绝对的，要想通过一劳永逸的办法来使以后的系统永远不受攻击，不出安全问题是办不到的。

(4) 安全的代价

在进行信息系统安全解决方案设计时，要考虑到安全的代价和成本的问题。如果想提高系统的运行速度，就必定要以牺牲安全来作为代价；如果想把系统安全性保障得更好一些，系统的运行速度就得慢一点，而且用户使用的便利性就差一点。总之，系统的安全性与系统的性能、成本之间存在着一种相互制约、相互依存、相互矛盾的辩证关系。应该根据信息系统的具体应用来综合考虑这些因素，如果不直接牵涉到网上支付等敏感问题，对安全的要求就可以低一些，以降低成本；如果牵涉到网上支付问题对安全的要求就要高一些，以提高可靠性。

(5) 安全的动态性

信息系统的安全技术，具有很强的时效性、敏感性、竞争性和对抗性，同时安全防范位于明处，罪犯躲在暗处，虽然安全防范技术发展很快，但是病毒、黑客和形形色色的网络犯罪的手段更是处心积虑、花样翻新、出其不意、突然袭击，往往搞得系统管理员和广大用户措手不及，防不胜防，损失惨重。所以信息系统安全是一个动态的概念，今天安全明天就不一定安全，因为网络的攻防是此消彼长、道高一尺、魔高一丈的事情，这就需要不断地检查、评估和调整相应的安全策略。没有一劳永逸的安全，也没有一蹴而就的安全。

21.1.2 智能建筑工程项目信息系统安全风险分析

智能建筑工程项目信息系统安全风险由多种因素引起，与网络结构和系统的应用、服务器的可靠性等因素密切相关。针对智能建筑工程项目可能存在的安全隐患，在进行安全方案设计时必须要认真考虑下述安全风险，并采取防范措施。

(1) 物理安全风险

智能建筑工程项目信息系统物理安全一般指的是计算机硬件及外部设备不受环境物理的损坏。统计资料表明：随着信息技术的不断发展和计算机系统的广泛使用，信息系统物理安全隐患越来越多，所造成的破坏也越来越严重。智能建筑工程项目信息系统物理安全的风险是多种多样的，包括地震、水灾、火灾、台风、雷击等环境事故；断电和电源故障；人为破坏、操作失误或错误；设备被盗、被毁；电磁和静电干扰；线路截获等。

(2) 网络平台的安全风险

网络结构的安全风险涉及到网络拓扑结构、网络路由状况及网络的环境等。没有安全保障的信息资源无法实现自身的价值，作为信息的载体，计算机网络亦然。智能建筑工程项目局域网内公开服务器区（WWW、EMAIL 等服务器）作为用户的信息共享、传输和发布平台，要对外界保持开放相应的服务，与此同时，黑客试图闯入互联网节点，这些节点如果不保持警惕，可能连黑客怎么闯入的都不知道，甚至会成为黑客入侵其他站点的跳板。

(3) 系统安全风险

系统安全是指网络操作系统、网络硬件平台是否可靠且值得信任。实际上，目前世界上所有的操作系统都存在着安全漏洞，这是造成系统安全风险大的主要原因。

(4) 应用系统的安全风险

应用系统的安全与具体的应用有关，它涉及很多方面，包括：

① 应用系统的安全是动态的、不断变化的：应用系统的安全涉及面广，随着应用类型在不断增加，其结果是安全漏洞也是不断增加且隐藏越来越深。

② 应用系统的安全性涉及到数据的安全性：数据安全问题涉及到机密信息泄露、未经授权的访问、破坏数据完整性和真实性、破坏系统的可用性等。

(5) 管理的安全风险

管理是网络安全最重要的部分。责权不明、管理混乱、安全管理制度不健全，以及缺乏可操作性等，都可能引起管理安全风险出现。

(6) 黑客攻击

黑客的攻击行动是无时无刻不在进行的，而且会利用系统和管理上的一切可能利用的漏洞，骗过公开服务器软件，得到系统口令文件并将之送回。黑客侵入服务器后，有可能修改特权，从普通用户变为高级用户，一旦成功，黑客可以直接进入口令文件。黑客还能开发欺骗程序，将其装入服务器中，用以监听登录会话，窃取他人的账户和口令。

(7) 通用网关接口（CGI）漏洞

有一类风险涉及通用网关接口（CGI）脚本。通常，这些 CGI 脚本只能在这些所指

WWW 服务器中寻找，但如果进行一些修改，就可以在 WWW 服务器之外进行寻找。黑客可以修改这些 CGI 脚本以执行他们的非法任务。

(8) 病毒的传播

计算机病毒一直是计算机安全的主要威胁。目前病毒的种类和传染方式正在增加，病毒总数已达 6 万以上。

(9) 内部不满员工的破坏

内部不满的员工可能会对系统搞恶意破坏。无论如何，他们最熟悉服务器、小程序、脚本和系统的弱点。对于已经离职的不满员工，可以通过定期改变口令和删除系统记录以减少这类风险。但还有心怀不满的在职员工，这些员工比已经离开的员工能造成更大的损失，例如他们可以泄露重要的安全信息、进入数据库删除数据等。

21.2　信息系统安全管理内容、目标和设计原则

在智能建筑工程项目实施过程中，首先要了解和明确信息系统安全管理所包含的主要内容、目标和设计原则，要弄清楚信息系统受到的威胁及其脆弱性，以便能注意到系统的这些弱点和它存在的特殊性问题。

1. 信息系统安全管理的内容

(1) 计算机网络系统的硬件设备必须定期进行例行性的维护、清理和检修，以确保其正常运作。维护的需求因信息系统的大小及复杂程度而异，在任何情形下，硬件系统的维护保养要符合厂商提供的维护要求和规格。

(2) 保护好信息系统的各种资源，避免或减少自然或人为的破坏。

(3) 要开发和实施卓有成效的安全策略，尽可能减小信息系统所面临的各种风险。

(4) 要准备适当的应急计划，使信息系统中的设备、设施、软件和数据受到破坏和攻击时，能够尽快恢复工作。

(5) 要制定完备的安全管理措施，并定期检查这些安全措施的实施情况和有效性。

2. 信息系统安全管理的目标

(1) 建立一套完整可行的网络安全与网络管理策略，将内部网络、公开服务器网络和外网进行有效隔离，避免内网与外网的直接通信。

(2) 建立和完善网络主机和服务器的安全保障措施，保证他们的系统安全。

(3) 对网上服务请求内容进行控制，使非法访问在到达主机前被拒绝。

(4) 加强合法用户的访问认证，同时将用户的访问权限控制在最低限度。

(5) 全面监视对公开服务器的访问，及时发现和拒绝不安全的操作和黑客攻击。

(6) 加强安全审计工作，详细记录对网络、公开服务器的访问。

(7) 强化系统备份，实现系统快速恢复。

(8) 采用传输加密技术，防止信息在信道上被截获或泄露。

(9) 采用严格审计制度，便于事故发生后追查责任和查找网络安全漏洞。

(10) 加强网络安全管理，提高全体人员的网络安全意识和防范技术。

（11）建立机房出入管理制度，包括出入人员登记和禁止无关人员进入等。

3. 信息系统安全方案设计原则

在进行智能建筑工程项目信息系统安全方案设计、规划时，应充分考虑信息系统安全保障问题，采取有力措施，确保系统安全。为此，应遵循以下原则：

（1）综合性、整体性原则

应用系统工程的观点、方法，分析网络安全及具体保障措施。安全保障措施主要包括：行政法律、各种管理制度、人员审查、工作流程、维护保障制度等，以及专业技术措施，包括身份识别技术、存取控制、密码、低辐射、容错、防病毒、采用高安全产品等。好的安全保障措施往往是多种方法适当综合的结果，只有从系统、综合、整体的角度去看待、分析，才能得出有效、可行的保障措施。

（2）需求、风险、代价平衡的原则

对智能建筑工程项目而言，不可能有信息系统的绝对安全，安全总是相对的，并且是有代价的。对智能建筑工程项目进行实际整体研究，包括任务、性能、结构、成本、可靠性、可维护性等，并对系统面临的威胁及可能承担的风险进行定性与定量相结合的分析，然后制定安全规范和保障措施，确定信息系统的安全策略。

（3）一致性原则

一致性原则主要是指信息系统安全问题应与整个智能建筑工程项目的生命期同时存在，制定的安全体系结构必须与系统的安全需求相一致。在智能建筑工程项目实施过程中，从方案设计，包括初步、详细设计和实施计划，到实际实施、测试验证、竣工验收、正式运行等，都要有信息系统安全的内容及安全保障措施。在项目方案论证阶段就应当考虑信息系统安全对策，这比在项目建设好以后再考虑信息系统安全保障措施，不但容易，且花费也小得多。

（4）易操作性原则

信息系统安全保障措施需要人去完成，如果措施过于复杂，对人的要求过高，本身就降低了安全性。其次，采用的信息系统安全保障措施不能影响项目的正常运行。

（5）分步实施原则

由于智能建筑工程项目及其应用扩展范围广阔，随着规模的扩大及应用的增加，其信息系统脆弱性也会不断增加。一劳永逸地解决信息系统安全问题是不现实的。同时实施信息系统安全措施需要有相当的费用支出。因此分步实施，既可满足信息系统安全的基本需求，又可节省项目费用开支。

（6）多重保障原则

任何信息系统安全保障措施都不是绝对安全的，都可能被攻破。因而要建立一个多重保障体系，各层次保护相互补充，当一层保护被攻破时，其他层保护仍可保障信息系统的安全。

（7）可评价性原则

如何预先评价一个信息系统安全设计方案并验证其安全性，这需要通过国家有关信息安全测评认证机构的评估来实现。

21.3　信息系统安全体系结构

1. 物理安全管理

保证智能建筑工程项目各种设备的物理安全是整个信息系统安全的前提，物理安全管理是保护计算机网络设备、设施以及其他软、硬件免遭地震、水灾、火灾等环境事故，人为操作失误或错误，以及各种计算机犯罪行为导致的破坏过程。

它主要包括三个方面：

① 环境安全：对信息系统所在环境的安全保护，如区域保护和灾难保护等。

② 设备安全：主要包括设备的防盗、防毁、防电磁辐射、信息泄漏、防止线路截获、抗电磁干扰及电源保护等。

③ 软件安全：包括数据的安全及软件本身的安全。

2. 网络结构安全管理

计算机网络结构安全是智能建筑工程项目信息系统安全保障体系成功建立的基础。在整个网络结构的安全管理方面，主要考虑网络结构、系统和路由的优化。

计算机网络结构的建立要考虑环境、设备配置与应用情况、远程联网方式、通信量的估算、网络维护管理、网络应用与业务定位等因素。成熟的计算机网络结构应具有开放性、标准化、可靠性、先进性和实用性，并且应该有结构化的设计，充分利用现有资源，具有运营管理的简便性，完善的安全保障体系。计算机网络结构采用分层的体系结构，有利于维护管理，有利于更高的安全控制和业务发展。计算机网络结构的优化，在网络拓扑上主要考虑到冗余链路，防火墙的设置和入侵检测的实时监控等。

3. 网络安全控制

（1）访问控制

① 制定严格的计算机网络安全管理制度，包括《用户授权实施细则》、《口令字及账户管理规范》、《权限管理制度》。

② 配备相应的安全设备：在内部网与外部网之间，设置防火墙和网闸，实现内外网的隔离与访问控制。

（2）不同网络安全域的隔离及访问控制

利用虚拟网划分技术来实现对内部子网的物理隔离。通过在交换机上划分虚拟网可以将整个网络划分为几个不同的域，实现内部各个网段之间的物理隔离。

（3）网络安全检测

计算机网络安全检测工具通常是一个网络安全性评估分析软件，其功能是用实践性的方法扫描分析计算机网络系统，检查报告系统存在的弱点和漏洞，建议补救措施和安全策略，达到增强网络安全性的目的。

4. 安全审计与监控

安全审计是记录用户使用计算机网络系统进行所有活动的过程，它是提高安全性的重要工具。不仅能够识别谁访问了系统，还能看出系统正被怎样地使用。对于确定是否有网络攻击的情况，安全审计信息对于确定攻击源很重要。通过对计算机网络安全事件的不断收集与积累，并且加以分析，有选择性地对其中的某些站点或用户进行审计跟踪，以便对发现或可能产生的破坏性行为提供有力的证据。

除使用一般的网管软件和系统监控管理软件外，还应使用目前较为成熟的网络监控设备或实时入侵检测设备，以便对进出各级局域网的常见操作进行实时检查、监控、报警和阻断，从而防止针对计算机网络系统的攻击与犯罪行为。

5. 反病毒技术

智能建筑工程项目信息系统反病毒技术包括预防病毒、检测病毒和消毒三种技术：

(1) 预防病毒技术

通过自身常驻计算机系统内存，优先获得系统的控制权，监视和判断系统中是否有病毒存在，进而阻止计算机病毒进入计算机系统和对系统进行破坏。这类技术有：加密可执行程序、引导区保护、系统监控与读写控制、防病毒软件等。

(2) 检测病毒技术

通过对计算机病毒的特征进行判断，如自身校验、关键字、文件长度变化等，扫描并发现计算机病毒的存在、类型和危害，为最终清除病毒打下基础。

(3) 清除病毒技术

通过对计算机病毒的分析，开发出具有删除病毒程序并恢复原文件的软件。网络反病毒技术的具体实现方法包括对网络服务器中的文件进行频繁地扫描和监测；在工作站上用防病毒芯片和对网络目录及文件设置访问权限等。

6. 数据备份

数据备份的目的是一旦计算机网络系统受到损坏以后，尽可能快地恢复计算机网络系统的数据和系统信息。数据备份不仅在计算机网络系统硬件故障或人为失误时起到保护作用，也在入侵者非授权访问或对网络攻击及破坏数据完整性时起到保护作用，同时亦是系统灾难恢复的前提。

数据备份按工作方式分类有“冷备份”和“热备份”两种。热备份是指“在线”的备份，即下载备份的数据还在整个计算机系统和网络中，只不过传到另一个非工作的分区或非实时处理的业务系统中存放。冷备份是指“不在线”的备份，下载的备份存放到安全的存储媒介中，而这种存储媒介与正在运行的整个计算机系统和网络没有直接联系，在系统恢复时重新安装，有一部分原始的数据长期保存并作为查询使用。

常用的冷备份方式有以下几种：

① 定期备份：即定期使用磁带设备备份数据，异地存放，并在磁带存放地点配置一套完整的备用计算机设备、网络通信设备、电源设备。当备份系统未启动时，与应用设备、终端用户之间没有通信线路；而一旦发生灾难，就可在备份机上恢复数据，在备份系统与终端用户之间建立通信线路，并启用备份系统恢复终端服务。

② 远程磁带库、光盘库备份：将数据传送到远程备份中心，制作成完整的备份磁带或光盘。一旦发生灾难，则在备份系统与终端用户之间建立通信线路，启用备份系统恢

复。

③ 远程关键数据+磁带备份：采用磁带方式备份数据，应用机实时向备份机发送关键数据，一旦应用机发生故障，在备份机上通过关键数据及备份磁带恢复数据和应用系统运行环境，营业终端用户将切换到备份机上，继续提供服务。

④ 远程数据库备份：在备份机上建立主数据库的一个拷贝，通过通信线路将应用机的数据库日志传到备份机，使备份数据库与主数据库保持同步。备份机与终端用户之间预留通信线路。一旦发生灾难，备份数据库则变成主数据库，接替应用机恢复向终端用户服务。数据库复制技术只能处理数据库数据，对非数据库数据则无能为力。

⑤ 网络数据镜像：对应用系统的数据库数据和所需跟踪的重要目标文件的更新进行监控与跟踪，并将更新日志实时通过网络传送到备份系统，备份系统则根据日志对磁盘进行更新，以保证应用系统与备份系统的数据同步。

⑥ 远程镜像磁盘：通过高速光纤通道线路和磁盘控制技术将镜像磁盘延伸到远离应用机的地方，镜像磁盘数据与主磁盘数据完全一致，更新方式为同步或异步。一旦应用磁盘出现故障，备份机即可接替应用机运行，快速恢复终端用户服务。

7. 数据加密技术

数据加密是使信息不可解读的过程，其目的是保护信息，尤其是在传输或储存期间免于未授权查看或使用，加密依据是一种算法和至少应有一种密钥，即使知道了算法，没有密钥，也无法解读信息。

数据加密技术是信息系统采取的主要安全措施之一，用户可根据需要在信息交换阶段使用。根据密码算法所使用的加密密钥和解密密钥是否相同、能否由加密过程推导出解密过程，或者由解密过程推导出加密过程，可将密码体制分为对称密码体制和非对称密码体制两类。

对称密码体制的优点有很高的保密强度，可以经受较高级破译力量的分析和攻击。缺点是对称加密方法的密钥必须通过安全可靠的途径传递，密钥管理成为影响系统安全的关键性因素，使它难以满足系统的开放性要求。非对称密码体制的优点可以适应开放性的使用环境，密钥管理问题相对简单，可以方便、安全地实现数字签名和验证。

8. 数字签名

数字签名是公开密钥加密技术的另一类应用。它的主要方式是：报文的发送方从报文文本中生成一个128位的散列值（或报文摘要）。发送方用自己的专用密钥对这个散列值进行加密来形成发送方的数字签名。然后，这个数字签名将作为报文的附件和报文一起发送给报文的接收方。报文的接收方首先从接收到的原始报文中计算出128位的散列值（或报文摘要），接着再用发送方的公开密钥来对报文附加的数字签名进行解密。如果两个散列值相同，那么接收方就能确认该数字签名是发送方的。通过数字签名能够实现对原始报文的鉴别和不可抵赖性。

9. 身份认证技术

国际上基于公开密钥体系的数字证书解决方案已被普遍采用。通信伙伴间可以使用数字证书（公开密钥证书）来交换公开密钥。数字证书通常包含有唯一标识证书所有者的名称、唯一标识证书发布者的名称、证书所有者的公开密钥、证书发布者的数字签名、证书的有效期及证书的序列号等。数字证书能够起到标识通信方的作用。

证书管理机构（CA）负责数字证书的颁发和管理，它是通信各方都信赖的机构。在数字证书申请被审批部门批准后，CA 通过登记服务器将数字证书发放给申请者。即每个用户可以获得 CA 中心的公开密钥，验证任何一张数字证书的数字签名，从而确定证书是否是 CA 中心签发、数字证书是否合法，以保证在网上传送数据的安全及网上支付的安全性。

证书管理机构（CA）对含有公钥的证书进行数字签名，使证书无法伪造。从而为建立身份认证过程的权威性框架奠定了基础，为交易的参与方提供了安全保障，为网上交易构筑了一个相互信任的环境，解决了网上身份认证、公钥分发及信息安全等一系列问题。

10. 安全管理制度

面对智能建筑信息系统安全的脆弱性，除了在系统设计上增加安全服务功能，完善系统的安全保密措施外，还必须花大力气加强信息系统安全管理制度的建立，因为诸多的不安全因素恰恰反映在组织管理和人员录用等方面，而这又是信息系统安全所必须考虑的基本问题。

（1）根据工作的重要程度，确定该系统的安全等级。

（2）根据确定的安全等级，确定安全管理的范围。

（3）制定相应的机房出入管理制度，对于安全等级要求较高的系统，要实行分区控制，限制工作人员出入与己无关的区域。出入管理可采用证件识别或安装自动识别登记系统，采用磁卡、身份卡等手段，对人员进行识别、登记管理。

（4）制定严格的操作规程，根据职责分离和多人负责的原则，各负其责，不能超越自己的管辖范围。对工作调动和离职人员要及时调整授权。

（5）制定完备的系统维护制度，对系统进行维护时，应采取数据保护措施，如数据备份等。维护时要首先经主管部门批准，并有安全管理人员在场，故障的原因、维护内容和维护前后的情况要详细记录。

（6）要制定信息系统在紧急情况下如何尽快恢复的应急措施，以使损失减到最小。

第22章　智能建筑工程项目收尾管理

智能建筑工程项目收尾管理是项目管理过程的最后阶段，当项目的目标已经实现，或者虽然有些任务尚未完成，项目目标还没有达到，但由于某些原因必须停止时，项目就进入了收尾工作过程。只有通过项目收尾这个工作过程，项目才有可能正式投入使用，项目利益相关者也才有可能终止他们为完成项目所承担的责任和义务，并从项目中获益。

22.1　项目收尾管理的概念

22.1.1　项目收尾的定义和竣工计划

1. 项目收尾管理的定义

项目的最大特点是一次性的，有始有终。其中项目收尾阶段是项目实施过程中的最后一个阶段，与此相对应，项目收尾管理即是项目管理全过程的最后阶段。没有通过这个阶段，项目就不算结束，不能投入使用。通常，项目收尾管理是一项既繁琐零碎，又费力费时的工作，它包括竣工验收、结算、决算、项目审计和项目后评价等方面的管理工作。

智能建筑工程项目收尾既是项目实施过程中的最后一个阶段，同时也是项目投入使用，进入运营期的开始。如果项目没有一个圆满的收尾交接过程，必将严重影响项目今后的运作，项目的维修保养也无法进行，项目的商业目的不可能实现，因此，必须做好项目的收尾管理工作。

智能建筑工程项目施工任务结束了，需要对项目的范围进行核实，确保项目计划完成的工作都得到圆满地完成；需要对项目的可交付成果进行测试和试运行，确保其功能和性能符合用户的要求；需要对项目的可交付成果进行验收，确保项目的责任主体得到完全地移交。另外，还要进行项目文档整理归档，终止项目合同，总结经验教训，安排项目移交后的培训、质保等活动。

2. 项目终止的原因

当项目出现下列情况时，就应考虑适时终止该项目：

（1）自然终止：已经成功实现了项目目标。

（2）非自然终止：

① 已经不可能实现项目目标。

② 项目组织发生重大变化，项目无法继续进行下去。

③ 项目被迫无限期延长。

④ 项目目标已经与组织目标相抵触。

⑤ 项目不再具有实际应用价值。

3. 项目竣工计划

根据《建设工程项目管理规范》的规定：项目经理部应全面负责项目竣工收尾工作，组织编制项目竣工计划报上级主管部门批准后按期完成。项目经理应及时组织项目竣工收尾工作，并与有关单位取得联系，及时组织验收。

项目竣工计划应包括下列内容：

（1）竣工项目名称。

（2）竣工项目收尾具体内容。

（3）竣工项目质量要求。

（4）竣工项目进度计划安排。

（5）竣工项目文件档案资料整理要求。

22.1.2 项目验收标准、机构和原则

项目验收工作主要包括项目范围核实及移交，它是指核查项目计划规定范围内各项工作或活动是否已经全部完成，可交付成果是否令人满意，并将核查结果记录在验收文件中的一系列活动。智能建筑工程项目完工后，承包人应自行组织有关人员对项目进行测试检查，自检合格后向发包人提交工程测试报告和验收申请。规模较小且比较简单的项目，可进行一次性项目竣工验收。规模较大且比较复杂的项目，可以分阶段验收。项目竣工验收应依据有关标准规范，必须符合国家规定的竣工条件和竣工验收要求。文件的归档整理和移交也应符合国家有关标准规范的规定。

如果项目是非自然终止，项目没有全部完成，由于无法继续实施而提前结束的，同样应查明哪些工作已经完成，完成到什么程度，并将核查结果记录在案，形成文件归档。参加交接的承包人项目团队成员和发包人接收人员应在有关文件上签字，表示对已完成的部分项目工作的认可和验收。

1. 项目验收标准

项目验收标准是指判断项目是否符合项目目标的根据，它是工程项目发包人、承包人及监理单位共同遵守的标尺，是衡量项目质量的客观准绳。不同性质和类型的项目，选用的验收标准也不尽相同。

建设部于2003年7月1日颁布国家标准《智能建筑工程质量验收规范》（GB 50339—2003），自2003年10月1日起实施。该规范以《智能建筑设计标准》GB/T 50314—2000为依据，按照“验评分离、强化验收、完善手段、过程控制”的方针，遵照《建筑工程施工质量验收统一标准》GB 50300—2001的编写原则。其主要内容是对通信网络系统、信息网络系统、建筑设备监控系统、火灾自动报警及消防联动系统、安全防范系统、综合布线系统、智能化系统集成、电源与接地、环境和住宅（小区）智能化等智能建筑工程的质量控制、系统检测和竣工验收做出规定。该规范适用于建筑工程的新建、扩建、改建工程中的智能建筑工程质量验收。

该规范是根据国家标准《建筑工程施工质量验收统一标准》（GB 50300）规定的原则

编制的，执行该规定时应与之配套使用。智能建筑工程实施中采用的工程技术文件、承包合同文件对工程质量验收的要求不得低于该规范的规定。智能建筑工程质量的验收除应执行本规范外，尚应符合国家现行有关标准、规范的规定。

2. 验收组织机构

验收组织机构原则上应当在合同签定时予以约定，但其人员构成可以在工程项目竣工时临时确定。目前国家有关部门对于验收机构尚未做出具体规定，验收机构可以有多种组成方式，如由发包人牵头的特邀专家组成，或由上级主管部门牵头组织发包人、监理方和承包人组成，也可由当地的质检站或技术监督局组织验收，其人员构成至少应包括智能建筑工程项目有关的管理人员和专业技术人员。一般情况下，智能建筑工程项目验收组织机构采取如下方式：

（1）组织机构及人员组成

发包人与监理单位协调成立专门的验收委员会，作为验收的组织机构。委员会一般不少于5人，人数为单数，其中设主任1人，委员若干人；并成立验收测试组和配置审核组，委员可分别参与这两个组的工作。另外还需要测试人员、配置审核人员和记录员若干人。

项目验收委员会由发包人代表、监理单位代表及邀请的技术专家组成员组成。

（2）验收委员会的任务

验收委员会主持整个项目的验收工作，包括下列任务：

① 判定所验收的项目是否符合项目承包合同的要求。

② 审定验收环境：项目验收环境应与发包人的实际运行环境一致，验收环境按承包合同或验收方案规定，或由三方协商，验收委员会审定。

③ 审定验收测试计划：验收委员会对项目验收测试组制定的验收测试计划进行审定，以保证测试计划能满足验收要求。

④ 组织验收测试和配置审核，进行验收评审，并形成验收报告。

（3）验收委员会的权限

① 有权决定验收地点和条件。

② 有权要求发包人、监理单位及承包人对开发过程中的有关问题进行说明。

③ 有权决定项目或系统是否通过验收。

（4）验收记录及报告

项目验收工作的全过程必须详细记录，记录验收过程中验收委员会提出的所有问题与建议，以及发包人、监理单位及承包人的解答和验收委员会对被验收项目的评价。

3. 项目验收的基本原则

智能建筑工程项目验收可以分为两大部分：系统配置审核和验收测试。其大致顺序可以为：文档审核，系统配置审核，源代码审核，测试程序或脚本审核和可执行程序测试。按照项目承包合同审查承包人提供的各种审核报告和测试报告内容是否齐全，再根据平时对承包人工作情况的了解，可以初步判断开发单位是否已经进行了足够的正式测试。

根据《智能建筑工程质量验收规范》的规定及实际需要，项目验收的基本原则如下：

① 智能建筑工程质量验收应包括工程实施及质量控制系统检测和竣工验收。

② 智能建筑工程质量验收应按“先产品，后系统；先各系统，后系统集成”的顺序进行。

③ 火灾自动报警及消防联动系统、安全防范系统、通信网络系统的检测验收应按国家相关现行标准和国家及地方的相关法律法规执行。

④《智能建筑工程质量验收规范》中以黑体字标志的条文为强制性条文，必须严格执行。

⑤ 验收测试和配置审核是验收评审之前必须完成的两项主要检查工作，由验收委员会主持。

⑥ 验收测试组在认真审查项目范围说明文件或用户需求分析报告、确认测试、系统测试的计划与分析结论的基础上制定验收测试计划。

⑦ 系统配置审核组在项目范围说明文件或用户需求分析报告、确认测试、系统测试等过程中形成的产品的变更控制及审核工作的基础上开展审查。

⑧ 项目承包人自检自测过程中原有的测试和审核结果凡可用的就利用，验收委员会可不必重做该项测试或审核。与此同时，还可根据发包人的要求临时增加一些测试和审核内容。

⑨ 验收测试组在完成验收测试的同时，要完成功能配置审核，即验收项目功能和接口与项目承包合同的一致性。

⑩ 系统配置审核组在完成物理配置审核后，要检查程序和文档的一致性、文档和文档的一致性、交付的产品与承包合同要求的一致性及符合有关标准的情况。

4. 项目验收的程序

一般项目验收分为子系统验收和整体验收。子系统按专业特点分为两种情况，像国家专控子系统，如安保、消防、电视系统应由相应的政府管理部门（公安局技防办、消防局、广电局）负责验收；其他子系统验收可由发包人、监理单位、承包人三方联合验收，对于一些比较重要复杂的子系统，还可以聘请外单位的专家参加子系统的竣工验收委员会。

项目竣工验收前，承包人首先要进行系统的外观检查，完成项目文档的收集整理，然后要进行项目技术性能和工程质量的自检自测（图 22.1-1）。

外观检查主要观察系统设备和各种接口的外观是否完好无损，接头联接是否牢固，特别是网络系统信息端口、各配线区对绞电缆与配线连接硬件交接处应注有清晰、永久性的编号。在对绞电缆各配线区不同区域，应根据用途的不同标注不同的色标，色标应清晰、永久，便于区分，整个系统的色标应一致。光缆布线各配线区内光端口也应编号，上一级与下一级配线区内各相应端等口的编号应一致。当配线区位于楼层电信间时，应对配线架和其他配线连接硬件采取防尘措施。

项目文档的收集整理工作主要是提供智能建筑工程项目招标文件、投标文件、项目范围说明文件、用户需求分析报告、系统技术规格书、系统设计方案和图纸、网络拓扑结构图、信息端口分布图、各配线区布局图、路由图、采购产品合格证明、使用说明书、系统操作手册、系统维护手册、系统开发文档、软件源程序，以及各子系统和系统总体性能和质量自测报告等。

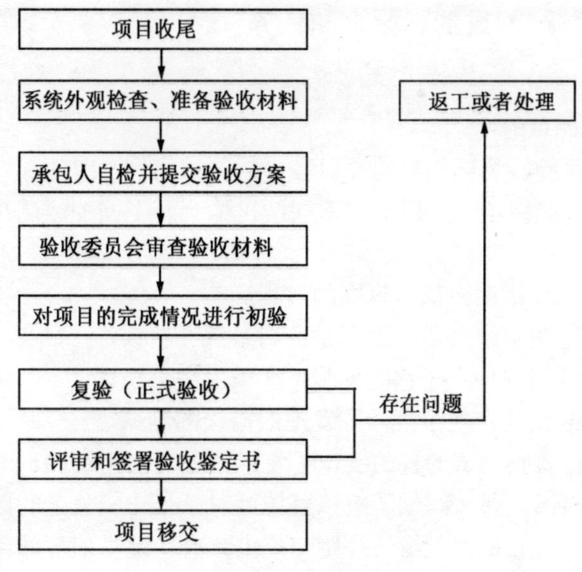

图 22.1-1　项目验收程序

当承包人完成了项目性能质量的自检自测，并自认为达到了发包人要求时，承包人可向监理和发包人正式提交项目验收方案和项目验收申请。在得到批准认可后，由发包人组织项目验收。

项目整体验收程序分为初验和复验。初验的目的在于全面检查工程质量，督促承包人按照验收标准尽善尽美地完成后期工作，尽可能地发现工程中存在的问题，包括技术细节问题，并为下一步的复验（正式验收）一次通过奠定良好的基础。复验一般是在系统试运行期（按合同规定一般为 1 个月）结束后进行。验收正式开始后的第一道工序一般是文档验收，内容包括项目范围说明文件、需求分析、总体设计方案、图纸、概要设计和详细设计报告、竣工图、变更资料、会议纪要、施工文档、测试记录、分部工程验收记录等。其后，按专业分组分头逐项验收，并按验收标准的规定，抽查适当比例的测试数据，并做好抽查测试记录。在此基础上由验收委员会或专家组对工程的整体质量做出优、良、及格、不及格的评价结论，并写出相应的鉴定意见。如果验收未予通过，验收机构应当指出存在的问题，提出解决办法，限期解决，约定下次验收日期。

22.2　智能建筑工程项目验收测试的目的和类型

智能建筑工程项目验收测试是对项目进行性能质量评估的重要的基础性工作，但又是一项颇具难度的工作。一个好的项目测试就其技术难度和工作量而言，都毫不亚于系统开发本身。统计资料表明，在典型的包括应用软件开发的大型智能建筑工程项目中，测试工作量往往占系统开发总工作量的 30% 以上。而在应用软件开发的总成本中，用在测试上的总费用开销要占 30% ~50%。如果把维护阶段也考虑在内，讨论整个项目生命期时，测试的成本比例也许会有所降低，但实际上维护工作相当于二次开发，乃至多次开发，其中也包含有许多测试工作。

22.2.1 项目验收测试的目的、原则和任务

1. 项目验收测试的目的

智能建筑工程项目验收测试的目的是以较少的测试用例、时间和人力找出项目中潜在的各种错误和缺陷，以确保项目的质量。不同的机构会有不同的测试目的，一般项目验收测试目的如下：

（1）测试是为了发现错误而执行程序的过程。

（2）测试是为了证明系统有错，而不是证明系统无错误。

（3）一个好的测试用例是在于它能发现至今未发现的错误。

（4）一个成功的测试是发现了至今未发现的错误的测试。

智能建筑工程项目验收测试的目的决定了发包人如何去组织测试。如果测试的目的是为了尽可能多地找出错误，那么测试就应该直接针对系统比较复杂的部分或是以前出错比较多的位置。如果测试目的是为了给最终用户提供具有一定可信度的质量评价，那么测试就应该直接针对在实际应用中会经常用到的商业假设。

虽然项目验收测试的目的主要是以查找错误为中心，而不是为了演示系统的正确功能。但是项目测试并不仅仅是为了要找出错误，它还有其他方面的作用，例如，通过分析错误产生的原因和错误的分布特征，可以帮助项目管理者发现当前所采用的系统过程的缺陷，以便改进。同时，这种分析也能帮助我们设计出有针对性的检测方法，改善测试的有效性。

没有发现错误的项目测试也是有价值的，完整的测试是评定测试质量的一种方法。例如一个经过测试而正常运行了 n 小时的系统，具有继续正常运行 n 小时的概率。

智能建筑工程项目验收测试，特别是软件测试是要花费成本的，不是测试得越多越好；通常是20%的测试量能发现80%的缺陷，但剩下20%的缺陷却需要80%的测试量。每个项目都有一个最佳的测试量，超过这个测试量后，测试费用将急剧上升以致于难以承受。

如果执行了所有的测试用例、测试程序或脚本，验收测试中出现的所有问题都已解决，而且所有的系统配置均已更新和审核，可以反映出项目验收测试中所发生的变化，验收测试就完成了。

2. 智能建筑工程项目验收测试的原则

从不同的角度出发进行项目验收测试，会派生出不同的测试原则。智能建筑工程项目监理工程师所进行的测试是从用户的角度出发，就是希望通过测试能充分暴露系统中存在的问题和缺陷；而从承包人本身的角度出发，就是希望测试能表明项目中不存在错误，已经正确地实现了用户需求。因此，智能建筑工程项目验收测试工作，包括测试计划、测试环境、测试模型的制作应该尽可能贴近用户，或者站在用户的使用立场上来观测系统，这样才能发现更多的问题。科学严谨的工作态度，以及高标准、严要求的测试手段和作风，是对测试人员的基本要求。

（1）应当把“尽早和不断地测试”作为承包人进行项目性能和质量自检自测的座右铭。

（2）在自检自测过程中，承包人除了自己测试以外，还要请监理或其他人参与测试工作。

（3）设计测试用例时，应该考虑到合法的输入和不合法的输入，以及各种边界条件，特殊情况下要制造极端状态和意外状态，比如网络异常中断、电源断电等情况。

（4）要注意项目测试中的错误集中发生现象，这和承包人的工作（如编程）习惯有很大关系。

（5）对测试结果要有一个确认的过程。一般有 A 测试出来的错误，要有 B 来重复检测确认，严重的错误可以召开评审会进行讨论和分析。

（6）要制定严格的项目测试计划，并考虑到测试的风险。

（7）回归测试的关联性一定要引起充分的注意，修改一个错误而引起更多错误出现的现象并不少见。

（8）要识别和特别关注少数重要的方面，而忽略多数次要的方面，有时候少数的错误可能就是致命的问题，这些问题将是项目测试结果中重要性最高的错误。

（9）测试报告对系统错误的描述，要准确、完整而简练。

（10）要妥善保存好测试过程的所有记录和文档。

3. 项目验收测试的主要工作任务

智能建筑工程项目具体的验收测试任务通常包括：安装（或升级）、启动与关机、功能测试（如正例、重要算法、边界、时序、反例、错误处理）、性能测试（如正常的负载、容量变化）、压力测试（如临界的负载、容量变化）、配置测试、平台测试、安全性测试、恢复测试（如在出现电、硬件故障或切换、网络故障等情况时，系统是否能够正常运行）、可靠性测试等。

性能测试和压力测试一般情况下是在一起进行，通常还需要辅助工具的支持。在进行性能测试和压力测试时，测试范围必须限定在那些使用频度高的和时间要求苛刻的项目功能子集中。由于承包人已经事先进行过性能测试和压力测试，因此可以直接使用承包人的测试辅助工具。

一般智能建筑工程项目验收测试的主要工作任务有：

（1）测试项目承包合同和验收标准要求的项目所有功能。

（2）测试项目承包合同和验收标准要求的项目所有质量特性。

（3）检查项目实施过程中各个阶段的设计、分析文档和评审结论是否齐全、规范。

（4）检查测试环境与使用环境的一致性；检查项目功能、性能和接口与用户需求的一致性；检查程序和文档的一致性、文档和文档的一致性、可交付成果与项目承包合同或验收标准要求的一致性，以及符合有关标准的情况。

（5）进行项目配置审核，包括硬件物理配置和软件版本配置审核。

（6）进行项目文档审核。

项目验收测试就像是做实验一样，是一种实践性很强的工作。智能建筑工程项目做验收测试之前必须要有测试计划、方案、内容和步骤。如果条件允许，应该建立系统测试实验室，实验室包括必要的装备、工具软件和各种操作系统平台，保持实验室的实用、整洁，避免他人干扰。此外，要制作一个简单的测试问题跟踪软件，以便记录测试的结果，将测试发现的问题分类，对测试发现的问题和模块、开发人员进行关联，以及协助分析问题，形成测试报告，并从中找出一些规律性的东西来。

22.2.2 项目验收测试的类型和影响因素

1. 项目验收测试的基本类型

项目验收测试的方法和技术是多种多样的，可以从不同的角度加以分类。从测试是否针对系统的内部结构的角度来看，可分为白盒测试和黑盒测试等。

(1) 黑盒测试

黑盒测试也称功能测试，它是在已知系统所应具有的功能，通过测试来检测每个功能是否都能正常使用。在测试时，把系统看作一个不能打开的黑盒子，在完全不考虑内部结构和内部特性的情况下，针对系统界面和功能进行测试。测试者只检查系统功能是否按照规格说明书的规定正常使用，是否能适当地接收输入数据、产生正确的输出信息，并且保持外部信息的完整性。

黑盒测试是一种穷举输入测试方法，测试时只有把所有可能的输入都作为测试情况使用，才能以这种方法查出系统中所有的错误。实际上测试情况有无穷多个，人们不仅要测试所有合法的输入，而且还要对那些不合法但是可能的输入进行测试。

黑盒测试方法主要用于系统确认测试。黑盒测试用例设计包括：

1) 等价类划分：划分等价类，以确立测试用例。

2) 边界值分析：通过分析，考虑如何确立边界情况。

3) 错误推测法：靠经验和直觉来推测系统中可能存在的各种错误，从而有针对性地编写用例。可以列举出可能的错误和可能发生错误的地方，然后选择用例。

4) 因果图：在因果图上标明约束和限制，转换成判定表，然后设计测试用例。这适合于检查系统输入条件的各种组合情况。

5) 功能图 FD：通过形式化地表示系统功能说明，生成功能图的测试用例。

(2) 白盒测试

白盒测试也称结构测试，允许测试人员根据系统内部逻辑结构及有关信息来设计和选择测试用例，对系统的逻辑路径进行测试。测试用例设计的好坏直接决定了测试的效果和结果。它是知道系统内部工作过程，可通过测试来检测系统内部动作是否按照规格说明书的规定正常进行，按照系统内部的结构测试系统中的每条通路是否都能按预定要求正确工作，而不必顾及其功能。

白盒测试是在全面了解系统内部逻辑结构的情况下对所有逻辑路径进行测试的方法。它是一种穷举路径测试方法。在使用这一测试方法时，测试者必须检查系统的内部结构，从检查系统的逻辑着手，得出测试数据。

白盒测试主要用于系统验证。白盒测试用例设计包括：

(1) 逻辑覆盖

以系统内在逻辑结构为基础的测试，包括以下 5 种类型：

① 语句覆盖：每一条可执行语句至少覆盖一次。

② 判定覆盖（分支覆盖）：设计若干个测试用例，运行所测系统，使系统中每个判断的取真分支和取假分支至少执行一次。

③ 条件覆盖：设计足够多的测试用例，运行所测系统，使系统中每个判断的每个条件的每个可能取值至少执行一次。

④ 判定—条件覆盖：设计足够多的测试用例，使系统中每个判断的每个条件的所有可能取值至少执行一次，每个可能的判断结果也至少执行一次。

⑤ 条件组合测试：设计足够多的测试用例，运行所测系统，使系统中每个判断的所有可能的条件取值至少执行一次。

（2）基本路径测试

设计足够多的测试用例，运行所测系统，要覆盖系统中所有可能路径。在系统控制流图的基础上，通过分析控制构造的环路复杂性，导出基本可执行路径集合，从而设计测试用例。内容包括以下5个方面：

① 系统的控制流图：描述系统控制流的一种图示方法。

② 系统环境复杂性：从系统的环路复杂性可导出系统基本路径集合中的独立路径数，这是确定系统中每个可执行语句至少执行测试用例数目的上界。

③ 导出测试用例。

④ 准备测试用例：确保基本路径集中的每一条路径的执行。

⑤ 图形矩阵：是在基本路径测试中起辅助作用的软件工具，利用它可以实现自动地确定一个基本路径集。

白盒测试的主要缺点是测试工作量大，且不能检查出系统中所有的错误。贯穿系统的独立路径数是个天文数字，但即使每条路径都测试了仍然可能有错误。主要原因是如果系统本身是错误的，穷举路径测试查不出系统违反了设计规范的情况；穷举路径测试不可能查出系统中因遗漏路径而出错的情况；穷举路径测试可能发现不了一些与数据相关的错误。

2. 项目验收测试的影响因素

人们常常以为，开发一个系统是困难的，测试一个系统则比较容易。这其实是一种误解。设计测试用例是一项细致并需要高度技巧的工作，稍有不慎就会顾此失彼，发生不应有的疏漏。不论是黑盒测试方法还是白盒测试方法，由于系统测试情况数量巨大，都不可能进行彻底的测试。所谓彻底测试，就是让被测系统在一切可能的输入情况下全部执行一遍。通常也称这种测试为穷举测试。

黑盒法是穷举输入测试，测试情况有无穷多个，人们不仅要测试所有合法的输入，而且还要对那些不合法但是可能的输入进行测试。白盒法是穷举路径测试，贯穿系统的独立路径数是天文数字，但即使每条路径都测试了仍然可能有错误。

在智能建筑工程项目的实际测试中，穷举测试工作量太大，实践上行不通，这就注定了一切实际测试都是不彻底的，当然就不能够保证被测试系统中不存在遗留的错误。换言之，系统测试只能证明错误的存在，但不能证明错误不存在。

掌握好测试量是至关重要的，一位有经验的系统开发管理人员在谈到系统测试时曾这样说过："不充分的测试是愚蠢的，而过度的测试是一种罪孽"。测试不足意味着让用户承担隐藏错误带来的危险，过度测试则会浪费许多宝贵的资源。测试是系统生存期中费用消耗最大的环节。测试费用除了测试的直接消耗外，还包括其他的相关费用。图22.2-1表明：遗漏缺陷数量和测试费用两条曲线的交叉点就是最佳的软件测试工作量，可以用最佳测试工作量找出大部分缺陷，其余的缺陷查找就比较困难了。

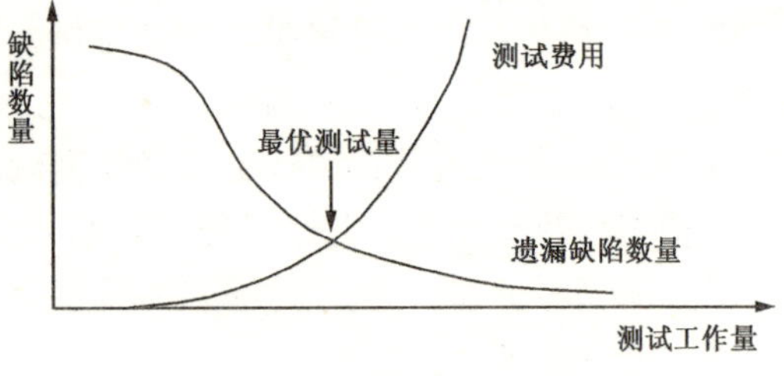

图22.2-1　最佳测试工作量示意图

能够决定智能建筑工程项目需要做多少次测试的主要影响因素如下：

(1) 经济性原则

为了降低验收测试成本，智能建筑工程项目选择测试用例时应注意遵守经济性的原则：

① 要根据系统的重要性和一旦发生故障将造成的损失来确定它的测试等级。

② 要认真研究测试策略，以便能使用尽可能少的测试用例，发现尽可能多的系统错误。

(2) 系统的目的和用途

系统的目的和用途方面的差别在很大程度上影响了所需要进行的测试的数量，因为那些可能产生严重后果的系统必须要进行更多的测试。例如，一个关系到人员和系统安全的关键系统（如120医疗紧急救助中心的智能化系统）的测试要求当然要比一般系统的测试苛刻的多。

(3) 潜在的用户数量

系统的潜在用户数量也是考虑系统测试重要性的一个主要因素，这主要是由于用户在社会和经济方面的影响程度所决定的。在处理改正系统错误时，所花的代价的差别也很大，如果在项目开发小组内部发现了系统中一个严重的错误，在改正错误时候花费的费用就相对少一些，如果要处理一个用户遍布全国或全世界的系统，如软件错误就需要花费相当大的人力和财力。

(4) 信息的价值

在考虑系统测试的重要性时，还需要将系统中所包含的信息的价值考虑在内，一个支持飞机场指挥调度塔的智能化系统中含有社会影响和经济价值非常高的内容，很显然这一系统需要比一个支持鞋店销售业务的智能化系统要进行更多的测试。虽然这两个系统的用户都希望得到高质量、无错误的系统，但是前一种系统的影响比后一种要大得多，因此要从社会影响和经济方面考虑，投入与社会影响和经济价值相对应的时间和财力去进行测试。

(5) 系统集成的水平

一个缺少经验、开发水平低的系统集成商很有可能拼凑出一个充满错误的系统，而由一个建立了严格标准和有很多经验的系统集成商开发出来的系统，错误则要少的多，因此，对于具有不同开发经验和水平的系统集成商来说，测试的重要性、所需要花费时间和费用也就截然的不同。

然而，现实情况是那些开发水平低、需要进行大幅度改善的系统集成商反而不大可能认识到自身的弱点，认识不到系统测试的重要性，对系统测试不重视。那些建立了严格标准和有很多经验的系统集成商，才真正地理解开发一个高质量的系统的好处，管理人员从上到下都高度重视系统测试工作，建立了一套严格的系统测试制度、标准和流程。

22.3　智能建筑工程项目验收的内容和测试要点

22.3.1　智能建筑工程项目验收的主要内容

根据《智能建筑工程质量验收规范》（以下简称规范）的规定，项目验收的主要内容如下：

1. 产品质量检查

项目验收所涉及的产品应包括智能建筑工程各智能化系统中使用的材料、硬件设备、软件产品和工程中应用的各种系统接口。产品质量检查的内容包括：

（1）产品质量检查应包括列入《中华人民共和国实施强制性产品认证的产品目录》或实施生产许可证和上网许可证管理的产品，未列入强制性认证产品目录或未实施生产许可证和上网许可证管理的产品应按规定程序通过产品检测后方可使用。

（2）产品功能、性能等项目的检测应按相应的现行国家产品标准进行；供需双方有特殊要求的产品，可按合同规定或设计要求进行。

（3）对不具备现场检测条件的产品，可要求进行工厂检测并出具检测报告。

（4）硬件设备及材料的质量检查重点应包括安全性、可靠性及电磁兼容性等项目，可靠性检测可参考生产厂家出具的可靠性检测报告。

（5）软件产品质量应按下列内容检查：

① 商业化的软件，如操作系统、数据库管理系统、应用系统软件、信息安全软件和网管软件等应做好使用许可证及使用范围的检查。

② 由系统承包商编制的用户应用软件、用户组态软件及接口软件等应用软件，除进行功能测试和系统测试之外，还应根据需要进行容量、可靠性、安全性、可恢复性、兼容性、自诊断等多项功能测试，并保证软件的可维护性。

③ 所有自编软件均应提供完整的文档（包括软件资料、程序结构说明、安装调试说明、使用和维护说明书等）。

（6）系统接口的质量应按下列要求检查：

① 系统承包商应提交接口规范，接口规范应在合同签订时由合同签定机构负责审定。

② 系统承包商应根据接口规范制定接口测试方案，接口测试方案经检测机构批准后实施。系统接口测试应保证接口性能符合设计要求，实现接口规范中规定的各项功能，不发生兼容性及通信瓶颈问题，并保证系统接口的制造和安装质量。

2. 工程实施及质量控制

（1）工程实施及质量控制应包括与前期工程的交接和工程实施条件准备、进场设备和材料的验收、隐蔽工程检查验收和过程检查、工程安装质量检查、系统自检和试运行等。

(2) 工程实施前应进行工序交接，做好与建筑结构、建筑装饰装修、建筑给水排水及采暖、建筑电气、通风与空调和电梯等分部工程的接口确认。

(3) 工程实施前应做好如下条件准备：

① 检查工程设计文件及施工图的完备性，智能建筑工程必须按已审批的施工图设计文件实施；工程中出现的设计变更，应按规范要求详细认真地填写设计变更审核表。

② 完善施工现场质量管理检查制度和施工技术措施。

(4) 必须按照合同技术文件和工程设计文件的要求，对设备、材料和软件进行进场验收。进场验收应有书面记录和参加人签字，并经监理工程师或发包人验收人员签字。未经进场验收合格的设备、材料和软件不得在工程上使用和安装。经进场验收的设备和材料应按产品的技术要求妥善保管。

(5) 设备及材料的进场验收应按规范要求详细认真地填写设备材料进场检验表，具体要求有：

① 保证外观完好，产品无损伤、无瑕疵，品种、数量、产地符合要求。

② 依规定程序获得批准使用的新材料和新产品除符合本条规定外，尚应提供主管部门规定的相关证明文件。

③ 进口产品除应符合本规范规定外，尚应提供原产地证明和商检证明，配套提供的质量合格证明、检测报告及安装、使用、维护说明书等文件资料应为中文文本（或附中文译文）。

(6) 应做好隐蔽工程检查验收和过程检查记录，并经监理工程师签字确认。未经监理工程师签字，不得实施隐蔽作业。并按规范要求详细认真地填写隐蔽工程（过程检查）验收表。

(7) 采用现场观察、核对施工图、抽查测试等方法，对工程设备安装质量进行检查和观感质量验收。根据国标《建筑工程施工质量验收统一标准》（GB 50300）第 4.0.5 和 5.0.5 条的规定按检验批准要求进行。并按规范要求详细认真地填写工程安装质量及观感质量验收记录。

(8) 系统承包商在安装调试完成后，应对系统进行自检，自检时要求对检测项目逐项检测。

(9) 根据各系统的不同要求，应按规范各章规定的合理周期对系统进行连续不中断试运行。应按规范要求详细认真地填写试运行记录并提供试运行报告。

(10) 施工现场质量检查过程应按规范要求详细认真地填写施工现场质量管理检查记录。

3. 系统检测

(1) 系统检测时应具备的条件：

① 系统安装调试完成后，已进行了规定时间的试运行。

② 已提供了相应的技术文件和工程实施及质量控制记录。

(2) 发包人应组织有关人员依据合同技术文件和设计文件，以及本规范规定的检测项目、检测数量和检测方法，制定系统检测方案并经检测机构批准实施。

（3）检测机构应按系统检测方案所列检测项目进行检测。

（4）检测结论与处理

① 检测结论分为合格和不合格。

② 主控项目有一项不合格，则系统检测不合格；一般项目两项或两项以上不合格，则系统检测不合格。

③ 系统检测不合格应限期整改，然后重新检测，直至检测合格，重新检测时抽检数量应加倍；系统检测合格，但存在不合格项，应对不合格项进行整改，直到整改合格，并应在竣工验收时提交整改结果报告。

（5）检测机构应按规范要求详细认真地填写系统检测记录和汇总表，包括：

① 智能建筑工程分项工程质量检测记录表。

② 子系统检测记录表。

③ 强制措施条文检测记录。

④ 系统（分部工程）检测汇表。

4. 分部（子分部）工程竣工验收

（1）各系统竣工验收应包括以下内容：

① 工程实施及质量控制检查。

② 系统检测合格。

③ 运行管理队伍组建完成，管理制度健全。

④ 运行管理人员已完成培训，并具备独立上岗能力。

⑤ 竣工验收文件资料完整。

⑥ 系统检测项目的抽检和复核应符合设计要求。

⑦ 观感质量验收应符合要求。

⑧ 根据《智能建筑设计标准》（GB/T 50314）的规定，智能建筑的等级符合设计的等级要求。

（2）竣工验收结论与处理

① 竣工验收结论分合格和不合格。

② 各系统竣工验收内容规定的各款全部符合要求，为各系统竣工验收合格，否则为不合格。

③ 各系统竣工验收合格，为智能建筑工程竣工验收合格。

④ 竣工验收发现不合格的系统或子系统时，发包人应责成责任单位限期整改，直到重新验收合格；整改后仍无法满足安全使用要求的系统不得通过竣工验收。

（3）竣工验收时应按规范要求详细认真地填写资料审查结果和验收结论，包括：

① 资料审查表。

② 竣工验收结论汇总表。

22.3.2　智能建筑工程项目验收测试的要点

智能建筑工程项目验收测试的总目标是充分利用有限的人力和物力资源，高效率、高质量地完成测试。其测试要点如下：

1. 功能测试要点

（1）每一个系统功能必须被一个测试用例或一个被认可的异常所覆盖。

（2）利用基本的数据值和数据类型进行测试。

（3）用一系列合理数据值和数据类型对系统进行测试，检查系统在满负荷、饱和和其他极值情况下的运行结果。

（4）用非合理的数据值和数据类型进行测试，检查系统是否具有对非法输入的排他性。

（5）对每一个系统功能的临界值必须作为测试用例。

（6）对于系统重要功能应运用上述的几个角度去检测。

2. 性能测试要点

（1）检查系统的输出结果是否能达到设计要求的精度。

（2）在有运行速度要求的情况下，检查系统在完成规定功能时是否在要求的时间内。

（3）检查系统在完成规定功能时是否能处理所规定的数据量。

（4）检查系统各部分在不同情况下（如：由高速到低速或由低速到高速）是否能良好地运行，完成规定的功能。

（5）检查系统是否存在功能上的操作顺序，这种顺序的存在是否符合使用要求。

（6）检查系统在峰值负载期时，其时间响应是否符合所允许的范围。

（7）检查系统运行时所需要的最大空间是否符合要求。

3. 强度测试要点

（1）强度测试是检查系统在设计的极限状态下运行，其性能下降的程度是否仍在技术指标所允许的范围内。

（2）对于系统性能强度的测试，应使系统在饱和状态下运行，以强化其响应时间和数据处理能力。对于数据的传输和容量，必须进行超过额定值的试验，要有三个或三个以上的强化阶段，而强化阶段所占时间为整个测试时间的三分之一，其主要内容为：使系统处理超过设计能力的最大允许值，使系统传输超过设计最大能力的数据，包括内存的写入和读出，外部设备、其他子系统及内部界面的数据传输等。

（3）在强度测试下，系统至少不崩溃，如死机等。

（4）在强度测试中，系统运行时的任何非正常终止都看作强度测试失败（除如掉电等不可抗拒的外因），即使具有自动恢复能力的软件，因程序执行终止而导致软件自动恢复者也同样看作为强度测试失败。

（5）在强度测试中，系统运行的时间应按完成技术任务时间而定。

（6）在强度测试中，可对系统进行降级能力的强度测试，主要是使系统在某些资源（包括软件与硬件资源）丧失的情况下进行降级能力的运行。

（7）在强度测试中，对超额值和测试项目的选取：若合同或用户需求分析报告有要求的应按其指标做，否则应由发包人、监理方与承包人协商决定。

4. 余量测试要点

（1）检查系统的全部存储量，包括数据库、电脑内存和硬盘或其他存储介质的余量是否符合技术指标要求（或隐含的使用要求）。

（2）检查系统的响应时间余量是否符合技术指标要求或隐含的使用要求。

（3）余量值一般为 20% 的余量，但技术指标有要求的除外。

5. 外部接口和人机交互界面检测要点

（1）检查所有外部接口和接口信息格式及内容。

（2）检查人机交互界面提供的操作和显示界面，用非常规操作、误操作、快速操作来检验界面的可靠性，并以最终用户的环境来检查界面的清晰性。

（3）以最终用户的使用习惯来检验系统操作的合理性。

6. 安全性检测要点

（1）进行安全性分析，找出系统有可能存在的非安全因素在检查中逐个测试。

（2）扫描检查影响系统及其开发平台软件安全的漏洞和后门。

（3）检查系统防范黑客攻击的措施：自动扫描检测系统、自动报警系统、页面自动恢复系统、防火墙、路由器等。

（4）检查安全认证系统的可靠性和有效性。

（5）检查系统开放端口的位置和数量，分析其对安全影响的程度，关闭不必要的端口。

（6）对用于提高安全性的结构、算法、容错、冗余、中断处理等方案进行针对性测试。

（7）在异常条件下检测系统，检查因可能的单个或多个输入错误是否会导致系统出现异常状态，甚至无法使用。

（8）测试应包括边界、界外及边界结合部的检测。

（9）检查在最坏情况配置下，系统对最小和最大输入数据值的反应。

（10）对有备份要求的系统，应测试在双机或多机切换时系统的正确性。

（11）测试防止非法进入系统并保护系统数据的能力。

7. 恢复性测试要点

恢复性测试主要是验证在系统中断时丢失数据后又要求系统自动恢复所丢失数据的能力，包括系统重置数据的能力。因此，必须对于系统的每一个恢复或重置方法逐一验证，并要求承包人提供恢复或重置数据的证据。

8. 边界测试要点

（1）对系统的输入域和输出域的边界进行测试。

（2）对系统的功能边界进行测试。

（3）对系统性能进行边界测试。

(4) 对系统在状态转换时进行测试。

(5) 对系统的容量界限进行测试。

9. 敏感性测试要点

(1) 对系统的可扩展性进行检查：主要是看系统是否采用了模块化设计、面向对象等设计方法，使系统具有“松藕合”的特点，以便系统对功能、性能能进行扩展和升级换代。

(2) 对系统的可移植性进行检查：主要检查在设计方法、编程语言、数据库和支持环境的选用上是否考虑到系统运行环境和支持平台可能的变化。

(3) 检查电、磁、机械等干扰对系统运行的影响有多大。

10. 防范计算机病毒检查要点

(1) 首先保证安装盘是新盘，即是直接从产品母盘的拷贝。

(2) 用正版的杀病毒软件如瑞星、金山毒霸等对安全盘进行检查。

(3) 对将安装的计算机硬盘进行从低级到高级的格式化，然后再进行从支持软件到开发软件的安装。

11. 回归测试要点

(1) 回归测试主要验证系统的修改会不会对系统的功能与性能造成损害。

(2) 检查系统的变动部分是否符合技术指标要求。

(3) 重复并通过被检系统以前做过的与变动部分相关的检测项目。

12. 硬件配置检查要点

(1) 检查计算机的品牌与档次，是否为著名厂商所生产的著名品牌和型号等。

(2) 检查计算机主频速度、内存大小、缓存大小、I/O 通道数以及总线方式是否符合承包合同或用户需求分析报告的要求。

(3) 检查计算机显示器尺寸、分辨率、色彩等是否符合要求。

(4) 检查计算机硬盘的大小、读写速度和软驱的读写速度、尺寸是否符合要求。

(5) 检查计算机的键盘及鼠标的输入是否可靠，手感是否舒适。

(6) 检查支持软件的销售发票及 ID 号，确定其是否为正版软件，其版本号是否达到要求。

(7) 检查提交的软件是否和产品库里软件一致，包括字节数、文件个数等。

13. 安装性检查要点

(1) 按照《用户手册》进行逐一操作，检查是否能正确进行安装、易操作等。

(2) 有自动安装功能的系统，检查其是否有明确的中文和图标提示帮助用户进行安装。

(3) 检查系统安装后其文件数和大小是否与《用户手册》说明一致。

(4) 检查系统安装中涉及可选配部分在安装过程中或《用户手册》中是否有明确的

说明。

（5）用于安装的软件的版本是否和提交申请报告一致。

14. 其他专项测试

在条件允许情况下，应用专门的测试软件和设备对系统进行通过协议和规程的测试以及其他专项测试。

15. 数据相关性分析

不仅应对系统从输入到输出数据进行正确性分析，而且要对系统相关联的功能的输出数据进行数据的相关性分析，检验这些数据的合理性。

22.4　智能建筑工程项目软件自动测试

常用的软件测试方法有两种：手工测试和自动测试。手工测试无法保证测试的科学性与严密性，其主要缺点如下：

① 测试人员要负责大量文档、报表的编制和整理工作，会变得力不从心。

② 对测试过程中发现的大量缺陷缺乏科学有效的管理手段，责任变得含混不清，无人能向领导层提供精确的数据以度量当前的工作进度及工作效率。

③ 反复测试带来的倦怠情绪及其他人为因素使得测试标准前后不一，测试花费的时间越长，测试的严格性也就越低。

④ 难以对不可视对象或对象的不可视属性进行测试。

为了克服手工测试的缺点，自动测试就成为软件测试的最佳解决方案，实质上是将大量的重复性工作交给计算机去完成，不但可以满足软件测试的基本要求，而且可以节约大量的时间、成本和人力，并且测试脚本可以被重复利用。

软件自动测试方法是利用自动测试工具进行软件测试，测试过程所执行一系列的操作不需要测试人员的介入。

自动测试的根本目的就是有计划地设计测试过程，自动地对软件产品在各种环境和状态下的执行进行测试，排除影响测试的人为因素，降低测试开销。自动测试的意义在于使测试过程变得更加系统化和有计划，能够更迅速、更正确、更经济地完成软件测试工作。通常软件产品需要经过多次反复的测试，因此自动测试将大大节约软件产品整个开发期的费用。

1. 自动测试脚本技术

测试脚本是软件自动测试中必要的组成部分，大多数测试执行工具提供的脚本语言是一种有效的编程语言。快速粗略的编写脚本方法是拷贝其他脚本进行修改，更好的方法则是设计和编程。和软件应用程序一样，脚本也需要修改、管理和维护。

（1）线性脚本技术

线性脚本是录制手工执行的测试事例得到的脚本，这种脚本包括所有的功能键、箭头、控制键以及输入数据的数字键。如果用户只使用线性脚本技术，即录制每个测试事例的全部内容，则每个测试事例可以通过脚本完整地回放。

大部分可重复的操作都可以使用线性脚本技术，而且有一些情况非常适合使用。线性脚本可以编辑修改。线性脚本可用于设置和清除测试，通过回放输入序列操作文件或数据库。

(2) 结构化脚本技术

结构化脚本类似于结构化程序设计，结构化脚本中含有控制脚本执行的指令，这些指令为控制或调用结构。

所有测试工具脚本语言支持三种基本控制结构：

① 顺序脚本：第一条指令第一个执行，然后执行第二条指令，以此类推等等。

② 选择控制结构：脚本具有判断功能，例如条件语句判断条件为真或为假。

③ 叠代控制结构：可以根据需要重复一个或多个指令序列，或称为“循环”。在这种结构中指令序列被重复指定多次，直到条件满足。

结构化脚本技术的主要优点是有好的健壮性，不仅可以提高脚本的重用性，而且可增加脚本的功能和灵活性。充分利用不同的控制结构，可以开发出易于维护的脚本，更好地支持自动测试体系的有效性。其缺点是使用脚本变得更加复杂。

(3) 共享脚本技术

共享脚本是指脚本可以被多个测试事例使用或在其他测试事例适当地方调用。共享脚本技术分为两种类型：一种是不同的软件测试之间共享脚本，另一种是同一软件测试之间共享脚本。

(4) 数据驱动脚本技术

数据驱动脚本技术将测试数据存储在独立的数据文件中，而不是存储在脚本中。脚本中只存放控制信息。执行测试时，从文件中而不是直接从脚本中读取测试输入。这种方法的最大好处是同一个脚本可以运行不同的测试。

(5) 关键字驱动脚本技术

关键字驱动脚本技术实际上是较复杂的数据驱动技术的逻辑扩展。数据驱动技术的限制是每个测试事例执行的导航和操作必须一样，测试的逻辑知识建立在数据文件和控制脚本中，两者需要同步。

2. 软件自动测试工作流程

(1) 新软件自动测试流程

针对不同软件有不同的测试目的，可采用不同的实现机制。对于新软件测试，需要从头开始，依据软件需求说明和测试文档（包括测试计划和测试大纲）设计自动测试程序，建立测试用例库和软件缺陷数据库，执行自动测试程序来发现软件缺陷并存入软件缺陷报告数据库。

软件自动测试执行过程如图22.4-1所示。

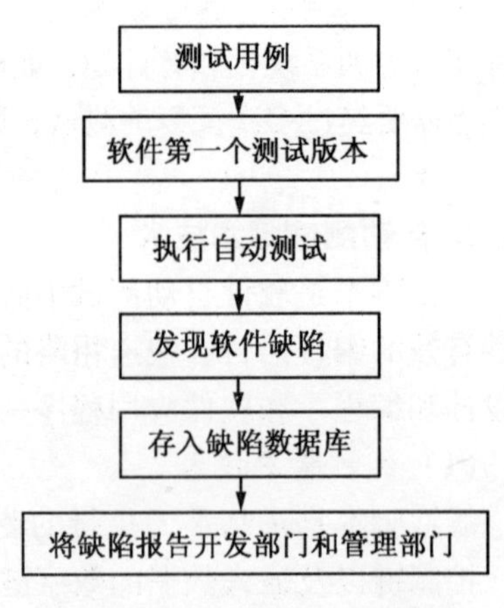

图22.4-1 软件自动测试流程

(2) 软件版本自动测试流程

软件版本测试主要用于验证新版本的基本功能，所以在这类测试中，自动测试每次执行的过程和所用的测试用例都是相同的，只是被测软件的版本不同而已。

软件版本测试的目的是确定接收还是拒收这一新版本。执行过程如下（图22.4-2）：

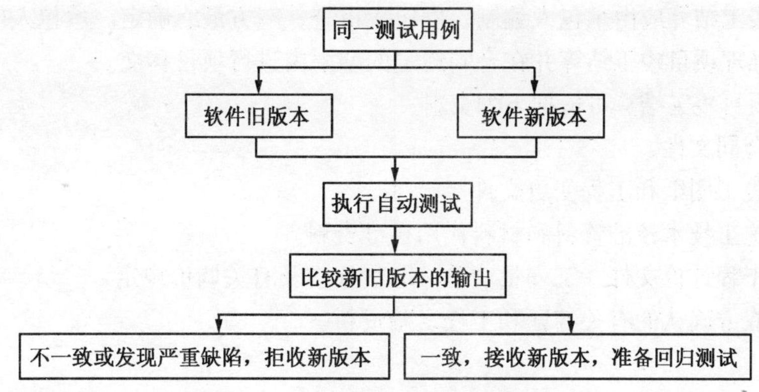

图22.4-2 软件版本自动测试流程

(3) 软件回归自动测试流程

自动测试程序开发成功以后，最频繁大量的还是用于回归测试（图22.4-3）。

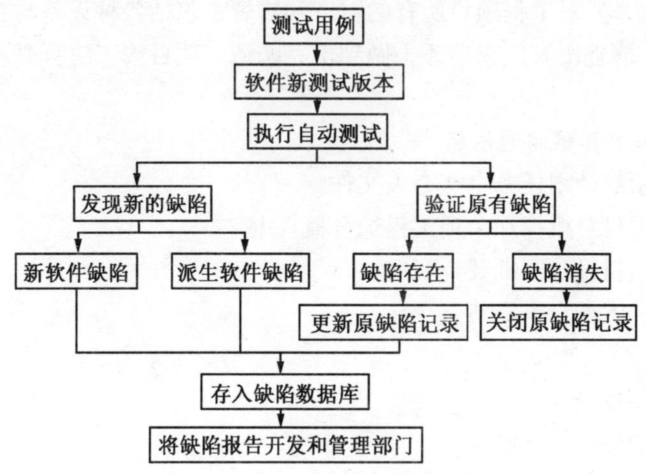

图22.4-3 软件回归自动测试流程

软件回归测试就是在开发部门对软件缺陷进行修改并生成新的可测试版本以后，对软件进行的再次确认测试。主要目的是验证软件修改是否正确、是否产生其他派生错误、是否仍然符合系统需求规格说明。

22.5 智能建筑工程项目竣工决算、交接和收尾

22.5.1 智能建筑工程项目竣工结算和决算

1. 项目竣工结算

根据《建设工程项目管理规范》的规定：项目竣工验收后，承包人应在约定的期限

内向发包人递交项目竣工结算报告及完整的结算资料，经双方确认并按规定进行竣工结算。项目竣工结算应由承包人编制，发包人审查，双方最终确定。承包人应按照项目竣工验收程序办理项目竣工结算并在合同约定的期限内进行项目移交。

编制项目竣工结算可依据下列资料：

(1) 合同文件。

(2) 竣工图纸和工程变更文件。

(3) 施工技术核准资料和材料代用核准资料。

(4) 工程计价文件、工程量清单、取费标准及有关调价规定。

(5) 双方确认的有关签证和工程索赔资料。

2. 项目竣工决算

智能建筑工程项目在竣工验收后一个月内，要对项目资金的实际使用情况进行决算，以确定工程项目费用目标是否达到，成本管理系统是否有效。

智能建筑工程项目竣工决算由承包人汇总编制，上报监理和发包人审核认可。在编制项目竣工决算之前，要对工程项目所有的财产和物资，包括各种设备材料等都要逐项清仓盘点，核实账物，清理所有债权债务，做到工完账清。项目竣工决算必须内容完整、核对准确、真实可靠。

(1) 项目竣工决算编制的依据

① 建设工程项目计划任务书和有关文件。

② 建设工程项目总概算和单项工程综合概算书。

③ 建设工程项目设计图纸及说明书。

④ 设计交底、图纸会审资料。

⑤ 合同文件。

⑥ 项目竣工结算书。

⑦ 各种设计变更、经济签证。

⑧ 设备、材料调价文件及记录。

⑨ 竣工档案资料。

⑩ 相关的项目资料、财务决算及批复文件。

(2) 项目竣工决算的内容

① 项目竣工财务决算说明书。

② 项目竣工财务决算报表。

③ 建设工程造价分析资料表等。

(3) 编制项目竣工决算程序

① 收集、整理有关项目竣工决算依据。

② 清理项目账务、债务和结算物资。

③ 填写项目竣工决算报告。

④ 编写项目竣工决算说明书。

⑤ 报上级审查。

(4) 项目竣工决算的审核

审核项目竣工决算是项目管理的一项重要内容，重点审核分析以下内容：

① 审核项目成本计划的执行情况。

② 审核项目的各种费用支出是否合理。

③ 审核工程报废损失和核销损失的真实性。

④ 审核各种账目、统计资料是否准确完整。

⑤ 审核应退余款是否上交、余料是否退清等。

22.5.2　智能建筑工程项目交接

项目交接就是在项目通过竣工验收的基础上，确保项目最终成果交到用户手中时，后者能够正确地使用、维护、改造或扩大，并取得预期的效益。项目交接实际上是生产和管理技术的转让，使得用户能够独立使用这一最终成果的过程。项目交接包括项目实体交接和技术交接两部分。

1. 项目实体交接

项目通过了竣工验收，承包人将项目实体系统，即项目最终成果全部完整地移交给发包人，其中包括所有的软、硬件设备及其集成系统，以及项目实施过程所有的文档资料。

2. 项目技术交接

项目承包人不仅要将项目实体系统全部完整地移交给发包人，而且要通过技术交底、咨询和培训等各种方法，使用户能够熟练掌握项目最终成果的使用、操作和维护技术，并帮助发包人建立和执行适合于该项目最终成果的组织管理机构和有关制度等。

3. 资料移交归档

资料移交归档是智能建筑工程项目管理的一项重要工作，一般在竣工验收时进行。除了发包人、监理单位、承包人各自的资料归档之外，主要是指承包人应当交付发包人的全部资料归档，其中包括程序源代码、过程文档、开发文件进行验收审核和移交。

由于智能建筑工程项目系统的复杂性，为了保证今后管理的简捷高效，发包人对承包人移交的归档资料务必要仔细清点查对，因为它是今后对系统维护保养的基础依据。资料移交归档包括技术资料和经济资料两部分，不应只重视技术资料而忽视有关的商务材料，此二者在今后的工作中都是不可或缺。

22.5.3　智能建筑工程项目收尾

1. 项目回访保修

智能建筑工程项目通过竣工验收以后就进入质保期，质保期一般是一年。在质保期内，承包人应制定项目回访和保修制度并纳入质量管理体系。

回访可采取电话询问、登门座谈、例行回访等方式。回访应以特殊工程、施工中采用的新技术、新材料、新设备、新工艺等的应用情况等为重点。签发工程质量保修书应确定质量保修范围、保修期限、保修责任和保修费用的承担责任等内容。

承包人应编制回访保修工作计划，该计划应包括下列内容：

① 主管回访与保修的部门。

② 执行回访保修工作的单位。

③ 回访时间及主要内容和方式。

2. 项目考核评价

智能建筑工程项目通过竣工验收以后，就要进行项目考核评价，即组织分析评价项目的决策、管理和实施，通过经验和教训的总结，为项目的投资人和委托人服务，可为项目最终成果的运行和改善提出建议，也可为新项目的决策提供较为可靠的依据。

（1）考核评价的内容

① 组织应在项目结束后对项目的总体和各专业进行考核评价。

② 项目考核评价的定量指标可包括工期、质量、成本、职业健康安全、环境保护等。

③ 项目考核评价的定性指标可包括经营管理理念、项目管理策划、管理基础及管理方法、新技术推广、社会效益及其社会评价等。

（2）考核评价的程序

项目考核评价应按下列程序进行：

① 制定项目考核评价办法。

② 建立项目考核评价组织。

③ 确定项目考核评价方案。

④ 实施项目考核评价工作。

⑤ 提出项目考核评价报告。

3. 项目管理总结

项目总结报告是项目管理过程中的最后一个重要文件。每一个项目的实施过程，无论是成功了还是失败了，都应被看作是一次学习机会。因此，项目结束时要作好项目管理的总结工作。项目管理总结工作主要是要找出项目和项目管理成功、失败的地方及其产生的原因，研究项目中使用过的值得推广的方法和技术。同时，写出项目总结报告，并召开总结会，总结经验教训。

在项目收尾阶段，项目经理部的注意力往往集中在完成任务、移交结果和期待下一个新项目上，对于项目的记录、数据和信息，以及总结经验教训方面容易被人们遗忘，有的人甚至还认为这样做没有必要，会分散项目的精力，还要花费成本。而且这些成本是花在项目已经投入试运行以后的，不会产生效益，因而往往不重视项目管理总结工作，这种想法和做法对于提高项目管理水平极为有害，应当彻底根除。

（1）项目总结依据的信息

一般而言，在准备项目的总结报告时，应重点收集如下信息：

① 对项目执行情况的总体评价。

② 项目范围完成情况。

③ 项目进度计划执行情况。

④ 项目成本计划执行情况。

⑤ 项目交付结果的质量状况。

⑥ 项目人员使用及绩效表现。

⑦ 用户关系，供应商及协作单位的表现。

⑧ 出现的问题及其解决情况。

⑨ 积累的经验和吸取的教训。

⑩ 建议与意见等。

(2) 项目管理总结报告的内容

项目管理结束后应编制项目管理总结报告。项目管理总结报告应包括下列内容：

① 项目概况。

② 组织机构、管理体系、管理控制程序。

③ 各项经济技术指标完成情况及考核评价。

④ 主要经验及问题处理。

⑤ 附件。

4. 合同收尾

合同收尾建立在项目通过验收和交接的基础上，内容是了结合同并结清账目，包括解决所有尚未了结的事项。合同没有全部履行而提前终止是一种特殊的合同收尾。合同收尾最重要的工作是对合同文件进行整理、编号、装订，连同项目其他文件一起作为一整套项目文件资料归档。在整理合同资料时，应分门别类，做到数据齐全，忠于原始记录，标识清楚，还要便于查阅，整理完毕交给专门的部门存放于专门的地点，以便需要时能方便地找到。

最后，发包人应当向承包人发出本合同已经履行完毕的正式书面通知。

5. 行政收尾

项目在交付最终成果或因故中止时，必须做好行政收尾工作。行政收尾工作包括一系列零碎、烦琐的行政事务性工作，比如收集、整理项目文件、发布项目信息、安排会务、后勤管理、归还租赁的设备、解散并重新安排项目人员、庆祝项目结束、总结经验教训等。

最后，承包人领导应向项目经理部签发书面文件，宣布项目正式结束，项目经理部解散。

6. 中止收尾

在个别情况下，项目可能因违约或其他意外原因而中止。此时，同样需要做好各种收尾工作，甚至涉及某些合同收尾的法律问题。中止收尾是项目收尾的一个特例。

22.6 智能建筑工程项目审计和项目后评价

22.6.1 智能建筑工程项目审计

1. 项目审计的定义

项目审计是对项目管理工作的全面检查，包括项目的文件记录、管理的方法和程序、财产情况、预算和费用支出情况以及项目工作的完成情况。通常项目审计是从第三者的角度对项目财务活动进行的再监督。其实，任何单位内部都有监督体制，审计之所以被广泛接受，是因为政府机关和企事业单位的财务经营活动备受纳税人关注，需要权威的独立部门严格监督。在防止财务经营作弊、遏制腐败现象滋生、保护国有资产等方面，国家审计机关发挥着不可或缺的巨大作用。

智能建筑工程项目审计既可以对拟建、在建或竣工的项目进行审计，也可以对项目的整体进行审计，还可以对项目的部分进行审计。如项目前期的审计包括项目可行性研究审计、项目计划审计、项目组织审计、投标审计、项目合同审计；实施过程中的审计包括项目组织审计、报表和报告审计、设备材料审计、建设项目收入审计、施工管理审计、合同管理审计；项目结束审计包括竣工验收审计、竣工决算审计、项目建设经济效益审计、项目人员业绩评价等。

按照审计主体划分，项目组织自设的审计部门主要是针对智能建筑工程项目的财务活动进行监督审核，向本单位的行政首长负责，属于内部审计。一般中小型项目只进行内部审计，但大型项目除了内部审计，还要进行外部审计。外部审计则分两类：一是由依据一定法律取得审计资格的会计师事务所等社会中介机构，受企业的委托对企业经营活动所进行的带有中介性质的审计活动，这属于社会审计；再有就是国家审计，国家审计机关依照宪法的规定设立，对国务院各部门、地方政府及其各部门的财政收支，对国有股份超过51%以上，或占有控股地位的国有金融机构和企业事业单位的财务收支，进行的审计监督。而在这三者中，国家审计强制性最强，独立性最强，被审计单位的层次最高。

2. 项目审计的职能

（1）经济监督

经济监督就是把项目的实施情况与其目标、计划和规章制度、各种标准以及法律法令等进行对比，找出那些不合法规的经济活动，并决定是否应予以禁止。

（2）经济评价

经济评价是指通过审计和检查，评定项目计划是否科学、可行，项目实施进度是否落后于计划，质量是否能达到客户的要求，资源利用、控制系统是否有效，机构运行是否合理等。

（3）经济鉴定

经济鉴定是指通过审查项目实施和管理的实际情况，确定相关资料是否符合实际，并做出书面证明。

（4）提出建议

提出建议是指通过对审计结果进行分析，找出改进项目组织、提高工作效率、改善管理方法的途径，帮助项目经理在合法的前提下更合理地利用现有资源，以便顺利实现项目的目标。

3. 项目审计过程

项目审计过程分以下几个阶段进行：

（1）审计准备阶段

审计机关根据项目审计计划，对被审计单位的审计事项开展审前调查活动，制定审计工作方案，组成审计组，在实施审计三日前，向被审计单位送达审计通知书。

（2）审计实施阶段

审计人员通过审查会计凭证、会计账簿、会计报表等方式进行审计，并取得审计证明材料。

（3）审计报告阶段

审计组对审计事项实施审计后，应当向审计机关提出审计报告。审计报告报送审计机关前，应当征求被审计单位的意见。被审计单位应当自接到审计报告之日起十日内，将其书面意见送交审计组或者审计机关；自接到审计报告十日内未提出书面意见的，视同无异议。

（4）审计处理阶段

审计机关审定审计报告，对审计事项作出评价，出具审计意见书；对违反国家规定的财政收支、财务收支行为，需要依法给予处理、处罚的，在法定职权范围内作出审计决定或者向有关主管机关提出处理、处罚意见。审计机关应当自收到审计报告之日起三十日内，将审计意见书和审计决定送达被审计单位和有关单位。审计决定自送达之日起生效。被审计单位对地方审计机关作出的审计决定不服的，可申请复议。

（5）项目审计终结

审计终结过程中要将审计的全部文档，包括审计记录以及各种原始材料整理归档，建立审计档案，以备日后考查和研究，提出改进方法。

22.6.2 智能建筑工程项目后评价

1. 项目后评价的定义

项目后评价是在项目完成并投入使用运营一段时间后对项目的准备、立项决策、设计施工、生产运营、经济效益和社会效益等方面进行的全面而系统的分析和评价，从而判别项目预期目标实现程度的一种评价方法。项目后评价的目的主要是从已完成的项目中总结正反两方面的经验教训、提出建议、改进工作、不断提高投资项目决策水平和投资效果。

2. 项目后评价的作用

智能建筑工程项目后评价的作用主要包括如下五个方面：

(1) 总结项目管理的经验教训，提高项目管理水平

项目管理涉及到许多部门，只有这些部门密切合作，项目才能顺利完成。如何协调各部门之间的关系，采取什么样的具体协作形式都尚在不断摸索中。项目后评价通过对已建成项目实际情况的分析研究，总结经验，从而提高项目管理水平。

(2) 提高项目决策科学化水平

通过建立完善的项目后评价制度和科学的方法体系，一方面可以促使评价人员努力做好可行性研究工作，提高项目预测的准确性，另一方面可以通过后评价的反馈信息，及时纠正项目决策中存在的问题。

(3) 为国家投资计划、投资政策的制定提供依据

通过项目后评价能够发现宏观投资管理中的不足，从而使国家可以及时修正某些不适合经济发展的技术经济政策，修订某些已过时的指标参数，合理确定投资规模和投资流向，协调各产业、总门之间及其内部的各种比例关系。

(4) 为银行部门及时调整信贷政策提供依据

通过项目后评价，及时发现项目建设资金使用过程中存在的问题，分析贷款项目成功或失败的原因，从而为银行部门调整信贷政策提供依据。

(5) 可以对企业经营管理进行诊断，促使项目运营状态的正常化

项目后评价通过比较实际情况和预测情况的偏差，探索偏差产生的原因，提出切实可行的措施，从而促使项目运营状态的正常化，提高项目的经济效益和社会效益。

3. 项目后评价的主要内容

从实现项目后评价的目的和作用出发，按项目运行过程的先后顺序划分，项目后评价的主要内容应包括这么几个方面：

(1) 项目前期工作评价

对项目前期工作的后评价，主要包含项目立项条件再评价；项目决策程序和方法的再评价；项目勘察设计的再评价；项目前期工作管理的再评价等。

(2) 项目目标评价

对项目目标的实现程度的后评价，对照原计划的主要指标，检查项目的实际情况，找出变化，分析发生改变的原因，并对项目决策的正确性、合理性和实践性进行再评价。

(3) 项目实施过程评价

将可行性研究报告中所预计的情况和实际执行情况进行比较分析，找出差别、分析原因。主要包含项目实施管理的再评价；项目施工准备工作的再评价；项目施工方式和施工组织管理的再评价；项目监理和工程质量的再评价；项目竣工验收和工程决算的再评价等。

(4) 项目经济效益评价

根据项目投入使用后所产生的收益和运营费用进行财务评价，计算项目的实际经济效益指标，并与前期工作阶段按预测数据进行的经济效益评价相比较，分析其差别和成因。

(5) 项目影响评价

分析评价项目对经济、社会、文化以及自然环境等方面所产生的影响。

① 经济影响评价：分析评价项目对所在地区、所属行业所产生的经济方面的影响。

主要包括劳动就业、国内资源成本、技术进步等。

② 环境影响评价：对项目的节能、污染控制、地区环境质量、自然资源利用和保护、区域生态平衡和环境管理等方面进行评价。

③ 社会影响评价：对项目在社会经济、社会发展和社会和谐方面的有形和无形的效益与影响进行评价。

(6) 项目持续性评价

根据对项目的使用状况、配套设施建设、管理体制、方针政策等外部条件和运行机制、内部管理、运营状况、收费、服务情况等的内部条件分析，评价项目目标（绿色、节能、经济效益、社会效益、环境保护等）的可持续性，即项目是否可以持续地发展下去，是否能继续实现既定目标，是否可在未来以同样的方式建设同类项目。

4. 项目后评价的特点

(1) 现实性

项目后评价以实际情况为基础，依据的数据资料是现实发生的真实数据或根据实际情况重新预测的数据。它与项目前期的可行性研究不同，可行性研究是预测性的评价。

(2) 全面性

项目后评价的范围很广，要对项目的准备、立项决策、设计施工、生产运营等方面进行全面、系统的分析。

(3) 反馈性

项目可行性研究用于投资项目的决策，而后评价的目的在于为有关部门反馈信息，为今后的项目管理工作提供借鉴，不断提高未来投资的决策水平。

(4) 合作性

项目后评价需要多方面的合作，主管部门要组织计划、财政、审计、银行、设计、质量、司法等有关部门协同进行。项目后评价工作的顺利进行需要各参与方融洽合作。

5. 项目后评价的步骤

项目后评价是一项涉及面较广的技术经济分析工作，不仅需要科学的方法作工具，而且需要严密的程序作保证。尽管由于项目规模大小、复杂程度的不同，每个项目后评价的具体工作程序会有一定的差异，但从总体来看，项目的后评价都遵守一个循序渐进的基本程序，其步骤包括：

(1) 提出问题

明确项目后评价的具体对象、评估目的及具体要求。项目后评价的组织单位可以是国家计划部门、主管部门，也可是项目法人或建设单位。无论哪种形式，在组织机构上都应满足客观性、公正性的要求，同时应具有反馈检查功能，这样才能保证项目后评价的客观、公正，并把后评价的有关信息迅速地反馈到计划决策部门。从这个意义上讲，项目原可行性研究单位或实施过程中的项目管理机构都不宜作为项目后评价的组织单位。

(2) 筹划准备

问题提出后，承担单位进入筹划准备阶段，主要任务是组建一个领导工作小组，并按委托单位的要求制定一个周详的项目后评价计划。后评价计划的内容包括项目评价人员的配备、建立组织机构的设想、时间进度的安排、内容范围与深度的确定、预算安排、评价方法的选定等。

(3) 深入调查，收集资料

本阶段的主要任务是制定详细的调查提纲，确定调查对象和调查方法，并开展实际调查工作，收集整理后评价所需要的各种资料和数据。这些资料和数据主要包括：

① 项目建设资料：如项目建议书，可行性研究报告，设计方案、图纸及其审查意见和批复文件，工程概算、预算、决算报告，项目竣工验收报告及有关合同文件等。

② 国家经济政策资料：如与项目有关的国家宏观经济政策、产业政策，国家金融、价格、投资、税收政策及其他有关政策法规等。

③ 项目使用运营状况的有关资料：项目投入使用后的情况，包括收费情况，设备利用情况，工程质量情况，维护维修情况，软硬件升级换代情况，偿还投资贷款本息情况等。这些都在一系列有关报表上反映出来，必要时，还需做一些相应的实际补充调查。

④ 反映因项目实施和运营而造成实际影响的有关资料，如绿色、节能、环境监测报告，对周围地区和行业的影响等有关资料。

⑤ 本行业有关资料，如国内外同类行业、同类项目的有关资料。

⑥ 与项目后评价有关的技术资料及其他资料。

(4) 分析研究

围绕项目的评价内容，采用定量和定性分析方法，发现问题，提出改进措施。

(5) 编制项目后评价报告

将分析研究的成果汇总，编制出项目后评价报告，并提交委托单位和被评单位。编制后评价报告必须客观、公正、科学，不应受项目各阶段文件结论的束缚。其内容既要全面系统，又要突出重点，简明扼要，主要内容包括：摘要、项目概况、评价内容、主要问题、原因分析、经验教训、结论和建议、基础数据和评价方法说明等。

6. 项目后评价的方法

由于后评价是对项目前期工作、项目管理及运营状况的再评价，所以在综合比较时，尤其要注重定性分析与定量分析相结合，定性分析应该有定量分析作补充，定量分析必须由定性分析来说明。常用的项目后评价方法有以下几种：

(1) 资料收集法

资料收集是项目后评价的重要内容和手段，资料收集的效率和方法直接影响项目后评价的进展和结论的正确。常用的资料收集方法有：专题调查法、固定程式的意见咨询、非固定程式的采访、实地观察法和抽样法。

(2) 市场预测法

项目后评价发生在项目投入使用后，其数据大部分都是项目准备、建设、使用运营等过程中的实际数据，为了与前期的评价进行对比分析，还需要根据实际情况对项目运营期间的全过程进行重新预测。具体预测方法分为经验判断法和历史引申法等。

(3) 分析研究方法

分析研究是项目后评价的重要阶段，实际调查和市场预测所得到的各种数据只有经过加工处理并对其进行分析研究，才能发现其中存在的问题。主要的分析研究方法有：

① 指标计算法：通过反映项目各阶段实际效果的指标计算，来衡量和分析项目建设所取得的实际效果。反映项目实际绩效的指标较多，如项目实际投资的效益成本比、实际内部收益率等。

② 指标对比法：通过将项目实际指标与预测指标或者与国内外同类项目的相关指标进行对比，发现项目实际存在的的问题，提出改进的方法。如通过计算项目实际投资效益成本比的变化率就可以反映出项目实际投资效益与预测值之间的偏差程度，为下一步改进打下基础。

③ 因素分析法：项目投资效果的各个指标，往往都是由多种因素决定的。因素分析法就是把综合指标分解成原始因素，以便分析造成指标变动的原因。其主要步骤是首先确定某项指标是由哪些因素组成的，并确定各个因素与指标的关系；然后，确定各个因素所占份额。如项目成本超支，就要核算清楚由于实际工程量突破预计工程量而造成的超支占多少份额，结算价格上升造成的超支占多少份额等。

④ 统计分析法：这是一种纯数学分析方法，具体做法是在项目实施前，就某个指标分别选择两组考察对象，一个是实验组，一个是对照组，实验组在项目所在区，对照组不在项目所在区，也就是不受项目实施的影响。进行项目后评价时，对比两组的有关数据，以考察项目实施对指标有怎样的影响。

参 考 文 献

[1] 田振郁等．工程项目管理实用手册．北京：中国建筑工业出版社，1999.
[2] 符长青．智能大厦的发展概况和市场需求分析．中信资讯，Vol. 2，1996.
[3] 王立文，潘文彦，杨建平．现代项目管理基础．北京：北京航空航天大学出版社，1997.
[4] 王玉龙，张毅．建设工程项目管理大全．上海：同济大学出版社，1998.
[5] 黎连业，刘占全，袁林．智能大厦网络实施指南．北京：清华大学出版社，1998.
[6] 刘荔娟．现代项目管理．上海：上海财经大学出版社，1999.
[7] 何伯森．国际工程合同与合管理．北京：中国建筑工业出版社，1999.
[8] 周之英．现代软件工程．北京：科学出版社，2000.
[9] 吴之明，卢有杰．项目管理引论．北京：清华大学出版社，2000.
[10] 毕星，翟丽．项目管理．上海：复旦大学出版社，2000.
[11] 张金锁．工程项目管理学．北京：科学出版社，2000.
[12] 冯之楹，何永春，谬仁兴．项目采购管理．北京：清华大学出版社，2000.
[13]《智能建筑设计标准》（GB/T 50314—2000）．北京：中国建筑工业出版社，2000.
[14] 阎文周．工程项目管理实务手册．北京：中国建筑工业出版社，2001.
[15] 毕星，翟丽主编．项目管理．上海：复旦大学出版社，2001.
[16] 戚安邦．现代项目管理．北京：对外经济贸易大学出版社，2001.
[17] 李启明，朱树英，黄文杰．工程建设合同与索赔管理．北京：科学出版社，2001.
[18] 成虎．项目管理．北京：中国建筑工业出版社，2001.
[19] 戚安邦．现代项目管理．北京：对外经济贸易大学出版社，2001.
[20] 凯西·施瓦尔贝（美）著．王金玉，时郴译．IT 项目管理．北京：机械工业出版社，2001.
[21] 宫周鼎．智能建筑设计与建设．北京：知识产权出版社，2001.
[22] 白思俊．现代项目管理（上、中、下）．北京：机械工业出版社，2002.
[23] 周桂荣，惠恩才．成功项目管理模式．北京：中国经济出版式社，2002.
[24] 陈勇强．项目采购管理．北京：机械工业出版社，2002.
[25] 沈士良，沈宁雷，沈冠祎等．智能建筑工程质量控制手册．上海：同济大学出版社，2002.
[26] 符长青，毛剑瑛．建筑智能化工程实行专业监理势在必行．智能建筑，2003（1）．
[27] 王志军，汤怀京．智能建筑网络工程测试与验收．北京：中国建筑工业出版社，2003.
[28] 马士华，林鸣．工程项目管理实务．北京：电子工业出版社，2003.
[29] 骆珣等．项目管理教程．北京：机械工业出版社，2003.
[30]《智能建筑工程质量验收规范》（GB 5 0339—2003）．北京：中国建筑工业出版社，2003.
[31] 符长青．浅议建筑智能化工程专业监理和项目管理．智能建筑，2003（5）．
[32] 中国设备监理协会．设备工程监理导论．天津：天津大学出版社，2004.
[33]《建设工程项目经理职业资格管理规则》建协［2004］27 号．中华人民共和国建设部，2004. 10.
[34]《建设工程项目管理试行办法》建市［2004］200 号．中华人民共和国建设部，2004. 11.
[35] 符长青．信息系统工程监理．北京：机械工业出版社，2005.
[36] 黎连业，王超成，苏畅．智能建筑弱电工程设计与实施．北京：中国电力出版社，2006.

[37] 符晓勤，罗晓沛．使用JCA实现企业级应用程序的整合．计算机应用与软件，2006，23（1）：67-70.

[38]《建设工程项目管理规范》（GB / T 5 0326—2006）．北京：中国建筑工业出版社，2006.

[39] 徐兴声．加入WTO与我国智能化建筑技术发展对策．建筑，2003，6.

[40] 张亚奎，冯艳霞等．项目职业健康安全管理与环境管理．北京：中国计划出版社，2007.

[41]《智能建筑设计标准》（GB / T 5 0314—2006）．北京：中国建筑工业出版社，2007，5.